Holzfrei

Nr. 48 1953
S. 8269—8504 2. Dezember

Chemisches Zentralblatt

Vollständiges Repertorium für alle Zweige der reinen und angewandten Chemie

1830 gegründet. 1897—1945 von der Deutschen Chemischen Gesellschaft fortgeführt.
Im Auftrage der Deutschen Akademie der Wissenschaften zu Berlin, der Chemischen Gesellschaft in der Deutschen Demokratischen Republik, der Akademie der Wissenschaften zu Göttingen und der Gesellschaft Deutscher Chemiker

herausgegeben von Prof. Dr. Maximilian Pflücke

124. Jahrgang

1953

Chefredakteure: Dr. Eugen Klever und Prof. Dr. Maximilian Pflücke

Akademie-Verlag GmbH., Berlin — Verlag Chemie, GmbH., Weinheim/Bergstr.

Inhalt

Namenregister

Chemisches Zentralblatt

1953 **Nr. 48** **2. Dezember**

A. Allgemeine und physikalische Chemie.

Jack J. Bulloff, *Neuere Geschichte des Begriffs einer chemischen Species.* Die vom Atombegriff unabhängige Definition einer chem. Species als mit physikal. Mitteln im Existenzbereich nichtzerlegbar („hylotrop" OSTWALD, WALD) gilt noch, da Spin-, Ortho–para-, isotope u. andere Komponenten als besondere Species anzusehen sind. Feste, nichtstöchiometr. zusammengesetzte Verbb. („Riesenmoll." u. „Berthollide", wie intermetall. Verbb., z. B. W-Bronzen) sind neuartige Species. (J. chem. Educat. **30.** 78–79. Febr. 1953. Troy, N. Y., Rensselaer Polytechnic. Inst.) BLUMRICH. 10

W. Wardlaw, *Die vorwärtsschreitende Front der Chemie.* Vortrag über die Transurane, die Definition für Chemie u. physikal. Chemie, die friedliche Benutzung der Atomenergie, die wachsende Bedeutung einiger Metalle (Ti, Zr, Ge), die Entw. der Chemie des Si (Silicone usw.), die fluorescierenden Stoffe, die F-Chemie, die industrielle Entw. u. die Gefahren der chem. „Verbesserung" von Nahrungsmitteln. (Advancement of Sci. **9.** 113–21. Sept. 1952.) BLUMRICH. 10

A. M. Tyndall, *Einige Beiträge aus Britannien zur Experimentalphysik.* Vortrag unter Hervorhebung histor. u. neuerer engl. Forschungsleistungen: elektr. Entladungen in Gasen, Studium der Ionosphäre, Strahlungsastronomie, Unters. fester Stoffe (Oberfläche, Röntgenstrahlenbeugung, Wachstum u. Störungen von Kristallen), Kernphysik u. Elementarteilchen (photograph. Emulsionstechnik, Höhenstrahlung, V-Teilchen, verschied. Mesonenarten). — Gedanken zur Förderung der Forschung, Zusammenarbeit von Experimental- u. theoret. Physikern usw. (Advancement of Sci. **9.** 103–12. Sept. 1952.) BLUMRICH. 10

José Luis Fernández Del Campo, Formulario de Química. Sèptima edición. Madrid: Edit. Tesoro. 1952. (83 S.) ptas 6,—.

T. S. E. Thomas, Physical formulae. London; Methuen. 1953. (126 S., Diagr.) 8 s 6 d.

—, Chemistry research 1952. London: H. M. S. O. (for D. S. I. R.) 1953. (124 S.) 4 s 6 d.

—, Physical laboratory report for 1952. National. London: H. M. S. O. (for D. S. I. R.) 1953. (80 S.) 2 s 6 d.

A_1. Kernphysik und Kernchemie.

Alexandre Laforgue, *Die Fehlerberechnung in der Quantenchemie.* Theoret. Betrachtungen. (C. R. hebd. Séances Acad. Sci. **236.** 202–04. 12/1. 1953.) GOTTFRIED. 80

W. A. Barker und **Z. V. Chraplyvy,** *Umwandlung einer erweiterten Diracschen Gleichung in eine näherungsweise relativistische Form.* Die Transformation der Wellengleichung eines FERMI-Teilchens in eine angenähert relativist. Form besitzt den Vorteil, daß der transformierte HAMILTON-Operator hermitisch ist u. die 4-Komponentenwellengleichungen sich in zwei 2-Komponentengleichungssysteme spalten läßt, die getrennt positive u. negative Energiezustände beschreiben. Eine ausführliche Tabelle enthält die relativist. Korrekturglieder für die verschied. Wechselwirkungsmöglichkeiten. Als Beispiel wird die Feinstruktur des H-Atoms einschließlich der LAMB-Verschiebung diskutiert. (Physic. Rev. [2] **89.** **446**–51. 15/1. 1953. **Erratum: 90.** 1131. 15/6. **1953.** St. Louis, Mo., St. Louis Univ., Phys. Dep.) GANS. 80

R. V. Adams, Dorothy Montgomery Hirshfelder, J. A. Northrop und **N. R. Whetten,** *Scintillationszählermessungen der Höhenstrahlung.* (Sitzungsbericht.) Auf beiden Seiten eines Leuchtphosphors aus 4 Anthracenkristallen von $3 \times 3 \times 1{,}5$ cm befand sich eine Photozelle mit 1 P28-Photomultiplier. Darüber u. darunter waren GEIGER-Zähler angebracht. Für verschied. Pb-Absorber über dem App. wurde die Größenverteilung der Impulse aufgenommen. Auf Seehöhe wird im wesentlichen die Mesonenkomponente registriert. In 3500 m nimmt die Zahl der kleinen Impulse um den Faktor 2, die der größten um den Faktor 20 zu. (Physic. Rev. [2] **86.** 589. 15/5.; Bull. Amer. physic. Soc. **27.** Nr. 1. 14. 31/1. 1952. Yale Univ.) WIEDEMANN. 85

J. Clay und **E. Van Alphen,** *Die Erzeugung kohärenter, durchdringender Teilchen in der Atmosphäre.* Durch Messungen mit einer Zählrohrapp. in 3040 m, 7000 m Höhe u. auf Seehöhe wurde die Abnahme der D. kohärenter Mesonen sowie einzelner durchdringender Teilchen mit zunehmender atmosphär. Tiefe bestimmt. Sie gehorcht der Formel $N = N_0 h^{-s}$ mit $s = 1{,}81$ zwischen 0 u. 3040 m u. $s = 2{,}93$ zwischen 3040 u.

7000 m für einzelne Teilchen sowie s = 5,40 bzw. 12,6 für kohärente Mesonen. Der barometr. Effekt der letzteren beträgt 15% je cm Hg. Für den Absorptionsquerschnitt ergibt sich $5,3 \cdot 10^{-25}$ cm². Vff. nehmen an, daß die Mesonen bei Zusammenstößen von Protonen mit Atomkernen in der Luft entstehen, u. daß die Abnahme ihrer D. auf der Abnahme der erzeugenden Teilchen beruht. (Physica **16**. 393—96. April 1950. Amsterdam, Natuurkundig Labor.) WIEDEMANN. 85

C. B. A. McCusker, *Durchdringende Teilchen in Luftschauern.* Mittels einer Koinzidenz–Antikoinzidenz-Anordnung wurden die durchdringenden Teilchen der ausgedehnten Luftschauer untersucht. Es wurde festgestellt, daß der Anteil der einzelnen μ-Mesonen höchstens 70 ± 3% beträgt, der Rest sind Teilchen mit starker Wechselwirkung. Der barometr. Koeff. der Schauer wurde zu $9,5 \pm 1,2$%/cm Hg bestimmt. Die Ergebnisse werden mit anderen Resultaten verglichen. (Proc. physic. Soc., Sect. A **63**. 1240—48. 1/11. 1950. Dublin, Inst. for Adv. Stud.) WIEDEMANN. 85

G. W. McClure und **M. A. Pomerantz,** *Ionisationskammerstöße bei sehr großen Höhen.* Es wird über Messungen der atmosphär. Absorption u. des Breiteneffekts derjenigen Komponenten der Höhenstrahlung berichtet, die in der Ionisationskammer Kernstöße auslösen. Die Unterss. wurden bei Ballonaufstiegen mit selbstregistrierenden Geräten durchgeführt. Die von der Kammer gelieferten Impulse werden nur registriert, soweit sie einen voreingestellten Wert überschreiten. Eine Po-α-Quelle liefert Testimpulse. Bei 52° nördlicher Breite wurden bei großer Höhe (10 mm Hg Druck) ca. 10 mal so viele Impulse registriert wie bei geringerer Höhe (200 mm Hg). Die Impulse selbst setzen sich zusammen aus schweren Kernen ($Z \geq 8$) in der Primärstrahlung u. Kern-Rkk. der Kammerwände. Die Differenz zwischen der tatsächlich registrierten u. der berechneten Zahl von Impulsen als Funktion der Höhe kann theoret. aus der mittleren freien Weglänge für Protonen in der Atmosphäre gedeutet werden. (Physic. Rev. [2] **79**. 911—12. 1/9. 1950. Swarthmore, Pa., Franklin Inst., Bartol Res. Found.) REUSSE. 85

E. P. George und **J. Evans,** *Beobachtungen von Höhenstrahlereignissen in Kernemulsionen unter der Erde.* ILFORD C 2-Emulsionen wurden in einer Tiefe entsprechend 60 m W. exponiert, G 5-Emulsionen auch in 20 u. 34 m Wasseräquivalent. Es wurden 363 Mesonen beobachtet. Die Intensität der μ-Mesonen beträgt je Tag u. cm³ in 20 m Wasseräquivalent $0,091 \pm 0,009$, in 34 m $0,055 \pm 0,004$, in 60 m $0,017 \pm 0,002$, sie entspricht den Messungen auf Seehöhe. Ferner wurden 8 π-Mesonen beobachtet, ihre Intensität beträgt ca. $2,7 \cdot 10^{-3}$ cm³/Tag. Aus den 42 beobachteten Sternen ergibt sich eine Intensität von $5 \cdot 10^{-3}$ cm³/Tag unter 60 m Wasser. Die Abhängigkeit der Intensität von der Tiefe zwischen 20 u. 60 m W. ist gering, die Größenverteilung ist die übliche. Es wird angenommen, daß ca. $^1/_3$ der Sterne durch elektromagnet. Wechselwrkg. von μ-Mesonen beim Durchgang durch Kerne erzeugt werden, der Wirkungsquerschnitt ergibt sich zu 10^{-29} cm². Der Rest wird durch Neutronen u. durch die Photonen der weichen Komponente hervorgerufen. Sterne, die mit einzelnen schnellen Teilchen oder mit Schauern schneller Teilchen verbunden sind, wurden beobachtet. (Proc. physic. Soc., Sect. A **63**. 1248—64. 1/11. 1950. London, Univ., Birkbeck Coll.) WIEDEMANN. 85

L. Wolfenstein und **D. G. Ravenhall,** *Einige Folgerungen der Invarianz bei Ladungskonjugation.* Der Operator für die Ladungskonjugation in der Spinorenelektrodynamik wird aufgestellt. Für eine gerade Anzahl von Photonen u. auch für den Singulettzustand des Positroniums hat er den Wert $+1$, für eine ungerade Zahl von Photonen u. für die Triplettzustände den Eigenwert -1. Der Zerfall eines skalaren oder pseudoskalaren Teilchens in 3 Photonen ist durch Regeln über Drehimpuls oder Parität nicht verboten, er ist jedoch als Folge der Invarianz der Feldtheorie unmöglich. Ferner können die $m = 1$- u. $m = -1$-Niveaus der Triplettzustände des Positroniums im Magnetfeld nicht aufspalten. Der Einfl. der Ladungskonjugation auf neutrale Bosonfelder wird diskutiert. (Physic. Rev. [2] **88**. 279—82. 15/10. 1952. Pittsburgh, Pa., Carnegie Inst. of Technol.) WIEDEMANN. 90

O. Kofoed-Hansen, *Die obere Grenze für die Ruhmasse des Neutrinos.* Eine endliche Neutrinomasse beeinflußt die Form des β-Spektr. in der Nähe der Maximalenergie. Die bei ³H beobachtete Abweichung von der Geradlinigkeit läßt auf $m_\nu < 0,01\ m_e$ schließen. (Philos. Mag. [7] **42**. 1448—50. Dez. 1951. Kopenhagen, Univ., Inst. for theoret. Phys.) KIRSCHSTEIN. 90

C. J. Bakker und **E. Segrè,** *Bremsvermögen und Ionenerzeugungsenergie für 340 MeV-Protonen.* Sitzungsbericht zu der C. **1952**. 5200 referierten Arbeit. (Physic. Rev. [2] **81**. 310. 15/1. 1951; Bull. Amer. physic. Soc. **25**. Nr. 5. 22. 24/11. 1950. Berkeley, Calif., Univ. of California.) WIEDEMANN. 90

C. D. Curtis, *Bremsstrahlungsquerschnitt von 60 MeV-Elektronen in Blei.* Aus Nebelkammeraufnahmen von 60 MeV-Elektronen, die in dünnen Bleifolien (0,0001—0,05 in.)

gebremst wurden, wurde der differentielle Bremsstrahlungsquerschnitt unter Verwendung eines 3100 Gauß-Ablenkmagneten bestimmt. Die Auswertung beschränkte sich auf einen Energiebereich von 0—16,63 MeV für die austretenden Elektronen. In diesem oberen Bereich des Bremsstrahlspektr. entspricht die experimentell gefundene Kurvenform den theoret. Werten, die Querschnittsgröße liegt aber numer. ca. 7% niedriger. Z. B. ist der experimentelle Gesamtquerschnitt für das Röntgenspektr. von 50 bis 62,8 MeV 7,5 $\pm$ 0,3 barn gegenüber 8,00 barn theoretisch. (Physic. Rev. [2] **89.** 123—30. 1/1. 1953. Urbana, Ill., Univ. of Illinois.) GANS. 90

Claude Marty, *Beitrag zur kovarianten Untersuchung des Kernfeldes: Analyse der Nucleon–Nucleon-Diffusionsprozesse.* (Vgl. C. **1950.** II. 2396.) Durch Analyse der bestehenden Kerntheorien wird gezeigt, daß sie nur die Vorgänge bei kleinen Geschwindigkeiten erklären können; bei hohen Geschwindigkeiten versagen sie, weil sie auf der Vorstellung der lokalen Felder aufgebaut sind u. die Wirksamkeit der schweren Mesonen, über die noch zu wenig Beobachtungsmaterial vorliegt, nicht richtig in Rechnung setzen können. (Ann. Physique [12] **6.** 830—94. Sept./Okt. 1951. Paris, Univ., Fac. des Sci.) KIRSCHSTEIN. 90

Ira L. Karp, *Einfluß der Muldenform auf den pickup-Prozeß in Deuterium.* (Sitzungsbericht.) Die rechner. Erfassung des pickup-Prozesses in D in BORNscher Annäherung für einfallende Nucleonen von 90 MeV liefert Werte, die gegenüber den experimentellen um den Faktor 3—5 zu groß sind. Diese Unstimmigkeit wird diskutiert. (Physic. Rev. [2] **85.** 754. 15/2. 1952; Bull. Amer. physic. Soc. **26.** Nr. 8. 6. 27/12. 1951. Berkeley, Calif., Univ. of California.) H. HAUSWALD. 90

R. H. Dalitz und **D. G. Ravenhall,** *Zur Tomonaga-Methode für mittlere Kopplung in der Mesonenfeldtheorie.* Die von TOMONAGA (Progr. theoret. Physics **2.** [1947.] 6) angegebene Wellenfunktion für ein einzelnes Nucleon in einem skalaren Mesonenfeld wird nach einer neuen Iterationsmeth. verbessert. (Philos. Mag. [7] **42.** 1378—83. Dez. 1951. Birmingham, Univ., Dep. Math. Phys.) KIRSCHSTEIN. 90

F. Ferrari und **C. Villi,** *Über die Energieniveaus der schweren Kerne.* Die D. der Energieniveaus schwerer Kerne wird auf Grund des FERMI-Modells berechnet, wobei die Wechselwirkungen zwischen den Nucleonen als therm. Bewegung der Nucleonenmaterie erklärt werden. Wenn die Beziehung zwischen Äquivalenztemp. τ u. effektiver Temp. T durch $\tau = T + a\psi(\tau)$ gegeben ist, ergibt sich für T = 0 $\tau_0 = 6{,}6583$ MeV; Anregungsenergie $E(T) = E(\tau) - E(\tau_0)$ bzw. $E = B(a, T)T^2$. Die Funktion B(a, T) hängt stark vom Parameter a ab u. ändert sich langsam mit T im Energiebereich $0 < E < 10$ MeV. Der Parameter a ergibt sich zu 0,35. Die Energieniveaus, die nach der Formel von BETHE unter Berücksichtigung der korr. Ausdrücke für spezif. Wärme u. Entropie bei Kernwechselwrkg. berechnet werden, stimmen mit den experimentellen Werten befriedigend überein, ebenso auch mit dem nach dem Modell des fl. Tropfens zu erwartenden Kurvenverlauf. (Nuovo Cimento [9] **9.** 927—39. 1/10. 1952. Padova, Univ., Ist. di Fis., Ist. Naz. di Fis. Nucl., u. Trieste, Univ., Ist. di Fis.) R. K. MÜLLER. 95

E. E. Lockett und **E. Bowell,** *Der thermische Neutronenabsorptionswirkungsquerschnitt von Scandium.* An spektroskop. reinem Sc_2O_3 wurde erneut der Neutronenabsorptionswirkungsquerschnitt bestimmt. Gefunden wurde ein Wert von $23(\pm^1_3)$ barn. (Physic. Rev. [2] **89.** 657—58. 1/2. 1953. Harwell, A. E. R. E., u. Chatham, N. J. Chem. Inspectorate.) GOTTFRIED. 95

D. Iwanenko und **Ss. Larin,** *Zur Theorie des Periodischen Systems der Elemente.* Die Formel $Z_l = 0{,}155\,(2l + 1)^3$, die angibt, bei welchem Z zum erstenmal Elektronen mit $l = 0, 1, 2 \ldots$ auftreten, wird durch Berücksichtigung des Austauscheffekts nach FERMI-THOMAS-DIRAC so verbessert, daß sie für $l = 3$ den richtigen Wert 58 ergibt, für $l = 2$ allerdings den zu hohen Wert 22. Der Grund hierfür dürfte in der noch zu groben Abschätzung des Austauscheffekts liegen. (Доклады Академии Наук СССР [Ber. Akad. Wiss. UdSSR] [N. S.] **88.** 45—48. 1/1. 1953. Moskau, Lomonossow-Univ., Physikal. Fak.) KIRSCHSTEIN. 100

Je. P. Oshigow, *Zahl der Isotope als Funktion der Atomgewichte der Elemente.* Vf. berechnet für jede Periode eine mittlere Differenz R der At.-Geww. zweier aufeinanderfolgender Elemente u. findet, daß $N \cdot R^B$, wo N die Anzahl der Elemente in der betreffenden Periode ist, gleich der Zahl der möglichen Isotope in dieser Periode ist. (Журнал Общей Химии [J. allg. Chem.] **23** (**85**). 3—6. Jan. 1953. Fernöstl. Zweigstelle der Akad. der Wiss. der UdSSR, Chem. Abt.) KIRSCHSTEIN. 100

A. F. Kapusstinski, *Die Periodizität in der Struktur der Elektronenschalen und der Atomkerne.* 1. Mitt. *Das Periodische System der chemischen Elemente und seine Beziehung zur Zahlentheorie und zur physikalisch-chemischen Analyse.* Von einem rationellen Aufbau des Period. Syst. wird gefordert, daß es eine Nullperiode (Elektron, Neutron) u. eine

Nullgruppe (Neutron, Edelgase) umfaßt, in gerade u. ungerade Perioden u. eine sek. Periodizität ausdrückende Cyclen aufgeteilt ist u. eine „Evolutionsvorstellung" von der Natur der chem. Elemente vermittelt. Vf. zeigt eine Stufendarst. u. (unter Hinweis auf die Zahlentheorie) ein der gleichen Form entsprechendes Syst. der Zahlen der n^2-fachen Wiederholung der einfachsten Grundzahl. Auf Grund der physikal.-chem. Analyse nach KURNAKOW [1928] ergibt sich eine räumliche Darst. des Period. Syst. in mehreren parallel übereinanderliegenden Ebenen der verschied. Cyclen (oberste Ebene e_0, n_0, H, He; 2. Ebene Elemente 3—18; 3. Ebene Elemente 19—54; 4. Ebene Elemente 55 bis Schluß), die auch projiziert wiedergegeben werden kann. (Известия Академии Наук СССР, Отделение Химических Наук [Nachr. Akad. Wiss. UdSSR, Abt. chem. Wiss.] **1953**. 3—11. Jan./Febr. Kurnakow-Inst. für allg. u. anorgan. Chemie der Akad. der Wiss. der UdSSR u. Chem.-Technol. Mendelejew-Inst.) R. K. MÜLLER. 100

A. F. Kapusstinski, *Die Periodizität in der Struktur der Elektronenschalen und der Atomkerne.* 2. Mitt. *Klassifikation der Atomkerne der Elemente auf Grundlage von Packungseffekt und Schichtstruktur des Atomkerns.* (1. vgl. vorst. Ref.) Nach der Regel des geradlinigen Durchmessers der Kurve des Packungseffekts ist diese der geometr. Ort der Punkte gleicher Entfernung von diesem durch den krit. Punkt des Packungseffekts (^{40}Ca) gehenden Durchmesser. Die die Lage der Kurve bestimmenden charakterist. Punkte fallen mit den Punkten der Minimalwerte der Atomvoll. zusammen. Vf. unterscheidet bei den Kernen Homonucleonen (gleiche Zahl von Protonen u. Neutronen: $p = n$) u. Heteronucleonen ($n > p$) u. leitet daraus eine Beziehung zwischen Zus. des Kerns u. seiner Elektronenhülle ab. Die Staffelpunkte des Diagramms Nucleonenzahl–Ordnungszahl führen zur Annahme einer Schichtstruktur der Atomkerne mit Maximalzahlen von 2, 8, 18 u. 36 „Helionen" in den einzelnen Schichten, für die das „Verbotsprinzip" verallgemeinert wird. Den 4 Schichten entsprechen die 4 Cyclen des Period. Syst., ebenso entsprechen der Zahl der Helionen in der Kernschicht die Zahl der Elemente in der Periode u. der Zahl der Protonen in der Kernschicht die Zahl der Elemente im Cyclus (Elektronenzahl). (Известия Академии Наук СССР, Отделение Химических Наук [Nachr. Akad. Wiss. UdSSR, Abt. chem. Wiss.] **1953**. 12—20. Jan./Febr.) R. K. MÜLLER. 100

G. Rienäcker, *Bemerkungen zur Tabelle der Atomgewichte.* (Vgl. C. **1953**. 3346. 5288.) Abdruck der internationalen At.-Gew.-Tabelle 1949. In ihr ist sowohl die Änderung für Be von 9,02 in 9,013 als auch internationaler Gebrauch der Namen Beryllium (statt Glucinium), Niob (statt Columbium), Wolfram (statt Tungsten), Lutetium (statt Lutecium bzw. Cassiopeium) u. Protactinium (statt Protoactinium) festgelegt. Neu aufgenommen wurden: Nr. 43 Technetium (Tc), Nr. 61 Promethium (Pm), Nr. 85 Astatine (At), Nr. 87 Francium (Fr), Nr. 93 Neptunium (Np), Nr. 94 Plutonium (Pu), Nr. 95 Americium (Am) u. Nr. 96 Curium (Cm) mit Angabe jeweils der Massenzahl des stabilsten bisher bekannten Isotops. (Z. anorg. allg. Chem. **264**. 54—56. Jan. 1951.) ZAUNICK. 100

D. H. Wilkinson, *Strahlungsbreiten von Dipolübergängen in leichten Elementen.* Es wird versucht, die vor allem bei leichten Elementen auftretenden γ-Quanten hoher Energie u. geringer Spinänderung in ähnlicher Weise zu systematisieren, wie es von GOLDHABER u. SUNYAR (C. **1952**. 3282) für γ-Quanten niedriger Energie u. großer Spinänderung gezeigt wurde, wobei die WEISSKOPFschen Näherungsformeln benutzt wurden. Die an 22 Kern-Rkk. erhaltenen Ergebnisse werden diskutiert. (Philos. Mag. [7] **44**. 450—52. April 1953. Cambridge, Cavendish Labor.) WEIGEL. 103

A. G. W. Cameron, *Die Emission von Deuteronen aus dem Kern.* Aus 3 verschied. Verss. geht hervor, daß die Emission von Deuteronen in Kernpholoreaktionen wesentlich leichter erfolgt, als nach der statist. Theorie der Kern-Rkk. zu erwarten ist. Nach SCHIFF (private Mitt.) sollen Deuteronen vom Kern leichter emittiert werden, wenn sie radial polarisiert sind; dabei soll die Neutronenkomponente des Deuterons eine „Brücke" zum Kern bilden, die in der Nachbarschaft des den Kern verlassenden Deuterons eine Erniedrigung der Potentialschwelle zur Folge hat. Eine Möglichkeit zur experimentellen Nachprüfung dieser Hypothese wird vorgeschlagen. (Physic. Rev. [2] **86**. 435—36. 1/5. 1952. Saskatoon, Saskatchewan, Can., Univ. of Saskatchewan, Dep. of Phys.) WEIGEL. 103

Seishi Kikuchi, *Photodissoziation des Deuterons durch γ-Strahlen hoher Energie.* Sitzungsbericht zu der C. **1953**. 3347 referierten Arbeit. (Physic. Rev. [2] **85**. 753—54. 15/2. 1952; Bull. Amer. physic. Soc. **26**. Nr. 8. 5. 27/12. 1951. Berkeley, Calif., Univ. of California.) H. HAUSWALD. 103

R. S. White, M. J. Jacobson und **A. G. Schulz**, *Die Erzeugung von geladenen Photomesonen aus Deuterium und Wasserstoff.* 1. Mitt. In Ergänzung des C. **1952**. 7763 referierten Sitzungsberichtes wird mitgeteilt, daß die Photomesonen durch 318 MeV-Bremsstrahlung in H u. D bei 77° K u. ca. 140 at erzeugt werden. Der Wert des Verhältnisses π^-/π^+ in D ist unabhängig von der Energie des π-Mesons. Die experimentell gefundenen Verhältnisse der Wirkungsquerschnitte in D zu denen in H sind unter bestimmten Voraussetzungen in Übereinstimmung mit der Theorie von CHEW u. LEWIS (vgl. C. **1952.** 6003). Die Anregungsfunktionen für H u. D u. einzelne Punkte der Winkelverteilungskurve im Schwerpunktssyst. werden ermittelt. (Physic. Rev. [2] **88.** 836—50. 15/11. 1952. Berkeley, Calif., Univ. of California, Dep. of Phys., Radiat. Labor.) CONRAD. 103

W. K. Dawson und **C. B. Bigham,** *Einige in Ilford-Emulsionen hervorgerufene Reaktionen.* 200 μ dicke ILFORD C_2- u. E_1-Emulsionen wurden mit einem 70 MeV-Synchrotron bestrahlt. Aus 310 $^{12}C(\gamma, 3\alpha)$-Sternen wurde die Abhängigkeit des Wirkungsquerschnittes von der Energie berechnet. Es ergaben sich 2 ausgeprägte Resonanzstellen bei 18 u. 29 MeV neben einigen anderen, deren Existenz noch nicht sicher ist. Gleiche Unterss. mit Photonenenergien zwischen 21 u. 54 MeV an der Rk. $^{16}O(\gamma, 4\alpha)$ zeigen ähnliche Struktur. Außerdem wurden folgende Rkk. identifiziert: $^{12}C(\gamma, p\alpha)^7Li$ 24,6 MeV; $^{14}N(\gamma, p\alpha)^9Be$ 18,2 MeV; $^{16}O(\gamma, p\alpha)^{11}B$ 23,2 MeV; $^{12}C(\gamma, 2d\,2\alpha)$ 31,1 MeV; $^{12}C(\gamma, p2\alpha)^3H$ 27,1 MeV; $^{16}O(\gamma, 2d\,3\alpha)$ 38,4 MeV; $^{14}N(\gamma, 2\alpha)^6Li$ 16,1 MeV; $^{14}N(\gamma, d3\alpha)$ 17,6 MeV u. $^{14}N(\gamma, 2p)^{12}B$ 25,8 MeV. (Canad. J. Physics **31.** 167—68. Jan. 1953. Kingston, Ontario, Can., Queen's Univ., Synchrotron Labor.) EICHHOFF. 103

P. J. Grant, *Verbotener β-Zerfall in ^{24}Na.* Mittels eines Spektrographen mit kurzer magnet. Linse wurde das β-Spektr. von ^{24}Na untersucht. Als Quelle dienten 3 mC Na_2CO_3. Um den Untergrund niedrig zu halten, wurden zum Nachw. 2 in Koinzidenz geschaltete Zähler mit 2,5 mm Al dazwischen verwendet. Es wird angenommen, daß die Teilchen bei 3,5 MeV von einem zweiten verbotenen Spektr. herrühren, das zum 1,38 MeV angeregten Zustand von *Mg* führt. Der Anteil der γ-Strahlung wird berücksichtigt. Das zweite Spektr. muß mindestens um 3 Grade verbotener sein als das bekannte. Wenn das bekannte Spektr. erlaubt aber nicht bevorzugt ist, dann beträgt der Spin von ^{24}Na 5 Einheiten u. die beiden Niveaus von Mg unterscheiden sich in der Parität. Ein Termschema ist angegeben. (Proc. physic. Soc., Sect. A. **63.** 1298—99. 1/11. 1950. Cambridge, Cavendish Labor.) WIEDEMANN. 103

Ann. C. Birge, *^{24}Al, ein Strahler verzögerter schwerer Teilchen.* (Sitzungsbericht.) Mit dem 32 MeV-Linearbeschleuniger wurde die Rk. $^{24}Mg(p, n)^{24}Al$ beobachtet. Die Halbwertszeit für die Aktivität verzögerter schwerer Teilchen wird zu 2,3 $\pm$ 0,2 Sek. u. der Schwellenwert zu 15,4 $\pm$ 0,3 MeV angegeben. (Physic. Rev. [2] **85.** 753. 15/2. 1952; Bull. Amer. physic. Soc. **26.** Nr. 8. 5. 27/12. 1951. Berkeley, Calif., Univ. of California, Radiat. Labor., Dep. of Phys.) H. HAUSWALD. 103

W. S. Emmerich und **J. D. Kurbatov,** *Das 514 keV-Energieniveau von ^{85}Rb.* (Sitzungsbericht.) Mit verschied. Methoden wird der 514 keV-Term von ^{85}Rb untersucht. Die innere Konversion des γ-Strahls beträgt $7 \cdot 10^{-3}$ u. das Konversionsverhältnis α_K/α_L ist 13. Koinzidenzen zwischen Röntgenstrahlung u. γ-Strahlung wurden nicht beobachtet. Der 514 keV-Anregungsterm ist somit metastabil. (Physic. Rev. [2] **85.** 733—34. 15/2. 1952; Bull. Amer. physic. Soc. **26.** Nr. 6. 37—38. 24/10. 1951. Ohio State Univ.) O. ECKERT. 103

A. W. Sunyar, J. W. Mihelich, G. Scharff-Goldhaber, M. Deutsch und **M. Goldhaber,** *Isomerie von ^{85}Sr.* (Sitzungsbericht.) ^{85m}Sr (70 Min.) zerfällt über einen zweistufigen isomeren Übergang u. einen cross-over-Übergang in den Grundzustand, durch einen K-Einfang ($\sim$16%) in einen 150 keV-Anregungsterm von ^{85}Rb. Die die Lebensdauer bestimmende Stufe ist ein hochkonvertierter E 3-Übergang von ca. 6 keV, dem ein M 1-Übergang von ca. 220 keV folgt. Der M 4-cross-over-Übergang von 226 keV wurde mit dem 180°-fokussierenden Magnetspektrographen festgestellt. Der hauptsächliche isomere Übergang geht nach dem Schema $p^1/_2 \xrightarrow{6\,keV} {}^7/_2 + \xrightarrow{220\,keV} g^9/_2$ vor sich. Der Grundzustand von ^{85}Sr (65 Tage) zerfällt durch K-Einfang in einen 510 keV-Anregungsterm von ^{85}Rb, dessen Halbwertszeit zu 0,9 $\pm$ 0,2 μsec bestimmt werden konnte. (Physic. Rev. [2] **85.** 734. 15/2. 1952; Bull. Amer. physic. Soc. **26.** Nr. 6. 38. 24/10. 1951. Brookhaven Nat. Labor.) O. ECKERT. 103

David E. Alburger, *Der Zerfall von ^{106}Rh.* (Sitzungsbericht.) Mit einem Linsenspektrometer werden ^{106}Ru—^{106}Rh-β-Teilchen mit Energien von 3,53 $\pm$ 0,01 MeV (68%), 3,1 $\pm$ 0,1 MeV (11%), 2,44 $\pm$ 0,07 MeV (12%) u. 2,0 $\pm$ 0,1 MeV (3%) nachgewiesen. Ferner wird γ-Strahlung mit Energien von 0,513, 0,624, 0,87, 1,045 u. 1,55 MeV u. dem entsprechenden Intensitätsverhältnis 1 : 0,53 : 0,03 : 0,08 : 0,025 festgestellt. Es liegen Anzeichen für eine 2,9 MeV-γ-Strahlung vor. Die 0,513 u. 0,624 MeV-γ-Linien sind sehr stark konvertiert. Bei der 0,513 MeV-γ-Strahlung lassen sich bei einem Auflösungsvermögen von 1,6% noch die K- u. L-Konversionslinien trennen, deren Verhältnis $\alpha_K/\alpha_L = 7{,}8 \pm 1$ beträgt. Sowohl die 0,513 MeV als auch die 0,624 MeV-γ-Strahlung sind elektr. Quadrupolstrahlung. Die Ergebnisse sind verträglich mit einem β-Zerfall in den Grundzustand von ^{106}Pd sowie in die angeregten Zustände mit 0,513, 1,137 u. 1,55 MeV. Die 0,87 MeV- u. wahrscheinlich auch die 2,9 MeV-γ-Strahlung scheinen von schwach angeregten höheren Zuständen herzurühren. Die K-Konversionskoeffizienten der 0,513 u. 0,624 MeV-γ-Strahlung $(3{,}5 \pm 1)\cdot 10^{-3}$ bzw. $(2{,}1 \pm 1)\cdot 10^{-3}$ sind mit elektr. Quadrupolübergängen verträglich. (Physic. Rev. [2] **85.** 734. 15/2. 1952; Bull. Amer. physic. Soc. **26.** Nr. 6. 38. 24/10. 1951. Brookhaven Nat. Labor.) O. Eckert. 103

D. M. Roberts und **R. M. Steffen,** *Nachwirkung bei der Winkelbeziehung der aus angeregten Zuständen von ^{111}Cd ausgesandten γ-Strahlen.* (Sitzungsbericht.) Vff. finden mit einer Koinzidenzanordnung ohne u. mit zeitlicher Verzögerung die Winkelbeziehung zwischen den 173 u. 247 MeV-γ-Linien, die beim Zerfall von ^{111}In zu ^{111}Cd ausgesandt werden. Die Spinorientierung des 0,8 μsec-Zwischenzustandes ändert sich nicht merklich vor der Emission des zweiten γ-Strahls. (Physic. Rev. [2] **82.** 332—33. 15/4.; Bull. Amer. physic. Soc. **26.** Nr. 1. 45—46. 1/2. 1951. Purdue Univ.) H. Hauswald. 103

P. Axel und **J. C. Bowe,** *Der radioaktive Zerfall von* $^{125\,m}$Te. (Sitzungsbericht.) Für die beiden Übergänge in $^{125\,m}$Te wurden die Verzweigungsverhältnisse mit einem Dünnlinsen-β-Spektrometer bestimmt. Die 110 keV-γ-Strahlung des 1. Überganges wurde untersucht u. deren K-Konversionskoeff. zu 160 ± 20 gefunden. Die Konversionskoeffizienten des zweiten Überganges sind $\alpha_K = 0{,}80 \pm 0{,}06$, $\alpha_L = 0{,}11 \pm 0{,}03$ u. $\alpha_M = 0{,}02$. Diese Daten stimmen mit der von Bowe u. Goldhaber (vgl. Physic. Rev. [2] **76.** [1949.] 437) angegebenen Termzuordnung überein. (Physic. Rev. [2] **85.** 734. 15/2. 1952; Bull. Amer. physic. Soc. **26.** Nr. 6. 38. 24/10. 1951. Univ. of Illinois.) O. Eckert. 103

Fred T. Porter und **C. Sharp Cook,** *Die β-Spektren von ^{144}Ce und ^{144}Pr.* (Sitzungsbericht.) Mit einem 180°-fokussierenden Magnetspektrometer wird das Elektronenspektr. von ^{144}Ce untersucht. ^{144}Ce (275 Tage) zerfällt in ^{144}Pr (17 Min.), das seinerseits zu stabilem ^{144}Nd zerfällt. Die höchstenerget. β-Gruppe, von der angenommen wird, daß sie mit dem Zerfall von ^{144}Pr verknüpft ist, hat nach der Kurie-Darst. eine Endpunktenergie von $2{,}97 \pm 0{,}02$ MeV. Die Kurie-Darst. liefert zurück bis zu 450 keV eine Gerade, wo eine kleine Abweichung auftritt. Eine größere Abweichung ist bei 310 keV festzustellen. Die letzteren Gruppen lassen sich einer dem ^{144}Ce zugehörigen γ-Strahlung zuordnen. Der höchstwahrscheinliche Zerfallsmodus von ^{144}Pr scheint der Übergang in den Grundzustand von ^{144}Nd unter β-Emission zu sein. (Physic. Rev. [2] **85.** 733. 15/2. 1952; Bull. Amer. physic. Soc. **26.** Nr. 6. 37. 24/10. 1951. Washington Univ.) O. Eckert. 103

G. Scharff-Goldhaber, E. der Mateosian und **J. W. Mihelich,** *Das Zerfallsschema von ^{176m}Lu (Cp).* (Sitzungsbericht.) ^{176m}Cp zerfällt unter Emission von β-Teilchen mit 1 bis 1,2 MeV Maximalenergie u. einer Halbwertszeit von 3,7 Jahren, wogegen der Grundzustand von ^{176}Cp ein β-Spektr. mit einer Maximalenergie von 0,2—0,4 MeV u. eine Halbwertszeit von $2{,}4\cdot 10^{10}$ Jahre besitzt. Mit einem empfindlichen Scintillationsspektrometer wurde nach einer γ-Strahlung von 0,6—1 MeV, die von einem isomeren Übergang von ^{176}Cp herrühren könnte, geforscht. Eine solche γ-Strahlung konnte nicht gefunden werden, was anzeigt, daß die Spindifferenz zwischen Grundzustand u. angeregtem Zustand mindestens 5 ist. Es wurde eine hochkonvertierte $(89 \pm 0{,}5)$ keV-γ-Strahlung bei dem 3,7 Jahre-Cp-Isomer gefunden, die der 1,1 MeV-β-Strahlung mit einer Verzögerung von < 1 μsec folgt. Das K/L-Verhältnis beträgt hierbei $0{,}10 \pm 0{,}06$, was einen E 2-Übergang anzeigt. Spin u. Parität des ersten Anregungszustandes von ^{176}Hf wären somit 2+. β-Strahlung von 1,2 MeV, die unmittelbar in den Grundzustand von ^{176}Hf führt, wurde ebenfalls beobachtet. ^{176m}Cp wird als Spin u. Parität 1+ zugeordnet. (Physic. Rev. [2] **85.** 734. 15/2. 1952; Bull. Amer. physic. Soc. **26.** Nr. 6. 38. 24/10. 1951. Brookhaven Nat. Labor.) O. Eckert. 103

J. H. Carver, R. D. Edge und **D. H. Wilkinson,** *Die Reaktion $^{181}Ta(\gamma, 2n)^{179}Ta$ bei 17,6 MeV und einige Bemerkungen zum Kernphotozerfall.* Vff. untersuchen den Wirkungsquerschnitt der Rkk. ^{181}Ta$(\gamma,n)^{180}$Ta (I) u. ^{181}Ta$(\gamma,2n)^{179}$Ta (II) im Gebiet der Neutronenenergie von 14,6 MeV bzw. 17,6 MeV. Gemessen wird das Verhältnis σ_{II}/σ_I zu $0{,}29 \pm 0{,}11$. Das Konkurrieren von I u. II genügt nicht, um den resonanzartigen Charakter des Absorptionsquerschnittes zu zerstören. Der relativ große Wert für σ_I ist nicht unbedingt verträglich mit der Annahme, daß stets ein Compound-Kern im üblichen Sinne gebildet wird. (Philos. Mag. [7] **44.** 404—24. April 1953. Cambridge, Cavendish Labor.) Weigel. 103

L. B. Magnusson, *Eine Methode zur Isotopentrennung durch (n,γ)-Rückstoß.* Bei Beschuß einer ^{197}Au-Folie mit therm. Neutronen wurden von den entstehenden ^{198}Au-

Kernen nur ca. 0,5% durch Rückstoß bei der γ-Emission aus der Folie emittiert. (Physic. Rev. [2] **81.** 285—86. 15/1. 1951. Chicago, Ill., Argonne Nat. Labor., Chem. Div.) KIRSCHSTEIN. 103

T. C. Randle, J. M. Cassels, T. G. Pickavance und **A. E. Taylor,** *Durch Protonen hoher Energie erzeugte Neutronen.* Es werden die Neutronenenergiespektren von (p, n)-Prozessen an *Be, C, Al* u. *U* bei einer maximalen Protonenenergie von 171 MeV gemessen. Die Beschleunigung der Protonen erfolgte in einem 110 in.-Cyclotron, die zu untersuchenden Substanzen wurden mit einer geeigneten Sonde in die Vakuumkammer des Cyclotrons eingeführt. Zum Nachw. der Neutronen dienten die in Polyäthylen ausgelösten Rückstoßprotonen, die in einer Ionisationskammer, einem C-Absorber u. mit 2 Proportionalzählern registriert wurden. Die gemessenen Energieverteilungen zeigen den gleichen Verlauf. (Philos. Mag. [7] **44.** 425—36. April 1953. Harwell, A.E.R.E.) WEIGEL. 103

I. G. Petrenko, *Anwendung von Isotopen in der Chemie und Technologie der festen Brennstoffe und Gase.* Übersicht über den Mechanismus der Photosynth., den Reaktionsmechanismus der katalyt. KW-stoffsynth. aus CO u. H_2 sowie der CO_2-Red. durch Kohle, die Altersbest. von biol. Material nach dem Geh. an ^{14}C, die Rk. zwischen CO_2 u. CO, die Verteilung von S aus Kohle in den Verkokungsprodd. sowie die Elementaranalyse organ. Verbb. mit Hilfe von Isotopen. (Известия Академии Наук СССР, Отделение Технических Наук [Nachr. Akad. Wiss. UdSSR, Abt. techn. Wiss.] **1953.** 34—38. Jan.) LEBTAG. 105

Jean Govaerts, *Einheiten und relative sowie absolute Meßmethoden bei Arbeiten mit Radioisotopen.* Vf. behandelt rechner. die Frage, wie aus der Zahl der in einem GEIGER-Zähler registrierten Impulse die absol. Intensität einer Strahlenquelle ermittelt werden kann, wobei folgende Faktoren im einzelnen diskutiert werden: Nullwert u. Auflösung des Zählers, Trennung von γ- u. β-Strahlung, Absorption im Strahleneintrittsfenster des Zählers, Diffusion der β-Strahlen in Luft, Rückdiffusion u. Autoabsorption, Wirkungsgrad des Zählers. (J. Radiol. Électrol. Arch. Électr. méd. **32.** 345—50. 1951. Liège.) REUSSE. 112

D. I. Cooper, D. H. Frisch, C. L. Storrs jr. und **C. J. Strumski,** *Ein kleiner elektrostatischer Generator.* (Sitzungsbericht.) Vff. berichten über einen kleinen 1 MeV-VAN DE GRAAFF-Generator, der für Streuverss. Proton–Proton u. Neutron–Proton entwickelt wurde. Ein Gleichstrombogen in einem axialen Magnetfeld dient als Ionenquelle. Ohne Vorbeschleunigung durchlaufen die Ionen das aus dielektr. Material (DK. = 9) gefertigte Beschleunigungssyst. (Druck 10^{-5} mm Hg), das aus Ringen besteht, deren Form so gewählt ist, daß Sekundärelektronen vermieden werden. In einem parallel geschalteten Entladungsrohr werden Elektronen beschleunigt. Aus dem Laufzeitunterschied der Teilchen in beiden Röhren wird die Ionenmasse bestimmt. (Physic. Rev. [2] **79.** 208. 1/7.; Bull. Amer. physic. Soc. **25.** Nr. **3.** 17. **27**/4. 1950. MIT.) REUSSE. 112

Bayard Rankin, John Killeen und **Walter H. Barkas,** *Einige Differentialanalysatormethoden für Bahnprobleme im Cyclotron.* (Sitzungsbericht.) Es werden Verff. zur schnellen Lösung der Bewegungsgleichungen eines geladenen Teilchens in einem axialsymm. Feld mit Hilfe von Differentialanalysatoren angegeben. (Physic. Rev. [2] **85.** 754. 15/2. 1952; Bull. Amer. physic. Soc. **26.** Nr. 8. 6. 27/12. 1951. Berkeley, Calif., Univ. of California.) H. HAUSWALD. 112

K. J. Le Couteur, *Störungen im magnetischen Deflektor von Synchrocyclotronen.* Der Einfl. einer nichtlinearen Änderung des Magnetfeldes ($\sim d^2H/dr^2$) im Synchrocyclotron auf die Leistungsfähigkeit des Deflektors wird näherungsweise berechnet, wobei von der exakten Bewegungsgleichung u. der Berechnung für $d^2H/dr^2 = 0$ ausgegangen wird. Die Ergebnisse geben die Toleranzen für den Feldverlauf u. die wünschenswerte radiale Lage des Deflektors an. (Proc. physic. Soc., Sect. B **66.** 25—32. 1/1. 1953. Liverpool, Univ., Dep. of Theoret. Phys.) WERNER SCHULZ. 112

C. Henderson, F. F. Heymann und **R. E. Jennings,** *Phasenstabilität des Mikrotrons.* Die bei einer stabilen Beschleunigung der Elektronen eines Mikrotrons (Elektronencyclotron) zulässigen Phasen- u. Energieabweichungen von der idealen Resonanzbedingung werden mit Hilfe zweier Methoden für verschied. Spannungen berechnet. Der Einfl. kleiner Änderungen des Magnetfeldes, die Energie u. die Phase der Elektronen nach dem ersten Durchgang werden für verschied. Resonatorspalte u. Spannungen ermittelt. Der Entwurf eines Resonators u. die Betriebsbedingungen für maximale Ausgangsleistung werden diskutiert. (Proc. physic. Soc. Sect. B **66.** 41—49. 1/1. 1953. London, Univ. Coll.) WERNER SCHULZ. 112

G. D. Adams, D. W. Kerst und **C. S. Robinson,** *Praktische Ausführung eines 300 MeV-Betatrons.* (Sitzungsbericht.) Ausbeutemessungen an einem 300 MeV-Betatron ergaben 15000 r/Std. bei einer Startgeschwindigkeit der Elektronen von 40 kV. Innerhalb 12 μsec nach erfolgter Injektion der Elektronen hat sich die Kreisbewegung der Elektronen entwickelt. Die Feldstörungen am Ort der Injektion sind $< \pm 0{,}13$ Gauß, die Feldstabilität beträgt im Inneren des Betatrons $\pm 0{,}15$ Gauß. (Physic. Rev. [2] **79.** 208. 1/7. Bull. Amer. physic. Soc. **25.** Nr. 3. 17. **27/4.** 1950. Univ. of Illinois.) Reusse. 112

W. W. Pratt, F. I. Boley und **R. T. Nichols,** *Ringfokussierung in einem magnetischen Dünnlinsenspektrometer.* (Sitzungsbericht.) Vff. berichten über eine ringförmige Fokussierung für ein β-Spektrometer. Die Fokussierung ergibt eine auf etwa doppelten Wert erhöhte Intensität gegenüber den bisherigen Systemen. (Physic. Rev. [2] **79.** 208. 1/7.; Bull. Amer. physic. Soc. **25.** Nr. 3. 17. 27/4. 1950. Iowa State Coll.) Reusse. 112

Alexander Thomas, *Wie vergleicht man Zähler?* Auf Grund statist. Überlegungen wird ein Gütefaktor für ein Geiger-Müller-Zählrohr abgeleitet u. dessen Abhängigkeit von der Zählempfindlichkeit diskutiert. Für die Auswahl eines Zählrohrs ist die Empfindlichkeit u. nicht der Nulleffekt entscheidend. (Nucleonics **6.** Nr. 2. 50—53. Febr. 1950. Boston, Mass., Tracerlabor. Inc., Phys. and Electron. Res. Div.) H. Hauswald. 112

A. D. Krumbein, *Ein anomaler Effekt bei selbstlöschenden Zählrohren mit Neonfüllung.* Vf. berichtet über Beobachtungen von Geiger-Zählern mit Ne-haltigem Füllgas im Zählbereich. Bei derartigen Füllungen mit einem Geh. von weniger als 0,1% *Äthylacetat* (**I**) oder *Butan* (**II**) liegt der Zählbereich bei relativ hoher Spannung, während schon bei geringerer Spannung am Zählrohr bereits eine kontinuierliche Entladung zündet. Der Effekt ist eine Funktion des Kathodendurchmessers mit einem Maximum bei 0,95 mm, er ist bes. deutlich bei **I**, weniger bei **II**, auch bei *Methan* ist er schwach nachweisbar. Bei Ersatz von Ne durch *Ar* oder *He* tritt er nicht in Erscheinung. (Physic. Rev. [2] **79.** 910. 1/9. 1950. New York, N. Y., New York Univ.) Reusse. 112

J. A. McIntyre und **R. Hofstadter,** *Ein γ-Strahlspektrometer auf der Basis des Compton-Effektes.* (Sitzungsbericht.) Zur Auflsg. von β-Spektren wurde eine Meßanordnung entwickelt, in der als Nachweisorgan ein NaJ(Tl)-Scintillationskristall verwendet wird. Die Energie der prim. γ-Quanten wird mittels Compton-Rückstoßelektronen gemessen, deren Energie aus der Impulshöhe in einem Ein-Kanal-Diskriminator ermittelt wird. Es gelang, mit dieser Anordnung die β-Spektren von ^{60}Co (1,17 u. 1,33 MeV) zu analysieren. (Physic. Rev. [2] **79.** 208. 1/7.; Bull. Amer. physic. Soc. **25.** Nr. 3. 17. April 1950. Princeton Univ.) Reusse. 112

W. Bernstein, H. G. Brewer jr. und **W. Rubinson,** *Ein Proportionalzähler-Röntgenstrahlspektrometer.* Der Entwurf u. die Konstruktion eines Proportionalzählrohres mit Be-Fenster u. eines Verstärkers, der bei einem Impulshöhenverhältnis von 7000 : 1 keine Überladung zeigt, werden beschrieben. Die K-Einfangspektren von ^{55}Fe, ^{135}Ba u. ^{75}Se werden diskutiert. Die Fluorescenzspektren von *Mn, Fe, Ni, Cu, Zn* u. *Zr* bei Anregung mit 17 keV-Röntgenstrahlen zeigen eine Linearität zwischen Energie u. Impulshöhe. (Nucleonics **6.** Nr. 2. 39—45. Febr. 1950. Upton, N. Y., Brookhaven Nat. Labor.) H. Hauswald. 112

Gilbert Barrère, *Theoretische Wirksamkeit der Zähler für Röntgenstrahlen.* Es wurde theoret. die Wirksamkeit von Zählern für Röntgenstrahlen in Abhängigkeit von ihren Dimensionen u. dem Absorptionskoeff. des Füllgases untersucht. Auf Grund dieser theoret. Erkenntnisse wurde ein Zähler gebaut u. seine Wirksamkeit untersucht. (J. Physique Radium **12.** 107—11. Febr. 1951. Paris, Fac. des Sci., Labor. de Chim. phys.) Gottfried. 112

George A. Sawyer, *Unterlagefreie dünne Filme.* Unterlagefreie *SiO*-Filme als Fenstermaterial bei der Messung von Kernreaktionswirkungsquerschnitten wurden dargestellt durch Aufdampfen von SiO auf 20—30 μg/cm² dicke Zaponfilme bei ca. 1700° u. Entfernen des Zaponfilms entweder durch Amylacetat oder besser durch Beschießen mit einem Deuteronenstrahl. Die Dicke des SiO-Films beträgt ca. 100 Atome (8 μg/cm²) u. widersteht einem 3 mm-Hg-Gasdruckdifferential bei einem Scheibendurchmesser von 8 mm bei dem Durchgang von einigen Mikroampere Deuteronen in dem Energiebereich von 30—100 keV. — Orientierende Vorverss. mit Filmen von *LiF* u. MgF_2 ergaben Zerstörung des Films durch einen 0,01 Mikroampere-Deuteronenstrahl. (Rev. sci. Instruments **23.** 604—06. Nov. 1952. Los Alamos, N. Mex., Univ. of California, Sci. Labor.) Gottfried. 112

Richard Herzog, *Neue Aufgaben und Methoden in der Massenspektroskopie.* Übersicht über einige neuere Arbeiten auf dem Gebiet der Massenspektroskopie. Beschreibung der gebräuchlichsten Typen von Massenspektrographen, die der Massenbest. dienen, u. der Massenspektrometer, die zur Häufigkeitsbest. benutzt werden. — 29 Literaturhinweise (Österr. Chemiker-Ztg. **54.** 45—51. Febr. 1953. Wien, Univ., I. Physikal. Inst.) Conrad. 112

A_2. Optisches Verhalten der Materie.

I. Ss. Schklowski, *Das Problem der kosmischen Radiostrahlung.* Übersicht; die galakt. Radiostrahlung besteht aus zwei Komponenten, wovon die 1. durch interstellares ionisiertes Gas, die 2. durch die Bremsstrahlung relativist. Elektronen in interstellaren Magnetfeldern bedingt ist. (Астрономический Журнал [Astronom. J.] **30.** 15—36. Jan./Febr. 1953. Astronom. Sternberg-Inst.) AMBERGER. 113

Paul W. Merrill, *Das vor dem Minimum liegende Spektrum von R Leonis.* In einer Tabelle sind die Intensitäten von verschied. Gruppen heller Linien von R Leonis C 94211 zusammengestellt. Die *Fe II*-Linien erscheinen im Minimum am stärksten u. werden möglicherweise mit konstanter Helligkeit während des ganzen Cyclus ausgesandt. Ferner wird das Verh. der anomal verschobenen hellen Linien des *Ca II* beschrieben. Bei *Ca I* $\lambda = 4227$ Å zeigt sich eine asymm. Emission. Die Emission in den *Al I*-Linien $\lambda = 3944$ Å u. $\lambda = 3961$ Å ist weniger verschoben. Die H- u. Fe II-Linien zeigen außen vom Stern eine leichte Beschleunigung, während die Linien der neutralen Metalle Beschleunigungen in entgegengesetzter Richtung besitzen. (Astrophysic. J. **116.** 337—43. Sept. 1952. Mount Wilson and Palomar Obs., Carnegie Inst. of Washington, California Inst. of Technol.) D. HAHN. 113

Su-shu Huang und **Otto Struve,** *Die Kurve der Linienbreitebeziehung und die Doppler-Geschwindigkeiten in Sternenatmosphären.* 1. Mitt. *Delta canis majoris.* Vff. bringen eine neue Meth. zur Unters. der DOPPLER-Geschwindigkeiten in Sternenatmosphären, die sich auf eine Beziehung zwischen den äquivalenten Breiten u. den Halbwertsbreiten der Absorptionslinien stützt, u. finden bei Unterss. der *Fe I*-Linien von δ Canis Majoris, daß die Wirbelgeschwindigkeiten von großen Wirbeln prakt. konstant sind hinsichtlich der Stärke der Absorptionslinien u. daß die der kleinen Wirbel sehr schnell mit dem Anwachsen der Linienintensität zunimmt. (Astrophysic. J. **116.** 410—21. Sept. 1952. Univ. of California, Berkeley Astronom. Dep.) D. HAHN. 113

Maurice Dufay, *Die verbotene Linie ^4S—^2D des neutralen Stickstoffatoms in den Spektren des Nachthimmels und der Abenddämmerung.* Es wurde spektrograph. im Sommer die Linie 5199 Å am Ende der Dämmerung u. in den ersten Nachtstunden festgestellt, während sie niemals im Winter, auch bei langen Aufnahmezeiten nicht, auf den Platten gefunden werden konnte. Es wird ein möglicher Anregungsmechanismus diskutiert, u. zwar durch Absorption der Sonnenstrahlung der Wellenlänge 3466 Å; die ^{4}S-Atome können auf das Niveau ^{2}P gehoben werden u. fallen dann wieder in das n. Niveau, u. zwar unter Emission der Strahlen 10406 Å u. 5199 Å. (C. R. hebd. Séances Acad. Sci. **233.** 419—21. 30/7. 1951.) GOTTFRIED. 113

Gilbert Barrère, *Neue Emissionen in den Röntgenspektren von Wolfram und Quecksilber.* Vf. beobachtete in dem L-Spektr. von *W* bei einer Anregungsspannung von 400000 V eine neue Satellitenlinie von L_γ, die er mit L'_γ bezeichnet u. die bei 1090,5 kX auftritt; sie liegt damit um ca. 6 kX von L_γ nach tieferen Frequenzen zu. — Bei Unterss. des Spektr. von Au, das Hg als Verunreinigung enthielt, konnte der Vf. bei einer Anregungsspannung von 140000 V einige **K**-Linien des *Hg* ausmessen. Er fand für $K\alpha$ 174,7 $\pm$0,15 kX, für $K\alpha_2$ 179,8 kX, für $K\beta_5$ 153,1 $\pm$0,2 kX u. für $K\beta_2$ 149,9 $\pm$0,2 kX. Außer $K\alpha_2$, die sich von $K\alpha_1$ von Au, auch in 4. Ordnung, nicht unterscheidet, wurden die anderen Linien direkt vermessen. Aus den Daten ergab sich für das **K**-Niveau des Hg ein Wert von 6122 $\pm$6 (r/R). (C. R. hebd. Séances Acad. Sci. **233.** 376—77. 30/7. 1951.) GOTTFRIED. 116

J. H. Taylor, W. S. Benedict und **J. Strong,** *Infrarotspektren von H_2O und CO_2 bei 500°.* Es wird eine App. mit einer emaillierten Absorptionszelle von einer Länge von ca. 3 m mit Quarzfenster zur Messung der Infrarotabsorption im Gebiet 4—25 μ bei Tempp. bis 500° für CO_2 u. H_2O-Dampf beschrieben. Als Lichtquelle dient ein wassergekühlter Kohlebogen, zur Zerlegung des Lichtes werden Prismen- u. Gitterspektrographen (Auflösungsvermögen ca. 2 cm^{-1}) benutzt. Im Gebiet 25—17 μ wird die Absorption von Luft mit Wasserdampf bei 500° sehr intensiv, u. eine Reihe neuer Linien im Rotationsspektr. treten auf. Zusatz von überhitztem Dampf genügt, um über den größten Teil dieses Gebietes Undurchsichtigkeit hervorzurufen. Die 6 μ-Schwingungsbande des H_2O bei Raumtemp. sowie die 3,1 u. 2,7 μ-Rotationsschwingungsbanden werden bei 500° stark verbreitert. Auch die Absorption des atmosphär. CO_2 wird bes. an den Flanken der 15 μ- u. 4,3 μ-Banden bei hohen Tempp. verstärkt, u. neue Banden am stärksten im Gebiet 540—870 cm^{-1} (Übergänge von höheren Zuständen in ν_2) u. im Gebiet der Differenzbanden (ν_3—ν_1) bei 10 μ u. 5 μ (ν_1—ν_2) beobachtet. Ausführliche Zusammenstellung u. Klassifizierung der einzelnen Banden u. der neu identifizierten Energieniveaus des H_2O u. CO_2. (J. chem. Physics **20.** 1884—98. Dez. 1952. Baltimore, Md., Johns Hopkins Univ.) RUDOLPH. 120

Alvin H. Nielsen und **P. J. H. Woltz,** *Das Infrarotspektrum von Chlordioxyd.* Die Infrarotabsorption von gasförmigem ClO_2 im Gebiet 2—40 μ wird mittels Prismen- u. Gitterspektrographen gemessen. Es werden 4 neue Banden mit dem Schwergewicht bei 290, 445, 2215 u. 2473 cm^{-1} gefunden, die mit Ausnahme der ersten als Terme der drei Grundschwingungen interpretiert werden können. Die 290 cm^{-1}-Bande ist möglicherweise einer Polymerisation des ClO_2 zuzuschreiben. Die intensive 445 cm^{-1}-Bande, die einer Deformationsschwingung zuzuschreiben ist, ist ein Dublett mit Rotationslinien ($\Delta\nu = 3{,}5\ cm^{-1}$) auf der R-Seite der Bande. Auch andere Banden zeigen Rotationsstruktur mit nahezu den gleichen Abständen. Aus der aufgelösten Rotationsstruktur von ν_1, $2\,\nu_1$ u. ν_2 werden mit einem Abstand r(Cl—O) = 1,49 Å u. einem Valenzwinkel von 118,5° die Trägheitsmomente $I_A = 16{,}09 \cdot 10^{-40}$, $I_B = 86{,}34 \cdot 10^{-40}$ u. $I_C = 102{,}43 \cdot 10^{-40}\ g \cdot cm^2$ berechnet. (J. chem. Physics **20.** 1878—83. Dez. 1952. Oak Ridge, Tenn., Carbid and Carbon Chem. Comp., K-25-Labor., u. Knoxville, Univ.) RUDOLPH. 120

H. B. Briggs und **R. C. Fletcher,** *Neue Infrarotabsorptionsbanden in Germanium vom p-Typ.* Für verschied. *Ge*-Proben vom p-Typ wurde zwischen 2 u. 25 μ die Absorption gemessen. In allen Fällen tritt zwischen 3,4 u. 4,7 μ eine Absorptionsbande auf, deren Stärke proportional der Leitfähigkeit der Proben ist. Beim Übergang zum n-Typ verschwinden die Banden. Aus den Verss. folgt, daß die Erscheinung durch die freien Leerstellen im Ge bedingt ist u. daß die Absorptionsstärke proportional der Konz. dieser Stellen ist. Für den Wirkungsquerschnitt des Photoneneinfanges ergibt sich ein Wert, der um Größenordnungen größer ist als der nach der klass. Theorie berechnete. (Physic. Rev. [2] **87.** 1130—31. 15/9. 1952. Murray Hill, N. J., Bell Telephone Labor.) FUCHS. 120

John J. Oberly und **George Weiner,** *Infrarotreflexionsspektren von Phosphaten und Arsenaten.* Die Infrarotreflexionsspektren (9000—430 cm^{-1}) werden für KH_2PO_4, $NH_4H_2PO_4$, KH_2AsO_4 u. $NH_4H_2AsO_4$ bei Tempp. über u. unter dem CURIE-Punkt gemessen, um 1. die Symmetrie der Umgebung des P- bzw. As-Atoms zu bestimmen, 2. die 4 Grundschwingungen des Arsenations (die in Lsg. nicht gefunden wurden) festzulegen u. soweit möglich 3. die den H-Atomen zugehörigen Schwingungen zu identifizieren. Auf Grund der Messungen scheint die Ionenkonfiguration XO_4 oder H_2XO_4 (X = As oder P) das Symmetrieelement S_4 zu enthalten u. daher von der Symmetrie T_d zu sein. Das H_2XO_4-Ion kann dann näherungsweise als 5-Teilchen-Syst. $XO_2(OH)_2$ angesehen werden. Bei tiefer Temp. werden die Banden enger u. nach höheren Frequenzen verschoben. Es wird stärkerer Übergang von H- zu OH-Bindung vermutet. (J. chem. Physics **20.** 740—41. April 1952. Washington, D. C., Nav. Res. Labor., Metallurgy Div., Crystal Branch u. New York Univ., Washington Square Coll., Chem. Labor.) RUDOLPH. 120

W. Paul und **R. V. Jones,** *Absorptionsspektren von Bleisulfid bei verschiedenen Temperaturen.* Vff. untersuchen die Photoleitfähigkeit dünner PbS-Filme u. nehmen ihre Absorptionsspektren zwischen 1 u. 10 μ auf. Es tritt in diesem Bereich eine scharfe Abnahme des Absorptionskoeff. bei einer Wellenlänge auf, die an der Grenze der Photoleitfähigkeit liegt. In vielen *Galenit*-Kristallen besteht eine zusätzliche Absorption, die die scharfe Absorptionskante verdeckt. Absorptionskante u. Photoleitfähigkeitsgrenze wechseln ihre Lage mit der Temperatur. Das Verhältnis der Kantenverschiebung beträgt $+3{,}7 \cdot 10^{-4}$ eV/° K zwischen 90 u. 400° K, u. die Verschiebung ist entgegengesetzt der in *Si* u. *Ge* beobachteten. Bei längeren Wellenlängen wächst der Absorptionskoeff. mit dem Quadrat der Wellenlänge. Hier stimmen berechneter u. gemessener Wert nicht überein. (Proc. physic. Soc., Sect. B **66.** 194—200. 1/3. 1953. Aberdeen, Univ., Dep. of Nat. Phil.) D. HAHN. 120

O. Theimer, *Der Raman-Effekt erster Ordnung in Kristallen, insbesondere im Diamanten.* Die BORN-BRADBURNsche Theorie der RAMAN-Streuung von Kristallen (Proc. Roy. Soc. [London], Ser. A **188.** [1947.] 161) wird auf den Fall ausgedehnt, daß die Wellenlänge des Primärlichtes nicht mehr, wie bei BORN u. BRADBURN, groß gegenüber den Kristalldimensionen ist. Die Nutzanwendung auf die BRILLOUIN-Komponenten des Streulichtes von Diamant, die als RAMAN-Streuung an den elast. Wellen im Kristall aufgefaßt werden, u. auf die RAMAN-Linie 1332 cm^{-1} führt zu befriedigender Übereinstimmung mit den Intensitätsmessungen von KRISHNAN (Proc. Indian Acad. Sci. A **26.** [1947.] 399). (Proc. physic. Soc., Sect. A **64.** 1012—30. 1/11. 1951. Edinburgh, Univ., Dep. of Math. Phys.) TELTOW. 120

Jean-Paul Mathieu und **Lucienne Couture-Mathieu,** *Raman-Spektrum eines Einkristalls von saurem Kaliumfluorid.* Im RAMAN-Spektr. eines Einkristalles von $K^+[FHF]^-$ werden neben einem Dublett bei 600 cm^{-1} noch zwei Linien mit niederen Frequenzen beobachtet. Durch Best. des Polarisationszustandes der Linien in verschied. Achsenrichtungen gelingt eine Ausdeutung des Dubletts als eine durch Kupplung der beiden in der Einheitszelle befindlichen sauren Fluoridionen hervorgerufene Aufspaltung der symm. Schwingung dieses Ions. Es folgt eine krit. Besprechung theoret. Überlegungen u. experimenteller Befunde über die beiden anderen Schwingungen dieses Ions. (C. R. hebd. Séances Acad. Sci. **230.** 1054—56. 13/3. 1950.) GOUBEAU. 120

G. A. W. Rutgers, *Die zweite Strahlungskonstante in der Planckschen Strahlungsformel.* 2. Mitt. (1. vgl. Physica **15.** [1949.] 985.) Die spektrale Strahlungsintensität des schwarzen Körpers am F. von Au (1063°) wird im Gebiet von 0,5—1,0 μ nach der l. c. beschriebenen Meth. gemessen. Hier wird aber statt der Metalldampflampe eine Glühlampe mit Farbfiltern zur Beleuchtung des Vergleichsschirmes benutzt. c_2 wird zu 1,436 $\pm$ 0,0015 cm·Grad bestimmt in zufriedenstellender Übereinstimmung mit dem in der internationalen Temperaturskala von 1948 angenommenen Wert. (Physica **17.** 137—48. Febr. 1951. Arnheim, N. V. KEMA, Res. Dep.) LINDBERG. 122

W. A. Florinskaja und **R. Ss. Petschenkina,** *Durchlässigkeitsspektren dünner Silicatglasschichten im Infrarot.* Vff. messen im Bereich 6—14 μ die Durchlässigkeitsspektren (Kurven) der Flintgläser *F-1, TF-1, TF-3, TF-5* u. *TF-7* russ. Herst., der Kronggläser *K-8, BK-10, TK-5,* von *33, Mol-% Na_2O, 66,7% SiO_2* u. bes. von 2komponentigen *Bleisilicat*-Gläsern mit 23—69 (Mol-) % *PbO.* Bei Steigerung des PbO-Geh. von 23 auf 60% verschiebt sich das Absorptionsmaximum von 9,5 auf 11,1 μ; bei weiterer Steigerung hört die Verschiebung auf, was auf völlige Zerstörung der Polymerisation der SiO_4-Tetraeder schließen läßt. Das zweite, schwächere Maximum verschiebt sich bei Steigerung des PbO-Geh. von 12,8 auf 13,05 μ u. verschwindet oberhalb 60 Mol-% PbO. (Доклады Академии Наук СССР [Ber. Akad. Wiss. UdSSR] [N. S.] **89.** 37—40. 1/3. 1953.) AMBERGER. 122

W. A. Florinskaja, *Reflexionsspektren von gewöhnlichen und entglasten Bleigläsern im Infrarot.* (Vgl. vorst. Ref.) Vf. mißt mit einem Spiegelmonochromator mit 60°-Steinsalzprisma u. Thermosäule im Bereich ca. 7—13 μ die Reflexionsspektren 2komponentiger Bleisilicatgläser mit 21—71 (Mol-) % PbO. Für PbO-Gehh. $\leq$35% betrug die Kristallisationstemp. der Gläser 870°, $>$35% 620°. Das 21% PbO-Glas konnte auch bei 870° nicht zur Kristallisation gebracht werden. Fast alle Reflexionsmaxima der entglasten Gläser sind auch im Ausgangsmaterial vertreten u. umgekehrt. Die einfachsten Spektren ergeben sich für Gläser SiO_2 : PbO $\approx$ 1 : 2, die, für Pb-Orthosilicat charakterist., ein Hauptmaximum bei 11,3 u. Nebenmaxima bei 10,6 u. 9,6 μ aufweisen. Mit abnehmendem PbO-Geh. treten zunehmend die für Pb-Metasilicat charakterist. Reflexionsfrequenzen 9,8; 10,6; 11,03; 11,3 u. 11,8 μ auf. Die Ggw. von Cristobalit im 50%-PbO-Glas weist auf eine teilweise Dissoziation des Pb-Silicats. Bei Gläsern dieser Zus. tritt Quarz in zwei Modifikationen auf. Die Reflexionskurve von opt. Flint mit 35% PbO, 257 Std. bei 870° geglüht, weist keine Anzeichen einer Entglasung auf; ihre Maxima u. Minima stimmen gut mit dem des 2komponentigen, bei der gleichen Temp. geglühten, entglasten 35%ig. PbO-Glases überein. Das gleiche Flintglas bei 620, 495 u. 448° geglüht, weist die gleichen Maxima u. Minima auf, jedoch schwächer ausgeprägt. (Доклады Академии Наук СССР [Ber. Akad. Wiss. UdSSR] [N. S.] **89.** 261—64. 11/3. 1953.) AMBERGER. 122

Vic Twersky, *Mehrfach gestreute Reflexion an einer streifenförmigen Oberfläche.* (Sitzungsbericht.) Die früher abgeleitete allg. Lösung für die Mehrfachstreuung einer ebenen elektromagnet. Welle durch parallele Zylinder wird auf eine beliebige Anordnung prismat. Gebilde, die auf einer vollkommen leitenden Oberfläche liegen, angewandt. Wenn der Zwischenraum groß gegen Wellenlänge u. Hindernis ist, sind die Mehrfachstreueffekte für parallel zum Hindernis polarisiertes Licht bei allen Einfallswinkeln zu vernachlässigen. Für senkrecht polarisiertes Licht sind sie merklich bei großen Einfallswinkeln. Für unbegrenzte Verteilung u. streifenden Einfall wird jede Polarisationskomponente der reflektierten Welle zu einer ebenen Welle red., die sich von der einfallenden nur durch den Phasenfaktor π unterscheidet. (Physic. Rev. [2] **86.** 586. 15/5.; Bull. Amer. physic. Soc. **27.** Nr. 1. 11. 31/1. 1952. New York, N. Y., Univ.) LINDBERG. 122

T. Radhakrishnan und **G. N. Ramachandran,** *Die Dispersionsformeln der festen Körper.* Vf. zeigt an Hand von experimentellen Daten über die Berechnung u. Absorption von Kristallen (Kochsalz, Sylvin, Flußspat, Quarz), daß sie sich besser durch die Dispersionsformeln von SELLMEIER-DRUDE als die von LORENTZ-LORENZ erklären lassen. (Rev. Opt. théor. instrument. **32.** 65—72. Febr. 1953. Bangalore, Indian Inst. of Sci., Dep. of Phys.) GOTTFRIED. 122

Farrington Daniels, Charles A. Boyd und **Donald F. Saunders,** *Thermolumineszenz als Forschungsmittel.* Glow-Kurven, die eigentlich zur Unters. des Störstellenenergiespektr. in Leuchtstoffen dienen, lassen sich indirekt für andere Probleme verwenden. So z. B. zur Dosimetrie (von γ-Strahlen mit LiF), zur Identifikation u. Kontrolle (etwa des Eisengeh. von Glas, der Verunreinigungen von Kalkstein oder keram. Materialien), zur Charakterisierung von Katalysatoren für die heterogene Katalyse, zur Unters. von Gesteinen auf Geh. an radioakt. Substanzen (eine sehr große Zahl natürlicher Sediment- u. Eruptivgesteine ist ohne vorherige künstliche Erregung thermoluminescent!) u. zur Unters. gewisser geolog. Probleme (Altersbest., Lagerstättenkunde). (Science [Washington] **117.** 343—49. 3/4. 1953. Madison, Wis., Univ., Dep. of Chem.) Brauer. 125

W. M. Jones, *Luminescenzverhalten in Tritiumoxyd.* Festes T_2O zeigt eine Luminescenz, die durch die Tritiumradioaktivität erregt wird. T_2O-Proben wurden durch Überleiten von 99%ig. T_2 über CuO u. Kondensation in einem Quarzrohr hergestellt u. bei 76° K die spektrale Verteilung des Emissionslichtes mit einem Quarzspektrographen u. Multiplier mit Registriereinrichtung aufgenommen. Die Emission erstreckt sich von 3600—6500 Å, mit breitem Maximum um 5500 Å. Wenn T_2O in Form von W. oder Eis in das Dewar-Gefäß von 76° K eingebracht wird, steigt die Intensität bei jeder Wellenlänge schnell auf einen Maximalwert u. fällt dann langsam auf einen Grenzwert. Das Verh. ist bei wiederholter Abkühlung nach Erwärmen reversibel. Eine „glow"-Erscheinung bei Erwärmen mit verschied. Geschwindigkeiten ist nicht beobachtbar. Daß es sich tatsächlich um eine Luminescenz von T_2O u. nicht von Verunreinigungen handelt, wird durch Verss. mit bes. rein dargestelltem T_2O gezeigt. (J. chem. Physics **20.** 1974. Dez. 1952. Los Alamos, N. Mex., Univ. of California, Los Alamos Scient. Labor.) Rudolph. 125

André Finkelstein, *Energieübertragung zwischen aktivem Stickstoff und Natrium, Kalium und Antimon.* Zers. man *Ag-Azid* im Vakuum in Ggw. von Alkalimetalldämpfen, so tritt UV-Fluorescenz auf, die mittels Cu-Jodid/alkoh. Photozähler nachgewiesen werden kann. Bei einem Na-Dampfdruck von 10^{-2} mm bei 272° wird eine 4 mal stärkere Emission als mit AgN_3 allein u. beim Wegführen der Na-Keime durch einen kräftigen N_2-Strom, also bei sehr niedrigem Druck, eine 12 mal stärkere Emission beobachtet (die größere Emission im letzteren Fall wird mit Absorption durch Na-Atome, andererseits mit Bldg. von Na-Moll. erklärt); es erfolgt also Anregung des Na u. Wiederaussendung von Fluorescenz. — Mit K ist die Emission kleiner als die des AgN_3 allein, vermutlich infolge Reabsorption, da eine Anregung des K durch akt. N wahrscheinlich ist. — Von Sb, das bei der Versuchstemp. einen Dampfdruck von weniger als 10^{-4} mm hat, genügt der Partialdruck von 200 mg, um die Emission des AgN_3 auszulöschen; wenn man aber mit nur 2 mg Sb arbeitet, wird eine 3 mal stärkere Fluorescenz als mit AgN_3 erreicht. Im Beobachtungsbereich sind die wichtigsten Linien des Sb bei 2068, 2176, 2311 u. 2598 Å, die beiden ersteren sind Resonanzlinien mit starker Umkehrung; damit ist die starke Absorption des Sb-Dampfes in diesem Gebiet zu erklären. (C. R. hebd. Séances Acad. Sci. **231.** 341—42. 31/7. 1950.) v. Dechend. 125

William H. Duerig und **Jordan J. Markham,** *Verfärbungsgeschwindigkeit von KCl und KBr während Röntgenbestrahlung bei 78° K.* (Sitzungsbericht.) Zwecks Klärung der Natur der Störstellen, die für die Bldg. von Farbzentrenbanden (F-, F'-, V_0-, V_1-, V_2-Banden) bei Röntgenbestrahlung von KCl u. KBr verantwortlich sind, werden die Entstehungsgeschwindigkeit der Banden bei Bestrahlung bei —78° K, 1. wenn der Kristall im Dunkeln ist u. 2. unter Einw. von K'-Licht steht, gemessen. (Physic. Rev. [2] **89.** 900—01. 15/2. 1953. Johns Hopkins Univ., Appl. Phys. Labor.) Rudolph. 125

James H. Schulman, Robert J. Ginther und **Russell D. Kirk,** *Verstärkung der durch Röntgenbestrahlung erzeugten Absorptionsbanden in Erdalkaliverbindungen.* Von der Überlegung ausgehend, daß Zusätze einwertiger Kationen zu den Halogeniden u. Sulfaten der Erdalkalien die Konz. der Anionenleerstellen im Gitter erhöhen u. damit auch die — an sich geringe — Verfärbbarkeit der Erdalkalihalogenide durch Röntgenbestrahlung (F-Zentrenbldg.) steigern müßte, werden Absorptions- u. Reflexionsmessungen zwischen 220 u. 700 mμ vor u. nach Röntgenbestrahlung ausgeführt an: 1. ungeglühtem u. (bei 1200°) geglühtem *CaF_2* sowie CaF_2 mit 0,1 Mol-% *NaF*, 2. *$SrSO_4$* (bei 1050° geglüht) u. *$SrSO_4$* mit 0,01—1,0 Mol-% *Na_2SO_4* oder *K_2SO_4*. In beiden Fällen wird bei Ggw. der Alkaliionen die Verfärbbarkeit der Erdalkaliverbb. beträchtlich erhöht. Diese die F-Zentrenbldg. sensibilisierende Wrkg. der Alkaliionen wird — entsprechend der Erwartung — bei den Sulfaten durch gleichzeitige Ggw. dreiwertiger Kationen, z. B. La^{3+}, Ce^{3+} oder Sm^{3+}, sowie durch einwertige Anionen wie Cl' oder F' wieder aufgehoben. (J. chem. Physics **20.** 1966—67. Dez. 1952. Washington, D. C., Naval Res. Labor., Metallurgy Div., Crystal Branch.) Rudolph. 125

Pierre Leuba und **Jean-Pierre Anthony,** *Untersuchung des Zinksulfidleuchtens bei α-Strahlanregung mit Hilfe eines Elektronenvervielfachers.* Die Messungen der Dauer u. des Verlaufs der Spannungsimpulse eines Elektronenvervielfachers, dessen Kathode

die Scintillationen eines α-Strahl-erregten ZnS·Ag-Phosphors empfängt, ergeben unter rechner. Berücksichtigung von Raumladungserscheinungen des Vervielfachers, für den Scintillationsimpuls einen sehr schnellen Intensitätsanstieg u. einen langsameren exponentiellen Abfall mit einer Zeitkonstante von ca. $2 \cdot 10^{-6}$ Sek. für die Intensitätsabnahme auf die Hälfte. (C. R. hebd. Séances Acad. Sci. **236.** 374—77. 26/1. 1953.)
RUDOLPH. 125

C. W. Jerome und **W. C. Gungle,** *Elektrische Messungen an Elektrolumineszenzlampen mit ZnS-Leuchtstoffen.* Aufleuchten des ZnS-Leuchtstoffes erfolgt nur bei Wechsel des elektr. Feldes. Messungen bei variierter Spannung u. Frequenz des Feldes ergaben, daß der dielektr. Verlustfaktor der Lampe mit der Spannung wegen Vorhandenseins eines nichtohmschen Leitungsstromes wächst, wobei der Lichtstrom weniger als proportional mit dem elektr. Verlust im Phosphor ansteigt. Eine Abnahme der Lichtausbeute mit der Zeit verschwindet nach Red. auf gleiche Verluste. Mit wachsender Feldfrequenz wächst die Lichtausbeute um dann (bei mehreren tausend Hertz) Beginn einer Sättigung zu zeigen; die Emissionsfarbe wird kürzerwellig. Dies ist eine Folge der Frequenzabhängigkeit der dielektr. Verluste u. der Relaxationszeit des Strahlungsempfängers. (J. electrochem. Soc. **100.** 34—38. Jan. 1953. Salem, Mass., Sylvania Electr. Prod. Inc.) BRAUER. 125

P. H. Dowling und **J. R. Sewell,** *Sättigungs- und Spannungseffekte bei Kathodolumineszenz.* An $Zn_2SiO_4 \cdot Mn$ wurden Ausbeute, Sättigung u. Helligkeitsspannungsabhängigkeit mit der Aktivatorkonz. u. der Absorption des Kathodenstrahls durch den Kristall in Verbindung gebracht. Die Helligkeit ist der Beschleunigungsspannung proportional, doch stört bei Spannungen von wenigen kV eine 150 Å dicke tote Schicht an der Kristalloberfläche. Die Energie des Kathodenstrahles klingt längs des Eindringweges exponentiell ab; dabei ist zwischen 1 u. 10 kV die Abklingkonstante der Strahlspannung proportional; oberhalb 10 kV wächst sie überproportional. Die Helligkeit wächst logarithm. mit der Stromdichte. Die Stromdichte, die bei der Sättigung bemerkbar wird, wächst oberhalb 10 kV mit der Spannung, während die unterhalb 10 kV prakt. konstant ist. Der Anteil der Mn-Ionen, die wirklich als Leuchtzentrum akt. sind, nimmt mit wachsendem Mn-Geh. ab. (J. electrochem. Soc. **100.** 22—33. Jan. 1953. Irvington-on-Hudson, N. Y., Philips Labor. Inc.) BRAUER. 125

A₃. Elektrizität. Magnetismus. Elektrochemie.

G. L. Natansson, *Symmetrische Elektrisierung von Tropfen bei der mechanischen Zerstäubung von Flüssigkeiten.* Es wird experimentell die Elektrisierung von Tropfen bei mechan. Zerstäubung in Abhängigkeit von der Ionenkonz. in der Fl. (10^{-7} bis 1 Mol/Liter) u. vom Tropfenradius (0,5—2 μ) untersucht. Die Ergebnisse werden nach den Gesichtspunkten des Strömungsmechanismus bei der Entstehung der Tropfenladung beurteilt. Die untersuchten Stoffe waren: *Tetraisoamylammoniumjodid* in Ricinusöl; *Triisobutylammoniumpikrat* in Trikresylphosphat; *KCl* in 75% Glycerin–W.-Gemisch u. in Glycerin. (Журнал Физической Химии [J. physik. Chem.] **25.** 779—90. Juli 1951. Moskau, Physik.-Chem. Karpow-Inst.) A. KUNZE. 130

A. I. Achijeser und **G. Ja. Ljubarski,** *Zur nichtlinearen Theorie der Schwingungen des Elektronenplasma.* Es werden die longitudinalen Schwingungen im uneingeschränkten Plasma bei absol. Null als bes. vereinfachter Fall theoret. berechnet. In diesem Fall wird der Zustand des Plasmas durch die Elektronendichte charakterisiert u. die Geschwindigkeit der Elektronen aus der kinet. Gleichung ermittelt. (Доклады Академии Наук СССР [Ber. Akad. Wiss. UdSSR] [N. S.] **80.** 193—95. 11/9. 1951.)
A. KUNZE. 131

Ss. M. Rytow, *Streuung am geladenen Faden.* Berechnung der Bahn eines Elektrons im Felde eines unendlich langen, elektrostat. aufgeladenen Fadens. (Журнал Экспериментальной и Теоретической Физики [J. exp. theoret. Physik] **22.** 510—11. April 1952. Physikal. Lebedew-Inst. der Akad. der Wiss. der UdSSR.) LENZ. 131

A. A. Saitzew, *Autooscillationsvorgänge und wandernde Schichten in Entladungen.* Die Unters. in einer Gasentladungsröhre von 1,7 cm Durchmesser u. 1,74 mm Hg-Säule zeigte einen engen Zusammenhang zwischen stationären u. wandernden Schichten in der Entladung in bezug auf die auftretenden Schwingungen. Die Frequenzbereiche der Autooscillationsvorgänge werden in Abhängigkeit von den Parametern der Entladung dargestellt. (Доклады Академии Наук СССР [Ber. Akad. Wiss. UdSSR] [N. S.] **84.** 41—44. 1/5. 1952. Moskau, Lomonossow-Univ., Physikal. Inst.) A. KUNZE. 131

K. R. More, R. H. Chow, J. K. Kinnear und **S. B. Woods,** *Hochfrequenzionenquelle für einen elektrostatischen Generator.* (Sitzungsbericht.) In einer elektrodenlosen Hochfrequenzentladung im Innern eines Pyrexrohres werden H^+-Ionen erzeugt. Die Frequenz beträgt 200 MHz. Mittels eines axialen Magnetfeldes werden die Ionen gebündelt u. durch äußere Elektroden in ein Vorbeschleunigungsfeld geführt. Die durch eine Kanalblende fließenden Ionen werden dann in einem elektrostat. Feld von 50 kV beschleunigt, bevor sie in das endgültige Beschleunigungsrohr eintreten. Bei einem Gasverbrauch von 15 cm^3 pro Std. wurden Ionenströme aus 800 μA erzeugt, die zu 45% aus Protonen bestanden. (Physic. Rev. [2] **79**. 208. 1/7.; Bull. Amer. physic. Soc. **25**. Nr. 3. 17. April 1950. Univ. of Brit. Columbia.) Reusse. 131

H. R. Davidson, *Dipolmomente und Molekülstruktur.* Kurze Übersicht über die theoret. Grundvorstellungen, über die Messung von DKK., über die Berechnung der Dipolmomente u. über deren Zusammenhang mit der Molekülstruktur. (J. chem. Educat. **27**. 598—603. Nov. 1950. Easton, Gen. Anilin Corp.) K. L. Wolf. 132

H. Fricke, *Die dielektrischen Eigenschaften von Zweikörpersystemen.* Eine von Fricke zur Darst. der Abhängigkeit der DK. bzw. der Leitfähigkeit von Suspensionen von der Konz. angegebene theoret. Formel erweist sich auch dann als gültig, wenn die DK. bzw. Leitfähigkeit komplex ist. Anwendungen dieser Verallgemeinerung auf biolog. Systeme werden besprochen. (Experientia [Basel] **8**. 376—77. 15/10. 1952. Cold Spring Harbor, N. Y., Biol. Labor., Walter B. James Labor. of Biophys.) K. L. Wolf. 132

T. F. Hueter, *Ein von der Temperatur unabhängiger Impedanzpunkt bei Frequenzkurven von Bariumtitanatschwingern.* Bei der Unters. der Temperaturabhängigkeit von Bariumtitanatschwingern wurde gefunden, daß für ein u. dasselbe Exemplar alle Frequenzkurven durch einen Punkt gehen. Das heißt, daß es für diesen Schwinger eine krit. Frequenz gibt, bei der die Eingangsimpedanz unabhängig von der Temp. ist. Eine Erklärung für diese Erscheinung konnte nicht gefunden werden, jedoch dürfte sie für die prakt. Anwendung dieser Schwinger von Bedeutung sein. (J. acoust. Soc. America **25**. 152. Jan. 1953. Cambridge, Mass., Massachusetts Inst. of Technol.) Hagemann. 132

E. P. Gross, *Effektive Elektronenmasse in polaren Kristallen.* Mit Hilfe der Fockschen Gleichungen wird die effektive Elektronenmasse auch für die Fälle näherungsweise bestimmt, in denen Quantenterme >1 in der Wellenfunktion auftreten. Für Kristalle, bei denen die Wechselwirkungskräfte halb so groß sind wie bei den *Alkalihalogeniden*, ist die effektive Elektronenmasse ca. 5. Bei den Alkalihalogeniden scheint die effektive M. sehr groß zu sein u. dem Wert (400) der halbklass. Berechnung zu entsprechen. (Physic. Rev. [2] **88**. 153—54. 1/10. 1952. Cambridge, Mass., Inst. of Technol.) Gans. 135

R. W. Wright, *Der Einfluß der mittleren freien Weglänge von Elektronen auf die elektrischen Eigenschaften von Nichtmetallen.* Nach der Lorentz-Sommerfeldschen Theorie hängen elektr. Leitfähigkeit, Thermokraft, Hall-Spannung, Widerstandsänderung im Magnetfeld u. die nach Nernst, Ettinghausen u. Righi-Leduc benannten galvanomagnet. Effekte von der Art des Materials, d. h. von der mittleren freien Weglänge der Elektronen in ihm ab. Für diese liegen neuere Ansätze von Wilson, Mott u. Fröhlich, Davydov u. Schmushkevitch, Shifrin u. Wright vor. Vf. wertet die Koeffizienten der genannten Effekte in Abhängigkeit vom red. chem. Potential der Elektronen aus, bes. im Hinblick auf Halbleiter u. sogenannte „impurity metals" (mit konstanter Elektronenkonz. infolge Fremdzusatz oder nichtstöchiometr. Zus., z. B. CdO). Die Ergebnisse werden mit experimentellen Daten für *Si, Ge, SiC, CdO, PbS, PbSe, PbTe,* V_2O_3 u. *NiO* verglichen. (Proc. physic. Soc., Sect. A **64**. 984—99. 1/11. 1951. Ibadan, Nigeria, Univ. Coll., Phys. Dep.) Teltow. 135

Ss. I. Pekar, *Kritik, Teilbegründung und Anwendungsgrenzen des Bändermodells in Kristallen.* Übersicht über das Bändermodell in Kristallen mit (Fock, Z. Physik **61**. [1930.] 126) u. ohne (Pekar, Unterss. über die Elektronentheorie der Metalle [1951]) die self-consistent-field-Methode. (Журнал Технической Физики [J. techn. Physik] **22**. 1062—75. Juni 1952.) Amberger. 135

H. F. Mataré, *Wechselwirkung der Sperrschichten und statistische Abweichungen in Kristallen mit drei Elektroden.* Vf. leitet Ausdrücke ab, die quantitativ das Verh. eines Transistors gegenüber den äußeren Bedingungen definieren. Bei den Berechnungen spielt der Wechselwirkungsfaktor eine wichtige Rolle. Aus Kapazitätsmessungen von Transistoren bei sehr hoher Frequenz ergab sich, daß die scheinbare D. der Verunreinigungszentren für den Fall einer starken Wechselwrkg. zwischen den Sperrschichten sehr erhöht ist. Für das erhöhte Rauschen eines Transistors wird eine halbempir. Formel angegeben. (J. Physique Radium **13**. Suppl. zu Nr. 7/9. 112A—127A. Juli/Sept. 1952.) Gottfried. 135

Ss. M. Rywkin, *Über das allgemeine Kriterium zur Auswahl zwischen der „Barrieren"- und der „Konzentrations"-Theorie der Photoleitfähigkeit.* Ob die Änderung des Widerstandes in der Schicht zwischen den Kristallbegrenzungen (Barrieren) oder die durch das Licht verursachte Vergrößerung der Konz. des Trägerstromes (Konzentrationstheorie) betrachtet wird, ist für einen gegebenen Fall eine Frage der Zweckmäßigkeit. Der Zusammenhang zwischen beiden Betrachtungen ist durch den Zusammenhang zwischen Ergiebigkeit u. Leitfähigkeit gegeben. Bei *PbS*-Kristallen wird die wirksame photoelektr. Eig. im Grunde durch die Kristallzwischenschichten bestimmt. (Журнал Технической Физики [J. techn. Physik] **22.** 1693–95. Okt. 1952.) A. KUNZE. 135

A. F. Gibson, W. D. Lawson und **T. S. Moss,** *Die langwellige Grenze der infraroten Photoleitung in PbSe.* PbSe-Einkristalle besitzen eine Absorptionskante, die bei 4,7 μ (Meßtemp. 20°) bzw. 6,7 μ (–183°) liegt u. mit der langwelligen Grenze der Photoleitung gut übereinstimmt. Es wird versucht, empfindliche photoleitende PbSe-Schichten mit ähnlichen Eigg. herzustellen, die für die Spektroskopie zwischen 5 u. 7 μ von Bedeutung sind. (Proc. physic. Soc., Sect. A **64.** 1054–55. 1/11. 1951. Great Malvern, Worcs., Telecomm. Res. Establ.) TELTOW. 135

L. N. Dobretzow, W. N. Lepeschinskaja und **I. E. Bronstein,** *Neutralisation von Kalium- und Natriumionen an Wolfram und Tantal.* Vff. bestimmen experimentell $\beta = 1 - n_a/n_o = n_p/n_o$, wobei n_p die Zahl der als Ionen wegfliegenden, n_o die Zahl der als Ionen ankommenden u. n_a die Zahl der als neutrale Atome wegfliegenden Teilchen bedeutet, für K- u. Na-Ionen von 200–800 V an W- u. Ta-Oberflächen als Funktion von T° K. Für 400 V-K-Ionen nimmt β von einem konstanten Wert 0,39 bei ~1050° K fast „senkrecht" auf 0,8 zu u. von da bis 1800° K auf 0,73 ab. Bei Na-Ionen ist der Kurvenverlauf von β analog, jedoch flacher. Für 600 V-K-Ionen an Ta nimmt β von 0,2 im Bereich 300–800° K auf 0,66 bei 1050° K zu, nimmt von da bis 1400° K auf 0,38 ab u. behält diesen Wert prakt. bis 1800° K bei. Die nach DOBRETZOW (Elektronen- u. Ionenemission, ONTI, [1950]) berechneten Werte Δv_{min} für die Erniedrigung des Ionisationspotentials im krit. Abstand liegen bei –0,07 V(W) bzw. –0,18 V(Ta). (Журнал Технической Физики [J. techn. Physik] **22.** 961–67. Juni 1952.) AMBERGER. 135

W. P. Dyke und **J. K. Trolan,** *Feldemission: Große Stromdichten, Raumladung und der Vakuumbogen.* (Vgl. C. **1953.** 5978.) Zur Prüfung der Übereinstimmung zwischen Theorie der Feldemission u. dem Experiment wird für einkristallines W die Feldemission als Funktion der Oberflächenfeldstärke mit einer Impulseinrichtung gemessen, die das Arbeiten bei extrem hohen Stromdichten gestattet. Das Vakuum des Versuchsrohres war nach mehrmaligem starken Ausheizen an der Pumpe 10^{-9}, u. bei Getterung mit Ta nach Abziehen 10^{-12} Torr. Unter diesen Bedingungen konnten laufend Feldemissionsströme von 10^6 A/cm² (8 mm A bei 20 kV) u. noch höhere Impulsströme (1 μSek.) entnommen werden. Die aufgenommenen J/V-Charakteristiken zeigen den der FOWLER-NORDHEIMschen Theorie entsprechenden linearen Verlauf von log J mit 1/v bis zu einem krit. Stromwert J_o (Größenordnung 10^7 A/cm²), oberhalb dessen Raumladungserscheinungen zu Abweichungen im Sinne von zu kleinen J-Werten führen. Bei noch höheren Stromdichten (10^7–10^8 A/cm²) treten Vakuumbögen unter gleichzeitiger Veränderung der Form der Kathodenspitze auf – wie an Hand von Elektronenmikroskopaufnahmen der Spitze (die auch zur Best. der Kathodenoberfläche dienten) gezeigt wird. Das Raumladungsverh. spricht für das Vorhandensein mehrerer Bezirke der Kathodenoberfläche mit verschied. Emissionsstromdichten. Der Spannungszusammenbruch bei Einsetzen des Vakuumbogens ist auf Kathodenüberhitzung infolge Stromerhitzung u. NOTTINGHAM-Mechanismus (vgl. Physic. Rev. [2] **59.** [1941.] 907) zurückzuführen. (Physic. Rev. [2] **89.** 799–808. 15/2. 1953. McMinnville, Ore., Linfield Coll., Phys. Dep.) RUDOLPH. 135

C. G. J. Jansen und **R. Loosjes,** *Die Geschwindigkeitsverteilung von Elektronen thermisch emittierender Stoffe bei Impulsbetrieb.* 1. Mitt. *Apparatur und Meßtechnik.* Beschreibung einer speziellen Elektronenröhre mit elektrostat. Ablenkvorr., in der die Geschwindigkeitsverteilung der therm. emittierten Elektronen verschied. Kathodenmaterialien mit einer Genauigkeit von ca. 1 V bei Impulsbetrieb für einzelne kleine ausgeblendete Bezirke (0,03 mm²) der Kathodenoberfläche gemessen werden können. Es werden einige typ. Geschwindigkeitsspektren bei Stromdichten von einigen 10 A/cm² wiedergegeben, für *BaO–SrO*-Gemische (55 zu 45 mol-%) mit meistens 3 scharfen Linien auf kontinuierlichem Untergrund bei einer maximalen Breite von ca. 200 V, für BaO mit einer scharfen Linie, für SrO mit 5 Linien bei einer Geschwindigkeitsbreite bis ca. 500 V u. für die L-Kathode (poröse *W*-Oberfläche mit atomarer *Ba*-Bedeckung) mit einer scharfen Linie. Die relativen Stromdichten der Elektronengruppen im Geschwindigkeitsspektr. werden für eine (Ba, Sr)O-Schicht ermittelt. Bei Stromimpulsen mit linear abfallender Flanke (5 μSek.) können mit der Anordnung J/V-Kennlinien für die gesamte Kathodenoberfläche aufgenommen werden. (Philips Res. Rep. **8.** 21–34. Febr. 1953. Eindhoven.) RUDOLPH. 135

G. Galkin, G. Dolgich und **W. Jurkow,** *Elektrische Eigenschaften von Sb_2S_3 und Bi_2S_3.* Die Temperaturabhängigkeit der elektr. Leitfähigkeit von Sb_2S_3 u. Bi_2S_3 wird experimentell ermittelt. Größe u. Vorzeichen des Temperaturkoeff. u. der Thermo-EMK. des Syst. Metall–Halbleiter hängt hauptsächlich von der therm. Vorgeschichte der Probe u. dem untersuchten Temperaturbereich ab. Die Ergebnisse der Unters. werden im Rahmen der Ionentheorie der Halbleiter interpretiert. (Журнал Технической Физики [J. techn. Physik] **22.** 1533–39. Okt. 1952.) A. KUNZE. 135

P. P. Debye und **E. M. Conwell,** *Elektronenbeweglichkeit in Germanium.* Von mehreren *Ge*-Proben mit verschied. Geh. an Verunreinigungen u. mit somit verschied. Leitfähigkeit wurde die Elektronen-HALL-Beweglichkeit gemessen. Der Vgl. mit der Theorie ergibt, daß die effektive M. der maßgebenden Elektronen nur $^1/_4$ der M. der freien Elektronen beträgt. Das Verhältnis von HALL-Beweglichkeit zu Driftbeweglichkeit beträgt 1,18 für sehr reine Proben u. 1,93 für sehr unreine Proben. (Physic. Rev. [2] **87.** 1131–32. 15/9. 1952. Murray Hill, N. J., Bell Telephone Labor.) FUCHS. 135

D. L. Dexter, *Leitfähigkeit von kalt bearbeiteten Metallen.* Die Nachprüfung der von LANDAUER (vgl. C. **1952.** 4410) ausgeführten Berechnung der elektr. Leitfähigkeit von kaltbearbeiteten Metallen führt zu einem etwas anderen Ausdruck; speziell für *Cu* ergibt sich so der Wert $\Delta\varrho/\varrho = 2{,}23\cdot10^{-15}$ N. Weiter wird der Einfl. der Singularität in dem zugrunde gelegten Streupotential kurz diskutiert. (Physic. Rev. [2] **85.** 936–37. 1/3. 1952. Urbana, Ill., Univ., Dep. of Phys.) FUCHS. 136

W. H. Aarts, *Die Änderung des Widerstandes von Silber und Gold bei der plastischen Deformation.* In Fortführung früherer Verss. (vgl. C. **1951.** II. 11) bestimmte Vf. die Änderung des elektr. Widerstandes (= $\Delta\varrho$) von *Ag*, *Au* u. den Legierungen $Ag_{60}Au_{40}$ u. $Ag_{98}Au_2$ bei einer Streckung (= ΔL/L) des Materials. Für $\Delta_\varrho\cdot10^8$ Ohm·cm wurde für 100 ΔL/L = 10 für die genannten Metalle erhalten: 1,8 bzw. 1,4 bzw. 10,5 bzw. 1,6 bei −80° u. 1,8 bzw. 0,9 bzw. 8,3 bzw. 1,0 bei 20° (weitere Ergebnisse vgl. Original). Vf. nimmt an, daß außer den drei von DRUYVESTEYN u. MANINTVELD (vgl. C. **1953.** 3197) genannten Ursachen für die Erscheinung noch eine vierte Ursache speziell bei Legierungen in Betracht zu ziehen ist (möglicherweise Verschiebung von Gitterleerstellen). (South African J. Sci. **49.** 183–84. Dez. 1952. Johannesburg, Univ. of the Witwatersrand.) FUCHS. 136

B. Ss. Galperin, *Über die Leitfähigkeit von elektrischen Kontakten.* Es werden Beziehungen über die Form u. den Abstand von elektr. Kontakten aufgestellt u. die Abhängigkeit der Thermoemission u. des Tunneleffektes vom Kontaktabstand ermittelt. In den meisten Fällen tritt prakt. zwischen Metallteilchen der Tunneleffekt auf. Dei thermoelektron. Effekt äußert sich nur in der Temperaturabhängigkeit der Leitfähigkeit des Zwischenraumes der Kontakte. (Журнал Технической Физики [J. techn. Physik] **22.** 1513–17. Sept. 1952.) A. KUNZE. 136

N. R. James, S. Legvold und **F. H. Spedding,** *Der Widerstand von Lanthan, Cer, Praseodym und Neodym bei tiefen Temperaturen.* Von *La*, *Ce*, *Pr* u. *Nd* wurde zwischen 300 u. 2,2° K der elektr. Widerstand R gemessen. La liegt in einer hexagonalen dichtgepackten u. in einer flächenzentrierten kub. Form vor. R der ersten Form ist größer als R der letzteren. Beim Lagern der kub. Form bei Raumtemp. geht sie allmählich in die hexagonale über (Beobachtungszeit bis zu 120 Tagen). Der Übergang zur Supraleitung erfolgt beim La bei 5,8° K. Bei Ce treten bei wiederholtem Erhitzen auf 300° K u. Abkühlen der Proben starke Anomalien in R auf, bes. zwischen 80 u. 160 bzw. 11 u. 14° K; die Erscheinung wird auf die Änderung der Kristallstruktur zurückgeführt. Ausgesprochene Supraleitung wurde beim Ce nicht beobachtet. Schwächere Anomalien treten auch bei Nd bei ca. 12° K u. bei Pr auf, eine Erklärung kann noch nicht gegeben werden; Supraleitung wurde bei Nd u. Pr nicht gefunden. Der Vgl. der R-Werte von La, Pr u. Nd zeigt, daß R mit steigender Atomzahl dieser hauptsächlich in der hexagonalen dichtgepackten Form vorliegenden Elemente abfällt. (Physic. Rev. [2] **88.** 1092–98. 1/12. 1952. Ames, Jo., Iowa State Coll., Inst. for Atomic Res. u. Dep. of Phys.) FUCHS. 136

W. F. Love, E. Callen und **F. C. Nix,** *Die magnetischen Eigenschaften von supraleitenden Legierungen aus Indium und Thallium.* Magnetisierungskurven von kugelförmigen Proben aus einer Reihe von Legierungen aus Tl u. In im Gebiet der festen Lsg. wurden in Abhängigkeit von der Temp. u. der Zus. aufgenommen u. die Kurven für die krit. Feldstärke daraus abgeleitet. Diese Legierungen zeigen einen relativ starken MEISSNER-Effekt u. die Breite des Übergangsgebietes nimmt mit wachsendem Tl-Geh. zu. Legierungen mit hohem Tl-Geh. besitzen magnet. Eigg., die im Zwischengebiet stark auf mechan. Stöße empfindlich sind. (Physic. Rev. [2] **87.** 844–47. 1/9. 1952. Philadelphia. Pa., Univ. of Pennsylvania, Randal Morgan Labor.) v. HARLEM. 136

H. Preston-Thomas, *Der Supraleitfähigkeitsübergang in Blei.* Es wird über Messungen der magnet. Eigg. u. der Widerstandseigg. von spektrograph. reinem Pb bei dem Übergang zum Supraleitfähigkeitszustand berichtet. Der magnet. Übergang ist angenähert diskontinuierlich, d. h. das Pb verhält sich wie ein idealer Supraleiter. Der Widerstandsübergang erstreckt sich über ein magnet. Feld, dessen Ausdehnung sich mit der Temp. u. dem zu messenden Strom ändert. (Canad. J. Physics **30.** 626—27. Sept. 1952. Ottawa, Can., Nat. Res. Council, Div. of Phys.) GOTTFRIED. 136

Y. L. Yousef, *Eine Vibrationsmikrowaage für Susceptibilitätsmessungen in schwachen Feldern.* Beschreibung einer App. zur Best. von magnet. Susceptibilitäten von Kristallen oder extrem kleinen Mengen von Pulvern oder Fll., ferner zur Messung von deren Temperaturabhängigkeit. Auch die magnet. Viscosität kann auf diese Weise gemessen werden. (Brit. J. appl. Physics **4.** 46—49. Febr. 1953. Newcastle-upon-Tyne, Univ. of Durham, King's Coll.) REUSSE. 137

W. O. Milligan und **Harry B. Whitehurst,** *Ein Apparat für die gleichzeitige Bestimmung von Adsorptionsisothermen und der magnetischen Susceptibilität.* In dem beschriebenen App. wird die Adsorption gravimetr. durch die Ausdehnung einer Spirale aus geschmolzener SiO_2 mit Hilfe eines Meßmikroskops gemessen. Die Messungen der magnet. Susceptibilität werden nach der FARADAY-Meth. durchgeführt durch Beobachtung der scheinbaren Gewichtsänderung der Probe nach angelegtem magnet. Feld. Die zu untersuchende Probe (ca. 60 mg) befand sich in einem kleinen Au-Becher von 5 mm Durchmesser, der an einem an der Spirale angeschmolzenen SiO_2-Faden hing; der Becher befand sich zwischen den Polen eines Magneten. Das ganze Syst. wurde bis zu einem Druck von ca. 10^{-6} mm Hg evakuiert. Für die Susceptibilitätsmessungen wurde die App. bei 25° unter Benutzung von W. kalibriert. Die scheinbaren Gewichtsverluste bei angelegtem Feld wurden graph. gegen die Gewichte der Proben aufgetragen. Die Neigung der erhaltenen Geraden war $9{,}28 \cdot 10^{-3}$. Die Adsorptionsisotherme wurde nach Zugabe geringer Mengen Dampf u. Gleichgewichtseinstellung bestimmt. Bei jedem Druck wurde das Gewicht der Probe u. der absorbierte Dampf, die Susceptibilität u. der Druck bestimmt. Sinngemäß wurde die Desorptionsisotherme festgelegt. (Rev. sci. Instruments **23.** 618—20. Nov. 1952. Houston, Tex., Rice Inst.) GOTTFRIED. 137

J. S. Kouvelites und **L. W. McKeehan,** *Magnetostriktive Schwingung von abgeflachten Sphäroiden. Vorläufige Messungen.* (Vgl. C. **1952.** 2128.) Sphäroide ferromagnet. Substanzen mit einer großen Achse von 10 mm u. kleinen Achsen von 1 mm, die nahezu gleichmäßig in einem großen koaxialen Solenoid durch direkten Strom magnetisiert sind, werden magnet. Wechselstromfeldern ausgesetzt, die in einem kleineren koaxialen Solenoid durch Hochfrequenzstrom erzeugt werden. Messungen der Impedanz dieser Hochfrequenzspule geben, wenn die Anregungsfrequenz durch die Frequenz der mechan. Resonanz in der fundamentalen Art der longitudinalen Schwingung des zentral eingespannten Solenoids variiert wird, genaue Daten zur Analysierung der Verteilung der elektromagnet. Kräfte u. der magnet., elektr. u. mechan. Verluste. Die Resonanzfrequenzen des obigen Sphäroids aus Ni liegen bei ca. 320 kHz. (Rev. sci. Instruments **22.** 108—11. Febr. 1951. New Haven, Conn., Yale Univ., Dunham Labor. of Electr. Engng., u. Sloane Phys. Labor.) GOTTFRIED. 137

Charles Guillaud, *Polymorphie der definierten Verbindung MnBi bei Temperaturen des Verschwindens und des Wiederauftretens des spontanen Magnetismus.* Die Verb. MnBi ist ferromagnet., beim Erhitzen verschwindet der spontane Magnetismus bei 360° u. tritt beim Abkühlen bei 340° wieder auf. Aus der Irreversibilität wird geschlossen, daß es sich hierbei nicht um einen wahren CURIE-Punkt handelt, sondern um einen Umwandlungspunkt. Durch energ. Abschrecken von einer Temp. oberhalb 360° erhält man die nichtmagnet. Verbindung. Pulveraufnahmen der Verb. bei 20° im ferromagnet. Zustand ergeben eine hexagonale Zelle mit a = 4,30Å; c = 6,11 Å; Mn–Mn = 3,06 Å. Im antiferromagnet. Zustand ist die Symmetrie dieselbe, die Dimensionen der Zelle a = 4,32 Å; c = 5,83 Å; Mn–Mn = 2,91 Å. Hieraus folgt, daß bei dem Übergang vom ferromagnet. zum antiferromagnet. Zustand a n. mit der Temp. wächst, c dagegen beträchtlich abnimmt. Die Umwandlung vollzieht sich demnach durch Kontraktion der sechszähligen Achse. (J. Physique Radium **12.** 143. Febr. 1951.) GOTTFRIED. 137

Robert Forrer, *Über die Berechnung der Curie-Konstante ferro- und paramagnetischer Stoffe unter Berücksichtigung der Zwischenaktivierung.* Unter der Annahme, daß zusätzlich zu dem magnet. Moment der 3d-Elektronen bei den Elementen der Eisenreihe noch ein Moment aus der Wechselwrkg. zwischen den 3d- u. den 4s-Elektronen resultiert, berechnet Vf. eine befriedigende Übereinstimmung der CURIE-Konstanten für Fe, Ni u. Co. Auch die Multiplizität der Atom- oder Ionenmomente im paramagnet. Zustande kann dieser variablen Zwischenaktivierung zugeschrieben werden, die durch äußere Einfll., wie Lösungsm., Temp. usw., leichter zu beeinflussen ist. (C. R. hebd. Séances Acad. Sci. **231.** 1130—31. 20/11. 1950.) FAHLENBRACH. 137

Albert W. Overhauser, *Paramagnetische Relaxation in Metallen.* (Vgl. C. **1953.** 3520.) Vf. berechnete die paramagnet. Relaxationszeit der Elektronenspins in einem Metall. Die durch Wechselwrkg. mit den Gitterschwingungen, Kernspins, anderen Elektronen u. verunreinigenden Atomen bedingten Relaxationsprozesse werden behandelt. Es ergibt sich, daß der wichtigste dieser Prozesse der ist, der durch die Wechselwrkg. zwischen den magnet. Momenten der Elektronen u. den von den Translationsbewegungen der anderen Elektronen herrührenden Feldern hervorgerufen wird. Bei Zimmertemp. ergibt sich die dadurch bedingte Relaxationszeit zu ca. 1 μsec., sie ist umgekehrt proportional zur absol. Temperatur. (Physic. Rev. [2] **89.** 689—700. 15/2. 1953. Berkeley, Cal., Univ. of California, Dep. of Phys.) V. HARLEM. 137

A. Achijeser und **I. Pomerantschuk,** *Über die paramagnetische Dispersion.* Sowohl die die paramagnet. Dispersion bestimmende Größe ω_0 als auch die Wahrscheinlichkeit w_m für die Spinänderung der „Magnonen" (Журнал Экспериментальной и Теоретической Физики (J. exp. theoret. Physik] **11.** [1941.] 226) ist größenordnungsmäßig gleich $\omega_0 \sim w_m \sim (\mu^4 m^3/\hbar^7)T^2$ (T Temp. in energet. Einheiten, μ magnet. Moment). (Доклады Академии Наук СССР [Ber. Akad. Wiss. UdSSR] [N. S.] **87.** 917—18. 21/12. 1952.) AMBERGER. 137

Yves Ayant, *Berechnung der Breite der paramagnetischen Kernabsorptionslinie in einer Flüssigkeit.* Theoret. Betrachtungen. (C. R. hebd. Séances Acad. Sci. **236.** 198—200. 12/1. 1953.) GOTTFRIED. 137

G. J. Béné, P. M. Denis und **R. C. Extermann,** *Schläge der Schläge.* Vff. berichten über ihre Unterss. der Protoneninduktion an gesätt. wss. Lsgg. von BeF_2 u. SbF_3, um den Einfl. der F-Verbb. auf die Lage der Resonanz der Protonen im magnet. Feld zu untersuchen. Das erste Resonanzmaximum wird von einer gewissen Anzahl weiterer „Schläge" begleitet, deren Amplitude abnimmt. Die Ergebnisse werden mit der Theorie von JACOBSOHN u. WANGSNESS (vgl. C. **1949.** II. 834.) verglichen. (Physica **17.** 308—09. März/April 1951. Genève, Univ., Inst. de Phys.) V. HARLEM. 137

H. S. Gutowsky, *Magnetische Kernresonanz in Metallen: Temperatureffekte bei ^{23}Na.* Es wurde die Temperaturabhängigkeit der magnet. Kernresonanz des ^{23}Na in metall. Na (gemessen an einer Dispersion von 25% Na in Mineralöl) untersucht u. mit der von NaCl in wss. Lsg. u. mit den theoret. Erwartungen verglichen: Ferner wurde die Linienbreite von ^{23}Na in metall. Na als Funktion der Temp. untersucht. Der Übergang bei 190° K ist wahrscheinlich von einer Selbstdiffusion begleitet, die Aktivierungsenergie berechnet sich danach für die Selbstdiffusion zu 9,5 $\pm$ 1,5 kcal/Grammatom. Abschließend werden diese Messungen mit denen an anderen Atomen (^{63}Cu, ^{65}Cu, ^{27}Al) verglichen u. Erklärungen für die Meßresultate gegeben. (Physic. Rev. [2] **83.** 1073—74. 1/9. 1951. Urbana, Ill., Univ., Noyes Chem. Labor., Dep. of Chem.) V. HARLEM. 137

André Bassompierre, *Kernquadrupolresonanz von $HgCl_2$.* Es wird eine Theorie für die Kernquadrupolresonanz des $HgCl_2$ angegeben. Mittels der bekannten Resonanzfrequenzen von ^{35}*Cl* wird die von *Hg* auf 230 MHz geschätzt. (C. R. hebd. Séances Acad. Sci. **236.** 596—98. 9/2. 1953.) V. HARLEM. 137

H. E. Walchli und **H. W. Morgan,** *Magnetische Abschirmeffekte in Vanadiumverbindungen.* Zur Unters. der magnet. Abschirmung wurde die Verschiebung der kernmagnet. Resonanzfrequenz an ^{51}V-Verbb. (vorwiegend in wss. Lsg.) untersucht. Genaue, auf ^{23}Na bezogene Messungen wurden an $NaVO_3$, $VOCl_3$ u. metall. ^{51}V durchgeführt, während Messungen an anderen Verbb. auf $VOCl_3$ bezogen wurden. Keine Resonanzen wurden an V_2O_3, VOF_3 u. VF_3 im festen Zustand beobachtet. Die beobachteten Frequenzverschiebungen waren wenigstens 15 mal so groß wie die Resonanzbreite (gemessen zwischen den Punkten stärkster Neigung). Es scheint keine Wechselbeziehung zwischen der an $VOCl_3$ beobachteten Verschiebung u. dem Valenzzustand sowie den Bindungschalen im Mol. zu bestehen. Die beim größten angelegten äußeren Magnetfeld auftretende Resonanz zeigt die geringste magnet. Abschirmung. Die prozentuale Verschiebung für verschied. Isotope ist für ähnliche Verbb. dieser Isotope gleich. Für ^{51}V in $NaVO_3$ u. $VOCl_3$, für ^{50}V u. D_2 in $NaVO_3$ sowie für ^{50}V u. ^{51}V wurden die Frequenzverhältnisse 0,999491 $\pm$ 0,000010, 0,649203 $\pm$ 0,000012 bzw. 0,379074 $\pm$ 0,000017 bestimmt. Das Kernmoment von ^{50}V ergibt sich mit diamagnet. Korrektur zu +3,905 Kernmagnetonen. (Physic. Rev. [2] **87.** 541—42. 1/8. 1952. Oak Ridge, Tenn., Nat. Labor., Stable Isotope Res. and Prod.) WERNER SCHULZ. 137

Ram Gopal und **T. N. Srivastava,** *Leitfähigkeit von Jod in Pyridin.* Die von AUDRIETH u. BIRR (J. Amer. chem. Soc. **55.** [1933.] 668) mitgeteilte Beobachtung, daß Jodlsgg. in Pyridin mit der Zeit ihre Leitfähigkeit ändern u. bei sehr verd. Lsgg. (0,0003438 bis

0,00004059 mol.) einen konstanten Gleichgewichtswert nach 100—150 Std. erreichen, wird von Vff. überprüft. Die Verss. werden mit 0,0004—0,00002 mol. Lsgg. bis 2260 Std. ausgedehnt. Hinsichtlich der Leitfähigkeitsänderung (Zunahme) werden die Ergebnisse von AUDRIETH u. BIRR bestätigt, jedoch finden Vff. auch bei den verd. Lsgg. noch zwischen 816 u. 2260 Std. eine geringe Leitfähigkeitszunahme. (J. Indian chem. Soc. **29.** 898—900. Dez. 1952. Lucknow, Univ., Chem. Labors.) SCHENK. 138

B. Nayak, S. Aditya und **B. Prasad,** *Eine Untersuchung über Salzbrücken.* Vff. untersuchen eine Anzahl von Kalomelzellen mit einer großen Zahl verschied. Brückenlsgg. von ein-ein-, ein-zwei-, zwei-ein- u. zwei-zweiwertigen Salzen. Es wird gefunden, daß die Lsgg. von zwei-zweiwertigen Salzen als Brückenlsgg. ungeeignet sind. Die BJERRUMsche Meth. zur Berechnung der EMK. von Zellen ohne Diffusionspotential scheint nicht allg. anwendbar. Am geeignetsten erweisen sich gesätt. u. 4 mol. Lsgg. von *KBr.* Die Übereinstimmung in der Beweglichkeit des Anions u. des Kations scheint nicht das wesentliche Kennzeichen einer guten Brückenlsg. zu sein. (J. Indian chem. Soc. **29.** 925—30. Dez. 1952. Cuttack, Ravenshaw Coll., Mayurbanj Chem. Labor.) SCHENK. 140

Ss. W. Gorbatschew und **N. P. Shuk,** *Einfluß der Temperatur auf die Geschwindigkeit des Prozesses der elektrolytischen Abscheidung von Chlor.* Die anod. Cl_2-Abscheidung an einer Pt–Rh-Elektrode in salzsauren NaCl-Lsgg. in einem breiten Gebiet der Konz. des Elektrolyten u. der Stromdichte wird experimentell untersucht u. der Einfl. der Temp. auf die Geschwindigkeit des Prozesses festgestellt. Es wird eine lineare Abhängigkeit zwischen dem Logarithmus der Stromdichte u. der reziproken Temp. festgestellt. Aus der Temperaturabhängigkeit kann eine Meth. zur Feststellung der Art der Polarisation u. des Mechanismus der Elektrolyse abgeleitet werden. (Журнал Физической Химии [J. physik. Chem.] **25.** 841—53. Juli 1951. Moskau, Chem.-Technolog. Mendelejew-Inst.) A. KUNZE. 141

N. W. Nikolajewa, N. Ss. Schapiro und **A. N. Frumkin,** *Abhängigkeit der Elektroreduktion von Anionen von der Lage des Nulladungspunktes der Elektrode.* Bei den Polarisationskurven der Red. von $S_2O_8^{2-}$ an der *Cd*-Elektrode wird bei genügend niedriger Konz. der Lsg. ($\ll$0,01 n) ein Abfall des Stromes bei Potentialen, die negativ vom Nullpunkt des Cd liegen, beobachtet. Das Intervall, in dem eine Erniedrigung des Diffusionstromes beobachtet wird, u. die Größe des Minimalstromes hängen von der Konz. des Elektrolyten u. von der Wertigkeit der fremden Anionen ab. (Доклады Академии Наук СССР [Ber. Akad. Wiss. UdSSR] [N. S.] **86.** 581—83. 21/9. 1952. Moskau, Lomonossow-Univ.) A. KUNZE. 142

Ss. Lewina und **A. Orlow,** *Wasserstoffentwicklung an der Eisenelektrode in alkalischen Lösungen bei hohen Drucken.* Aus der Theorie des bas. Ni–Fe-Akkumulators ergibt sich, daß die H_2-Entw. an der Fe-Elektrode erst bei Entladungsdrucken von 300—400 at vollständig aufhört. Es wurde zur Unters. dieser Frage die Geschwindigkeit der H_2-Entw. an Fe in Basen in Abhängigkeit vom Druck untersucht. Der Gleichgewichtszustand der Potentiale im Syst. $Fe/Fe(OH)_2$, OH^- lag bei 20° u. ca. 400 at bei —0,075 u. —0,076 V, während er nach der Theorie bei —0,070 V liegen sollte. (Доклады Академии Наук СССР [Ber. Akad. Wiss. UdSSR] [N. S.] **83.** 115—16. 1/3. 1952. Inst. für physikal. Chem. der Akad. der Wiss. der UdSSR.) A. KUNZE. 142

J. J. Freeman, *Über die Beziehung zwischen der Leitfähigkeit und dem Rauschenergiespektrum gewisser Elektronenströme.* Ausführliche Darst. der C. **1953.** 5614 referierten Arbeit. (J. appl. Physics **23.** 1223—25. Nov. 1952. Washington, D. C., Nat. Bur. of Standards.) GOTTFRIED. 144

A_4. Thermodynamik. Thermochemie.

Walter Rau, *Über den Einfluß des Tropfenvolumens auf die Unterkühlbarkeit von Wassertropfen und die Bedeutung des Gefrierkernspektrums.* Durch Beobachtungen an kleinen Wassertröpfchen ($\geqq$0,01 mm³) wird nachgewiesen, daß der von HEVERLY angegebene funktionelle Zusammenhang zwischen Gefriereinsatz u. Tropfengröße bei kleinen Tropfen ebenso ungültig ist wie bei einheitlich großen Tropfen von 0,6 cm³, welche im Temperaturbereich des an ihnen ermittelten Gefrierspektr. (Häufigkeitsverteilung der Erstarrungstemp.) erstarren u. nicht diesem Zusammenhang entsprechend bei einer einheitlichen Temperatur. Die relativ leichtere Unterkühlbarkeit kleinerer Tropfen ist nur der bei zufällig vorhandenen Gefrierkernen zu erwartende statist. Volumeneffekt. Unabhängig von der Tropfengröße treten die Häufungsstellen des Gefrierkernspektr. wieder bei —4°, —10° bis —12° u. —20° auf. Die Kristallisationen in dem früher noch unsicheren dritten Maximum werden mit abnehmender Tropfengröße immer häufiger; somit ist auch die Anzahl der im zweiten Maximum wirksamen Gefrierkerne gering u. bestimmbar. Das bisher beobachtete Vorherrschen des zweiten

Maximums kommt dadurch zustande, daß die hier wirksamen Kerne in großen Tropfen nur selten fehlen u. mit jeder Eisbldg. alle Kerne mit tieferen charakterist. Tempp. überdeckt werden. Die Ergebnisse erklären viele Unterschiede, welche zwischen den über die Eiskeimbldg. vorliegenden Beobachtungen bestehen; ihr Vgl. mit Unterss. von TAMMANN u. a. an langsam kristallisierenden Stoffen ermöglicht Rückschlüsse auf die Wirkungsweise der Gefrierkerne u. das Zustandekommen des Gefrierkernspektrums. (Z. Naturforsch. **8a.** 197–204. Febr./März 1953. Weissenau, Forschungsstelle für Phys. der Atmosphäre.) HENTSCHEL. 147

Louis Weil, *Längenanomalie der Ferrite.* (Vgl. C. **1952.** 489.) Zwischen Raumtemp. u. 800–900° wird die lineare Wärmeausdehnung von $ZnO\cdot Fe_2O_3$, $CoO\cdot Fe_2O_3$, $NiO\cdot Fe_2O_3$ u. $CuO\cdot Fe_2O_3$ gemessen, wobei $CuO\cdot Fe_2O_3$ im abgeschreckten u. langsam abgekühlten Zustand untersucht wird. Bei $ZnO\cdot Fe_2O_3$, das über den ganzen untersuchten Temperaturbereich nicht ferromagnet. ist, ist der Wärmeausdehnungskoeff. konstant. Bei allen anderen untersuchten Ferriten tritt beim CURIE-Punkt eine Anomalie auf, in der Weise, daß, wie bei allen anderen ferromagnet. Stoffen, die auftretende spontane Magnetisierung zusätzlich eine Längenänderung $(\Delta l/l)_m$ erzeugt. Diese verläuft bei $CoO\cdot Fe_2O_3$[$(\Delta l/l)_m = 1{,}14\cdot 10^{-3}$ bei 20°] u. $NiO\cdot Fe_2O_3$ ($1{,}28\cdot 10^{-3}$ bei 20°) reversibel mit der Temperatur. Bei $CuO\cdot Fe_2O_3$ verläuft nur $(\Delta l/l)_m$ der langsam abgekühlten Probe reversibel. (C. R. hebd. Séances Acad. Sci. **231.** 122–24. 10/7. 1950. Grenoble, Univ., Inst. de Phys.) FAHLENBRACH. 148

Glenn M. Roe, Leo F. Epstein und **Marion D. Powers**, *Die zweiten Virialkoeffizienten bei niedrigen Temperaturen für ein 6–9-Potential.* Vff. berechnen den 2. Virialkoeff. für ein Gas, das ein LENNARD-JONES-6–9-Potential hat, im Bereich $2 \leq \Theta \leq 100$ ($\Theta = \varepsilon$/kT). Es wird gezeigt, daß sich der 2. Virialkoeff. in diesem Gebiet als eine Kombination von BESSEL-Funktionen mit rein imaginärem Argument u. einem kleinen Korrekturterm darstellen läßt. Diese Gleichung u. ein daraus ermittelter asymptot. Ausdruck werden zur numer. Berechnung der 2. Virialkoeffizienten benutzt. (J. chem. Physics **20.** 1665–69. Nov. 1952. Schenectady, N. Y., General Electric Co., Knolls Atomic Power Labor.) WASSERROTH. 149

Leo F. Epstein, *Der zweite Virialkoeffizient bei niedrigen Temperaturen für ein Lennard-Jones-Gas.* (Vgl. vorst. Ref.) Für ein Gas, das einem LENNARD-JONES 6–s-Potential genügt, berechnet Vf. die in dem Ausdruck für den 2. Virialkoeff. auftretende Funktion $G(\Theta)$, wobei $\Theta = \varepsilon$/kT. $G(\Theta)$ wird nach der Meth. der maximalen Steigung in allg. Form entwickelt, u. die ersten drei Koeffizienten des Summenausdruckes werden berechnet. Die Anwendung der quasi-idealen Gashypothese führt zu einer exakten Best. des ersten Terms, während der 2. u. 3. Summand nicht fehlerfrei herauskommen. (J. chem. Physics **20.** 1670–72. Nov. 1952.) WASSERROTH. 149

O. Penrose, *Zur Quantenmechanik von Helium II.* Im kondensierten BOSE-EINSTEIN-Gas besteht eine endliche Wahrscheinlichkeit dafür, daß ein Teilchen einen vernachlässigbar kleinen Impuls hat. Unter dieser Bedingung läßt sich ein neuer Parameter in die Ableitung der hydrodynam. Gleichungen einführen, der im Beispiel des Zwei-Flüssigkeiten-Modells für die Geschwindigkeit des superfluiden Anteils bestimmend ist. (Philos. Mag. [7] **42.** 1373–77. Dez. 1951. Cambridge, Roy. Soc. Mond Labor.) KIRSCHSTEIN. 149

R. Bowers, D. F. Brewer und **K. Mendelssohn**, *Versuche am ungesättigten Helium II-Film.* Die Transportgeschwindigkeit in einem HeII-Film nimmt bei abnehmendem Sättigungsgrad sehr schnell ab, u. zwar um so stärker, je näher die Temp. am λ-Punkt liegt. Sie beträgt z. B. bei 1,37° K nur 5% der Geschwindigkeit bei voller Sättigung, wenn der Sättigungsgrad 98% ist. (Philos. Mag. [7] **42.** 1445–48. Dez. 1951. Oxford, Clarendon Labor.) KIRSCHSTEIN. 149

Raymond L. Orr, *Wärmeinhalt bei hohen Temperaturen von Magnesiumorthosilicat und Eisenorthosilicat.* Vf. bestimmte den Wärmeinhalt von Mg_2SiO_4 im Temperaturintervall von 298,16–1808° K u. von Fe_2SiO_4 zwischen 298,16 u. 1724° K. Mg_2SiO_4 zeigt im untersuchten Temperaturgebiet völlig reguläres Verhalten. Der Wärmeinhalt von Fe_2SiO_4 wächst regulär bis 1370,3° K u. steigt dann stärker an. Bei 1480,9° K scheint die Substanz zu 80% geschmolzen zu sein, der F. liegt bei 1490° K. Hier beträgt die Schmelzwärme 22030 kcal/Mol. Nach der Meth. von SHOMATE bestimmt Vf. die Gleichungen für die Temperaturabhängigkeit der Wärmeinhalte u. gibt die nach der Meth. von KELLEY berechneten Entropieinkremente an. Die Meßergebnisse anderer Autoren werden diskutiert. (J. Amer. chem. Soc. **75.** 528–29. 5/2. 1953.) WASSERROTH. 151

J. P. Coughlin und **R. L. Orr**, *Wärmeinhalt bei hohen Temperaturen der Meta- und Orthotitanate von Barium und Strontium.* Vff. bestimmen den Wärmeinhalt von $BaTiO_3$, $SrTiO_3$, Ba_2TiO_4 u. Sr_2TiO_4 im Temperaturintervall von 298–1800° K. Die Substanzen zeigen reguläres Verh. bis auf $BaTiO_3$, das einen CURIE-Punkt nahe bei 400° K hat u. dort eine geringe überschüssige Wärmeabsorption zeigt. Vff. geben die nach der Meth. von SHOMATE bestimmten Gleichungen für die Temperaturabhängigkeiten der Wärmeinhalte u. die nach der Meth. von KELLEY berechneten Entropieinkremente an. (J. Amer. chem. Soc. **75**. 530—31. 5/2. 1953. Berkeley, Calif., U. S. Dep. of Interior, Bur. of Mines, Mineral Thermodyn. Branch.) WASSERROTH. 151

William H. Evans und **Donald D. Wagman,** *Thermodynamik einiger einfacher Schwefel enthaltender Moleküle.* Aus mol. u. spektroskop. Daten berechnen Vff. für *S*, S_2, *SO*, SO_2, SO_3 u. H_2S folgende thermodynam. Funktionen: $(F^0 - H^0_0)/T$, $(H^0 - H^0_0)/T$, S^0, $(H - H^0_0)$ u. C^0_p, wobei sie die Gleichungen von WAGMAN benutzen. Aus bereits veröffentlichten Meßwerten bestimmen Vff. die Bildungswärmen der verschied. Molekülgruppen. Abschließend werden 3 in der Industrie wichtige Rkk. diskutiert u. die Gleichgewichtszuss. im Temperaturintervall von 300—1400° K bestimmt: Die Zers. von gasförmigem H_2S, die Zers. von gasförmigem SO_3 u. die Gleichgewichtszus. von einer Mischung aus 2 Molvoll. H_2S u. 1 Molvol. SO_2 bei einem Gesamtdruck von 1 at. (J. Res. nat. Bur. Standards **49**. 141—48. Sept. 1952. Washington, D. C.) WASSERROTH. 154

P. V. Danckwerts, *Temperatureffekte bei der Absorption von Gasen in Flüssigkeiten.* Es werden für die Wärmetönung an der Oberfläche einer ruhenden Fl., in der ein Gas sich löst, die thermodynam. Beziehungen aufgestellt. Die Wärmetönung setzt sich zusammen aus der Lösungs- u. Reaktionswärme. Als Resultat werden die Beziehungen für die Lösungswärme $(v_0\,\varrho\cdot\sigma/H_1\cdot C^+)\sqrt{\alpha/D}$ in Abhängigkeit von kt für die Reaktionwärme $(v_0\,\varrho\cdot\sigma/H_2\cdot C^+)\sqrt{\alpha/D}$ in Abhängigkeit von kt graph. aufgetragen. Darin bedeuten: v_0 Temperaturanstieg an der Oberfläche, ϱ Dichte der Fl., σ spezif. Wärme der Fl., H_1 Lösungswärme, H_2 Reaktionswärme, C^+ Sättigungskonz. des Gases ohne Rk., α therm. Diffusion, D Diffusion, t Zeit, k Konstante der Reaktionsgeschwindigkeit. Die ermittelten theoret. Beziehungen werden prakt. zur Berechnung der Rk. $CO_2 + CO_3^{2-} + H_2O = 2\,HCO_3^-$ angewandt. (Appl. sci. Res. A **3**. 385—90. 1952. Cambridge, Dep. of Chem. Eng.) MIETHING. 155

E. Wicke und **H. Friz,** *Die Dissoziationsenergie des Fluors nach der Explosionsmethode.* (Vgl. C. **1953**. 15.) Durch elektr. Zündung von H_2–F_2-Gemischen in einer Stahlkugel u. Verfolgung des zeitlichen Druckverlaufes der Explosion mit Hilfe einer kapazitiven Druckmeßdose mit Verstärker u. Schleifenoscillograph wurde die Dissoziationsenergie des Fluors zu 37,0 ± 2 kcal/Mol bestimmt. Auf gleiche Weise wurden Cl_2–F_2-Explosionen untersucht u. für die Bildungswärme des *ClF* aus den Elementen ein Wert von 11,7 ± 0,5 kcal/Mol in Übereinstimmung mit calorimetr. Messungen gefunden. Mit Hilfe dieses Wertes errechnet sich die Dissoziationsenergie des Fluors zu 37,2 ± 1kcal/Mol. (Naturwissenschaften **39**. 522. Nov. 1952. Göttingen, Univ., Physik.-Chem. Inst.) FORCHE. 155

G. Borelius und **Stig Berglund,** *Calorimetrische Untersuchung des Niederschlages von in α-Eisen gelöstem Kohlenstoff.* Proben von reinem Fe mit geringem C-Geh. wurden auf 350—700°, die Gleichgewichtstemp. des im Fe gelösten C, erhitzt, dann abgeschreckt u. bei Tempp. zwischen 80 u. 130° gealtert. Bei der Alterung wurde die durch den Carbid-Nd. entwickelte Energie-Zeit-Kurve aufgetragen. Das Flächenintegral war die Berechnungsgrundlage für die mol. Lösungswärme u. Löslichkeit des C bei verschied. Temperaturen. Die Temperaturmessungen erfolgten durch bes. konstruierte, empfindliche Thermosäulen. Bezeichnet man mit z das Atomverhältnis von C/Fe, mit Q die dem Flächenintegral entsprechende Wärme in Ws/Grammatom Fe u. mit $L_{100} = 50200$ Ws/Mol den Wert, der dem Mittelwert der Lösungswärme entspricht, so ist $z = C/Fe = Q/L_{100}$. (Ark. Fysik **4**. Nr. 1/2. 173—82. 1952. Stockholm, Royal Inst. of Technol., Dep. of Phys.) MIETHING. 155

Richard S. Brokaw und **Robert N. Pease,** *Der Einfluß von Wasser auf die Verbrennungsgeschwindigkeiten von Cyan–Sauerstoff–Argon-Gemischen.* Obgleich die Gleichgewichtsflammentemp. für das stöchiometr. *Cyan* (I)–Luftgemisch bei 2600° K liegt, d. h. bei etwa der gleichen Temp. wie bei *Acetylen*-Luftgemischen (Verbrennungsgeschwindigkeit $v \sim 150$ cm/Sek.) ist v für **I** verhältnismäßig klein ($v < 20$ cm/Sek.), da **I** eine hohe Stabilität besitzt. Um v zu erhöhen, verbrannten Vff. **I** bei Konzz. bis zu 20% in einer Atmosphäre, bestehend aus 25% O_2 u. 75% Ar, ohne oder mit Zusatz von n. oder schwerem Wasser. Zusatz von W. erhöht v. Die Ergebnisse werden auf Grund der Gleichung von TANFORD u. PEASE (C. **1948**. II. **1043**) unter Benutzung der Gleichgewichtskonstanten von LEWIS u. von ELBE diskutiert. Die Verss. mit D_2O sollten über die Bedeutung des Einfl. von H u. OH auf v entscheiden. Bei

gleichen Zusätzen von n. u. schwerem W. ergaben sich etwa gleiche Flammentempp. u. gleiche Verbrennungsgeschwindigkeiten. Hieraus wird auf einen überwiegenden Einfl. der OH-Radikale gegenüber den H Atomen auf v geschlossen. (J. Amer. chem. Soc. **75.** 1454—57. 20/3. 1953. Princeton, N. J., Princeton Univ. Frick Chem. Labor.)
ROEDER. 157

Arthur L. Loeb, *Berichtigung: Eine Theorie der Messung der Wärmeleitfähigkeit nach der Enveloppenmethode.* Berichtigung einiger Formeln in der C. **1951.** II. 1854 referierten Arbeit. (J. appl. Physics **22.** 849. Juni 1951. Cambridge, Mass., Massachusetts Inst. of Technol.)
KLEVER. 158

K. Mendelssohn und **H. M. Rosenberg,** *Wärmeleitung von Cadmium im Magnetfeld bei tiefen Temperaturen.* Während Au, Mo, Rh, U im Magnetfeld nur eine geringe Wärmeleitfähigkeitsabnahme zeigen, ist der Effekt für reinstes Cd sehr beträchtlich. Im transversalen Feld von 3800 Gauß ist die Leitfähigkeit bei 4,4° absol. 5mal u. bei 2,2° absol. mehr als 7mal verkleinert. Die Feldabhängigkeit ist fast linear u. zeigt keine Andeutung einer Sättigung. Im longitudinalen Feld beträgt der Effekt nur ca. 30% des im Transversalfeld beobachteten. (Proc. physic. Soc., Sect. A **64.** 1057—58. 1/11. 1951. Oxford, Clarendon Labor.)
TELTOW. 158

J. F. W. Bell, *Ein Ultraschallinterferometer zur Messung der Absorption von Gasen durch stehende Wellen.* In einem kugelförmigen metall. Hohlkörper ist ein Schwingquarz u. in geringem Abstand von ihm eine ebene parallele Metallplatte angeordnet. Druck u. Temp. können innerhalb des Raumes weitgehend verändert werden. Durch Aufnahme der Resonanzkurve des Schwingquarzes kann das Maximum der stehenden Wellen u. hieraus die Schallgeschwindigkeit u. die Dämpfung ermittelt werden. Zahlenergebnisse von Messungen an einatomigen Gasen (*Ar* u. *Ne*) u. H_2–N_2-Gemischen werden mitgeteilt. (J. acoust. Soc. America **25.** 96—100. Jan. 1953. Newcastle-on-Tyne, King's Coll.)
HAGEMANN. 159

Anton Peterlin, *Die akustische Doppelbrechung von reinen Flüssigkeiten.* Theoret. Arbeit über die akust. Doppelbrechung von reinen Flüssigkeiten. Der Tendenz der als starre Ellipsoide angenommenen Moll., sich im Ultraschallfeld der Intensität J zu orientieren (Einstellung der großen Mol.-Achse in Richtung der Dilatationsmaxima) wirkt die BROWNsche Bewegung entgegen. Die daraus resultierende Doppelbrechung Δ n ist proportional $\sqrt{J}$ u. der Frequenz, solange die Relaxation noch unmerklich klein ist. Die Relaxationsfrequenz berechnet sich zu 6 D (D = Rotationsdiffusionskonstante). Bei sehr hohen Frequenzen erreicht Δ n einen Grenzwert. Die Theorie steht in brauchbarer Übereinstimmung mit experimentellen Daten. (J. Physique Radium **11.** 45—48. Jan. 1950. Ljubljana, Univ.)
FUCHS. 159

Paul J. Ernst und **Phyllis Zayon,** *Einige akustische Eigenschaften von Blei und anderen Substanzen bei der Temperatur des flüssigen Stickstoffs.* An schwingenden Platten u. Stimmgabeln läßt sich ihr akust. Verh. bei tiefen Tempp. (fl. Luft oder N_2) demonstrieren. Für die Schallgeschwindigkeit in Pb bei der Temp. des fl. N_2 wurde der Wert c = 1507 m/sec ermittelt. Bei Stimmgabeln steigt die Tonhöhe merklich an. Vff. hoffen, durch Anwendung von Ultraschall eine Aufklärung dieser Erscheinungen geben zu können. (J. acoust. Soc. America **25.** 152—53. Jan. 1953. Philadelphia, Pa., Temple Univ., Ultrasonics Labor.)
HAGEMANN. 159

A₅. Grenzschichtforschung. Kolloidchemie.

G. D. Halsey jr., *Über die Struktur der Micellen.* Es werden 2 Faktoren genannt, die das Wachstum der Micellen begrenzen u. es ermöglichen, daß sie ohne Phasentrennung bestehen können, nämlich die geometr. Grenze der Kettenlänge (nach HARTLEY) u. die abstoßende Wrkg. der Ladungsdichte (nach DEBYE). Bei beliebig langen stäbchenförmigen Micellen traten zwar diese beiden Größeneinschränkungen zurück, jedoch verhindert hier ein dritter Faktor eine Phasentrennung. Diese Stäbchen bilden ein Syst. ähnlich einem eindimensionalen Gas, das nicht kondensiert, sondern ein polydisperses Syst. von Aggregaten bildet, wie man es auch an Seifenlsgg. beobachten kann. (J. physic. Chem. **57.** 87—89. Jan. 1953. Seattle, Wash., Univ.)
HENTSCHEL. 160

A. M. Schkodin, *Über die Rolle der Benetzung beim Verfahren der mechanischen Schaumzerstörung.* Der durch Einblasen von Luft in 2%ig. Melasse erzeugte Schaum wird durch ein mechan. Rührwerk aus Glas nicht zerstört, sondern noch verfestigt. Bedeckt man das Rührwerk mit Paraffin, so tritt eine gute Schaumzerstörung ein, dadurch bedingt, daß bei der Berührung der hydrophoben Oberflächen von Rührwerk

u. Schaumhäutchen eine Benetzung u. gegenseitige Haftung der Oberflächen eintritt u. daß durch die Dilatationswrkg. des Rührwerkes das Schaumhäutchen zerstört wird. (Коллоидный Журнал [Kolloid-J.] **14.** 213—14. Mai/Juni 1952. Ukrain. Wiss. Forschungsinst. für Nahrungsmittelind.) LEBTAG. 166

Philip B. Lorenz, *Elektrokinetische Vorgänge bei Parallel- und Serienanordnung.* Werden 2 poröse Körper, bei denen elektrokinet. Erscheinungen auftreten, entweder parallel oder hintereinander in einem elektr. Stromkreis angeordnet, so findet man die bekannten Gesetze über den gemeinsamen elektr. Widerstand (nach KIRCHHOFF u. DARCY) etwas verändert. Es werden die genauen Beziehungen in einer verallgemeinerten Form abgeleitet, die auch die Gesetzmäßigkeiten für die Permeabilität, die Strömungsströme, die Elektroosmose sowie die Zellenkonstante mit einschließen. Je nach der Art des betreffenden Vorganges erhält man bei der Zellenkonstante für den Gesamtwiderstand verschied. Ausdrücke. (J. physic. Chem. **57.** 341—43. März 1953. Bartlesville, Okla., Petroleum Exp. Stat.) HENTSCHEL. 168

Rolf Landsberg, *Über die Halbdurchlässigkeit der Kupferferrocyanidmembran.* Potentialmessungen an Kupferferrocyanidmembranen mit Cellophan als Trägersubstanz ergaben eine Abhängigkeit des Membranpotentials nicht nur von dem Konzentrationsverhältnis zu beiden Seiten der Membran, sondern auch von der Absolutkonz. desselben 1,1- bzw. 1,2-Elektrolyten. Die nähere Unters. dieses Konzentrationseffektes ergab folgende Reihenfolge für seine Größe: $KCl > NaCl > K_2SO_4 > Na_2SO_4 > K_4Fe(CN)_6$. Messungen an Zellen mit 2,1- oder 2,2-Elektrolyten auf der einen u. 1,1- oder 1,2-Elektrolyten auf der anderen Seite der Membran sollen die Frage klären, ob die 2-wertigen Ionen außer durch einen Siebeffekt auch noch durch ihre größere Ladung an dem Durchtritt durch die Membran gehindert werden. Die Ergebnisse dieser Messungen werden an Hand der Theorie von TEORELL u. MEYER-SIEVERS diskutiert u. mit den in Abhängigkeit von der Festionenkonz. berechneten Membranpotentialen verglichen. Hierbei nimmt Vf. ein HENDERSON-Potential im Innern der Membran an u. rechnet mit den gegebenen Konzz. u. den Beweglichkeiten in wss. Lösung. Die Abweichungen zwischen berechneten u. gemessenen Potentialen, die maximal 65 mV betragen, lassen sich auf den Siebeffekt zurückführen. (Z. physik. Chem. **199.** 266—79. Febr. 1952. Berlin, Univ., Phys.-Chem. Inst.) WOELK. 170

P. A. Charlwood, *Bestimmung der Heterogenität auf Grund von Diffusionsmessungen.* Für die Abweichung in der Verteilung der Diffusionskonstanten eines Gemisches wird ein mathemat. Ausdruck abgeleitet, der die Berechnung der 4 Momente aus den Kurven für den Brechungsindexgradienten (nach OGSTON) oder entsprechende Berechnungen aus den Interferenzdiagrammen erfordert. Es wird ein Verf. zur Berechnung dieser Interferenzdiagramme angegeben. Zur Ermittlung der korr. Werte für $D_{2,0}$ u. $D_{4,2}/D_{2,0}$ wird ein empir. Verf. mittels einer parabol. Näherungskurve vorgeschlagen. Sowohl die experimentellen (an *Rohrzucker, Glycerin* u. *Rinderplasmaalbumin* gewonnenen) wie die theoret. erhaltenen Diagramme bestätigen, daß die Verwendung von Momenten von höheren als dem 2. Grade bei geringem Heterogenitätsgrad undurchführbar ist. Bei *Proteinen* ist daher ein höherer Genauigkeitsgrad bei der Messung von D_A u. $D_{2,0}$ erwünscht. (J. physic. Chem. **57.** 125—28. Jan. 1953. London, Courtauld Inst. of Biochem.) HENTSCHEL. 171

K. Goldsmith, *Bemerkung über die rheologischen Eigenschaften elasto-plastischer Stoffe.* (Vgl. C. **1950.** I. 500.) Die Eigg. einiger elasto-plast. Stoffe (verallgemeinerte BINGHAMsche Stoffe) z. B. einer *Kreide-Gummi-arabicum*-**Paste**, lassen sich durch eine empir. Gleichung der Form $D = aA^{a-1}S_{(\frac{b}{A})}/\zeta$ wiedergeben (D = Schergeschwindigkeit, S = Belastung, wobei die drei Konstanten a, b u. ζ als Maßstab für die Eigg. solcher Systeme gelten können). (Brit. J. appl. Physics **1.** 107—09. April 1950. Port Sunlight, Chesh., Lever Brothers & Unilever Ltd.) HENTSCHEL. 173

David F. Waugh und **David A. Yphantis,** *Jeweilige Verteilung des gelösten Stoffes auf Grund der Fundamentalgleichung für die Ultrazentrifuge.* Durch Integrieren der Grundgleichung für die Konzentrationsverteilung im Zentrifugalfeld nach LAMM-ARCHIBALD wird das Verh. kleinerer Moll. ($M \leq 3000$) in der Ultrazentrifuge untersucht, u. es werden die Ergebnisse für M = 1000, 2000 u. 3000 als Konz./Abstand von der Drehachse für Laufzeiten von 2, 4, 5, 8 u. 12 Std. angegeben; diese Werte werden unter Benutzung eines Differentialanalysators erhalten, wobei die Einzelwerte bis auf 0,2% genau sind. Bei diesen Berechnungen werden die Moll. als sphär. mit einer D. von 1,414 u. einem Volumenanteil v von kinet. mitgeführtem W. von 0,5 angenommen. Aus einer Best. von R_n, dem Verhältnis der mittleren Konz. des gelösten Stoffes an der Zentrifugalseite einer Bezugsgrenze zu der entsprechenden Konz. auf der Zentripetalseite, lassen sich die errechneten Werte vergleichen u. die Mol.-Geww. berechnen. Diese R_n-Werte werden zur Berechnung des Mol.-Gew.-Bereiches innerhalb einer Änderung von v von 0–1,0 herangezogen. Über das Gebiet $0,32 < v < 0,71$ sind Abweichungen von ±5% zu erwarten. Eine Näherungsmeth. mit verschied. Eigenwerten wird zur Berechnung des Einfl. kleinerer physikal. Fehlerquellen auf die Verteilung des gelösten Stoffes, u. mit Hilfe der Größe R_n, auf die aus der Verteilung berechneten Mol.-Geww. benutzt. Als derartige Fehlerquellen sind die Lage des Meniskus u. des Bodens der Zelle sowie die Lage einer beliebig unterteilenden Ebene in der Mitte der Zelle geprüft worden. Die genauen Berechnungen werden auf andere Mol.-Gew.-Bereiche durch Wahl anderer Rotorgeschwindigkeiten u. Laufzeiten ausgedehnt. Unter geeigneten Bedingungen lassen sich die gleichen Berechnungen auch bei anderer Kombination der Parameter übernehmen. Bei bekannter Diffusionskonstante läßt sich ein Mol.Gew. unabhängig von der Mol.-Gestalt u. Hydratation berechnen. (J. physic. Chem. **57.** 312–18. März 1953. Cambridge, Mass., Massachusetts Inst. of Technol., Dep. of Biol.) HENTSCHEL. 174

G. F. Hüttig und **O. Theimer,** *Zur Theorie der Adsorption.* 1. Mitt. *Ein Vermittlungsvorschlag zwischen der Adsorptionsisotherme von Brunauer, Emmett und Teller und derjenigen von Hüttig.* Nach Ableitung der von HÜTTIG erweiterten Adsorptionsisotherme von LANGMUIR wird zwischen dieser u. derjenigen nach BRUNAUER, EMMETT u. TELLER eine sich den Beobachtungen besser anpassende Kompromißgleichung aufgestellt. Maßgebend ist hierin die Vorstellung, daß in den einzelnen Schichten ein vom Anfangswert 0 mit dem Druck bis auf 1 wachsender Bruchteil γ der bedeckten Moll. nicht desorbiert werden kann. (Kolloid-Z. **119.** 69–73. Nov. 1950. Graz, TH.) HENTSCHEL. 176

Robert S. Hansen, *Berechnung von Adsorptionswärmen aus Adsorptionsisosteren.* Es wird eine thermodynam. Ableitung der CLAPEYRONschen Gleichung in ihrer Anwendung auf die Berechnung der Adsorptionswärme aus den Adsorptionsisosteren angegeben. Dabei wird der Schluß gezogen, daß die Ableitung dp/dT bei konstantem Wert von $\bar{A}$ (Gesamtoberfläche des festen Körpers dividiert durch die Zahl der Mole an Oberflächenüberschuß) bestimmt werden soll. Dies kommt nicht auf das Gleiche hinaus wie eine Best. bei konstantem Werte von N/N_m (N_m Zahl der bei Sättigung adsorbierten Mole), wie es WILKINS vorschlug. Die gewöhnlich benutzte Ermittlung bei konstantem N sollte zu Werten führen, die denen gleichwertig sind, wie man sie durch Best. bei konstantem $\bar{A}$ innerhalb experimenteller Fehler, mit Ausnahme der Oberflächenüberschüsse dicht am Sättigungszustand, erhält. (J. physic. Colloid Chem. **54.** 411–15. März 1950. Ames, Io., State Coll., Dep. of Chem.) HENTSCHEL. 176

R. Greene-Kelly, *Prüfung auf Montmorillonit.* Ausgehend von der bekannten Tatsache, daß Montmorillonit, der mit kleinen Ionen gesättigt ist, nur schwer wieder W. aufnimmt, wenn er bei mäßigen Tempp. getrocknet wird, sättigte Vf. das Mineral mit 3nLiCl u. entfernte das überschüssige Salz durch Waschen mit 80%ig. warmem Alkohol. Nach Trocknen bei 100° wurde dieser Li-Montmorillonit mit Glycerin behandelt. Röntgenunterss. zeigten eine rationale Reihe von Interferenzen entsprechend d(001) = 17,7 kX. Nach Trocknen bei 200° wurde eine irrationale Reihe von Interferenzen erhalten, die zu erwarten waren, wenn die Netzebenenabstände von 9,4 u. 17,7 kX regellos vorhanden sind. Nach Trocknen bei 300° wurde wieder eine rationale Reihe von Reflexen entsprechend d(001) = 9,4 kX erhalten. — Weiter zeigt der bei 200° getrocknete Li-Montmorillonit eine verringerte Austauschkapazität gegenüber NH_4-Ionen bei p_H 7 im Vgl. zu Proben, die bei 70° getrocknet waren. Die therm. Differentialanalyse eines bei 200° getrockneten u. bei 50% relativer Feuchtigkeit rehydratisierten Li-Montmorillonits ergab, daß das endotherme Maximum zwischen 100° u. 200° stark abgenommen hatte gegenüber einer bei 70° getrockneten Probe. — Alle diese Änderungen wurden nicht bei Beidellit, Saponit, Hectorit u. Nontronit beobachtet. (Nature [London] **170.** 1130–31. 27/12. 1952. Harpenden, Rothamsted Exp. Stat., Pedology Dep.) GOTTFRIED. 176

Henry Eyring und **Merrill Wallenstein,** *Eine kinetische Behandlung der Sättigungs- und Kondensationsstatistik.* Vff. unterscheiden zwei Klassen der Adsorption von Gasen an Festkörpern: 1. die der chem. in Form von monomol. Schichten u. 2. die der physikal. unter Bldg. vieler Schichten. Mit Hilfe der FERMI-DIRAC- u. der BOSE-EINSTEIN-Statistik werden für 2. die Sättigung u. Kondensation mathemat. behandelt. (Proc. nat. Acad. Sci. USA **39.** 138–45. März 1953. Salt Lake City, Univ. of Utah.) ROEDER. 176

W. W. Chodot, I. L. Ettinger und **M. F. Janowskaja,** *Naturkohlen als natürliche Sorbenten.* Die Sorptionsfähigkeit natürlicher Kohlen hängt für ein gegebenes Gas von ihren Mikroporen u. ihrem Alter ab. Die Sorptionsfähigkeit von Gasen u. Kohlen bis 40% CH_4 wächst in direkter Beziehung zu dem Alter der Kohlen u. ist der Ausdruck ihrer harten Struktur. Bei Kohlen mit Sorptionsfähigkeit von über 40% (langflammige u. Braunkohlen) ist das Anwachsen der Sorption eine Folge ihrer weichen Struktur u. vom sorbierten Stoff abhängig. (Доклады Академии Наук СССР [Ber. Akad. Wiss. UdSSR] [N. S.] **88.** 309–11. 11/1. 1953.) v. SCHROEDER. 176

M. M. Scheletschnik, *Geschwindigkeiten der isothermen Sorption bei veränderlicher Konzentration an der Oberfläche des Adsorbenten.* Auf Grund der Diffusionstheorie werden Gleichungen für die Geschwindigkeit der Adsorption u. Desorption an einer Oberfläche bei konstanter Konz. im Innern des Adsorbens, aber nach bekannter Gesetzmäßigkeit veränderlicher Konz. des zu sorbierenden Gases an der Oberfläche abgeleitet. (Журнал Прикладной Химии [J. angew. Chem.] **26.** 108–10. Jan. 1953.) R. K. MÜLLER. 176

Jaromír Šmíd, *Ionenaustauscher und ihre Herstellung.* Übersicht über Herst., Eigg. u. Struktur an Hand der wichtigsten Literatur (21 Angaben). (Chem. Průmysl **2** (**27**). 141–47. 1952.) FREYTAG. 176

A_6. Strukturforschung.

Albert Septier, *Berechnung der Potentialverteilung Φ (z) auf der Achse eines elektrostatischen Immersionsobjektivs mit dicken Elektroden.* Vf. behandelt die Berechnung der Feldverteilung in einem aus ebener Kathode, WEHNELT-Elektrode u. Anode bestehenden elektrostat. System. Für die vorgegebenen geometr. Anordnungen werden zwei mögliche Näherungsansätze diskutiert. Die behandelten Fälle beziehen sich auf Immersionsobjektive zur emissionsmkr. Abb. von Kathodenoberflächen. (C. R. hebd. Séances Acad. Sci. **235.** 1203–06. 17/11. 1952.) LENZ. 181

Pierre Gautier, *Messung der ersten und zweiten Ableitung der Flußdichte längs der Achse einer starken Magnetlinse.* Die erste Ableitung der Flußdichte wird mittels einer kurzen, mit der Feldverteilung koaxialen Sondenspule gemessen, welche in Achsenrichtung Sinusschwingungen durchführt, die zweite Ableitung mittels zweier solcher in entgegengesetztem Wickelsinn bewickelter Spulen in geringem axialen Abstand voneinander. Die Meßspulen sind 0,4 mm lang u. haben 1,2 mm Durchmesser. Ein Meßbeispiel an einer Polschuhlinse mit 4 mm Bohrung u. 5 mm Spaltweite wird für eine Durchflutung von 1800 Ampèrewindungen wiedergegeben. (C. R. hebd. Séances Acad. Sci. **235.** 361–64. 4/8. 1952.) LENZ. 181

Albert Septier, *Ein neuer Typ eines elektrostatischen Immersionsobjektivs von hohem Auflösungsvermögen.* Eine Immersionslinse für emissionsmkr. Unterss. wird dadurch realisiert, daß eine Dreielektrodeneinzellinse dicht vor der ebenen Kathode angeordnet wird. Diese Anordnung hat vor der anderer Immersionslinsen den Vorteil, daß die Scharfstellung der Linse (durch Regelung des an der Mittelelektrode der Einzellinse liegenden Potentials) die Feldstärke unmittelbar vor der Kathode prakt. nicht beeinflußt. Die Bildfehler der Anordnung werden dadurch vermindert, daß unmittelbar vor der Kathodenoberfläche eine auf Kathodenpotential liegende Blende angebracht wird. Ein Auflösungsvermögen von 100 mμ wird angegeben. (C. R. hebd. Séances Acad. Sci. **235.** 652—54. 29/9. 1952.) LENZ. 181

G. E. Donovan und **E. Stafford,** *Farbe in der Elektronenmikroskopie.* Da einerseits dicke elektronenmkr. Objektbereiche nur von hinreichend schnellen Elektronen durchstrahlt werden können, andererseits aber dünne Objektbereiche nur bei niedrigeren Strahlspannungen guten Kontrast geben, schlagen Vff. vor, mehrere Aufnahmen desselben Objektes bei verschied. Strahlspannungen aufzunehmen u. dann von diesen Aufnahmen gleiche Bildausschnitte bei gleicher Vergrößerung herzustellen u. sie mit verschied. Farben übereinanderzudrucken. Dadurch soll erreicht werden, daß sowohl das Innere dicker Objektbereiche als auch die bei hohen Spannungen kontrastarmen dünnen Objektbereiche auf demselben Bild gleichzeitig zu sehen sind. (Nature [London] **170.** 1126—27. 27/12. 1952.) LENZ. 181

Robert Gomer, *Die Geschwindigkeitsverteilung von Elektronen bei der Feldemission. Das Auflösungsvermögen im Projektionsmikroskop.* Berechnung der Geschwindigkeitsverteilung der Elektronen bei der Feldemission auf Grund eines Modells mit freien Elektronen nach der FERMI-DIRAC-Statistik. Die Transversalkomponente der Geschwindigkeit erweist sich als nahezu proportional der Wurzel aus der angelegten Feldstärke. Das Auflösungsvermögen des Feldemissionsmikroskops ergibt sich prakt. unabhängig von der angelegten Feldstärke zu ca. 30 Å. Die Bildentstehung bei der Abb. von Moll. u. das mit dem Protonenemissionsmikroskop erreichbare Auflösungsvermögen werden kurz diskutiert. (J. chem. Physics **20.** 1772—76. Nov. 1952. Chicago, Ill., Univ., Inst. for the Study of Metals.) LENZ. 181

F. J. Wiśniewski, *Mechanische Theorie der Teilchenstreuung durch Gitter.* Theoret. Abhandlung. (Nuovo Cimento [9] **9.** 620—23. 1/7. 1952. Lcdz.) GOTTFRIED. 181

Félix Bertaut, *Beziehungen zwischen der Struktur und der symmetrischen Patterson-Funktion.* Theoret. Betrachtungen. (C. R. hebd. Séances Acad. Sci. **231.** 1320—22. 6/12. 1950.) GOTTFRIED. 181

A. Guinier, *Die Möglichkeiten der Streuung von Röntgenstrahlen bei kleinen Winkeln bei der Untersuchung großer Moleküle.* Krit. werden neuere Fortschritte u. Theorie der Kleinwinkelröntgenstrahlenbeugung besprochen mit besonderer Berücksichtigung der Unters. von Makromoll. u. Micellen. (J. Polymer Sci. **9.** 557—63. Dez. 1952. Paris, Conserv. des Arts et Métiers.) GOTTFRIED. 181

Stig O. Lundqvist und **Per-Olov Löwdin,** *Über die Berechnung gewisser Integrale, speziell von drei- und vierzentrigen Integralen, die in der Theorie der Moleküle vorkommen.* (Ark. Fysik **3.** 147—54. 1951. Uppsala, Univ., Inst. of Mechanics and Mathemat. Phys.) GOTTFRIED. 181

Raymond Daudel, *Die Rolle der de Broglie-Welle bei der Untersuchung von Molekularstrukturen.* Überblick über die Verwendung der Gleichungen der Wellenmechanik bei der numer. Auswertung von Molekularstrukturen. (Cahiers de Physique **1952.** Nr. 38. 17—25. Juli. Paris, Sorbonne.) GOTTFRIED. 182

G. W. Zitzischwili, *Über die Fehler von A. A. Kalandija in der Arbeit „Berechnung von Molvolumina anorganischer Verbindungen vom Typus $A_nB_mO_s$" und über seine Versuche, eine falsche Konzeption der Resonanz zu stützen.* In der Begründung der von KALANDIJA (C. **1950.** II. 1313) abgeleiteten Formel weist Vf. Widersprüche zu der BUTLEROWschen Theorie des Molekülbaus u. Elemente der „nicht stichhaltigen u. methodolog. fehlerhaften idealist. Konzeption der Resonanz" nach. (Журнал Общей Химии [J. allg. Chem.] **22** (**84**). 2240—45. Dez. 1952. Melikischwili-Inst. für Chem. der Akad. der Wiss. der GrusSSR.) R. K. MÜLLER. 182

Harrison Shull, *Über die Ladungsverteilung in der C—O-Bindung des CO_2.* Es wird eine ausführliche Diskussion der Ladungsverteilung im CO_2, bestimmt mittels der Molekül- u. Atombahntheorie, gegeben. Die O-Atome besitzen danach eine negative Ladung von —0,31 oder —0,30 Elektroneneinheiten. Diese Werte sind im Gegensatz zu denen von MULLIKEN (—0,57) (J. chem. Physics **7.** [1935.] 720) u. von MOFFITT (±0) (Proc. Roy. Soc. [London], Ser. A **196.** [1949.] 524). Die Diskrepanz der Werte klärt Vf. zugunsten seines Wertes durch eine neue Berechnung der Atombahnintegrale des CO_2. (Proc. nat. Acad. Sci. USA **38.** 400—08. Mai 1952. Ames, Iowa, State Coll., Inst. for Atomic Res., u. Dep. of Chem.) ZIMMER. 182

G. Fournet, *Deutung von Röntgenstreuungsdiagrammen dichter Systeme von Teilchen.* Es wird zusammenfassend die Auswertung von Flüssigkeitsdiagrammen besprochen. Notwendig ist, mehrere Verteilungskurven der diffusen Strahlungsintensität in Abhängigkeit des Winkels u. bei mehreren Konzz. zu bestimmen, um den Drehwinkel der Makromoll. um ihr Wechselwirkungspotential festlegen zu können. (J. Polymer Sci. **9.** 539—45. Dez. 1952. Paris, Conserv. Nat. des Arts et Métiers.) GOTTFRIED. 186

R. W. Balluffi und **B. H. Alexander,** *Entwicklung von Porosität während der Diffusion in festen Lösungen vom Substitutionstyp.* Es wurde zuerst die Entw. von Porosität bei der Entzinkung von polykristallinem 70/30-*Messing* bei 700, 800 u. 900° u. 10^{-4} mm Hg untersucht. Mit fortschreitender Diffusion breitet sich das poröse Gebiet immer mehr in dem Blättchen aus, während einzelne Hohlräume an Größe zunehmen. Die gleichen Beobachtungen wurden an Einkristallen von α-Messing gemacht. Die chem. Diffusionskoeffizienten sind bei 700° $4 \cdot 10^{-10}$ cm²/Sek.; bei 800° $2 \cdot 10^{-9}$ u. bei 900° $2 \cdot 10^{-8}$ cm²/Sekunde. Qualitativ wurde Porosität auch in anderen Systemen beobachtet, u. zwar bei der Verdampfung von *Cu* aus einer *Cu–Ni*-Legierung, von *Ag* aus einer *Ag–Au*-Legierung u. von Ag aus einer *Ag–Pd*-Legierung. Bei den folgenden Verss. wurden Blättchen von Cu u. α-Messing, Cu u. Ni sowie Ag u. Au bei erhöhten Drucken u. Tempp. zusammengeschweißt u. die an den Grenzflächen durch Diffusion auftretende Porosität untersucht. Auch in diesen Fällen wurde Bldg. von porösen Gebieten beobachtet, doch entwickelt sich die Porosität nicht gleichmäßig über die ganze Diffusionszone, sondern ist ganz auf einer Seite dieser Zone konzentriert. Schließlich wurde die Diffusion von Zn-Dampf in polykristallines Cu u. Einkristalle von Cu, von Cu-Dampf in Ni sowie von Ag-Dampf in Au untersucht. Während in den beiden ersten Systemen keine Porosität beobachtet werden konnte, trat sie im dritten Syst. auf. (J. appl. Physics **23.** 1237—44. Nov. 1952. New York, N. Y., Sylvania Electric Products, Inc., Atomic Energy Div.) GOTTFRIED. 190

A. Craig und **R. McIntosh,** *Die Darstellung von Natriumchlorid mit großer spezifischer Oberfläche.* Vff. beschreiben ein Verf., mit welchem NaCl-Teilchen mit einer spezif. Oberfläche bis zu 50 m^2/g erhalten werden können: NaCl wird in einem Rohrofen, durch den ein Strom trockener Luft geleitet wird, bei 750—850° verdampft. Das grobe Kondensat scheidet sich am kalten Ende des Rohres ab, während die feinen NaCl-Rauchteilchen in einem elektrostat. Rauchabscheider niedergeschlagen werden. Die Teilchen ordnen sich dabei in Form von Ketten an; die Einzelteilchen dieser Ketten scheinen nicht kub. zu sein. In einem Falle wurden auch kub. Einzelteilchen bzw. Ketten aus kub. Einzelteilchen erhalten; die spezif. Oberfläche betrug in diesem Falle 18 m^2/g. An feuchter Luft verlieren die Teilchen rasch an Oberfläche. Dieses Sintern erfolgt anscheinend auf Grund eines Lösungs- u. Rekristallisationsprozesses. Aus den erhaltenen Werten wird unter der Annahme kugelförmiger Teilchen die freie Energie der Grenzfläche fest–fl. berechnet. (Canad. J. Chem. **30.** 448—53. Mai 1952. Toronto, Ont., Univ. of Toronto, Dep. of Chem.) GEDSCHOLD. 190

A. W. Schubnikow, *Über die sogenannte Homologie von Kristallen.* Durch theoret. Betrachtung der Symmetrie u. der Symmetrieoperationen kommt Vf. zu dem Schluß, daß die Kristalle keine von ihren Symmetrieelementen verschied. Homologieelemente aufweisen. Die rein geometr. Umwandlung eines Kristallteiles in einen anderen, entsprechend dieser oder jener Homologieoperation, kann nicht von einer Änderung der physikal. Eigg. der im Austausch stehenden Kristallteile begleitet sein. Die falsche Vorstellung von einer Homologie der Kristalle beruht auf einer falschen Auslegung des Grenzgesetzes von FEDOROW, wonach alle Kristalle in ihrer Form von der kub. oder Hexagonalform wenig abweichen. Es gibt nur abstrakte geometr. Homologieeigg. der Kristallnormen unabhängig von den physikal. Eigenschaften. (Доклады Академии Наук СССР [Ber. Akad. Wiss. UdSSR] [N. S.] **88.** 453—56. 21/1. 1953.) LEBTAG. 190

Niels Bjerrum, *Struktur und Eigenschaften von Eis.* Inhaltlich ident. mit der C. **1953.** 2399 referierten Arbeit. (Science [Washington] **115.** 385—90. 11/4. 1952. Kopenhagen.) GOTTFRIED. 195

J. W. Jeffery, *Röntgenstreuung durch einen Kristall mit Periodizitäten innerhalb der Elementarzelle.* Bei dem monoklin-flächenzentrierten, pseudorhomboedr. *Tricalciumsilicat* (a = 33,1 Å, b = 7,1 Å, c = 18,6 Å, β = 94°) treten die für das monokline Gitter charakterist. Reflexe nur als schwache Satelliten der starken rhomboedr. Reflexe auf. Dieser Befund wird mittels der FOURIER-Transformation der Elektronendichte gedeutet. (Proc. physic. Soc., Sect. A **64.** 1003—06. 1/11. 1951. London, Univ., Birkbeck Coll. Res. Labor.) TELTOW. 195

Arne Magnéli, Georg Andersson, Birgitta Blomberg und **Lars Kihlborg,** *Identifizierung von Molybdän- und Wolframoxyden durch Röntgenpulverdiagramme.* Von den folgenden Mo- u. W-Oxyden wurden Pulverdiagramme hergestellt u. die Elementarkörperdimensionen bestimmt. Die Daten der Pulverdiagramme sind tabellar. zusammengestellt. MoO_2, dargestellt durch 40std. Erhitzen von MoO_3 u. Mo auf 700°; braunes Kristallpulver. Die monokline Zelle hat a = 5,608 ± 0,005 Å; b = 4,842 ± 0,005 Å; c = 5,517 ± 0,005 Å; β = 119,75 ± 0,07°. — Mo_4O_{11}: rotviolettes Kristallpulver durch Erhitzen von $MoO_{2,75}$ auf 700° während mehrerer Tage. Rhomb. mit a = 24,40 ± 0,02 Å; b = 5,450 ± 0,005 Å; c = 6,723 ± 0,005 Å. — Mo_8O_{23}, dargestellt durch 50std. Erhitzen von $MoO_{2,90}$ auf 700°. Blauviolette Kristallaggregate; monoklin mit a = 16,90 ± 0,02 Å; b = 4,055 ± 0,005 Å; c = 13,38 ± 0,01 Å; β = 73,73 ± 0,07°. — Mo_9O_{26} wurde in Form blauvioletter Kristallaggregate durch 50std. Erhitzen von $MoO_{2,90}$ auf 750° erhalten. Monoklin mit a = 16,74 ± 0,02 Å; b = 4,019 ± 0,005 Å; c = 14,53 ± 0,02 Å; β = 95,45 ± 0,05°. — MoO_3 ist rhomb. mit a = 3,966 ± 0,005 Å; b = 13,88 ± 0,01 Å; c = 3,703 ± 0,005 Å. — WO_2, dargestellt durch 40std. Erhitzen von WO_3 + W auf 950°. Braunes Kristallpulver; monoklin mit a = 5,650 ± 0,005 Å; b = 4,892 ± 0,005 Å; c = 5,550 ± 0,005 Å; β = 120,42 ± 0,07°. — $W_{18}O_{49}$, rötlichviolette Nadeln durch 40std. Erhitzen von $WO_{2,72}$ auf 1000°. Die monokline Zelle hat a = 18,28 ± 0,02 Å; b = 3,775 ± 0,005 Å; c = 13,98 ± 0,02 Å; β = 115,14 ± 0,07°. — $W_{20}O_{58}$, dargestellt durch mehrtägiges Erhitzen von $WO_{2,90}$ auf 1050°. Dunkelblaue, sehr dünne Nadeln. Monoklin mit a = 12,05 ± 0,01 Å; b = 3,767 ± 0,005 Å; c = 23,59 ± 0,02 Å; β = 94,72 ± 0,05°. — WO_3 ist monoklin mit a = 7,285 ± 0,003 Å; b = 7,517 ± 0,003 Å; c = 3,835 ± 0,002 Å; β = 90,90 ± 0,03°. (Analytic. Chem. **24.** 1998—2000. Dez. 1952. Uppsala, Univ., Inst. of Chem.) GOTTFRIED. 195

Félix Bertaut und **Claude Delorme,** *Instabile Überstrukturen in dem System NiO–CuO.* Während sich monoklines CuO nur sehr wenig in NiO löst, beobachteten Vff. bei sehr langem Erhitzen das Auftreten von tetragonalen Überstrukturen; ihr Stabilitätsbereich liegt zwischen 900 u. 1100°. Bei einer CuO-Konz. von 40 At.-% wurde für die von 1030° abgeschreckte Probe a = 4,223 Å; c = 4,141 Å; c/a = 0,981 gefunden. Bei sinkender Abschrecktemp. fällt der Parameter (1 — c/a), um bei 900° den Wert Null zu erreichen, u. zwar infolge Ausscheidens von CuO. Oberhalb einer Abschrecktemp.

von 1050° nimmt (1 — c/a) wieder ab; das Syst. beginnt regellos zu werden. Während sich CuO bei gewöhnlichem Druck bei ca. 1050° in Cu_2O umwandelt, tritt diese Umwandlung in dem Syst. CuO–NiO erst oberhalb 1120° ein. Charakterist. in dem Syst. ist das Vorzeichen des Parameters (1 — c/a): während unterhalb einer CuO-Konz. von 45 At.-% eine tetragonale Überstruktur mit $c/a < 1$ auftritt, erhält man bei höheren CuO-Konzz. eine tetragonale Überstruktur mit $c/a > 1$. Es wird eine mögliche Theorie für die Beobachtungen entwickelt. (C. R. hebd. Séances Acad. Sci. **233**. 356—58. 30/7. 1951.) GOTTFRIED. 195

Armin Weiß und **Ulrich Hofmann**, *Batavit.* Drehkristallaufnahmen an farblosen Plättchen von Batavit aus dem „Mog" genannten Mineralgemenge der Graphitlagerstätte von Kropfmühl u. Pulveraufnahmen ergaben für die monokline Zelle die Dimensionen a = 29,0 Å; b = 9,21 ± 0,05 Å; c = 5,33 ± 0,05 Å; β = 97°. Diese Dimensionen weisen auf eine dem Vermiculit sehr ähnliche Struktur hin. Der mittlere Brechungsexponent in der Blättchenebene wurde zu 1,539 u. 1,568 bestimmt; D. des lufttrockenen Materials 2,18—2,19. Als Mittelwert dreier chem. Analysen wurden folgende Werte gefunden: SiO_2 42,2(%); Al_2O_3 16,2; MgO 28,2; H_2O 14,0. Die folgende Strukturformel wird angegeben: $\{(Mg_{2,64}Al_{0,33})[(OH)_{1,94} | Si_{2,99}Al_{1,01}O_{10}]\}^{-0,68} + Mg^{2+}_{0,34} +$ 2,34 H_2O. Als Mittelwert des Kationenaustauschvermögens für das lufttrockene Material, das Mg^{2+}-Ionen als austauschfähige Ionen enthielt, wurde ein Wert von 163 mval/100 g ermittelt. Zur Unters. der interkristallinen Quellung wurden einheitlich mit verschied. Kationen belegte Proben durch erschöpfende Behandlung mit 2n Lsgg. der Chloride u. Auswaschen mit W. hergestellt. H-Batavit wurde durch Einw. mit 0,05n HCl u. Auswaschen erhalten. Eine Unters. der Entwässerung der so erhaltenen Proben bei 20° zeigte, daß die interkristalline Quellung meist in scharfen Quellungsstufen verläuft. Der Schichtabstand der wasserreichsten Stufe bei ungefähr 14,5 Å entspricht gut 2 H_2O-Schichten, der Schichtabstand der wasserärmeren Stufe bei 11,8 Å entspricht gut 1 H_2O-Schicht zwischen den Silicatschichten. In keinem Fall erfolgt unter W. eine Aufteilung des Gitters unter Verschwinden der (0 0 1)-Interferenzen, wie z. B. bei dem Na-Montmorillonit. — Bataviteinkristalle sprechen als Membranelektroden potentialrichtig auf das p_H von Lsgg. an. — Humanalbumin u. Gelatine werden bis zu ca. 5 Gew.-%, Pepsin bis ca. 2,5 Gew.-% zwischen den Silicatschichten des H-Batavits eingelagert. Tyrosin, Glykokoll u. Lysin werden entsprechend dem zunehmenden bas. Charakter in steigender Menge eingelagert, doch bleibt auch bei Lysin die eingelagerte Menge kleiner als bei Proteinen. — Austauschfähig gebundene Ni-Ionen können im Inneren von Bataviteinkristallen zwischen den Silicatschichten als Nickeldimethylglyoxim ausgefällt werden, das sich auch durch Kochen mit Methanol nicht entfernen läßt. Ferner katalysiert Batavit die Oxydation von zwischen die Silicatschichten eingelagertem Diphenylamin durch Luft (unter Bldg. des blauen Benzidiniumfarbstoffs) sowie den Zerfall von H_2O_2. Nach Eintragen von Batavit in eine neutrale NaJ-Lsg. scheidet diese Jod aus. (Z. Naturforsch. **6b**. 405—09. Nov./Dez. 1951. Regensburg, Hochsch., Inst. für anorgan. u. physikal. Chem.) GOTTFRIED. 195

Anders Byström und **Karl-Axel Wilhelmi**, *Die Kristallstruktur von Diaboleit, $Pb_2Cu(OH)_4Cl_2$.* Diaboleit krist. tetragonal mit den Dimensionen a = 5,870 ± 0,003 Å; c = 5,494 ± 0,003 Å. Eine ausführliche Raumgruppendiskussion führte zu der Raumgruppe C^1_{4v} — P 4 m m; Z = 1. In dem Gitter liegen 2 Pb in ½ 0 z; 0 ½ z mit z = 0; 1 Cu u. 1 Cl_I in 0 0 z mit z = 0,278 bzw. —0,222; 1 Cl_{II} in ½ ½ z mit z = —0,125 u. 4 O in x x z; x $\bar{x}$ z; $\bar{x}$ x z; $\bar{x}$ $\bar{x}$ z mit x = 0,250; z = 0,278. Die Struktur ist aufgebaut aus Schichten der Zus. $Pb_2Cu(OH)_4Cl_2$, die in Richtung der c-Achse nur durch schwache intramol. Kräfte zusammengehalten werden. Die O- u. Cl-Atome bilden um die Pb-Atome verzerrte quadrat. archimed. Antiprismen u. um die Cu-Atome verzerrte Oktaeder. Die Pb—O- u. Pb—Cl-Abstände entsprechen Bindungen mit Ionencharakter. Die H-Atome bilden wahrscheinlich O—H—O-Bindungen. (Ark. Kemi **2**. 397—404. 1950. Stockholm, Univ., Inst. of Inorg. and Phys. Chem.) GOTTFRIED. 195

A. D. Wadsley, *Rolle des Wassers in der Struktur des Psilomelans, $(Ba, H_2O)_2Mn_5O_{10}$.* Psilomelan krist. monoklin mit a = 9,56 Å; b = 2,88 Å; c = 13,85 Å; β = 92° 30′. Wahrscheinliche Raumgruppe ist A 2/m; Z = 2 $Ba_{0,64}(Mn, R)_5O_{10} \cdot 1,36\ H_2O$, wo R Mn^{2+}-Ionen u. Spuren anderer Metalle bedeuten, die Mn^{4+} substituieren. Die Aufklärung der Struktur erfolgte mittels FOURIER-Methoden. Die Struktur ist auf doppelten u. dreifachen Ketten von Mn–O-Oktaedern aufgebaut, die in einer angenähert rechteckigen Gruppierung verknüpft sind, u. zwar durch gemeinsame Oktaederecken, u. auf diese Weise Hohlräume parallel der b-Achse bilden. In diesen Hohlräumen befinden sich die Ba-Ionen u. die H_2O-Moll., die sich kristallograph. nicht unterscheiden lassen. In einem solchen Hohlraum ist eine doppelte Reihe von Ba-Ionen u. H_2O-Moll. mit der nebenst. Anordnung untergebracht. Die Dehydrierung des Psilomelans, die der der Zeolithe ähnlich ist, ist von einer Phasenänderung in *Hollandit* begleitet, wenn alles W. entfernt ist. Hierbei werden sehr viele Leerstellen in der Doppelreihe gebildet; der Übergang zu Hollandit bewirkt eine Umordnung der dreifachen Oktaederketten in Doppelketten sowie der Doppelreihe der Ba-Ionen in eine einfache Reihe. (Nature [London] **170.** 973—94. 6/12. 1952. Melbourne, Commonwealth Sci. and Ind. Res. Organizat., Div. of Ind. Chem.) GOTTFRIED. 195

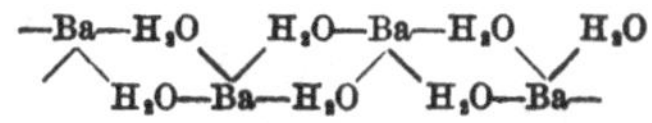

René Bernard, Émile Pernoux und **Stanislas Teichner,** *Bestimmung der spezifischen Oberfläche mittels des Elektronenmikroskops.* Inhaltlich ident. mit den C. **1952.** 6980 u. C. **1953.** 1932 referierten Arbeiten. (C. R. hebd. Séances Acad. Sci. **232.** 1927—29. 21/5. 1951.) LENZ. 196

M. Cohen, *Eine Elektronenbeugungsuntersuchung von Filmen, die durch Natriumnitritlösung auf Eisen gebildet werden.* $NaNO_2$ verhindert die Korrosion von Fe durch Bldg. einer Oxydschutzschicht auf der Metalloberfläche. Vf. untersuchte die Oxydschicht durch Elektronenbeugung in Durchstrahlung u. Reflexion. Bei kurzer Einwirkungsdauer von Nitrit entsteht reines γ-Fe_2O_3, später bildet sich γ-$Fe_2O_3 \cdot H_2O$. Der Oxydfilm bildet sich durch Rk. zwischen dem Nitrit, O_2 u. dem Metall an der Grenzfläche Fl.-Metall, voraus geht wahrscheinlich eine Adsorption des Nitritions an der Oberfläche. Die Diagramme, die man von den mit Nitrit gebildeten Filmen erhält, sind meist ident. mit denen, die durch Chromat u. lufthaltige NaOH-Lsg. entstehen. (J. physic. Chem. **56.** 451—53. April 1952. Ottawa, Can., Nat. Res. Council of Canada.) HARTMANN-FAHNENBROCK. 196

Horst Schreiner, *Zur Diffusion von radioaktivem Edelgas in Metallen.* Vf. wendet die Vorstellung der getrennten Oberflächen- u. Gitterdiffusion auf die Edelgasdiffusion der Emaniermeth. (vgl. HAHN, Naturwissenschaften **12.** [1924.] 1140) an. Der Diffusionsanteil am Emaniervermögen setzt sich additiv zusammen aus einem Emanieranteil, welcher durch Edelgasdiffusion in der Oberfläche u. einem Anteil im Gitter erhalten wird. Die Ablösearbeit für den Platzwechselvorgang ist für die Diffusion im Gitter wesentlich größer als für die in der Oberfläche. Für alle untersuchten Metalle wurde bei Tempp. von $\alpha < 0,32$ (α = Versuchstemp. in ^{0}K/Schmelztemp. des betreffenden Metalles in ^{0}K; vgl. TAMMANN, Z. angew. Chem. **39.** [1926.] 869) allein Oberflächendiffusion beobachtet, wogegen bei $\alpha > 0,39$ die Gitterdiffusion dominierte. Dies steht in Übereinstimmung mit den Erfahrungen an Rkk. im festen Zustand. (Österr. Chemiker-Ztg. **53.** 233—37. Okt. 1952. Graz, TH, Inst. für anorgan. u. physikal. Chem.) GEDSCHOLD. 196

W. C. Winegard und **B. Chalmers,** *Selbstdiffusion an Silberoberflächen.* Es wurde die Oberflächenselbstdiffusion von Ag an verschied. kristallograph. Oberflächen (1 1 1; 1 1 0; 1 0 0) von Ag-Einkristallen u. an polykristallinen Oberflächen mit Korndurchmessern von 3—4 mm untersucht. Die einzelnen Oberflächen wurden entweder elektrolyt. poliert oder geätzt; hierauf wurde ein definiertes Gebiet der Oberfläche mit Ag versilbert, welches ^{110}Ag enthielt, das β-Teilchen u. γ-Strahlen emittiert. Die Aktivität des bestrahlten Ag betrug 10 mC pro g; dies entspricht ca. 500000 Atomen ^{109}Ag auf jedes ^{110}Ag-Atom. Von den Proben wurden Autoradiographien aufgenommen, u. zwar von dem Ausgangsmaterial sowie von Proben, die verschieden lange auf Tempp. zwischen 250 u. 400° erhitzt worden waren. Ganz allg. ergab sich, daß eine Änderung der Oberflächenform, die während des Anlassens auf höhere Tempp. eintritt, eine beschleunigende Wrkg. auf die Diffusionsgeschwindigkeit ausübt. Es wird eine Theorie entwickelt, daß die Oberflächenselbstdiffusion durch einen Leerstellenmechanismus eintritt. Die Konz. der Leerstellen ist nahe der Oberfläche größer als im Inneren der Probe, u. daher ist die Diffusion nahe der Oberfläche schneller. Änderungen der Oberflächenform werden durch die Bldg. u. den Transport von Leerstellen von konkaven zu konvexen Gebieten der Oberfläche erklärt. (Canad. J. Physics **30.** 422—29. Sept. 1952. Toronto, Univ., Dep. of Metallurg. Engng.) GOTTFRIED. 196

A. I. Ssolodennikow, *Struktur und Eigenschaften von Legierungen.* Allg. Ausführungen. (Химия в Школе [Chem. Schule] **1953.** Nr. 2. 8—16. März/April.) LEBTAG. 197

G. Bonfiglioli, A. Ferro und **G. Montalenti,** *Über einige Größen, die von der Kristallsymmetrie der Metalle abhängen.* Unter Verwendung einer in einer früheren Arbeit (vgl. IIe Réunion Annuelle de la Soc. de Chimie Physique sur le „Chargement de Phase". Paris **1952,** S. 348) entwickelten einfachen thermokinet. Theorie des Schmelzens von Metallen zeigen Vff., daß die folgenden Größen mit guter Annäherung Konstanten für alle Metalle der gleichen Kristallsymmetrie sind: λT_m; $d^3/\chi T_m$; $\chi \Lambda/d^3$; $\chi/\lambda d^3$; Λ/T_m

u. $\lambda \Lambda$. Es bedeuten λ den linearen therm. Ausdehnungskoeff.; χ die isotherme Kompressibilität; d den Atomdurchmesser; T_m die absol. Schmelztemp. u. Λ die Bildungswärme pro g-Atom. Die Werte sind für eine größere Anzahl von Metallen tabellar. zusammengestellt. (J. Chim. physique Physico-Chim. biol. **50.** 22—25. Jan. 1953. Turin, Ist. Elettrotecn. Nat.) GOTTFRIED. 197

C. Shih und **E. A. Peretti,** *Das System InAs–InSb.* Durch therm. Analyse, DEBYE-SCHERRER-Aufnahmen u. metallograph. Unterss. wird gezeigt, daß im bin. Syst. InAs–InSb die Liquiduskurve kontinuierlich vom F. des InAs bei 952° zu einem Eutektikum läuft, das experimentell vom F. des InSb bei 525° nicht zu unterscheiden ist. Durch Extrapolation der Soliduskurve wurde ein kleines Einphasengebiet abgetrennt, das sich von 0 bis maximal ca. 2% InSb erstreckt. (J. Amer. chem. Soc. **75.** 608—09. 5/2. 1953. Notre Dame, Ind., Univ., Metallurg. Labor.) SIEWERT. 197

Je. W. Kolonzowa, *Röntgenographische und elektronenmikroskopische Bilder von plastisch verformten Aluminiumeinkristallen.* Es werden Daten über röntgenograph. u. elektronenmkr. Unterss. an plast. deformierten Al-Einkristallen mitgeteilt (4 Röntgenogramme, 5 Elektronenmikroaufnahmen). Es ergibt sich der Schluß, daß gleichzeitig mit dem Vorgang der plast. Deformation eine Rekristallisation in Bereichen, die sich an die Gleitebene anschließen, stattfindet. (Журнал Экспериментальной и Теоретической Физики [J. exp. theoret. Physik] **21.** 821—25. Juli 1951. Moskau, Univ.) SCHUBERT. 197

Jean-Jacques Trillat und **Noboru Takahashi,** *Elektronenbeugungsuntersuchung von Aluminium–Kupfer-Legierungen, die durch thermische Verdampfung im Vakuum erhalten worden waren.* Bei den zuerst durchgeführten Verss. wurden Al u. Cu von zwei verschied. Quellen aus auf eine Spaltfläche von Steinsalz aufgedampft, die eine Temp. von 20° hatte. Elektronenbeugungsunterss. ergaben, daß bei dieser Versuchsanordnung weder eine Verbindungsbldg. noch Bldg. einer festen Lsg. in dem aufgedampften Film festgestellt werden konnte. Befand sich dagegen die Spaltfläche des Steinsalzes auf einer Temp. von 300°, so wurde ein sehr linienreiches Diagramm mehrerer Verbb. erhalten, von denen *$CuAl_2$* bestimmt identifiziert werden konnte. Wurden die beiden Metalle von einer gemeinsamen Quelle aus auf eine kalte Unterlage (20°) aufgedampft, so wurden diffuse Diagramme erhalten, die auf die Bldg. fester Lsgg. mit stark deformierten Gittern hinwiesen. Bei heißer Unterlage (300°) wurden je nach der Zus. des Ausgangsgemischs die Hauptphasen des Gleichgewichtsdiagramms ($CuAl_2$, Cu_9Al_4 usw.) mit Andeutung von Überstrukturbldg. erhalten. Wurde schließlich die Verb. $CuAl_2$ verdampft, so wurden die gleichen Ergebnisse wie mit einem Gemisch derselben Zus. festgestellt. Durch Altern bildete sich allmählich die Verb. $CuAl_2$ mit Andeutungen der ϑ'-Phase. Bei heißer Unterlage wurde sofort die tetragonale Struktur des $CuAl_2$ nachgewiesen. (C. R. hebd. Séances Acad. Sci. **235.** 1306—08. 24/11. 1952.) GOTTFRIED. 197

Aldo Iandelli, *Die Legierungen zwischen Cer und Mangan.* Durch Schmelzen unter NaCl oder $BaCl_2$ aus den Komponenten erhaltene Ce–Mn-Legierungen zeigen ein Eutektikum bei 612° (6,5% Mn), dann Anstieg des F. bis 998° (konstant zwischen 45 u. 64% Mn) u. weiteren Anstieg zum F. des Mn (1245°). Es besteht somit eine Mischbarkeitslücke (45—64% Mn), eine Zwischenphase tritt nicht auf, analog den La–Mn-Legierungen. Vf. zeigt mkr. Aufnahmen, die die Befunde des F.-Diagramms bestätigen. (Atti Accad. naz. Lincei, Rend., Cl. Sci. fisiche, mat. natur. [8] **13.** 265—68. 1 Tafel. Nov. 1952.) R. K. MÜLLER. 197

Anders Byström, Peder Kierkegaard und **Oswald Knop,** *Röntgenuntersuchung Cu-reicher Cu–Ce-Legierungen. Mit einer Diskussion der Atomabstände im A_5B-Strukturtyp.* Im Syst. Cu–Ce werden die Gitterkonstanten u. die Symmetrie der beiden Phasen *Cu_6Ce* u. *Cu_4Ce* ermittelt. Aus Cu_6Ce-Einkristallen wurde eine orthorhomb. Elementarzelle mit a = $8{,}08_5$ Å, b = $5{,}09_7$ Å u. c = $10{,}17_2$ Å u. Z = 4 bestimmt. Die Raumgruppe D_{2h}^{16} — P n m a wird als möglich angesehen, jedoch gelang bis jetzt die Parameterbest. nicht. Cu_4Ce ist isotyp $CaZn_5$ (Raumgruppe D_{6h}^{1}) u. hat ca. 6 Atome in der Elementarzelle (Z = 1,2) mit a = 5,150 ± 0,002 u. c = 4,102 ± 0,002 Å. Atomlagen: Ce in 1(a): 000; 0,2 Ce + 4,8 Cu in 2(c): $^1/_3\,^2/_3\,0$; $^2/_3\,^1/_3\,0$ + 3(g): ½ 0 ½; 0 ½ ½; ½ ½ ½. Die Atomabstände in den bisher gefundenen isotypen A_5B-Phasen werden vom Standpunkt verschied. Annahmen diskutiert. (Acta chem. scand. **6.** 709—19. 1952. Stockholm, Univ., Inst. of Inorg. and Physic. Chem.) SCHUBERT. 197

Konrad Schubert, *Anwendung des Bandmodells der Elektronentheorie auf die Kristallchemie der Legierungen.* 3. Mitt. *Zur Morphotropie der Elementstrukturen.* (2. vgl. C. **1949.** I. 168.) Vf. zeigt an Hand des Bandmodells der Elektronentheorie Morphotropiezusammenhänge im Bereich der Elementstrukturen auf, bei denen gegenüber anderen Strukturen die COULOMB-Energie am niedrigsten ist. Im einzelnen werden die

Kristallstrukturen der A- u. T-Elemente (d. h. Elemente ohne d-Elektronen bzw. unabgeschlossenen Elektronengruppen, Übergangselemente) in einer dichtesten, kub. innenzentrierten u. verzerrt dichtesten Kugelpackung, der B-Elemente (mit abgeschlossener Gruppe von 10 d-Elektronen), des *Ga* u. des *Sn* besprochen. (Z. Metallkunde **41.** 417—24. Nov. 1950. Stuttgart, Max-Planck-Inst. für Metallforsch.) HILGERS. 197

Konrad Schubert und **Hermann Pfisterer,** *Zur Kristallchemie der B-Metall-reichsten Phasen in Legierungen von Übergangsmetallen der Eisen- und Platintriaden mit Elementen der vierten Nebengruppe.* Die Struktur von *$CoGe_2$* wurde aus Drehkristall- u. Pulveraufnahmen bestimmt. In einer B-flächenzentriert orthorhomb., pseudotetragonalen Zelle mit a = b = $5{,}67_{0\pm3}$ Å, c = $10{,}79_{6\pm3}$ Å befinden sich 16 Ge- u. 7 Co-Atome, die in der Raumgruppe C_{2v}^{17c}-Bba folgende Lagen besetzen: 7 Co statist. in zweimal 4(a) mit z_1 = —0,012, z_2 = —0,238; 8 Ge_I in 8(b) mit x = 0,158, y = ½ — x, z = —$^1/_8$; 8 Ge_{II} in 8(b) mit x = y = $^1/_4$, z = $^1/_8$. Bei prim. Kristallisation bilden sich Plättchen mit einer Ebene senkrecht zur c-Achse. *$PdSn_2$* ist isotyp zu $CoGe_2$ mit a = b = $6{,}47_{8\pm3}$ Å; c = $12{,}15_{5\pm3}$ Å u. z_1 = —0,010; z_2 = —0,238. *$RhSn_2$* erleidet bei ca. 500° eine Umwandlung von einer $CuAl_2$ (C 16)-Hochtemperaturmodifikation mit a = 6,398 Å; c = 5,643 Å; x = $0{,}16_{0\pm1}$ in den $CoGe_2$-Typ mit a = $6{,}31_{9\pm5}$ Å; c = $11{,}9_{7\pm1}$ Å bei tiefer Temperatur. — *$CoSi_2$* u. *$NiSi_2$* kristallisieren im C 1 (CaF_2)-Typ mit a = $5{,}35_{6\pm1}$ Å bzw. a = $5{,}39_{5\pm3}$ Å. $CoSi_3$ existiert nicht, *NiSi* krist. nicht im B 20 (FeSi)-Typ. — *Ir_3Ge_7* u. *Pt_3In_7* kristallisieren im Ir_3Sn_7-Typ mit a_w = $8{,}73_{5\pm1}$ Å bzw. a_w = $9{,}41_{6\pm1}$ Å. Es wird gezeigt, daß alle vorkommenden Typen der TB-Legierungen in enger Beziehung zueinander stehen u. die Unterschiede in der Geometrie vom Standpunkt der Strukturdynamik von sek. Bedeutung sind. (Z. Metallkunde **41.** 433—41. Nov. 1950. Stuttgart, Max-Planck-Inst. für Metallforsch.) HILGERS. 197

Ernst Raub und **Paul Walter,** *Die Umwandlungen im Gebiet der ternären α-Gold-Kupfer-Zink-Mischkristalle.* Vff. untersuchten röntgenograph., metallograph. u. durch Messung der linearen therm. Ausdehnung u. des elektr. Widerstandes die im tern. Syst. Cu–Au–Zn bis 50% Zn auftretenden Phasen u. Umwandlungen. Durch Zn wird die $AuCu_3$-Umwandlung stark verzögert, ihre krit. Temp. erniedrigt u. ihr Fehlordnungsgrad heraufgesetzt, so daß in Ggw. von mehr als ca. 10% Zn keine Überstrukturlinien mehr sichtbar sind. Die AuCu-Umwandlung nimmt in dem Gebiet der tern. α-Au–Cu–Zn-Mischkristalle einen breiten Raum ein. Bei der Umwandlung tritt die tetragonale AuCu I-Phase stark zurück, dagegen steht die rhomb. Phase im Vordergrund. In Ggw. von wenig Zn weist letztere die gleiche komplexe Überstruktur auf wie die AuCu II-Phase. Mit steigendem Zn-Geh. nimmt die rhomb. Verzerrung stark zu. Zwischen das Gebiet der rhomb. Phase u. der $AuCu_3$-Umwandlung schiebt sich ein Gebiet ein, in dem sich ein flächenzentriertes Gitter mit ausgesprochener Überstruktur bildet, bei dem aber die c-Achse größer als die a-Achse ist. An das Gebiet der rhomb. Umwandlung schließen sich nach der Au–Zn-Seite hin die Gebiete an, in denen die Au_3Zn-Umwandlungen des bin. Au–Zn-Syst. vorherrschen. Zunächst kommt ein Gebiet, in dem eine tetragonale Phase auftritt, die strukturell der α_1-Au–Zn-Phase gleichkommt. An sie schließt sich das Gebiet der α_2-Au–Zn-Phase an. In den tern. α-Mischkristallen bestehen drei bevorzugte Zusammensetzungen. Die erste entspricht etwa der Formel $AuCu_2Zn$. Sie ist charakterisiert durch das Auftreten des tetragonal flächenzentrierten Gitters mit ausgesprochener Überstruktur, bei dem c größer als a ist. Die zweite liegt nahe der Zus. AuCuZn. Bei ihr tritt bes. leicht das rhomb. Gitter mit einer komplexen, noch nicht näher untersuchten Überstruktur auf. Bei Au_3Cu_2Zn sind zwei ausgeprägte Umwandlungen zu beobachten. Bei ca. 450° tritt ohne Umkristallisation eine weitgehende Ordnung der Atome ein. Zwischen 400 u. 340° ist ein rhomb. Gitter mit ziemlich starker rhomb. Verzerrung u. komplexer Überstruktur beständig. Bei ca. 340° bildet sich ein noch nicht untersuchtes Gitter, das ein sehr linienreiches Debyeogramm aufweist. (Z. Metallkunde **41.** 425—33. Nov. 1950. Schwäbisch-Gmünd, Forschungsinst. u. Probieramt für Edelmetalle.) HILGERS. 197

André Kovacs und **Pierre Laurent,** *Einfluß der Ermüdungserscheinungen auf den Elastizitätsmodul von Stählen.* Proben eines *Ni–Cr-Stahles* wurden nach verschied. therm. Behandlungen in eine Säule eingelegt, die longitudinal mit ihrer Eigenfrequenz von ca. 150 Hz schwang. Der zylindr. Teil der Probe hatte einen Querschnitt von 0,2 cm² u. eine Länge von 4 cm. Nach einiger Zeit wurde die Frequenz u. der Elastizitätsmodul gemessen. In keinem Fall konnte eine Änderung des Moduls beobachtet werden. (C. R. hebd. Séances Acad. Sci. **235.** 1103—04. 10/11. 1952.) GOTTFRIED. 200

André Langevin, Emmanuel Paul und **Marcel Reimbert,** *Unterscheidung zwischen der scheinbaren Elastizitätsgrenze und der Grenze der magnetischen Reversibilität von Stahl unter Zug.* Es wurden gleichzeitig mechan. u. magnet. Messungen an Stahl durchgeführt, der einem ständig steigenden stat. Zug ausgesetzt war. Trägt man den Zug in kg/mm² graph. gegen die gemessenen Längen des Probestabes oder gegen die Permeabilität auf, so kann man ein Zwischengebiet aus den Kurven erkennen, das zwischen der Grenze der magnet. u. mechan. Reversibilität u. der scheinbaren Elastizitätsgrenze liegt. (C. R. hebd. Séances Acad. Sci. **230.** 715—17. 20/2. 1950.) GOTTFRIED. 200

D. Rosenthal und **M. Kaufman,** *Röntgenlinienverbreiterung von plastisch deformiertem Marmor.* Es wurden zuerst Röntgenaufnahmen von Marmor hergestellt, der unter allseitig hydrostat. Druck von 10000 Atmosphären um 15—20% durch Zug oder Druck plast. deformiert worden war. Bei dem deformierten Marmor wurde gegenüber dem unbehandelten Ausgangsmaterial eine beträchtliche Linienverbreiterung festgestellt. Zu einem weiteren Vgl. zwischen deformierten u. unbehandelten Proben wurden diese auf verschied. Korngrößen zerrieben, u. zwar auf Proben mit Korngrößen zwischen 1 u. 10 μ u. auf solche mit Korngrößen zwischen 0,05 u. 0,55 μ. Während bei Korngrößen zwischen 1 u. 10 μ noch eine deutliche Verbreiterung der Interferenzen gegenüber dem unbehandelten Material beobachtet werden konnte, war bei den feineren Proben eine Verbreiterung nicht mehr festzustellen. Hieraus folgt, daß die Linienverbreiterung nicht ein Effekt der Teilchengröße ist, sondern durch Mikrospannungen verursacht wird, die durch Reduzierung der Korngröße unter eine krit. Korngröße mehr oder weniger aufgehoben werden. (J. appl. Physics **23.** 600—01. Mai 1952. Los Angeles, Calif., Univ.) GOTTFRIED. 200

D. B. Gogoberidse, *Zur Theorie der Pendelmethode zur Messung der Härte.* Kritik der bisherigen Ansichten über die Brauchbarkeit der Meth., die Härte eines festen Körpers zu messen, indem das Abklingen der Schwingungen eines Pendels, dessen Unterlage aus dem zu prüfenden Material besteht, zum Maßstab genommen wird. Auf Grund eigener Verss. u. solcher anderer Forscher wird gefolgert, daß diese Meth. keine eindeutig zu beurteilenden Härtewerte ergibt, da die Ergebnisse der Messung zu sehr von den Versuchsbedingungen abhängig sind. (Журнал Физической Химии [J. physik. Chem.] **26.** 310—14. Febr. 1952.) EHMCKE. 200

A₇. Gleichgewichte. Kinetik.

Ernst Jänecke, *Vom Fünfzell zur Überkugel, im Zusammenhang mit Fragen physikalisch-chemischer Gleichgewichte.* Das Fünfzell ist ein reguläres Tetraeder, in dem sich 4 andere Tetraeder befinden, wobei das große Tetraeder die Begrenzung des Fünfzells darstellt. Vf. erläutert die Schnitte durch ein Fünfzell im Zusammenhang mit der Darst. doppelttern. Salzsysteme sowie der gesätt. Lsgg. ozean. Salze u. vergleicht seine Darstellungsweise der Löslichkeit mit der von VAN'T HOFF. Vom Fünfzell zur Überkugel kommt Vf. dadurch, daß eine Kugel vierdimensional durch die 5 Eckpunkte des Fünfzells gelegt wird. Wird darüber hinaus um jede Ecke eine gewöhnliche Kugel gelegt, ergeben sich 5 auf der Oberfläche liegende Kugeln. Die Projektion der vierdimensionalen Überkugel in den dreidimensionalen Raum besteht aus vier Rotationsellipsoiden, die Grenzkugeln der Überkugel sind, die fünfte Grenzkugel wird als Kugel abgebildet. (Z. physik. Chem. **199.** 209—24. Febr. 1952. Heidelberg, Univ.) WOELK. 221

A. T. Grigorjew, *Gleichungen für Kristallisationsoberflächen in ternären reziproken Systemen.* (Vgl. C. **1953.** 5784.) Unter Anwendung der Gleichung von GIBBS-DUHEM werden Gleichungen für die Kristallisationsoberflächen von tern. Systemen abgeleitet, in welchen Austauschzers. u. gegenseitige Verdrängung stattfinden. (Доклады Академии Наук СССР [Ber. Akad. Wiss. UdSSR] [N. S.] **88.** 273—76. 11/1. 1953. Kurnakow-Inst. für allg. u. anorgan. Chem. der Akad. der Wiss. der UdSSR.) LEBTAG. 221

C. A. Hollingsworth, *Gleichgewicht und Geschwindigkeitsgesetze für Hin- und Rück-Reaktionen.* Es wird gezeigt, daß bei chem. Rkk. das Verhältnis von Hin- u. Rück-Reaktionsgeschwindigkeit nicht immer den Ausdruck für die Gleichgewichtskonstante liefert. Die mathemat. Bedingungen, bei denen dieser Fall eintritt, werden angegeben. (Vgl. auch MANES, HOFER u. WELLER, C. **1951.** II. 2992.) (J. chem. Physics **20.** 921—22. Mai 1952. Pittsburgh, Pa., Univ., Dep. of Chem.) FUCHS. 221

Warren K. Lowen, Raymond W. Stoenner, William J. Argersinger jr., Arthur W. Davidson und **David N. Hume,** *Untersuchungen über das Kationenaustauschgleichgewicht an einem synthetischen Harz.* An einem Dowex 50-Harz werden bei 25° u. der Gesamtionenkonz. 1 folgende Austauschgleichgewichte nach der stat. Meth. untersucht: $Na^+ \rightleftharpoons H^+$; $NH_4^+ \rightleftharpoons H^+$, $Tl^+ \rightleftharpoons H^+$, $Tl^+ \rightleftharpoons NH_4^+$, $Ag^+ \rightleftharpoons H^+$, $Ni^{2+} \rightleftharpoons H^+$, $Ca^{2+} \rightleftharpoons H^+$, $Ni^{2+} \rightleftharpoons Ca^{2+}$. Eine Äquivalenz des Austausches wurde in keinem

Fall gefunden, die Erklärung hierfür sehen Vff. in einer H_2O-Adsorption der über P_2O_5 getrockneten Harze. Für Ag^+ u. Tl^+ wurde außerdem eine zusätzlich zur Austauschadsorption auftretende Adsorption festgestellt. Hystereseerscheinungen traten bes. beim Austausch $Ni^{2+} \rightleftharpoons H^+$ u. $Ca^{2+} \rightleftharpoons Ni^{2+}$, schwächer im Syst. $Ca^{2+} \rightleftharpoons H^+$ auf. Beim Austausch einwertiger Kationen wurden sie nicht beobachtet. Die Massenwirkungskonstanten zeigen in allen untersuchten Fällen einen deutlichen Gang. Die Ursache hierfür wird im nichtidealen Verh. der Harzphase gesehen. (J. Amer. chem. Soc. **73**. 2666—74. Juni 1951. Lawrence, Kans., Univ. of Kansas, Chem. Labor.)
GABRIELE GÜNTHER. 221

Albert W. Jache und **George H. Cady**, *Löslichkeit von Metallfluoriden in flüssigem Fluorwasserstoff.* Vff. bestimmten die Löslichkeiten von *LiF, NaF,* CuF_2, *AgF*, AgF_2, BeF_2, MgF_2, CaF_2, SrF_2, BaF_2, ZnF_2, CdF_2, HgF_2, Hg_2F_2, AlF_3, TlF_3, *TlF*, CeF_3, CeF_4, ZrF_4, ThF_4, PbF_2, SbF_3, BiF_3, MnF_3, FeF_3, FeF_2, CoF_3, CoF_2 u. NiF_2 in fl. HF bei jeweils drei Tempp. zwischen —25 u. +14,2°. Bei den meisten Salzen wurde auch die Zus. des Bodenkörpers ermittelt. Im allg. sind die Löslichkeiten der Fluoride in HF von derselben Größenordnung wie die Löslichkeiten der Hydroxyde oder Oxyde in W., zuweilen (z. B. AgF) wesentlich größer. Hieraus ist zu schließen, daß die Fluoride in HF stärker bas. sind als die Hydroxyde in Wasser. Die Fluoride der niederen Wertigkeitsstufen von Ag, Hg, Tl u. Fe sind stärker lösl. als die Fluoride der höheren Wertigkeitsstufen; umgekehrt liegen die Verhältnisse bei den Fluoriden von Ce u. Co. (J. physic. Chem. **56**. 1106—09. Dez. 1952. Seattle, Wash., Univ. of Washington, Dep. of Chem. and Chem. Engng.)
FORCHE. 224

N. M. Emanuel, *Die Lehre vom chemischen Prozeß.* Allg. Ausführungen über den Mechanismus chem. Rkk., den Zusammenhang zwischen Molekularaufbau u. Reaktionsfähigkeit, die Ketten-Rkk., Unterss. zum Mechanismus chem. Umwandlungen im modernen kinet. Labor. u. Kinetik der Verbrennungsprozesse. (Природа [Natur] **42**. Nr. 5. 26—38. Mai 1953.)
ULMANN. 225

F. Halla, *Einfache, allgemeine Schreibweise für Systeme von Simultanreaktionen.* Einem Vorschlag von WEGSCHEIDER (1901) folgend, leitet Vf. allg. Gleichungen für Systeme von Simultan-Rkk. ab, aus denen im Prinzip die Konzz. der einzelnen Reaktionsteilnehmer berechenbar sind. Gut angewendet werden kann die Meth. bei der Berechnung von Gleichgewichten. Als Beispiel wird die notwendige Beziehung zwischen den Geschwindigkeitskonstanten bei der gegenseitigen Umwandlung dreier Isomerer angeführt. (J. physic. Chem. **57**. 599—600. Juni 1953. Brüssel, Assoc. Études Texturales.)
KRESZE. 225

V. S. Subrahmanyam und **D. S. Datar,** *Isomerisation des dunkelgrünen Chrom(III)-chloridhexahydrats in Aceton, eine Reaktion nullter Ordnung.* Bezugnehmend auf die Befunde von CHESTERMAN (J. chem. Soc. [London] **1933**. 796), der die Farbänderung des Chrom(III)-chlorids (I) von Grün nach Purpur beschreibt, untersuchen Vff. die Umwandlung verschied. konz. **I**-Lsgg. in Aceton. Der Verlauf ist nullter Ordnung. K_0 ist nicht konstant, sondern wächst mit steigender **I**-Konzentration. Wächst diese um das 20fache, so entspricht dies einem 10mal größeren K_0-Wert. Die spezif. Anfangsleitfähigkeit von **I** in Aceton ist von der Konz. unabhängig. Im Vgl. zu wss. Lsgg. von **I** findet die Umwandlung in Aceton mit relativ größerer Geschwindigkeit statt. (Current Sci. **21**. **244**. Sept. 1952. Hyderabad, Deccan, Osmania Univ., Dep. of Chem., u. Centr. Labors. for Sci. and Ind. Res.)
PLUST. 225

Keith J. Laidler, *Kinetik von Oberflächenreaktionen bei Wechselwirkungen zwischen adsorbierten Molekülen.* Es wird der Einfl. der Wechselwrkg. von adsorbierten Moll. auf die absol. Geschwindigkeit von Oberflächen-Rkk. unter besonderer Berücksichtigung der Parawasserstoffumwandlung an W erörtert u. gezeigt, daß diese Wechselwirkungen auf zweierlei Art erfolgen: sie beeinflussen die Zahl der Oberflächenstellen für physikal. u. chem. Adsorption sowie die Verteilungsfunktion für die akt. Oberflächenstellen. Es werden die Reaktionsgeschwindigkeitsgleichungen nach BONHOEFFER-FARKAS für die Parawasserstoffumwandlung an W entwickelt u. gezeigt, daß sich diese beiden Effekte für eine vollbesetzte Oberfläche gerade aufheben. Für die Berechnung absol. Geschwindigkeiten ist es daher richtig, die Ausdrücke für die Wechselwirkungen fortzulassen. (J. physic. Chem. **57**. 318—19. März 1953. Washington, D. C., Catholic Univ. of America, Dep. of Chem.)
HENTSCHEL. 227

Keith J. Laidler, *Mechanismus von katalytischen Oberflächenreaktionen.* 1. Mitt. *Die Parawasserstoffumwandlung an Wolfram.* (Vgl. vorst. Ref.) Die kinet. Theorien von FARKAS sowie von ELEY u. RIDEAL über die Parawasserstoffumwandlung im Hinblick auf die Adsorptionsergebnisse von FRANKENBURG (C. **1947**. 832) sowie von RIDEAL u. TRAPNELL (C. **1951**. II. 1255) werden besprochen. Unter den versch. Reaktionsmechanismen ist der einzige, der die experimentellen Werte gut wiedergibt, derjenige nach BONHOEFFER-FARKAS, bei dem die Geschwindigkeit durch die Adsorption eines H_2-Mol. an einer unbedeckten Oberfläche bestimmt wird (C. **1933**. II. 1634). Berücksichtigt man die Veränderlichkeit der Geschwindigkeit mit dem Gasdruck, so erklärt dieser Mechanismus auch die niedrigen Reaktionsgeschwindigkeiten nahe 0 u. ist auch mit den beobachteten absol. Geschwindigkeiten im Einklang. Dagegen vermag der Verlauf nach RIDEAL mit einer Rk. zwischen einem adsorbierten Atom u. einem gasförmigen Mol. oder einem physikal. adsorbierten Mol. weder die Ordnung noch die absol. Geschwindigkeit der Rk. zu erklären. (J. physic. Chem. **57**. 320—21. März 1953.) HENTSCHEL. 227

D. V. Ramana Rao, *Die Verwendung von Ammoniummolybdat als Katalysator bei der Bestimmung des Dichromats.* In Analogie zur katalyt. Beeinflussung der H_2O_2/J^- u. der BrO_3^-/J^--Rk. durch *Ammoniummolybdat* (I) konnte Vf. zeigen, daß auch die Rk. $Cr_2O_7^{2-} + 14 H^+ + 6 J^- \rightarrow 3 J_2 + 2 Cr^{3+} + 7 H_2O$ durch I positiv katalysiert wird. (Current Sci. **21**. 244—45. Sept. 1952. Cuttack, India, Ravenshaw Coll., Dep. of Chem.) PLUST. 227

I. N. Kusminych und **T. B. Bomstein,** *Einfluß von Kupfer auf die Reaktion zwischen SO_2 und Eisen(III)-sulfat in wässeriger Lösung.* Die Geschwindigkeit der Rk. $Fe_2(SO_4)_3 + SO_2 + 2 H_2O = 2 FeSO_4 + 2 H_2SO_4$ bei 50° wird durch Salze von Mn, Zn, Cd, Co, Ni, Cr, Mg, K, Mo, Sb u. As nicht beeinflußt. Dagegen beschleunigen Zusätze von $CuSO_4$ die Rk. um so mehr, je höher ihre Konz. ist. Während jedoch bei einem Verhältnis $SO_2:Fe_2(SO_4)_3 = 0{,}8$—$1{,}0$ in Abwesenheit von Cu 25% des Fe^{3+} u. 50% des SO_2 zur Bldg. von Dithionat verbraucht werden, wird die Dithionatbldg. völlig unterdrückt, wenn mindestens 3 g Cu je Liter in der Lsg. vorhanden sind u. kein zu hoher Überschuß an SO_2 verwendet wird. Die als Neben-Rk. auftretende Red. des $CuSO_4$ zu Cu_2SO_4 verläuft sehr schnell, auch die Rk. zwischen $Fe_2(SO_4)_3$ u. Cu^+ erfolgt schneller als die Rk. zwischen $Fe_2(SO_4)_3$ u. SO_2, die vielleicht über Bldg. u. Zers. verschied. Zwischenkomplexe verläuft. (Журнал Прикладной Химии [J. angew. Chem.] **26**. 3—8. Jan. 1953.) R. K. MÜLLER. 227

B. Anorganische Chemie.

A. M. Milner, *Untersuchung mit schwerem Sauerstoff.* Vf. beschreibt die in der Universität von Natal gebräuchlichen Methoden zur Anreicherung von ^{18}O in W. sowie zur Messung der Häufigkeit dieses Isotops in Wasser. Die Anreicherung geschah in einer 12 Fuß langen u. 2 cm breiten Pyrexglasröhre, die von 3 koaxialen Cu-Reflektoren umgeben war; das Ganze befand sich in einer Stahlröhre, die zur Vermeidung von Wärmeverlusten evakuiert war. Innerhalb von 6 Wochen wurden 250 cm³ W. erhalten, in dem sich die Häufigkeit des ^{18}O ca. vervierfacht hatte. Eine Verdoppelung der ^{18}O-Konz. ist von einer zehnfachen Zunahme des D_2-Geh. begleitet. Die Best. der ^{18}O-Konz. geschieht entweder durch D-Best. mittels der Mikroflotationsmeth. oder massenspektrometrisch. Im letzteren Fall wird trockenes CO_2 durch das angereicherte W. geleitet u. massenspektrometr. die relativen Höhen der Massen **46** u. **44** gemessen. D_2 kann aus dem W. durch wiederholte Sättigung mit trockenem NH_3 unterhalb 0° entfernt werden. (South African ind. Chemist **6**. 132—34. Juni 1952.) GOTTFRIED. 239

Gerard W. Elverum jr. und **Russell N. Doescher,** *Physikalische Eigenschaften des flüssigen Fluors.* Die Best. der D. des fl. F_2 bei verschied. Tempp. zwischen 65,4° K u. 85,2° K (Kp.) bestätigte den neuen u. im Vgl. zu älteren Messungen viel höheren Wert von KILNER, RANDOLPH u. GILLESPIE (C. **1952**. 7136). Vff. fanden die D. bei 65,4° K zu $1{,}639 \pm 0{,}002$ u. bei 85,2° K zu $1{,}509 \pm 0{,}002$ g/cm³. — Die Oberflächenspannung γ wurde im Temperaturbereich zwischen 69,2° K ($\gamma = 17{,}9$) u. 81,0° K ($\gamma = 14{,}6$ Dyn/cm) bestimmt. Die Ergebnisse stimmen im wesentlichen mit den unter Berücksichtigung der neuen Dichtewerte umgerechneten Daten von KANDA (Bull. chem. Soc. Japan **12**. [1937.] 469) überein. — Die Abhängigkeit der Viscosität von der Temp. — 0,414 Centipoise bei 69,2° K, 0,257 Centipoise bei 83,2° K — beweist, daß sich F_2 wie eine n. Fl. verhält. (J. chem. Physics **20**. 1834—36. Dez. 1952. Pasadena, Calif., California Inst. of Technol., Jet Propulsion Labor.) FORCHE. 246

Robert Paris und **Daniel Georgen,** *Darstellung von Borfluorid-Ätherat.* Vff. beschreiben eine Pyrexglasapp. für die Darst. von BF_3-Ätherat (Kp. 125—125,5°) in der Gasphase. Das aus KBF_4 u. konz. H_2SO_4 in Ggw. von Borsäureanhydrid erzeugte BF_3 wird mit Ätherdampf unter Ausschluß von Luft vereinigt u. das Prod. anschließend destilliert. Die Ausbeute beträgt 92%, berechnet auf Ae., u. 39%, berechnet auf das im Überschuß angewandte KBF_4. (Bull. Soc. chim. France, Mém. [5] **19**. 1078—79. Nov./Dez. 1952. Paris, École Nat. Supérieure de Chim., Labor. de Chim. Minérale.) FORCHE. 258

Konstantinos I. Askitopoulos, *Über die Salze der Dichlorphosphorsäure, $H[PO_2Cl_2]$.* Nach MEERWEIN u. BODENDORF entsteht bei Hydrolyse des $POCl_3$ (**I**) als nicht faßbares Zwischenprod. die Dichlorphosphorsäure $H[PO_2Cl_2]$ (**II**). Die genannten Autoren konnten jedoch keine Salze dieser Säure isolieren. Über das chem. Verh. von **II** ist man durch Arbeiten von LANGE über analog zusammengesetzte Säuren, wie $H[PO_2F_2]$, orientiert. Eigene Verss. des Vf. zeigen, daß **I** eine beträchtliche Hydrolysengeschwindigkeit aufweist. Beim Auflösen einer kleinen Menge **I** in der 70fachen Menge W. bei konstant 0° wurden innerhalb 15—20 Min. 11—12,5% der zu erwartenden **II** völlig hydrolysiert, nach 1 Std. 78%, u. nach 2 Std. befinden sich 90,5% der verwendeten Substanz als H_3PO_4 u. HCl in Lösung. Die Alkali- u. Erdalkalidichlorphosphate können aus ihren Lsgg. infolge der raschen Hydrolyse nicht isoliert werden. Leicht darstellbar sind die Salze mit N-haltigen organ. Basen, wie *Nitron, Brucin, Strychnin,* $[Cuen_2]^{2+}$ — aus $Cu(NO_3)_2$ + Äthylendiamin 1:2 erhalten — u. mit *Methylenblau.* Am beständigsten von den dargestellten Salzen ist das schwerlösl. Nitrondichlorphosphat, das nur langsam hydrolysiert. Alle Dichlorphosphate erscheinen kristallin, sind aber infolge der Zersetzlichkeit des komplexen Anions aus W. nicht umzukristallisieren. (Praktika Akad. Athenon **18.** 146—57. 1943, ausg. 1950 [Orig.: griech.].) VLACHOS. 264

E. K. Keler und **A. I. Leonow,** *Über das Verhalten von Kaolin beim Erhitzen.* Übersicht (51 Literaturangaben) über die Bldg. der kolloiddispersen Mineralien, die Umwandlungen im Kaolin u. anderen lehmbildenden Mineralien beim Erhitzen auf 1100°, sowie den 1., 2. u. 3. exothermen Effekt. Vff. sind der Ansicht, daß auf Grund des vorliegenden Versuchsmaterials keine Entscheidung zugunsten der Theorie der Metakaolinbldg. oder der Theorie des Zerfalls in freie Oxyde möglich ist. Die Natur der Umwandlungen beim 2. u. 3. exothermen Effekt bleibt noch ungeklärt. Das Verh. der lehmbildenden Mineralien beim Erhitzen auf 1000—1100° wird durch den Geh. an Konstitutionswasser u. durch die Verteilung der OH-Gruppen im Gitter bestimmt. *Kaolinit* u. *Halloysit* mit 14 bzw. 22,4% W. gehen beim Entwässern in den amorphen Zustand über u. zeigen den 1. exothermen Effekt bei 900—1050°. *Pyrophyllit* u. *Montmorillonit* mit ca. 5% Konstitutionswasser behalten beim Entwässern die krist. Struktur u. zeigen keinen exothermen Effekt. (Успехи Химии [Fortschr. Chem.] **22.** 334—54. März 1953.) LEBTAG. 294

W. Noddack und **E. Wicht,** *Eine neue Methode zur Trennung der Seltenen Erden.* Die verschied. Magnetisierbarkeit der Ionen der Seltenen Erden wird von Vff. zur Trennung derselben ausgenutzt. Ein Vers., $SrCl_2$ u. $MgCl_2$ durch Stehen einer Lsg. in einem inhomogenen Magnetfeld zu trennen, ergab Konzentrationsverschiebungen von 5%. In weiteren Verss. wurden die Lsgg. durch einen Trichter laufen gelassen, an dessen Wand sich der diamagnet., in der Mitte der paramagnet. Anteil anreicherte. Es zeigte sich, daß die Meth. zur Trennung des *Y* vom *Dy, Ho* u. *Er* prinzipiell gut geeignet ist, sie hat die Wirksamkeit einer fraktionierten Kristallisation. (Z. Elektrochem., Ber. Bunsenges. physik. Chem. **56.** 893—95. 1952. Bamberg, Inst. für Geochem.) SIEWERT. 303

André Chrétien und **William Freundlich,** *Über die Bildung eines Titanschaumes durch selektives reduzierendes Schmelzen von Ilmenit.* Schmilzt man Ilmenit mit Na_2CO_3 u. Kohlenstoff, so gelingt es, das TiO_2 prakt. quantitativ von den im Ilmenit vorhandenen Eisenoxyden FeO u. Fe_2O_3 zu trennen, wenn die Menge Kohlenstoff u. die Temp. derart sind, daß wohl die Eisenoxyde, nicht aber das TiO_2 während des Schmelzens red. werden. Als optimale Schmelztempp. ergaben sich 1210—1340°. Die Menge zugesetzten Kohlenstoffs muß, da das Schmelzen in einem Graphittiegel vorgenommen wurde, geringer als die theoret. für die Menge der vorhandenen Eisenoxyde berechnete Menge sein; sie muß von Fall zu Fall durch Vorverss. ermittelt werden. Während die reine Schmelze prakt. das ganze Fe enthält, befindet sich das TiO_2 in dem sich bildenden Schaum. So enthielt bei dem angegebenen Beispiel der Schaum 74 g TiO_2 pro 100 g u. nur 1,5 g Fe, die Schmelze höchstens 0,5 g TiO_2 pro 100 g. (C. R. hebd. Séances Acad. Sci. **233.** 413—15. 30/7. 1951.) GOTTFRIED. 321

W. S. Hummers, S. Y. Tyree jr. und **S. Yolles,** *Verbindungen von Zirkonium- und Hafniumtetrachlorid mit Estern.* Es werden Anlagerungsverbb. von $ZrCl_4$ u. $HfCl_4$ mit Benzoesäureestern hergestellt durch Rk. von $MeCl_4$ mit dem Ester in Ggw. von fl. SO_2 unter Verwendung einer App. mit Trockeneis–Aceton-Kühler („kalter Finger"). Es werden so erhalten: $ZrCl_4 \cdot 2\,(CH_3O_2CC_6H_5)$, $ZrCl_4 \cdot 2\,(C_2H_5O_2CC_6H_5)$, $ZrCl_4 \cdot 2\,(C_6H_5O_2CC_6H_5)$ u. $HfCl_4 \cdot 2\,(CH_3O_2CC_6H_5)$ sowie $HfCl_4 \cdot 2\,(C_2H_5O_2CC_6H_5)$. Die Mol.-Geww. werden in Nitrobenzol bestimmt (Gefrierpunktserniedrigung u. Dampfdruckerniedrigung, bei letzterer Differentialmanometer mit Silicone 703 als Manometer-Fl.). Die Verbb. sind weiße, krist. Pulver, äußerst hygroskop. (mit W. Abscheidung des unzers. Esters) u. werden beim Erhitzen oder langem Stehen zu Alkyl- (oder Aryl-) Halogenid u. polymeren Rückständen zersetzt. — Die Lösungswärme der Ausgangsester u. -Halogenide $MeCl_4$ sowie der neuen Verbb. in Nitrobenzol u. die Bildungswärme der Anlagerungsverbb. werden bestimmt. (J. Amer. chem. Soc. **74.** 139—41. Jan. 1952. Chapel Hill, N. C., Univ., Dep. of Chem.) V. DECHEND. 322

R. Schwarz und **E. Baronetzky,** *Germaniumsubchloride.* Aus $GeCl_4$ u. H_2 entstehen im Abschreckrohr (nach SCHWARZ u. MECKBACH, Z. anorg. allg. Chem. **232.** [1937.] 241) Ge-Chloride mit Ge—Ge-Bindungen, deren Zus. im Grenzfall auf eine braune, feste Verb. *GeCl* hinausläuft. Daneben entstehen Germane, Chlorgermane, metall. Ge u. HCl. Die Ausbeute an fl. höheren Chloriden öliger Konsistenz ist sehr gering. Eine aus dem Reaktionsprod. isolierte braune Substanz der Zus. $Ge_{1,0}Cl_{0,9}$ zeigte die Röntgeninterferenzen eines krist. Stoffes, war jedoch frei von Interferenzen des metall. Ge. Die therm. Behandlung dieses Stoffes im Hochvakuum bei 210° liefert neben fl. Prodd. gelbes krist. *$GeCl_2$*. Die fl. Stoffe bestehen neben $GeCl_4$ aus viscosen, mit $GeCl_4$ nicht oder nur teilweise mischbaren Flüssigkeiten. Neben krist. GeCl entsteht noch ein amorphes GeCl, u. zwar immer dann, wenn $GeCl_2$ einer therm. Zers. oberhalb 300° nach $3\ GeCl_2 = 2\ GeCl + GeCl_4$ unterliegt. $GeCl_2$ existiert in einer krist. u. einer röntgenamorphen Modifikation. Ersteres entsteht nach $6\ GeCl = GeCl_2 + GeCl_4 + 4\ Ge$. (Naturwissenschaften **39.** 256—57. Juni 1952. Aachen, TH, Inst. für anorgan. Chem. u. Elektrochem.) R. MATTNER. 326

S. R. Patel, *Die Darstellung der Doppelsulfate von Zinn und gewissen zweiwertigen Metallen.* Vf. beschreibt die Herst. von Verbb. vom Typ $RSO_4 \cdot Sn(SO_4)_2$ (R = *Zn, Co, Mg, Mn, Cd*), ebenso wie früher Verbb. $RSO_4 \cdot Zr(SO_4)_2$ (C. **1952.** 3621). $SnCl_2$ wurde mit konz. H_2SO_4 bis zur Nebelbldg. eingedampft. Jeweils 20 cm³, entsprechend 0,12 g SnO_2, wurden auf 50 cm³ mit konz. H_2SO_4 verd. u. bei Ggw. zweiwertiger Metalle erhitzt. Dabei schieden sich Doppelsalze als Nd. ab, der nach Waschen mit H_2SO_4 u. A. bei 220—230° getrocknet wurde. Die Analyse zeigte die der allg. Formel entsprechende Zusammensetzung. Die Verbb. sind hygroskop. u. werden von H_2O hydrolysiert. Das Co-Salz ist rosa, die Mn-Verb. hellgelb, die anderen weiß. Das Wesen der Verbb. als Doppelsalze wurde durch Messen der elektr. Leitfähigkeit wahrscheinlich gemacht. (Proc. Indian Acad. Sci., Sect. A **37.** 38—40. Jan. 1953. Bombay, Inst. of Sci., Dep. of Chem.) PLUSKAL. 327

Pierre Deschamps und **Berthe Charreton,** *Über die Beständigkeit der basischen Bleinitrate.* Vff. verfolgen die Veränderung der Leitfähigkeitstitrationskurven von $Pb(NO_3)_2$ mit NaOH in Abhängigkeit von der Zeit, Anfangskonz. u. Temperatur. Bei einer 0,05 mol. $Pb(NO_3)_2$-Lsg. ist das gebildete einbas. Salz *$Pb(NO_3)_2$, $Pb(OH)_2$ aq* (**I**) stabil, dagegen verschwindet bei einer 0,02 mol. Lsg. der für dieses Salz charakterist. Knickpunkt a = 0,50 (a = Verhältnis der zugesetzten NaOH-Menge zur theoret. für das Hydroxyd erforderlichen NaOH-Menge) nach Ablauf von 3 Tagen. Bei dieser Konz. sind **I** sowie das 3bas. Salz *$Pb(NO_3)_2$, 3 $Pb(OH)_2$* metastabil; bei annähernd 0,03 mol. Lsg. können **I** u. ein stärker bas. Salz nebeneinander existieren. Aus dieser Angabe u. dem Löslichkeitsprod. S_1 von **I** wird für das Löslichkeitsprod. S_2 des an 2. Stelle ausfallenden Körpers (wahrscheinlich ein stark bas. Salz) der Wert $S_2 = 10^{-18}$ berechnet. — Durch überschüssiges Neutralsalz werden die Ergebnisse beeinflußt. — Bei Temperaturerhöhung verschwindet der für **I** charakterist. Punkt schnell, auch in relativ konz. Lsg., während der 2., dem stärker bas. Salz zugehörige Punkt etwas nach einem höheren Wert hin verschoben wird; letzteres scheint also stabil zu sein im Gegensatz zu dem in der Wärme wenig beständigen einbas. Nitrat. (C. R. hebd. Séances Acad. Sci. **231.** 351—52. 31/7. 1950.) V. DECHEND. 328

Colette Soye, *Über die Bildung des Komplexes* $[UO_2(NO_3)_2C_5H_{15}O_2N]^n$. Wenn sich Ionen oder Moll. in Lsgg. der Verdünnung V zu kondensierten Ionen oder Moll. in einem gewissen p_H-Bereich vereinigen, ist $dp_H/d \log V = \text{const.}$; die Neigung der Geraden, die das p_H in Abhängigkeit vom log V darstellt, hängt nur vom Kondensations-, nicht vom Neutralisationsgrad ab. Diese Beziehung wird an *Cholin-Uranylnitrat-Verbb.* mittels p_H-Messungen (Glaselektrode) an wss. Lsgg. verschied. Verdünnung von 0—2 Äquivalent Cholin auf 1 $UO_2(NO_3)_2$ bei konstanter Ionenstärke in Ggw. von KNO_3 untersucht. Bei Konzz. unter 1/160 mol. an $UO_2(NO_3)_2$ fällt von $^3/_2$ Äquivalent, bei höheren Konzz. von 1 Äquivalent Cholin an $UO_2(OH)_2$ aus. Für *$UO_2 \cdot (NO_3)_2$* allein ist die untersuchte Funktion durch eine Gerade dargestellt, deren Neigung $^2/_3$ auf Kondensation zu $(U_3O_9H_3)^{3+}$ hindeutet; für Lsgg. mit 1—2 Äquivalent Cholin ist sie nach einer gewissen Zeit nach der Neutralisation durch Geraden mit der Neigung $^1/_2$ (für $^7/_4$ u. 2 Äquivalente) u. mit geringerer Neigung bei den anderen Konzz. darstellbar. Bei den Lsgg. mit $^1/_4$—1 Äquivalent Cholin ergaben die p_H-Änderungen annähernd Geraden, doch wird deren Neigung mit wachsendem p_H stetig geringer, woraus Vf. schließt, daß in diesem Bereich außer der Kondensation auch die Bldg. des früher von ihr isolierten Komplexes $[UO_2(NO_3)_2C_5H_{15}O_2N]^n$ möglich ist. (C. R. hebd. Séances Acad. Sci. **231**. 349—50. 31/7. 1950.) v. Dechend. 339

R. Scholder, *Über Verbindungen mit 4-wertigem Eisen.* Die Meth. von Helferich u. Lang (C. **1951**. I. 979) zur Darst. von reinem *Kaliumferrat(VI)*, K_2FeO_4, durch Auswaschen mit Methanol wurde vereinfacht, u. es wurden einwandfrei reine Präpp. erhalten. Bei der von Helferich u. Lang beschriebenen doppelten Umsetzung $K_2FeO_4 + BaCl_2 \rightleftharpoons BaFeO_4 + 2\ KCl$ trat jedoch ein O_2-Verlust ein, beim längeren Stehen färbte sich das Präp. unter O_2-Abgabe schwarz. Dies ist auf die Bldg. von *Bariumferrat(IV)*, $BaFe^{(IV)}O_3$, zurückzuführen. Schneller läßt sich $BaFeO_3$ durch Erwärmen von $BaFeO_4$ in 50%ig. KOH auf 90° herstellen. Der Übergang $Fe^{(III)}$-$Fe^{(IV)}$ gelingt am besten durch Oxydation von Hydroxoferraten, z. B. eines Gemisches von $Sr(OH)_2$ mit $Sr_3[Fe^{III}(OH)_6]_2$ bei 520—850°, es bildet sich $Sr_2Fe^{(IV)}O_4$. Das überschüssige $Sr(OH)_2$ läßt sich durch Waschen mit Methanol entfernen. Erhitzen von $Ba_3[Fe^{III}(OH)_6]_2$ auf 300 bis 400° im O_2-Strom ergibt $BaFeO_3$, das auf ein Mol $BaFeO_3$ ½ Mol $Ba(OH)_2$ enthält, das sich nicht mit Methanol entfernen läßt. Ähnliche Präpp. wurden bereits von Moeser u. Borck (Ber. dtsch. chem. Ges. **42**. [1909.] 4279) hergestellt. — Vf. gibt weiter eine Übersicht über $Mn^{(IV)}$- u. $Mn^{(V)}$-, sowie $Cr^{(IV)}$- u. $Cr^{(V)}$-Verbindungen. Reines $BaMnO_3$ kann auch durch Erhitzen von $BaMnO_4$ in N_2 dargestellt werden. Es reagiert mit $Ba(OH)_2$ bei 850° in N_2 zu schwarzbraunem $Ba_2Mn^{(IV)}O_4$. Die Darst. von $Sr_3[Mn^{(V)}O_4]_2$ gelingt durch Oxydation von $Sr_2[Mn^{(II)}(OH)_6]$ mit O_2 bei 250—300°. Durch Rk. von $K_2Mn^{(VI)}O_4$ mit KOH im N_2-Strom kann das blaugrüne $K_3Mn^{(V)}O_4$ dargestellt werden. — Durch therm. Rk. von $BaCrO_4$ mit $Ba(OH)_2$ im N_2-Strom bei 800° entsteht schwarzgrünes $Ba_3(Cr^{(V)}O_4)_2$, auch $SrCrO_4$ liefert mit $Sr(OH)_2$ bei 600° $Sr_3(CrO_4)_2$. Aus $Ba_3(Cr^{(III)}(OH)_6)_2$ + 1,02 Mol $Ba(OH)_2$ oder Cr_2O_3 u. überschüssigem $Ba(OH)_2$ entsteht beim Erhitzen im N_2-Strom auf 700—900° $Ba_2Cr^{(IV)}O_4$ durch freiwerdenden H_2O-Dampf unter Bldg. von H_2, der nachgewiesen wurde. — Die Wertigkeit des Cr in den dargestellten Chromaten(IV) u. (V) wurde durch magnet. Messungen des $Ba_3(Cr^VO_4)_2$ u. $Ba_2Cr^{IV}O_4$ von W. Klemm bestätigt. Die Debyeogramme des Ba_2CrO_4, Ba_2FeO_4 u. Ba_2CoO_4 ähneln dem Ba_2TiO_4, das Gitter des Sr_2MnO_4, Ba_2MnO_4 u. Sr_2FeO_4 dürfte mit K_2NiF_4 ident. sein. (Z. Elektrochem., Ber. Bunsenges. physik. Chem. **56**. 879—82. 1952. Karlsruhe, TH, Inst. für Anorg. Chem.) Siewert. 354

Lamberto Malatesta und **Adriano Sacco,** *Nitrosylcarbylaminverbindungen von Eisen und Kobalt.* Durch Anlagerung von Carbylamin an Nitrosylsalze oder Rk. zwischen Hydroxylamin u. Fe- bzw. Co-Tetracarbylaminchloriden werden Eisen(II)-nitrosocarbylamine $Fe(NO)_2(CNR)_2$ (R = CH_3, C_6H_5, p-CH_3—C_6H_4) u. Kobaltnitrosocarbylamine $Co(NO)(CNR)_3$ (R = C_6H_5, p-CH_3—C_6H_4, p-$(CH_3)_2N$—C_6H_4, p-Cl—C_6H_4) erhalten als an der Luft einige Std. beständige, in Bzl. u. anderen organ. Lösungsmitteln lösl., diamagnet. Verbb., die innerhalb einiger Tage unter Abgabe von NO völlig zers. werden. (Atti Accad. naz. Lincei, Rend., Cl. Sci. fisiche, mat. natur. [8] **13**. 264. Nov. 1952. Milano, Univ., Ist. di Chim. ind.) R. K. Müller. 355

R. N. Keller und **L. J. Edwards,** *Herstellung und Eigenschaften N-monosubstituierter Äthylendiaminkomplexe von Kobalt und Nickel.* In den Komplexen des *N-Oxyäthyläthylendiamins* („etol-en") mit Metallen ist Koordination an das Metallion durch die N-Atome u. damit eine für weitere Rkk. frei verfügbare OH-Gruppe zu erwarten. Entgegen dieser Erwartung zeigen sich aber die Co(III)-Komplexe $[Co(etol\text{-}en)_3]X_3$ äußerst inert gegen die meisten üblichen Reagentien. So wird der feste Komplex $[Co(etol\text{-}en)_3]Cl_3$ in seiner Zus. nicht beeinflußt durch längeres Kochen mit Benzoylchlorid, Acetylchlorid, Acetanhydrid, PBr_3, $SOCl_2$, Königswasser mit nachfolgendem Durchleiten von Cl_2 u. wiederholtem Rückkochen, konz. HCl, konz. HNO_3 (70%), $[Co(etol\text{-}en)_3]Br_3$ (F. 230—234°) nicht durch Kochen mit 48%ig. HBr (bei den 3 letzten Rkk. wird das zum Vgl. untersuchte entsprechende Äthylendiaminsalz sehr schnell zers.). Mit HNO_3 werden lediglich die Chloridanionen oxydiert u. mit Königswasser das Nitrat des Tris-Komplexes gebildet. Nur beim Kochen mit 15%ig. NaOH wird eine Rk. an der Farbänderung der Lsg. von Orange über Rosa nach Dunkelrot u. kurz vor dem Trockenwerden der Lsg. Abscheidung eines schwarzen Nd. beobachtet, der Cl_2 aus HCl frei macht, also Co(III) enthält. Bei der entsprechenden Äthylendiaminverb. entsteht der schwarze Körper schon ohne Kochen. Beim Durchleiten von H_2S durch die Suspension des Komplexes in absol. A. wird dieser unter Bldg. von schwarzem Metallsulfid u. Diamin zersetzt. — Außer den $[Co(etol\text{-}en)_3]X_3$-Komplexen werden hergestellt: *Tris-[N-(3-oxypropyl)-äthylendiamin]-Co(III)-chlorid,* $[Co(prol\text{-}en)_3]Cl_3$, *Tris-[N-(2-oxypropyl)-äthylendiamin]-Co(III)-chlorid* [F. 235° (Zers.)] u.

-bromid, $[Co(iprol\text{-}en)_3]X_3$, *Tris-[N-alkyläthylendiamin]-Co(III)-halogenide*, $[Co(me\text{-}en)_3]X_3$, $[Co(et\text{-}en)_3]Cl_3$, $[Co(pr\text{-}en)_3]Cl_3$, sowie *Tris-[N-oxyäthyläthylendiamin]-Ni(II)-bromid*, $[Ni(etol\text{-}en)_3]Br_2$, *Tris-[N-(2-oxypropyl)-äthylendiamin]-Ni(II)-halogenide*, $[Ni(iprol\text{-}en)_3]X_2$, u. *Tris-[N-methyläthylendiamin]-Ni(II)-bromid*, $[Ni(me\text{-}en)_3]Br_2$, (*Chlorid*, F. 168°, *Bromid*, F. 135°). Sie alle erreichen nicht das $[Co(etol\text{-}en)_3]X_3$ an Reaktionsunfähigkeit. $[Co(iprol\text{-}en)_3]Cl_3$ steht zwischen $[Co(etol\text{-}en)_3]X_3$ u. $[Co(en)_3]Cl_3$. Monosubstitution am N (in Äthylendiamin) durch Alkyl wie bei $NH_2CH_2CH_2\cdot NHCH_3$ („me–en") verändert dagegen die Eigg. der Metallkomplexe im Vgl. zu den „en"-Komplexen nicht bemerkenswert. Die größte Stabilität haben die Koordinationsverbb., in denen OH durch 2 C-Atome vom N getrennt steht. Andere Möglichkeiten der Koordination als die einleitend angenommene — über das O der OH-Gruppe u. das N der prim. oder sek. NH_2-Gruppe — oder eine intramol. H-Brückenbindung werden diskutiert u. sind auszuschließen; gegen eine tiefgehende Veränderung der Struktur der Amin–Alkohol-Moll. als Folge der Koordination spricht die Regenerierbarkeit dieser Moll. beim Spalten des Komplexes mit H_2S. Eine vorläufige Unters. des Infrarotspektr. spricht für die Existenz von freien OH-Gruppen in den Komplexen.

V e r s u c h e: *N-[3-Oxypropyl]-äthylendiamin*, $C_5H_{14}ON_2$, Kp.$_5$ 126—127°, aus Trimethylenbromhydrin u. wasserfreiem Äthylendiamin in Isopropanol 50°, 1 Std. am Rückfluß; 43% (Ausbeute). — *Tris-N-oxyäthyläthylendiaminkobalt(III)-chlorid*, $[Co(NH_2CH_2CH_2NHCH_2CH_2OH)_3]Cl_3$, $[(Co(etol\text{-}en)_3]Cl_3$, $C_{12}H_{36}O_3N_6Cl_3Co$, F. 245 bis 250° (Zers.), aus $CoCl_2\cdot 6\,H_2O$ u. N-Oxyäthyläthylendiamin in W. u. wenig konz. HCl durch Oxydation mittels Luftstroms in Ggw. von Aktivkohle (mindestens 6 Std. Wasserbad), orangegelbe Kristalle; gelegentlich fällt ein Öl an, das durch Behandeln mit $Na_3Co(NO_2)_6$-Lsg. u. Zers. des entstandenen gelben festen Stoffes mit verd. HCl in $[Co(etol\text{-}en)_3]Cl_3$ übergeführt wird. — *Tris-[N-(oxyäthyl)-äthylendiamin]-Ni(II)-bromid*, $C_{12}H_{36}O_3N_6Br_2Ni$, F. 175° (A.), aus $NiBr_2$ u. überschüssigem Amin in absol. alkoh. Lsg., purpurfarbige Kristalle. — *N-Oxyäthyläthylendiamin*, Kp.$_{10}$ 123°. — *N-[2-Oxypropyl]-äthylendiamin*, Kp.$_{10}$ 112°, aus Äthylendiamin u. Propylenoxyd. (J. Amer. chem. Soc. **74.** 215—19. Jan. 1952. Ann Arbor, Mich., Univ., Chem. Labor.)

V. DECHEND. 355

C. Mineralogische und geologische Chemie.

L. H. Adams, *Liste der im geophysikalischen Laboratorium erforschten Systeme.* Vf. gibt eine Liste der im geophysikal. Labor. des Carnegie-Inst. untersuchten 298 Systeme gesteinsbildender Verbb. mit Literaturnachweis. (Amer. J. Sci. Bowen Vol. **1952.** Part 1. 1—26. Washington, Carnegie Inst., Geophys. Labor.) HILLER. 372

Hans Wondratschek, *Über Tensorsymmetrien in den einzelnen Kristallklassen.* Die Symmetrie der Kristalle verlangt bei Materialkonstanten von Tensorcharakter Beziehungen zwischen den Tensorkomponenten. Diese Tensorsymmetrien werden für die 32 Kristallklassen untersucht. (Neues Jb. Mineralog., Mh. **1952.** 217—34. Nov. Bonn, Univ., Mineralog. Inst.) HILLER. 372

F. Gabler, *Becke-Linie, Schneiderhöhn-Linie und Phasenkontrast.* Vf. weist darauf hin, daß es sich bei der BECKE- u. der SCHNEIDERHÖHN-Linie um analoge Erscheinungen handelt. Letztere zeigt Unterschiede in der Schleifhärte verschied. Minerale in Polieranschliffen an. Diese Unterschiede sind durch das Phasenkontrastverf. erheblich besser zu beobachten. (Neues Jb. Mineralog., Mh. **1952.** 253—56. Nov. Wien.) HILLER. 372

H. Tertsch, *Bemerkungen zur Handhabung des „schematischen (gnomonischen) Zonennetzes".* Vf. gibt Anweisungen zum Gebrauch des „schemat. (gnomon.) Zonennetzes" zur Indicesbest. bei Koordinatentransformation, zur Best. von Zonensymbolen u. für alle graph. Zonen- u. Flächenberechnungen. (Neues Jb. Mineralog., Mh. **1952.** 256—60. Nov. Wien.) HILLER. 372

H. Tertsch, *Zu T. V. Barker's graphischen Methoden der Indicesbestimmung.* Unter Bezugnahme auf die von BARKER (vgl. Graphical and tabular methods in crystallography, London 1922) beschriebenen graph. Methoden der Indicesbest. gibt Vf. einfache Verff. an, aus einer gekoppelt stereograph.-gnomon. Projektion die Indizierung eines Flächenpols durchzuführen, wenn nur eine Zone bekannt ist. Besprochen werden außerdem die Besonderheiten in der Behandlung des trigonalen Syst. zwecks graph. Flächensymbolisierung, u. endlich wird im Anschluß daran ein Verf. zur Überführung BRAVAISscher in MILLERsche Symbole u. umgekehrt für das trigonale Syst. angegeben. (Neues Jb. Mineralog., Mh. **1952.** 265—76. Dez.) GOTTFRIED. 372

S. Kozu, *Japaner-Zwillinge von Quarz.* Durch Ätzen werden Japaner-Zwillinge von Quarz untersucht. Es lassen sich 10 Typen mit der Zwillingsebene $11\bar{2}2$ unterscheiden.

Davon sind 4 Grundtypen, die anderen Kombinationen mit Dauphinéer- oder Brasilianer-Zwillingen. (Amer. J. Sci. Bowen Vol. **1952.** Part 1. 281—92. Sendai, Japan, Tohoku Univ.) HILLER. 372

Earl Ingerson, *Zwillingshäufigkeit von Feldspateinsprenglingen aus einem Quarzlatitgang bei Sierra Blanca, Texas.* Etwa 1500 Sanidineinsprenglinge aus einem Quarzlatitgang im Texas Mountain werden auf Zwillingsbldg. untersucht. Die Zwillingshäufigkeit in der Nähe des Kontaktes zum Hangenden ist von der aus der Gangmitte verschieden. Es ergab sich: Unverzwillingt (Kontakt, Mitte) 84,35, 94,3; Karlsbadergesetz 8,5, 3,3; Manebachergesetz 6,9, 2,4; Bavenoergesetz 0,25, — %. Die Zwillinge sind am Kontakt durchschnittlich größer u. die verzwillingten Kristalle sind jeweils größer als die unverzwillingten Kristalle. Wahrscheinlich ist der Kristallisationsbeginn der Zwillinge früher als der der anderen Kristalle, außerdem scheint die turbulente Kontaktzone die Verzwilligung zu begünstigen. (Amer. J. Sci. Bowen Vol. **1952.** Part 1. 189—202. Washington, U. S. Geol. Surv.) HILLER. 372

Georges Deicha, *Kristallisationsfolge der Mineralien in den sauren Gesteinen und die Natur der Einschlüsse in ihren Quarzen.* (C. R. somm. Séances Soc. géol. France **1952.** 344—46.) ENSSLIN. 372

G. A. Deicha, *Flüssige Einschlüsse im Granit und seiner Ganggefolgschaft und deren Bedeutung.* 2. Mitt. (1. vgl. C. **1952.** 6825.) Nach Hinweisen auf die prinzipielle Bedeutung der Unters. der Flüssigkeits- u. Gaseinschlüsse in Gesteinen berichtet Vf. von den Unterss. am Protogin des Montblanc-Massivs u. des Bergell-Granits. Solche Einschlüsse treten nicht nur am *Quarz,* sondern auch an anderen Mineralien, z. B. *Feldspat,* auf, wo sie nur schlechter zu entdecken sind. Aus dem Auftreten oder Fehlen der Einschlüsse kann auf die Bildungsart der Gesteine rückgeschlossen werden. Es zeigt sich z. B., daß die Atom- u. Ionenwanderung im Quarz nur gering sein kann, wenn Gase unter hohem Druck im Mineral über geolog. Zeiten erhalten bleiben. Die magmat. Bildungstheorie scheint mit der Ggw. von Gaseinschlüssen am besten übereinzustimmen. (Neues Jb. Mineralog., Mh. **1952.** 145—54. Mai. Paris.) HILLER. 378

Tom. F. W. Barth, *Die Differentiation eines zusammengesetzten Aplits von Pribilof-Island, Alaska.* Vf. beschreibt eine Aplitintrusion von Pribilof-Island, Alaska, bei der zwischen einem grobkörnigen Zentralteil u. der sehr feinkörnigen Randfazies unterschieden werden kann. Letztere haben einen höheren Geh. an Alkali u. SiO_2 u. einen niedrigeren Geh. an Al, Fe, Mg u. Ca. Gerade der umgekehrte Chemismus wäre bei Annahme der Kristallisationsdifferentiation als Entstehungsursache zu erwarten. Die Erscheinung kann daher nur durch Thermodiffusion gedeutet werden. (Amer. J. Sci. Bowen Vol. **1952.** Part 1. 27—36. Oslo, Mineralog.-geolog. Museum.) HILLER. 378

Ciro Andreatta, *Über die Regeneration von metallhaltigen Lösungen und von Magmen.* Zwischen der Regeneration von Metallsalzlsgg. u. von Magmen (diese nicht nur durch Schmelzen, sondern auch durch metasomat. Wrkg. von Lsgg.) bestehen Analogien. Vf. erörtert die von SCHNEIDERHÖHN (C. **1952.** 6826; C. **1953.** 987) gegebenen neuen Deutungen der Beziehungen zwischen Orogenese u. Magmatismus u. nimmt an, daß die Orogene die Orte sind, an denen der Magmatismus die größte Möglichkeit hat, an den Oberflächenteilen der Lithosphäre in Erscheinung zu treten. (Atti Accad. naz. Lincei, Rend., Cl. Sci. fisiche, mat. natur. [8] **13.** 215—22. Nov. 1952.) R. K. MÜLLER. 378

G. L. Davis und **L. T. Aldrich,** *Altersbestimmung von Lepidolithen mittels der Isotopenverteilungsmethode.* Aus dem ^{87}Rb- u. ^{87}Sr-Geh. bestimmten Vff. das Alter von vier Lepidolithen u. ihrer Pegmatitvorkommen. Alter in Millionen Jahren: Pala, Kalifornien 147, Black Hills, Süd-Dakota 2000, Winnipeg River, Manitoba 3360, Bikita Quarry, Süd-Rhodesien 3160. (Bull. geol. Soc. America **64.** 379—80. März 1953. Washington, D. C., Carnegie Inst., Geophysic. Labor., u. Dep. of Terrestrial Magnetism.) HILLER. 378

Earl Ingerson, *Nichtradiogene Isotope in der Geologie: Eine Übersicht.* Ausführliche Zusammenfassung der Ergebnisse der Isotopenforschung bes. hinsichtlich ihrer Bedeutung in der Geologie. Speziell werden die Isotope folgender Elemente behandelt: *H, He, Li, B, C, N, O, Ne, Ar, Si, S, Cl, K, Fe, Cu, Ga, Ge, Br, Rb* u. *U.* — 267 Literaturangaben. (Bull. geol. Soc. America **64.** 301—73. März 1953. Washington, U. S. Geol. Surv.) HILLER. 378

R. A. Cooley, A. V. Martin, C. Feldman und **J. Gillespie,** *Das Häufigkeitsverhältnis von Hafnium zu Zirkonium und spezifische Radioaktivität.* Das Häufigkeitsverhältnis von Hf zu Zr wurde an *Zirkon*-Erzen aus USA, Indien, Australien u. Brasilien spektralanalyt. bestimmt. Daneben wurde in 7 Fällen mit dem GEIGER-Zähler die spezif. Radioaktivität gemessen. Letztere kann nach der beschränkten Anzahl von Proben in keine Beziehung zum Hf-Geh. gesetzt werden. Die Anschauungen von HEVESY über solche Beziehungen werden diskutiert. (Geochim. cosmochim. Acta [London] **3.** 30—33. 1953.) HILLER. 378

H. W. Fairbairn, L. H. Ahrens und **Lorraine G. Gorfinkle,** *Gehalte von Spurenelementen in Ontario-Diabasen.* An 59 Proben von Ontario-Diabasen u. 3 Proben von Duluth-Gabbro werden spektralanalyt. die Gehh. an *Ni, Co, V, Cr, Cu, Ag, Pb, Sc, Zr, La, Ga, Sr, Ba, Li, Rb* u. *K* bestimmt. Mittlere Gehh. werden mit Werten von anderen Diabasen u. verwandten Gesteinstypen verglichen. Ga zeigt die größte Gleichförmigkeit der Konz., während Cr am meisten streut. Beim Sc werden Werte gefunden, die dreimal höher liegen, als bisher beschrieben. Es wird angenommen, daß die früheren Angaben fehlerhaft sind. (Geochim. cosmochim. Acta [London] **3.** 34—46. 1953. Massachusetts Inst. of Technol., Dep. of Geol. and Geophys.) HILLER. 378

Franco Tonani, *Die Verteilung der Elemente zwischen Silicat- und Metallphase bei Meteoriten und die Bildungswärme der Oxyde.* 1. Mitt. *Die geochemischen Affinitäten.* Das erste Gesetz der geochem. Verteilung, wonach die Verteilung der Elemente in der Lithosphäre durch ihre geochem. Affinität zur Silicatphase gegenüber der Affinität zu Metall- u. Sulfidphase bestimmt wird, hat „statist." Charakter. Die geochem. Affinitäten sind unabhängig von der Bildungswärme der Oxyde. Bei thermodynam. Gleichgewicht gilt $\log K = -(0{,}43/RT)\, \Delta I_0$ (K = Gleichgewichtskonstante der Rk. $M + FeO = MO + Fe$; ΔI_0 = Änderung der Enthalpie bei T_0, p_0 dieser Rk.; T = absol. Temp. des Syst. im thermodynam. Gleichgewicht). Es wird vorgeschlagen, statt der Bezeichnungen „lithophil" u. „siderophil" die log K-Werte zur Kennzeichnung zu verwenden, die bei überwiegend lithophilen Elementen positiv, bei überwiegend siderophilen negativ sind. Die Elektronegativität gestattet, ein einheitliches Bild von der Verteilung zwischen den 3 Phasen u. dadurch vom geochem. Charakter der Elemente zu gewinnen. (Atti Accad. naz. Lincei, Rend., Cl. Sci. fisiche, mat. natur. [8] **13.** 269—75. Nov. 1952. Firenze, Univ., Ist. di Mineral., Petrogr. e Geochim.) R. K. MÜLLER. 378

H. J. de Wijs, *Neue Mineralien.* Übersicht über die Zus. der Erdrinde, die Unterschiede zwischen ihren granitophilen Elementen u. den eingedrungenen, aus tieferen Lagen stammenden granitophoben Elementen, die Beziehungen zwischen Vork., Verarbeitungsverff. u. Anwendung, die Seltenheit des Vork. von Cu, Zn, Pb, Sn u. Cr u. die Möglichkeit ihres Ersatzes durch neue granitophile Metalle. (Ingenieur ['s-Gravenhage] **65.** A209—12. 8/5. 1953. Delft, TH.) WESLY. 378

—. *Die Sulfatmineralien.* Zusammenfassender Bericht über Vork. u. Verwendung der Sulfatmineralien *Baryt*, $BaSO_4$, *Cölestin*, $SrSO_4$, *Anglesit*, $PbSO_4$, *Lanarkit*, *Brochantit* $CuSO_4 \cdot 3\,Cu(OH)_2$, *Melanterit*, $FeSO_4 \cdot 7\,H_2O$, *Kieserit*, *Glauberit*, *Schönit*, *Polyhalit*, *Krugit*, *Gips*, $CaSO_4 \cdot 2\,H_2O$, *Alaun*, $K_2SO_4 \cdot Al_2(SO_4)_3 \cdot 24\,H_2O$, *Alunogen* u. *Alunit*, $K_2SO_4 \cdot 3\,Al_2(SO_4)_3 \cdot 2\,Al_2(OH)_6$. (Ind. chimique **39.** 257. Sept. 1952.) WEITBRECHT. 380

Ss. G. Wischnjakow, *Die Geschichte der Tonerdemineralien in Bauxitgesteinen.* Die Unters. der *Bauxite* (**I**) vom Salair-Höhenzug ergab, daß sie aus *Diaspor* (**II**) u. *Korund* (**III**) bestehen. Mit abnehmender Entfernung der **I**-Schicht vom Intrusivmassiv nimmt der **III**-Geh. zu. In unmittelbarer Nähe des Intrusivgesteins ist der gesamte **II** in **III** umgewandelt. Aus diesem Befund u. aus den Literaturangaben ergibt sich für die Umwandlung der tonerdehaltigen Mineralien das Schema: [*Alumogel* (*Alumomutabillit*), $Al_2O_3 \cdot n\,H_2O$] → [*Alumometastabillit*, $Al_2O_3 \cdot n\,H_2O$] → [*Hydrargillit*, $Al_2O_3 \cdot 3\,H_2O$] → [*Böhmit*, $Al_2O_3 \cdot H_2O$] → [Diaspor, $Al_2O_3 \cdot H_2O$] → [Korund, Al_2O_3], entsprechend den 3 Stadien: 1. Frühdiagenese-Kolloidalterung; 2. Spätdiagenese-Dehydratation der krist. Substanz; 3. Metamorphose. (Доклады Академии Наук СССР [Ber. Akad. Wiss. UdSSR] [N. S.] **88.** 543—46. 21/1. 1953. Woronesh, Univ.) LEBTAG. 380

O. Gabrielson, *Manganhaltiger Hörnesit und Manganhörnesit von Långban, Schweden.* Auf Spalten in Skarngesteinen von Långban, Schweden, findet sich Manganhörnesit, bei dem der Mn-Geh. größer ist als der Mg-Geh. des Hörnesits $[Mg_3(AsO_4)_2 \cdot 8\,H_2O]$, neben Mn-haltigem Hörnesit, *Allodelphit* u. *Synadelphit.* Es sind braune, radialstrahlige Krusten mit Kristallen, die hauptsächlich (0 1 0) entwickelt haben. Dies ist auch die Richtung der vollkommenen Spaltbarkeit. Unvollkommene Spaltbarkeit existiert nach (1 0 0), ($\bar{2}$ 0 1) u. (2 0 1). Die Härte ist 1, $D_{gemessen}$ 2,64, $D_{berechnet}$ 2,76. Raumgruppe $C_{2h}^5 - P\,2_1/c$, $a = 10{,}38$, $b = 28{,}09$, $c = 4{,}774$ Å, $\beta = 105^\circ\,40'$, $Z = 4$. Optik: $n_x = 1{,}579$, $n_y = 1{,}589$, $n_z = 1{,}609$, $X = b$, $Z/c = 31^\circ$, $2\,V = 65-70^\circ$, opt. Achsenebene senkrecht zu (0 1 0), opt. positiv. Analyse: As_2O_5 40,78, MnO 22,87, MgO 9,47, CO_2 1,35, H_2O 25,64%. (Ark. Mineralog. Geol. **1.** 333—37. 1952.) HILLER. 380

Eleutheria Dabi, *Die Peridotite im Süden Euböas.* Beschreibung von zers. Peridotiten, die im südlichen Teil der Insel Euböa vom Vf. gefunden wurden. Nach ihrem Chemismus u. Mineralgeh. gehören sie zum Typ Berlit. (Praktika Akad. Athenon **24.** 290—96. 1949; ausg. 1951. [Orig.: griech.; Auszug: franz.]) W. FABER. 380

F. Chayes, *Beziehungen zwischen Zusammensetzung und Brechungsindices natürlicher Plagioklase.* Es werden neue Bestimmungstabellen aufgestellt für die Beziehungen zwischen den Brechungsindices u. der chem. Zus. der Plagioklase. Die möglichen Diskontinuitäten in diesen Beziehungen bei An_{30} u. An_{66} werden unter den Gesichtspunkten der Kristallstruktur u. verschied. Modifikationen diskutiert. (Amer. J. Sci. Bowen Vol. **1952.** Part 1. 85—105. Washington, Carnegie Inst., Geophys. Labor.) HILLER. 380

H. H. Hess, *Orthopyroxene vom Bushveld-Typ, Ionensubstitution und Änderungen in den Zelldimensionen.* Vf. bestimmt die Zelldimensionen a, b, c von Orthopyroxenen vom Bushveld-Typ. Diese variieren bei Substitution von Fe^{2+} für Mg^{2+} u. Al^{3+} für Mg^{2+} u. Si^{4+}. Bei Substituierung eines größeren Ions, z. B. Ca^{2+}, wächst a, eines kleineren Ions wird b kleiner. Ferner werden Lichtbrechung, Doppelbrechung, 2 V u. D. für Kristalle mit verschied. Chemismus gemessen u. tabuliert. Auf diese Weise kann der Geh. von Mg, Fe, Al u. Ca aus opt. Daten u. den Gitterkonstanten ohne Analyse bestimmt werden. (Amer. J. Sci. Bowen Vol. **1952.** Part 1. 173—87. Princeton, N. J., Univ.) HILLER. 380

Heinrich Quiring, *Ursprung der algonkischen Eisenquarzite und Eisenschiefer (Itabirite).* Die zahlreichen mit *Magnetit* wechsellagernden altalgonk. Quarzite in Australien, Mandschukuo, Indien, Canada, USA, Brasilien, Südafrika u. Südrußland werden als Sedimente der Rückfallmassen der Mondausschleuderung gedeutet. Ebenso wird der Ca- u. Mg-Reichtum paläozoischer Sedimente erklärt. (Neues Jb. Mineralog., Mh. **1952.** 234—39. Nov. Berlin.) HILLER. 380

Wolfgang Brandl, *Die Magnetitkonzentrationen des Harzburger Gabbro und ihre strukturtektonische Bedeutung.* Vf. wendet die Unters. von Gesteinskörpern auf ihre Magnetisierbarkeit an, um die Geometrie des Gesteinskörpers u. die mittlere Größe der Magnetitkonzz. am Harzburger Gabbro festzustellen. Durch gleichzeitige petrograph. mkr. u. geolog.-tekton. Unters. wird das Gesteinsgefüge des Harzburger Gabbros als ein Ausschnitt fließtekton. magmat. Bewegungsvorgänge innerhalb der Förderzone, die den klufttekton. Zerreißungsvorgängen unmittelbar vorausgingen, gedeutet. (Beih. Geologie **1953.** Nr. 4. 1—37. Innsbruck.) HILLER. 380

Erwin F. Trefzger, *Die Vanadiumlagerstätte Mina Ragra in Perú.* Das V hat sich in Asphaltiten sehr stark angereichert. Wahrscheinlich wurden die bituminösen Stoffe durch hochkommendes Magma ins Wandern gebracht. Sie setzten sich dann in einer bes. zerrütteten Zone ab. Das Öl wurde in Oberflächennähe durch Luft zu Asphalt oxydiert u. dadurch das V angereichert. Es läßt sich eine Umwandlung bis zur Sekundärkohle u. zum Koks verfolgen. Die Lagerstätte lieferte zeitweise bis 80% der Weltproduktion an V. (Ber. naturforsch. Ges. Freiburg/Br. **42.** 221—33. Dez. 1952.) ENSSLIN. 383

N. N. Kohanowski, *Sekundäre Anreicherung in bolivianischen Wolframlagerstätten.* Beobachtungen an 28 W-Vorkk. in Bolivien u. 2 Vorkk. in Brit.-Columbien ergaben, daß die W-Erze zu koll. Verbb. verwittern, die vom Regen u. Grundwasser fortgeführt werden. Beim Verdunsten des W. fallen die in ihm enthaltenen Kolloide wieder aus, wobei es in Ggw. von Ca-, Fe-, Mn-Ionen zur Bldg. von *Scheelit, Wolframit* oder *Ferberit* kommt. Auf diese Weise sind abgebaute u. bereits stillgelegte W-Erzgruben wieder fündig geworden. — Als ein neues Mineral wurde *Farallonit* ($2 MgO \cdot W_2O_5 \cdot SiO_2 \cdot n H_2O$?) von den Farallon-Gruben in Tasna, Bolivien, ermittelt. Es ist kryptokristallin, von himmelblauer Farbe u. besitzt wachs- bis perlmutterartigen Glanz. Der Bruch ist flachmuschelig, die Spaltbarkeit nach (1 0 0) gut. Die Brechungsindices liegen zwischen 1,81 u. 1,82. Röntgenograph. Unters. des Minerals ergab eine diopsidähnliche Struktur. (Mines Mag. **43.** Nr. 2. 17—24. 51. 59. Febr. 1953. Univ. of North Dakota.) OPPERMANN. 384

W. Schriel, *Die gegenseitigen Beziehungen der Erzparagenese variscischen und tertiären Alters erläutert an der Stellung des Bensberger und Ramsbecker Erzbezirkes zur Paffrather Kalkmulde und dem Massenkalksattel von Brilon nebst einem Vergleich mit anderen Gebieten.* Es werden die Beziehungen der varisc. Lagerstätten des Bensberger u. Ramsbecker Bezirkes zu den tert. der Paffrather Kalkmulde u. des Massenkalksattels von Brilon aufgezeigt. Letztere gehören danach zu den regenerierten Lagerstätten, die durch junge Mobilisierung varisc. Lagerstätten in höhere Erdrindenteile verfrachtet u. dort selektiv abgesetzt wurden. Zum Vgl. wird auf die Lagerstätten von Bleikaule bei Blankerode, Vasbeck bei Arolsen, Manbach, Mechernich, Wiesloch u. auf alpine Lagerstätten eingegangen. (Neues Jb. Mineralog., Mh. **1952.** 239—53. Nov. Göttingen.) HILLER. 384

Karl M. Waagé, *Tonlagerstätten im Denver-Golden Area, Colorado.* Beschreibung des geolog. Vork. des Tons, welcher zu Ziegeln u. Tonröhren verarbeitet wird. Ein

Teil des Tons eignet sich zur Herst. von feuerfesten Steinen u. Geräten. (Colorado sci. Soc. Proc. **15.** 373—90. 1952. U. S. Geol. Surv.) Ensslin. 384

A. F. Buddington, *Chemische Petrologie einiger metamorpher Adirondack-Gabbro-, -Syenit- und -Quarzsyenitgesteine.* Vf. untersucht die chem. Petrologie von 16 metamorphen Adirondack-Gesteinen an Hand von 9 Analysen von *Hornblende,* 5 von *Granat* u. 1 von *Augit.* Dabei zeigt sich ein direkter Zusammenhang zwischen Mineral- u. Gesteinschemismus. Die Natur u. Zus. der Mineralien hängt davon ab, ob die Gesteine unter trockenen Bedingungen umgebildet wurden oder in Ggw. von wss. Lsgg. mit F u./oder Cl. Die untersuchten Pegmatite sind zum großen Teil granatführend u. das Prod. lokaler, metamorpher Rekristallisation, verbunden mit metamorpher Differentiation. Die Metamorphose der Gabbros, Syenite u. Quarzsyenite steht in Verbindung mit hochgradiger regionaler Dynamometamorphose, meist in Ggw. von Intergranularfilmen, die von einem unterliegend aufsteigenden granit. Magma herstammen. Dieses intrudierte später die metamorphisierten Gesteine u. veranlaßte lokal ihre neuerliche Umprägung. Bzgl. des Granats bei der Barton Mine wird eine Bldg. im Zuge der regionalen Metamorphose angenommen u. diskutiert. (Amer. J. Sci. Bowen Vol. **1952.** Part 1. 37—84. Princeton, N. J., Univ.) Hiller. 385

Pentti Eskola (unter Mitarbeit von **Einar A. O. Nordenswan**), *Über die Granulite von Lappland.* Die lappländ. Granulite sind granatführende saure *Quarz–Feldspat*-Gesteine, in denen meist hypersthenhaltige intermediäre, bas. oder ultrabas. Gesteine scharf begrenzte Bänder bilden. An Hand von 20 Gesteins- u. 13 Mineralanalysen werden diese Gesteine untersucht u. eine Granulitnorm aufgestellt, um die typ. Mineralien der Granulitfazies zu erkennen. Als solche werden beschrieben: *Quarz, Plagioklas, Kalifeldspat, Sillimanit, Biotit, Cordierit, Granat, Hornblende, Olivin, Hypersthen, Diopsid, Ilmenit, Magnetit, Sulfide, Rutil, Apatit, Monazit, Zirkon* u. *Graphit.* Zur Genese ergibt sich folgendes: Der größere Teil der Granulite erscheint infolge seines Tonerdegeh. als ehemalige Tone. Graphitgranulite sind Sapropelgesteine; der C-Geh. ist organ. Herkunft. Die bas. Granulite werden als vulkan. oder hypabyss. Gesteine gedeutet, während die grobkörnigeren u. homogenen quarzdiorit. Gesteine wohl prim. magmat. sind. Die Granulitfazies ist mit der der Charnockite identisch. (Amer. J. Sci. Bowen Vol. **1952.** Part 1. 133—71. Helsinki, Univ., Geolog. Inst.) Hiller. 385

Percy Quensel, *Die Charnockitreihe des Varberg-Distriktes an der Südwestküste Schwedens.* Die Charnockitreihe des Varberg-Distriktes wird in der ausführlichen Arbeit petrograph. u. chem. untersucht. Die Ergebnisse werden mit denen an anderen Charnockitvorkk. gewonnenen verglichen u. zur Klärung der genet. Verhältnisse herangezogen. Die Charnockite sind tiefgreifend metamorphisierte alte Gesteine verschied. Zus.; die Mineralassoziation der Gesteine setzt sich aus Antistreßmineralen hoher D. u. kleinem spezif. Vol. zusammen, was auf eine Kristallisation unter hohem allseitigem Druck, hoher Temp. u. unter ausgesprochen trockenen Bedingungen hinweist. Diese Bedingungen werden als pluton. Metamorphose bezeichnet. Die bas. Charnockite sind prim. Erstarrungsgesteine, die sich von bas. Erstarrungsgesteinen aus dem archäischen Gneiskomplex ableiten. Die sauren Charnockite stellen dagegen plutometamorphe Umwandlungen des umgebenden Orthogneis dar, während die intermediären hybride Gesteine sind, die durch völlige Assimilation von Gesteinskomponenten verschied. chem. Zus. entstanden sind. (Ark. Mineralog. Geol. **1.** 227—322. 1952.) Hiller. 385

Paul Ramdohr, *Bemerkungen über den Gehalt der Varberggesteine an „Erzmineralien“.* (Vgl. vorst. Ref.) In den Charnockiten des Varberg-Distriktes finden sich folgende Erzmineralien: *Ilmenit, Hämatitilmenit, Magnetit, Titanomagnetit, Magnetkies, Kupferkies, Zinkblende, Pyrit.* Diese Minerale betonen die Sonderstellung der Charnockite u. weisen auf eine langdauernde u. relativ hochtemperierte Erstarrung mit komplizierter Geschichte hin. Sie lassen eine Verarmung des Magmas, mindestens des Erzinhaltes an O_2 erkennen. (Ark. Mineralog. Geol. **1.** 323—28. 1952. Heidelberg.) Hiller. 385

Sture Landergren, *Über die Verteilung der Ferride in der Charnockitreihe und den Gesteinen der umgebenden Schichten.* An den Charnockiten werden chem. u. spektrochem. Analysen auf *Ti, V, Cr, Mn, Fe, Co* u. *Ni* ausgeführt. Der Geh. an V, Cr, Co, Ni ist derart abhängig vom SiO_2-Geh., daß er mit steigendem SiO_2-Geh. abnimmt. In den bas. Charnockiten ist der Geh. dem in anderen bas. Gesteinen ähnlich. Das Verhältnis Ni : Co entspricht dem in anderen Gesteinen, es ist in bas. Charnockiten >1, in sauren <1. Für eine Reihe von Elementen werden Korrelationskoeffizienten berechnet. (Ark. Mineralog. Geol. **1.** 329—32. 1952.) Hiller. 385

P. Schaufelberger, *Was ist Laterit?* Nach Meigen u. Lang bildet sich Laterit bei Abwesenheit von Humus, er ist ein Gestein; bei Anwesenheit von Humus geht der

Hydrargillit in *Kaolinit* über, den wir in allen trop. Böden finden. Da der Laterit ein Zwischenprod. der Verwitterung ist, ändert er ständig sein Aussehen u. seine Zusammensetzung. Legt man das Hauptgewicht auf den Vorgang, dann bilden sich die roten Böden der Tropen durch Laterisation, der aber eine Kaolinisation folgt. Es bilden sich verschied. Prodd.: Laterit u. verschied. Böden. (Geochim. cosmochim. Acta [London] **3**. 47—52. 1953.) HILLER. 385

D. Organische Chemie.

D_1. Allgemeine und theoretische organische Chemie.

A. Bruylants, E. Braye und **A. Schonne,** *Spektroskopische Methode zum Nachweis aktiver Methylengruppen.* (Vgl. auch C. **1953**. 5640.) Es wird das l. c. angewandte spektroskop. Verf. näher beschrieben, das es gestattet, die Reaktionsfähigkeit einer Methylengruppe in α-Stellung zu einer CN-Gruppe bei der folgenden Kondensation mit Aldehyden $R—CH_2—CN + OCH—R' = R·C(CN)=CH·R'$ festzustellen. Das Verf. beruht darauf, die UV-Absorption der Nitrile in neutraler u. alkal. Lsg. zu messen. Wenn dabei im alkal. Milieu eine langwellige Frequenzverschiebung der Bande bei ca. 2500 Å (= bathochromer Effekt) oder ein Absinken der Bandenintensität (= hyperchromer Effekt) oder beides zugleich eintritt, ist zu schließen, daß das betreffende Nitril in alkal. Lsg. ionisiert u. darin mit geeigneten Carbonylverbb. kondensieren kann. Liegen „alkal.“ u. „neutrales“ Spektr. sehr nah zusammen, so liegt keine Ionisation vor u. eine Kondensation ist unmöglich. Das angegebene Verf. wird an den l. c. genannten verschied. Nitrilen geprüft u. der wahrscheinlichste Reaktionsmechanismus für die Kondensation diskutiert. (Helv. chim. Acta **35**. 1127—39. 16/6. 1952. Löwen, Univ., Labor. für allg. Chemie.) LÜTTKE. D 118

G. Cilento, *Ausgedehnte Valenzschalen des Schwefels bei einigen Thiolestern.* Die Absorptionsspektren von p-substituierten Benzoesäurephenylestern $R_1—C_6H_4—CO·O—C_6H_4—R_2$, $R_1 = H, OCH_3, NO_2$, $R_2 = H, OCH_3$ u. der entsprechenden Thioester $R_1—C_6H_4—CO·S—C_6H_4—R_2$ wurden von 220—350 mμ gemessen. Während die Spektren des unsubstituierten Esters u. Thioesters sich wenig voneinander unterscheiden, bewirkt die Einführung der OCH_3-Gruppe als R_2 eine Verstärkung der Hauptbande in der Absorption des Thioesters u. als R_1 eine langwellige Verschiebung der Hauptbande u. das Erscheinen einer neuen 240 mμ-Bande. Letztere ist in den Spektren der anderen Verbb. von der Hauptbande verdeckt. Sie wird durch Elektronenacceptorwrkg. des S-Atoms u. durch eine Struktur $—\bar{S}=$ 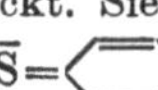 $=\overset{+}{O}CH_3$ unter Teilnahme einer 3d-Bahn des S erklärt. (Experientia [Basel] **8**. 421—22. 15/11. 1952. São Paulo, Brasilien, Univ., Dep. de Quím.) D. BRÜCK. D 118

M. Koizumi und **N. Mataga,** *Durch Polyvinylsulfat hervorgerufene Metachromie von Rhodamin 6 G.* Das Absorptionsspektr. einer wss. Lsg. von *Rhodamin 6 G* zeigt bei niedrigen Konzz. ein Maximum bei 526 mμ, das von einem kleineren Maximum bei 500 mμ begleitet ist. Dieses letztere Maximum wächst mit steigender Konz. des Farbstoffs, während sich gleichzeitig das Maximum bei 526 mμ abflacht. Das erste Maximum wird der monomeren Verb. (M-Bande), das zweite der dimeren Verb. (D-Bande) zuerkannt. Fügt man zu einer Farbstofflsg. mit bestimmter Konz. schrittweise *K-Polyvinylsulfat* (**I**), so wächst die D-Bande zuerst sehr stark, während die M-Bande red. wird. Erreicht die Menge zugesetzten **I** einen gewissen krit. Wert, dann beginnt die M-Bande wieder zu wachsen. Unter der Annahme, daß die spektrale Änderung einer Verschiebung des Gleichgewichts Monomer ⇌ Dimer zuzuschreiben ist, die durch Adsorption der Farbstoffionen an I-Moll. bedingt wird, konnten Vff. quantitativ die Änderung der Höhe der M-Bande in einem gewissen Konzentrationsbereich erklären. (J. Amer. chem. Soc. **75**. 483—84. 20/1. 1953. Osaka, Univ., Inst. of Polytechn.) GOTTFRIED. D 118

Putcha Venkateswarlu, *Über das Infrarotspektrum von Methylchloroform.* Vf. hatte früher (vgl. C. **1952**. 2143) das Infrarotspektr. von CH_3CCl_3 untersucht u. den Fundamentalen Bezeichnungen gegeben. Auf Grund neuerer Beobachtungen von anderer Seite über die gleiche Verb., u. da jetzt Daten über die Polarisation vorliegen, muß Vf. die Bezeichnungen der Fundamentalen etwas ändern. Die neuen Bezeichnungen mit ihren Frequenzen sind tabellar. wiedergegeben. (J. chem. Physics **20**. 1810. Nov. 1952. Durham, N. C., Duke Univ., Dep. of Phys., u. Cambridge, Mass., Inst. of Technol., Spectrosc. Labor.) GOTTFRIED. D 120

Alexander Verrijn Stuart, *Spezifischer Einfluß von Lösungsmitteln auf die Infrarotspektren von Alkoholen.* Vf. untersuchte das Infrarotspektr. von *Propanol-(1)* (**I**) in verschied. polaren u. nichtpolaren Lösungsmitteln in Konzz. zwischen 0,25 u. 2 Mol/Liter.

Die dem assoziierten Mol. I zuzuschreibende Bande trat in nichtpolaren Lösungsmitteln in 2 Komponenten bei 3300 u. 3500 cm^{-1} auf, die sich in polaren Lösungsmitteln zu einer Bande vereinigten, welche in C_2HCl_5 bei 3410 cm^{-1}, in $CHCl_3$ bei 3450 cm^{-1} u. in CH_2Cl_2 bei 3470 cm^{-1} lag. Die der monomeren Form von I zuzuordnende Bande besaß folgende Intensitäten (in 10^3 cm^2/Mol) bei einer Konz. von 0,25 Mol/Liter: in CCl_4 17 bei 3644 cm^{-1}, in C_2Cl_4 17 bei 3640 cm^{-1}, in CS_2 17 bei 3627 cm^{-1}, in C_2HCl_5 27 bei 3627 cm^{-1}, in $CHCl_3$ 28 bei 3623 cm^{-1} u. in CH_2Cl_2 31 bei 3619 cm^{-1}. In allen Fällen blieb diese Frequenz unter dem Wert von 3680 cm^{-1}, der im Dampfspektr. beobachtet worden war. (J. chem. Physics **21**. 1115. Juni 1953. Ann Arbor, Mich., Univ., Phys. Dep.) L. Fischer. D 120

Jonas Carol, *Die Bestimmung von α-Östradiol und anderer östrogener Diole durch Infrarotspektrophotometrie.* Die Infrarotabsorptionsspektren der Benzolsulfosäureester von *α- u. β-Östradiol, α-Dihydroequilin* u. *α- u. β-Dihydroequilenin* in CS_2 werden bestimmt. Im Bereich von 8,5—11,5 μ ergeben sich bezeichnende Unterschiede. Eine Meth. zur quantitativen Best. wird beschrieben. In Mischungen muß der spektrophotometr. Best. eine chromatograph. Trennung vorhergehen. (J. Amer. pharmac. Assoc., sci. Edit. **39**. 425—32. Aug. 1950. Washington, D. C., Food and Drug Admin., Fed. Sec. Agency, Div. of Med., Chem. Branch.) Fresenius. D 120

Richard H. Wiley und **Robert R. Garrett**, *Spektrometrische Bestimmung der Brechungsindices bei tiefen Temperaturen.* Mit Hilfe einer ausführlich beschriebenen spektrometr. Meth. wurden die Brechungsindices von *Dimethylphthalat* zwischen 15 u. —70°, von *Polyvinylacetat* zwischen +65 u. —70° u. von *Trikresylphosphat* zwischen +30 u. —80° bestimmt (alle Messungen für Na-Licht). Der wahrscheinliche Meßfehler wird mit $\pm 3{,}9 \cdot 10^{-4}$ angegeben. Aus den für Trikresylphosphat erhaltenen Werten lassen sich zwei deutliche Umwandlungen 2. Ordnung bei —47 u. —62° erkennen. (J. Polymer Sci. **7**. 121—31. Aug./Sept. 1951. Louisville, Ky., Univ., Coll. of Arts and Sci., Dep. of Chem.) Gottfried. D 122

S. Mizuhara und **Wm. F. Seyer**, *Die Brechungsindices und Molekulardispersion von cis- und trans-Dekahydronaphthalin.* Die Brechungsindices von *cis-* (I) u. *trans-Dekahydronaphthalin* (II) wurden im Pulfrich-Refraktometer mit der D-, $C(H_\alpha)$- u. $F(H_\gamma)$-Linie zwischen 0 u. 85° gemessen. Die Temp. wurde über dem Brechungsindex graph. aufgetragen. Für **II** ergeben sich Geraden, bei **I** ändert sich der Anstieg ein wenig oberhalb 50°. Zwischen 50 u. 50,9° hatte **I** eine bleibende Trübung, die auf einen Wechsel in der Flüssigkeitsstruktur deutet. Aus den Brechungsindices von **II** von 10—90° wurde die Mol.-Refr. nach den Gleichungen von Gladstone-Dale, Lorentz-Lorenz u. Eykman berechnet, wobei letztere unbrauchbare Werte lieferte. Auch die Gleichung von Tripathi (J. Indian Chem. Soc. **18**. [1941.] 411), die eine Beziehung zwischen Brechungsindex u. Oberflächenspannung gibt, ist für **II** nicht brauchbar, da die Mol.-Refr. mit der Temp. steigt, während der Parachor um 0,075 Einheiten pro Grad fällt. Mit Eisenlohrs Werten für C u. H ergab sich: R_D 43,98 (nach Lorentz-Lorenz); aus den Brechungsindices bei 20°: 44,25 für **II** u. 43,87 für **I**. In einer Tabelle sind die Mol.-Dispersionen, spezif. Dispersionen u. Brechungsindices bei 20 u. 80° von **I**, **II** u. Cyclohexan nebeneinandergestellt. (J. Amer. chem. Soc. **75**. 3274—75. 5/7. 1953. Los Angeles, Calif., Univ. of Calif., Dep. of Engng.) Cleve. D 122

Harold Boaz und **G. K. Rollefson**, *Die Fluorescenzauslöschung. Abweichungen vom Stern-Volmerschen Gesetz.* Die Auslöschung der Fluorescenz organ. Moll. durch Löschsubstanzen der Konz. C wird als Beispiel für eine positive Abweichung vom Stern-Volmer-Gesetz für die Fluorescenzstoffe *Acridon* bei Zusatz von KJ sowie *Chinin* bei Zusatz von Cl'-Ionen genauer untersucht. Das Verhältnis der Fluorescenz ohne bzw. mit Löschsubstanz J_0/J wächst schneller als linear mit C. Die positiven Abweichungen lassen sich auf Grund eines Modells unter der Annahme erklären, daß ein Fluorescenzstoffmol. bei gleichzeitiger Ggw. eines Löschmol. innerhalb eines bestimmten räumlich begrenzten Bezirkes der Fl. nicht fluoresciert. Diese Annahme führt zu Gleichungen mit C-Gliedern höherer Potenz als in der Stern-Volmer-Beziehung. Als Beispiele einer negativen Abweichung werden die Auslöschungen der Fluorescenz des *Naphthionat*-Ions sowie von *α- u. β-Naphthylamin* durch OH-Ionen detailliert untersucht. Diese negativen Abweichungen werden durch die Annahme erklärt, daß die Löschmoll. mit dem angeregten Fluorescenzstoffmol. reagieren u. einen neuen Fluorescenzkomplex mit spektral veränderter Emission bilden. Diese Ansicht wird gestützt durch die Feststellung, daß diese drei Stoffe mit u. ohne OH-Ionen gleiche Absorption, aber verschied. Emissionsspektren zeigen. Die Absorptions- u. Emissionsspektren bei verschied. OH'-Konzz. werden wiedergegeben. (J. Amer. chem. Soc. **72**. 3435—43. Aug. 1950. Berkeley, Calif., Univ. of California, Dep. of Chem.) Rudolph. D 125

M. O'L. Crowe und **A. Walker,** *Fluorescenz- und Absorptionsdaten und andere physikalische Charakteristica von Xanthopterin-ähnlichen Farbstoffen, die durch Menschentuberkelbacillen synthetisiert und durch chromatographische und Fluorescenzanalyse isoliert wurden.* (Sitzungsbericht.) Ein Vertreter der Pterinfarbstoffe, ein *Xanthopterin*-ähnliches Pigment wurde aus einem Acetonextrakt von Tuberkelbacillen gewonnen u. durch Fraktionierung mit nichtmischbaren Lösungsmitteln, durch Fällung, Zentrifugieren u. durch wiederholten Durchgang durch Al_2O_3 isoliert u. gereinigt. Über Fluorescenz u. Absorption sowie über die Kristallform der Na- u. Ba-Salze im Vgl. mit entsprechenden Unterss. an Xanthopterin wird berichtet. (Physic. Rev. [2] **86**. 817. 1/6. 1952. New York, N. Y., State Dep. of Health.) RUDOLPH. D 125

Hermann Hartmann und **Heinz Grunert,** *Anregungs- und Ionisierungsenergien der Halogenbenzole.* Die Anwendung der Elektronenstoßmeth. zur Ermittlung der Ionisierungsenergie ist bei Molekülgasen dadurch erschwert, daß durch die Glühkathoden Veränderungen der Gase hervorgerufen werden u. die dabei entstehenden Zerfallsprodd. die Messungen komplizieren. Diese Schwierigkeiten haben Vff. dadurch überwunden, daß sie das Gas aus dem Vorratsgefäß durch eine Düse in die Röhre eintreten lassen u. gleichzeitig abpumpen. Die Wrkg. der Pumpe wird noch durch einen in die Röhre ragenden, außen mit fl. N_2 gekühltem Cu-Stab verstärkt, an dem der Dampf prakt. vollständig anfriert u. dadurch nicht in Berührung mit der Glühkathode kommt. Mit dieser Anordnung haben Vff. Anregungskurven von C_6H_6, C_6H_5F, C_6H_5Cl u. C_6H_5Br aufgenommen. Das zweite Maximum der Anregungskurve wird dahingehend gedeutet, daß durch ein Elektron jeweils zwei Moll. angeregt werden. Der Absolutwert der Anregungsspannung ist dann durch die Differenz der Beschleunigungsspannungen V_B gegeben, bei denen die ersten beiden Maxima der Anregungskurve auftreten. Wird der Nullpunkt der V_B-Skala so verschoben, daß das erste Maximum über diesem Wert liegt, gibt die Stelle, bei der die Ionisationskurve beginnt, die Ionisierungsspannung an. Für die 4 untersuchten Substanzen erhalten Vff. so folgende Werte für die Anregungs- bzw. Ionisierungsspannung: C_6H_6 6,0, 9,5; C_6H_5F 5,9, 9,5; C_6H_5Cl 5,5, 8,5 u. C_6H_5Br 6,2, 8,6 $\pm$0,2 in V. (Z. physik. Chem. **199**. 259—65. Febr. 1952. Frankfurt/M., Univ., Inst. für Phys. Chem.) WOELK. D 131

Keniti Higasi, *Dipolmomente einiger Hydroxylverbindungen.* Es wurden die Dipolmomente von *o-*, *p-* u. *m-Kresol*, *o-*, *p-* u. *m-Chlorphenol* u. *o-*, *p-* u. *m-Nitrophenol* ,von *Phenol* u. *Chlorbenzol* in Toluol bei 0, 25, 50 u. 75° bestimmt. Die Dipolmomente stehen in guter Übereinstimmung mit den entsprechenden Werten in Benzol. Die möglichen Einflüsse der Lösungsmittel auf das Moment, bes. die Assoziation untereinander u. mit dem Lösungsm., werden diskutiert. Die auftretenden Anomalien von OH-Verbb. (*A.*) in *Ae.* können durch die Annahme von H-Bindungen mit dem Lösungsm. gedeutet werden. (Bull. chem. Soc. Japan **25**. 159—60. Juni 1952. Sapporo, Hokkaido-Univ., Res. Inst. Appl. Elec. [Orig.: engl.]) K. L. WOLFF. D 132

T. W. Campbell, W. A. McAllister und **Max T. Rogers,** *Die elektrischen Momente einiger Derivate des Azobenzols.* Vff. bestimmten die elektr. Momente folgender Derivv. des *Azobenzols* (**I**): *p-Amino-* (**VI**, 2,48), *p-Nitro-* (**II**, 4,45), *p.p'-Tetramethyldiamino-* (**IV**, 1,95), *p.p'-Dinitroazobenzol* (**III**, 0), *Tetramethyl-p-phenylendiamin* (1,29), *p-Benzalamino-* (**V**, 2,03, *p-[p-Dimethylaminobenzalamino]-* (**VIII** 4,51) u. *p-[p-Tolualamino]-azobenzol* (**VII**, 2,43) in benzol. Lsg. bei 25°. Die Größe u. Richtung der Momente der Dimethylaminogruppe in Benzol- u. **I**-Verbb. wird berechnet u. miteinander verglichen. Ferner wird der Einfl. der Resonanz auf die elektr. Momente der **I**-Derivv. diskutiert u. gezeigt, daß die Phenylazogruppe ein guter Elektronenacceptor ist, wobei der Effekt mit zunehmender Länge des konjugierten Syst. ansteigt. — **II**, F. 134°, aus p-Nitranilin u. Nitrosobenzol in A. in Ggw. von Essigsäure. — **III**, F. 223—224° (A.). — **IV**, F. 260 bis 261° (A.), aus p-Nitrodimethylanilin in Ae. mit $LiAlH_4$. — **V**, F. 128°, aus **VI** u. Benzaldehyd, analog: **VII**, F. 117°. — **VIII**, F. 176° (A.), aus **VI** u. p-Dimethylaminobenzaldehyd in A. mit Essigsäure. (J. Amer. chem. Soc. **75**. 864—65. 20/2. 1953. East Lansing, Mich., State Coll., Kedzie Chem. Labor., u. Los Angeles, Calif., Univ. of California, Dep. of Chem.) NIEMITZ. D 132

D. D. Eley, G. D. Parfitt, M. J. Perry und **D. H. Taysum,** *Die Halbleitung von organischen Substanzen.* 1. Mitt. Für die in ( ) genannten Temperaturbereiche wurde der elektr. Gleichstromwiderstand R (in Ohm) gemessen von: *Coronen* (**I**, 220—280, *Anthracen* (**II**, 70—204), *Isodibenzanthron* (**III**, 50—250), *Diphenyloctatetraen* (**IV**, 20—230), *Diphenylbutadien* (**V**, 20—140), *2-Amino-4.6-dimethylpyrimidin* (**VI**, 20—150), *N-Phenylsydnon* (**VII**, 50—130), *Plasmaalbumin* (**VIII**, 70—180), *Fibrinogen* (**IX**, 150 bis 270), *Edestin* (**X**, 90—204), *Phthalocyanin* (**XI**, 100—500) u. *Cu-Phthalocyanin* (**XII**, 300—500). Die Verbb. wurden in Form von leicht gepreßten Pulvern verwendet. Die

Ergebnisse lassen sich darstellen durch $R = R_0 \exp(E/RT)$. Für log R_0 u. E (in kcal/Mol) wurde gefunden: 1,69 u. 25,12 für **I**; 1,47 u. 19,05 (**II**); 1,42 u. 17,72 (**III**); 2,89 u. 24,11 (**VIII**, trocken); 0,60 u. 19,41 (**VIII**, feucht); 6,70 u. 31,62 (**IX**); E = 29,17 (**X**); E = ca. 20 unterhalb 310° u. 30 oberhalb 310° (**XI**); E = 24 (**XII**). Für **IV, V, VI** u. **VII** wurde erhalten $R_0 > 10^{14}$ u. E > 50; beim Schmelzen von **IV, V** u. **VII** tritt Leitfähigkeit auf, die beim Erstarren erhalten bleibt (ohne nähere Daten). Ferner wurde R von **III** (130—350) u. **XI** unter einem Druck von 80 at gemessen; E von **III** wird hierbei auf 13,1 erniedrigt u. E von **XI** auf 12,8 oberhalb 270° u. auf 9,3 unterhalb 270°. Bei Wegnahme des Druckes werden wieder die vorhergehenden R-Werte erhalten. **IV, V** u. **VII** zeigen auch bei 80 at keine Leitfähigkeit. Die für einige der genannten Verbb. gefundene Leitfähigkeit wird auf die Beweglichkeit der π-Elektronen der konjugierten Systeme zurückgeführt (vgl. auch AKAMATU u. Mitarbeiter, C. **1951**. I. 839; **1952**. 3956); eine Leitung durch anwesende Verunreinigungen (z. B. von W.) kann daneben nur eine untergeordnete Rolle spielen. Bemerkenswert ist jedoch, daß die linear gebauten Moll. **IV** u. **V** trotz der vorhandenen konjugierten Doppelbindungen keine Leitfähigkeit besitzen. Bei den genannten Proteinen findet die Leitung über die Wasserstoffbrücken CO ... HN statt. (Trans. Faraday Soc. **49**. 79—86. Jan. 1953. Bristol, Univ., Chem. Dep.) FUCHS. D 135

Martin Kilpatrick, *Die Dissoziationskonstanten von Säuren in Salzlösungen.* 1. Mitt. *Benzoesäure.* Vf. berichtet über Messungen der Dissoziationskonstanten der *Benzoesäure* (**I**) in W. in Ggw. verschied. Elektrolyte (*KCl, LiCl* u. *NaCl*) bei 25° sowie über gleichartige Messungen in CH_3OH bzw. in *A.* in Ggw. von *LiCl.* Die Ergebnisse werden diskutiert, es wird gezeigt, daß **I** wegen der sehr geringen Temperaturabhängigkeit der Dissoziationskonstanten als Bezugssäure geeignet ist, wobei der Wert von $6{,}32 \cdot 10^{-5}$ für die Dissoziationskonstante als der beste angesehen wird. Mit diesem Wert werden die Aktivitätskoeffizienten der **I** berechnet. (J. Amer. chem. Soc. **75**. 584—85. 5/2. 1953. Chicago, Ill., Univ., Dep. of Chem., u. Inst. of Technol., Dep. of Chem.) NIEMITZ. D 139

Martin Kilpatrick und **R. Dean Eanes**, *Die Dissoziationskonstanten von Säuren in Salzlösungen.* 2. Mitt. *Essigsäure.* (1. vgl. vorst. Ref.) Die gleichen Messungen der Dissoziationskonstanten u. Aktivitätskoeffizienten wie an Benzoesäure (**I**) werden an *Essigsäure* (**II**) durchgeführt, wobei zur Berechnung der Dissoziationskonstanten **I** als Bezugssubstanz genommen wird. (J. Amer. chem. Soc. **75**. 586—87. 5/2. 1953.) NIEMITZ. D 139

Martin Kilpatrick und **R. Dean Eanes**, *Die Dissoziationskonstanten von Säuren in Salzlösungen.* 3. Mitt. *Glykolsäure.* (2. vgl. vorst. Ref.) Unter Verwendung der Werte für die Dissoziationskonstanten der Essigsäure u. Benzoesäure wird durch gleiche Messungen, wie vorher beschrieben, die Dissoziationskonstante der *Glykolsäure* zu im Mittel $1{,}48 \cdot 10^{-4}$ bestimmt. (J. Amer. chem. Soc. **75**. 587. 5/2. 1953.) NIEMITZ. D 139

Martin Kilpatrick, R. D. Eanes und **J. G. Morse**, *Die Dissoziationskonstanten von Säuren in Salzlösungen.* 4. Mitt. *Cyclohexancarbonsäure* (3. vgl. vorst. Ref.) Die thermodynam. Dissoziationskontante der *Cyclohexancarbonsäure* wird durch Extrapolation auf unendliche Verdünnung zu im Mittel $1{,}24 \cdot 10^{-5}$ bestimmt. (J. Amer. chem. Soc. **75**. 588—89. 5/2. 1953.) NIEMITZ. D 139

R. A. Day jr. und **R. E. Biggers**, *Polarographie des p-Chlorbenzophenons und des Xanthons.* Vff. untersuchen das polarograph. Verh. des *p-Chlorbenzophenons* (**I**) u. des *Xanthons* (**II**) in 25% A.-W.-Gemisch im p_H-Bereich von ca. 1—13. Die Ergebnisse bestätigen die frühere (DAY jr. u. Mitarbeiter, C. **1953**. 2253) theoret. Vorhersage, wonach **I** eine größere u. **II** eine kleinere Neigung zur Bldg. zweier Wellen aufweist als Benzophenon. (J. Amer. chem. Soc. **75**. 738—39. 5/2. 1953. Emory, Ga., Univ., Dep. of Chem.) NIEMITZ. D 142

William M. Spicer und **Henry D. R. Page**, *Azeotrope des Broms.* 3. Mitt. *Azeotrope des Broms mit 1.2.2-Trichlor-1.1-difluoräthan und 1.1-Dichlor-2.2-difluoräthan.* In Fortsetzung der Unterss. über azeotrope Gemische von Br_2 mit farblosen Bromlösungsmitteln (vgl. SPICER u. KRUGER, C. **1951**. I. 1432, u. SPICER u. MEYER, J. Amer. chem. Soc. **73**. [1951.] 934) wurde festgestellt, daß Br_2 mit $CHCl_2CHF_2$ ein bei 49,6° sd. Azeotrop mit 58,1 Mol-% Br_2 u. mit $CHCl_2CF_2Cl$ ein bei 54,6° sd. Azeotrop mit 74,7 Mol-% Br_2 bildet. (J. Amer. chem. Soc. **75**. 3603—04. 20/7. 1953. Atlanta, Ga., Georgia Inst. of Technol., School of Chem.) FORCHE. D 150

J. J. Jennen, *Über Wasserstoffbrücken und chromatographisches Trennungsvermögen.* Übersicht über die Theorie der Chromatographie u. deren Anwendung zur Trennung von α- u. β-Oxy-, -Amino- u. -Mercaptoanthrachinonen. Nach den Unterss. von HOYER über die Beziehungen zwischen Struktur u. mol. Kräften von Oxyverbb. (C. **1951**. I. 2268; Z. Elektrochem. angew. physik. Chem. **54**. [1950.] 413) gilt die allg. Regel: Isomerenpaare, die sich in der Anzahl der Chelatringe unterscheiden, lassen sich chromatograph. über Silicagel oder Al_2O_3 unter Anwendung eines KW-stoffes als Solvens trennen. Von 2 Isomeren wandert das mit den meisten intramol. H-Brücken am raschesten durch die Säule, weil es den KW-stoffen am meisten ähnelt. Für Amino- u. in gewissem Maße für Mercaptoverbb. gilt die Trennungsmöglichkeit ebenfalls. Die Anwendung wird an zahlreichen Beispielen erläutert. (Meded. vlaamse chem. Veren. **15.** 29—62. März/April 1953. Antwerpen-Mortsel, N. V. Gevaert Photo Producten, Scheikundige Opzoekingsdienst.) WESLY. D 177

Henry T. Minden, *Die vollkommene Symmetriegruppe für innere Rotation in CH_3CF_3 und ähnlichen Molekülen.* Es wurde die Symmetrie für die Wellenfunktionen von $CH_3 \cdot CF_3$ u. ähnlichen Moll. analysiert u. eine neue Gruppe, C_9, vorgeschlagen. Ist R_1 eine Rotation von CH_3 um 120°, R_2 die entsprechende Rotation von CF_3, dann ist der vollkommene Satz der Operationen E; R_1; R_1^2; R_2; R_2^2; R_1R_2, $R_1R_2^2$; $R_1^2R_2$, $R_1^2R_2^2$, wo E das Identitätselement bedeutet. Die Untergruppe E; R_1R_2; $R_1^2R_2^2$ ist die bekannte dreifache äußere Rotation des Mol., während E; R_1; R_1^2 u. E; R_2; R_2^2 die Rotationsuntergruppen für CH_3 u. CF_3 sind. Die irreduzierbaren Darstellungen in C_9 werden in dem allg. Fall für den Kernspin u. die inneren Rotationsfaktoren der Wellenfunktion abgeleitet. Es wird ferner das Verf. zur Best. der Symmetrie u. des statist. Gewichtes jedes gegebenen inneren Rotationsschwingungsenergieniveaus beschrieben. (J. chem. Physics **20.** 1964—65. Dez. 1952. Princeton, N. J.) GOTTFRIED. D 182

H. P. Lemaire und **R. L. Livingston,** *Die Molekülstruktur von 1.1.2.2-Tetramethylcyclopropan.* Die Struktur von 1.1.2.2-Tetramethylcyclopropan wurde mittels Elektronenbeugung untersucht. Für den C—C-Abstand ergab sich ein mittlerer Wert von 1,52 ± 0,03 Å u. ein äußerer CH_3—C—CH_3-Winkel von 114 ± 6°. (Acta crystallogr. [Copenhagen] **5.** 817—20. 10/11. 1952. Lafayette, Ind., Purdue Univ., Dep. of Chem. and Purdue Res. Found.) GOTTFRIED. D 182

R. D. Brown, *Die Chemie des Biphenyls.* Vf. untersucht das *Biphenyl* (**I**) mit Hilfe der Molekülbahnmethode. **I** ist ein Syst., in dem die berechneten π-Elektronendichten einheitlich für alle C-Atome sind, daher ist bei der Berechnung die Selbstpolarisierbarkeit der Atome zu berücksichtigen. Diese Polarisierbarkeit der 3 Stellungen ist nun in 2-Stellung 0,423 $\pi(-1/\beta)$; 3- 0,396; 4- 0,411, die Reaktionsfähigkeit sinkt also in der Reihenfolge 2, 4, 3. Das stimmt mit den experimentellen Ergebnissen überein, nur bei der Nitrierung ist die Ausbeute an o-Verbb. zu niedrig. Die Atompolarisationsenergien haben folgende Werte: Stellung 2: 2,400 ($-\beta$); 3: 2,544; 4: 2,447; 2- u. 4-Stellung sind bei elektrophilen, nucleophilen u. radikalen Rkk. begünstigt. Die freien Valenzindices sind: 2-Stellung 0,385; 3- 0,343; 4- 0,360, was ebenfalls für ein Absinken der Reaktionsfähigkeit in der Reihenfolge 2, 4, 3 spricht. Demnach ist 2 die reaktionsfähigste Stellung in **I**, bei Substitutionen müssen jedoch ster. Effekte eine wesentliche Rolle spielen. Ein Vgl. mit dem *Biphenylen* (**II**) zeigt, daß auch hier die Stellung 2 bevorzugt ist, sogar noch stärker als bei **I**. In **II** ist jedoch der freie Valenzindex in Stellung 1 größer als in 2, so daß es fraglich erscheint, ob dieser zur Beurteilung der Reaktionsfähigkeit herangezogen werden kann. (Experientia [Basel] **6.** 376—77. 15/10. 1950. Melbourne, Univ., Chem. Dep.) PAULIG. D 182

L. L. Ingraham, *Die Elektronenstruktur von Di-p-xylol.* Berechnungen der Energien der A_1- u. B_2-Zustände von *Di-p-xylol* (vgl. BROWN u. FARTHING, C. **1949.** E. 1194) nach der VB- u. MO(LCAO)-Meth. unter Annahme von D_{6h}-Symmetrie für das Mol. u. bei Berücksichtigung von 2pσ-Bindungen zwischen den Benzolkernen zeigen, daß Stabilisierung durch solche Bindungen nicht auftritt. Die Faustregel „Je mehr Resonanzstrukturen, desto größere Stabilisierung" ist irreführend. (J. chem. Physics **18.** 988. Juli 1950. Berkeley, Calif.) KRESZE. D 182

Kazuo Ito, *Über die Bildungswärmen und Potentialschwellen für die innere Rotation in Kohlenwasserstoffmolekülen.* Unter der Annahme, daß das innermol. Potential durch die Summe der zwischenatomaren Bindungsenergien u. der zwischen nicht direkt aneinander gebundenen Atomen wirksamen Potentiale gegeben ist, werden die Bildungswärmen unter vergleichbaren Bedingungen, im allg. bei 0° K, von n. u. Iso-KW-stoffen, Cyclohexan- u. Cyclopentanderivv. untersucht. Die Art der Wechselwrkg. wird danach unterschieden, ob sie von Atomen herrührt, die an das gleiche C-Atom oder an zwei verschied. C-Atome im Mol. gebunden sind. Für den letzteren Fall wird außerdem die relative Lage zur Ebene des in trans-Anordnung gedachten C-Atomgerüstes berücksichtigt. Wechselwirkungen zwischen Atomen über 4 C-Atome hinweg werden vernachlässigt. Ferner wird eine Korrektur des realen Mol. in genau tetraedr. Valenzwinkelanordnung durch Korrektionsglieder für CH_3, CH_2 u. CH eingeführt. Für die Anfangsglieder der Paraffinreihe bis C_7 u. für einige Isoverbb. sind die jeweilige Anzahl der

Wechselwirkungen, aufgegliedert nach ihrer Art, sowie die Anzahl der Bindungsenergien angegeben. Vf. berechnet die Bildungswärmen oben genannter Verbindungsklassen über ihre Wechselwirkungs- u. Bindungsenergieglieder aus den Bildungswärmen anderer, einfacherer Verbb., es wird eine gute Übereinstimmung mit den experimentell ermittelten Werten gefunden. Der veränderliche Wert des CH_2-Inkrementes für die Anfangsglieder der Paraffinreihe wird ebenfalls aus dieser Betrachtungsweise erklärt. Die Anwendung dieser Berechnungsart auf die Unters. der Struktur der Dekalinisomeren ergab,

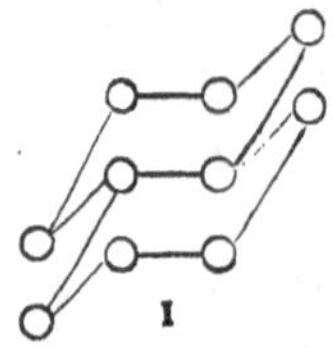

I

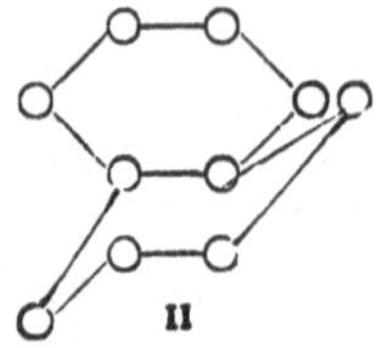

II

daß dem trans-Dekalin nebenst. Struktur I u. dem cis-Dekalin die Struktur II zukommt. Ferner konnten auf diese Weise die Energiedifferenzen von Rotationsisomeren der Paraffinreihe, bes. von trans- u. gauche-Form, sowie die Behinderungsschwellen von Methylradikalen in KW-stoffen, bes. vom C_2H_5-Radikal in n-Butan, mit befriedigendem Ergebnis berechnet werden. (J. Amer. chem. Soc. **75.** 2430—35. 20/5. 1953. Nagoya, Japan, Univ., Fac. of Sci., Dep. of Chem.) L. FISCHER. D 182

G. Scheibe und **D. Brück,** *Zusammenhang physikalischer und chemischer Eigenschaften bei der Bildung van der Waalsscher Molekeln.* Wenn auch bei organ. Moll. den einzelnen Bindungen Trennungsarbeiten u. Bindungsrefraktionen zugeordnet werden können, darf man hieraus nicht schließen, daß diese Bindungen wirklich unabhängig voneinander sind. Das zeigt sich schon bei den Veränderungen bestimmter Moll. durch verschied. Substituenten, die eine Änderung chem. u. physikal. Eigg. (Absorptionsspektr., Protonenaffinität, Redoxpotential, Reaktionsfähigkeit) zur Folge haben. Am Beispiel eines Monomethinfarbstoffes (der Pseudocyaninreihe) wird gezeigt, daß eine Änderung der Protonenaffinität von einem pK —2 bis +8 eine einfache Funktion des Absorptionsspektr. ist. Auch bei einer Beeinflussung der Moll. von außen, wie sie bei der Bldg. VAN DER WAALSscher Moll. stattfindet, werden solche Zusammenhänge zwischen physikal. u. chem. Eigg. bemerkbar (Mesityloxyd in verschied. Lösungsmitteln). An einigen Typen VAN DER WAALSscher Moll. werden opt. Eigg. mit Protonaffinität u. chem. Reaktionsfähigkeit in Verbindung gebracht. Bes. hingewiesen wird auf den Energieaustausch innerhalb VAN DER WAALSscher Moll., wie er sich bei der Löschung u. Erregung der Fluorescenz zu erkennen gibt. Es wird eine Bemerkung über den Zusammenhang von Konst. u. Fluorescenzfähigkeit gemacht, wobei die Theorie von FOERSTER zu erweitern ist. (Z. Elektrochem. angew. physik. Chem. **54.** 403—12. Okt. 1950. München, TH.) HENTSCHEL. D 182

R. Daudel, C. Sandorfy, C. Vroelant, P. Yvan und **O. Chalvet,** *Die statischen und dynamischen Methoden zur Voraussage von chemischen Eigenschaften der Moleküle, verglichen auf Grund der Aussagen der Moleküldiagramme.* Der π-Elektronenanteil an der Aktivierungsenergie H einer Rk. eines konjugiert-ungesätt. oder aromat. Syst. ist nach Vff. berechenbar als Differenz der Austauschenergien ΔE von Ausgangszustand u. aktiviertem Komplex, wobei diese Energiewerte nach der Näherung vom VROELANT u. DAUDEL (C. **1950.** I. 154) bestimmt werden können. — Zwischen ΔE u. dem freie-Valenz-Index I_f besteht eine eindeutige Beziehung, falls man Rkk. an Atomen eines bestimmten „Atomtyps" (unterschieden durch die Anzahl der π-Bindungen, die von dem Atom ausgehen können) betrachtet. Die für die Berechnung von I_f benötigten Bindungsindices nach PENNEY, I_{lm}, ergeben sich nun in einfacher Weise aus der Anzahl u. Art der C—C-Bindungen, die der betrachteten Bindung benachbart sind; Vff. geben tabellar. die möglichen I_{lm}-Werte für die einzelnen Bindungstypen an. Danach ist es bequem möglich, H-Werte auf Grund von I_f-Berechnungen zu vergleichen. — Innerhalb der einzelnen Atomtypen gelten weiterhin lineare Beziehungen zwischen den I_f u. den Selbstpolarisierbarkeiten Q der einzelnen Bindungen, daher sind auch die Q als Maß für H-Werte anzusehen. — Vff. wenden diese Ergebnisse an bei der Betrachtung von Substitutions-Rkk. an Aromaten, von Additions-Rkk. an Polyene u. styrolartige Verbb. sowie von Diensynth. mit kondensierten Aromaten. Folgende Regeln werden erhalten: 1. Von den verschied. Atomen des gleichen Typs, die in demselben Mol. vorhanden sind, wird das am leichtesten substituiert, das das größte I_f bzw. Q besitzt. — 2. Additionsfähige Doppelbindungen müssen von Atomen gebildet sein, deren I_f groß ist, ihr I_{lm} selbst muß andererseits ebenfalls genügend hoch liegen. — 3. Addition eines Mol. an 2 entfernte Atome eines anderen Mol. erfolgt meist dort, wo die Atome ein großes I_f (oder Q) besitzen. Komplikationen können jedoch durch ungenügende Stabilität des Prod. eintreten. (Bull. Soc. chim. France, Mém. [5] **17.** 66—74. Jan./Febr. 1950.) KRESZE. D 184

H. C. Freeman, R. J. W. Le Fèvre, J. Northcott und **I. Youhotsky,** *Die Möglichkeit geometrischer Isomerie bei den Diazosulfonen.* Die Dipolmomente μ u. UV-Spektren einiger Diazosulfone wurden untersucht. Die Verbb. scheinen danach im allg. in trans-Form vorzuliegen. Bestrahlung ihrer Lsgg. in Bzl. oder A. bewirkt eine reversible Änderung neben einer irreversiblen Photozersetzung. — Untersucht wurden [in ( ) μ; λ_{max} in mμ; log ε]: *Benzoldiazophenylsulfon,* F. 78° (A.), orangefarbene Rhomben ($4{,}2_0$; 295; 4,1 u. 425; 2,3); *o-Chlor-,* F. 98° (A.), orangefarbene Flocken, (—; 296; 4,0 u. 435; 2,35); *p-Chlor-,* F. 107° (A.), gelbe Nadeln, ($4{,}3_4$; 2,95; 4,4 u. 4,15; 3,1); *p-Brom-* F. 115° (A.), bronzefarbene Nadeln, ($4{,}4_0$; 280; 4,1 u. 450; 2,6); *p-Nitro-,* F. 136° (Chlf.), rote Prismen, (4,76; 260; 4,8 u. 410; 3,0) sowie *2.4.6-Tribrombenzoldiazophenylsulfon,* F. 121° (Zers.) (Ae. + A.), gelborangefarbenes Pulver, ($4{,}5_9$; 260; 3,8 u. 445; 2,8). (J. chem. Soc. [London] **1952.** 3381—84. Sept. Sydney, Univ.) JOHN. D 184

Johannes Dale und **L. Zechmeister,** *Über die Stereochemie von Azinen: Cinnamalazin und Phenylpentadienalazin.* Die all-trans-Form der genannten Verbb. (**Ia**) bzw. (**IIa**) erleidet beim Stehen ihrer Lsgg., beim Kochen, bei Beleuchtung mit einer Tageslichtlampe, im Sonnenlicht oder beim Schmelzen eine Umlagerung. Es entstehen in wechselnden Mengen eine *1. cis-Form von* **I** (**Ib**) bzw. von **II** (**IIb**) neben einer *2. cis-Form* (**Ic**) bzw. (**IIc**), begleitet von Spaltungsprodukten. **Ib, Ic** u. **IIb, IIc** konnten nicht krist. erhalten werden. **Ib** u. **IIb** gehen leicht unter Lichteinw. in **Ia** u. **IIa** über, während **Ic** u. **IIc** nur durch Sonnenlicht in mäßiger Geschwindigkeit sich in **Ia** u. **IIa** zurückverwandeln. In Ggw. von J_2 wird jedoch diese Umlagerung erheblich beschleunigt. Ein Einfl. von J_2 auf die Umlagerungsgeschwindigkeit von **Ib** u. **IIb** trat nicht auf, es wurde auch keine direkte Umlagerung von **Ic** in **Ib** bzw. von **IIc** in **IIb** gefunden. Der Fortgang der Isomerisierung wurde chromatograph. u. durch Aufnahme der Absorptionsspektren in Hexan verfolgt. Auf Grund der Versuchsergebnisse folgern Vff. für sämtliche cis-Formen eine mono-cis-Konfiguration, wobei die cis-Anordnung bei **Ib** u. **IIb** an einer der C=N-Bindungen u. bei **Ic** u. **IIc** an einer der C=C-Bindungen zwischen C-Atom 2 u. 3 lokalisiert sein soll.

Versuche (FF. korr., Spektr. in Hexan): *all-trans-Cinnamalazin* (**Ia**), F. 168 bis 169°, aus Zimtaldehyd u. Hydrazinhydrat, gelbe Nadeln, (λ_{max}) 353 mμ ([E^{mol}_{1cm}] $6{,}24 \cdot 10^4$), 338 mμ ($6{,}80 \cdot 10^4$). — *mono-cis-Cinnamalazin* (**Ib**), 500 mg **Ia** in 2 Liter Hexan zu 25 Portionen aufgeteilt 4 Std. dem Sonnenlicht aussetzen, an $ZnCO_3$ adsorbieren, mit Hexan + 5% Aceton entwickeln, herausgeschnittene Schicht lösen u. nochmals chromatographieren, 336 mμ ($4{,}37 \cdot 10^4$), 277 mμ ($2{,}73 \cdot 10^4$). Als Nebenprodd. traten auf *Cinnamalaceton* u. *Acetonazin.* — *mono-cis-Cinnamalazin* (**Ic**), **Ia** in evakuierter u. abgeschmolzener Glasröhre 10 Min. auf 175° erhitzen u. Prod. analog vorst. Verb. aufarbeiten, 331 mμ ($4{,}75 \cdot 10^4$), 276 mμ ($1{,}80 \cdot 10^4$). — *all-trans-Phenylpentadienalazin* (**IIa**), $C_{22}H_{20}N_2$, F. 211° (Essigester), aus Phenylpentadienal u. Hydrazinhydrat, 390 mμ ($9{,}25 \cdot 10^4$), 373 mμ ($9{,}50 \cdot 10^4$). — *mono-cis-Phenylpentadienalazin* (**IIb**), a) 100 mg **IIa** in 5 Liter Hexan zu 10 Portionen 3 Std. dem Sonnenschein aussetzen, Lsg. bei 30—40° unter N_2 auf 1 Liter eindampfen, auskrist. **IIa** abfiltrieren u. Lsg. chromatographieren; b) 100 mg **IIa** u. 3 g Naphthalin zu 5 Portionen in evakuierten u. zugeschmolzenen Glasröhren 10 Min. bei 180° halten u. analog aufarbeiten, 387 mμ ($6{,}75 \cdot 10^4$), 371 mμ ($7{,}45 \cdot 10^4$), 311 mμ ($2{,}80 \cdot 10^4$). — *mono-cis-Phenylpentadienalazin* (**IIc**), neben vorst. Verb., 385 mμ ($6{,}53 \cdot 10^4$), 370 mμ ($7{,}05 \cdot 10^4$), 311—312 mμ ($2{,}68 \cdot 10^4$). (J. Amer. chem. Soc. **75.** 2379—86. 20/5. 1953. Pasadena, Calif., Inst. of Technol., Gates and Crellin Labor. of Chem.) L. FISCHER. D 184

Fawzy G. Baddar, *Prototrope Triadensysteme.* 1. Mitt. *Beweglichkeit im Azomethinsystem während der Decarboxylierung.* Während viele Azomethine auch in Ggw. stark nucleophiler Reagentien wie $NaOC_2H_5$ keine Tautomerieerscheinungen zeigen, treten diese schon bei Verwendung schwach nucleophiler Reagentien wie Pyridin auf, falls als intermediärer Schritt bei der Bldg. der Verbb. eine Decarboxylierung stattfindet. Solche CO_2-Abspaltung tritt ein bei Rk. von α-Aminosäuren mit Carbonylverbb. (BADDAR, J. chem. Soc. [London] Suppl. 1. **1949.** 163), das bei der Rk. intermediär auftretende Anion [RCH⋯N⋯CR_2]$^{(-)}$ gibt mit H^+ eine Mischung aus den zwei möglichen Tautomeren. Vf. untersuchte die beim Abbau von folgenden α-Aminosäuren: *Alanin* (**I**); *1-Aminocyclohexancarbonsäure-(1)* (**II**); *α-Aminoisobuttersäure* (**III**) bei Rk. mit folgenden Carbonylverbb. *o-* u. *p-Chlorbenzaldehyd* (**IVa, b**), *o-, m-* u. *p-Nitrobenzaldehyd* (**Va, b, c**) u. *1.3-Dichloraceton* (**VI**) gebildeten Prodd. durch Nachw. der entstehenden Oxoverb. [*Acetaldehyd* (**VII**), *Cyclohexanon* (**VIII**) bzw. *Aceton* (**IX**)]. — Die Ausbeute von **VIII** aus **II** mit **Vb** war wesentlich geringer als die mit **Vc.** Anscheinend wirkt die Nitrogruppe in der *m*-Stellung nur durch ihren verhältnismäßig schwachen —I-Effekt, während in der *p*-Stellung sowohl —I- als auch der starke —E-Effekt wirksam sind. **Va** u. **II** geben eine indigoblaue Verb., jedoch kein **VIII.** Die Ausbeuten an **VII** aus **I** bei Verwendung von **IVa** u. **b** unter gleichen Bedingungen sind dagegen kaum unterschiedlich. — Zum Abbau von **I** oder **III** mit **VI** zu **VII** bzw. **IX** genügt heißes W., jedoch wachsen die Ausbeuten beträchtlich bei Verwendung des (stärker nucleophilen) Glycerins (50%ig.). 75%ig. Pyridin erleichtert die Rk. noch mehr. Bei Verwendung von 1.3-Dichlorisopropylalkohol statt **VI** findet kein Abbau statt. Mit **VI** erfolgt im übrigen der Abbau leichter als mit **IVa** u. **IVb**. — Zum Vgl. wurden Verss. zum Abbau von *o-Chlorbenzylidenäthylamin* [**X**, $C_9H_{10}NCl$, Kp.$_3$ 84,5°, aus **IVa** u. Äthylamin (**XI**)], *p-Nitrobenzylidencyclohexylamin* [**XII**, $C_{13}H_{16}O_2N_2$, F. 85,5—86° (PAe.), aus **Vc** u. Cyclohexylamin(**XIII**)], *o-Chlorbenzylidencyclohexylamin* (**XIV**, $C_{13}H_{16}NCl$, Kp.$_3$ 135—136°, aus **IVa** u. **XIII**) u. *p-Nitrobenzylidenäthylamin* (**XV**, $C_9H_{10}O_2N_2$, F. 76—77° [PAe.], aus **Vc** u. **XI**) unternommen. **X** gab weder mit Pyridin noch Glycerin **VII**, der Abbau erfolgt nur mit Na-Äthylat. **XII** u. **XIV** konnten nicht abgebaut werden. In **XV** wurden nach versuchtem Abbau nur Spuren von **IVc** nachgewiesen. (J. chem. Soc. [London] **1950.** 136—39. Jan. Cairo, Egypt., Fouad I Univ., Fac. of Sci.) PAULIG. D 184

I. N. Stranski und **B. Honigmann**, *Die spontane Einstellung von Gleichgewichtsformen an Hexamethylentetraminkristallen.* (Vgl. Naturwissenschaften **35.** [1948.] 156.) Vff. zeigen im Anschluß an Verss. von KAISCHEW (Jahrb. Univ. Sofia, phys.-math. Fak. XLIII **2.** [1946.] 47. 99), daß sich die Gleichgewichtsformen von *Urotropin*-Kristallen in einem großen Temperaturbereich spontan einstellen. Dieser Vorgang wird durch die Umgebung der zweidimensionalen Keimbldg. durch das Vorhandensein von arteigenen oder auch kombinierten Hohlkanten gedeutet. Die festgestellte Gleichgewichtsform zwischen 0 u. 30° (0 1 1, 0 0 1 u. 1 1 2) läßt auf Gitterdeformationen in der obersten Netzebene der 1 1 2-Fläche schließen. Bei höheren Tempp. (170—195°) ist sie ein Rhombendodekaeder mit abgerundeten Ecken u. Kanten. Die Wachstums- u. Verdampfungsvorgänge zeigen bei diesen Tempp. ebenfalls ein entsprechend geändertes Bild. Das Erscheinen der Rundungen kann auf eine Bldg. von Quasischmelzschichten an den betreffenden Oberflächen zurückgeführt werden. Eine Überschlagsrechnung stützt die zur Erklärung der Vorgänge entwickelte Vorstellung. (Z. physik. Chem. **194.** 180—98. Febr. 1950. Berlin-Dahlem, KWI für physikal. Chem. u. Elektrochem., u. Berlin-Charlottenburg, Inst. für physikal. Chem. u. Elektrochem. der Techn. Univ.) PLIETH. D 190

Bertrand Dreyfus-Alain und **Jean-Michel Dunoyer**, *Radiokristallographische Untersuchung von festem Methanol.* Nach Messungen der spezif. Wärme u. der DK. hat festes CH_3OH einen Umwandlungspunkt bei ca. 159° K. Zur weiteren Stützung dieser Beobachtung wurden Pulveraufnahmen zwischen 175 u. 145° K angefertigt. Die Aufnahmen zwischen 159 u. 175° K ließen sich hexagonal indizieren; bei $165 \pm 3°$ K waren die Dimensionen a = 4,44 ±0,04 Å; c = 7,35 ±0,05 Å. Unterhalb 159° K treten neue Interferenzen auf, doch sind die hexagonalen Linien immer noch schwach vorhanden. Die neuen Interferenzen ließen sich bis jetzt noch nicht indizieren. (C. R. hebd. Séances Acad. Sci. **234.** 320—22. 14/1. 1952.) GOTTFRIED. D 195

A. C. D. Newman und **H. M. Powell**, *Die spontane optische Spaltung von solvatisiertem Tri-o-thymotid. Tri-o-thymotid* (**I**) krist. aus CH_3OH in rhomb. Kristallen mit

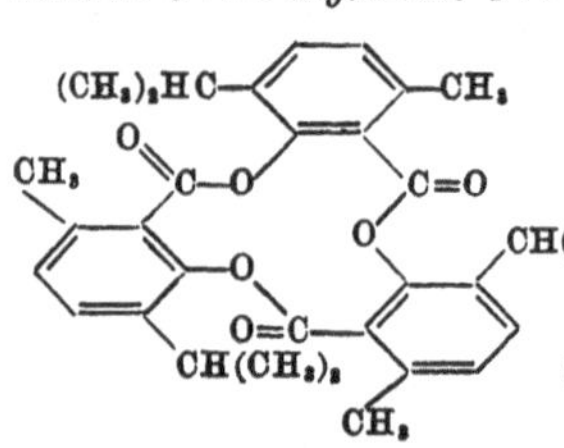

I

den Elementarkörperdimensionen a = 13,5 Å; b = 16,0 Å; c = 13,9 Å. Raumgruppe ist P b n; Z = 4. Das Mol. hat als Symmetrieelement nur eine dreizählige Achse u. läßt sich daher nicht mit seinem Spiegelbild zur Deckung bringen. Die nicht solvatisierte Verb. krist. daher als Racemat. **I** bildet Addukte vom Clathrattyp mit Hexan, Bzl. oder Chloroform. Die kristalline Verb. mit Hexan hat die Zus. 2 $C_{33}H_{36}O_6 \cdot C_6H_{14}$. Sie bildet farblose hexagonale Kristalle mit a = 14,2 Å; c = 28,9 Å. Raumgruppen sind C 6_2 oder C 6_4; Z = 3. Da das Mol. von **I** keine zweizählige Symmetrieachse besitzt, können die 6 Moll. **I** sich nur in der allgemeinsten Lage befinden. Sie sind miteinander nur durch Rotations- oder Translationsoperationen verknüpft u. müssen geometr. ident. sein. Nimmt man an, daß die Moll. dissymm. sind, dann müssen die Moll. in jeder Elementarzelle von derselben Art sein, d. h. entweder alle rechtsdrehend oder alle linksdrehend. Mkr. u. goniometr. ließ sich keine Spur von enantiomorphen Flächen feststellen. — Das Addukt mit Bzl. hat die Zus. 2 $C_{33}H_{36}O_6 \cdot C_6H_6$. Die Elementarzelle hat die Dimensionen a = 13,7 Å; c = 29,9 Å. Raumgruppen sind C 3_2 2 1 oder C 3_1 2 1; Z = 3. Löst man gepulverte Einkristalle in Chlf. auf u. untersucht die Lsg. polarimetr., so findet man, daß einige Lsgg. die Polarisationsebene nach links, andere nach rechts drehen. Die Drehung fällt jedoch bald infolge Racemisation auf Null ab. Die opt. Aktivität rührt von der Hinderung der freien Rotation um die Einfachbindungen im zwölfgliedrigen Ring her. Die Aktivierungsenergie für die Racemisation wurde zu 16 kcal/Mol. abgeschätzt. — Das Addukt von **I** mit Chlf. bildet farblose trigonale Kristalle mit a = 13,55 Å; c = 30,3 Å. Die Zelle enthält 3 $CHCl_3$ u. 6 $C_{33}H_{38}O_6$. (J. chem. Soc. [London] **1952.** 3747—51. Okt. Oxford, Univ. Museum, Chem. Crystallogr. Labor.) GOTTFRIED. D 195

Per Andersen, O. Hassel und **K. Lunde,** *Polymorphismus und thermische Instabilität von 1ϰ.2ϰ.4ϰ.5ϰ-Tetrabromcyclohexan.* Die von HASSEL, LUND u. LUNDE (vgl. C. **1953.** 6646) dargestellten Verbb. *1ϰ.2ϰ.4ϰ.5ϰ-Tetrachlorcyclohexan* (**I**) u. *1ϰ.2ϰ-Dichlor-4ϰ.5ϰ-dibromcyclohexan* (**II**) erwiesen sich als dimorph mit Umwandlungspunkten bei 60—65° bzw. 90—95°. **I** ist oberhalb seines F. (22,6°) stabil, **II** dagegen wandelt sich oberhalb seines F. zum größten Teil in das stereoisomere *1ε.2ε-Dichlor-4ϰ.5ϰ-dibromcyclohexan* (**III**) um. Das von HAAK u. WIBAUT (vgl. Recueil Trav. chim. Pays-Bas **67.** [1948.] 85) dargestellte *Tetrabromcyclohexan* (**IV**) erwies sich als isomorph mit den Hochtemperatur (β)-formen von **I** u. **II**. Es wurde daher vermutet, daß auch **IV** dimorph ist. Der F. von **IV** hängt stark von der Erhitzungsgeschwindigkeit ab; bei sehr schnellem Erhitzen wurde ein F. von 255° gefunden, nach Abkühlen u. Wiedererhitzen ein F. von 180°. Hieraus wird geschlossen, daß eine nahezu 100%ig. Umwandlung in das *ε.ε.ϰ.ϰ*-Isomere (F. 187°) stattgefunden hatte. Es wird kurz die Herst. der Tieftemperatur (α)-modifikation (*ϰ.ϰ.ϰ.ϰ*) von **IV** beschrieben. Die Umwandlung in die β-Form tritt bei 120—125° ein. Die Elementarkörperdimensionen der durchweg monoklin kristallisierenden Verbb. sind: *α* $C_6H_8Cl_4$: (a =) 6,13 Å; (b =) 6,74 Å; (c =) 10,73 Å; (β =) 98°. α-$C_6H_8Cl_2Br_2$: 6,29; 6,93; 10,81; 98°. α-$C_6H_8Br_4$: 6,40; 7,03; 10,80; 98°. β-$C_6H_8Cl_4$: 6,40; 11,41; 6,20; 110°. β-$C_6H_8Cl_2Br_2$: 6,78; 11,75; 6,20; 110°. β-$C_6H_8Br_4$: 7,23; 12,32; 6,32: 110,5°. (Acta chem. scand. **6.** 966—68. 1952. Oslo, Univ., Kjemiske Inst.) GOTTFRIED. D 195

L. H. Jensen, *Kristallstruktur von Isonicotinsäurehydrazid. Isonicotinsäurehydrazid* krist. rhomb. mit den Elementarkörperdimensionen a = 11,33 Å; b = 14,74 Å; c = 3,84 Å. Raumgruppe ist $P\,2_1\,2_1\,2_1$; Z = 4. Durch PATTERSON- u. FOURIER-Projektionen wurden die x- u. y-Parameter festgelegt (wegen der Bezifferung vgl. die nebenst. Formel). Die gefundenen Parameter sind: $C_{(1)}$: (x =) 0,256;

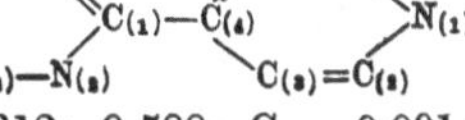

(y =) 0,505; $C_{(2)}$: 0,224; 0,742; $C_{(3)}$: 0,271; 0,666; $C_{(4)}$: 0,212; 0,588; $C_{(5)}$: 0,091; 0,610; $C_{(6)}$: 0,045; 0,680; $N_{(1)}$: 0,107; 0,752; $N_{(2)}$: 0,377; 0,490; $N_{(3)}$: 0,422; 0,410; O: 0,200; 0,445. (Nature [London] **171.** 217—18. 31/1. 1953. Seattle, Wash., Univ., School of Med., Dep. of Anat.) GOTTFRIED. D 195

Walter Strohmeier und **Irmtraud Höhne,** *Keto-Enol-Tautomerie.* 7. Mitt. *Keto-Enol-Gleichgewichte cyclischer β-Ketocarbonsäureester im Gaszustand am Beispiel des Cyclopentanon-, Cyclohexanon- und Cycloheptanoncarbonsäureäthylesters.* (6. vgl. BRIEGLEB u. STROHMEIER, C. **1953.** 5637.) Vff. ermittelten die Temperaturabhängigkeit des Enolisierungsgleichgewichts in der Gasphase von *Cyclopentanon-(2)*-(**I**), *-hexanon-(2)*-(**II**) u. *-heptanon-(2)-carbonsäureäthylester* (**III**) u. berechneten die thermodynam. Daten ΔG, ΔH, $T\Delta S$ u. ΔCp zwischen 273 u. 473° K. Der Enolgeh. ändert sich hierbei in **I** von 27,6 bis 13,5%, in **II** von 95,1—58,9% u. in **III** (273—453° K) von 65,4—21,2%. Bei niedrigen Tempp. betragen die Enolisierungswärmen ΔH für **II** zwischen —3000 bis —4000 cal, für **III** —2660 cal, während **I** eine kleinere ΔH hat, die bei n. Temp. prakt. Null ist. Die hohe Exothermie wird auf Chelatringbldg. zurückgeführt, deren Bildungsenergie bei 5—6000 cal liegt, während für **I** zufolge der kleinen ΔH u. $T\Delta S$-Werte vermutet wird, daß keine Chelatbldg. eintritt, was auf ster. Gründe, die durch das Mol.-Modell bestätigt werden, zurückgeführt wird. Der hohe Enolgeh. von **II** u. **III** bei 25° wird thermodynam. mit den großen $|\Delta H|$-Werten sowie $|T\Delta S| <$ bzw. $\approx |\Delta H|$ begründet. Das von SCHWARZENBACH, ZIMMERMANN u. PRELOG) Helv. chim. Acta **34.** [1951.] 1954) gefundene Alternieren der Enolisierung bei 7- bis 10-Ringsystemen wird vermutlich auf Änderung des Entropiegliedes zurückzuführen sein, da wegen der hier stets möglichen Chelatringbldg. ΔH sich wenig ändern dürfte. Mit steigenden Tempp. nehmen bei **I** ΔH u. $T\Delta S$ ab, bei **II** dagegen zu, während bei **III** ΔH = const. ist u. $T\Delta S$ sich verringert. Vff. vergleichen das Verh. von **II** u. **III** mit dem von Acetessigester (**IV**), dessen geringer Enolgeh. damit erklärt wird, daß bei der Chelatringbldg. mehr Rotationsfreiheitsgrade blockiert werden als bei **II** u. **III**, die von vornherein keine freie Drehbarkeit zwischen C=O- u. CH_2COOR-Gruppe besitzen; entsprechend ist auch $|T\Delta S|$ von **IV** größer als $|T\Delta S|$ von **II** bzw. **III**. (Z. Naturforsch. **8b.** 53—57. Febr. 1953. Würzburg, Univ., Chem. Inst., physikal.-chem. Abt.) GNAUCK. D 221

H. M. Haendler, R. H. Glazier und **D. W. Breck,** *Additionsverbindung aus Antimontrifluorid und Dioxan.* Die Neigung der Sb(III)-Halogenide zur Bldg. von Additionsverbb. mit vielen organ. Substanzen wurde bei SbF_3 bisher nicht beobachtet. Vff. fanden jetzt, daß sich SbF_3 mit *1.4-Dioxan* (**I**) zu der Verb. $C_4H_8O_2 \cdot SbF_3$ umsetzt, wenn man SbF_3 mit überschüssigem **I** 15 Min. lang kocht, oder, wenn man ein Gemisch aus 15 cm^3 **I** u. 15 cm^3 Methanol langsam zu einer Lsg. von 19,3 g SbF_3 in 30 cm^3 Methanol gibt u. das Gemisch kurze Zeit kocht. Die Dissoziationstemp. der Additionsverb. liegt bei 143°. Benzotrichlorid wird von dem Komplex zu Benzotrifluorid u. Benzochlordifluorid fluoriert. (J. Amer. chem. Soc. **75**. 3845—46. 5/8. 1953. Durham, N. H., Univ., of New Hampshire, Dep. of Chem.) FORCHE. D 223

W. P. Ssumarokow und **Je. W. Klinskich,** *Über die Verteilung von Essigsäure zwischen Wasser und einigen organischen Lösungsmitteln.* An Gemischen von Äthylacetat (**I**), Butylacetat (**II**), Äthylpropionat (**III**) oder Äthylbutyrat (**IV**) mit W. wird bei 25° der Verteilungskoeff. (K) von Essigsäure (**V**) bei der Gesamtkonz. von 0,2—5n an **V** in den 2 fl. Phasen bestimmt. Das Extraktionsvermögen steigt nach **IV** < **III** < **I** an; auch **II** extrahiert schlechter als **I**. In allen Fällen nimmt K mit steigender Konz. stark ab. Nur bei **I** nimmt K nur bis zu 3n Gesamtkonz. ab u. bleibt dann bis zur 5n mit ca. 1 konstant. Ggw. von A. erhöht das Extraktionsvermögen von **I**; hierbei ergibt sich K annähernd konstant zu ca. 0,9 bei 2—5n Gesamtkonzentration. Aus den Ergebnissen folgt, daß die **V**-Regeneration mittels **I** aus den Lsgg. der Acetylcellulosefabrikation mit 4—5n **V**-Lsg. günstiger verläuft als aus den Lsgg. der Holzchemiebetriebe mit 1—2n **V**-Lösung. (Журнал Прикладной Химии [J. angew. Chem.] **23**. 641—49. Juni 1950. Zentr. wiss. Forsch.-Inst. für Holzchem.) LEBTAG. D 224

C. W. Hoerr und **H. J. Harwood,** *Das polymorphe Verhalten von Dodecylammoniumchlorid in organischen Lösungsmitteln.* In Fortsetzung früherer Arbeiten (vgl. C. **1951**. II. 205 u. **1952**. 349) wird die Löslichkeit von *Dodecylammoniumchlorid* (**I**) in Tetrachlorkohlenstoff, Tetrabromkohlenstoff, Chlf., Bromoform, Äthylacetat, A., n-Butylalkohol u. Acetonitril gemessen. **I** weist zwei enantiotrope Modifikationen auf, deren Umwandlungspunkt bei 57,5° liegt. (J. Amer. chem. Soc. **74**. 4290—92. 5/9. 1952. Chicago, Ill., Armour and Comp., Res. Div.) v. SCHIESZL. D 224

Howard E. Jones und **William E. Grigsby,** *Konstruktion eines ternären Phasendiagramms für Flüssigkeit-Flüssigkeit-Gleichgewichte. Das System Benzol-Wasser-Trimethylamin.* Die mit thiophenfreiem *Bzl.*, *W.* u. 97,9%ig. *Trimethylamin* (**I**) bei Tempp. von 25 u. 70° ausgeführten Phasenunterss. haben ergeben, daß sich **I** bei 25° mehr in W., bei 70° mehr in Bzl. löst. Im Phasendiagramm wird dieses Verh. von **I** durch die entgegengesetzte Neigung der Verbindungslinien der konjugierten Lsgg. bei beiden Tempp. u. die Verlagerung des krit. Punktes auf die andere Seite der Grenzkurve für die heterogenen u. homogenen Lsgg. angezeigt. (Ind. Engng. Chem. **44**. 378—80. Febr. 1952. Wilmington, Del., E. I. du Pont de Nemours & Co., Inc.) OPPERMANN. D 224

Richard Fuchs und **Calvin A. VanderWerf,** *Konzentrationseffekte bei der Lithiumaluminiumhydridreduktion von 3.4-Epoxybuten-(1).* $LiAlH_4$ (**I**) öffnet den Epoxyring von *3.4-Epoxybuten-(1)* (**II**) nach S_N2 u. gibt wechselnde Mengen *Buten-(3)-ol-(2)* (**III**) u. *Buten-(3)-ol-(1)* (**IV**). Die Richtung der Rk. wird durch die resonanzstabilisierte Anordnung des Übergangszustandes u. durch ster. Faktoren bestimmt. Erstere begünstigt die Bldg. von **III**, während letztere die Bldg. von **IV** fördern. Die relative Ausbeute an **III** sinkt mit Änderung des Mol-Verhältnisses **I** : **II** von 2,1—0,26 von 30 auf 17% u. wird weiter auf 13% vermindert, wenn vor der Rk. die Konz. von **I** durch teilweise Alkoholyse mit Methylisobutylcarbinol verringert wird. Diese Ergebnisse stimmen mit den Forderungen überein, daß die Red. mit **I** über die Bldg. von $[AlH_4]^-$, $[AlH_3(OR)]^-$, $[AlH_2(OR)_2]^-$ u. $[AlH(OR)_3]^-$ verläuft, wobei in dieser Reihenfolge der Raumbedarf der Ionen wächst u. damit für die Öffnungsrichtung von größtem Einfl. wird. (J. Amer. chem. Soc. **74**. 5917—18. 5/12. 1952. Lawrence, Kans., Univ., Dep. of Chem.) L. FISCHER. D 225

Richard T. Arnold, Marcello de Moura Campos und **Kenneth L. Lindsay,** *Teilnahme einer Nachbarcarboxylgruppe an Additionsreaktionen. 1. Mitt. Der Mechanismus der Reaktion von Brom mit γ.δ-ungesättigten Säuren und Estern.* Zur Aufklärung des Mechanismus der Rk. zwischen Br_2 u. $\gamma.\delta$-ungesätt. Säuren oder Estern, die oft zu δ-Brom-γ-pentanolactonen führt, wurden folgende Bromierungen durchgeführt: A) Zur kalten Chloroformlsg. der ungesätt. Verb. wurde 1 Äquivalent Br_2 in Chlf. unter Schütteln oder Rühren zugetropft; B) analog A), aber unter Eiskühlung im geschlossenen Syst., dann 1 Std. rühren, Br_2-Rest mit wenig Cyclohexen entfernen, mit dest. W. extrahieren u. HBr titrimetr. bestimmen; C) zur ungesätt. Verb. ohne Lösungsm. unter Eiskühlung u. im N_2-Strom Br_2 zutropfen, Gasstrom (2 Std.) durch Cu-Wolle von Br_2 befreien, mit K_2CO_3 von HBr, u. mittels Trockeneis-Isopropanol-Falle Äthylbromid (**I**) kondensieren, zum Schluß weitere 6 Std. N_2 bei 60° durchleiten. Allylbenzylmalonsäurediäthylester (**II**) u. Cyclopenten-(2)-ylmalonsäurediäthylester (**III**) ergaben nach C) 68 bzw.

21% I; aus III konnte ein Gemisch aus Bromlacton u. Dibromester erhalten werden. II führte aber mit Acetylhypobromit (aus Br_2 in Eisessig u. Zugabe von Na-Acetat unter Eiskühlung) analog C) zu 50—65% *Äthylacetat* (**IV**, Kp. 75,5—78°, n_D^{19} 1,3745) u. zu 63% Bromlacton, während nach C), aber mit Essigsäure als Lösungsm., 68% **I, IV** jedoch nur durch Geruch festgestellt werden konnte. B) ergab aus **II** u. **III** 84 bzw. 27% HBr. dl-2.2-Diphenylpenten-(4)-säureoctyl-(2')-ester (**V**) ergab nach A) 39% 2-Bromoctan (**VI**) u. 69% Bromlacton, nach B) 25,9—27% HBr u. 83% Bromlacton, während nach A) opt.-akt. **V** [aus (—)-2-Octanol] unter 98,5%ig. Inversion (+)-**VI** in 32% Ausbeute, opt.-akt. **V** [aus (+)-2-Octanol] aber 44% (—)-**VI** bei 97,5% Inversion ergab bei Ausbeuten von 81—82% Bromlacton. 2.2-Diphenylpenten-(4)-säureneopentylester (**VII**) lieferte nach B) 59% HBr u. 41% Bromlacton, während der entsprechende Benzylester sowie der 2-Butylester nach A) 73 bzw. 70% des Bromlactons u. kein bzw. etwas HBr ergaben. A) führte bei 9-Allylfluorencarbonsäure-(9) (**VIII**) zu 85% Bromlacton; der **VIII**-Methylester zu 48% Bromlacton u. zu 33% Dibromester. Aus Allylbenzylessigsäure (**IX**) wurde nach A) ohne Zugabe von Säure 40% Bromlacton u. 29% $\gamma.\delta$-Dibrom-α-benzyl-n-valeriansäure erhalten. Aus den Ergebnissen wird geschlossen, daß folgende vier Reaktionswege auftreten, die gemeinsam von $\gamma.\delta$-ungesätt. Säuren oder Estern u. Br_2 über nebenst. mesomeres Ion **B** verlaufen u. 1. R'Br u. Bromlacton analog einer S_N 2-Rk. unter vollständiger WALDENscher Umkehrung ergeben; 2. unter S_N 1-Rk. das Bromlacton u. durch eine E_1-Eliminierung das entsprechende Olefin u. HBr, außerdem R'Br liefern; 3. entsprechend einer E_2-Rk. Olefin u. HBr sowie Bromlacton entstehen lassen oder 4. durch n. Addition das Dibromid bilden. 1 wurde bei opt.-akt. **V** nach A) festgestellt, während die Bldg. von HBr aus **VII** nach 2 einer S_N 1-Ionisierung des Neopentylkations aus dem vorgebildeten **B** mit folgender Umlagerung der C-Kette u. Eliminierung zugeschrieben wird. Für die HBr-Entw. aus sek. Alkylestern wird dem Weg 3 vor 2 der Vorzug gegeben, da nach 2 eine Racemisierung des **VI** auftreten müßte. Auch die HBr-Ausbeute aus **II** wird mit 3 erklärt. Die Unterschiede in der Ausbeute an Bromlacton zwischen **VIII** u. seinem Methylester, die zum Vgl. mit dem Verh. von Verbb. der 2.2-Diphenylpenten-(4)-säure wegen deren geminaler Effekte untersucht wurden, werden mit hyperkonjugativen Resonanzformen **C** bei der Säure, nicht aber beim Ester erklärt oder mit säurekatalysierter Bromlactonbldg. begründet.

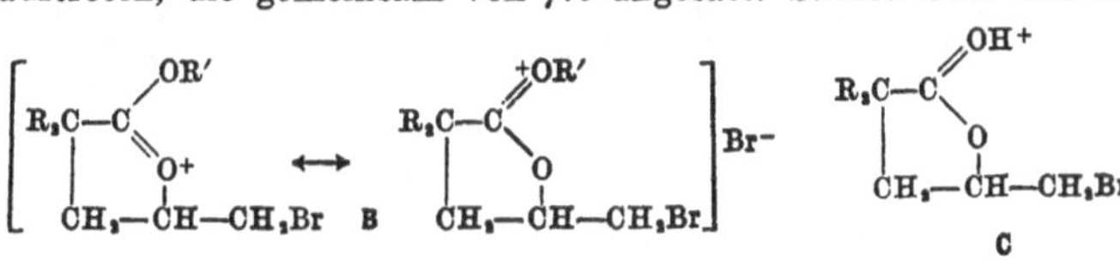

V e r s u c h e: *Allylmalonsäurediäthylester*, Kp.$_{17}$ 103—107°, durch Zugabe von Malonsäurediäthylester zu $NaOC_2H_5$ in A. unter Eiskühlung, dann Zugabe von Allylbromid unter Rühren, 15 Std. am Rückfluß bis zur neutralen Rk.; 67% (Ausbeute). — *Allylbenzylmalonsäurediäthylester* (**II**), Kp.$_1$ 142—147°, analog aus vorst. Verb. u. Benzylchlorid; 43%; *Allylbenzylmalonsäure*, F. 113—115,5°. — *Allylbenzylessigsäure* (**IX**), $C_{12}H_{14}O_2$, Kp.$_{1,7}$ 144—146°, aus vorst. Verb. durch 30 Min. Erhitzen auf 180—200°; n_D^{25} 1,5180; 88%. — *9-Allylfluorencarbonsäure-(9)-methylester*, $C_{18}H_{16}O_2$, F. 76—76,5° (wss. Methanol), aus **VIII** u. Diazomethan; 96%. — *2.2-Diphenylpenten-(4)-säure-sek.-butylester*, $C_{21}H_{24}O_2$, Kp.$_{1,2}$ 167°, Kp.$_{1,5}$ 170°, aus der Säure mit $SOCl_2$ über das Säurechlorid u. sek.-Butanol in CCl_4-Pyridin; n_D^{22} 1,5441; 53%. — *2.2-Diphenylpenten-(4)-säureneopentylester* (**VII**), $C_{22}H_{26}O_2$, Kp.$_{0,09}$ 125—130°, analog vorst. Verb. u. Chromatographie; n_D^{25} 1,5370; n_D^{20} 1,5382; 27%. — *2.2-Diphenylpenten-(4)-säurebenzylester*, Zers. bei Dest.; 66%. — *2.2-Diphenylpenten-(4)-säureoctyl-(2')-ester* (**V**), bei Dest. Zers., n_D^{25} 1,5230; 97%. — *α-Benzyl-α-carboxyäthyl-δ-brom-γ-valerolacton*, $C_{15}H_{17}O_4Br$, Kp.$_{1,3}$ 188—191°, aus **II**; 75%. — *α-Benzyl-δ-brom-γ-valerolacton*, $C_{12}H_{13}O_2Br$, Kp.$_{0,07}$ 137°, aus **IX**; n_D^{25} 1,5590; 40%. — *α-Benzyl-$\gamma.\delta$-dibromvaleriansäure*, $C_{12}H_{14}O_2Br_2$, Zers. bei Dest., aus **IX**; 29%. — *2-Bromoctan*, Kp.$_{12}$ 67—68°, aus **V**, n_D^{20} 1,4448; n_D^{25} 1,4428; 39%. — *2-Oxa-3-brommethyl-6.7;8.9-dibenzospiro-[5;5]-nonadien-(6.8)-on-(1)*, $C_{17}H_{13}O_2Br$, F. 162—163° (A.), aus **VIII**; 85%. — *9-[2'.3'-Dibrompropyl]-fluorencarbonsäuremethylester-(9)*, $C_{18}H_{16}O_2Br_2$, F. 75—76° (A.), aus **VIII**-Methylester; 33%. (J. Amer. chem. Soc. **75**. 1044—47. 5/3. 1953. Minneapolis, Minn., Univ., School of Chem.) GNAUCK. D 225

Richard T. Arnold und **Kenneth L. Lindsay**, *Teilnahme einer Nachbarcarboxylgruppe an Additionsreaktionen. 2. Mitt. Die Reaktion von Jodcyan mit $\gamma.\delta$-ungesättigten Säuren.* (1. vgl. vorst. Ref.) Durch Einw. von J_2 mit u. ohne Ggw. von $MgCl_2$ oder durch Rk. mit JCN wurde Lactonisierung zu δ-Jod-γ-valerolactonen bei 2.2-Diphenylpenten-(4)-

säure (I), 9-Allylfluorencarbonsäure-(9) (II) u. Penten-(4)-säure (III) erzielt. Nicht erhalten wurden n. Additionsprodukte. Die Rk. mit J_2 ist langsamer als die mit JCN, wird aber durch $MgCl_2$ sehr beschleunigt; jedoch gibt nur JCN ziemlich reine Stoffe. BrCN reagierte während 14 Tagen mit I kaum. JCN setzte sich ferner in Chlf. bei n. Temp. mit Cyclohexen, Methylencyclohexan bzw. β-Pinen nicht um.

Versuche: *2.2-Diphenyl-5-jod-γ-valerolacton* (IV), $C_{17}H_{15}O_2J$, F. 119—120° (Methanol), aus I in Chlf. u. JCN in Chlf., 1 Nacht stehen: 23% (Ausbeute) bzw. 82% nach 7 Tagen. — *2-Oxa-3-jodmethyl-6.7;8.9-dibenzospiro-[5;5]-nonadien-(6.8)-on-(1)*, $C_{17}H_{13}O_2J$, F. 158—159° (Methanol), aus II u. JCN analog IV; nach 16 Tagen; 25%. — III, $Kp._{11}$ 77—80°, n_D^{20} 1,4240. — *5-Jod-γ-valerolacton*, $C_5H_7O_2J$, $Kp._{0,2}$ 91°, aus III u. JCN analog IV; nach 60 Tagen; 20%; n_D^{25} 1,5385. (J. Amer. chem. Soc. **75**. 1048—49. 5/3. 1953.) GNAUCK. D 225

L. J. Andrews und **R. M. Keefer,** *Die Kinetik der Reaktion von Brom mit tert.-Amylalkohol.* Die Rk. zwischen Br_2 u. tert.-Amylalkohol (I, $Kp._{760}$ 100,9—101°), die zu *Trimethyläthylenbromid* ($Kp._{101}$ 100—103°, n_D^{22} 1,5070) führt, wurde bei 25° in CCl_4 spektrophotometr. (530—560 mμ) verfolgt. Da das Verhältnis **I** : Br_2 stets groß war, ist die Rk. 1. Ordnung bzgl. Br_2 u. bei hohen [I] unabhängig von dieser; bei I-Konzz. von 1,5—0,7 Mol/Liter ist die Reaktionsgeschwindigkeitskonstante proportional [I] u. bei niedrigeren Konzz. scheinbar proportional $[I]^2$. Aus den pseudomonomol. Konstanten k_1 (in $Min.^{-1}$) wurden folgende k_1/**I**-Werte berechnet (in ( ) [I], [Br_2], in Mol/Liter): 0,065 (4,57; 0,0640—0,192), 0,037 (1,52; 0,0163), 0,035 (0,762; 0,0325—0,0081), 0,027 (0,381; 0,0650—0,0163), 0,015 (0,191; 0,0161), 0,0076 (0,095; 0,0161), 0,0096 (0,0915; 0,0078) u. 0,0050 (0,0458; 0,0078). Zum Ende der Rk. nehmen die k_1 teils etwas zu, teils ab. Vff. nehmen als geschwindigkeitsbestimmenden Schritt die Rk. eines 1 : 1-Komplexes aus I u. Br_2, der gefärbt ist, mit einem Mol I an (bimol. Geschwindigkeitskonstante k_2), da das Gleichgewicht des Komplexes mit den Komponenten (Gleichgewichtskonstante K) sich schnell einstellt. Vff. ermittelten aus den k_1-Werten K = 2,2 u. k_2 = 0,055 Liter/Mol·Minute. Eine Katalyse durch das entstehende Reaktionswasser konnte nicht festgestellt werden, da Zugabe von 0,046 Mol W. k_1 nicht änderte. Vff. verfolgten ferner die Rk. jodometr. u. stellten fest, daß die Abnahme der Oxydationskraft langsamer erfolgt als das Verschwinden der Br_2-Farbe, bes. bei sehr hohen [I]. Es wird angenommen, daß die Rk. über eine farblose, reduzierbare Zwischenstufe (II) verläuft. Aus den Differenzen der spektrophotometr. u. titrimetr. Best. der k_1 wurde die Geschwindigkeitskonstante k′ des Zerfalls von II bei 25° ermittelt. Da k′ proportional [I] ist, k_1/[I] = 0,019—0,022 Liter/Mol·Min, wird geschlossen, daß der eigentlich geschwindigkeitsbestimmende Schritt der Angriff eines Mols I auf ein Mol II ist. Vff. nehmen für II nebenst. Struktur an, die in

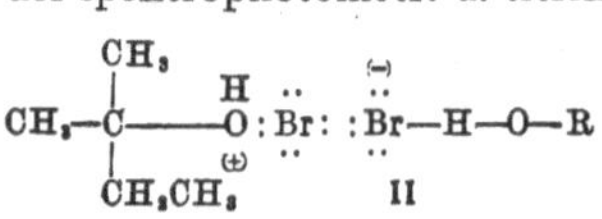
II

Übereinstimmung mit der Farblosigkeit steht: getrennte Br—Br-Bindung durch Solvation des Br^-. Die Annahme der Bldg. eines Hypobromits wird abgelehnt, vor allem weil in der Reaktionsmischung HBr nicht als wesentliches Reaktionsprod. gefunden werden konnte. Es wird vermutet, daß II durch den Angriff von I auf ein β-H-Atom in das Olefin übergeht. (J. Amer. chem. Soc. **75**. 3557—61. 20/7. 1953. Davis, Calif., Univ., Dep. of Chem.) GNAUCK. D 225

Antonino Fava und **Antonio Iliceto,** *Isotopenaustauschreaktionen zwischen Alkylpolysulfiden und Mercaptiden.* Hergestellt wurden die *n-Butylverbb.* C_4H_9SH (I), $C_4H_9S\cdot SC_4H_9$ (II), $(C_4H_9)_2S$ (III), $(C_4H_9)_2S_3$ (IV), $(C_4H_9)_2S_4$ (V) (Formeldruckfehler bei III, IV u. V im Original!), I u. II auch mit ^{35}S markiert. Nach Austausch wurde der S in $BaSO_4$ übergeführt u. dessen Aktivität gemessen. Kein Austausch erfolgt zwischen III u. I-Salz in absol. alkoh. Lsg. bei 70°; sehr schneller Austausch im gleichen Lösungsm. zwischen II u. I-Salz unter gleichmäßiger Verteilung der Aktivität, woraus sich die gleiche Funktion der beiden S-Atome im II ergibt. Zwischen I (statt I-Salz) u. II findet der Austausch in absol. alkoh. Lsg. unmeßbar langsam, in wss. A. (25% W.) mit meßbarer Geschwindigkeit bei 50° statt. Diese Rk. wird auf chem. Wege bestätigt durch den vollständigen Austausch zwischen 2 Moll. *Cetylmercaptan* u. 1 Mol. II in 20%ig. alkoh. Lsg. zu I u. $(C_{16}H_{33})_2S_2$, wenn man I allmählich abdestilliert. Zwischen I-Salz einerseits u. IV u. V andererseits finden komplizierte Umsetzungen unter Bldg. von II statt. (Ricerca sci. **23**. 839—40. Mai 1953. Roma, Fac. Ingegneria, Ist. Miniere.) METZENER. D 225

R. P. Bell und **P. Jones,** *Binäre und ternäre Mechanismen bei der Jodierung von Aceton.* (Vgl. BELL u. LIDWELL, Proc. Roy. Soc. [London], Ser. A **176**. [1940.] 88.) Um die Vermutung von SWAIN (J. Amer. chem. Soc. **72**. [1950.] 4578) zu prüfen, daß Rkk., die sowohl durch Basen als auch durch Säuren katalysiert werden, nach einem tern. Mechanismus unter gleichzeitigem Angriff von Base u. Säure verlaufen, wurde die Jodierung von *Aceton* (I), bei der DAWSON u. SPIVEY (J. chem. Soc. [London] **1930.** 2180) eine tern. Kinetik festgestellt hatten, erneut untersucht u. die Rk. von 0,272 mol I in W. bei Ggw. von Acetat- (II) bzw. Trimethylacetat- (III) oder Glykolatpuffer (IV) durch m/50-J_2 in m/4 KJ bei 25° u. der Ionenstärke 0,2 (NaCl) titrimetr. verfolgt. In II wurde das Pufferverhältnis r = [HOAc]/[OAc^-] (Ac = CH_3CO) von 1,00—3,00 variiert, während r in III 0,644 u. in IV 0,201 betrug. Für die Reaktionsgeschwindigkeit v (in Mol J_2/Liter·Min bezogen auf die I-Konz. 1) gilt der Ausdruck $v - v' = k_A[HOAc] + k_B[OAc^-] + k_P[HOAc][OAc^-]$; v' ist hierbei der Beitrag der durch H_2O, H_3O^+ u. OH^- katalysierten Rk., er ist meist sehr klein. Es wurde gefunden in II k_A 5,02 ± 0,09·10^{-6}, k_B 15,1 ± 0,2·10^{-6} u. k_P 20,4 ± 0,9·10^{-6}; in III k_A 4,4·10^{-6}, k_B 25·10^{-6} u. k_P 46·10^{-6}; in IV betrug k_P ca. 7—14·10^{-6}. Vff. zeigen, daß das einen tern. Mechanismus anzeigende Glied $k_P[HOAc][OAc^-]$ keinen bedeutenden Beitrag liefert, u. schließen, daß ein solcher Mechanismus bei säure–basen-katalysierten Rkk. in wss. Lsg. also offenbar keine maßgebende Bedeutung hat. Das Glied wird vielmehr einer nach einem tern. Mechanismus verlaufenden Enolisierung des I zugeschrieben. (J. chem. Soc. [London] **1953.** 88—92. Jan. Oxford, Phys. Chem. Labor.) GNAUCK. D 225

P. J. C. Fierens und **P. Verschelden,** *Kinetische Untersuchungen in der alicyclischen Reihe. 1. Mitt. Bimolekulare, reversible nucleophile Substitution der Bromide des Cyclobutans, Cyclopentans, Cyclohexans und Cycloheptans durch Jodionen.* Vff. bestimmen bei verschied. alicycl. Bromiden ARRHENIUS-Parameter u. Reaktionswärmen für den reversiblen S_N2-Br-Austausch gegen J^-. Aceton diente als Lösungsm., LiJ lieferte die J^--Ionen. Es ergeben sich die Daten: *Cyclobutylbromid* [E_a] 24,5 [kcal/Mol]; [PZ] 9,0·10^{10}; [ΔH] 4,6 [kcal/Mol]; *Cyclopentylbromid* 20,4; 2,0·10^{10}; 1,8; *Cyclohexylbromid* 23,5; 2,1·10^{10}; 1,4; *Cycloheptylbromid* 20,4; 1,1·10^{10}; 2,2. Die erhaltenen Ergebnisse werden theoret. ausgewertet; berücksichtigt werden dabei für Verbb. mit kleinerem Ring Konjugationseffekt, Einfl. von J-Spannung u. Resonanz sowie elektrostat. Wirkungen, für die Verbb. mit größerem Ring der innere ster. Effekt. (Bull. Soc. chim. belges **61.** 427—51. Aug./Sept. 1952. Bruxelles, Univ. Libre, Fac. des Sci., Serv. de Chim. organ.) J. MATTNER. D 225

R. J. Williams, *Die Mechanismen der thermischen Zersetzung von 1.4-Dichlorbutan und 1.1.2-Trichloräthan.* Vf. untersuchte die therm. Zers. von *1.4-Dichlorbutan* (I, $Kp._{760}$ 153,9° [korr.], F. —37,3°, $D.^{12}_4$ 1,1498) zwischen 673 u. 727° K sowie die von *1.1.2-Trichloräthan* (II, $Kp._{760}$ 113,5° [korr.], F. —36,6°, $D.^{12}_4$ 1,4445) bei 715° K mit u. ohne Ggw. von Propylen (III) nach der Meth. von BARTON u. HOWLETT (C. **1949.** E. 38) unter Verhinderung einer Wandreaktion. Die Zers. von I folgt der 1. Ordnung; die Reaktionsgeschwindigkeitskonstante k kann wiedergegeben werden durch die Gleichung $k = 10^{14,86} e^{-56500/RT}$ sec^{-1}. Da bei 40 mm Hg Anfangsdruck dieser sich nach 18 Std. bei 695—727° K verdreifacht, wird angenommen, daß I in 2 Moll. HCl u. 1 Mol. Butadien (IV) zerfällt. Da IV unter diesen Bedingungen kaum eine Druckänderung zeigt, kann eine Polymerisation des IV ausgeschlossen werden. Die Rk. verläuft unter 60 mm Hg Anfangsdruck erst nach einer Induktionsperiode J, für die der Ausdruck $J = 10^{-16,5} e^{54700/RT}$ min gilt u. die mit steigendem Druck kürzer u. über 60 mm Hg konstant wird. Zugabe von III (bis zu 4%) bewirkte eine der [III] proportionale Ausdehnung von J sowie Verringerung von k. — Die Zers. von II bei 60 mm Hg Anfangsdruck ergab nur schlecht reproduzierbare Werte, wahrscheinlich infolge der inhibierenden Wrkg. der Reaktionsprodd. analog dem Befund von BARTON u. ONYON (C. **1951.** I. 1992) am 1.1.1-Trichloräthan. Die Rk. war 1. Ordnung, wobei ebenfalls eine J bemerkt wurde. Zugabe von 2,5% III verminderte die k auf $^1/_{18}$. — Vf. nimmt für die Zers. von I u. II einen Radikalkettenmechanismus an. (J. chem. Soc. [London] **1953.** 113—16. Jan. London, Birkbeck Coll.) GNAUCK. D 225

B. Atkinson und **A. B. Trenwith,** *Die thermische Zersetzung von Tetrafluoräthylen.* Die therm. Umsetzung von $CF_2{=}CF_2$ (Kp. —76,5°) wurde bei 300—800° in Quarz-, Pyrex- u. Stahlrohren untersucht. Bei Tempp. zwischen 300 u. 550° tritt ausschließlich Dimerisierung zu *Oktafluorcyclobutan* (I) ein. Von 600° an entstehen *Hexafluorpropen* u. zwischen 0 u. 6° sd. Oktafluorbutene, vermutlich *Oktafluorbuten-(1)* u. *cis-* u. *trans-Oktafluorbuten-(2)*, sowie geringe Mengen eines weißen Polymerisats. Bei 800° bilden sich auch *Hexafluoräthan*, Teere, Spuren CF_4 u. C-Abscheidungen. — *Hexafluoräthan*, C_2F_6, Kp. —79 ± 1°, F. —100 ± 1°. — *Hexafluorpropen*, C_3F_6, Kp. —30,2 ± 1,0°, F. —155 ± 5°, Dampfdruck zwischen —45 u. —95°: $\log_{10} p\,(mm) = 7{,}90_8 - 1221/T$. — *Oktafluorcyclobutan* (I), C_4F_8, Kp. —5,5 ± 0,5°, F. —38,7 ± 1,0°, Dampfdruck der Fl. zwischen —38 u. —12°: $\log_{10} p = 7{,}72_4 - 1295/T$, Dampfdruck des festen I zwischen —50 u. —40°: $\log_{10} p = 8{,}93_7 - 1580/T$. — Mutmaßliches *Oktafluorbuten-(1)*, Mol.-Gew. 200,1 ± 1,0, Kp. 5,7 ± 0,5°, F. —118 ± 5°, Dampfdruck zwischen —70° u. Kp.: $\log_{10} p = 8{,}31_6$ —

1508/T. — Die Geschwindigkeitskonstante der Dimerisierung von CF_2=CF_2 zu I hat den Wert 10,3·10^7·e exp (—25400/RT) Liter·Mol^{-1}·$Sek.^{-1}$, die Aktivierungsenergie beträgt 25,4 kcal. Die umgekehrt verlaufende therm. Spaltung von I zu 2 Moll. CF_2=CF_2 ist bei 550° in 10 Min., bei 590° in 1½ Min. beendet; ihre Geschwindigkeitskonstante beträgt 8,9·10^{15}·e exp (—74100/RT), die Aktivierungsenergie 74,1 kcal. Bei 527° ergeben sich für die Aktivierungsentropie u. Aktivierungswärme der Dimerisierung des CF_2=CF_2 die Werte —38,4 cal/Grad bzw. 22,2 kcal; für die Pyrolyse des I betragen die entsprechenden Werte 10,6 cal/Grad bzw. 72,6 kcal. Für die Gesamt-Rk. ergibt sich eine Aktivierungswärme von —50,3 kcal. (J. chem. Soc. [London] **1953**. 2082—87. Juli. London, Imperial Coll. of Sci. and Technol.) FORCHE. D 225

Max Rottenberg, *Über die Silbersalz–Brom-Decarboxylierung.* 1. Mitt. *Die „Säure-Austausch-Reaktion" der Acylhypobromite.* (Vgl. ROTTENBERG, Experientia [Basel] **7.** [1951.] 432.) Zur Aufklärung der Ag-Salz–Brom-Decarboxylierung in Ggw. von freien aliphat. Carbonsäuren (C.) wurde eine äquivalente Mischung von Ag-Palmitat (**I**) u. Palmitinsäure (**V**) mit Br_2-Überschuß in CCl_4 behandelt u. *Pentadecylbromid* erhalten, das auch aus Ag-Acetat (**II**), **I** u. Br_2 bei Ggw. überschüssiger Essigsäure bzw. bei Behandlung von Palmitinsäure mit Br_2 u. Ag-Trifluoracetat neben anderen nichtflüchtigen Neutralprodd. entstand. Ferner ergab Acetylhypobromit (aus **II** u. Br_2) mit Stearinsäureüberschuß unter Decarboxylierung neben sauren u. flüchtigen Stoffen *Heptadecylbromid,* das sich, vermutlich neben etwas *1.1-Dibromheptadecan,* offenbar auch aus Ag-Stearat mit Br_2 bei Ggw. von Trifluoressigsäure (**III**) bildete. Vf. schließt, daß die C. an der Decarboxylierung der Ag-Salze teilnehmen, indem eine Austausch-Rk. zwischen den H der C. u. dem Br des aus dem Ag-Salz mit Br_2 entstandenen Acylhypobromits abläuft. Da bei annähernd gleicher Stärke der dem verwandten Salz zugrunde liegenden Säure u. der freien C. die Komponente decarboxyliert wird, die im Überschuß angewandt wurde, bei verschied. Säurestärke aber das decarboxylierte Bromid der schwächeren Säure, gleichgültig ob als Salz oder freie Säure angewandt, entsteht, nimmt Vf. an, daß z. B. aus **III** u. Säurebromid ein Oxoniumcarboxylat **IV** sich bildet, dessen Kation entweder direkt oder über das Hypobromit in CO_2, H^+ u. das Alkylbromid zerfällt. Der direkte Zerfall scheint bevorzugt zu sein.

$$F_3C{-}COO^{\ominus}\left[RCO{-}\overset{Br}{O}{-}H\right]^{\oplus}$$

IV

V e r s u c h e : *Pentadecylbromid,* $C_{15}H_{31}Br$, a) aus **I** u. **V** in CCl_4 bei 76° mit Br_2 innerhalb 7 Min., 10 Min. sd.; 72,8% (Rohausbeute), b) aus **I** u. **II** in C_2H_5Br, Zugabe einer Mischung von Acetanhydrid–30%ig. HBr in Eisessig (10 : 1 : 40) sowie von Br_2 bei n. Temp., 30 Min. sd.; 44%, oder c) aus **V** u. 2 Mol $AgOCOCF_3$ in CCl_4 u. 2 Mol Br_2 bei n. Temp., 20 Min., dann 30 Min. sd.; 94%. — *Heptadecylbromid,* $C_{17}H_{35}Br$, aus **II** in C_2H_5Br, Zugabe von Br_2 bei 0°, u. dann bei 16° von Stearinsäure, 15 Min. sd.; 38,8% oder aus Ag-Stearat in C_2H_5Br bei 0°, durch Zugabe von Br_2, 1 Std., dann von **III** (10% Trifluoracetanhydrid, Kp. 52—72°, enthaltend), 1 Std. sd.; 64,8%. (Helv. chim. Acta **36.** 1115—21. 1/8. 1953. Lund, Schweden, Univ., Physiol.-Chem. Inst.) GNAUCK. D 225

E. Whittle und **E. W. R. Steacie,** *Die Reaktionen von Methylradikalen mit den Wasserstoffisotopen.* (Vgl. MAJURY, STEACIE, Canad. J. Chem. **30.** [1952.] 800.) Vff. untersuchen die Photolyse von *Aceton* (I) u. *Aceton-d_6* (II) in Ggw. von H_2 bzw. D_2 im Temperaturgebiet zwischen 130—420°. Es werden die Reaktionsgeschwindigkeiten der Rkk. von CH_3 u. CD_3 mit H_2, D_2 u. HD, die ster. Faktoren (P) u. Aktivierungsenergien (E) bestimmt. Die Zus. der Reaktionsprod. wird massenspektrometr. untersucht. Unter Reaktionsbedingungen findet kein Austausch zwischen D_2 bzw. HD u. CH_4 statt. Vff. diskutieren die Gültigkeit des schon l. c. angenommenen Reaktionsmechanismus u. führen die Tatsache, daß mit CH_3 u. CD_3 die Abspaltung von H aus HD 2 mal rascher verläuft als D-Abspaltung, auf einen Unterschied der ster. Faktoren, nicht der Aktivierungsenergien zurück; falls dies zutrifft, haben die beiden Übergangszustände CH_3–H–D u. CH_3–D–H gleiche Nullpunktsenergien. — Die Ergebnisse sind tabellar. u. graph. wiedergegeben. CH_3 + **I** E 9,7, P′ 1,8; CD_3 + **II** E 11,6, P′ 3,3; CH_{35} + D_2 E 11,8, P′ 3,5; CH_3 + H_2 E 11,1, P′ 4,1; CH_3 + HD → CH_4 E 10,0, P′ 0,55; CH_3 + HD → CH_3D E 11,3, P′ 1,2; CD_3 + HD → CD_3H E 10,7, P′ 1,3; CD_3 + HD → CD_4 E 10,7, P′ 0,75 (E in kcal, P′ = P·10^3). (J. chem. Physics **21.** 993—99. Juni 1953. Ottawa, Can., Nat. Res. Council, Div. of Pure Chem.) G. WINKLER. D 226

A. Guillemin und **J. Vincent-Genod,** *Bei der Aromatisierung von Kohlenwasserstoffen der Paraffinreihe beobachtete katalytische Effekte.* Als Beispiel der katalyt. Bldg. von aromat. KW-stoffen aus KW-stoffen der Paraffinreihe zeigen Vff. die Überführung von *Heptan* in *Toluol* nach der Gleichung C_7H_{16} → C_7H_8 + 4H_2 — 61 kcal, die zwischen 480 u. 500° bei Ggw. von Katalysatoren (entweder *Cr_2O_3* oder auf akt. Al_2O_3 niedergeschlagenes *MoO_3*) verläuft. Dabei ist die Strömungsgeschwindigkeit des Heptans auf

0,3—0,4 Liter/Std. je Liter Katalysator zu regulieren. Bei den unter Leitung von GIVAUDON u. unter Mitarbeit von NAGELSTEIN nach dieser Gleichung durchgeführten Verss. an Irak-Erdöl diente als Katalysator akt. Al_2O_3, auf dem die Oxyde von Cr, Mo u. V aufgetragen waren, deren Lebensdauer sich aber zu höchstens 2—3 Std. erwies, da sich wahrscheinlich Crackprodd. u. S-Verbb. aus dem Erdöl auf ihnen absetzten. Die Katalysatoren konnten durch 3std. Erhitzen im Muffelofen regeneriert werden. Zum Vgl. führten Vff. Messungen nach dem Prinzip der fließenden Katalyse durch, indem sie dem zu behandelnden Erdöl $Al_2O_3 + MoO_3$ in fl. Form zusetzten u. den gebrauchten Katalysator aus dem Endprod. laufend regenerierten. Die Ausbeute an fl. KW-stoffen (C_3- u. C_4-Verbb.) war hier etwas geringer als bei der Katalyse in Chargen am festen Katalysator (64,9 gegen 66 Gew.-% der Charge), ebenso der Geh. an Aromaten u. Olefinen, dagegen ergab der fl. Katalysator mehr festen C u. weniger Gas. Zur Erhöhung des Geh. an Aromaten empfehlen Vff., in zwei Etappen zu arbeiten, wobei in der ersten bis zu 50% aromatisiert wird u. dann eine frische Menge zugesetzt wird. Eine Steigerung der Reaktionstemp. u./oder Erniedrigung des Durchsatzes vermehrt den Anteil an Aromaten, wie Vff. an Hand der Versuchsergebnisse belegen. Mehrere Al_2O_3-Sorten u. Mischkatalysatoren verschied. Zuss. an Al_2O_3, CrO_3, MoO_3, KVO_3 u. V_2O_5 wurden auf ihre Katalysatoreigg. untersucht. MoO_3 aromatisiert am besten, läßt sich am leichtesten regenerieren u. liefert den kleinsten Geh. an Olefinen. Unmittelbar nach der Regeneration ist die Aktivität bei fl. Katalysatoren gering; sie steigt aber sehr schnell in dem Maße des C-Nd. an. Nach 500std. Verwendung u. zwischenzeitlicher Regeneration war noch keine Abnahme der Aktivität zu bemerken. (J. Chim. physique Physico-Chim. biol. **47**. 483—88. Mai/Juni 1950. Inst. Franç. du Pétrole.)

ROEDER. D 227

B. N. Dolgow und **N. A. Kutschumowa**, *Über die Aktivität des nach der Methode von Radsiwanowski erhaltenen Aluminiumchlorids*. 1. Mitt. *Wirkung von nach Radsiwanowski erhaltenem $AlCl_3$ auf die Reaktion von C_6H_6 mit C_2H_5Br.* RADSIWANOWSKI hat 1895 die Benutzungvon Al-Spänen u. HCl-Gas als Katalysator für die Synth. von aromat. KW-stoffen vorgeschlagen. Vff. prüfen die Wrkg. dieses Katalysators bei der Synth. von *Äthylbenzol* (I) aus Bzl. u. C_2H_5Br (II) u. finden, daß bei Anwendung von 2% Al-Spänen (auf Bzl. bezogen) bei 10—12° 72—73% **I**, 16—18% *1.3-Diäthylbenzol*, geringe Mengen *1.4-Diäthylbenzol*, bis 6—10% *1.3.5-Triäthylbenzol* u. bis 3% *1.2.4.5-Tetraäthylbenzol* (alles bezogen auf eingesetztes **II**) erhalten werden.

V e r s u c h e : Die Al-Späne (4 g) werden mit trockenem Bzl. (200 g) übergossen, worauf HCl-Gas eingeleitet wird, bis die Späne sich mit brauner Kruste überzogen haben. Dann wird unter Eiskühlung **II** (100 g) zugetropft, 48 Std. bei 10—12° gehalten u. 2 Std. zum Sieden erhitzt. Das nach Zers. mit W. erhaltene Reaktionsprod. wird fraktioniert. Optimale Ausbeute an **I** wird mit 2% Al-Spänen erhalten; die Dauer der Behandlung des Al mit HCl-Gas soll 4—5 Std. betragen. Eine „Aktivierung" der Späne durch ½std. Erhitzen auf 300° konnte nicht festgestellt werden. — *Äthylbenzol* (I), Kp. 132—134°; $D.^{20}{}_4$ 0,8703; n_D^{20} 1,4950; hieraus durch Nitrierung mit $HNO_3 + H_2SO_4$ *2-Nitro-1-äthylbenzol*, Kp. 224—227°. 2. Fraktion, Kp. 182—184°, die *Diäthylbenzole* enthaltend. Aus dieser durch Nitrierung mit $HNO_3 + H_2SO_4$ *2.4.6-Trinitro-1.3-diäthylbenzol*, F. 62—63°. Nach dem Ergebnis der Trennung der Diäthylbenzole über die Ba-Salze der Sulfonsäuren nach der Meth. von VOSWINKEL (Ber. dtsch. chem. Ges. **22**. [1889.] 315) liegt die 1.3-Verb. mit 5—7% 1.4-Verb. vor. 3. Fraktion, Kp. 212—214°; aus ihr durch Nitrierung *2.4.6-Trinitro-1.3.5-triäthylbenzol*, F. 108°; gelbe Kristalle aus verd. Alkohol. 4. Fraktion, Kp. 250—255°. Wegen geringer Menge nicht untersucht. (Журнал Общей Химии [J. allg. Chem.] **20** (**82**). 445—49. März 1950. Leningrad, Shdanow-Univ., Lehrstuhl für organ. Chemie.)

v. FÜNER. D 227

B. N. Dolgow und **N. A. Larin**, *Reaktionen mit dem nach Radsiwanowski erhaltenen Aluminiumchlorid. Kondensation von Benzol mit einigen aliphatischen ungesättigten Halogenderivaten und mit Polyhalogenderivaten.* (Vgl. vorst. Ref.) Es wurde die Rk. von Bzl. in Ggw. von $AlCl_3$ nach RADSIWANOWSKI mit 1.2-Dichloräthan (**I**), 1.2-Dibromäthan (**II**), 2-Methyl-1.2-dibrompropan (**III**), 2-Methyl-3-chlorpropen-(1) (**IV**), Allylchlorid (**V**), 1.2.3-Tribrompropan (**VI**), 2-Methyl-1.2.3-tribrompropan (**VII**), 2-Methyl-1.2-dibrom-3-chlorpropan (**VIII**), 1.1.2.2-Tetrachloräthan (**IX**) u. mit Tetrachloräthylen (**X**) untersucht. Die Rkk. verlaufen wie mit gewöhnlichem $AlCl_3$; begünstigt werden Spaltungs- u. Isomerisierungsprozesse. Mit ansteigender Anzahl von Halogenatomen in den Halogenverbb. nimmt die Fähigkeit zur Kondensation ab. Das der Doppelbindung benachbarte Halogen reagiert prakt. nicht.

V e r s u c h e : Rk. von **I** mit Bzl. unter optimalen Bedingungen (2% Al-Späne, auf Bzl. bezogen; mol. Verhältnis **I**:Bzl. = 1:8; Temp. 16—80°; 24std. Einw. bis zur

Zers. mit W.). Hauptprod. ist *1.2-Diphenyläthan* (XI), F. 51,5—52°, aus A., aus der Fraktion vom Kp. 265—290°. *1.1-Diphenyläthan*, Kp. 272—278°, $D.^{19}_4$ 1,0049; n_D^{19} 1,5743, entsteht in geringer Menge durch Isomerisation von **XI**; Gesamtausbeute ca. 25%. Mit **II** werden prakt. die gleichen Ergebnisse erhalten. — Mit **III** in Ggw. von 2% Al; **III**: Bzl. = 1:4; bei Zimmertemp. wird erhalten: ein Vorlauf bis 179°, in dem sich ein Gemisch von *Isobutyl-* mit 89% *tert.-Butylbenzol* befindet; die Hauptfraktion, Kp. 260—293°; daraus *1.1-Dimethyl-1.2-diphenyläthan* (XII), Kp. 284—288°, $D.^{17}_{17}$ 0,9815; n_D^{17} 1,5563; Ausbeute bis 45%. Als Nebenprod. die höherschm. Form von *1.2-Dimethyl-1.2-diphenyläthan* (**XIIIa**), F. 125°; höhere Reaktionstemp. (60—70°) erhöht die Ausbeute an **XIIIa**. Oxydation von **XIIIa** mit CrO_3 ergibt *Acetophenon*, womit die Konst. bewiesen ist. Die hier eingetretene Isomerisation von **XII** zu **XIIIa** läßt sich auch in besonderer Rk. durch Einw. des RADSIWANOWSKIschen Katalysators auf **XII** in Bzl. bei 15—18° u. 30std. Einw. erreichen, bei der aber neben nur wenig **XIIIa** bis zu 50% der niedrigerschm. Form **XIIIb**, F. 8—10°, gebildet wird. — **IV** mit Bzl. (1:4); 2% Al; 23std. Einw. bei Zimmertemperatur. Die Fraktionierung ergab 1. Kp. 160 bis 180°, *Butylbenzol* mit 80% *tert.-Butylbenzol*; 2. Kp. 260—290°, wenig **XIIIa** u. hauptsächlich **XII** enthaltend. — **V** mit Bzl., Bedingungen analog vorst. Rk.; erhalten wurden *Propylbenzol*, Kp. 148—150°, $D.^{18}_4$ 0,8660; n_D^{18} 1,4938, u. *x.x-Diphenylpropan*, Kp. 279 bis 281°, $D.^{18}_{18}$ 0,9804; n_D^{18} 1,5567, Öl mit lila Fluorescenz. — **VI** mit Bzl. (1:6), Zimmertemp.; 20 Stunden. Die Fraktionierung lieferte ca. 10% *1.3-Diphenylpropan*, Kp. 295°, $D.^{16}_{16}$ 1,0202; n_D^{16} 1,5790. Triphenylpropan konnte nicht nachgewiesen werden. — **VII** mit Bzl., Bedingungen analog vorst. Rk.; aus 100 g Bzl. wurden 10 g **XIIIa**, F. 125°, u. **XII** erhalten. — **VIII** mit Bzl., analog vorst. Rk.; aus 100 g Bzl. wurden 8 g **XIIIa** erhalten. — Aus **IX** mit Bzl. wurde bei 20° in geringer Menge *Anthracen*, bei 70—75° **XI**, F. 51,5°, erhalten. — **X** konnte mit Bzl. nicht zur Rk. gebracht werden. (Журнал Общей Химии [J. allg. Chem.] **20** (**82**). 450—57. März 1950.) v. FÜNER. D 227

A. F. Plate und **L. W. Tarassowa**, *Isomerisation des Cyclohexans zu Methylcyclopentan in Gegenwart von Aluminiumchlorid unter Wasserstoffdruck*. In Verss. bei 150 bis 250° mit H_2-Drucken bis 138 atü nimmt der Anteil des *Methylcyclopentans* (I) an der C_6H_{12}-Fraktion mit steigender Temp. u. steigendem Druck zu, die Gesamtmenge *Cyclohexan* (II) + I nimmt aber infolge teilweiser Spaltung ab. In den höhersd. Fraktionen bestehen die KW-stoffe C_7H_{14} u. C_8H_{16} zu ~80% aus Cyclopentanhomologen, die durch Alkylierung von I u. II durch die beim Spalten gebildeten Prodd. entstanden sind. Bei 200° beträgt die Ausbeute an I 48% des eingesetzten bzw. 65% des umgesetzten II. (Доклады Академии Наук СССР [Ber. Akad. Wiss. UdSSR] [N. S.] **89**. 77—80. 1/3. 1953. Moskau, Lomonossow-Univ., Zelinsky-Labor. für organ. Chem.)
R. K. MÜLLER. D 227

D_2. Präparative organische Chemie. Naturstoffe.

Jean Métivier, *Verwendung von Trilon bei Grignard-Reaktionen* (*Laboratoriumsnotiz*). Vff. stellen aus Methyl-13-dimethylaminotetradecanoat u. CH_3MgJ *2-Methyl-14-dimethylaminopentadecanol-(2)* (I; $Kp._{0,3}$ 150—151°) dar. Da die übliche Aufarbeitung der Reaktionsmischung mit NH_4Cl-Lsg. infolge der großen Löslichkeit von I verlustreich ist, lösen sie die Mg-Salze durch Zufügen von *Trilon B* u. erhalten durch Ausäthern I in 85%ig. Roh- u. durch anschließende Dest. in 78%ig. Reinausbeute. (Bull. Soc. chim. France, Mém. [5] **19**. 965—66. Nov./Dez. 1952. Vitry-sur-Seine, Soc. des Usines chim. Rhône-Poulenc, Labors. des Rech. Pharmaceut.) LEHWALD. 450

R. N. Haszeldine, *Reaktionen von Fluorkohlenstoffradikalen*. 10. Mitt. *Polyfluoralkylnitroso- und -nitroverbindungen*. (9. vgl. HASZELDINE u. LEEDHAM, C. **1953**. 6226.) Die UV-Bestrahlung eines Gemisches von CF_3J u. NO in Ggw. von Hg liefert *Trifluornitrosomethan* (I) als tiefblaues Gas; im fl. Zustand ist die Verb. blau, im festen Zustand purpurfarben. Entsprechend werden aus den Homologen des CF_3J die monomeren Nitrosoverbb. $CF_3—(CF_2)_n—NO$ (n = 1, 2, 3, 4, 6) mit hohen Ausbeuten bei geringem Umsatz erhalten. Analog wurden die Verbb. $CClF_2—CF_2—NO$, $CBrF_2—CF_2—NO$, $CClF_2—NO$ u. $CBrF_2—NO$ u. die sek. Perfluoralkylnitrosoverb. $(C_2F_5)(CF_3)CF—NO$ dargestellt. — Durch Oxydation der Nitrosoverbb. mit Mn_2O_7, PbO_2 oder CrO_3 wurden die Nitroverbb. $CF_3—NO_2$, $C_2F_5—NO_2$ (V), $C_3F_7—NO_2$ u. $CClF_2—NO$ (VI) gewonnen. — Bei dem Vers., VI mit SbF_3Cl_2 bei 100° zu fluorieren, tritt hauptsächlich Spaltung der C–N-Bindung unter Bldg. von $CClF_3$ (53%), CCl_2F_2 (8%) u. NO_2F ein. — Die Pyrolyse von $CF_3—NO_2$ im Pt-Rohr bei 500° liefert NOF, COF_2 u. CO_2; mit Quarz entstehen bei 450° COF_2, SiF_4, CO_2 u. N-Oxyde. Aus $C_3F_7—NO_2$ bilden sich im Pt-Rohr auch geringe Mengen Hexafluorpropan u. Pentafluorpropionylfluorid. — Halogenierte Äthylene lagern NOCl unter sofortiger Oxydation zur Nitroverb. an; so entstehen aus

$CF_2=CF_2$, $CF_2=CFCl$, $CF_2=CCl_2$ u. $CCl_2=CHCl$ die Verbb. *$CF_2Cl—CF_2—NO_2$, $CF_2Cl—CFCl—NO_2$, $CF_2Cl—CCl_2—NO_2$* bzw. *$CCl_3—CHCl—NO_2$*. Ebenso setzt sich NOBr mit $CF_2=CF_2$ zu *$CF_2Br—CF_2—NO_2$* (**VII**) um. Die Behandlung von **VII** mit BrF_3 oder SbF_3Cl_2 führt hauptsächlich zur Aufspaltung der C–N-Bindung unter Bldg. von *Brompentafluoräthan* (**VIII**); nur mit BrF_3 erhält man etwas **V**. — $CF_2Cl—CF_2—NO_2$ läßt sich auch durch Anlagerung von NO_2Cl an $CF_2=CF_2=$ gewinnen. Durch Anlagerung von NO_2 an $CF_2=CFCl$, $CF_2=CCl_2$ oder $CF_2=CF_2$ erhält man die Dinitroverbb. des Typs *$NO_2—CF_2—CX_2—NO_2$*.

Versuche: *1-Chlortetrafluor-2-jodäthan*, C_2ClJF_4, Kp. 56,5°, $n_D^{18,5}$ 1,393; durch Erwärmen von $CF_2=CF_2$ mit 10% Überschuß an JCl im Bombenrohr auf 50°; 94% (Ausbeute). — *1-Bromtetrafluor-2-jodäthan*, C_2BrJF_4, Kp. 80,5—81,0°, n_D^{16} 1,433; analog aus $CF_2=CF_2$ u. JBr bei 80°; 90%. — Zur Darst. der Nitrosoverbb. wurden 0,01—0,02 Mol der Jodverb. mit 0,02—0,04 Mol NO u. 20—30 cm³ Hg in einem Quarzrohr 3—7 Tage unter UV-Bestrahlung geschüttelt u. das überschüssige NO im Vakuum entfernt. Die Reinigung der Verbb. erfolgte bei Prodd. mit Kp. $>40°$ durch Vakuumdest. in N_2-Atmosphäre, bei unter 40° sd. Prodd. durch Fraktionierung im Vakuum, 2—3 Min. lange Behandlung mit eiskalter verd. Alkalilauge u. Destillation. Dargestellte Verbb.: *Trifluornitrosomethan* (**I**), $CF_3—NO$, Kp. —84°; Ausbeute bezogen auf umgesetzte Jodverb. 75% (bezogen auf eingesetzte Jodverb. 10%). — *Pentafluornitrosoäthan* (**II**), $C_2F_5—NO$, Kp. —42°; 80 (10)%. — *Heptafluornitrosopropan* (**III**), $C_3F_7—NO$, Kp. —12°; 83 (16)%. — *$C_4F_9—NO$*, $Kp._{730}$ 16—17°; 81 (8)%. — *$C_5F_{11}—NO$*, $Kp._{230}$ 19—20°, $Kp._{760}$ 50°; 71 (12)%. — *$C_7F_{15}—NO$*, $Kp._{63}$ 39—40°, $Kp._{760}$ 95°; 75 (14)%. — *$(C_2F_5)(CF_3)CF—NO$*, Kp. 23—25°; 86 (23)%. — *$CClF_2—CF_2—NO$*, Kp. —2°; 68 (11)%. — *$CBrF_2—CF_2—NO$*, Kp. 18°; 52 (10)%. — *Chlordifluornitrosomethan* (**IV**), $CClF_2—NO$, Kp. ca. —35°; 50 (10)%. — *$CBrF_2—NO$*, Kp. ca. —12°; 50 (10)%. — *1-Chlortetrafluor-2-nitroäthan*, $C_2O_2NClF_4$, Kp. 36—37°, n_D^{22} 1,3145; durch langsames Erwärmen von 5,0 g $CF_2=CF_2$ u. 13,2 g NOCl im zuvor evakuierten Pyrexeinschmelzrohr auf 50°, Abkühlen in fl. N_2, Zugabe von weiteren 4,0 g $CF_2=CF_2$ u. abermaliges Erwärmen; 63% neben 8% *1.2-Dichlortetrafluoräthan* [$C_2Cl_2F_4$, Kp. 4°; oder aus $CF_2=CF_2$ u. NO_2Cl (Kp. —16°; aus 100% ig. HNO_3 u. wasserfreier Chlorsulfonsäure) bei 60°; 57%] — *1.2-Dichlortrifluor-2-nitroäthan*, $C_2O_2NCl_2F_3$, Kp. 75—76°; ebenso aus $CF_2=CFCl$ u. NOCl bei 100°; 67% neben 16% *1.1.2-Trichlortrifluoräthan* ($C_2Cl_3F_3$, Kp. 46 bis 48°). — *1.1.2-Trichlordifluor-1-nitroäthan*, $C_2O_2NCl_3F_2$, $Kp._{151}$ 72—73°, $Kp._{760}$ 117 bis 118°; aus $CF_2=CCl_2$ u. NOCl bei 100°; 57% neben 18% *1.1-Difluortetrachloräthan* (Kp. 91—92°). — *1.1.1.2-Tetrachlor-2-nitroäthan*, $C_2HO_2NCl_4$, $Kp._{40}$ 95—96°; aus 5,0 g $CCl_2=CHCl$ u. 6,5 g NOCl bei 100° in 2 Std.; 62% neben 1,1 g *Pentachloräthan* (Kp. 158 bis 160°) u. 0,5 g nicht umgesetztem $CCl_2=CHCl$. — *1-Bromtetrafluor-2-nitroäthan* (**VII**), $C_2O_2NBrF_4$, Kp. 56—58°; aus $CF_2=CF_2$ u. NOBr [aus NO u. Br_2] in 1 Woche bei 0° u. 4 Std. bei 55°; 37% neben ca. 10% *1.2-Dibromtetrafluoräthan* (Kp. 44—46°). — *Trifluornitromethan* (*Fluorpikrin*), CO_2NF_3, Kp. —20°; aus 0,3 g **I** u. 1 g Mn_2O_7 im CARIUS-Rohr in 24 Std. bei 0° u. 2 Std. bei 25°; 49%; oder aus 0,2 g **I** u. 1,6 g CrO_3 bei 70° in 10 Std.; 38%; oder aus 0,42 g **I** u. 5,5 g PbO_2 bei 100° in 48 Std.; 37%. — *Pentafluornitroäthan* (**V**), $C_2O_2NF_5$, Kp. —1 bis 0°; aus **II** mit Mn_2O_7 oder PbO_2; 33 bzw. 30%. — *Heptafluornitropropan*, $C_3O_2NF_7$, Kp. 25°; aus **III** mit Mn_2O_7 oder PbO_2; 41 bzw. 22%. — *Chlordifluornitromethan* (**VI**), CO_2NClF_2, Kp. 24—25°; aus **IV** mit Mn_2O_7 bei 20° oder mit PbO_2 bei 75°; 15 bzw. 10%. — Bei 4std. Erhitzen von 0,3 g **VII** mit 5,0 g SbF_3Cl_2 im Autoklaven auf 160° erhält man neben 27% nichtumgesetztem **VII** 41% *Brompentafluoräthan* (**VIII**, Kp. —21°) u. ein nichtidentifiziertes, unterhalb —30° sd. Produktgemisch, vermutlich NOF, NO_2F, CO_2, COF_2. Wenn 0,8 g **VII** mit 4 cm³ BrF_3 2 Std. bei 20° u. 1 Std. bei 50° geschüttelt werden, bilden sich 47% **VIII** u. 15% **V** neben 8% nichtumgesetztem **VII** u. unbekannten flüchtigen Produkten. — *1-Chlortrifluor-1.2-dinitroäthan*, $C_2O_4N_2ClF_3$, Kp. 98,5—100°; durch 6std. Erwärmen von 2,9 g $CF_2=CFCl$ mit 4,6 g getrocknetem NO_2 im Stahlautoklaven auf 65°; 51% neben 22% nichtumgesetztem $CF_2=CFCl$. — *1.1-Dichlordifluor-1.2-dinitroäthan*, $C_2O_4N_2Cl_2F_2$, $Kp._{103}$ 81—82°, $Kp._{760}$ 142°; ebenso aus $CF_2=CCl_2$ u. NO_2; 47%. — *1.1.2.2-Tetrafluordinitroäthan*, $C_2O_4N_2F_4$, Kp. 58,8—59°; aus $CF_2=CF_2$ u. NO_2 bei 60° in 8 Std.; 53%. (J. chem. Soc. [London] **1953**. 2075—81. Juli. Cambridge, Univ., Chem. Labor.)

FORCHE. 510

A. V. Grosse, *Oxydative Kupplung von Butanen zu Octanen*. Die oxydative Kupplung niederer Paraffine zu höheren in Ggw. von O_2 folgt dem Schema $2C_nH_{2n+2} + \frac{1}{2}O_2 \rightarrow C_{2n}H_{4n+2} + H_2O$. Unter idealen Kupplungsbedingungen (300—350° u. >20000 lbs./sq. in.) reagiert der O_2 mit H-Atomen, gleichgültig, ob prim. oder tert. C–H-Bindung vorliegt. So liefert Isobutan (**I**) in Ggw. von 4 Mol-% O_2 bei 325° u. 23000 lbs./sq. in. (20—24 Std.) 40% *2.5-Dimethylhexan*; 38% *2.2.4-Trimethylpentan*,

8% *2.2-Dimethylhexan* u. wenig *2.2.3.3-Tetramethylbutan*, daneben Spuren anderer Octane sowie Olefine. n-Butan ergibt *n-Octan*, *3-Methylheptan* u. *3.4-Dimethylhexan*. Bei I tritt die Kupplung zu ~ 25% ein. Hauptprodd. (~ 75%) sind die n. Oxydationsprodd., wie tert.-Butanol, Aceton u. Methanol. Die Zus. der Kupplungsprodd. wurde im Massenspektrographen sowie durch Messung des Infrarotspektr. untersucht. (J. Amer. chem. Soc. **75**. 1261. 5/3. 1953. Philadelphia, Pa., Temple Univ., Res. Inst.) QUAST. 510

Gy. Oláh und **A. Pavláth**, *Synthese organischer Fluorverbindungen*. 2. Mitt. *Die Darstellung von 2-Fluoräthylalkohol*. (1. vgl. C. **1953**. 8330.) Nach dem l. c. beschriebenen Fluorierungsverf. mit KF im UV-Licht wurde Glykolchlorhydrin (I) bei 128—129° mit 50%ig. Ausbeute in *2-Fluoräthylalkohol* (III) übergeführt. Ferner wurde III durch Red. des Fluoressigsäuremethylesters (II) mit $LiAlH_4$ in Ätherlsg. mit 40%ig. Ausbeute dargestellt.

Versuche: *2-Fluoräthylalkohol* (III), Kp. 101—104°; durch tropfenweises Einrühren von 32 g wasserfreiem I in ein auf 50—60° vorgeheiztes Gemisch aus 24 g KF u. 70 g wasserfreiem Glycerin, 2std. Kochen der Mischung am Rückflußkühler unter gleichzeitiger UV-Bestrahlung, Zugabe von 10 g KF u. weiteres einstd. Kochen; 50% (Ausbeute); oder durch Zutropfen einer Lsg. von 14,5 g II in 100 cm³ wasserfreiem Ae. unter Kühlung zu 120 cm³ mol. $LiAlH_4$-Lsg. in Ae. im Laufe von 45 Min., weiteres 2std. Rühren, Filtrieren u. Zers. des überschüssigen $LiAlH_4$ durch Einleiten von CO_2; 40%. (Acta chim. Acad. Sci. hung. **3**. 199—202. 1953. Budapest, Techn. Univ., Organ. Chem. Inst.) FORCHE. 560

Gy. Oláh und **A. Pavláth**, *Synthese organischer Fluorverbindungen*. 3. Mitt. *Die Darstellung von Fluormethylalkohol*. (2. vgl. vorst. Ref.) Als erstes halogensubstituiertes Methanolderiv. wurde von Vff. der *Fluormethylalkohol* (III) einerseits durch Red. des Fluorameisensäureäthylesters (I) mit $LiAlH_4$ u. andererseits durch Red. von *Formylfluorid* (II) mit $LiAlH_4$ unter milden Reaktionsbedingungen dargestellt. Der Beweis für die Konst. von III wird durch seine Kondensation mit Bzl. in Ggw. von $ZnCl_2$ zu *Benzylfluorid* erbracht.

Versuche: *Fluormethylalkohol* (III), FCH_2OH, Kp. 51° unter Zers.; durch Zutropfen einer Lsg. von 10,8 g I in 50 cm³ wasserfreiem Ae. im Laufe einer Std. zu 85 cm³ mol. $LiAlH_4$-Lsg. in Ae., 2std. Rühren, Abgießen der Fl. von dem Hydroxyd-Nd., Einleiten von CO_2, Filtrieren, Abdampfen des Ae., zuletzt unter vermindertem Druck u. Vakuumdest. bei ca. 0°; 3 g (Ausbeute); oder durch Einrühren von 140 g Benzoylchlorid in 10—15 Min. in ein Gemisch aus 46 g Ameisensäure u. 60 g wasserfreiem KF unter UV-Bestrahlung, Einleiten des gebildeten II in 175 cm³ mol. $LiAlH_4$-Lsg. in Ae. unter Eiskühlung, einstd. Rühren u. Aufarbeitung, wie vorst. beschrieben; 1,25 g. — *Benzylfluorid*, C_7H_7F, Kp.$_{760}$ 140°; durch einstd. Erwärmen von 1,5 g III mit 10 cm³ wasserfreiem Bzl. u. 1 g trockenem $ZnCl_2$ auf 40—50° unter peinlichem Feuchtigkeitsausschluß, 15 Min. langes Kochen am Rückflußkühler, Filtration u. Fraktionierung; 60,7%. (Acta chim. Acad. Sci. hung. **3**. 203—07. 1953.) FORCHE. 560

L. Douglas Hayward, *D-Mannit-1.2.3.5.6-pentanitrat*. Aus *D-Mannitpentanitrat*, das als 1.2.3.5.6-Verb. erkannt wird, wird durch Methylierung *4-Methyl-D-mannitpentanitrat* u. daraus durch Hydrierung *4-Methyl-D-mannit* erhalten, dessen Struktur durch Perjodatoxydation bewiesen wird.

Versuche: *D-Mannithexanitrat*, F. 111—112°, aus D-Mannit (F. 166—167°; $[\alpha]_D^{20}$ —53° [c = 7,00 in W.]) durch Nitrierung nach PATTERSON u. TODD; $[\alpha]_D^{20}$ +43,1° (c = 2,13 in A.). — *D-Mannit-1.2.3.5.6-pentanitrat*, F. 81—82°, aus der vorst. Verb. durch Lösen in Pyridin, bis zum Ende der Rk. Temp. unter 35°, nach Stehen über Nacht, Eingießen in W., Filtrieren, Waschen u. Trocknen, aus wss. A. seidige farblose Nadeln; $[\alpha]_D^{20}$ +43,6° (c = 4,426 in A.); leichtlösl. in CH_3OH, Ae., Aceton, unlösl. in W., PAe., Bzl. u. Chlf.; FEHLINGsche Lsg. wird nicht red.; 73% (Ausbeute). — Daraus *4-Methyl-D-mannitpentanitrat*, $C_6H_8(OCH_3)(NO_3)_5$, F. 111—112°, durch 2std. Erhitzen mit CH_3J, Ag_2O u. Drierit in Aceton, Filtrieren, Eindampfen, aus wss. A. farblose Nadeln; $[\alpha]_D^{20}$ +39,8° (c = 1,505 in A.); 66%; lösl. in A., Ae., Dioxan u. Aceton, unlösl. in Wasser. — *4-Methyl-D-mannit*, $C_7H_{16}O_6 \cdot {}^1\!/_2H_2O$, F. 113—114°, aus vorst. Verb. durch Lösen in Dioxan, Verdünnen mit wss. A., Hydrieren in Ggw. von Pd-Holzkohle bei Raumtemp., 32 lbs./sq. in. H_2-Druck, 35 Min., nach Filtrieren, Eindampfen u. Trocknen aus A./PAe. Kristalle; $[\alpha]_D^{20}$ +15,5° in Wasser. *Wasserfreie Verb.*, aus Isoamylalkohol, F. 134—135°; $[\alpha]_D^{20}$ +16,4° (c = 2,00 in W.); 68%. — Daraus das *Pentaacetat*, F. 85—86°; $[\alpha]_D^{20}$ +35,8° (c = 0,85 in Chlf.); 98%. — Bei der Oxydation mit $NaJO_3$ bzw. HJO_3 werden 1,01 Mol HCOOH bzw. 1,76 Mol. HCHO pro

Mol 4-Methyl-D-mannit gefunden. (Eindampfen immer im Vakuum, Temp. unter 50°). (J. Amer. chem. Soc. **73**. 1974—75. Mai 1951. Montreal, Can., McGill Univ., Div. of Ind. and Cellulose Chem., u. Pulp and Paper Res. Inst. of Canada.) ROSSOW. 580

Pierre Mastagli, Angèle Floc'h und **Georges Durr,** *Einwirkung von Anionenaustauschern auf die Kondensation von Furfurol mit Aldehyden oder mit Aceton.* Man läßt unter Erwärmung Hexanal bzw. Heptanal mit Furfurol in Ggw. von Amberlite IRA-400 einwirken, entfernt das entstehende W., filtriert, dest. u. erhält *α-Furfurylidenhexanal,* $Kp._{760}$ 258—259,5°, $D.^{14}_{4}$ 1,019, bzw. *α-Furfurylidenheptanal,* $Kp._{17}$ 151,5°, $D.^{14}_{4}$ 1,004, bei Arbeiten unter Druck u. Anwendung von Aceton *Monofurfurylidenaceton,* F. 37°. Die auf diese Weise gewonnenen Prodd. sind reiner u. die Ausbeuten größer, als wenn man die Ausgangsstoffe in Ggw. von Alkali kondensiert hätte, das sek. Rkk., bes. Kondensationen der Aldehyde mit sich selbst, auslöst. (C. R. hebd. Séances Acad. Sci. **235**. 1402—08. 1/12. 1952.) WESLY. 660

H. E. Eschinazi, *Decarbonylierung von Aldehyden und Dehydrocarbonylierung von Alkoholen mittels Pd-Katalyse.* Pd wirkt bei einer Temp. von 80—200° auf verschied. aliphat., olefin. u. aromat. Aldehyde CO-abspaltend, ohne daß Isomerisierung oder Polymerisierung zu verzeichnen ist. Desgleichen werden, wenn auch langsamer, prim. Alkohole dehydrocarbonylisiert. Sek. Alkohole werden nicht angegriffen. Ungesätt. Systeme in den Moll. beeinflussen die Rkk. nicht. Inerte Lösungsmittel wirken ungünstig ein [Stabilisierung u. gegebenenfalls Zers]. Die Reaktionstemp. wird im Verlauf der Rk. durch den gebildeten KW-stoff erniedrigt. Wird als Lösungsm. ein Stoff verwendet (bzw. entsteht während der Rk. ein Stoff), der in Ggw. von Pd zu Dismutation neigt, wie z. B. Limonen, so findet zuerst vollständige Decarbonylierung statt, ehe die Dismutations-Rk. eintritt. Die Rk. scheint über Pd-Carbonylanlagerungsverbb. zu verlaufen, da erst gegen Ende der Rkk. der Katalysator filtrierbar ausflockt. Die Aufarbeitung der Reaktionslsg. erfolgt durch Abdekantieren u. Rektifikation. D e c a r b o n y l i e r u n g s b e i s p i e l e : Durch 10std. Kochen von 125 cm³ Citral (98%ig. Reinheit) mit 80 mg Pd-Katalysator unter CO_2 [Anfangstemp. 212°, Endtemp. 163°] entsteht bei Rektifikation 70 cm³ *Geraniolen,* C_9H_{16}, Kp. 141—142°; $D._{15}$ 0,7653; n_D^{20} 1,44194; $[\alpha]_D$ 0°; in Ggw. von d-Limonen als Lösungsm. tritt zunächst Decarbonylierung auf (ca. 8std. Kochen; Temp. von 189 auf 172°; keine Abnahme der Drehung der Lsg.), dann Dismutation in exothermer Rk., Verlust der opt. Aktivität (graph. Darst. des Reaktionsverlaufes vgl. Original). — Aus 80 cm³ d-Citronellal ($[\alpha]_D$ + 10°; 99% rein) entsteht nach 5std. Kochen unter CO_2 (Temp. von 209 auf 156°) unter Verlust der opt. Aktivität 40—45 cm³ *Citronellen,* C_9H_{18}, Kp. 138—139°; $D._{15}$ 0,7421; n_D^{20} 1,42350; $[\alpha]_D$ 0°. — Aus 122 g Phenyläthanol durch 3std. Kochen unter CO_2 40 cm³ *Toluol,* Kp. 111°. (Bull. Soc. chim. France, Mém. [5] **19**. 967—69. Nov./Dez. 1952. Rehovoth, Israel.) LEHWALD. 660

Bruno M. Perfetti und **Robert Levine,** *Eine Untersuchung der Säurekatalyse bei der Acylierung von Ketonen.* Vff. untersuchen sechs LEWIS-Säuren ($AlCl_3$, P_2O_5, J_2, $SnCl_4$, $FeCl_3$, $ZnCl_2$ [I]) als Katalysator für die Acylierung von Ketonen mit Säureanhydriden zu β-Diketonen. P_2O_5 wirkt nur schwach katalyt., $AlCl_3$ bewirkt Selbstkondensation der Ketone. J_2 u. $SnCl_4$ können gegebenenfalls prim. entstandenes β-Diketon an beiden Carbonylgruppen spalten. Als geeignete Katalysatoren erweisen sich $FeCl_3$ u. **I**. In vielen Fällen sind die Ausbeuten mit I niedriger als mit BF_3, jedoch benötigen erstere Rkk. weniger Aufwand an Zeit und Kondensationsmittel. Bemerkenswert scheint Vff., daß bei der Butyrylierung von Methylisopropyl (**V**)- u. Methylisobutylketon (**VI**) mit **I** im Gegensatz zu BF_3 nur eines der zu erwartenden β-Diketone neben *Dibutyrylmethan* (**XIII**) erhalten wird. Es wird bewiesen, daß die Ursache dafür ein Acylaustausch zwischen dem zweiten prim. gebildeten β-Diketon u. Säureanhydrid ist.

V e r s u c h e : Zu einer gerührten Mischung von 0,5 Mol Keton u. 1,0—2,0 Mol Anhydrid wird 0,5 Mol **I** hinzugegeben u. unter Rühren 1 Std. auf 75—110° erhitzt. In den Fällen, wo Mischungen von β-Diketonen als Reaktionsprodd. vorliegen, werden diese nach der Alkaliextraktionsmeth. (vgl. HAUSER u. ADAMS, J. Amer. chem. Soc. **66**. [1944.] 345) getrennt. *α.α-Dimethylacetylaceton,* $Kp._{20}$ 70—74°, aus **V** u. Acetanhydrid (**II**); 47,5% (Ausbeute). — *Acetylpropionyldimethylmethan,* $C_8H_{14}O_2$, $Kp._{20}$ 81—82°, aus **V** u. Propionsäureanhydrid (**III**); 38,8%. — *Acetylbutyryldimethylmethan,* $C_9H_{16}O_2$, $Kp._{20}$ 91—93°, aus **V** u. n-Buttersäureanhydrid (**IV**); 20,5%; daneben wenig *Dibutyrylmethan* (**XIII**), $Kp._{20}$ 96—99°, wird auch erhalten durch Acylaustausch aus Butyrylisovalerylmethan u. **IV** durch 1,5std. Erhitzen auf 125° in Ggw. von **I**, $Kp._{20}$ 101—103°; 12,2%, neben viel Harzprodd., *Cu-Salz,* F. 157—158°, blau. — *α-Isopropylacetylaceton,* $Kp._{20}$ 80—82°, aus Methylisobutylketon (**VI**) u. **II**; 17,2%; daneben *Isovalerylaceton,* $Kp._{20}$ 82—83°; 9,3%; *Cu-Salz,* F. 154—155°. — *α-Isopropylpropionylaceton,* $Kp._{20}$ 91 bis 93°, aus **VI** u. **III**; 12,0% ; daneben *Propionylisovalerylmethan*, Kp.$_{20}$ 92—94°; 6,5% ; *Cu-Salz*, F. 128,5—129,5°. — *α-Isopropylbutyrylaceton*, Kp.$_{20}$ 102—105°, aus **VI** u. **IV**; 17,9% ; daneben wenig **XIII**. — *α-Methylpropionylaceton*, Kp.$_{30}$ 92—93°, aus Diäthylketon (**VII**) u. **II**; 4,7% ; *Cu-Salz*, F. 176—178°, grau. — *Methyldipropionylmethan*, Kp.$_{20}$ 94—97°, aus **VII** u. **III**; 7,3% ; *Cu-Salz*, F. 171—173°, grau. — *Methylpropionylbutyrylmethan*, Kp.$_{20}$ 105—108°, aus **VII** u. **IV**; 9,9% ; *Cu-Salz*, F. 150—151°, grau. — *α-Isopropylisovalerylaceton*, Kp.$_{20}$ 112—116°, aus Diisobutylketon (**VIII**) u. **II**; 19,1%. — *Isopropylpropionylisovalerylmethan*, $C_{12}H_{22}O_2$, Kp.$_{20}$ 120—121°, aus **VIII** u. **III**; 17,2%. — *Isopropylbutyrylisovalerylmethan*, $C_{13}H_{24}O_2$, aus **VIII** u. **IV**; 22,3%. — *2-Acetylcyclohexanon*, Kp.$_{2,5}$ 62—64°, aus Cyclohexanon (**IX**) u. **II**; 13,5%. — *2-Propionylcyclohexanon*, Kp.$_2$ 78—80°, aus **IX** u. **III**; 11,7% ; *Cu-Salz*, F. 185—186°, grau. — *2-Butyrylcyclohexanon*, Kp.$_{2,5}$ 84—87°, aus **IX** u. **IV**; 12,3% ; *Cu-Salz*, F. 157—158°, grau. — *Benzoylaceton*, Kp.$_{1,8}$ 103—105°, F. 57—58° (PAe.), aus Acetophenon (**X**) u. **II**; 43,5% ; liefert beim 1,5std. Kochen mit $SnCl_4$ bzw. J_2 in Bzl. Benzoesäure [F. 121,5—122,5°; 27 bzw. 18%], **X**, [Kp.$_{3,5}$ 62—65°, Kp.$_{20}$ 92—95°; 11,6 bzw. 5% ; 2.4-Dinitrophenylhydrazon, F. 249—250°] u. Benzoylaceton [Kp.$_2$ 104—105°] zurück; 55 bzw. 71%. — *ω-Propionylacetophenon*, Kp.$_5$ 125—128°, aus **X** u. **III**; 11,8% ; *Cu-Salz*, F. 152—153°, grün. — *ω-Butyrylacetophenon*, Kp.$_{1,8}$ 116—118°, aus **X** u. **IV**; 19,7% ; *Cu-Salz*, F. 137 bis 138°, grün. — *2-Thenoylaceton*, Kp.$_8$ 128—131°, aus 2-Acetylthiophen (**XI**) u. **II**; 21,4% ; *Cu-Salz*, F. 227—229°, grün. — *2-Thenoylpropionylmethan*, Kp.$_2$ 118—122°, aus **XI** u. **III**; 13,0% ; *Cu-Salz*, F. 193—194°, grün. — *2-Thenoylbutyrylmethan*, Kp.$_4$ 139—142°, aus **XI** u. **IV**; 11,3% ; *Cu-Salz*, F. 138—139°, grün. — *2-Furoylaceton*, isoliert als Cu-Salz, aus 2-Acetylfuran (**XII**) u. **II**; 4,6% ; *Cu-Salz*, F. 216—219°. — *2-Furoylpropionylmethan*, $C_9H_{10}O_3$, Kp.$_{1,5}$ 93—96°, aus **XII** u. **III**; 3,0%. — *2-Furoylbutyrylmethan*, $C_{10}H_{12}O_3$, Kp.$_{6,5}$ 123—125°, aus **XII** u. **IV**; 2,5%. — Von den aufgeführten β-Diketonen zeigen die mit einer Isopropylgruppe am C-Atom zwischen den Carbonylgruppen keine Farb-Rk. mit $FeCl_3$, die mit einer Methylgruppe geben eine violette Färbung, die unsubstituierten eine rote Farbe. (J. Amer. chem. Soc. **75**. 626—28. 5/2. 1953. Pittsburgh, Pa., Univ., Dep. of Chem.) G. Winkler. 720

Jean Colonge und **Jean Grenet**, *Neues Verfahren zur Darstellung von Ketolen und Äthylenketonen.* Rk. von α-Brompinakolin (**I**) mit Aldehyden u. Ketonen in Ggw. von Mg führte zu β-Ketolen, die zum Teil durch Dest. in die entsprechenden Äthylenketone übergehen. Nach Rk. von **I** mit Cyclohexanon (**II**) u. Benzaldehyd (**III**) konnte das Ketol nicht isoliert werden. Das aus **II** erhaltene ungesätt. Keton stellt ein Gemisch von **A** u. **B** dar.

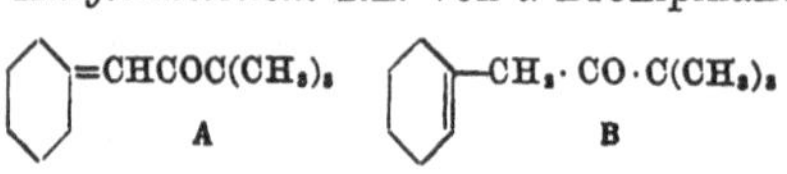

Versuche: Die Darst. der nachst. Verbb. erfolgte durch Zutropfen von **I** u. dem Aldehyd bzw. Keton in Ae. zu Mg-Spänen in Ae., Zugabe einer Spur CH_3J, Zugabe von Bzl., 1 std. Kochen, Hydrolyse mit der berechneten Menge HCl in W., Ausschütteln der organ. Schicht mit n NaOH u. Dest. im Vakuum; Ausbeuten 50—76%: *2.2.5-Trimethylhexanol-(5)-on-(3)*, $C_9H_{18}O_2$, Kp.$_{11}$ 70—71°, aus **I** u. Aceton; 58% (Ausbeute). — *2.2.5-Trimethylheptanol-(5)-on-(3)*, $C_{10}H_{20}O_2$, Kp.$_{13}$ 87—88°, aus **I** u. Methyläthylketon, D.$^{23}_4$ 0,902, n_D^{23} 1,4339; 66%. — *2.2.5.6.6-Pentamethylheptanol-(5)-on-(3)*, $C_{12}H_{24}O_2$, aus **I** u. Pinakolin; 76%. — *2.2.6-Trimethylheptanol-(5)-on-(3)*, $C_{10}H_{20}O_2$, Kp.$_{11}$ 89—91°, aus **I** u. Isobutanal, D.$^{23}_4$ 0,903, n_D^{23} 1,4372; 65%. — Die nachst. Äthylenketone wurden durch Dest. der entsprechenden Ketole in Ggw. von Spuren J_2 dargestellt. *2.2.5-Trimethylhexen-(4)-on-(3)*, $C_9H_{16}O$, Kp.$_{750}$ 165°, D.$^{23}_4$ 0,843, n_D^{23} 1,4470. *Semicarbazon*, F. 116°. — *2.2.5-Trimethylhepten-(4)-on-(3)*, $C_{10}H_{18}O$, Kp.$_{750}$ 183°, D.$^{23}_4$ 0,847, n_D^{23} 1,4461. — *2.2.6-Trimethylhepten-(4)-on-(3)*, $C_{10}H_{18}O$, Kp.$_{752}$ 189°, D.$^{23}_4$ 0,848, n_D^{23} 1,4402. — *Cyclohexylidenpinakolin* (**A** u. **B**), $C_{12}H_{20}O$, Kp.$_{12}$ 108°, aus **I** u. **II**, D.$^{23}_4$ 0,915, n_D^{23} 1,4710; 60%. — *Benzalpinakolin*, $C_{13}H_{16}O$, Kp.$_{17}$ 152°, aus **I** u. **III**, F. 42°; 60%. (C. R. hebd. Séances Acad. Sci. **234**. 1181—83. 10/3. 1952.) Horst Baganz. 740

Gy. Oláh und **A. Pavláth**, *Synthese organischer Fluorverbindungen.* 1. Mitt. *Eine neue Methode zur Darstellung aliphatischer Fluorverbindungen.* Der Austausch von Halogen durch Fluor in aliphat. Verbb. mittels KF ist unter UV-Bestrahlung bei gewöhnlichem Druck u. verhältnismäßig niedriger Temp. durchführbar. Aus Chlorameisensäureäthylester (**I**) in Acetylaceton erhält man bei 50—60° den *Fluorameisensäureäthylester* mit 51%ig. Ausbeute. Mit ähnlicher Ausbeute läßt sich Acetylchlorid (**II**) zu *Acetylfluorid* fluorieren. Die Darstellungen von *Fluoressigsäuremethyl-* u. *-äthylester*, *Formylfluorid*, *1-Fluor-2-chloräthan* u. *1-Fluor-2-bromäthan* aus den entsprechenden Cl- oder Br-Verbb. gelingen nur mit verhältnismäßig geringen Ausbeuten. — *Diisopropylfluorphosphat* wurde in einem einstufigen Verf., von PCl_3 u. Isopropylalkohol (**III**) ausgehend, mit 80%ig. Ausbeute dargestellt.

Versuche: Das KF wurde vor der Verwendung 24 Std. bei 125° im Vakuum getrocknet, pulverisiert u. weitere 24 Std. auf 150° erhitzt. — *Fluorameisensäureäthylester*, durch 6std. kräftiges Rühren von 54 g **I** u. 41 g KF in 60 g Acetylaceton unter UV-Bestrahlung; 51,2% (Ausbeute). — *Fluoressigsäuremethylester*, durch 3std. Kochen von 45 g Bromessigsäuremethylester u. 30 g KF in 90 g Cyclohexanol unter kräftigem Rühren u. UV-Bestrahlung; 23%. — *Fluoressigsäureäthylester*, auf ähnliche Weise aus Chloressigsäureäthylester; 13,5%. — *1-Fluor-2-chloräthan*, C_2H_4ClF, durch 3std. Kochen von 100 g Äthylenchlorid mit 90 g KF im UV-Licht; 6,5%. — *1-Fluor-2-bromäthan*, ebenso aus Äthylenbromid; 25%. — *Formylfluorid*, durch tropfenweises Einrühren von 140 g Benzoylchlorid im Laufe von 15 Min. in ein Gemisch aus 46 g absol. HCOOH u. 60 g KF unter UV-Belichtung u. Einleiten des gasförmigen Prod. in gekühlten Ae.; 10%. — *Acetylfluorid*, Kp. 20—22°; durch Zutropfen von 39,2 g **II** zu einer Suspension von 37,5 g KF in 90 cm³ Eisessig + 35 cm³ Essigsäureanhydrid im UV-Licht; 52%. — *Diisopropylfluorphosphat*, $Kp._{17}$ 80—82°; durch Zutropfen von 43 g PCl_3 zu einer Lsg. von 56,5 g **III** in 40 cm³ wasserfreiem CCl_4 bei 55° im N_2-Strom, Zugabe von 50 cm³ CCl_4, Einleiten von Cl_2, nach 2½ Std. Ausblasen des Cl_2 mit N_2 (1 Std.) u. zuletzt mit Luft (2 Std.) Zugabe von 33 g KF u. 140 cm³ Toluol u. 3std. Rühren unter UV-Bestrahlung bei 40 — 75°; 80%. (Acta chim. Acad. Sci. hung. **3.** 191—97. 1953. Budapest, Techn. Univ., Organ.-Chem. Inst.) FORCHE. 810

E. J. Bourne, S. H. Henry, C. E. M. Tatlow und **J. C. Tatlow,** *Untersuchungen an Trifluoressigsäure.* 6. Mitt. *Trifluoracetylderivate von Aminen.* (5. vgl. C. **1953.** 5482.) Die Umsetzung von Aminen mit Trifluoressigsäureanhydrid (**I**) zu den Trifluoracetylaminen gelingt sehr leicht. Wenn das Amin in Überschuß angewandt wird (Verf. A), entstehen gleichzeitig das Trifluoracetylamin u. das Trifluoracetat des Amins, welches in einigen Fällen isoliert werden konnte. Bei **I**-Überschuß (Verf. B) wird das Salz selbst trifluoracetyliert. Die Trifluoracetylamine sind gegen 3—4std. Kochen mit trockenem Methanol beständig. Von wss. Alkali werden sie ziemlich leicht hydrolysiert. Die Trifluoracetylderivv. der prim. aromat. Amine u. dasjenige von *2.2.2-Trifluoräthylaminhydrochlorid* (**X**) lassen sich in wss.-alkoh. Lsg. mit 0,1nNaOH potentiometr. titrieren u. verhalten sich dabei einbasisch. Sie lösen sich leicht in wss. Alkali u. lassen sich durch schnelles Ansäuern der Lsg. wieder unverändert ausscheiden. Die Trifluoracetylderivv. von sek. Aminen, *N-Cyclohexyltrifluoracetamid* (**VIII**) u. *N-Benzyltrifluoracetamid* nehmen kein Alkali auf. — Die Umsetzung von *Anilin* (**II**) mit Überschuß eines äquimol. Gemisches von Essigsäure u. **I** führt zu annähernd gleichen Mengen *Trifluoracetanilid* (**III**) u. *Acetanilid* (**IV**). Die gleiche Rk. mit **II**-Überschuß in CCl_4-Lsg. ausgeführt, liefert **III** in überwiegender Menge. Auch bei der Umsetzung von **II** mit einem Gemisch aus Essigsäureanhydrid u. Trifluoressigsäure entstehen **III** u. **IV** nebeneinander. — *Anilintrifluoracetat* setzt sich mit **I** zu 85% **III**, mit Essigsäureanhydrid zu 78% **IV**, mit einem Gemisch aus **I** + Essigsäure zu 83% **III** um. — **IV** u. *N-Cyclohexylbenzamid* (**XI**) reagieren mit **I** unter Bldg. von *N-Acetyl-N-trifluoracetylanilin* (**V**) bzw. *N-Benzoyl-N-trifluoracetylcyclohexylamin* (**XII**). Diese beiden Diacylverbb. lassen sich leicht hydrolysieren u. methanolysieren, wobei die Trifluoracetylgruppe abgespalten u. das ursprüngliche acetylierte Amin zurückgebildet wird. Die Umsetzung von **V** mit *2.5-Dichloranilin* (**VI**) ergibt **IV** u. das auch durch direkte Rk. von **VI** u. **I** erhältliche *2.5-Dichlortrifluoracetanilid.*

Versuche: Bei der Trifluoracetylierung mit Aminüberschuß (Verf. A) wurde die Lsg. von 1 Mol **I** in dem doppelten Vol. eines inerten Lösungsm. bei 0° zu der Lsg. von 2 Mol des Amins in einer möglichst kleinen Menge desselben Lösungsm. zugegeben, nach 10—60 Min. das flüchtige Material im Vakuum abdest., der Rückstand mit Eiswasser versetzt u. das ausgeschiedene Amid umkristallisiert. Bei dem Verf. B mit **I**-Überschuß wurde 1 Mol des Amins mit 1—6 Mol **I**, nötigenfalls unter Erwärmen in Lsg. gebracht, nach 10—60 Min. im Vakuum eingedampft, der Rückstand mehrmals mit CCl_4 versetzt u. dieses im Vakuum abdest. u. dann erst zur Kristallisation gebracht. — *Trifluoracetanilid* (**III**), $C_8H_6ONF_3$, F. 88,5—90° (aus A.-W. oder Leichtbenzin); aus 12,02 g **II** u. 13,4 g **I** in Ae. nach Verf. A; 7,37 g; oder aus 0,66 g **II** u. 4,5 g **I** in CCl_4 nach Verf. B; 1,24 g; oder aus 0,59 g **II**-Hydrochlorid u. 4,5 g **I** nach Verf. B; 0,68 g. — Wenn 0,49 g **II** mit einer Mischung aus 1,89 g Essigsäure u. 6,70 g **I** versetzt werden, setzt eine heftige Rk. ein. Nach Abdest. der flüchtigen Substanzen im Vakuum unter Zusatz von mehreren Portionen CCl_4, Waschen des in Chlf. gelösten Rückstands mit 2nNaOH u. W., Trocknen mit $MgSO_4$ u. Dest. erhält man einen Rückstand von 0,155 g *Acetanilid* (**IV**), F. 114—115° (Leichtbenzin), u. durch Ansäuern der alkal. Lsg. 0,20 g **III**. Bei 5 Min. langem Kochen von 1,48 g **II** in 27 cm³ CCl_4 mit einem Gemisch aus 0,32 g Essigsäure, 1,12 g **I** u. 4 cm³ CCl_4 am Rückflußkühler fallen 1,52 g *Anilintrifluoracetat*,

F. 124°, aus. Durch Eindampfen der Lsg. u. Umkristallisation des Rückstands aus Leichtbenzin u. anschließend aus wss. A. gewinnt man 0,488 g **III**, u. aus der Mutterlauge 0,065 g **IV**. Bei der Umsetzung von 0,49 g **II** mit einer Mischung aus 0,54 g Essigsäureanhydrid u. 1,35 g Trifluoressigsäure entstehen 0,119 g **III** u. 0,273 g **IV**. — *N-Acetyl-N-trifluoracetylanilin* (**V**), $C_{10}H_8O_2NF_3$, Kp.$_{12}$ 121—125° (Badtemp.); aus 1,53 g **IV** u. 2,8 g **I** bei 15° in 10 Min.; 67%. — *2.5-Dichlortrifluoracetanilid*, $C_8H_4ONCl_2F_3$, F. 67—68° (A.-W. oder Leichtbenzin); aus 2,35 g **VI** mit 1,5 g **I** in Ae. nach Verf. A; 0,71 g; oder aus 0,51 g **VI** mit 1,2 g **I** ohne Lösungsm. nach Verf. B; 0,71 g; oder aus 0,718 g **V** u. 0,502 g **VI** bei 100° in 1 Std.; 0,573 g neben 0,310 g **IV**. — *p-Chlortrifluoracetanilid*, $C_8H_5ONClF_3$, F. 123—124,5° (A.-W.); aus 10,00 g p-Chloranilin mit 8,5 g **I** in Ae. nach Verf. A; 6,00 g. — *p-Nitrotrifluoracetanilid*, $C_8H_5O_3N_2F_3$, F. 151,5—153° (A.-W.); aus 0,49 g p-Nitranilin u. 4,5 g **I** in Ae. nach Verf. B; 0,71 g. — *N-Cyclohexyltrifluoracetamid* (**VIII**), $C_8H_{12}ONF_3$, F. 93—95° (A.-W. oder Leichtbenzin); aus 1,43 g *Cyclohexylamin* (**VII**) u. 1,5 g **I** in Ae. nach Verf. A; 0,62 g; oder aus 5,00 g **VII** u. 10,4 g **I** in Ae. nach Verf. B; 7,82 g. — *p-Methyltrifluoracetanilid*, $C_9H_8ONF_3$, F. 111—112° (Leichtbenzin); aus 1,65 g p-Toluidin u. 1,5 g **I** in Ae. nach Verf. A; 1,01 g. —*N-Benzyltrifluoracetamid*, $C_9H_8ONF_3$, F. 73,5—75° (Leichtbenzin); aus 1,96 g Benzylamin u. 3,9 g **I** in Ae. nach Verf. B; 2,75 g. — *N-Methyltrifluoracetanilid*, $C_9H_8ONF_3$, F. 26—27° (Leichtbenzin); aus 1,95 g Monomethylanilin u. 2,1 g **I** in Ae. nach Verf. A; 1,32 g. — *p-Methoxytrifluoracetanilid*, $C_9H_8O_2NF_3$, F. 112,5—115° (Leichtbenzin); aus 9,99 g p-Anisidin mit 8,6 g **I** in Chlf. nach Verf. A; 4,84 g. — *p-Äthoxytrifluoracetanilid*, $C_{10}H_{10}O_2NF_3$, F. 141—143° (Leichtbenzin); aus 1,97 g p-Phenetidin mit 1,5 g **I** inAe. nach Verf. A; 0,75 g. — *N-[β-Naphthyl]-trifluoracetamid*, $C_{12}H_8ONF_3$, F. 146—148° (Leichtbenzin); aus 2,07 g β-Naphthylamin mit 1,5 g **I** in Ae. nach Verf. A; 1,05 g. — *N.N-Diphenyltrifluoracetamid*, $C_{14}H_{10}ONF_3$, F. 71—72° (A.-W.); aus 2,44 g *Diphenylamin* (**IX**) u. 1,5 g **I** in Ae. nach Verf. A; 0,90 g; oder aus 0,51 g **IX** u. 3,7 g **I** ohne Lösungsm. nach Verf. B; 0,73 g. — *p-Trifluoracetaminoazobenzol*, $C_{14}H_{10}ON_3F_3$, F. 176 bis 178° (Leichtbenzin); aus 0,51 g p-Aminoazobenzol u. 3,0 g **I** in Ae. nach Verf. B; 0,53 g. — *2.2.2-Trifluoräthylaminhydrochlorid* (**X**), $C_2H_5NClF_3$, Sublimationspunkt 195°; durch Red. von **III** mit $LiAlH_4$ in Ae. u. Fällen mit HCl; 80%. — *N-(2.2.2-Trifluoräthyl)-benzamid*, $C_9H_8ONF_3$, F. 115—116° (wss. Methanol); aus **X** mit Benzoylchlorid u. NaOH; 67%. — *N-[2.2.2-Trifluoräthyl]-trifluoracetamid*, $C_4H_3ONF_6$, F. 51 bis 52°; aus 1,16 g **X** mit 7,5 g **I**; 1,16 g. — *N-Benzoyl-N-trifluoracetylcyclohexylamin* (**XII**), $C_{15}H_{16}O_2NF_3$, F. 81—82° (Leichtbenzin); durch 20 Min. langes Kochen von 1,02 g **XI** mit 6,0 g **I** u. 0,39 g Na-Trifluoracetat am Rückflußkühler; 29%. — Ultrarotspektren zeigen die CO-Streckungsfrequenzen in **III** bei 1734, in **IV** bei 1690, in **V** bei 1734 (nur eine Bande), in **VIII** bei 1718, in **XI** bei 1652, in **XII** bei 1726 u. 1703 cm^{-1}. (J. chem. Soc. [London] **1952**. 4014—19. Okt. Birmingham, Univ., Chem. Dep.) FORCHE. 810

M. Ss. Malinowski und **A. P. Grischtschuk**, *Thermische Zersetzung der Calciumsalze von Monochlor- und Trichloressigsäure.* Beim therm. Zerfall von Ca-Trichloracetat (I) entstehen *CO*, *CO_2*, *HCl*, *$COCl_2$*, *Trichloracetylchlorid* (**II**), *Trichloracetanhydrid* (**III**), *Trichloressigsäure* (**IV**), *Hexachloräthan* (**V**), *$CaCl_2$* u. *C*. **IV** wird wahrscheinlich durch Hydrolyse von **II** u. **III** gebildet, da **I** nicht wasserfrei zu erhalten war. Auf Grund der erhaltenen Prodd. werden folgende Zerfallsschemata aufgestellt: 1. $(CCl_3CO_2)_2Ca \rightarrow 2\,COCl_2 + 2\,CO + CaCl_2$, 2. $(CCl_3CO_2)_2Ca \rightarrow CaO + (CCl_3CO)_2O$ u. 3. $(CCl_3CO_2)_2Ca \rightarrow CCl_3COCl + CO + CO_2 + CaCl_2$, wobei die Zers. vorwiegend nach 1 erfolgt, während die Zerss. nach 2 u. 3 demgegenüber zurücktreten, aber beide in gleichem Ausmaße. Es wird dies daraus geschlossen, daß trotz des Verbrauchs von $COCl_2$ für die Rkk. $CaO + COCl_2 = CaCl_2 + CO_2$ (CaO wird unter den Reaktionsprodd. nicht mehr gefunden) u. $COCl_2 + H_2O = CO_2 + 2\,HCl$ dieses in den gasförmigen Reaktionsprodd. noch bis zu 10% enthalten ist. Die Zerss. nach 2 u. 3 entsprechen dem Schema von BAMDASS u. SCHEMJAKIN (vgl. C. **1949**. II. 749). Verwickelter verläuft der therm. Zerfall von Ca-Chloracetat (**VI**), wobei *CO*, *CO_2*, *HCl*, *CH_3Cl*, *C_2H_4*, *Phenol* (**VII**), *Teer*, *W.*, *Glykolsäure* (**VIII**), *$CaCl_2$*, *$CaCO_3$* u. *C* entstehen. Für die Bldg. von **VIII** kommt nach dem Schema von BAMDASS u. SCHEMJAKIN die Rk. $(ClCH_2CO_2)_2Ca \rightarrow CaO + (ClCH_2CO)_2O$ in Betracht; letzteres könnte in Glykolid übergehen, das hydrolysiert wird. Glykolid könnte aber auch direkt aus **VI** durch Abspaltung von $CaCl_2$ entstehen. Aus der großen Menge C_2H_4 (bis zu 24 Vol.-% der gasförmigen Prodd.) wird geschlossen, daß es als ein prim. Prod. nach $(ClCH_2CO_2)_2Ca \rightarrow C_2H_4 + 2\,CO_2 + CaCl_2$ entsteht. Der Mechanismus der therm. Zers. von **VI** wurde nicht geklärt.

V e r s u c h e: Der therm. Zers. wurden 28 g bei 85—90° getrocknetes **I** unterworfen. Beim Erhitzen in einer Retorte im Luftbad begann bei 150—155° reichliche Entw. von Gasen, bei 170—200° kondensierten sich in der Vorlage ein Öl u. eine wss. Fl., bei 250° entstanden nur ölige Prodd. u. Gase, bei 400—420° war die Rk. beendet. Erhalten wurden im Rückstand 6,93 g $CaCl_2$ u. 0,102 g *C*, im Kondensat ca. 1,7 g **IV**, 2,4 g **II**, 0,6 g **III**, *HCl* u. *W.*, im Gas außer *HCl* 0,955 g $COCl_2$ (*N.N'-Diphenylharnstoff*, F. 235°), 3,89 g CO_2 u. 2,5 g *CO*; **V** entstand in sehr geringer Menge. — Die bei 145—375° analog durchgeführte Zers. von 32 g bei 85—90° getrocknetem **VI** lieferte im Rückstand 11,73 g $CaCl_2$, 1,64 g $CaCO_3$ u. 0,31 g *C*, im Kondensat außer *HCl* u. *W.* **VIII** (F. 76—77°), **VII** (*Tribromphenol*, F. 94—95°) u. 2,39 g *Teer*, im Gas 2,22 g CO_2, 1,36 g C_2H_4, 0,84 g *CO* u. 0,47 g CH_3Cl. (Журнал Общей Химии [J. allg. Chem.] **21** (**83**). 1783—87. Okt. 1951. Lwow, Franko-Univ., Labor. für organ. Chem.) QUECK. 810

Henry Feuer und **Stanley M. Pier,** *Darstellung von N-Bis-[2-cyanäthyl]-acetamid.* Es wird die Darst. von *N-Bis-[2-cyanäthyl]-acetamid* (I) aus *β.β'*-Iminodipropionitril (II) u. CH_3COCl beschrieben. Die von KOSST (Вестник Московского Университета, Серия Физикоматематических и Естественных Наук [Nachr. Moskauer Univ., physik.-mathemat. u. naturwiss. Ser.] **2.** [1947.] 141) als **I** angesehene Verb. ist tatsächlich **II**-Hydrochlorid. Die Darst. von **I** nach A. P. 2 424 664 aus Acetamid u. Acrylonitril konnte nicht reproduziert werden.

Versuche: *N-Bis-[2-cyanäthyl]-acetamid* (**I**), $C_8H_{11}ON_3$, F. 50° (korr.), aus **II** in Chlf. u. CH_3COCl; das ausgefallene **II**-Hydrochlorid wird abfiltriert, das Chlf. abgedampft u. der Rückstand bei Beginn der Kristallisation in sd. Äthylacetat gegossen; Blättchen; 82% Ausbeute. — **II**-*Hydrochlorid*, Nadeln, F. 147—148°, aus **II** in Chlf. mit HCl-Gas. (J. Amer. chem. Soc. **74.** 4706—07. 20/9. 1952. Lafayette, Ind., Purdue Univ., Dep. of Chem.) HILDEGARD SCHULZ 810

J. Kenyon und **M. C. R. Symons,** *Die Oxydation von Carbonsäuren, die ein tertiäres Kohlenstoffatom enthalten.* Nach Verss. der Vff. gibt das Verf., Carbonsäuren mit tert. C-Atom in Oxysäuren (S.) durch Oxydation mit $KMnO_4$ in verd. NaOH überzuführen, nur bei Rk. in *γ*-Stellung überhaupt Ausbeuten ($<$10%), *α*- oder *β*-S. können so nicht gewonnen werden. Günstig wirken als Modifikationen a) Rk. der Säuren in konz. NaOH mit $KMnO_4$, also dessen Red. nur zur MnO_4''-Stufe, b) Oxydation mit K_2MnO_4 in verd. NaOH, oder c) Kombination der Verff. a) u. b). *β*-S. waren auch so nicht zu erhalten, vermutlich wegen der Bldg. von Acrylsäuren unter den Reaktionsbedingungen. Diese werden schnell weiteroxydiert, wofür die Isolierung von Ketonen aus der Reaktionsmischung u. die Bldg. von viel CO_2 spricht. — An folgenden Säuren wurden Oxydationsverss. durchgeführt: *α-Methylbuttersäure* (I), $C_5H_{10}O_2$, Kp.$_2$ 63—64°, aus Malonester; 61% (Ausbeute); *p-Bromphenacylester*, F. 54,5°. — *β-Methylvaleriansäure* (**II**), $C_6H_{12}O_2$, Kp.$_1$ 63°, analog **I** 65%; *p-Bromphenacylester*, F. 36,5°. — *4-Methylhexansäure* (**III**), $C_7H_{14}O_2$, Kp.$_2$ 85°; 53%; *p-Bromphenacylester*, $C_{15}H_{19}O_3Br$, F. 63—64°; *S-Benzylthiuroniumsalz*, $C_{15}H_{24}O_2N_2S$, F. 142°. — *4-Methyloctansäure*, $C_9H_{18}O_2$, Kp.$_2$ 110°, aus 4-Oxy-4-methyloctansäurelacton (**V**) nach CASON u. Mitarbeitern (C. **1945.** II. 992) durch Rk. mit $SOCl_2$ in Bzl., 3 Std. am Rückfluß, dann Veresterung mit A. bei 0° durch HCl (→ *4-Methyloctensäureäthylester*, Kp.$_3$ 76—79°), Hydrierung in A. bei Ggw. von PtO_2 u. Hydrolyse; *Äthylester*, Kp.$_2$ 108°; *S-Benzylthiuroniumsalz*, $C_{17}H_{28}O_2N_2S$, F. 135°. — *α-Phenylpropionsäure* (**IV**); *S-Benzylthiuroniumsalz*, $C_{17}H_{20}O_2N_2S$, F. 146°. — *γ-Phenyl-n-valeriansäure*, Kp.$_{0,1}$ 98°, aus **IV** (15 g) durch Red. mit $LiAlH_4$ in Ae. (→ *Hydratropaalkohol*, Kp.$_{0,1}$ 62—63°), dessen Rk. mit PBr_3 (→ *Hydratropylbromid*; Kp.$_{0,1}$ 49°) u. Kondensation mit Malonester; 5,6 g; *S-Benzylthiuroniumsalz*, $C_{19}H_{24}$·O_2N_2S, F. 134°. — *β-Methylbuttersäure.* — Oxydationsverff.: a) Schütteln von 50 cm³ einer 40 g KOH enthaltenden, 0,02 mol Säurelsg. unter Zugabe von 100 cm³ 0,04 mol $KMnO_4$-Lsg., 20 g KOH enthaltend, bei 40° während 20 Min., dann Red. des MnO_4'' mit SO_2 bei 0°. — b) Darst. von K_2MnO_4-Lsg. durch 30 Min. Erhitzen von 150 cm³ 0,04 mol $KMnO_4$-Lsg. mit 40 g KOH, dann Zugabe von 100 cm³ 6 n H_2SO_4 u. zu K_2MnO_4 äquimol. Menge Carbonsäure u. 10—30 Min. Erhitzen auf 90°. — c) Tropfenweise Zugabe von 100 cm³ 0,0167 mol $KMnO_4$-Lsg. + 6 g KOH zu 50 cm³ 0,02 mol Säurelsg. + 40 g KOH bei 40° während 6 Min., Zugabe von 100 cm³ 6 n H_2SO_4 u. 10 Min. Erhitzen auf 90°. — Die Ausbeuten bei Verf. c) an *γ*-S. lagen bei 70—80%. — *α*-Oxy-*α*-methylbuttersäure, $C_5H_{10}O_3$, Kp.$_{12}$ 117,5°, F. 69,5—70,5° (nach Sublimation), durch Cyanhydrinsynth. aus Methyläthylketon (**VI**); 63%; nach a) 80%; nach b) 0%. — *β-Oxy-β-methyl-n-valeriansäure*, $C_6H_{12}O_3$, Kp.$_{18}$ 138—139°, aus **VI** u. Bromessigester; 68%; nach a) 0%; nach b) 0%. — *4-Oxy-4-methylhexansäurelacton*, $C_7H_{12}O_2$, Kp.$_{0,5}$ 73°, aus C_2H_5–MgBr u. Lävulinsäureester (**VII**) nach CASON (l. c.); 61%; nach a) 70%; nach b) 80%; *S-Benzylthiuroniumsalz* der *4-Oxy-4-methylhexansäure*, $C_{15}H_{24}O_3N_2S$, F. 142°. — *Atrolactinsäure*, $C_9H_{10}O_3$, nach Sublimation F. 91,3—91,6°, aus Acetophenon; 61%; nach a) 90%; nach b) 0%; *S-Benzylthiuroniumsalz*, $C_{17}H_{20}O_3N_2S$, F. 160°. — *4-Oxy-4-methyloctansäurelacton* (**V**), $C_9H_{16}O_2$, Kp.$_1$ 84°, aus **VII** u. C_4H_9MgBr; 60%; nach a) 60%; nach b) 70%; *S-Benzylthiuroniumsalz* der *4-Oxy-4-methyloctansäure*, $C_{17}H_{28}O_3N_2S$, F. 116,5—117°. — *γ-Phenyl-γ-valerolacton*, Kp.$_1$ 123°, aus C_6H_5–MgBr u. **VII**; 45%;

nach a) 50%; nach b) 70%; *γ-Phenyl-γ-oxyvaleriansäure*, $C_{11}H_{14}O_3$, F. 103,5—104° (PAe.), *S-Benzylthiuroniumsalz*, $C_{19}H_{24}O_3N_2S$, F. 127°. — I, II u. III wurden durch 30%ig. H_2O_2 in W., Essig- bzw. Ameisensäure, durch $K_2Cr_2O_7$ in verd. H_2SO_4 bei 100° oder durch $KMnO_4$ während 12 Std. in sd. Aceton nicht angegriffen, dagegen entstanden mit FENTONs Reagens aus IV bei Raumtemp. Acetophenon u. CO_2; durch CrO_3 in Essigsäure oder Acetanhydrid wurden I u. III völlig abgebaut. (J. chem. Soc. [London] **1953**. 2129—32. Juli. London, Battersea Polytechnic.) KRESZE. 810

J. A. Rumpf, *Eine neue Synthese der γ-Cyanbuttersäure. γ-Cyanbuttersäure*, F. 30 bis 40°, $Kp._{0,01}$ 100°, durch Hydrolyse von β-Cyanäthylmalonsäurediäthylester (herstellbar aus Acrylonitril u. Malonester) mit alkoh. KOH u. Decarboxylieren der entstandenen β-Cyanäthylmalonsäure im Ölbad bei 100—110°, weiße, hygroskop. Blättchen; 41% Ausbeute. *Benzylthiuroniumsalz*, $C_{13}H_{17}O_2N_3S$, F. 124—127° (auf KOFLER-Block, korr.). (Helv. chim. Acta **35**. 2116—17. 15/10. 1952. Basel, Univ., Organ.-chem. Anstalt.) FRANCK. 820

Wyman R. Vaughan und **Kirby M. Milton,** *α-Bromcitraconsäureanhydrid und α-Brommesaconsäure.* Die Umwandlung von Citraconsäure in Mesaconsäure gelingt u. a. im Dunklen bei Zimmertemp. bei Ggw. von J_2 oder durch Erwärmen einer Chloroform-lsg. bei Ggw. von Br_2 bei 50° augenblicklich. Die Darst. von *α-Bromcitraconsäureanhydrid* u. *α-Brommesaconsäure* aus dl-erythro- u. dl-threo-α.β-Dibrommethylbernsteinsäure wird beschrieben.

Versuche: *dl-erythro-α.β-Dibrommethylbernsteinsäure* (I), aus Nitromethan, F. 196,5—197,5° bei langsamem Erhitzen; durch Zutropfen von Br_2 zu einer sd. Lsg. von Mesaconsäure in W., Abdampfen des W. im Vakuum u. Filtrieren; 33,4% (Ausbeute). — *dl-threo-α.β-Dibrommethylbernsteinsäure* (II), F. 153—153,5° (CH_3NO_2); a) durch Mischen einer Lsg. von Citraconsäure in Ae. + Chlf. (absol.) mit Br_2 + wenig J_2 im Dunklen in verschlossener Flasche u. Abdunsten im Luftstrom nach 17 std. Stehen im Dunklen; 62%; b) durch 7tägiges Stehen einer Lsg. von Br_2 + Citraconsäureanhydrid im Dunklen unter Zusatz einiger J_2-Kristalle, dann weitere 10 Tage im Licht u. 2monatiges Stehen nach Verdünnen mit W.; 71%. *Dimethylester*, $C_7H_{10}O_4Br_2$, $Kp._{1,8}$ 94,9°; mit Diazomethan; süßschmeckende Fl., n_D^{25} 1,4959; 96,9%. — *α-Bromcitraconsäureanhydrid*, F. 100—101° (CS_2); durch Erhitzen von 50 g I mit P_2O_5 bis zur zügigen HBr-Entw. u. Dest.; 15,2 g. — *α-Brommesaconsäuredimethylester*, $C_7H_9O_4Br$, $Kp._2$ 85,9—86°; $Kp._{734}$ 238°; durch 25 Min. Erhitzen von II-Dimethylester in Pyridin auf 120°, Ansäuern mit H_2SO_4 u. Dest. unter N_2; 93,3%. *Freie Säure*, F. 222,5—223° (CH_3NO_2); durch alkal. Verseifung vorst. Verbindung. (J. Amer. chem. Soc. **73**. 5497—98. Nov. 1951. Ann Arbor, Mich.) LEHWALD. 820

Don E. Floyd und **Sidney E. Miller,** *Anlagerung von Alkylmalonestern an Acrylsäureester.* Acrylsäureester addieren in A. oder Bzl. Alkylmalonester ebenso schnell wie Acrylonitril unter Bldg. von *2-Alkyl-2-carbäthoxyglutarsäureestern* [$C_2H_5OCO \cdot CR(COOC_2H_5)CH_2CH_2COOR'$]. Vff. untersuchen die Rk. unter Variierung sowohl der Alkyl- als auch der Estergruppen. Die Ausbeuten der Acrylesteraddukte sind um 5—10% geringer als bei Verwendung von Acrylonitril, jedoch bilden sich hier keine Polymerisationsprodukte. Anlagerung von A. an Acrylester tritt nur bei Verwendung eines großen Überschusses des letzteren unter Bldg. von β-Äthoxypropionsäureestern ein. Die quantitative Best. des Äthanolysegrades erfolgt durch Verseifung mit wss. NaOH u. Fraktionierung der gebildeten Alkohole. Die Größe der Alkylsubstituenten ist ohne Einfluß. Teilweiser Ersatz der Methyl- durch die Äthylestergruppe tritt ein, wenn die Rk. mit Methylacrylat in A. durchgeführt wird. Es kann auch vollständige Umesterung bewirkt werden.

Versuche: *2-Hexyl-2-carbäthoxyglutarsäure-1-äthyl-5-methylester*, $Kp._{0,06}$ 106 bis 109°, zu einer Lsg. von Na-Hexylmalonester wird unter Rühren Methylacrylat so zugegeben, daß die Temp. durch die Reaktionswärme auf 50—55° gehalten wird. Nach 2 Std. wird in üblicher Weise aufgearbeitet; 83% (Ausbeute). — Die Rk. von n-Decylmalonsäurediäthylester mit Acrylsäuremethylester in Bzl. wird in gleicher Weise durchgeführt, nur kann die Temp. auf 70° erhöht werden. In derselben Weise wurden folgende *2-Alkyl-2-carbäthoxyglutarsäure-1-äthyl-5-methylester* dargestellt: *2-Äthyl-*, $Kp._{0,08}$ 93—97°; n_D^{25} 1,4365; 79%. — *2-n-Butyl-*, $Kp._{0,1}$ 108—112°; n_D^{25} 1,4387; 85%. — *2-n-Octyl-*, $Kp._{0,1}$ 115—119°; n_D^{25} 1,4429; 81%. — *2-n-Decyl-*, $Kp._{0,08}$ 128 bis 132°; n_D^{25} 1,4450; 80%. — *2-n-Dodecyl-*, $Kp._{0,1}$ 151—154°; n_D^{25} 1,4468; 80%. — *2-n-Tetradecyl-*, $Kp._{0,06}$ 165—170°; n_D^{25} 1,4485; 80%. — *2-Cetyl-*, $Kp._{0,06}$ 174—178°; n_D^{25} 1,4501; 83%. — In gleicher Weise erfolgt die Rk. mit Acrylsäureäthylester zu folgenden *α-Alkyl-α-carbäthoxyglutarsäurediäthylestern*: *Äthyl-*, $Kp._{0,1}$ 98—102°; n_D^{25} 1,4376. — *n-Butyl-*, $Kp._{0,1}$ 110—112°; n_D^{25} 1,4398; 88%. — *n-Hexyl-*, $Kp._{0,1}$ 116—118°; n_D^{25} 1,4420. — *n-Octyl-*, $Kp._{0,1}$ 118—120°; n_D^{25} 1,4439. — *n-Decyl-*, $Kp._{0,1}$ 130—133°;

n_D^{25} 1,4459. — *n-Dodecyl-*, Kp.$_{0,1}$ 150—153°; n_D^{25} 1,4476. — *n-Tetradecyl-*, Kp.$_{0,1}$ 171 bis 174°; n_D^{25} 1,4499. — *n-Cetyl-*, $C_{28}H_{52}O_6$, F. 38—39°, aus A. farblose Nadeln. Wird auch erhalten aus 10 g des Additionsprod. von Cetylmalonester u. Methylacrylat durch Umesterung (1½ Std. Kochen in Na-Äthylatlsg.), Kristalle aus 80%ig. A.; 9,4 g. (J. org. Chemistry **16**. 882—86. Juni 1951. Minneapolis, Minn., General Mills, Chem. Labor.) BRÜCKNER. 830

John J. Ritter und **Myron J. Lover**, *Mercaptocarbonsäuren als Reagentien für die Identifizierung von Carbonylverbindungen.* Vff. verwenden *Mercaptoessigsäure* (**I**), *α-* (**II**) u. *β-Mercaptopropionsäure* (**III**), *α.β-Dimercaptopropionsäure* (**IV**) u. *α-Mercaptolaurinsäure* (**V**) zur Identifizierung von Carbonylverbindungen. **I** u. **III** sind die geeignetsten Reagentien; **V** eignet sich wenig wegen ihrer Unlöslichkeit in Wasser. Die entstehenden *Mercaptale* bzw. *Mercaptole* lassen sich auf Grund ihrer COOH-Gruppe mit n. Basen titrieren. — Die Ergebnisse von POSNER [1902 u. früher] über konstitutionelle Faktoren, die auf die Bldg. von Mercaptolen von Einfl. sind, werden bestätigt. — In einigen Fällen kann die Rk. auch zur Trennung von Carbonylverbb. verwendet werden, z. B. Cyclohexanon von Isophoron durch Rk. mit **I**, wobei das eine Deriv. fest, das andere fl. ist.

Versuche: 0,05—0,1 cm³ bzw. 0,1 g Carbonylverb. werden zu 0,2 ml der Mercaptocarbonsäure gegeben; 2 Min. wird HCl eingeleitet. Nach 15 Min. wird filtriert u. aus W., verd. CH_3COOH, gelegentlich auch aus Ae. oder Chlf., umkristallisiert. Formaldehyd u. Glyoxal reagieren mit verd. wss. Lsgg. der Mercaptocarbonsäuren. Am günstigsten ist die Verwendung von 70%ig. wss. **I**-Lösung. — Die potentiometr. Titration zeigt, daß die Mercaptale mittelstarke zweibas. Säuren sind u. die Dimercaptale mittelstarke vierbas., die mit Phenolphthalein titriert werden können. Derivv. mit p-ständigen phenol. Gruppen müssen mit Methylrot titriert werden. — *Mercaptale* bzw. *Mercaptole* der *Mercaptoessigsäure* (**I**): Aus *n-Butyraldehyd*, $C_8H_{14}O_4S_2$, F. 59—63°; *Glyoxal*, $C_{10}H_{14}O_8S_4$, F. 189°; *n-Heptaldehyd*, $C_{11}H_{20}O_4S_2$, F. 57°; *Piperonal*, $C_{12}H_{12}O_6S_2$, F. 134—135,5°; *p-Methoxybenzaldehyd*, $C_{12}H_{14}O_5S_2$, F. 121,5—122,5°· *Vanillin*, $C_{12}H_{14}$· O_6S_2, F. 134—135°; *2.3-Dimethoxybenzaldehyd*, $C_{13}H_{16}O_6S_2$, F. 134—135°; *3.4-Dimethoxybenzaldehyd*, $C_{13}H_{16}O_6S_2$, F. 121—122°; *Butanon*, $C_8H_{14}O_4S_2$, F. 106—107,5°; *Cyclohexanon*, $C_{10}H_{16}O_4S_2$, F. 131,5—132°; *4-Methylpentanon-(2)*, $C_{10}H_{18}O_4S_2$, F. 84 bis 85°; *Heptanon-(2)*, $C_{11}H_{20}O_4S_2$, F. 74—75°; *p-Oxyacetophenon*, $C_{12}H_{14}O_5S_2$, F. 122° (Zers.); *n-Butyrophenon*, $C_{14}H_{18}O_4S_2$, F. 155—156°; *Tridecanon-(7)*, $C_{17}H_{32}O_4S_2$, F 84 bis 85°; *p-Phenylacetophenon*, $C_{18}H_{18}O_4S_2$, F 170—172° (Zers.). — *Derivv.* der *α-Mercaptopropionsäure* (**II**): Aus *Acetaldehyd*, $C_8H_{14}O_4S_2$, F. 79—80°; *Piperonal*, $C_{14}H_{16}O_6S_2$, F. 129—136°; *p-Methoxybenzaldehyd*, $C_{14}H_{18}O_5S_2$, F. 139,5—141°; *Aceton*, $C_9H_{16}O_4S_2$, F. 166—171°; *Butanon*, $C_{10}H_{18}O_4S_2$, F. 126,5—127°; *Cyclohexanon*, $C_{12}H_{20}O_4S_2$, F. 124 bis 126°; *Heptanon-(2)*, $C_{13}H_{24}O_4S_2$, F. 121—123°; *Hexandion-(2.5)*, $C_{18}H_{30}O_8S_4$, F. 186 bis 190° (Zers.); *Tridecanon-(7)*, $C_{19}H_{36}O_4S_2$, F. 113—114°. — *Derivv.* der *β-Mercaptopropionsäure* (**III**): Aus *n-Butyraldehyd*, $C_{10}H_{18}O_4S_2$, F. 58—59°; *n-Heptaldehyd*, $C_{13}H_{24}O_4S_2$, F. 65—67°; *p-Methoxybenzaldehyd*, $C_{14}H_{18}O_5S_2$, F. 110—110,5°; *Glyoxal*, $C_{14}H_{22}O_8S_4$, F. 162°; *2.3-Dimethoxybenzaldehyd*, $C_{15}H_{20}O_6S_2$, F. 99—100°; *4-Methylpentanon-(2)*, $C_{12}H_{22}O_4S_2$, F. 101—101,5°; *Heptanon-(2)*, $C_{13}H_{24}O_4S_2$, F. 87,5—89°; *n-Butyrophenon*, $C_{16}H_{22}O_4S_2$, F. 103—104°; *Pentandion-(2.4)*, $C_{17}H_{28}O_8S_4$, F. 121° (Zers.); *Hexandion-(2.5)*, $C_{18}H_{30}O_8S_4$, F. 175° (Zers.). — *Derivv.* der *α.β-Dimercaptopropionsäure*: Aus *Benzaldehyd*, $C_{10}H_{10}O_2S_2$, F. 78—78,5°; *Zimtaldehyd*, $C_{12}H_{12}O_2S_2$, F. 98 bis 100°. — Folgende Derivv. konnten nicht gewonnen werden: Aus p-Nitrobenzaldehyd u. **III**, Benzalacetophenondibromid u. **I**, Benzil u. **I**. Schwer zu reinigen oder zu isolieren sind die Derivv. aus Acrolein u. **I**, Arabinose u. **III**, Citral u. **I** bzw. **III**, d-Citronellal u. **I** bzw. **III**, Crotonaldehyd u. **I** bzw. **III**, 2.4-Dioxybenzaldehyd u. **I** bzw. **III**, p-Dimethylaminobenzaldehyd u. **I**, Fural u. **I**, o-Oxybenzaldehyd u. **III**, m-Oxybenzaldehyd u. **I** bzw. **III**, Acetylaceton u. **I**, Benzalacetophenon u. **I**, Benzoylameisensäure u. **I**, o-Benzoylbenzoesäure u. **I**, Diacetyl u. **I**, o-Oxyacetophenon u. **I** bzw. **III**, p-Oxyacetophenon u. **III**, Isophoron u. **I**, Mesityloxyd u. **I**, p-Phenylacetophenon u. **III**. (J. Amer. chem. Soc. **74**. 5576—77. 20/11. 1952. New York, N. Y., Univ., Chem. Labor.) H. ULRICH. 850

Richard H. Wiley, Newton R. Smith und **Joseph A. Bauer**, *Alkylester der Isodehydracetsäure.* (4. Mitt. *2-Pyrone.*) (3. vgl. C. **1953**. 4372.) Vff. haben Isodehydracetsäure (**I**) mit Thionylchlorid in das Säurechlorid umgewandelt u. daraus durch Kochen am Rückfluß mit verschied. Alkoholen im Überschuß **I**-*Alkylester* dargestellt. — *Isodehydracetsäurechlorid*, $C_8H_7O_3Cl$, Kp.$_{15}$ 145—150°, F. 52°, aus **I** u. $SOCl_2$; 79—90% (Ausbeute). — **I**-*Methylester*, F. 67°; 99%. *Bromverb.*, aus vorst. Verb. mit Br_2 in Tetrachlorkohlenstoff, F. 133—134°. — **I**-*n-Propylester*, $C_{11}H_{14}O_4$, Kp.$_8$ 166 oder 116°

(im Original 2 verschied. Kp.-Werte für 8 mm), $n_D^{23,5}$ 1,5093; 79%. — I-*Isopropylester*, $Kp._8$ 158°, n_D^{24} 1,5050; 85%. — I-*n-Butylester*, $Kp._7$ 167°, $n_D^{23,5}$ 1,5063; 89%. — I-*Isoamylester*, $Kp._8$ 177°, $n_D^{23,8}$ 1,5032; 68%. — I-*Cetylester*, F. 55°; 71,5%. (J. Amer. chem. Soc. **75**. 244—45. 5/1. 1953. Louisville, Ky., Univ., Dep. of Chem.)

L. FISCHER. 870

Arne Brändström, *Die basisch katalysierte Acidolyse von Diäthylacylmalonaten. Eine neue Synthese von β-Ketoestern des Typs $RCOCH_2CO_2C_2H_5$. Diäthylacylmalonate* wurden aus Säurechloriden u. Diäthylmalonat dargestellt. Aus diesen konnte durch Einw. organ. Säuren (die dem jeweiligen Acylrest entsprechen) in Ggw. von MgO u. Cu-Acetat *β-Ketoester* des Typs $RCOCH_2CO_2C_2H_5$ erhalten werden. Die Ausbeuten waren nahezu quantitativ.

V e r s u c h e : *Äthylpropionylacetat*, $Kp._{10}$ 72°, durch Mischen von je 1 Mol Diäthylpropionylmalonat u. Propionsäure, 5—8 std. Kochen mit MgO u. Cu-Acetat u. Fraktionierung nach beendeter CO_2-Entw.; 92% (Ausbeute). — Ebenso wurden dargestellt: *Äthylisobutyrylacetat*, $Kp._{10}$ 70°; 88%. — *Äthyl-n-butyrylacetat*, $Kp._{10}$ 86°; 97%. (Acta chem. scand. **5**. 820—21. 1951. Uppsala, Sweden, Univ., Chem. Inst.)

HORST BAGANZ. 870

Edward A. Tyczkowski und **Lucius A. Bigelow,** *Die Einwirkung von elementarem Fluor auf organische Verbindungen.* 18. Mitt. *Ein neuer Apparatetyp und die milde Fluorierung von Schwefelkohlenstoff.* (16. vgl. CUCULO u. BIGELOW, C. **1952**. 6839.) Für Fluorierungen von organ. Verbb. mit elementarem Fluor an Metallkontakten konstruierten Vff. einen neuen Messingapp., bei dem die Reaktionskomponenten u. N_2 durch einen Ringbrenner von unten in den mit Cu-Schrott gefüllten Reaktionsraum eintreten. Auf diese Weise findet die Umsetzung unter sehr milden Bedingungen statt, so daß Spaltung des Mol. u. Polymerisation weitgehend eingeschränkt werden. Die Fluorierung von CS_2 im Molverhältnis $F_2 : CS_2 : N_2$ von 5 : 1 : 75 bei durchschnittlich 48° u. wiederholte Rektifikation des Produktgemisches unter erhöhtem u. vermindertem Druck u. Kristallisation ergab CF_4, SF_6, SF_4, S_2F_{10} (Kp. 25°, E. —72°), CSF_2 (Kp. —46°, E. —134°), CF_3SF_5 (Kp. —21°), CF_3SF_3 (Kp. —7°, E. —110°), $SF_3CF_2SF_5$ (I Kp. 126°, E. —51°) u. $SF_5CF_2SF_5$ (II, Kp. 62°, E. —70°). I u. II werden von verd. Alkalilauge in der Wärme nicht angegriffen. CF_3SF_3, CSF_2 u. SF_4 sind außerordentlich reaktionsfähig u. erleiden in Ggw. von W. oder Alkalien sehr schnelle Hydrolyse. (J. Amer. chem. Soc. **75**. 3523—26. 20/7. 1953. Durham, N. C., Duke Univ., Dep. of Chem.)

FORCHE. 880

J. H. Boyer, *Addition von Stickstoffwasserstoffsäure an konjugierte Systeme.* Anlagerung von HN_3 an α.β-ungesätt. Carbonylverbb. der Formel O=CR—CH=CR'R'' lieferte Azide der Formel $O{=}CRCH_2{-}CN_3R'R''$. Auf diesem Wege wurde *β-Azidopropionaldehyd* aus Acrolein, *Methyl-β-azidopropionat* (I) aus Methylacrylat, *β-Azidopropionsäure* (II) aus Acrylsäure u. *4-Methyl-4-azidopentanon-(2)* aus Mesityloxyd erhalten. Verbb., bei denen R' = Phenyl ist, lagern keine HN_3 an. Die Verbb. sind gegen Hitze (Zers. bei der Dest.) u. gegen Erwärmen mit konz. H_2SO_4 empfindlich. Ihre Infrarotspektren wurden mit denen von Azidoaceton u. β-Phenyläthylazid verglichen u. in Übereinstimmung mit diesen eine Azidabsorptionsbande bei 4,7 μ beobachtet. Rk. von I mit Hydrazin lieferte das *Hydrazid* von II, das als Benzalderiv. identifiziert werden konnte. β-Nitrostyrol addierte HN_3 unter Bldg. von *β-Nitro-α-phenyl-α-azidoäthan.* Acrylonitril (III) lieferte das Nitril von II u. α-Vinylpyridin *[α-Pyridyl]-2-azidoäthan.* Bei Anwendung von überschüssiger wss. HN_3 u. CH_3COOH wurde aus III *Hydracrylsäurehydrat* erhalten.

V e r s u c h e : Die Darst. der nachst. *Azide* erfolgte, wenn nicht anders angegeben, durch Zugabe von 0,3 Mol NaN_3 in W. zu 0,2 Mol Olefin in Eisessig bei Raumtemp., Aufnehmen des Öls in Ae., Waschen mit Sodalsg. (mit Ausnahme von II) u. Verdampfen des Ae. bei Raumtemp. durch einen Luftstrom: *β-Azidopropionaldehyd*, Zers. beim Erhitzen u. bei 0° mit konz. H_2SO_4; 71% (Ausbeute). — *Methyl-β-azidopropionat* (I), $Kp._1$ 40—45°, durch 1—3tägiges Stehen bei Raumtemp., n_D^{20} 1,4408, $D._4^{20}$ 1,139, Mol.-Refr. ($[MR]_D$) 29,8; Zers. mit konz. H_2SO_4 bei 60°; 35,4%. — *β-Azidopropionsäure* (II), $Kp._1$ 80°, durch 1—3tägiges Stehen bei Raumtemp., n_D^{20} 1,4645; Zers. mit konz. H_2SO_4 bei 60°; 24%. *Hydrazid*, aus I u. Hydrazinhydrat. *Benzalderiv.* des *Hydrazids*, F. 115—116°, durch kurzes Erhitzen mit der äquimol. Menge Benzaldehyd, aus wss. A. blaßgelbe Nadeln. — *4-Azido-4-methylpentanon-(2)*, $Kp._3$ 57—58°, durch 24 std. Erwärmen von Mesityloxyd mit HN_3 auf dem Dampfbad, n_D^{20} 1,4428, $D._4^{20}$ 0,9955, $[MR]_D$ 37,6; Zers. bei 25° mit konz. H_2SO_4; 38%. — *β-Nitro-α-phenyl-α-azidoäthan*, Zers. beim Erhitzen u. bei 0° mit konz. H_2SO_4; 69%. Red. mit $SnCl_2$ lieferte *Phenylacetaldehydoxim*. — *β-Azidopropionitril*, $Kp._1$ 64°, aus 0,1 Mol Eisessig, 0,1 Mol NaN_3 u. III durch 2—3tägiges Stehen, n_D^{20} 1,4570, $D._4^{20}$ 1,1138, $[MR]_D$ 23,5;

Zers. bei 60° mit konz. H_2SO_4; 17,3%. — *Hydracrylsäuremonohydrat*, $C_3H_6O_3 \cdot H_2O$, Kp.$_5$ 30°, durch Anwendung größerer Mengen HN_3 u. CH_3COOH, n_D^{20} 1,3749, $D.^{20}_4$ 1,0474, $[MR]_D$ 22,8; 15—20%. — *1-[α-Pyridyl]-2-azidoäthan*, Kp.$_1$ 65°, durch 24std. Erwärmen der Komponenten auf dem Dampfbad, Waschen der äther. Lsg. mit gesätt. $NaHSO_3$-Lsg. u. Aufarbeitung wie üblich, n_D^{20} 1,5289, $D.^{20}_4$ 1,1122, $[MR]_D$ 41,1; Zers. mit konz. H_2SO_4 bei 60°; 49,5%. *Pikrat*, $C_{13}H_{11}O_7N_7$, F. 112—113°, aus A. gelbe Nadeln. — *Azidoaceton*, Kp.$_2$ 42—43°, aus Chloraceton u. NaN_3, n_D^{20} 1,4520. *2.4-Dinitrophenylhydrazon*, $C_9H_9O_4N_7$, F. 129—130° (wss. A.). (J. Amer. chem. Soc. **73.** 5248—52. Nov. 1951. Ann Arbor, Mich., Univ. of Michigan, Dep. of Chem.)
HORST BAGANZ. 900

R. Perron, *Reine p-Toluolsulfonsäure (Laboratoriumsnotiz).* Beschreibung einer App., in der p-Toluolsulfonsäure durch Überleiten von überhitztem Chloroformdampf schnell u. sicher gereinigt wird. (Bull. Soc. chim. France, Mém. [5] **19.** 966—67. Nov./Dez. 1952. Bellevue, Labor. Général des Corps Gras, Sect. C. N. R. S.) LEHWALD. 1090

D. Klamann und **G. Hofbauer,** *Über die Reduktion von Sulfosäurederivaten mit Bromwasserstoff.* Vff. stellen im Gegensatz zu OHLE u. Mitarbeitern (Ber. dtsch. chem. Ges. **69.** [1936.] 2311) fest, daß die Red. von *Sulfohalogeniden* mit *HBr* in Eisessig nicht glatt verläuft. Es besteht ein Gleichgewicht zwischen Sulfohalogenid u. *Disulfid*, das erst durch Entfernung des Br_2 mittels Bromacceptoren, wie N-Monoäthylanilin (**II**) bzw. Phenol, in Richtung auf das Disulfid verschoben wird. Ohne Verwendung eines Bromacceptors erhält man das Sulfohalogenid quantitativ zurück.

Versuche: *Di-p-tolyldisulfid* (**I**), F. 46°: Zur HBr/Eisessig-Lsg. werden **II** u. p-Toluolsulfochlorid (F. 69°) zugesetzt. Nach 25 Std. werden die nach Zusatz von W. ausgefallenen Kristalle ausgeäthert. Das Sulfochlorid (52,4%) wird verseift u. so **I** rein erhalten; 41,5% Ausbeute. — **II** wird zu 21,2% in *p-Brom-N-äthylanilin*, $C_8H_{10}NBr$, F. 12°, Kp.$_{11}$ 135—136°, n_D^{20} 1,5958, umgewandelt. Bei Verwendung von wss. HBr (47%ig) beträgt nach 6std. Kochen die Ausbeute 38% **I.** (Mh. Chem. **83.** 1489—91. S.-B, österr Akad. Wiss., math.-naturwiss. Kl., Abt. IIb **161.** 1489—91. 1952. Wien, TH, Inst. für organ.-chem. Technol.) H. ULRICH. 1090

Malcolm Crawford und **F. H. C. Stewart,** *Die Darstellung einiger alkylsubstituierter Benzoesäuren.* Vff. stellen auf verschied. Wegen *o-* u. *m-Alkylbenzoesäuren* dar. Der Gang der Synth. hängt ab von der Art der Alkylgruppe; die entsprechenden *o-* u. *m-Alkylbrombenzole* sind Zwischenprodukte. — Die von SHOESMITH u. MACKIE (J. chem. Soc. [London] **1928.** 2339) auf demselben Wege wie von Vff. bereits dargestellte *o-tert.-Butylbenzoesäure* (**I**) wird in wesentlich besserer Ausbeute gewonnen, wenn die Bromierung von p-tert.-Butylnitrobenzol nach der Meth. von DERBYSHIRE u. WATERS (C. **1951.** II. 357) durchgeführt, zur Desaminierung von 2-Brom-1-tert.-butyl-4-aminobenzol H_3PO_2 verwendet u. die Carboxylierung der GRIGNARD-Verb. mit festem CO_2 durchgeführt wird. — Weder die durch Nitrierung von **I** entstehende *5-Nitrosäure* noch ihr Äthylester lassen sich nitrieren u. bromieren. — Die auf dem Wege der Gewinnung von *m-Alkylbenzoesäuren* hergestellten Gemische von *o-* u. *p-Nitroalkylbenzolen*, dann der *o-* u. *p-Aminoverbb.*, der daraus gewonnenen 3 isomeren *Bromacetanilide* u. der entsprechenden *Bromamine* brauchen nicht getrennt zu werden, da aus letzteren bei der Desaminierung das gleiche *m-Bromalkylbenzol* entsteht. — Der von CALCOTT u. Mitarbeitern (C. **1939.** II. 1485) für *m-Isopropylbenzoesäure* angegebene F. muß korr. werden. — *4-tert.-Butyl-2.6-dimethylbenzoesäure* gibt bei Bromierung nur eine Monobromverb.; eine gleiche ster. Hinderung durch die tert.-Butylgruppe wird bei der Rk. von Mesityl-MgBr mit tert.-Butylchlorid festgestellt: Es entsteht nicht tert.-Butylmesitylen, sondern hauptsächlich *Mesitylen.*

Versuche: *2-Brom-4-nitrocumol*, Kp.$_{15}$ 155—160°, aus p-Nitrocumol, Ag_2SO_4 u. H_2SO_4 durch Zutropfen von Br_2, Gießen in $NaHSO_3$-Lsg. u. Ausäthern; gelbes Öl; 78% (Ausbeute). — *3-Brom-4-isopropylanilin*, Kp.$_{15}$ 150°, aus vorst. Verb. durch Red. mit Fe u. alkoh. HCl als rötlichbraunes Öl; 80%. *Benzoylderiv.*, $C_{16}H_{16}ONBr$, F. 151°, aus wss. A. Nadeln. — *o-Bromcumol*, Kp.$_{15}$ 90°, aus vorst. Verb. durch Diazotieren u. Rk. mit 50%ig. H_3PO_2; Öl; 60%. — *o-Isopropylbenzoesäure*, F. 54°, durch Rk. der GRIGNARD-Verb. von vorst. Verb. mit festem CO_2; krist. aus PAe.; 66%. — *2-Brom-1-tert.-butyl-4-nitrobenzol*, F. 94°, aus p-tert.-Butylnitrobenzol durch Bromierung nach DERBYSHIRE u. WATERS (l. c.); aus A. Nadeln; 80%. — *o-Brom-tert.-butylbenzol*, Kp.$_{12}$ 96—98°, aus vorst. Verb. durch Red. mit Fe u. alkoh. HCl (das Aminhydrochlorid fällt aus; 85%), Diazotierung u. Red. mit H_3PO_2; 75%. Wird das diazotierte Amin mit alkal. HCHO behandelt (vgl. BREWSTER u. POJE, C. **1939.** II. 3406), entstehen nur 7%. — *o-tert.-Butylbenzoesäure* (**I**), F. 68,5° (Leichtbenzin), aus vorst. Verb. über die GRIGNARD-Verb. mit festem CO_2; 60%. — *2-tert.-Butyl-5-nitrobenzoesäure*, $C_{11}H_{13}O_4N$, F. 170°, aus **I** u. HNO_3; Nadeln aus Bzl.; 79%. *Äthylester*, Kp.$_{15}$ 190°, aus dem

Ag-Salz der Säure mit Äthyljodid; gelbes Öl; 84%. *Cu-Salz*, $C_{22}H_{24}O_8N_2Cu$, aus der neutralisierten Lsg. der Säure mit einem Überschuß von $CuSO_4$-Lsg.; aus Bzl. + A. dunkelgrünes Salz. Der unlösl., grünblau gefärbte Rückstand wird ein *bas. Salz*, $C_{11}H_{13}O_5NCu$, sein. — *1-Brom-2-äthyl-3.5-dinitrobenzol*, $C_8H_7O_4N_2Br$, F. 25°, Kp.$_{12}$ 180°, aus 2.4-Dinitroäthylbenzol u. Br_2 wie oben; 80%. — *3.5-Diamino-1-brom-2-äthylbenzol*, $C_8H_{11}N_2Br$, F. 88°, durch Red. vorst. Verb. wie oben; orangebraune Kristalle aus wss. A.; 74%. — Daraus *o-Bromäthylbenzol*, Kp.$_{15}$ 85—90°, durch Diazotieren u. Red. mit H_3PO_2; 15%. — *o-Äthylbenzoesäure*, F. 65° (W.), aus vorst. Verb. durch Carboxylieren der GRIGNARD-Verb.; 64%. — *m-Bromäthylbenzol*, C_8H_9Br, Kp.$_{15}$ 96°, aus Äthylbenzol durch Nitrieren zum Gemisch von o- u. p-Nitroäthylbenzol (91%), Red. zum Gemisch von o- u. p-Äthylanilin (75%), welches acetyliert, bromiert (Gemisch der 3 Bromacetanilide; 81%) u. hydrolysiert ein Gemisch von Bromäthylanilinen (93%) ergab; daraus durch Diazotierung u. Red. mit H_3PO_2; 62%; besitzt nicht den scharfen Pfefferminzgeruch des o- u. p-Isomeren. — *m-Äthylbenzoesäure*, F. 45°, aus vorst. Verb. durch Carboxylieren der GRIGNARD-Verb.; lange Nadeln; 71%. — *m-Brompropylbenzol*, Kp.$_{15}$ 100°, aus n-Propylbenzol über das Gemisch von o- u. p-Nitropropylbenzol (71%), o- u. p-Propylanilin (74%), das Propylbromacetanilidgemisch (86%) u. das Propylbromanilinhydrochloridgemisch (91%) durch Diazotieren u. Rk. mit H_3PO_2; 65%. — *m-Propylbenzoesäure*, $C_{10}H_{12}O_2$, F. 43° (wss. A.), aus vorst. Verb. durch Carboxylieren der GRIGNARD-Verb.; 56%. — *p-Aminocumol*, Kp.$_{15}$ 115°, durch Red. von p-Nitrocumol mit Sn u. HCl; Öl; enthält vielleicht etwas o-Verb.; 75%. — *2-Brom-4-isopropylacetanilid*, F. 131°. — *4-Amino-3-bromcumol*, rotbraunes Öl, Kp.$_{15}$ 140—145°; 87%. — *m-Bromcumol*, Kp.$_{15}$ 90—95°; 67%. — Die GRIGNARD-Verb. vorst. Verb. gibt *m-Isopropylbenzoesäure*, $C_{10}H_{12}O_2$, F. 47—48° (Leichtbenzin); 69%. — *p-tert.-Butylacetanilid*, F. 176° (wss. A.), aus p-tert.-Butylnitrobenzol durch Red. u. Acetylieren; 51%. — *4.4'-Di-tert.-butylazobenzol*, $C_{20}H_{26}N_2$, F. 185°, bei der Herst. der vorst. Verb. als Nebenprod.; aus A. rotbraune Nadeln. — *m-tert.-Butylbenzoesäure*, F. 127° (Leichtbenzin), durch Bromieren des p-tert.-Butylacetanilids zur *2-Bromverb.* (F. 138,5° [Bzl.]; 85%), Hydrolyse zum *Amin* (Kp.$_{15}$ 140°; 90%), Desaminierung zu *m-Brom-tert.-butylbenzol* (Kp.$_{40}$ 100°; 70%) u. Carboxylierung der GRIGNARD-Verb.; 60%. — *2-Brom-5-tert.-butyl-1.3-xylol*, F. 45°, Kp.$_{15}$ 140°: 1-tert.-Butyl-m-xylol wird mit J_2, dann Br_2 behandelt. — *4-tert.-Butyl-2.6-dimethylbenzoesäure*, F. 168° (Bzn.), aus vorst. Verb. durch Carboxylieren seiner GRIGNARD-Verb.; 68%. — *3-Brom-4-tert.-butyl-2.6-dimethylbenzoesäure*, $C_{13}H_{17}O_2Br$, F. 169°, aus vorst. Säure durch Behandeln mit J_2 u. Br_2; Nadeln aus Benzin. — *Äthylmesitylen*, Kp. 214°, durch Behandeln der GRIGNARD-Verb. von Brommesitylen mit Diäthylsulfat; 60%. — *2-Brom-6-äthylmesitylen*, Kp.$_{15}$ 135—140°, aus vorst. Verb. in Eisessig mit J_2 u. Br_2; in gekühlte $NaHSO_3$-Lsg. geben, mit Ae. extrahieren; 74%. — *3-Äthyl-2.4.6-trimethylbenzoesäure*, $C_{12}H_{16}O_2$, F. 143°, aus vorst. Verb. durch Carboxylieren der GRIGNARD-Verb.; 64%. (J. chem. Soc. [London] **1952**. 4443—47. Nov. Belfast, Coll. of Technol.) HILDEGARD SCHULZ. 1210

Harry P. Schultz, *2.6-Dinitroanilin*. Nach ULLMANN (Liebigs Ann. Chem. **366**. [1909.] 102) u. WELSH (J. Amer. chem. Soc. **63**. [1941.] 3276) aus Chlorbenzol, H_2SO_4 (1,84) + Oleum u. KNO_3, Überführen des entstandenen K-Salzes der *4-Chlor-3.5-dinitrobenzolsulfosäure* mittels NH_3 in das K-Salz der *4-Amino-3.5-dinitrobenzolsulfosäure*, das mit konz. H_2SO_4 *2.6-Dinitroanilin*, $C_6H_5O_4N_3$, ergibt, F. 139—140° (A.); 30—36% Ausbeute. (Org. Syntheses **31**. 45—47. 1951. Coral Gables, Fla., Univ. of Miami.) TROFIMOW. 1310

R. A. Cartwright und **J. C. Tatlow**, *Die Umsetzungen gewisser, vom Benzotrifluorid abgeleiteter Stickstoffverbindungen.* Vff. beschreiben einige klass. Umsetzungen von aromat. Trifluormethylgruppen enthaltenden N-Verbindungen. Die Diazotierung von m-Aminobenzotrifluorid (I) u. Kupplung mit Dimethylanilin, Phenol u. β-Naphthol liefert die zu erwartenden Azoverbindungen. Bei der Kupplung von diazotiertem I mit I entsteht *3.3'-Bis-[trifluormethyl]-diazoaminobenzol*, welches sich nicht zu der Aminoazoverb. umlagern läßt; offenbar wird die Diazoaminostruktur durch die Trifluormethylgruppen stabilisiert. — Das durch Red. von m-Nitrobenzotrifluorid (**II**) mit Zn-Staub u. NaOH oder auf elektrolyt. Wege erhältliche *3.3'-Bis-[trifluormethyl]-azobenzol* (**III**) liefert bei der Oxydation mit H_2O_2 u. Essigsäure *3.3'-Bis-[trifluormethyl]-azoxybenzol*, dessen Konst. durch Red. zu I bewiesen wird. Die Red. von **III** in A. mit Na-Amalgam u. Nachbehandlung der entstandenen Hydrazoverb. mit warmer 50%ig. H_2SO_4 ergibt *4.4'-Diamino-2.2'-bis-[trifluormethyl]-diphenyl* (**IV**) mit 11%ig. Umsatz u. 1,5% eines anderen, nicht näher identifizierten Benzidinderiv., möglicherweise 2.4'-Diamino-4.2'-bis-[trifluormethyl]-diphenyl. Die Tetrazotierung von **IV** u. Red. mit unterphosphoriger Säure führt zu *2.2'-Bis-[trifluormethyl]-diphenyl*, dessen Konst. aus der Umsetzung mit konz. H_2SO_4 zu *9-Oxofluoren-4-carbonsäure* folgt. — Aus dem durch elektrolyt. Red. von o-Nitrobenzotrifluorid (**V**) dargestellten *2.2'-Bis-[trifluormethyl]-azobenzol* (**VI**) erhält man durch Red. mit Na-Amalgam das verhältnismäßig beständige *2.2'-Bis-[trifluormethyl]-hydrazobenzol* (**VII**), welches bei der Hydrogenolyse in *o-Aminobenzotrifluorid* übergeht, aber von verd. Mineralsäuren nicht angegriffen u. in Luft nicht oxydiert wird; stärker konz. H_2SO_4 bewirkt Umlagerung zu *4.4'-Diamino-3.3'-bis-[trifluormethyl]-diphenyl.* Demnach scheinen am aromat. Kern sitzende Trifluormethylgruppen die Benzidinumlagerung u. die Umlagerung von Diazoaminoverbb. in Aminoazoverbb. zu behindern.

Versuche: *4-Dimethylamino-3'-trifluormethylazobenzol*, $C_{15}H_{14}N_3F_3$, F. 81 bis 82°; durch Lösen von 5,00 g **I** unter Erwärmen in 7,8 cm³ konz. HCl u. 7,8 cm³ W., Abkühlen auf 0°, Einrühren von 2,25 g $NaNO_2$ in 10,0 cm³ W., Zugabe von 3,76 g Dimethylanilin in 5,8 cm³ 6nHCl u. 5,0 g Na-Acetat in 12,0 cm³ W. u. Umkristallisation des Nd. aus schwach alkal. A. u. zuletzt aus Leichtbenzin; orangerote Kristalle; 3,98 g (Ausbeute). — Wenn man 2,00 g der vorst. Verb. 80 Min. mit 0,5 g RANEY-Ni, 25,0 cm³ A. u. H_2 schüttelt, filtriert, eindampft, das Prod. im Vakuum dest. u. sowohl das Destillat ($Kp._{17}$ 115—160° Badtemp.) als auch den Rückstand mit Essigsäure u. Essigsäureanhydrid erwärmt, erhält man 1,07 g *m-Acetamidobenzotrifluorid* (F. 104°) u. 0,18 g *p-Acetamido-N.N-dimethylanilin* (F. 128—130°). — *4-Oxy-3'-trifluormethylazobenzol*, $C_{13}H_9ON_2F_3$, F. 110—111°; durch Diazotierung von 2,50 g **I** u. Umsetzung mit Phenol in NaOH; aus CCl_4 gelbe Kristalle; 2,91 g. — *3-Trifluormethylphenylazo-β-naphthol*, $C_{17}H_{11}ON_2F_3$, F. 165—166°; aus diazotiertem **I** mit β-Naphthol; aus A. rote Kristalle; 60%. — *3.3'-Bis-[trifluormethyl]-diazoaminobenzol*, $C_{14}H_9N_3F_6$, F. 117 bis 118°; durch Zutropfen einer Lsg. von 0,72 g $NaNO_2$ in 5,0 cm³ W. zu einer auf 0—5° gekühlten Lsg. von 3,22 g **I** in 2,6 cm³ konz. HCl + 5,2 cm³ W. u. Zugabe von 3,0 g Na-Acetat in 6,0 cm³ W.; aus Leichtbenzin gelbe Kristalle, 2,67 g; oder durch 1std. Schütteln von 5,0 g **I** mit 0,1 g Saponin, 0,2 g K_2CrO_4, 1,2 g $NaNO_2$ u. 50 cm³ W. in CO_2-Atmosphäre; 3,25 g. — *3.3'-Bis-[trifluormethyl]-azobenzol* (**III**), $C_{14}H_8N_2F_6$, F. 82°; durch 2½std. Elektrolyse von 35,8 g **II**, 350 cm³ A., 30 cm³ W. u. 10 g Na-Acetat zwischen Pb-Elektroden mit 10 Amp.; aus wss. A. rote Kristalle; 17,3 g. — *3.3'-Bis-[trifluormethyl]-azoxybenzol*, $C_{14}H_8ON_2F_6$, F. 47°; durch 20std. Erwärmen von 2,00 g **III** mit 75 cm³ Essigsäure u. 10 cm³ H_2O_2 auf 80° unter period. Zusatz von drei weiteren 5 cm³-Mengen H_2O_2, Eingießen in W. u. Umkristallisation des Nd. aus wss. A.; 1,82 g. — *4.4'-Diamino-2.2'-bis-[trifluormethyl]-diphenyl* (*2.2'-Bis-[trifluormethyl]-benzidin*) (**IV**), $C_{14}H_{10}N_2F_6$, F. 180—182°; durch 5 Min. langes Schütteln von 5,0 g **III** mit 75 cm³ A., 5,0 cm³ W. u. Na-Amalgam (aus 1,5 g Na u. 70 g Hg), Gießen in verd. H_2SO_4 bei 40 bis 50°, Abfiltrieren von dem nichtumgesetzten **III**, Neutralisation mit 5nNaOH, Ausäthern, Abdampfen des Ae., Zugabe von etwas PAe., Abfiltrieren u. Umkristallisation aus wss. A.; 0,55 g. *Bis-trifluoracetylderiv.*, $C_{18}H_8O_2N_2F_{12}$, F. 209—210°; 84%. — *2.2'-Bis-[trifluormethyl]-diphenyl*, $C_{14}H_8F_6$, F. 32°, Kp. 230°; durch Tetrazotierung von 2,50 g **IV** mit 1,2 g $NaNO_2$, 4,0 cm³ konz. HCl u. 20 cm³ W., Behandlung mit 16 cm³ 30%ig. unterphosphoriger Säure 1 Std. bei 0° u. 2 Std. bei 15° u. Wasserdampfdest.; 1,34 g. — *9-Oxofluoren-4-carbonsäure*, $C_{14}H_8O_3$, F. 226—227° (A.); aus 0,204 g der vorst. Verb. mit 2,0 cm³ konz. H_2SO_4 in ½ Std. bei 90° u. 3 Std. bei 100°; 0,05 g neben 0,06 g *4-Trifluormethylfluorenon.* — *2.2'-Bis-[trifluormethyl]-azobenzol* (**VI**), $C_{14}H_8N_2F_6$, F. 126—128°; durch elektrolyt. Red. von 6,50 g **V**; aus wss. A. rote Kristalle; 1,41 g. — *2.2'-Bis-[trifluormethyl]-hydrazobenzol* (**VII**), $C_{14}H_{10}N_2F_6$, F. 122—123° (wss. A.); durch Red. von 1,0 g **VI** mit Na-Amalgam; 0,90 g. — *2-Trifluormethylphenylazo-β-naphthol*, $C_{17}H_{11}ON_2F_3$, F. 157—158°; durch Hydrierung von 0,50 g **VII** u. Kupplung mit β-Naphthol; aus A. rote Kristalle; 0,58 g. — *4.4'-Diamino-3.3'-bis-[trifluormethyl]-diphenyl* (*3.3'-Bis-[trifluormethyl]-benzidin*), $C_{14}H_{10}N_2F_6$, F. 115° (wss. A.); durch 2std. Erhitzen von 0,42 g **VII** mit 8 cm³ H_2SO_4 u. 4 cm³ W. auf 90°; 0,15 g (neben 0,01 g **VI**). *Bis-trifluoracetylderiv.*, F. 201°. (J. chem. Soc. [London] **1953**. 1994—98. Juli. Birmingham, Univ., Chem. Dep.) FORCHE. 1310

K. H. Klaassens und **C. J. Schoot**, *Derivate von p-Diäthoxybenzol.* 1. Mitt. *1.4-Diäthoxy-2-chlorbenzol-5-diazoniumborfluorid. 1.4-Diäthoxy-2-chlorbenzol-5-diazoniumborfluorid* wurde auf dem aus dem Versuchsteil sich ergebenden Wege dargestellt. Die Stellung der Aminogruppe in dem Zwischenprod. *1.4-Diäthoxy-2-chlor-5-aminobenzol* (**I**) wurde bewiesen durch Überführen von **I** in *1.4-Diäthoxy-2.5-dichlorbenzol*, das ident. war mit der aus 2.5-Dichlorhydrochinon erhaltenen O.O-Diäthylverbindung.

Versuche: *1.4-Diäthoxy-2-chlor enzol*, $C_{10}H_{13}O_2Cl$, $Kp._9$ 128—129°, F. 15°, aus 2.5-Diäthoxyanilin mit CuCl nach SANDMEYER, n_D^{25} 1,5230; 65% (Ausbeute). — *1.4-Diäthoxy-2-chlor-5-nitrobenzol*, $C_{10}H_{12}O_4NCl$, F. 108°, aus vorst. Verb. durch Nitrierung in Eisessig nach Kühlung, gelbe Kristalle aus A./W.; 83%. — *1.4-Diäthoxy-*

2-chlor-5-aminobenzol (I), F. 90°, aus vorst. Verb. durch Red. mit $SnCl_2$ in salzsaurer Lsg. unter Kochen; 87%; *Acetylderiv.*, $C_{12}H_{16}O_3NCl$, F. 108,5°. — *1.4-Diäthoxy-2-chlor-benzol-5-diazoniumborfluorid*, aus I durch Diazotierung u. folgendes Versetzen mit Ammoniumborfluorid unter Rühren, feine gelbe Nadeln; 90%. — *1.4-Diäthoxy-2.5-di-chlorbenzol*, $C_{10}H_{12}O_2Cl_2$, F. 116—117°, aus 2.5-Dichlorhydrochinon, Äthyljodid u. $NaOC_2H_5$ durch 1std. Kochen; 47%; ferner aus I nach SANDMEYER. (Recueil Trav. chim. Pays-Bas **72**. 91—93. Jan. 1953. Eindhoven, Niederlande, Philips' Res. Labor.) G. WINKLER. 1320

Th. Weil, B. Prijs und **H. Erlenmeyer,** *Über die Reduktion der phenylphosphinigen Säure mit Lithiumaluminiumhydrid.* Vff. fanden früher (C. **1952**. 7002), daß sich *Phenyl-dichlorphosphin* mittels $LiAlH_4$ (I) zu *Phenylphosphin* (II) red. läßt. Es wird nun gezeigt, daß sich auch die *phenylphosphinige Säure* (III) mittels I zu II red. läßt. Diese Rk. ist wegen der schwierigen Isolierung der Aryldichlorphosphine für die Herst. von Arylphosphinen bedeutungsvoll. Die Arylphosphonsäuren werden dagegen nicht von I red.; anders verhalten sich die Stickstoffverbb. entsprechender Oxydationsstufen, denn es gelang, sowohl *Nitrosobenzol* als auch *Nitrobenzol* durch I zu *Azobenzol* zu reduzieren.

Versuche: *Phenylphosphinige Säure* (III), $C_6H_7O_2P$, F. 81—82° (Bzl.), durch Hydrolyse von $C_6H_5PCl_2$ mit einem großen Überschuß an W., Kochen u. Eindampfen im Vakuum. — *Phenylphosphin* (II), Kp. 160°. III wurde mittels I in Ae.-Lsg. innerhalb 1 Std. red. (Sieden unter N_2) u. der Ae. unter N_2 abdest.; 13% (Ausbeute). — *Azo-benzol*, orangerote Kristalle, F. 66—67° (A.). Eine Suspension von 600 mg Nitroso-benzol in Ae. wurde analog durch I red.; 350 mg. — Die UV-Absorptionskurve von III besitzt 2 Maxima mit den Wellenlängen 265,5 u. 272 mμ. (Helv. chim. Acta **36**. 142 bis 144. 1953. Basel, Univ., Anstalt für anorgan. Chemie.) ZIMMER. 1380

William E. Truce und **Jerry P. Milionis,** *Darstellung von Cycloalkylalkylsulfonen.* Vff. synthetisieren einige *Cyclohexyl-* u. *Cyclopentylsulfone*, $C_6H_{11}SO_2R$ bzw. $C_5H_9 \cdot SO_2R$, durch Alkylierung der Na-Cycloalkansulfinate. *Cyclobutylmethylsulfon* wurde in schlechter Ausbeute aus Cyclobutylbromid u. Na-Methansulfinat dargestellt. — Die Rk. von tert.-Butylbromid mit Na-Cyclohexansulfinat (I) bzw. Na-Cyclopentan-sulfinat (II) gibt *Dicyclohexyldisulfid* bzw. *Dicyclopentyldisulfid*, deren Konst. durch Überführung in die entsprechenden Sulfonamide bewiesen wurde.

Versuche: *Cyclohexansulfonylchlorid*, Kp.$_4$ 108—109,5°, durch Chlorsulfo-nierung von Cyclohexan; n_D^{20} 1,4970; 45,4% (Ausbeute). *Sulfonamid*, F. 94—95° (Leichtbenzin). — *Na-Cyclohexansulfinat* (I), durch Red. vorst. Verb.; 42,8%. *S-Benzyl-thiuroniumsalz*, $C_{14}H_{22}O_2N_2S_2$, F. 143° (W.). — *Cyclohexylmethylsulfon*, $C_7H_{14}O_2S$, Kp.$_2$ 119—120°. 0,0588 Mol I u. 0,36 Mol CH_3J werden in absol. A. 140 Std. erhitzt, das Filtrat wird eingedampft, W. zugegeben u. mit Chlf. oder CCl_4 ausgezogen; n_D^{20} 1,4920; 82,5%. — *Cyclohexyläthylsulfon*, $C_8H_{16}O_2S$, F. 35—37° (PAe./Ae., 3:1), aus 0,0294 Mol I u. 0,183 Mol C_2H_5Br; 48 Std.; 58,7%. — *Cyclohexylpropylsulfon*, $C_9H_{18} \cdot O_2S$, F. 50—51° (PAe./Ae., 3:1), aus 0,0294 Mol I u. 0,03 Mol Propylbromid; 48 Std.; 46,6%. — *Cyclohexylisopropylsulfon*, $C_9H_{18}O_2S$, F. 40,5—41° (PAe.), aus 0,0588 Mol I u. 0,36 Mol Isopropylbromid; 72 Std.; 40,7%. — *Cyclohexylbutylsulfon*, $C_{10}H_{20}O_2S$, E. 19°, Kp.$_5$ 164—165°, Kp.$_{16}$ 191,5°, aus 0,0294 Mol I u. 0,03 Mol Butylbromid; 48 Std.; n_D^{20} 1,4850; 33,4%. — *Cyclohexylbenzylsulfon*, $C_{13}H_{18}O_2S$, F. 104,5—105° (absol. A.), aus 0,0059 Mol I u. 0,44 Mol Benzylchlorid; 20 Std.; 35,9%. — *Dicyclo-hexylsulfon*, $C_{12}H_{22}O_2S$, F. 130—132°, aus 0,0588 Mol I u. 0,30 Mol Cyclohexylbromid; 96 Std.; 10,9%. — *Cyclohexylcyclopentylsulfon*, $C_{11}H_{20}O_2S$, F. 71—72° (PAe.), aus 0,0588 Mol I u. 0,03 Mol Cyclopentylbromid; 96 Std.; 30,9%. — *Cyclopentansulfonyl-chlorid*, $C_5H_9O_2ClS$, Kp.$_2$ 71—73°, Kp.$_5$ 91°, Kp.$_7$ 99°, Kp.$_9$ 104,5—105°: 350 g Cyclo-pentan, Bzl. u. katalyt. Mengen Pyridin werden bei Belichtung mit 335 g SO_2Cl_2 ver-setzt; n_D^{20} 1,4910; 53,8%. *Sulfonanilid*, F. 89—90° (Leichtbenzin). — Na-*Cyclopentan-sulfinat* (II), durch Red. vorst. Verb.; 56,5%. *S-Benzylthiuroniumsalz*, $C_{13}H_{20}O_2N_2S_2$, F. 168° (verd. A.). — *Cyclopentylmethylsulfon*, $C_6H_{12}O_2S$, Kp.$_2$ 116—117°, aus 0,10 Mol II u. 0,50 Mol CH_3J in absol. A.; 96 Std.; n_D^{20} 1,4867; 61,2%. — *Cyclopentyläthylsulfon*, $C_7H_{14}O_2S$, F. 47—48° (Leichtbenzin), analog aus II u. C_2H_5Br; 35%. — *Cyclopentyl-propylsulfon*, $C_8H_{16}O_2S$, Kp.$_3$ 125—125,5°, aus II u. Propylbromid; n_D^{20} 1,4839; 55%. — *Cyclopentylbutylsulfon*, $C_9H_{18}O_2S$, Kp.$_2$ 129°, aus II u. Butylbromid; n_D^{20} 1,4812; 71,4%. — *Cyclopentylbenzylsulfon*, $C_{12}H_{16}O_2S$, F. 85—86° (Leichtbenzin), aus 0,10 Mol II u. 0,50 Mol Benzylchlorid; 72 Std.; 49,1%. — *Dicyclopentylsulfon*, $C_{10}H_{18}O_2S$, F. 68 bis 70° (Leichtbenzin), aus 0,1 Mol II u. 0,2 Mol Cyclopentylbromid; 72 Std.; 20%. — *Cyclobutansulfonylchlorid*, $C_4H_7O_2ClS$, Kp.$_5$ 67,5—68°: 4 g Cyclobutan, 19 g Bzl. u. 4 Tropfen Pyridin werden mit 16,75 g SO_2Cl_2 unter Lichteinstrahlung versetzt. Temp.

nicht über 40°; n_D^{20} 1,4603; 46,6%. — *Cyclobutylmethylsulfon*, $C_5H_{10}O_2S$, Kp.$_4$ 117°, aus 10 g Cyclobutylbromid u. 20 g Na-Methansulfinat in absol. A.; 72 Std.; n_D^{20} 1,4752; 6,05%. — *Dicyclohexyldisulfid*, $C_{12}H_{22}S_2$, Kp.$_{2,5}$ 136—138°: 68 g I u. 82,2 g tert.-Butylbromid werden in absol. A. 72 Std. erhitzt; n_D^{20} 1,5450; 11 g. — Rk. mit Cl_2 in wss. Essigsäure gibt *Cyclohexansulfonylchlorid*, Kp.$_{1,5}$ 72—73°. — *Dicyclopentyldisulfid*, $C_{10}H_{18}S_2$, Kp.$_3$ 110,5°: 46,5 g II u. 82,2 g tert.-Butylbromid werden in absol. A. 77 Std. erhitzt. In einer Kühlfalle (Trockeneis/Aceton) wurde eine beträchtliche Menge *Isobutylen* (als *Dibromid* identifiziert) aufgefangen: n_D^{20} 1,5361; 4 g. Rk. mit Cl_2 in wss. Essigsäure ergibt *Cyclopentansulfonylchlorid*, das in *Cyclopentansulfanilid* übergeführt wurde. (J. org. Chemistry **17.** 1529—33. Nov. 1952. Lafayette, Ind., Purdue Univ., Dep. of Chem.) H. ULRICH. 1890

Jacob Szmuszkovicz und **Harry Born,** *Die Kondensation von 2-Oxy- und 2-Acetoxycyclohexanon mit 1-Diäthylaminopentanon-(3).* Die Kondensation von 2-Oxycyclohexanon (I; Darst. durch Hydrolyse von 2-Chlorcyclohexanon u. Entdimerisierung; vgl. SHEEHAN, C. **1952.** 516) mit 1-Diäthylaminopentanon-(3)-methojodid (II), das als Quelle für Vinyläthylketon dient, bei Ggw. von $NaOCH_3$ ergab unter Angriff an der 2-Stellung u. Ringschluß *1-Methyl-10-oxy-$\Delta^{1,9}$-oktalon-(2)* (III), dessen *Semicarbazon* (IIIa) in 70% Ausbeute erhalten wurde. Die UV-Absorptionsspektren von III (λ_{max} 244 u. 312 mμ; log E 4,14; 1,90) u. IIIa (λ_{max} 270 mμ; log E 4,46) bestätigen diese Konstitution. Dehydratisierung von III mit Oxalsäure ergab *1-Methyl-2-keto-2.3.4.-6.7.8-hexahydronaphthalin* (IV, λ_{max} 290 mμ; log E 3,95; *Semicarbazon* (IVa), λ_{max} 298 mμ, log E 4,51), das durch Dehydrierung mit Pd *1-Methylnaphthol-(2)* lieferte. Die gleiche Rk. wurde mit 2-Acetoxycyclohexanon (V) durchgeführt u. verlief entsprechend unter Essigsäureabspaltung bei Dest. u. Bldg. von IV u. *1-Methyl-5.6.7.8-tetrahydronaphthol-(2).* Die Konst. von IV wurde außerdem durch Vgl. seiner kristallograph. Eigg. u. Pulverdiagramm des 2.4-Dinitrophenylhydrazons mit denen des nach BIRCH, QUARTEY u. SMITH (C. **1953.** 706) dargestellten Materials sichergestellt.

Versuche: *2-Acetoxycyclohexanon* (V), $C_8H_{12}O_3$, F. 35—36° (PAe.), aus dem dimeren I mit Acetanhydrid 1 Std. am Rückfluß, 7 Std. bei n. Temp., Kp.$_8$ 104,5 bis 105°. — *1-Methyl-10-oxy-$\Delta^{1,9}$-oktalon-(2)* (III), $C_{11}H_{16}O_2$, F. 54—56° (PAe.), aus II u. I in Bzl. u. Zugabe von methanol. $NaOCH_3$; *Semicarbazon* (IIIa), $C_{12}H_{19}O_2N_3$, F. 192 bis 193° unter Zers. (A.); *2.4-Dinitrophenylhydrazon*, $C_{17}H_{20}O_5N_4$, F. 197—198°, purpurne Platten aus A.–Chlf.; λ_{max} 403, 312,5 u. 265 mμ, log E 4,55; 4,17 bzw. 4,26. — IV, $C_{11}H_{14}O$, F. 59—61° (PAe.), aus III u. Oxalsäure in Toluol durch 1std. azeotrope Dest.; b) aus II u. V analog III; *Semicarbazon* (IVa), $C_{12}H_{17}ON_3$, fahlgelbe Nadeln aus verd. A., F. 213—214° (Zers.), aus IIIa u. Oxalsäure in W. ½ Std. am Rückfluß; *2.4-Dinitrophenylhydrazon*, F. 197—198°. — *2-Keto-2.3.4.6.7.8-hexahydronaphthalin, 2.4-Dinitrophenylhydrazon*, $C_{16}H_{16}O_4N_4$, F. 187—188°, tiefrote Platten aus Chlf.; λ_{max} 301, 402 mμ; log E 4,16 u. 4,56. — *1-Methylnaphthol-(2)*, F. 111—112° (PAe.), aus IV in p-Cymol mit 30%ig. Pd-Kohle, 2,5 Std. am Rückfluß; *Pikrat*, F. 163—165° (Bzl.–PAe.), rote Nadeln. — *1-Methyl-2-acetoxynaphthalin*, F. 66—67° (PAe.). — *1-Methyl-5.6.7.8-tetrahydronaphthol-(2)*, $C_{11}H_{14}O$, F. 113—114° (PAe.), Nebenprod. der IV-Darst. nach b). — *1-Methyl-2-methoxy-5.6.7.8-tetrahydronaphthalin*, $C_{12}H_{16}O$, F. 50,5 bis 51,5° (verd. Methanol). (J. Amer. chem. Soc. **75.** 3350—52. 20/7. 1953. Tel-Aviv, Rehovoth, Israel, Israeli Min. of Def., u. Weizmann Inst. of Sci.) GNAUCK. 1980

George P. Hager und **Charles I. Smith,** *Basische Ester von Cyclopropancarbonsäuren.* Einige Di- u. Triphenylcyclopropancarboxylate u. ein Dibenzonorcaradiencarboxylat wurden dargestellt. Die als Zwischenprodd. benötigten substituierten Cyclopropancarbonsäuren wurden durch Rk. von Diazoessigester (I) mit geeigneten KW-stoffen erhalten. *Dibenzonorcaradiencarbonsäure* wurde aus Phenanthren (III) u. I dargestellt. Die Ausbeute konnte bei Anwendung von Cu-Pulver als Katalysator verdoppelt werden. Desgleichen erwies sich die Anwendung von Cetan als Lösungsm. an Stelle von überschüssigem KW-stoff als günstig. Rk. von I mit Styrol u. Stilben führte zu *2-Phenyl-* bzw. *2.3-Diphenylcyclopropancarbonsäure.* Durch Best. des Neutralisationsäquivalents u. Elementaranalyse konnte gezeigt werden, daß je 1 Mol I mit 1 Mol Stilben reagiert. Da keine wasserlösl. Säuren des Phthalsäuretyps auftreten, ist bewiesen, daß die Rk. an der außerhalb des Kernes gelegenen Doppelbindung eintritt. Oxydation lieferte Benzoesäure. Da keine Rk. mit $KMnO_4$ u. Br_2 in CCl_4 bei Raumtemp. eintritt, kann die angenommene Struktur als bewiesen angesehen werden. *2.2.3-Triphenylcyclopropancarbonsäure* (II) wurde aus Diphenyldiazomethan (IV) u. Äthylcinnamat erhalten. Die 2-Diäthylaminoäthylester der Säuren wurden durch Rk. der Na-Salze in Isopropylalkohol mit 2-Chloräthyldiäthylamin dargestellt.

Versuche (FF. korr.): *2.2-Diphenylcyclopropancarbonsäure*, aus 1.1-Diphenyläthylen u. I nach WIELAND u. PROBST (Liebigs Ann. Chem. **530.** [1937.] 274); 12% (Ausbeute). — *2.3-Diphenylcyclopropancarbonsäure*, $C_{16}H_{14}O_2$, F. 157—157,8° (PAe.-CCl_4), durch Zutropfen von I zu trans-Stilben bei 150°, Aufnehmen in heißem A., 5std. Kochen mit NaOH, Eindampfen im Vakuum, Ausziehen mit heißem W., Filtration der heißen Lsg., Ansäuern mit konz. HCl, Lösen des Nd. in 10% ig. NaOH, Abtrennen des Na-Salzes, Aufnehmen in W. u. Ansäuern; 9%. — *2.2.3-Triphenylcyclopropancarbonsäure* (**II**), aus **IV** u. Äthylcinnamat nach STAUDINGER (Ber. dtsch. chem. Ges. **49**. [1932.] 1916); 42%. — *Dibenzonorcaradiencarbonsäure*, F. 257—258°, nach DRAKE u. SWEENEY (C. **1946**. I. 339) 3,3%; aus 0,62 Mol **III**, 0,17 Mol **I** u. Cu-Pulver 6,2%; bei Anwendung von Cetan als Lösungsm. 4,0%. — *[2-Diäthylaminoäthyl]-2.2.3-triphenylcyclopropancarboxylat, Hydrochlorid*, $C_{28}H_{32}O_2NCl$, F. 134,5—135,2°, durch 6std. Kochen von II-Na u. 2-Chloräthyldiäthylamin in Isopropylalkohol, Eindampfen im Vakuum, Extraktion mit Ae., Behandlung mit HCl u. Entfernung des Ae., Kristalle aus absol. A. + Isopropyläther; 83%. — *[2-Diäthylaminoäthyl]-2.2-diphenylcyclopropancarboxylat, Hydrochlorid*, $C_{22}H_{28}O_2NCl$, F. 147,5—148,2°; 81%. — *[2-Diäthylaminoäthyl]-dibenzonorcaradiencarboxylat, Hydrochlorid*, $C_{22}H_{26}O_2NCl$, F. 192 bis 193°; 70%. — *[2-Diäthylaminoäthyl]-2.3-diphenylcyclopropancarboxylat, Hydrochlorid*, $C_{22}H_{28}O_2NCl$, F. 190,6—191,4°; 52%. (J. Amer. pharmac. Assoc., sci. Edit. **41**. 193—96. April 1952. Baltimore, Md., Univ., School of Pharmacy.) HILDEGARD BAGANZ. 2010

Nils K. Nelson und **Horton H. Morris**, *Decarboxylierung α-substituierter Glycidsäuren.* Vff. stellen *α-n-Butyl-α.β-epoxycyclohexylidenessigsäureäthylester* (**I**) u. *α-n-Hexyl-α.β-epoxycyclohexylidenessigsäureäthylester* (**II**) durch Kondensation von Cyclohexanon (**III**) mit α-Bromcapronsäureäthylester (**IV**) bzw. -caprylsäureester (**V**) unter Verwendung von $NaOC_2H_5$ (**VI**) als Kondensationsmittel dar u. erhalten daraus durch Verseifung u. Decarboxylierung die erwarteten Ketone *1-Cyclohexylpentanon-(1)* bzw. *1-Cyclohexylheptanon-(1)* neben geringen Mengen (< 10%) nichtidentifizierter Prodd. von Aldehydcharakter.

Versuche: *α-n-Butyl-α.β-epoxycyclohexylidenessigsäureäthylester* (**I**), $C_{14}H_{24}O_3$, $Kp._{18}$ 160°, $Kp._2$ 126°, aus **III** (1,6 Mol) u. **IV** (1 Mol) in Ae. durch Zugabe von **VI** (1,6 Mol) während 1½ Std. unter heftigem Rühren in N_2-Atmosphäre u. Kühlung in Kältemischung, anschließend 18 Std. Rühren bei gleichen Bedingungen u. dann 1½ Std. Erhitzen auf 100°, hochviscose Fl., n_D^{20} 1,4606, $D.^{20}_4$ 0,9907, $D.^{25}_4$ 0,9862, $D.^{30}_4$ 0,9825, $D.^{35}_4$ 0,9787, $D.^{40}_4$ 0,9747; 46% (Ausbeute). — *α-n-Hexyl-α.β-epoxycyclohexylidenessigsäureäthylester* (**II**), $C_{16}H_{28}O_3$, $Kp._2$ 151°, aus **III** u. **V** wie **I**, viscose Fl., n_D^{20} 1,4619, $D.^{20}_4$ 0,9741, $D.^{25}_4$ 0,9699, $D.^{30}_4$ 0,8659, $D.^{35}_4$ 0,9620, $D.^{40}_4$ 0,9581; 43 bis 48%. — *1-Cyclohexylpentanon-(1)*, $C_{11}H_{20}O$, $Kp._3$ 85—86°, aus **I** durch 4std. Kochen in wss.-alkoh. KOH, Isolierung der Glycidsäure u. folgende Decarboxylierung durch Erhitzen bei 3 mm Druck; 38%; ferner aus Cyclohexen (1 Mol) in Cyclohexan (1,84 Mol) u. Valerylchlorid (1 Mol) durch langsame Zugabe von $AlCl_3$ bei 0° u. folgende Erwärmung auf 70° bis zur Beendigung der HCl-Entw.; 25%; n_D^{20} 1,4556, $D.^{20}_4$ 0,894, $D.^{25}_4$ 0,889, $D.^{30}_4$ 0,886, $D.^{35}_4$ 0,882, $D.^{40}_4$ 0,879; *2.4-Dinitrophenylhydrazon*, $C_{17}H_{24}O_4N_4$, F. 70—71° (A.), hellorange Büschel; *Semicarbazon*, F. 161° (50% ig. A.). — *1-Cyclohexylheptanon-(1)*, $C_{13}H_{24}O$, $Kp._1$ 109—110°, $Kp._3$ 110 bis 116°, aus **II** wie vorst. Verb. (Decarboxylierung bei Atmosphärendruck); 61%; ferner aus n-Hexyl-MgBr (0,5 Mol) durch Zugabe von $CdCl_2$ (0,25 Mol) während 5 Min. unter Kochen u. Rühren u. folgende Zugabe von Cyclohexancarbonsäurechlorid (0,5 Mol) mit anschließendem 1std. Rühren; 26 g; n_D^{20} 1,4560, $D.^{20}_4$ 0,8878, $D.^{25}_4$ 0,8827, $D.^{30}_4$ 0,8790, $D.^{35}_4$ 0,8750, $D.^{40}_4$ 0,8716; *2.4-Dinitrophenylhydrazon*, $C_{29}H_{28}O_4N_4$, F. 63,5—64° (A.). (J. Amer. chem. Soc. **75**. 3337—39. 20/7. 1953. Orono, Me., Univ., Dep. of Chem.) G. WINKLER. 2050

Emil Buchta und **Hans Weidinger**, *Versuche in der Reihe des 1.1.6.6-Tetraanisylhexans und über die östrogene Wirkung der dargestellten Verbindungen. 1.1.6.6-Tetra-[p-anisyl]-hexandiol-(1.6)* (**I**) wurde aus p-Anisyl-MgBr u. Adipinsäuredimethylester (**II**), aus 1.4-Butylendimagnesiumbromid (**XII**) u. p.p'-Dimethoxybenzophenon (**XI**) u. ferner, am günstigsten, aus 1.6-Bis-[p-anisyl]-hexadion-(1.6) mit der GRIGNARD-Verb. von p-Bromanisol dargestellt. Das analoge *1.1.6.6-Tetra-[m-anisyl]-hexandiol-(1.6)* (**III**) wurde aus **II** u. der GRIGNARD-Verb. von m-Bromanisol gewonnen; analog entstand mit der GRIGNARD-Verb. von o-Bromanisol *1.1.6.6-Tetra-[o-anisyl]-hexandiol-(1.6)* (**V**). Durch Rekristallisation von **I** in Eisessig + konz. HCl bildet sich unter H_2O-Abspaltung *1.1.6.6-Tetra-[p-anisyl]-hexadien-(1.5)* (**VI**), das bei der Oxydation mit $KMnO_4$ neben **XI** nur wenig *Bernsteinsäure* (**IV**), bei Ozonspaltung u. Behandlung mit Essigsäure u. H_2O_2 jedoch viel **IV** ergibt. H_2O-Abspaltung aus **III** war schwieriger u. gelang erst durch Erhitzen in H_2O-freier Ameisensäure; die Struktur des gebildeten *1.1.6.6-Tetra-[m-anisyl]-hexadiens-(1.5)* (**VII**) wurde ebenfalls durch Ozonspaltung zu *m.m'-Dimeth-*

oxybenzophenon u. **IV** bewiesen. Analog **VI** entstand aus **V** *1.1.6.6-Tetra-[o-anisyl]-hexadien-(1.5)* (**VIII**). Mehrstd. Kochen von **VI** mit Chloranil lieferte *1.1.6.6-Tetra-[p-anisyl]-hexatrien-(1.3.5)* (Se-Dehydrierung gelingt hier nicht). Analog bildeten sich aus **VII** u. **VIII** *1.1.6.6-Tetra-[m-anisyl]-* u. *1.1.6.6-Tetra-[o-anisyl]-hexatrien-(1.3.5)* (letzteres im Gegensatz zu den vorst. gelben Analoga farblos). Behandlung von **VI** mit Na in Butanol liefert *1.1.6.6-Tetra-[p-anisyl]-hexan* (**IX**), analog entstanden aus **VII** u. **VIII** *1.1.6.6-Tetra-[m-anisyl]-* u. *1.1.6.6-Tetra-[o-anisyl]-hexan*. Aus **X** bildet sich durch Behandlung mit Na-Amalgam in Bzl. + CH_3OH eine *Verb.* $C_{34}H_{34}O_4$, ein Isomeres von **VI**, das bei der Red. mit Pd-Kohle in **IX** verwandelt wird u. als *1.1.6.6-Tetra-[p-anisyl]-hexadien-(2.4)* (**XIII**) angesprochen wurde (bildet kein *Dien*-Addukt; eine ebenfalls mögliche 1.3-Stellung der Doppelbindung unwahrscheinlich). **XIII** liefert bei der Ozonspaltung *Di-[p anisyl]-essigsäure* u. erhebliche Mengen **XI**. Letzteres ist wahrscheinlich ein Sekundärprod. der ersteren. Therm. Spaltung von **VI** bei 320° ergibt *1.1-Di-[p-anisyl]-propen-(1)*, der Mechanismus der Rk. wird unter Zugrundelegung der SCHMIDTschen Doppelbindungsregel gedeutet: Aufspaltung zwischen $C_{(3)}$ u. $C_{(4)}$, Biradikalbldg. $[CH_2—C=C=(C_6H_4OCH_3)_2]$, Absättigen des Radikals durch H-Atome eines 2. Radikals u. Polymerisation des letzteren (Verharzung). Bei Bromierung von **VI** mit N-Bromsuccinimid u. etwas Benzoylperoxyd nach ZIEGLER (Liebigs Ann. Chem. **551**. [1942.] 80) entsteht eine *Verb.* $C_{34}H_{32}O_4Br_2$ (**XIV**), die nicht, wie nach ZIEGLER anzunehmen, bewegliche Br-Atome enthält (bei Kochen mit $AgNO_3$ kein AgCl-Nd.). Bromierung von **VI** mit Br_2 in CCl_4 liefert zunächst die tiefschwarze Lsg. eines *Tetrabromids*, das instabil ist u. selbst bei —20° unter HBr-Abspaltung in **XIV** übergeht. Für die Stellung der Br-Atome, für die 3.4-, 1.6- u. 2.5-Stellung in Frage kommen, wurde letztere durch nachst. Rkk. erwiesen: Kochen von **XIV** in Na-Butylat ohne Erfolg, bei Einw. von Na auf eine Butanollsg. entsteht **IX**, bei Behandlung mit Zn-Staub in Eisessig entsteht **VI**, Abbau mit $KMnO_4$ erfolglos, Oxydation mit CrO_3 liefert unter verschied. Bedingungen **XI**, Ozonabbau dagegen als eindeutigen Beweis der Struktur **XI** u. **IV**. Analoge Behandlung von *1.1.6.6-Tetraphenylhexadien-(1.5)* (**XV**) mit Bromsuccinimid zum Vgl. (die Darst. einer *1.2.5.6-Tetrabromverb.* aus Benzophenon u. **XII** u. Bromierung lieferte ein Prod. vom F. 181°, der wesentlich höher liegt als BAUER u. HERZOG (Liebigs Ann. Chem. **547**. [1940.]103) angaben; möglicherweise liegt hier teilweise HBr-Abspaltung vor) lieferte in 87%ig. Ausbeute *1.1.6.6-Tetraphenylhexatrien-(1.3.5)*. Das unterschiedliche Verh. von **VI** u. **XV** bei der Bromierung führen Vff. darauf zurück, daß im Falle von **VI** die Methoxygruppen Elektronenmesomerie, Ausbildung eines chinoid-benzoiden Syst. u. damit Anreicherung von Elektronen an $C_{(2)}$ bzw. $C_{(5)}$ verursachen. Da bei **VII** die Bldg. eines chinoiden Syst. nicht möglich ist, findet hier die Bromierung in 3.4-Stellung statt (Br-Atome in Allylstellung, daher durch $AgNO_3$ abspaltbar). Komplizierter liegen die Verhältnisse beim **VIII**, bei dem zwar Elektronenmesomerie möglich ist, die Bromierung aber durch ster. Hinderung durch die o-Stellung der CH_3O-Gruppe gehemmt ist. Hier tritt sowohl 2.5-Bromierung zu *1.1.6.6-Tetra-[o-anisyl]-2.5-dibrom-* (keine $AgNO_3$-Rk.), wie auch Bromierung zu *1.1.6.6-Tetra-[o-anisyl]-3.4-dibromhexadien-(1.5)* ($AgNO_3$-Rk.) auf. — Die tiefschwarze Lsg. des Tetrabromids bei der Bromierung von **VI** erklären Vff. analog durch Ausbildung eines chinoid-benzoiden Syst. unter Anlagerung von Br an das O-Atom (**A**). Einw. von Br_2-Dampf auf festes **VI** führt zunächst zur Bldg. eines violettgefärbten Zwischenprod., das bei analoger Bromierung von **VII** nicht auftritt. Mit diesem von Vff. entwickelten Mechanismus lassen sich auch die Ergebnisse von PFEIFFER u. WIZINGER (Liebigs Ann. Chem. **461**. [1928.] 132: Ausbildung gefärbter Zwischenprodd. bei der Br_2-Dampfbehandlung von 1.1-Di-[p-anisyl]-äthylen u. anderer ähnlicher Verbb.) erklären. — Von den dargestellten Verbb. erwies sich **VII**, subcutan an kastrierten Rattenweibchen verabreicht, als östrogen wirksam, eine strukturelle Deutung dieser Wirksamkeit bei **VII** wird abschließend versucht (vgl. Original).

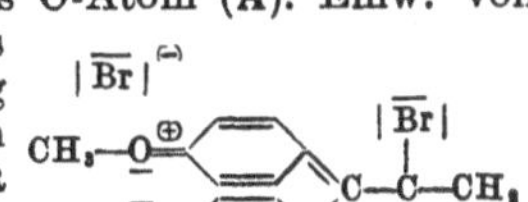

A

Versuche: *1.1.6.6-Tetra-[p-anisyl]-hexandiol-(1.6)* (**I**), $C_{34}H_{38}O_6$, F. 142 bis 143°, a) durch Zutropfen von **II** zur GRIGNARD-Lsg. von p-Bromanisol in Ae., Abgießen, Zufügen von Ae. zum Rückstand, Ausschütteln mit Eiswasser, dann Zugabe von verd. HCl u. Einengen der äther. Lsg.; 11% (Ausbeute); b) durch Eintragen von 1.6-Bis-[p-anisyl]-hexandion-(1.6) in eine Toluollsg. der GRIGNARD-Verb. von p-Bromanisol unter Rühren, 3std. Kochen u. Aufarbeiten wie vorst.; 89%; c) aus **XI** u. der benzol. Lsg. der GRIGNARD-Verb. von 1.4-Dibrombutan u. 8 Std. kochen; geringe Ausbeute. — *1.1.6.6-Tetra-[m-anisyl]-hexandiol-(1.6)* (**III**), $C_{34}H_{38}O_6$, F. 137—139° (Butanol), aus **II** u. m-Bromanisol-GRIGNARD-Verb.; 37%. — Analog *1.1.6.6-Tetra-[o-anisyl]-hexandiol-(1.6)* (**V**), F. 226—228° (Anisol); 45%. — *1.1.6.6-Tetra-[p-anisyl]-hexa-*

dien-(1.5) (VI), $C_{34}H_{34}O_4$, F. 108° (Butanol), aus I durch Aufkochen in Eisessig + etwas konz. HCl, Nadeln; 97%; fluorescieren gelbgrün. — *p.p'-Dimethoxybenzophenon* (XI), $C_{15}H_{14}O_3$, F. 144° (CH_3OH), a) durch Stehen von VI mit $KMnO_4$ in Aceton, Abfiltrieren u. Abdunsten; 38%; daneben wenig *Bernsteinsäure* (IV); b) durch Einleiten von O_3 in VI in CCl_4, Abdunsten, 9std. Kochen des Nd. mit Eisessig u. 30% ig. H_2O_2 bei 70 bis 90°; 92% neben 53% IV. *2.4-Dinitrophenylhydrazon* von XI, $C_{21}H_{18}O_6N_4$, F. 197—198°, rote Kristalle. — *1.1.6.6-Tetra-[m-anisyl]-hexadien-(1.5)* (VII), $C_{34}H_{34}O_4$, F. 95—97°, durch mehrfaches Aufkochen von III in H_2O-freier Ameisensäure u. Auskochen des Rückstandes mit Butanol; 70,2%. — *m.m'-Dimethoxybenzophenon, 2.4-Dinitrophenylhydrazon*, $C_{21}H_{18}O_6N_4$, F. 191—192°, durch Ozonspaltung vorst. Verb. wie oben, orangerote Kristalle; 60%; daneben 74% IV. — *1.1.6.6-Tetra-[o-anisyl]-hexadien-(1.5)* (VIII), $C_{34}H_{34}O_4$, F. 158°, aus V analog VI; 95%; löst sich in konz. H_2SO_4 rot. — *1.1.6.6-Tetra-[p-anisyl]-hexatrien-(1.3.5)* (X), $C_{34}H_{32}O_4$, F. 186—186,5°, durch 12std. Erhitzen von VI u. Chloranil in Xylol; aus dem beim Stehen anfallenden Nd. durch Ausschütteln mit Dithionit u. NaOH-Lsg., gelbe Kristalle aus Butylacetat; 82%. — *1.1.6.6-Tetra-[m-anisyl]-hexatrien-(1.3.5)*, $C_{34}H_{32}O_4$, F. 140—142° (Butylacetat), aus VII wie vorst., dunkelgelbe Kristalle; 43%. — Analog aus VIII *1.1.6.6-Tetra-[o-anisyl]-hexatrien-(1.3.5)*, $C_{34}H_{32}O_4$, F. 204—207°. — *1.1.6.6-Tetra-[m-anisyl]-hexan*, $C_{34}H_{38}O_4$, F. 99—102° (A.). analog IX; 72%. — *1.1.6.6-Tetra-[p-anisyl]-hexadien-(2.4)* (XIII), $C_{34}H_{34}O_4$, F. 138°, durch Zufügen von 4% ig. Na-Amalgam unter Schütteln zu X in Bzl., dann absol. CH_3OH, kräftiges Schütteln bis zur Lsg., erneutes Schütteln mit frischem Na-Amalgam; aus der benzol. Schicht durch Einengen, gelbgrün fluorescierende Kristalle aus Eisessig; 91%; wird durch katalyt. Hydrierung mit Pd-Kohle in Tetrahydrofuran in IX verwandelt. — *Di-[p-anisyl]-essigsäure*, $C_{16}H_{16}O_4$, F. 111° (Eisessig), durch Ozonisierung von XIII unter Eis–Kochsalz-Kühlung, 24std. Stehen des Ozonids in Eisessig u. H_2O_2, Alkalisieren mit Soda, Ausziehen des Öles mit Ae. u. Einengen der wss. Lsg.; 6,5%. Aus der äther. Lsg. 18% XI. — *1.1-Di-[p-anisyl]-propen-(1)*, $C_{17}H_{18}O_2$, F. 99,5 bis 100,5° (A.) aus VI durch Dest. bei 290—320°; 41%. — *1.1.6.6-Tetra-[p-anisyl]-2.5-dibromhexadien-(1.5)* (XIV), F. 169° (Eisessig), a) durch 15 Min. langes Erhitzen von VI mit N-Bromsuccinimid u. etwas Benzoylperoxyd (als Katalysator), Abfiltrieren, Einengen u. Zufügen von CH_3OH; 85%; b) durch Bromierung von VI in Bzl. mit Br_2 in Bzl. (HBr-Entw.; vorübergehende Schwarzfärbung); 84%; ist stabil gegenüber $KMnO_4$; gibt mit $AgNO_3$ in Butanol kein AgCl; spaltet bei Kochen mit Na-Butylat kein Br ab; liefert bei Eintragen von Na in eine Butanollsg. *1.1.6.6-Tetra-[p-anisyl]-hexan* (IX), $C_{34}H_{38}O_4$, F. 91—92° (A.), Rosetten; 67,7%. IX entsteht auch aus VI durch Red. mit Na in Butanollsg. zu 93%. XIV liefert bei 6std. Red. mit Zn in Eisessig bei 110—115° 68% VI; bei Ozonisierung wie oben 82% XI u. 87% IV. — *1.1.6.6-Tetraphenylhexatrien-(1.3.5)*, $C_{30}H_{24}$, F. 209° (Acetanhydrid), durch Bromieren von 1.1.6.6-Tetraphenylhexadien-(1.5) (XV) mit N-Bromsuccinimid wie oben, gelbe Kristalle; 87%. — *1.1.6.6-Tetra-[m-anisyl]-3.4-dibromhexadien-(1.5)*, $C_{34}H_{32}O_4Br_2$, F. 162—164° (Zers.), aus VII durch Bromieren wie vorst., Nadeln; 69%; gibt mit $AgNO_3$ AgCl-Fällung. — *1.1.6.6-Tetra-[o-anisyl]-2.5-dibromhexadien-(1.5)*, $C_{34}H_{32}O_4Br_2$, F. 190 bis 191° (Eisessig), durch Bromierung von VIII mit Br_2 in CCl_4; 64%; entsteht ebenfalls bei Bromierung mit N-Bromsuccinimid u. fraktionierte Krist. aus Eisessig. Aus der Mutterlauge der fraktionierten Kristallisation *Verb.* $C_{34}H_{32}O_4Br_2$ *(3.4-Dibromderiv.)*, F. 155° (Essigester); 26%. (Liebigs Ann. Chem. **580**. 83—108. 1953. Erlangen, Univ., Inst. für organ. Chemie.) LEHWALD. 2260

Emil Buchta und **Hans Weidinger**, *Synthesen mit 1.4-Butylendimagnesiumbromid*. (Vgl. vorst. Ref.) Die jetzt leichte Zugänglichkeit von Butandiol-(1.4) veranlaßte Vff., die noch wenig bekannten Rkk. des daraus darstellbaren 1.4-Butylendiamagnesiumbromids (I) zu untersuchen. I bildet mit Aceton *2.7-Dimethyloctandiol-(2.7)*, mit Acetaldehyd *Octandiol-(2.7)* in 46 bzw. 31% ig. Ausbeute, mit Acetonitril jedoch nur in geringer Ausbeute *Octandion-(2.7)*. Rk. von I mit m-Methoxyacetophenon ergibt *2.7-Di-[m-anisyl]-octandiol-(2.7)*, das nicht unzers. isolierbar ist, jedoch läßt sich durch Behandlung mit Ameisensäure unter H_2O-Abspaltung *2.7-Di-[m-anisyl]-octadien-(2.6)* isolieren (nachgewiesen durch Ozonspaltung zu *m-Methoxyacetophenon* u. *Bernsteinsäure* [II]). Daneben entstand bei dieser Rk. ein *fl. Isomeres*, das bisher nicht weiter untersucht wurde. Rk. von 1.6-Di-[p-anisyl]-hexandion-(1.6) mit C_2H_5MgBr führt nicht zum erwarteten Diol, sondern gleich unter H_2O-Verlust zu *3.8-Di-[p-anisyl]-decadien-(3.7)* (Ozonabbau zu *p-Methoxypropiophenon* u. II). — Da bei der Umsetzung von I mit Diketonen theoret. auch cycl. Prodd. möglich sind, setzen Vff. I in sehr verd. Lsg. mit Diacetyl um, erhalten die cycl. Verb., *trans-1.2-Dimethylcyclohexandiol-(1.2)*, aber nur als Nebenprod. in geringer Ausbeute. Als Hauptprod. entstand ein hochmol. Alkohol III der wahrscheinlichen Struktur: ···—$(CH_2)_4$—$C(CH_3)(OH)$—$C(CH_3)(OH)$—

$(CH_2)_4$—$C(CH_3)(OH)$—$C(CH_3)(OH)$—$(CH_2)_4$—···. Bei Umsetzungen von I mit Benzil u. Phenanthrenchinon entstanden nichtdestillierbare, ölig-amorphe Substanzen.

Versuche: *2.7-Dimethyloctandiol-(2.7)*, $C_{10}H_{22}O_2$, Kp.$_{1,2}$ 115—117°, F. 93° (Chlf.), aus I u. Aceton in Ae., ½std. Erwärmen, Zers. mit Eis + HCl u. Ausäthern; 46% (Ausbeute). — *Octandiol-(2.7)*, $C_8H_{18}O_2$, Kp.$_{12}$ 139—142°, aus I u. Acetaldehyd wie vorst. u. Rektifikation; 31%. Daneben ein höhersd. zähes Öl. — *Octandion-(2.7)*, $C_8H_{14}O_2$, Kp.$_{12}$ 109—117°, F. 43° (Bzn.), aus I u. Acetonitril in Ae. unter Eis-Kochsalz-Kühlung, 3std. Rühren, Rektifikation u. Chromatographie der Fraktion Kp. 115 bis 125°/12 mm in Bzn. + Bzl. an Al_2O_3 (BROCKMANN); 8%. *2.4-Dinitrophenylhydrazon*, F. 216—218°, ockergelb. — *2.7-Di-[m-anisyl]-octadien-(2.6)*, $C_{22}H_{26}O_2$, F. 113° (A.), aus I u. m-Methoxyacetophenon in Ae. u. Kochen nach Zusatz von H_2O-freier Ameisensäure; aus dem abgeschiedenen Öl durch Neutralisieren mit Soda u. Ausäthern; 10%. Daneben ein Öl vom Kp.$_{0,6}$ 201—206°; 23%. Ozonspaltung des festen Diens u. Behandlung mit Dinitrophenylhydrazin liefert *m-Methoxyacetophenon-2.4-dinitrophenylhydrazon*, $C_{15}H_{14}O_5N_4$, F. 188—189° (Butylacetat), orangerote Kristalle; 84%. Daneben aus der wss. Phase 43% *Bernsteinsäure* (II). — *3.8-Di-[p-anisyl]-decadien-(3.7)*, $C_{24}H_{30}O_2$, F. 92,5—93,5°, aus 1.4-Di-[p-anisoyl]-butan u. $C_2H_5\cdot MgBr$ in absol. Bzl., 2std. Erhitzen, Zers. mit Eis u. HCl; aus der benzol. Phase durch Einengen, Versetzen mit 3facher Menge Ae., aus der abfiltrierten Lsg. durch Einengen u. Kochen mit Essigsäure; 4,4%; liefert bei Ozonabbau 18% II u. *p-Methoxypropiophenon* (als *Semicarbazon*, F. 176°); 59%. — *1.2-Dimethylcyclohexandiol-(1.2)*, $C_8H_{16}O_2$, F. 91,5—92°, aus I u. Diacetyl in Ae., nach 2std. Rühren Zers. mit Eis + HCl; aus der wss. Lsg. durch Eindampfen, Digerieren mit warmem absol. A., aus dem Extrakt, Nadeln aus Ae. + Ligroin; 32 mg aus 5 g I. Daneben aus der äther. Lsg. *Verb.* III, $(C_8H_{16}O_2)_n$, verharzt bei Erhitzen über 180° im Hochvakuum. (Liebigs Ann. Chem. **580**. 109—15. 1953.) LEHWALD. 2260

Reynold C. Fuson und **William H. Libby**, *Konjugative Addition von Grignard-Reagentien an Sorbomesitylen und Sorbodurol.* Bei Carbonylverbb. mit aromat. Kern kann die Anlagerung von GRIGNARD-Verbb. in o- oder p-Stellung erfolgen. Mesitylphenylketon reagiert mit Phenyl-MgBr in o-Stellung unter Bldg. von Mesityl-o-diphenylylketon, mit Benzyl- u. tert.-Butylverbb. jedoch in p-Stellung. Durylphenylketon reagiert mit Isopropyl-, Cyclohexyl- u. sek.-Butylverbb. ebenfalls in p-Stellung. Zum Vgl. wurde das Verh. aromat.-aliphat. Ketone untersucht. *Sorbomesitylen* u. *Sorbodurol* bildeten mit Phenyl- bzw. Benzyl-MgBr nur β-substituierte Prodd. (analog der Addition in o-Stellung bei aromat. Ketonen).

Versuche: *Sorbomesitylen* (I), $C_{15}H_{18}O$, Kp.$_9$ 133—134°; durch 1½std. Zutropfen einer Lsg. von Sorbylchlorid u. Mesitylen in CS_2 zu einem Gemisch von $AlCl_3$ u. CS_2 unter Eiskühlung u. Rühren; viscose, gelbe Fl.; n_D^{20} 1,57500; 74% (Ausbeute). *Hydrochlorid*, F. 149—149,5°; aus A. Nadeln. — *n-Amylmesitylketon*, $C_{15}H_{22}O$, Kp.$_1$ 118,5—119°; a) durch Hydrierung von I in absol. A. bei Raumtemp. mit H_2/RANEY-Ni. b) Aus Caproylchlorid wie vorst.; 55%. *3.5-Dinitroderiv.*, $C_{15}H_{20}O_5N_2$, F. 121—121,5° (A.); durch Nitrieren von vorst. Verb. mit HNO_3 + H_2SO_4 (1:1) unter 10° u. Gießen auf Eis. — *Maleinsäureanhydridaddukt von* I, $C_{19}H_{20}O_4$, F. 168—169,5° (Xylol); durch 90std. Kochen von I mit Maleinsäureanhydrid unter Rückfluß in Xylol. — *Sorbodurol* (II), $C_{16}H_{20}O$, F. 88—89°; aus Durol u. Sorbylchlorid; gelbe Platten aus PAe.; 59%. — *Durylglyoxylsäure*, $C_{12}H_{14}O_3$, F. 122—124° (PAe.); durch alkal. Oxydation von II mit $KMnO_4$ in Aceton unter Kühlung, Abdampfen, Aufnehmen in Alkali, Filtrieren u. Ausäthern, Ansäuern u. Ausäthern. Aus der wss. Schicht *Oxalsäure* (*Bis-[p-bromanilid]*, F. 301—306°). — *Maleinsäureanhydridaddukt von* II, $C_{20}H_{22}O_4$, F. 196 bis 197° (Nitromethan); 12,6%. — *β-Phenyl-β-propenylpropiomesitylen* (III), $C_{21}H_{24}O$, Kp.$_{0,7}$ 183—185°; durch Rk. von I mit Phenyl-MgBr in Ae.; n_D^{20} 1,5581; 81%. — *β-Phenyl-β-propenylpropiodurol* (IV), $C_{22}H_{26}O$, F. 69—71° (A.); aus II analog Vorst. in Ae. + Bzl.; 73%. — *β-Benzyl-β-propenylpropiodurol* (V), $C_{23}H_{28}O$, F. 91—92° (A.); aus II u. Benzyl-MgBr; 88%. — *α-Phenyl-β-mesitoylpropionsäure*, $C_{19}H_{20}O_3$, F. 176,5 bis 177° (Nitromethan); durch oxydativen Abbau von III mit $KMnO_4$; aus der äther. Schicht. Daneben aus der wss. Schicht *Essigsäure* (*p-Bromphenacylacetat*, F. 84,5 bis 86°). — *α-Phenyl-β-[2.3.5.6-tetramethylbenzoyl]-propionsäure*, $C_{20}H_{22}O_3$, F. 184,5 bis 186° (A. + W.); durch oxydativen Abbau von IV. — *α-Benzyl-β-[2.3.5.6-tetramethylbenzoyl]-propionsäure*, $C_{21}H_{24}O_3$, F. 184—186° (A. + W.); durch Abbau von V. (J. org. Chemistry **46**. 626—30. April 1951. Urbana, Ill., Univ., Noyes Chem. Labor.)

LEHWALD. 2360

Reynold C. Fuson und **Carl Hornberger jr.**, *Konjugative bimolekulare Reduktion von Mesitylphenylketon.* Durch Behandlung von Mesitylphenylketon (V) mit Mg + MgJ_2

entsteht eine Verb., die eine CO-Gruppe (Infrarotspektr.) u. eine OH-Gruppe (Ester-, Ätherbldg. u. Acetylierung) enthält. Durch folgende Rkk. wird die Verb. als *2-Mesitoyl-2'-[α-oxy-2.4.6-trimethylbenzyl]-diphenyl* (I) nachgewiesen: 1. Red. mit Na + A. liefert *2.2'-Bis-[2.4.6-trimethylbenzyl]-diphenyl*, das auch durch Red. von 2.2'-Dimesitoyldiphenyl (II) erhalten wird. 2. Durch Oxydation mit CrO_3 zu II. 3. Durch Red. mit HJ zu *2-Mesitoyl-2'-[2.4.6-trimethylbenzyl]-diphenyl*. — Dehydratisierung von I liefert unter Ringschluß *4-Mesitoyl-9-mesitylfluoren*. — Bei der Red. von I unter abgeänderten Bedingungen entstehen 2 bisher nicht näher untersuchte *Isomere* der Formel $C_{32}H_{32}O$.

Versuche: *2-Mesitoyl-2'-[α-oxy-2.4.6-trimethylbenzyl]-diphenyl* (I), $C_{32}H_{32}O_2$, F. 239—240°; durch Zufügen von V in Toluol zu einem unter Rückfluß sd. Gemisch aus Mg, J_2, Toluol u. Butyläther unter H_2O-Ausschluß, nach 2—3 std. Sieden Kühlen mit Eis, Abgießen der fl. Phase in konz. HCl, Eis u. Ae. u. Abdampfen der Ätherlsg.; Platten aus Essigester; 10,5% (Ausbeute). *Acetylderiv.* (III), $C_{34}H_{34}O_3$, F. 164°; a) aus nachst. Chlorderiv. durch 3 std. Kochen in Bzl. mit Ag-Acetat; 84%; b) durch kurzes Sieden von I in Essigsäure + wenig J_2; 55%. *Äthoxyderiv.* (IV), $C_{34}H_{36}O_2$, F. 151 bis 152°; durch 10 Min. langes Einleiten von HCl in I in absol. A. u. 1 std. Kochen; Nadeln aus A.; 87%. — *2-Mesitoyl-2'-[α-chlor-2.4.6-trimethylbenzyl]-diphenyl*, $C_{32}H_{31}$·OCl, F. 164—166° (Zers.); durch 4 std. Kochen von I in Acetylchlorid; Prismen aus PAe.; 77%. — *2-Mesitoyl-2'-[2.4.6-trimethylbenzyl] diphenyl*, $C_{32}H_{32}O$, F. 220—221°; a) durch 1½ std. Kochen von I in Eisessig + Acetanhydrid mit 48%ig. HJ; 73%; b) aus *o-Bromphenylmesitylmethan* (VI) ($C_{16}H_{17}Br$, F. 61—62°; aus o-Brombenzylchlorid u. Mesitylen nach FRIEDEL-CRAFTS; Prismen aus A.), durch Überführen in die GRIGNARD-Verb. (mittels Mg + Ae. + Butyläther + wenig CH_3J) u. 24 std. Kochen mit Mesityl-o-methoxyphenylketon, Zers. mit HCl u. Ausäthern; Prismen aus Essigsäure; 33%. — *2.2'-Dimesitoyldiphenyl* (II), $C_{32}H_{30}O_2$, F. 225—227° (korr.); a) durch Oxydation von I in Eisessig u. Bzl. mit Na_2CrO_4 in H_2SO_4 + Essigsäure u. Extraktion mit Bzl. nach 12 std. Rühren; 92%; b) durch Behandeln von VI mit Cu-Bronze bei 210° (1½ Std.) u. Extraktion mit Bzl.; Nadeln aus Toluol; 80%. — *2.2'-Bis-[2.4.6-trimethylbenzyl]-diphenyl*, $C_{32}H_{34}$, F. 216—218° (korr.); a) durch 2 std. Kochen von II in absol. A. + Toluol mit Na, Zers. des überschüssigen Na mit A. u. Gießen auf Eis; 10% (roh); b) aus I analog Vorst.; 30%. — *4-Mesitoyl-9-mesitylfluoren*, $C_{32}H_{30}O$, F. 174—175°; a) durch 1 std. Kochen von I in Eisessig mit wenig p-Toluolsulfonsäure; Nadeln aus Bzl. + A.; 85%; b) durch 14 std. Kochen von I mit 85%ig. H_3PO_4; 50%; c) aus III u. Toluolsulfonsäure, 10 Std. (Rückfluß); 68%; d) aus IV durch 6 std. Behandlung einer äther. Lsg. mit $AlCl_3$ bei Zimmertemp. u. Zufügen von HCl + W.; aus der äther. Lsg.; 62%. (J. org. Chemistry **16**. 631—36. April 1951. Urbana, Ill., Univ., Noyes Chem. Labor.) LEHWALD. 2360

Reynold C. Fuson und **Carl Hornberger jr.**, *Konjugative bimolekulare Reduktion behinderter Ketone einschließlich der Substitution von Methoxygruppen.* (Vgl. vorst. Ref.) Bei der Red. eines Gemisches aus Mesitylphenylketon (I) u. seines o-Methoxyderiv. (II) mit Mg + MgJ_2 entsteht *2-Mesitoyl-2'-[α-oxy-2.4.6-trimethylbenzyl]-diphenyl* in erheblich größerer Ausbeute als bei der Red. von I allein. Analoge Rkk. mit II u. Durylphenylketon (III) sowie III u. Duryl-o-methoxyphenylketon (IV) liefern *2-[α-Oxy-2.4.6-trimethylbenzyl]-2'-[2.3.5.6-tetramethylbenzoyl]-diphenyl* (V) u. *2-Mesitoyl-2'-[α-oxy-2.3.5.6-tetramethylbenzyl]-diphenyl* (VI), die bei der Red. mit Na + A. beide *2-[2.4.6-Trimethylbenzyl]-2'-[2.3.5.6-tetramethylbenzoyl]-diphenyl* (VII), bei milderer Red. jedoch *2-[2.4.6-Trimethylbenzyl]-2'-[2.3.5.6-tetramethylbenzyl]-* (IX) bzw. *2-Mesitoyl-2'-[2.3.5.6-tetramethylbenzyl]-diphenyl* (VIII) liefern. III u. IV reagieren zu *2-[2.3.5.6-Tetramethylbenzoyl]-2'-[α-oxy-2.3.5.6-tetramethylbenzoyl]-diphenyl*. Red. von II allein führt unter leicht abgeänderten Bedingungen wahrscheinlich zu *9.10-Dimesityl-1-methoxy-10-oxy-9.10-dihydrophenanthren*, das unter H_2O-Abspaltung vermutlich in *9.10-Dimesityl-1-methoxyphenanthren* übergeht, u. *9.10-Dimesitylphenanthren*, dessen Struktur durch Oxydation zu *2.2'-Dimesitoyldiphenyl* nachgewiesen wurde. Vff. diskutieren den möglichen Reaktionsmechanismus.

Versuche: *Mesityl-o-methoxyphenylketon* (II), aus Mesityl-o-bromphenylketon durch 24 std. Kochen in 5 n $NaOCH_3$-Lsg.; 88% (Ausbeute). — *2-Mesitoyl-2'-[α-oxy-2.4.6-trimethylbenzyl]-diphenyl*, $C_{32}H_{32}O_2$, F. 239—240°; aus I + II (l. c.); Platten aus Essigester; 28%. — *2-[α-Oxy-2.4.6-trimethylbenzyl]-2'-[2.3.5.6-tetramethylbenzoyl]-diphenyl* (V), $C_{33}H_{34}O_2$, F. 202—203°; aus II + III; Prismen aus Essigester; 25%. — *2-Mesitoyl-2'-[α-oxy-2.3.5.6-tetramethylbenzyl]-diphenyl* (VI), $C_{33}H_{34}O_2$, F. 187—188°; Prismen aus Essigester; 24%. — *2-[2.3.5.6-Tetramethylbenzoyl]-2'-[α-oxy-2.3.5.6-tetramethylbenzyl]-diphenyl*, $C_{34}H_{36}O_2$, F. 262—263°; aus III + IV; Prismen aus Toluol; 23%. — *2-[2.4.6-Trimethylbenzyl]-2'-[2.3.5.6-tetramethylbenzyl]-diphenyl* (VII), $C_{33}H_{36}$,

F. 230—232°; durch Red. von **V** bzw. **VI** mit Na + A.: 45%. — *2-Mesitoyl-2'-[2.3.5.6-tetramethylbenzyl]-diphenyl* (**VIII**), $C_{33}H_{34}O$, F. 221—222°; durch Red. von **VI** mit HJ; Nadeln aus Essigester. — *2-[2.4.6-Trimethylbenzyl]-2'-[2.3.5.6-tetramethylbenzoyl]-diphenyl* (**IX**), $C_{33}H_{34}O$, F. 209—211°; durch Red. von **V** mit HJ oder durch Kondensation der Grignard-Verb. von o-Bromphenylmesitylmethan mit **IV**; 49%. — *9.10-Dimesitylphenanthren*, $C_{32}H_{30}$, F. 245—246°; durch Rk. von **II** mit Mg + MgJ_2 in Toluol + Butyläther, nach 8 std. Kochen Abdekantieren in Ae., Eis u. konz. HCl; aus der äther. Schicht; 10,5%. — *2.2'-Dimesitoyldiphenyl*, $C_{32}H_{30}O_2$, F. 225—227°; aus vorst. Verb. durch Oxydation in Eisessig mit CrO_3 bei 90°; 27%. Daneben *Mesityl-o-oxyphenylketon*, $C_{16}H_{16}O_2$, F. 81—82°, u. die *Verb.* $C_{33}H_{34}O_2$, F. 195—196,6° (Methanol); mit einer OH-Gruppe (Infrarotspektr.) u. Diphenylsyst. (UV-Spektr.); 22%; wird durch Pyrolyse oder mit Acetanhydrid + Pyridin wahrscheinlich zu *9.10-Dimesityl-1-methoxyphenanthren* ($C_{33}H_{32}O$, F. 233—234° [Methanol]) dehydratisiert. (J. org. Chemistry **16**. 637—42. April 1951. Urbana, Ill., Univ., Noyes Chem. Labor.) Lehwald. 2360

Reynold C. Fuson und **Y. Fulmer Shealy**, *Grignard-Reaktionen von Mesitylnaphthyl-(2)-ketonen.* (Vgl. vorst. Ref.) In Fortführung ihrer Arbeiten über konjugative Addition führen Vff. die Rk. von Mesitylnaphthyl-(2)-keton (**I**) mit verschied. Aryl- u. Alkyl-Grignard-Verbb. durch u. erhalten die entsprechenden *1-Alkyl-(Aryl-) 1.2-dihydronaphthyl-(2)-mesitylketone*, von denen sich nur die Arylverbb. dehydrieren lassen. Demgegenüber reagiert *Mesityl-1-methoxynaphthyl-(2)-keton* mit Grignard-Verbb. unter Substitution der CH_3O-Gruppe zu *Mesityl-1-alkylnaphthyl-(2)-ketonen.* Bei der Rk. von *Naphthyl-(1)-mesitoat* mit $AlCl_3$ tritt Umlagerung ein u. es entsteht *2-Mesitoylnaphthol-(1)* (**II**).

Versuche: *Naphthyl-(1)-mesitoat*, $C_{20}H_{18}O_2$, F. 90—91°; aus dem Säurechlorid u. α-Naphthol; Platten aus A.; 89,5% (Ausbeute). — *1-Oxynaphthyl-(2)-mesitylketon* [*2-Mesitoylnaphthol-(1)*; **II**], $C_{20}H_{18}O_2$, F. 156—156,5° (A.); durch ½ std. Erhitzen von 15 g vorst. Verb. u. 6,5 g $AlCl_3$ auf 150° u. Kochen in Eisessig; 83%. — *4.4'-Dioxy-2.2'-dimesitoyldinaphthyl-(1.1')*, $C_{40}H_{34}O_4$, F. 211,5—212,5°; wie vorst. unter Verwendung von überschüssigem $AlCl_3$; gelbe M. aus Eisessig; $FeCl_3$-Rk. in Chlf. + A. (1 : 1) braun. — *Methoxyderiv.* von **II**, $C_{21}H_{20}O_2$, F. 134—135°; durch 23 std. Kochen von **II** in Methanol unter abwechselndem Zufügen von NaOH u. $(CH_3)_2SO_4$, Filtrieren, Ausziehen des Nd. mit Methanol + NaOH, Verdünnen des Filtrats mit H_2O u. Ausziehen mit sd. PAe. (hochsd.); 41%. — *1-Methylnaphthyl-(2)-mesitylketon*, F. 98,5—99,5°; durch Zufügen des Methoxyderiv. von **II** in Ae. + Bzl. zu CH_3MgJ in Ae., 2½ std. Kochen u. Zers. mit HCl + Eis; 74%. — Analog nachst. *Naphthyl-(2)-mesitylketone*: *1-Äthyl-*, F. 122° (A.); 73%. *1-Benzyl-*, F. 154° (A.); 91%. *1-[p-Tolyl]-*, F. 137—138° (A.); 75%. Auch durch Dehydrieren von aus **I** u. der p-Tolyl-Grignard-Verb. erhaltenem 1-[p-Tolyl]-1.2-dihydronaphthyl-(2)-mesitylketon erhältlich; 48%. *1-[p-Isopropylphenyl]-*, F. 186—188,5° (Nitromethan). Auch durch Dehydrieren der entsprechenden Dihydroverb. wie vorst. beschrieben erhältlich; 44%. *1-Phenyl-*, $C_{26}H_{22}O$, Prismen aus PAe., F. 78—79°; durch Dehydrieren nachst. Verb. mit Pd-Kohle bei ca. 300° (45 Min.); krist. aus A. in Nadeln mit 2/3·C_2H_5OH u. schm. dann zwischen 55 u. 64°; 8,5 g. — *1-Phenyl-1.2-dihydronaphthyl-(2)-mesitylketon*, $C_{26}H_{24}O$, F. 140—141° (Methanol); aus **I** u. Phenyl-MgBr in Bzl. + Ae. u. 15 std. Kochen unter N_2 nach Zers. mit HCl + Eis; 84%. — *Verb.* $C_{27}H_{26}O$, F. 188,5—189,5° (Zers., Methanol); aus **I** u. Benzyl-MgCl; läßt sich nicht dehydrieren; reagiert mit CH_3MgJ zur *Verb.* $C_{28}H_{30}O$, F. 245—246° (Bzl. + A. u. dann Chlf. + Methanol); Infrarotspektr. deutet auf eine konjugierte CO-Gruppe; OH-Gruppen fehlen. (J. org. Chemistry **16**. 643—47. April 1951. Urbana, Ill., Univ., Noyes Chem. Labor.) Lehwald. 2360

Reynold C. Fuson, William D. Emmons und **Roger Tull**, *Die Reaktion von Grignard-Reagentien mit Cyanbenzoyldurolen.* (Vgl. vorst. Ref.) p-Cyanbenzoyldurol (**I**) reagiert mit Grignard-Reagentien unter Substitution der CN-Gruppe zu *p-Alkyl-* bzw. *p-Arylbenzoyldurolen.* m-Cyanbenzoyldurol (**II**) reagiert mit Grignard-Verbb. in n. Weise durch Addition an der CN-Gruppe u. es bilden sich die entsprechenden Diketone. o-Cyanbenzoyldurol (**III**) dagegen reagiert mit Grignard-Reagentien zunächst zum Ketimin, das aber sofort eine intramol. Dehydratisierung erleidet u. ein substituiertes *Pseudoisoindol* bildet. Dieses ist, wie Vff. annehmen auf Grund seiner ster. stark hindernden Substituenten, im Vgl. zu anderen Pseudoisoindolen, verhältnismäßig stabil. Bei Verwendung von Benzyl-MgBr bleibt die Rk. bei der Ketiminbildg. stehen.

Versuche: *p-Cyanbenzoyldurol* (**I**), $C_{18}H_{17}ON$, F. 210—211° (A.); durch Zufügen von $AlCl_3$ zu einer Lsg. von Durol u. p-Cyanbenzoylchlorid (F. 69—70°; $Kp._{25}$ 150 bis 151°) in CS_2; nach 8 std. Kochen Zers. mit HCl; 80% (Ausbeute). — *p-[2.3.5.6-Tetramethylbenzoyl]-benzylaminhydrochlorid*, $C_{18}H_{22}ONCl$, F. 252—254° (W.); durch Einleiten von HCl-Gas in eine eisgekühlte, turbinierte Suspension von $SnCl_2$ in Ae., langsames Zufügen der Mischung zu **I** in Chlf., 12 std. Rühren bei Raumtemp. u. Erwärmen des gebildeten Nd. mit konz. HCl; 87%. *Freie Base*, $C_{18}H_{21}ON$, F. 133—135° (Ligroin). *Acetylderiv.*, $C_{20}H_{23}O_2N$, F. 152,5—153° (Bzl. + Ligroin). *Benzylidenderiv.*, $C_{25}H_{25}ON$, F. 157—159° (A.). — *m-Cyanbenzoyldurol* (**II**), $C_{18}H_{17}ON$, F. 157,5—159° (CH_3OH); aus m-Cyanbenzoylchlorid (Kp.$_{15}$ 140—142°) wie vorst. beschrieben; 64%. — *m-Cyanbenzoesäure*, F. 218—219° (W.); aus m-Aminobenzoesäure nach VALBY u. LUKAS (J. Amer. chem. Soc. **51.** [1929.] 2718); 42%. — *o-Cyanbenzoyldurol* (**III**), $C_{18}H_{17}ON$, F. 191—192° (Methanol); durch 2 std. Erhitzen von o-Brombenzoyldurol mit CuCN + wenig Pyridin auf 200° (Ölbad) u. Ausziehen der zerkleinerten Schmelze mit sd. Methanol; 67%. — *p-Methylbenzoyldurol*, F. 143,5—144,5° (Methanol); durch Zufügen von **I** in Ae. zu CH_3MgJ in Ae. u. Abdekantieren in verd. HCl nach 12 std. Kochen; 14%. — *p-Benzylbenzoyldurol*, F. 129—129,5° (A.); aus **I** in Bzl. u. Benzyl-MgCl in Ae. analog Vorst.; 44%. — *[m-Duroylphenyl]-benzylketon*, $C_{25}H_{24}O_2$, F. 136,5—137,5°; aus **II** u. Benzyl-MgCl in Bzl. + Ae.; 53%. *Phenylhydrazon*, $C_{31}H_{30}ON_2$, F. 173—174°; gelbe Prismen aus Äthanol. — *[m-Duroylphenyl]-1-methylpropylketon*, $C_{22}H_{26}O_2$, F. 139,5 bis 140,5°; aus **II** + sek.-Butyl-MgBr in Ae. + Bzl.; 31%; bildet kein Phenylhydrazon. — *1.1-Diphenyl-3-durylpseudoisoindol*, $C_{30}H_{27}N$, F. 222,5—223,5°; aus **III** u. Phenyl-MgBr; 51%. — *1.1-Bis-[p-tolyl]-3-durylpseudoisoindol*, $C_{32}H_{31}N$, F. 225,5 bis 226° (Essigester); aus **III** u. p-Tolyl-MgBr; 31%. — *1.1-Bis-[p-anisyl]-3-durylpseudoisoindol*, $C_{32}H_{31}O_2N$, F. 217—218° (Essigester); 36%. — *[o-Duroylphenyl]-naphthyl-(1)-ketiminhydrobromid*, $C_{28}H_{26}ONBr$, F. 257—273° (Zers.); aus **III** u. Naphthyl-(1)-MgBr; 65%. — *[o-Duroylphenyl]-naphthyl-(1)-keton*, $C_{28}H_{24}O_2$, F. 182—183° (A.); durch alkal. Hydrolyse vorst. Verb. unter Rückfluß in A.; 100%. *Phenylhydrazon*, $C_{34}H_{30}ON_2$, F. 196,5—197,5°. — *1.1-Dimethyl-3-durylpseudoisoindol*, $C_{20}H_{23}N$, F. 170,5 bis 171° (A.); aus **III** u. CH_3MgJ; 83%. — *1.1-Diallyl-3-durylpseudoisoindol*, $C_{24}H_{27}N$, F. 77—79° (nach Sublimation bei 100°/0,2 mm); Kp.$_{0,4}$ 175—178°; aus **III** u. Allyl-MgBr; 76%. (J. org. Chemistry **16.** 648—54. April 1951. Urbana, Ill., Univ., Noyes Chem. Labor.) LEHWALD 2360

A. E. Barkdoll, D. C. England, H. W. Gray, W. Kirr jr. und **G. M. Whitman,** *Alicyclische Diamine. Darstellung von Bis-[4-aminocyclohexyl]-methan.* RuO_2 erwies sich als ausgezeichneter Katalysator für die Hydrierung von Bis-[4-aminophenyl]-methan (**I**) zu *Bis-[4-aminocyclohexyl]-methan* (**II**). Bei Verwendung von 2%ig. RuO_2 bei 166 bis 200 at u. 100—120° betrug die Ausbeute 92%. Der Katalysator ist auch ohne Lösungsm. oder in Ggw. von wasserfreiem NH_3 wirksam. $CoO/CaO/Na_2CO_3$-Katalysator gibt Ausbeuten bis zu 86%.

Versuche: *Bis-[4-aminocyclohexyl]-methan* (**II**), Kp.$_{0,8}$ 120°, Kp.$_{1,2}$ 128°. Eine Mischung von 1250 g **I**, 3125 cm³ Dioxan u. 25 g RuO_2 wird 4 Std. bei 100—120° u. 166—200 at hydriert. Nach dem Abkühlen wird der Autoklav mit CH_3OH ausgespült, das Prod. filtriert u. dest.; n_D^{25} 1,5051; 92% Ausbeute. (J. Amer. chem. Soc. **75.** 1156—59. 5/3. 1953. Wilmington, Del., E. I. du Pont de Nemours & Co., Chem. Dep.) H. ULRICH. 2510

A. E. Barkdoll, H. W. Gray, W. Kirk jr., D. C. Pease und **R. S. Schreiber,** *Alicyclische Diamine. Polyadipamide des Bis-[4-aminocyclohexyl]-methans.* Bei der Hydrierung von *Bis-[4-aminophenyl]-methan* (vgl. vorst. Ref.) fallen die drei möglichen Isomeren des *Bis-[4-aminocyclohexyl]-methans* (**I**) an. Durch die Wahl geeigneter Versuchsbedingungen kann die Zus. der Mischung geändert werden. Die Eigg. der Polyadipamide der reinen Isomeren u. der Isomerenmischungen wurden untersucht.

Versuche: *Adipinsaures Salz von* **I**, zur Lsg. von 50,37 g des trans–trans-Isomeren von **I** in 290 cm³ absol. A. wird eine warme Lsg. von 34,82 g Adipinsäue in 175 cm³ absol. A. gegeben. Die warme Lsg. wird gerührt u. das Salz nach dem Filtrieren bei 60—80° getrocknet. — *Polyadipamid von* **I**, 10 g des Salzes werden unter N_2-Atmosphäre (5 mm) 1 Std. bei 210° polymersiert. Nach dem Abkühlen öffnen u. unter N_2-Atmosphäre (1 at) ½ Std. auf 360° u. weitere 1½ Std. auf 285° erhitzen. (J. Amer. chem. Soc. **75.** 1238—39. 5/3. 1953. Wilmington, Del., E. I. du Pont de Nemours & Co., Chem. Dep.) H. ULRICH. 2510

Chika Kuroda, *Untersuchungen über die Derivate des Naphthochinons. Die Synthese von Spinazarin, Methylspinazarin und verwandten Verbindungen.* (Vgl. auch KURODA u. OHSHIMA, Proc. Imp. Acad. [Tokyo] **16.** [1940.] 214.) Im Verlauf der Arbeiten über die Pigmente *Shikonin* (aus Lithospermum Erythrorhizon) u. *Spinochrom* (aus Sea Urchin) werden Derivv. des 1.4-Naphthochinons dargestellt.

Versuche: *Spinazarin* (*2.3.5.8-Tetraoxynaphthochinon-(1.4)*, **I**), $C_{10}H_6O_6$, F. 265° (Eisessig), aus 0,4 g 2.3-Dimethoxyhydrochinon u. 0,4 g Maleinsäureanhydrid in einer $AlCl_3$ + NaCl-Schmelze bei 260°, Lösen in W., Fällen durch Einleiten von HCl, Extrahieren mit Bzl. u. Reinigen über das Mg-Salz, gelbrote Prismen; 0,5 g (Ausbeute). $FeCl_3$-Rk. grün, in konz. H_2SO_4 rotorange, mit wss. $NaHCO_3$ schwarz. — *Tetraacetylverb.*, $C_{18}H_{14}O_{10}$, F. 207° (Eisessig), mit Essigsäureanhydrid u. H_2SO_4, gelbe Nadeln; 100% (Ausbeute). — *1.2.3.4.5.8-Acetoxynaphthalin*, $C_{22}H_{20}O_{12}$, F. 211,5—212° (Eisessig), aus I mit Essigsäureanhydrid, Zn-Staub u. Na-Acetat, Nadeln. — *Spinazarindimethyläther* (II), $C_{12}H_{10}O_6$, F. 133,5° (Aceton), aus I mit äther. Diazomethan als Nd., aus der blauen alkal. Lsg. mit HCl braune Tafeln mit grünem metall. Glanz; 100%. — *Methylspinazarin* [*6-Methyl-2.3.5.8-tetraoxynaphthochinon-(1.4)*], $C_{11}H_8O_6$, F. 229° (Eisessig), wie I mit Citraconsäureanhydrid, gelbrote Nadeln. $FeCl_3$-Rk. grün, in konz. H_2SO_4 dunkelrot → rot, mit wss. $NaHCO_3$ braunschwarz. *Dimethyläther* (III), $C_{13}H_{12}O_6$, F. 122° (verd. Essigsäure), mit Diazomethan, braune Nadeln mit dunkelbraunem metall. Glanz; 100%. *Diacetylverb.*, $C_{17}H_{16}O_8$, F. 178—179° (Eisessig), gelbe Nadeln; 100%. — *2-Methoxy-3.5.8-trioxynaphthochinon-(1.4)*, $C_{11}H_8O_6$, aus II mit 1%ig. NaOH auf dem Wasserbad (1 Std.), als in Bicarbonat lösl. Anteil des Reaktionsprod., rote kristalline Substanz. Liefert mit Diazomethan II zurück. — *6(7)-Methyl-2-methoxy-3.5.8-trioxynaphthochinon-(1.4)*, $C_{12}H_{10}O_6$, F. 188°, ebenso aus III, orangegelbe Prismen. Liefert mit Diazomethan III zurück. *Triacetylverb.*, $C_{18}H_{16}O_9$, F. 148° (verd. Essigsäure), gelbe Kristalle. — *7-Methyl-2.3-dimethoxy-5.8-diacetoxynaphthochinon-(1.4)*, $C_{17}H_{16}O_8$, aus III mit Essigsäureanhydrid u. H_2SO_4, gelbe Kristalle. (J. sci Res. Inst. [Tokyo] **46.** Nr. 1. 289. 188—92. Sept. 1952. [Orig.: engl.]) GOLD. 2700

William S. Johnson, C. David Gutsche und **D. K. Banerjee,** *Dekalindion-(1.5)*. 1.5-Dioxynaphthalin wurde über RANEY-Ni zu *Dekalindiol-(1.5)* (I) hydriert, das durch Chromsäure zu *Dekalindion-(1.5)* (II) oxydiert wird. Bei der Hydrierung wurde die Hydrogenolyse durch Zusatz von NaOH vermieden. I bildet 5 Stereoisomere, von denen 2 (F. 178—178,5° u. F. 159—161°) bereits hergestellt wurden (vgl CAMPBELL u. HARRIS, J. Amer. chem. Soc. **63.** [1941.] 2721 u. HUDSON u. ROBINSON, J. chem. Soc. [London] **1942.** 691). Vff. isolierten ein 3. Ismeres, F. 210—211°. — II kann durch Fraktionierung ln seine cis- u. trans-Form getrennt werden. Die cis-Form wandelt sich leicht in die trans-Form um, z. B. durch Erhitzen mit Säuren.

V e r s u c h e (FF. korr.): *Dekalindiol-(1.5)* (I), $C_{10}H_{18}O_2$, F. 140—150°, reines 1.5-Dioxynaphthalin, NaOH, RANEY-Ni u. absol A. wurden in Schüttelautoklaven 3 Std. bei mindestens 1400 lbs./sq.in. auf 100° erhitzt. Alkoh. Lsg. wurde eingedampft, Rückstand mit 10% KOH u. Bzl geschüttelt, Kristalle abfiltriert; 72% (Ausbeute). In einem anderen Vers. wurde durch Ae.-Extraktion eine geringe Menge Nadeln, F. 210—211° (Essigester), erhalten. — *Dekalindion-(1.5)* (II), $C_{10}H_{14}O_2$, durch Zugabe von $Na_2Cr_2O_7$ in Eisessig, H_2SO_4 u. W. zu I in Bzl. bei 6° unter Rühren. Nach Konzentrierung der Benzollsg. krist. das *trans-Isomere* aus (F. 166—167°; *Disemicarbazon*, $C_{12}H_{20}O_2N_6$, F. 295—296° [unkorr.]). Aus dem Filtrat nach Zufügung von PAe. (60—68°) u. mehrmaligem Umkristallisieren die *cis-Verb.*, F. 79—80°, Nadeln. (J. Amer. chem. Soc. **73.** 5464—65. Nov. 1951. Madison, Wis., Univ., Labor. of Organ. Chem.) JOHN. 2700

J. Colonge und **R. Domenech,** *Kondensation von Naphthalin mit γ-Äthylenketonen.* In Fortführung ihrer Arbeiten (vgl. C. **1950.** II. 2792) kondensieren Vff. Allylaceton (I) u. *3-Methylhexen-(5)-on-(2)* (II) mit Naphthalin (III) u. erhalten Verbb. des Typs $Ar-CH(CH_3)-CH_2CH(R)-CO-CH_3$ (Ar = Naphthyl), wobei Gemische von α- u. β-Naphthylderivv. anfallen, die über ihre *Semicarbazone* trennbar sind.

V e r s u c h e: Gemisch von *5-Naphthylhexanonen-(2)* (**A**), $Kp._4$ 167—168°, aus I u. III in Dichloräthan durch Zufügen von $AlCl_3$ bei 0—5°, Gießen auf Eis–konz. HCl u. Rektifikation der organ. Phase; 85% (Ausbeute); fluoresciert blau; gibt durch Oxydation mit NOCl ein Gemisch von *4-Naphthylpentansäuren*, $Kp._1$ 175—180°, 48%, das sich über die S-Benzylisothiuroniumsalze in 10% *β-Isomeres* u. 90% *α-Isomeres* trennen läßt. — Aus 50 g **A** entstehen mit Semicarbazid-HCl u. Na-Acetat nach 24 std. Stehen 50 g des *Semicarbazons* des *α-Isomeren*, F. 138° (A.). Hieraus durch Kochen mit Oxalsäure *5-[α-Naphthyl]-hexanon-(2)*, $C_{16}H_{18}O$, $Kp._{5,5}$ 173—174°; $D._4^{22,4}$ 1,046; $n_D^{22,4}$ 1,5823. — *Methylallylacetessigsäureäthylester*, $Kp._{15}$ 101°, aus Na-Allylacetessigsäureäthylester mit CH_3J in absol. A.; $D._4^{22}$ 0,976; n_D^{22} 1,4387; 66%. — *3-Methylhexen-(5)-on-(2)* (II), Kp. 139—140°, durch Kochen vorst. Verb. in NaOH + Emulgierungsmittel bis zur Abnahme der Alkalität (5—6 Std.), Wasserdampfdest. u. Rektifikation; $D._4^{23}$ 0,834; n_D^{23} 1,4218; 68%. Durch Kondensation von II mit III wie oben Gemisch von *3-Methyl-5-naphthylhexanonen-(2)*, $Kp._3$ 163—165°; 48%. — Aus 10 g hiervon durch Trennung über die Semicarbazone 70% *3-Methyl-5-[α-naphthyl]-hexanon-(2)*, $C_{17}H_{20}O$, $Kp._5$ 174°; $D._4^{20,5}$ 1,030; $n_D^{20,5}$ 1,5710. *Semicarbazon*, $C_{18}H_{23}ON_3$, F. 149°. *Dinitrophenylhydrazon*, $C_{23}H_{24}O_4N_4$, F. 156—157°, gelborangefarbene Kristalle (absol. A. + Bzl.). — Semicarbazone der β-Isomeren ließen sich nicht isolieren. (Bull. Soc. chim. France, Mém. [5] **19.** 1000—01. Nov./Dez. 1952. Lyon, École de Chim. et Fac. des Sci.) Lehwald. 2700

I. Baranowska, *Der Methylester der α-Naphthylessigsäure.* Die Darst. des *α-Naphthylessigsäure* (I)-*methylesters* wurde unter Laboratoriumsbedingungen durch Methylieren sowohl der I als auch ihres Nitrils mit CH_3OH nach bekannten Verff. durchgeführt. Beim Methylieren von I wurde in Ggw. von konz. H_2SO_4 eine Ausbeute von 64%, bei Verwendung von HCl-Gas nur 52% erreicht. Auf 1 Mol I wurden 10 Mol CH_3OH u. 10 g konz. H_2SO_4 angewandt, Temp. 140°, Reaktionsdauer 5 Stunden. Die Darst. des Esters aus dem Nitril erweist sich als günstiger, da hierbei die Ausbeute 80% erreicht, die Temp. 100° beträgt u. nur die Dauer auf 8 Std. ansteigt. Wesentlich ist die Zugabefolge der Reagentien u. gutes Rühren: zu 1 Mol Nitril in 5 Mol CH_3OH werden 2,4 Mol H_2SO_4 (1,84) unter Rühren zugefügt; nach Zugabe von 1 Mol W. wird 8 Std. auf dem Wasserbad erhitzt. Außerdem kommen kleinere Mengen „Tri", wasserfreies $MgSO_4$ u. $NaHCO_3$ zur Verwendung. 5 g Ester, mit 165 g Talk gemischt, verhindern weitgehend das Keimen von 100 kg Kartoffeln. (Przemysł chem. **7** (**30**). 291—94. Mai 1951. Hauptinst. für industrielle Chem.) v. Wilpert. 2700

A. Eschenmoser und **H. H. Rennhard,** *Über eine stufenweise Reduktion des Purpurogallintetramethyläthers.* (Vgl. auch C. **1952.** 1642.) Durch Hydrierung von Purpurogallintetramethyläther (III) mit $LiAlH_4$ bei 0° erhalten Vff. als ätherunlösl. Bestandteil eine sich in verd. Säuren mit roter Farbe lösende Verbindung. Hieraus läßt sich durch Red. mit Zn-Staub + Säure u. Hochvakuumdest. *2'.3'.4'-Trimethoxybenzocycloheptadien-(1.5)-on-(4)* (I) darstellen. Für den Reaktionsmechanismus nehmen Vff. zunächst

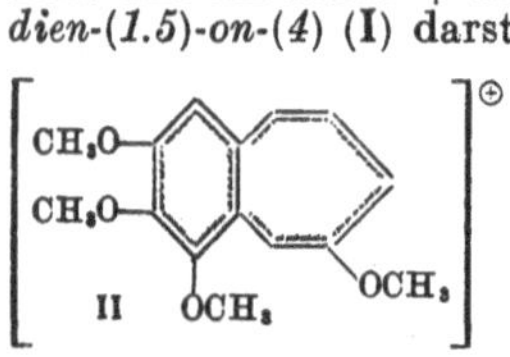

die Red. der Keto- zur OH-Gruppe an, die bei H_2SO_4-Behandlung als W. austritt, ein mesomeres Kation bildend (II; ruft die Rotfärbung hervor), das bei der Zn-Staubred. in ein Radikal verwandelt wird, welches atomaren H zu *2'.3'.4.4'-Tetramethoxybenzocycloheptatrien* anlagert u. dann an der im 7-Ring befindlichen Enoläthergruppierung hydrolysiert wird. I bildet ein *Semicarbazon,* mit 2.4-Dinitrophenylhydrazin aber nicht das entsprechende Hydrazon, sondern eine *Verb.* $C_{26}H_{26}O_{11}N_8$. Katalyt. Hydrierung von I liefert *2'.3'.4'-Trimethoxybenzocycloheptenon-(4).*

Versuche (FF. korr.): *Lsg. von* II, durch Zutropfen von $LiAlH_4$ in absol. Ae. zu einer äther. Suspension von 7,5 g Purpurogallintetramethyläther (III) bei 0°, nach 3 std. Stehen bei 0° Zutropfen von W. bis zur Beendigung der H_2-Entw. (Kühlung), dann 25%ig. H_2SO_4 u. Ausäthern. Aus dem Ätherextrakt 0,55 g eines teilweise krist. Öles. — *2'.3'.4'-Trimethoxybenzocycloheptadien-(1.5)-on-(4)* (I), $C_{14}H_{16}O_4$, Kp.$_{0,15}$ 132—134°, F. 76—76,5°, durch Zufügen von Zn-Staub zu 25%ig. H_2SO_4 bei 40°, dann vorst. H_2SO_4-Lsg. unter Rühren; nach Abnutschen, Ausäthern u. Vakuumdest. des Extraktes gelbliche Kristalle aus Ae., λ_{max} 222 u. 258 mμ (log ε = 4,40 u. 4,00; A.), Inflexion bei 248 mμ (log ε = 3,98; A.); 3,6 g (Ausbeute). *Semicarbazon,* $C_{15}H_{19}O_4N_3$, F. 205 bis 206° (Zers.; Methanol). — *Verb.* $C_{26}H_{26}O_{11}N_8$, F. 187° (Zers.; Methanol + Aceton), aus I u. 2.4-Dinitrophenylhydrazinhydrochlorid. — Bei der Red. der roten H_2SO_4-Lsg. von II mit Zn-Staub bei —10° entsteht eine *Verb.* $C_{30}H_{34}O_8$, F. 167—168° (Methanol), λ_{max} 232—238 mμ (log ε = 4,54; A.); 0,27 g aus 2,4 g III. Aus der Mutterlauge eine nicht weiter untersuchte Verb. vom Kp.$_{0,1}$ 130°. — *2'.3'.4'-Trimethoxybenzocycloheptenon-(4),* $C_{14}H_{18}O_4$, F. 56°, aus 0,4 g I durch Hydrierung mit $Pd(OH)_2/CaCO_3$ (1,2% Pd) in A., glänzende Blättchen aus A. + W., λ_{max} 279 mμ (log ε = 3,20; A.); Endabsorption bei 220 mμ (log ε = 4,13; A.). *Semicarbazon,* $C_{15}H_{21}O_4N_3$, F. 184—185,5° (A. + Hexan). *2.4-Dinitrophenylhydrazon,* $C_{20}H_{22}O_7N_4$, F. 177° (Chlf. + Methanol). (Helv. chim. Acta **36.** 290—95. 1953. Zürich, ETH, Organ.-chem. Labor.)

Lehwald. 2950

Niels Elming und **Niels Clauson-Kaas,** *Die Acyloxylierung von Furan mit Bleitetraacyloxylaten; cis-trans-Isomerie von 2.5-Diacyloxy-2.5-dihydrofuranen und 2.5-Diacyloxytetrahydrofuranen.* Die Darst. von *2.5-Diacetoxy-2.5-dihydrofuran* (I) aus Furan (II) u. Pb-Tetraacetat wurde verbessert. Das Mengenverhältnis der cis-trans-Isomeren, deren absol. Konfiguration noch nicht feststeht, hängt von der Darstellungsmeth. ab (Tetraacetat oder Br_2-Meth.; vgl. Clauson-Kaas, Li u. Elming, Acta chem. scand. **4.** [1950.] 1233). Bei der Hydrierung entstehen die entsprechenden cis-trans-Isomeren von *2.5-Diacetoxytetrahydrofuran,* von denen ebenso wie bei I das eine Isomere fest, das andere fl. ist. Für die Homologen (*Dipropionoxy-, Dibutyroxy-* u. *Dibenzoxyverb.*) gilt das gleiche; von der *Dibutyroxyverb.* wurde nur ein Isomeres erhalten. Die Konst. aller Verbb. ist gesichert durch Hydrolyse zu *Malein-* bzw. *Bernsteinsäuredialdehyd.*

Versuche: *2.5-Diacetoxy-2.5-dihydrofuran* (**Ia** u. **b**), $C_8H_{10}O_5$, **a)** F. 51—52° (CH_3OH; Hershberg-App., korr.), n_D^{25} 1,4541 (Schmelze); **b)** Kp.$_{0,2}$ 84—87°,

n_D^{25} 1,4545, aus **II** u. Bleitetraacetat in Eisessig + Essigsäureanhydrid bei 60—65°; nach 75 Min. Lösungsm. abdest., ausäthern u. im Vakuum dest. (Kp.$_{0,5}$ 89—93°); 69% (Ausbeute); Trennung der Isomeren am besten durch Kristallisation aus CH_3OH bei —20°; Verhältnis **Ia**:**Ib** ca. 1 : 2, bei der Br_2-Meth. (l. c.) ca. 1 : 1. — Hydrolyse von **I** mit $^n/_{10}$ H_2SO_4 (½ std. Schütteln) u. Zugabe von $C_6H_5NHNH_2$ + Essigsäure gibt *Maleindialdehyd-bis-phenylhydrazon* (**III**), $C_{16}H_{16}N_4$, F. 168—170° (Aceton–Bzl., KOFLER-Block, korr.); 59% aus **Ia**, 61% aus **Ib**. — *2.5-Diacetoxytetrahydrofuran*, $C_8H_{12}O_5$, a) F. 18—21°, Kp.$_{0,3}$ 84—86°, n_D^{25} 1,4371, b) Kp.$_{0,3}$ 84—87°, n_D^{25} 1,4386, durch Hydrierung von **Ia** bzw. **Ib** in absol. A. mit RANEY-Ni (100 at, Raumtemp.); 71 bzw. 76%. — *2.5-Dipropionoxy-2.5-dihydrofuran*, $C_{10}H_{14}O_5$, a) F. 56—57,5° (Methanol), b) Kp.$_{0,1}$ 88—91°, n_D^{25} 1,4522, aus **II** u. Bleitetrapropionat in Propionsäure bei 55—65°; 76%. Gemisch, Kp.$_{0,3}$ 94—98°. Gibt bei Hydrolyse *Propionsäure*, gefällt als *S-Benzylthiuoroniumsalz*, $C_{11}H_{16}O_2N_2S$, F. 146—148° (A.), 31%, u. **III**, 35—40%. — *2.5-Dipropionoxytetrahydrofuran*, $C_{10}H_{16}O_5$, a) F. 11—14°, Kp.$_{0,1}$ 88—91°, n_D^{25} 1,4372, b) Kp.$_{0,1}$ 88—90°, n_D^{25} 1,4388; 77 bzw. 65%. Gibt bei Hydrolyse *Bernsteinsäuredialdehyd-bis-phenylhydrazon*, $C_{16}H_{18}N_4$, F. 120—122° (A.); 45%. — *2.5-Dibutyroxy-2.5-dihydrofuran*, $C_{12}H_{18}O_5$, F. —3 bis 0°, Kp.$_{0,2}$ 104—107°, n_D^{25} 1,4497, aus **II** u. Bleitetrabutyrat in Buttersäure bei 55—80°; 75%. Hydrolyse führt zu *Buttersäure* (*S-Benzylisothiuroniumsalz*, $C_{12}H_{18}O_2N_2S$, F. 146—146,5° [A.], 78% roh, 35% rein), u. **III**, 28%. — *2.5-Dibutyroxytetrahydrofuran*, $C_{12}H_{20}O_5$, Kp.$_{0,1}$ 100—104°, n_D^{25} 1,4332. — *2.5-Dibenzoxy-2.5-dihydrofuran*, $C_{18}H_{14}O_5$, F. 165—167° (CH_3OH), F. 185—189° nach mehrfacher Kristallisation aus Dioxan (roh wahrscheinlich Gemisch von *cis-* u. *trans-Form*), aus **II** u. Bleitetrabenzoat in Bzl. bei 50°, dann 75°; 54%; Hydrolyse führt zu *Benzoesäure*; *S-Benzylthiuroniumsalz*, $C_{15}H_{16}O_2N_2S$, F. 163—165°; 42%. — *2.5-Dibenzoxytetrahydrofuran*, $C_{18}H_{16}O_5$, schm. teilweise bei 80—84°, vollständig erst bei 125° (CH_3OH oder Aceton), durch Hydrierung vorst. Verb. in Dioxan mit RANEY-Ni bei 105—115° u. 120 at; 58%. (Acta chem. scand. **6.** 535—44. 1952. Copenhagen, Sadolin & Holmblad A/S, Centrallabor.) JOHN. 3061

Giuliana Ghilardi und **Henry Gault**, *Über die Reaktion von gemischten Organomagnesiumderivaten mit β-Methyl-α-ketoparaconsäureester. 2-Methyl-2-oxy-3-carbäthoxy-3-methylbutyrolacton*, F. 58°, Kp.$_{1,5}$ 129—130°, durch Zugabe äquimol. Mengen CH_3MgJ in Ae. zu β-Methyl-α-ketoparaconsäureäthylester (**I**) in Ae.; 50% (Ausbeute). Durch Zugabe von **I** zu CH_3MgJ wurde ein Gemisch erhalten, aus dem keine definierte Verb. isoliert werden konnte. — *2-Methyl-2-oxy-3-oxyisopropyl-3-methylbutyrolacton*, Kp.$_{0,2}$ 172°, F. 119—120°, durch Anwendung von 3 Mol CH_3MgJ u. 1 Mol **I**. — *2-Äthyl-2-oxy-3-carbäthoxy-3-methylbutyrolacton*, Kp.$_{25}$ 135—137°, F. 80°, durch Zugabe äquimol. Mengen C_2H_5MgBr zu **I**, Nadeln; 11—12%. Daneben wurde ein Öl erhalten, das durch fraktionierte Dest. nicht getrennt werden konnte. Bei Anwendung von 3 Mol C_2H_5MgBr wurde ein Öl erhalten, das nicht krist. u. nicht destillierbar war. (C. R. hebd. Séances Acad. Sci. **234.** 337—38. 14/1. 1952.) HORST BAGANZ. 3061

F. E. King, K. G. Latham und **M. W. Partridge**, *Die Darstellung von 2-Imino-3-phenyl- und -3.3-diphenylpyrrolidinen.* 3-Halogen-1-phenyl- u. -1.1-diphenylpropylcyanide werden über entsprechende Alkoxyiminoäther oder auch direkt mit NH_4OH bzw. prim. Aminen unter den Bedingungen der Amidinbldg. in *2-Iminopyrrolidine* verwandelt, deren Konst. durch Umwandlung in die entsprechenden *Pyrrolidone* bewiesen wird. Trotz ihrer Verwandtschaft zu Eserin u. 1-Äthyl-3.3-diphenylpyrrolidon-(2) besitzen die dargestellten Verbb. keine analget. Wirksamkeit.

Versuche: *3-Oxy-1-phenylpropylcyanid*, Kp.$_{1-1,2}$ 141—145°, durch Zugabe von Benzylcyanid zu $NaNH_2$ in Bzl. u. Ae., 2 std. Kochen, Zusetzen von Äthylenchlorhydrin bei 0° u. mehrstd. Stehen; n_D^{21} 1,5409; $D.^{20}{}_4$ 1,0587; ca. 50% (Ausbeute). *p-Nitrobenzoylderiv.*, $C_{17}H_{14}O_4N_2$, F. 76°; aus Methanol Prismen. *p-Toluolsulfonylderiv.*, $C_{17}H_{17}O_3NS$, Kp.$_2$ 142—150°. — *4-Chlor-1-äthoxy-1-imino-2-phenylbutan, Hydrochlorid* (**I**), $C_{12}H_{16}ONCl\cdot HCl$, F. 96°, durch 5tägige Einw. von alkoh. HCl auf 3-Chlor-1-phenylpropylcyanid (**II**) (aus vorst. Verb. nach ANKER u. COOK, C. **1949.** I. 887) bei 0°; mit Ae. Prismen; 72%. Daraus mit Na-Pikrat in W. *Pikrat*, $C_{12}H_{16}ONCl\cdot C_6H_3O_7N_3$, F. 127—128°, aus A. gelbe Nadeln. — *2-Imino-3-phenylpyrrolidin, Hydrochlorid*, $C_{10}H_{12}N_2\cdot HCl$, F. 186°, durch 5tägige Rk. von **I** mit 10%ig. alkoh. NH_3, Filtrieren u. Einengen; aus Isopropanol hygroskop. Prismen; 54%. *Base*, $C_{10}H_{12}N_2$, F. 93°; aus CCl_4 Stäbchen. *Pikrat*, $C_{10}H_{12}N_2\cdot C_6H_3O_7N_3$, F. 195°; aus A. gelbe Nadeln; entsteht auch bei 90 std. Erhitzen von **II** in 8,7%ig. alkoh. NH_3 in Ggw. von NH_4Cl auf 130°, Filtrieren, Einengen, Alkalisieren u. Fällen in Chlf.; 20%. *Benzolsulfonat*, $C_{10}H_{12}N_2\cdot C_6H_6O_3S$, F. 147°; aus Isopropanol Prismen. — *2-Imino-1.3-diphenylpyrrolidin, Benzolsulfonat*, $C_{22}H_{22}O_3N_2S$, F. 147—149°, durch 1¾ std. Erhitzen von **II** u. Anilinbenzolsulfonat (**III**) auf 210°; aus Isopropanol–Leichtbenzin Blättchen; 68%;

außerdem durch Alkalisieren der Mutterlauge etwas freie *Base*, $C_{16}H_{16}N_2$, F. 98°; aus Leichtbenzin Blättchen; entsteht auch bei $2^1/_4$ std. Erhitzen von **II** u. Anilin auf 185°; 44%. *Pikrat*, $C_{16}H_{16}N_2 \cdot C_6H_3O_7N_3$, F. 222—223°; aus A. gelbe Stäbchen. — *1.3-Diphenylpyrrolidon-(2)*, $C_{16}H_{15}ON$, F. 81—82°, durch Erhitzen vorst. Base u. $NaNO_2$ in verd. HCl auf 80—83°; aus Leichtbenzin, dann wss. A. seidige Nadeln; roh 53%. — *2-Imino-1.3.3-triphenylpyrrolidin*, $C_{22}H_{20}N_2$, F. 128°, a) durch $3^1/_4$ std. Erhitzen von 3-Brom-1.1-diphenylpropylcyanid (**IV**) u. **III** auf 210°, Auslaugen mit W. u. Alkalisieren; 34%; b) durch 2½ std. Erhitzen von **IV** u. $C_6H_5NH_2$ auf 185°; 61%; aus Isopropanol Blättchen. *Pikrat*, $C_{22}H_{20}N_2 \cdot C_6H_3O_7N_3$, F. 206—208°; aus A. orangegelbe Prismen. — *1.3.3-Triphenylpyrrolidon-(2)*, $C_{22}H_{19}ON$, F. 117—118°, aus vorst. Base mit HNO_2; aus A. Blättchen; 97%. — *1-Methyl-2-methylimino-3.3-diphenylpyrrolidin* (**V**), *Pikrat*, $C_{18}H_{20}N_2 \cdot C_6H_3O_7N_3$, F. 180—182°, a) durch 13 std. Erhitzen von **IV** u. Methylamin in A. unter Druck auf 100°, Alkalisieren, Aufnehmen in Chlf. u. Fällen in A.; gelbe Stäbchen; 19%; b) durch 15 std. Erhitzen von **VI** u. CH_3J in Aceton auf 105° unter Druck u. weiter wie vorst.; 16%; c) durch 4 tägige Rk. von **VI** u. CH_3NH_2 in Ggw. von $CH_3NH_2 \cdot HCl$ in A. bei 105°; 27%. Daraus mit LiOH u. Aufnehmen in Chlf. die *Base*, $C_{18}H_{20}N_2$, F. 106°; aus wss. Methanol Nadeln. *Hydrochlorid*, $C_{18}H_{20}N_2 \cdot HCl$, F. 292—293° (Zers.); aus Isopropanol lange Prismen. *Pikrolonat*, $C_{18}H_{20}N_2 \cdot C_{10}H_8O_5N_4$, F. 216°; aus Methanol gelbe Prismen. — *2-Imino-1-methyl-3.3-diphenylpyrrolidin* (**VI**), *Pikrat*, $C_{17}H_{18}N_2 \cdot C_6H_3O_7N_3$, F. 147—149°; aus der alkoh. Mutterlauge bei der Darst. von **V**-Pikrat (Meth. a); orangefarbene Prismen; 15%. Daraus mit LiOH die *Base*; Öl. *Hydrochlorid*, $C_{17}H_{18}N_2 \cdot HCl$, F. 224—225°; aus Isopropanol Prismen. *Pikrolonat*, $C_{17}H_{18}N_2 \cdot C_{10}H_8O_5N_4$, F. 189°; aus A. gelbe Prismen. — *1-Methyl-3.3-diphenylpyrrolidon-(2)*, $C_{17}H_{17}ON$, F. 145°, aus **VI** mit $NaNO_2$ u. HCl; 57%. — *1-Methyl-2-methylimino-3.3-diphenylpyrrolidinmethopikrat*, $C_{25}H_{25}O_7N_5$, F. 188°, a) durch mehrstd. Erhitzen von **VI** u. CH_3J in Ggw. von K_2CO_3 in Aceton, Aufnehmen in Chlf., dann 20%ig. Milchsäure u. Fällen mit wss. Na-Pikrat; aus A. orangefarbene Blättchen; 67%; b) analog aus **V** u. CH_3J; 65%. (J. chem. Soc. [London] **1952**. 4268—71. Nov. Nottingham, Univ.) W. HOFFMANN. 3081

J. B. Stark und **A. E. Goodban**, *Kondensationsprodukt aus Pyrrolidoncarbonsäure und Formaldehyd.* Mit Hilfe verschied. Ionenaustauscher wird aus Zuckerrübensaft eine Säure isoliert, die durch Synth. u. Vgl. der Röntgenbeugungsspektren u. der kristallograph. Analyse (Vol. der Elementarzelle 624 Å³) identifiziert werden konnte als *Bis-[2-carboxy-5-ketopyrrolidino]-methan* (**I**), $C_{11}H_{14}O_6N_2$, F. 310° (Zers.; W.), D. 1,44; das synthet. durch 1 wöchiges Eindunsten einer wss. Lsg. von Pyrrolidon-(5)-carbonsäure-(2) (**II**) u. Formaldehyd entsteht. **I** ist kein Naturprod., es kann nur aus Zuckerrübensaft isoliert werden, der mit HCHO behandelt wurde. **I** hydrolysiert zu HCHO u. 2 Mol *Glutaminsäure* u. kann neben **II** nachgewiesen werden durch Erhitzen mit einer Lsg. von 2.7-Dioxynaphthalin in konz. H_2SO_4 (lavendelfarbene bis tiefviolette Farb-Rk.); Glykolsäure, Milchsäure, Äfelsäure, Weinsäure u. einige Aldehyde stören; Unterscheidung von diesen durch Papierchromatographie oder Anionenaustauscher. — **II**-*p-Nitrobenzylester*, $C_{12}H_{12}O_5N_2$, F. 122—123°. — **I**-*Bis-[p-nitrobenzylester]*, $C_{25}H_{24}O_{10}N_4$, F. 93—94°. — **II**-*Chininsalz*, $C_{25}H_{31}O_5N_3$, F. 207—209°. — **I**-*Bis-chininsalz*, $C_{51}H_{62}O_{10}N_6$, F. 159—160°. (J. Amer. chem. Soc. **74**. 4966—67. 5/10. 1952. Albany, Calif., Western Reg. Res. Labor.) W. HOFFMANN. 3081

J. E. Saxton, *Die Reaktion zwischen Indol und Essigsäureanhydrid.* Bei der Einw. von Essigsäureanhydrid auf Indol (**I**) entsteht neben *1.3-Diacetylindol* (**II**) eine *Verb.* $C_{22}H_{18}O_2N_2$, wahrscheinlich *1.1-Bis-[1-acetylindolyl-(3)]-äthylen* (**III**); daraus wird eine *Verb.* $C_{18}H_{14}N_2$ erhalten, deren chem. Eigg. u. Infrarotspektr. eher auf *1-[Indolyl-(3')]-1-[indolyliden-(3'')]-äthan* (**IV**) als auf *1.1-Bis-[indolyl-(3)]-äthylen* deuten; bei der Red. wird *1.1-Bis-[indolyl-(3)]-äthan* gebildet. Die UV-Absorptionsspektren von **III** in Methanol u. von **IV** in Methanol u. methanol. HCl (Salzbldg.) zwischen 2000 u. 6000 Å werden angegeben.

Versuche: *1.3-Diacetylindol* (**II**), $C_{12}H_{11}O_2N$, F. 150—151°, durch 24 std. Kochen von 25 g **I** u. etwas Essigsäure in Essigsäureanhydrid; aus A. oder Bzl. Nadeln; 24—26 g roh, 16—18 g rein (Ausbeute). — *3-Acetylindol*, $C_{10}H_9ON$, F. 191°, durch Lösen von 30 g **II** (roh) in A. u. 2 n NaOH, Abtrennen von 3 g gebildetem **III** u. Verdünnen mit W.; aus A. lange Prismen; 18 g. — *1.1-Bis-[1-acetylindolyl-(3)]-äthylen* (**III**), $C_{22}H_{18}O_2N_2$, F. 220—221°, aus dem Rückstand beim Umkristallisieren von rohem **II**; aus Aceton oder Dioxan lange Nadeln; 5—10% (der Menge an **II**); gibt Farb-Rk. (orange) nach EHRLICH; gibt mit wss. Pyridin oder heißem, wss.-alkoh. Alkali *1-[Indolyl-(3')]-1-[indolyliden-(3'')]-äthan* (**IV**), $C_{18}H_{14}N_2$, F. 232—234° (Zers.), aus Dioxan Rhomben. *Hydrochlorid*, $C_{18}H_{14}N_2 \cdot HCl$, lange, orangerote Nadeln; nach 8 std. Trocknen bei 100° grünschwarze, glänzende Blättchen; Zers. bei >155°. — *1.1-Bis-[indolyl-(3)]-*

äthan, $C_{18}H_{16}N_2$, F. 162°, a) durch Hydrierung von 1 g **IV** über palladisiertem $SrCO_3$ in A.–Dioxan; aus A. Prismen; 0,8 g; b) durch 5std. Erhitzen von 2 g **I**, Paraldehyd u. $ZnCl_2$ auf dem Dampfbad u. Aufnehmen in PAe.; 0,5 g. (J. chem. Soc. [London] **1952**. 3592–94. Sept. Oxford, Dyson Perrins Labor.) W. HOFFMANN. 3081

K. Balenović und **N. Bregant**, *Synthese von Aminomethylglyoxalverbindungen.* Vff. beschreiben ein Verf. zur Darst. von *Phthalimidomethylglyoxal* (**I**), ausgehend von Glykokoll, sowie die Darst. von *Aminomethylglyoxal* (**II**) u. einiger Derivv. dieser Verbindungen.

Versuche: *1-Brom-3-phthalimidopropanon* (**III**), $C_{11}H_8O_3NBr$, F. 147°, aus 1-Diazo-3-phthalimidopropanon u. HBr in Eisessig; Kristalle aus Bzl.; 92% (Ausbeute). — *3-[1-Phthalimidoacetonyl]-pyridiniumbromid* (**IV**), $C_{16}H_{13}O_3N_2Br$, F. 210° (Zers.), aus **III** durch Erhitzen mit wasserfreiem Pyridin, hygroskop. Kristalle aus PAe.; 100%. — *α-[Phthalimidoglycyl]-N-[p-dimethylaminophenyl]-nitron* (**V**), $C_{19}H_{17}O_4N_3$, F. 188°, aus **IV** u. p-Nitrosodimethylanilin mit nNaOH, Kristalle aus Dioxan/W.; 67,2%. — *Phthalimidomethylglyoxal* (**I**), $C_{11}H_7O_4N$, F. 95°, durch Umsetzen von **V** mit 5nH_2SO_4 u. Ausäthern; die zurückbleibenden Kristalle sind ein Halbhydrat von **I** mit 1 Mol Ae., F. 112°; Dest. bei 140–150°$_{0,036}$ ergibt **I**, hygroskop. gelbe Nadeln. — *1.1-Diäthylacetal von* **I**, $C_{15}H_{17}O_5N$, F. 65°, aus dem Halbhydrat von **I** nach CLAISEN (Ber. dtsch. chem. Ges. **47**. [1914.] 317), Kristalle aus Ae.; 74%. — *2-Phthalimidomethylchinoxalin*, $C_{17}H_{11}O_2N_3$, F. 226°, aus dem Halbhydrat von **I** mit Essigsäure u. o-Phenylendiamin, Kristalle aus Alkohol. — *Bis-äthylenmercaptal von* **I**, $C_{15}H_{15}O_2NS_4$, F. 175°, aus dem Halbhydrat von **I** mit Dithioäthylenglykol in 3%ig. HCl in Dioxan, farblose Prismen aus Bzl.; 82%. — *Bis-äthylenmercaptal von* **II**, $C_7H_{13}NS_4$, F. 45°, aus dem Bis-äthylenmercaptal von **I** mit Hydrazinhydrat in A., Erhitzen auf 50°, Zugabe von konz. NH_3 u. Ausäthern; Kristalle aus PAe.; 50%. (J. org. Chemistry **17**. 1328–30. Okt. 1952. Zagreb, Univ., Fac. of Sci., Chem. Inst.) KATTENHORN. 3081

Josef Klosa, *Über die Bildung des Diphenylhydantils. Diphenylhydantil* (**I**) entsteht durch Oxydation von 5-Phenylhydantoin (**II**) auf verschied. Wegen, die für weitgehende Tautomeriemöglichkeiten von **II** sprechen, u. geht mit Alkali teilweise wieder in **II** über. **I** entstand auch bei den Verss., aus **II** mit verschied. Chlorierungsmitteln 5-Phenylchlorhydantoine zu erhalten; $SOCl_2$ reagiert nicht mit **II**. Während H_2O_2 in Eisessig aus **II** glatt **I** bildet, wird mit H_2O_2 in Alkali eine Verb. erhalten, die wahrscheinlich mit der aus **I** u. $Ba(OH)_2$ entstehenden Verb. (vgl. PINNER [1906]) ident. ist. — Der Zusammenhang zwischen Tautomerie u. physiol.-pharmakol. Wrkg. wird diskutiert; **II** ist antikonvulsiv wirksam.

Versuche: *Diphenylhydantil* (**I**), $C_{18}H_{14}O_4N_4$, F. 348–350° (A.) (vgl. dagegen PINNER [1888] u. GABRIEL [1906]), a) durch Zutropfen von Br_2 zu 5 g 5-Phenylhydantoin (**II**) (F. 181–183°) in Eisessig bei 70–80°; 4 g (Ausbeute); b) durch 3std. Kochen von 2 g **II** in konz. HCl (oder 10 Std. in 2nHCl); 1,2 g; c) durch 4std. Erwärmen von 3 g **II** in $POCl_3$ auf dem Wasserbad; 1,8 g; d) durch 2std. Einw. von Hypobromitlsg. auf 2 g **II**; 1,3 g; e) durch 2std. Kochen von 5 g **II** mit 35%ig. H_2O_2 in Eisessig; 3,2 g; gibt mit 2nNaOH wieder **II**. — Durch Zutropfen von 35%ig. H_2O_2 zu **II** in verd. NaOH u. mehrstd. Stehen wurde eine Verb. vom F. 133–135° erhalten; aus W. lange Nadeln; N-frei. — **I**-*Dimethylverb.*, aus **I** u. Dimethylsulfat in 2nNaOH bei 5–10°. (Arch. Pharmaz. Ber. dtsch. pharmaz. Ges. **285/57**. 449–53. 1952.) W. HOFFMANN. 3122

W. M. Subarowski, *2-Oxymethylbenzothiazol und seine Umwandlungen.* Durch Erhitzen von o-Aminothiophenol (**I**) mit Glykolsäure (**II**) wurde *2-Oxymethylbenzothiazol* (**III**) erhalten. Das gewöhnlich in **I** als Verunreinigung enthaltene *o.o'-Diaminodiphenyldisulfid* (**IV**) lieferte hierbei in ungeklärter Rk. *2.2'-Di-[benzothiazolyl]* (**V**). Die OH-Gruppe in **III** hat phenol. Charakter; **III** bildet daher Alkalisalze u. läßt sich in alkal. Lsg. mit Dialkylsulfat alkylieren. Das auf diese Weise erhaltene *2-Methoxymethylbenzothiazol* war mit dem aus **I** u. Methoxyessigsäure gewonnenen identisch. **III**, seine Äther u. Ester bilden Pikrate, Salze mit Säuren u. quartäre Salze. In einigen Fällen wurden bei der Herst. der letzteren noch ungeklärte Umwandlungen festgestellt. So wurde beim Erhitzen von 2-Acetoxymethylbenzothiazol (**VI**) mit C_2H_5J im geschlossenen Rohr (110–120°) *Essigsäure* abgespalten; dies erfolgte auch beim Erhitzen des Äthyltosylats dieser Verb. auf 150°; 2-Äthoxymethylbenzothiazol gab mit C_2H_5J bei 140° das *Jodäthylat* von *2-Methylbenzothiazol*. Aus **III** u. HBr entstand *2-Brommethylbenzothiazol* (**VII**), aus dem durch Rk. mit Aminen die entsprechenden *substituierten 2-Aminomethylbenzothiazole* synthetisiert wurden. Deren quartäre Salze lieferten bei der Farbstoffsynth. nicht die erwarteten entsprechenden Dimethincyanine vom Styryltypus oder Thiacarbotrimethincyanine, da die Alkylaminogruppe durch H ersetzt wurde; z. B. entstand aus dem Einwirkungsprod. von C_2H_5J auf 2-Diäthylaminomethylbenzothiazol mit p-Dimethylaminobenzaldehyd das bekannte *Jodäthylat* von *2-[p-Dimethylaminostyryl]-benzothiazol* u. mit Orthoameisenester das bekannte *Bis-[3-äthylbenzothiazol-(2)]-trimethincyaninjodid*. Bei den Verss., aus den quartären Salzen von **III** Polymethinfarbstoffe mit der OH-Gruppe im chromophoren Syst. zu erhalten, entstanden farbige Prodd. nicht ermittelter Struktur. Ausgehend von quartären Salzen von **VI** ließen sich aber *2-[p-Dimethylamino-β-acetoxystyryl]-benzothiazol-jodäthylat* u. *Bis-[3-methylbenzothiazol-(2)]-8.10-diacetoxytrimethincyaninperchlorat* synthetisieren. Die Acetatgruppen in letzterem Farbstoff wurden schon durch alkoh. KOH bei Zimmertemp. verseift, doch konnte die entsprechende *Dioxyverb.* nicht isoliert werden.

Versuche: *2-Oxymethylbenzothiazol* (*Benzothiazolyl-(2)-carbinol*, **III**), $C_8H_7O \cdot NS$, F. 101°; aus äquimol. Mengen **I** u. **II** durch 12std. Erhitzen im Bombenrohr auf 130°; man löst in verd. HCl, filtriert **IV** (falls vorhanden) ab u. fällt **III** mit nicht überschüssiger NaOH; Nadeln aus Toluol; 76,5% (Ausbeute). *Pikrat*, F. 138° (Zers. 140°); aus A. gelbe Nadeln. *Jodmethylat*, $C_9H_{10}ONJS$, F. 219° (Zers.); aus W. Nadeln. *Jodäthylat*, $C_{10}H_{12}ONJS$, F. 208° (Zers.); aus Wasser. — *2.2'-Di-[benzothiazolyl]* (**V**), $C_{14}H_8N_2S_2$, F. 306—308°; bei 15std. Erhitzen von 2,5 g **IV** mit 3 g **II** im Bombenrohr auf 120—140°; man behandelt das Reaktionsprod. mit Ae., heißem A. u. Aceton; **V** bleibt schwer lösl. zurück; aus Toluol Kristalle; 0,8 g. — *2-Acetoxymethylbenzothiazol* (**VI**), $C_{10}H_9O_2NS$, F. 78—79°; aus **III** in sd. Acetanhydrid; aus 60%ig. A. oder PAe.; 87%. *Jodmethylat*, $C_{11}H_{12}O_2NJS$, F. 173° (Zers.); aus den Komponenten im Rohr bei 102°; aus W. Nadeln. *Methomethylsulfat*, F. 163—165°, aus A. Nadeln. *Jodäthylat*, Zers. > 100°; aus nachst. Verb. u. KJ; aus wss. Aceton Kristalle. *Äthyl-p-toluolsulfonat*, Zers. > 150°; aus den Komponenten im Rohr bei 120°; aus A. Nadeln. — *2-Benzoyloxymethylbenzothiazol*, $C_{15}H_{11}O_2NS$, F. 72°; durch Benzoylieren von **III** mit C_6H_5COCl in NaOH; aus A. Nadeln; 65%. *Jodmethylat*, $C_{16}H_{14}O_2NJS$, Zers. bei 184—185°; aus Wasser. — *2-Brommethylbenzothiazol* (**VII**), C_8H_6NBrS, F. 45°; aus 4 g **III** u. 20 ml HBr (D. 1,78), 7 Std. im Rohr bei 100°; Nadeln aus PAe.; riecht stechend; 70%; bildet kein Pikrat u. keine quartären Salze; lösl. in konz. HCl, unlösl. in 15%ig. HCl. — *2-Methoxymethylbenzothiazol*, F. 36°, $Kp._{767}$ 267—269°, $Kp._6$ 134—135°; a) durch Methylierung von 5,2 g **III** in verd. NaOH mit 5,5 ml $(CH_3)_2SO_4$, anfänglich unter Kühlung mit Eis; 55%; b) aus **VII** mit sd. CH_3ONa-Lsg.; 81%. *Pikrat*, F. 111°; aus Chloroform. *Jodäthylat*, F. 158—160° (Zers. 164°). — *2-Äthoxymethylbenzothiazol*, $C_{10}H_{11}ONS$, $Kp._{752}$ 279°; $Kp._7$ 140°; a) aus **VII** mit sd. C_2H_5ONa-Lsg.; 61%; b) aus **I** u. Äthoxyessigsäure, 10 Std. im Rohr bei 135°; 58%. — *Bis-[benzothiazolyl-(2)-methyl]-sulfid*, $C_{16}H_{12}N_2S_3$, F. 119—121°; aus **VII** u. Na_2S in A., 40 Min. zum Sieden; Kristalle aus A.; 82%. — *2-[Benzothiazolyl-(2)-methylmercapto]-benzothiazol*, $C_{15}H_{10}N_2S_3$, F. 101 bis 102°; aus **VII** u. 2-Mercaptobenzothiazol in sd. alkoh. KOH; gelbliches Kristallpulver aus verd. A.; 55%. — *Bis-[benzothiazolyl-(2)-methyl]-amin*, $C_{16}H_{13}N_3S_2$, F. 134°; aus **VII** bei $^1/_4$std. Kochen mit wss.-alkoh. NH_3; aus Ae. + Bzl. Nadeln; 48%. *Acetylderiv.*, F. 110°; aus Bz.l + PAe. oder viel Wasser. — *2-[Äthylaminomethyl]-benzothiazol*, $Kp._{10}$ 180°; aus **VII** mit dem 10fachen der Theorie $C_2H_5NH_2$ in Ae., 5 Min. zum Sieden; 75%. *Pikrat*, $C_{16}H_{15}O_7N_5S$, F. 169°; aus Alkohol. — *2-[Dimethylaminomethyl]-benzothiazol*, $Kp._{10}$ 146°; aus **VII** u. $(CH_3)_2NH$, 20 Min. in sd. absol. A.; 66,5%. *Pikrat*, $C_{16}H_{15}O_7N_5S$, F. 154°; aus Alkohol. — *2-[Diäthylaminomethyl]-benzothiazol*, $C_{12}H_{16}N_2S$, $Kp._5$ 141°; $D.^{20}$ 1,08; 75%. *Pikrat*, $C_{18}H_{19}O_7N_5S$, F. 178°; aus Alkohol. *Dihydrochlorid*, $C_{12}H_{18}N_2Cl_2S$, F. 119—120°; aus Alkohol. — *2-[Dipropylaminomethyl]-benzothiazol*, $C_{14}H_{20}N_2S$, $Kp._4$ 145°; 60%. *Pikrat*, F. 105° (an anderer Stelle 184°), aus Alkohol. — *Piperidyl-(1)-benzothiazolyl-(2)-methan*, $C_{13}H_{16}N_2S$, F. 53°; $Kp._{30}$ 225°; aus **VII** u. Piperidin; aus 60%ig. A.; 60%. *Pikrat*, F. 184°; aus Alkohol. — *Morpholyl-(4)-benzothiazolyl-(2)-methan*, $C_{12}H_{14}ON_2S$, F. 71°; aus **VII** u. Morpholin; aus PAe.; 65%. *Pikrat*, F. 197° (Zers.). *Jodmethylat*, $C_{13}H_{17}ON_2JS$, F. 188°; aus 75%ig. A. Nadeln. — *N.N'-Bis-[benzothiazolyl-(2)-methyl]-piperazin*, $C_{20}H_{20}N_4S_2$, F. 200°; aus **VII** u. Piperazin; aus Xylol; 1 g aus 3,5 g **VII**. — *2-[p-Dimethylamino-β-acetoxystyryl]-benzothiazol-Jodäthylat*, $C_{21}H_{23}O_2N_2JS$, F. 184°; durch $^3/_4$std. Kochen äquimol. Mengen des Äthyl-p-toluolsulfonats von **VI** u. p-Dimethylaminobenzaldehyd in Acetanhydrid u. Eingießen in heiße wss. KJ-Lsg.; violette Nadeln aus A.; Absorptionsmaximum (Max.) bei 498 mμ (A.); 70%. — *Bis-[3-methylbenzothiazol-(2)]-8.10-diacetoxytrimethincyanin-Perchlorat*, $C_{23}H_{21}O_8N_2ClS_2$, Zers. bei 178°; aus 2 Mol **VI**-Jodmethylat u. 4 Mol Orthoameisenester durch ½std. Kochen in Acetanhydrid, Eingießen in heiße wss. $NaClO_4$-Lsg., Reinigen der ausgeschiedenen M. durch Extrahieren mit Ae. u. Kristallisieren aus A. + Ae.; schwarzviolettes Pulver; Max. bei 554 mμ (A.); 50%. Die violettrote alkoh. Lsg. wird mit alkoh. KOH (Verseifung) blau (Max. bei 606 mμ), beim folgenden Neutralisieren rot (Max. bei 565 mμ). (Журнал Общей Химии [J. allg. Chem.] **21** (83). 2055—64. Nov. 1951. Inst. für organ. Chem. der Akad. der Wiss. der UdSSR.)

QUECK. 3142

L. Ss. Efross und **L. R. Dawidenkow,** *Untersuchung auf dem Gebiet der Benzothiazolderivate. Gewinnung von 1-[Benzothiazolyl-(2)]-3-methylpyrazolon-(5).* Durch Oxydation von 2-Mercaptobenzothiazol (I; Captax) mit alkal. $KMnO_4$-Lsg. wurde das *K-Salz* (II) der *Benzothiazolsulfonsäure-(2)* erhalten. Mit wss. NH_2OH entstand aus II *N-[Benzothiazolyl-(2)]-hydroxylamin,* dessen Konst. durch Überführung in *2-Aminobenzothiazol* bewiesen wurde. Mit $NH_2 \cdot NH_2$ wurde *[Benzothiazolyl-(2)]-hydrazin* (III) erhalten, das mit Acetessigester, besser Acetessigsäureamid (aus Diketen in wss. NH_3) glatt *1-[Benzothiazolyl-(2)]-3-methylpyrazolon-(5)* (IV) lieferte. IV ähnelt in seinem Verh. 1-Phenyl-3-methylpyrazolon-(5), ist jedoch weniger bas.; es bildet ein *4-Nitrosoderiv.* u. kuppelt mit Diazoverbb. in 4-Stellung. Die Arbeit lehnt sich an D. R. P. 614 327, 615 131, 615 132 u. 615 526 an; IV ist neu u. könnte für die Herst. von Farbstoffen u. Arzneimitteln Interesse haben.

V e r s u c h e : *K-Salz* (II) der *Benzothiazolsulfonsäure-(2)*; man läßt unter Rühren 400 cm³ 10%ig. $KMnO_4$-Lsg. von 60—70° zu 20 g techn. I in einer Lsg. von 9 g KOH in 75—80 cm³ W. zufließen, neutralisiert die filtrierte Lsg. mit Essigsäure u. engt ein; 50—60% (Ausbeute). — *2-Oxybenzothiazol* aus vorst. K-Salz durch Kochen mit HCl bis zum Aufhören der SO_2-Entw.; aus verd. A. (1:3) Kristalle. — *N-[Benzothiazolyl-(2)]-hydroxylamin,* $C_7H_6ON_2S$; durch Eintragen von 6 g wasserfreiem Na_2CO_3 in die sd. Lsg. von 10 g $NH_2OH \cdot HCl$ in 50 cm³ 20%ig. II-Lsg.; aus wss. A. Nadeln; 80%. Durch Red. mit Zn-Staub + HCl entsteht *2-Aminobenzothiazol,* F. 126°. — *[Benzothiazolyl-(2)]-hydrazin* (III), F. 194—195°; aus II u. $NH_2NH_2 \cdot H_2O$ in W. durch ½std. Erhitzen auf dem Wasserbad; Nadeln aus A.; 90%. Gibt mit Benzaldehyd das entsprechende *Hydrazon,* F. 220°, unlösl. in Alkohol. — *1-[Benzothiazolyl-(2)]-3-methylpyrazolon-(5)* (IV), $C_{11}H_9ON_3S$, F. 225°; a) aus einer sd. gesätt. Lsg. von 4 g III in A. u. 3,7 cm³ Acetessigester bei 4std. Kochen; 50% eines sehr unreinen Prod.; b) zu 10 cm³ 25%ig. wss. NH_3 werden unter Eiskühlung u. Schütteln 2,5 cm³ Diketen zugegeben; nach Lösung wird mit HCl angesäuert (Kongo), mit 4 g III in 80 cm³ 3—5%ig. HCl versetzt u. ¹/₄ Std. auf dem Wasserbad erhitzt; 5,6 g. Aus A. Kristalle; lösl. in verd. Alkalilauge; fast unlösl. in verd. Säuren; gibt mit $FeCl_3$ in A. eine braunviolette Färbung. — *4-Nitroso-1-[benzothiazolyl-(2)]-3-methylpyrazolon-(5),* $C_{11}H_8O_2N_4S$, F. 254 bis 255°; aus 1,2 g IV in konz. HCl u. 0,4 g $NaNO_2$ in W.; gelbe Kristalle aus Essigsäure; lösl. in Alkalilauge; 1,2 g. — Azoverbb. aus IV. Durch Kupplung mit diazotierter Sulfanilsäure in alkal. Lsg. wurde das *Na-Salz* der entsprechenden *Azoverb.* erhalten; gelborange; lösl. in W.; färbt Wolle gelb mit guter Echtheit. Mit diazotiertem Anilin entsteht analog *4-Benzolazo-1-[benzothiazolyl-(2)]-3-methylpyrazolon-(5),* $C_{17}H_{13} \cdot ON_5S$, F. 237—238°; orange Nadeln aus Essigsäure. (Журнал Общей Химии [J. allg. Chem.] **21** (83). 2046—50. Nov. 1951. Leningrad, Technol. Inst., Labor. für Technol. organ. Farbstoffe.)

QUECK. 3142

J. L. Riebsomer und **D. A. Stauffer,** *Weitere Untersuchungen über 2-Phenyl-1.2.3.2 H-triazolderivate.* Dargestellt wurden 20 Derivv. von 2-Phenyl-1.2.3.2 H-triazol (vgl. RIEBSOMER, J. org. Chemistry **13**. [1948.] 807, 815); keine dieser Verbb. zeigte eine Wrkg. bei der Infektion der Maus mit *Streptococcus haemolyticus, Influenzavirus,* bei Tetanustoxämie u. bei Tollwut. Vff. gehen aus von 2-Phenyl-1.2.3.2H-triazol-4-aldehyd (I) (Darst. RIEBSOMER, l. c.), der mit KCN u. NH_4Cl in schlechter Ausbeute *2-Phenyl-1.2.3.2 H-triazolyl-(4)-aminoessigsäure* liefert. I-Oxim gibt mit $SOCl_2$ *2-Phenyl-4-cyan-1.2.3.2H-triazol.* Aus I entsteht bei der Red. mit HCHO *2-Phenyl-1.2.3.2 H-triazolyl-(4)-carbinol* (II), das wie üblich ins Bromid (V) übergeführt wurde; dieses bildet mit KCN das entsprechende Nitril (IV), das zur *2-Phenyl-1.2.3.2 H-triazolyl-(4)-essigsäure* verseift wurde. Aus dem Phenylosazon von Methylglyoxal u. wss. $CuSO_4$ entsteht beim Erhitzen *4-Methyl-2-phenyl-1.2.3.2 H-triazol* (III), das bei der Nitrierung ein Mononitroderiv. ergibt. —

V e r s u c h e : *2-Phenyl-1.2.3.2 H-triazolyl-(4)-aminoessigsäure,* $C_{10}H_{10}O_2N_4$, F. 169 bis 170°, aus I mit KCN u. NH_4Cl in wss. Methanol bei 12std. Stehen; eindampfen, in Ae. aufnehmen, mit HCl-Gas sättigen, Ae. abdekantieren, mit konz. HCl 12 Std. stehenlassen, dann 30 Min. kochen; Nd. mit NH_4OH neutralisieren; schwach oranger Nd. durch Umfällen wie vorst.; 11% (Ausbeute). — *2-Phenyl-4-cyan-1.2.3.2 H-triazol,* $C_9H_6N_4$, F. 88—89°; aus dem I-Oxim in Bzl. mit $SOCl_2$ beim Kochen; schwachgelbe Kristalle aus W./A.; 70%. — *2-Phenyl-1.2.3.2 H-triazolyl-(4)-methylbromid* (V), $C_9H_8 \cdot N_3Br$, F. 37—38°; aus II mit wss. NaBr u. H_2SO_4 bei 2std. Kochen; hellgelber Nd. aus A./W.; 87%. — *N-[2-Phenyl-1.2.3.2H-triazolyl-(4)-methyl]-phthalimid,* $C_{17}H_{12}O_2N_4$, F. 135—136°; aus V beim Erhitzen mit Phthalimid-K; schwach oranger Nd.; 16%. —

2-Phenyl-1.2.3.2H-triazolyl-(4)-acetonitril (**IV**), $C_{10}H_8N_4$, F. 53—54°; aus **V** mit wss. KCN in A. bei 2std. Kochen; hellgelbe Kristalle aus A./W. mit Norit; 76%. — *2-Phenyl-1.2.3.2H-triazolyl-(4)-essigsäure*, $C_{10}H_9O_2N_3$, F. 108—109°; aus vorst. Verb. bei 1std. Hydrolyse mit kochender 25%ig. NaOH; Kristalle aus A./W.; 45%. — *2-Phenyl-1.2.3.2H-triazolyl-(4)-methyl-4'-toluolsulfonat*, $C_{16}H_{15}O_3N_3S$, F. 63—64°; aus **II** mit p-Toluolsulfochlorid in 15%ig. wss. NaOH; Kristalle aus wss. A.; 85%. — *2-Phenyl-1.2.3.2H-triazolyl-(4)-methyl-2'-phenyl-1'.2'.3'.2'H-triazol-4'-carboxylat*, $C_{18}H_{14}O_2N_6$, F. 123—124°; aus 2-Phenyl-1.2.3.2H-triazolcarbonsäure-(4)-chlorid (**VI**) u. **II** beim Erwärmen in Pyridin; Kristalle aus A.; 74%. — *2-Phenyl-1.2.3.2H-triazolyl-(4)-methyl-4'-nitrobenzoat*, $C_{16}H_{12}O_4N_4$, F. 160—161°; aus **II** mit p-Nitrobenzoylchlorid in Pyridin; Kristalle aus n-Propanol/Bzl.; 90%. — *2-Phenyl-1.2.3.2H-triazolyl-(4)-methyl-4'-aminobenzoat*, $C_{16}H_{14}O_2N_4$, F. 134—135°; aus vorst. Verb. durch Druckhydrierung in A. mit PtO_2 nach ADAMS; Kristalle aus A.; 89%. — *2-Phenyl-1.2.3.2H-triazolyl-(4)-methyl-N'-[2-phenyl-1.2.3.2H-triazol-4-carboxylyl]-4'-aminobenzoat*, $C_{25}H_{19}\cdot O_3N_7$, F. 168—169°; aus vorst. Verb. u. **VI** in Pyridin beim Erwärmen; schwachgelbe Kristalle aus n-Butanol; 82%. — *N-[2-Phenyl-1.2.3.2H-triazol-4-carboxylyl]-8-amino-6-methoxychinolin*, $C_{19}H_{15}O_2N_5$, F. 182—183°; aus **VI** u. 6-Methoxy-8-aminochinolin beim Erwärmen in Pyridin; Kristalle aus n-Propanol; 77%. — *N'-[2-Phenyl-1.2.3.2H-triazol-4-carboxylyl]-2-[4'-aminophenyl]-1.2.3.2H-triazol*, $C_{17}H_{13}ON_7$, F. 178—179°; aus **VI** u. 2-[4'-Aminophenyl]-1.2.3.2H-triazol in Pyridin; hellgelbe Kristalle aus n-Propanol; 63%. — *4-Methyl-2-phenyl-1.2.3.2H-triazol* (**III**), $C_9H_9N_3$, Kp.$_{37}$ 122—125°; Darst. aus 1 Mol Methylglyoxal u. 2 Mol. Phenylhydrazin·HCl in W. mit 4 Mol Na-Acetat; dann Umsetzung des Phenylosazons mit wss. $CuSO_4$ durch 4std. Kochen u. anschließende Dampfdest.; Fl.; 35%. — *4-Methyl-2-[4'-nitrophenyl]-1.2.3.2H-triazol*, $C_9H_8O_2N_4$, F. 134—135°; aus vorst. Verb. in konz. H_2SO_4 mit konz. HNO_3 bei 20°; hellgelbe Kristalle aus A.; 47%. — Daraus durch Druckhydrierung mit PtO_2 in A. *4-Methyl-2-[4'-aminophenyl]-1.2.3.2H-triazol* (**VII**), $C_9H_{10}N_4$, F. 61—62°, Kp.$_3$ 170°. *Hydrochlorid*, $C_9H_{11}N_4Cl$, F. 200—201°, sublimiert. — *2-[4'-(N-Acetylamino)-phenyl]-4-methyl-1.2.3.2H-triazol*, $C_{11}H_{12}ON_4$, F. 156—157°; aus **VII** mit Acetanhydrid beim Kochen; Kristalle aus A./Wasser. — *2-[4'-(N-Benzoylamino)-phenyl]-4-methyl-1.2.3.2H-triazol*, $C_{16}H_{14}ON_4$, F. 174—175°; aus **VII** mit Benzoylchlorid/NaOH; Kristalle aus A.; 88%. — *N'-[2-Phenyl-1.2.3.2H-triazol-4-carboxylyl]-2-[4'-aminophenyl]-4-methyl-1.2.3.2H-traizol*, $C_{18}H_{15}ON_7$, F. 175—176°; Darst. aus **VI** u. **VII** in Pyridin; Kristalle aus n-Butanol; 56%. (J. org. Chemistry **16**. 1643—47. Okt. 1951. Albuquerque, N. Mex., Univ., Dep. of Chem.) GOEBEL. 3153

Ernst D. Bergmann, Hillel Bendas und **Uriel d'Avilla**, *Neue Substanzen von möglicherweise chemotherapeutischem Wert.* 1. Mitt. Vff. kondensieren p-Sulfonamidobenzamidin (**I**) mit Acetessigester zu *2-[p-Sulfonamidophenyl]-4-methyl-6-keto-5.6-dihydropyrimidin*. Bei der analogen Rk. mit Acetylaceton bildet sich das nichtcycl. Kondensationsprod. **II**.

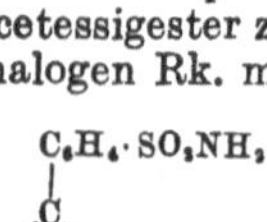

II

Bei der Rk. von p-Sulfonamidobenzamidoxim (**III**) mit Chloracetylchlorid bzw. Dichloracetylchlorid entsteht *5-Chlormethyl-* bzw. *5-Dichlormethyl-3-p-[sulfonamidophenyl]-1.2.4-oxadiazol*. Aus **III** u. Dichloressigsäure bildet sich wahrscheinlich das *Dichloracetylderivat*. In sd. Eisessig reagiert **III** mit Benzoylchlorid unter Bldg. von *5-Phenyl-3-[p-sulfonamidophenyl]-1.2.4-oxadiazol*, bei 180° entsteht das *N⁴-Benzoylderiv.* dieser Verbindung. Analog reagiert **III** mit Acetanhydrid unter Bldg. des *N⁴-Acetylderiv.* des *5-Methyl-3-[p-sulfonamidophenyl]-1.2.4-oxadiazols*. Die Rk. von **III** mit überschüssigem Eisessig bei 150° gibt eine krist. Verb. (F. 309°, 2 N-Atome pro S-Atom im Mol.), deren Konst. noch nicht geklärt ist. In analoger Weise bildet p-Nitrobenzamidin mit Acetylaceton *2-[p-Nitrophenyl]-4.6-dimethylpyrimidin* u. p-Nitrobenzamidoxim (**IV**) mit Acetanhydrid bzw. Benzoylchlorid *5-Methyl-* bzw. *5-Phenyl-3-[p-nitrophenyl]-1.2.4-oxadiazol*. Die Infrarotspektren einiger Verbb. wurden untersucht.

Versuche: *p-Sulfonamidobenzamidin* (**I**), F. 225° (W.), aus p-Cyanbenzolsulfonamid (F. 169°) u. NH_4OH. — *Verb.* **II**, $C_{12}H_{15}O_3N_3S$, F. 195° (A.), aus **I** in wenig konz. HCl mit Acetylaceton in Pyridin bei Zimmertemp.; 40% (Ausbeute). — *2-[p-Sulfonamidophenyl]-4-methyl-6-keto-5.6-dihydropyrimidin*, $C_{11}H_{11}O_3N_3S$, F. 265—266°. Das Hydrochlorid von **I** wird mit Acetessigester versetzt, mit 10%ig. NaOH alkal. gemacht u. 1 Std. auf dem Wasserbad erhitzt; 43,5%. — *p-Sulfonamidobenzamidoxim* (**III**), $C_7H_9O_3N_3S$, aus p-Cyanbenzolsulfonamid mit der methanol. Lsg. von Hydroxylamin 2 Std. am Rückfluß; 80%. *Hydrochlorid*, $C_7H_{10}O_3N_3ClS$, F. 149—150°, Zers. (aus Isopropanol als Halbhydrat, beim Entwässern im Vakuum F. 198°). *Hydrobromid*, $C_7H_{10}\cdot O_3N_3BrS$, F. 198°. — *5-Chlormethyl-3-[p-sulfonamidophenyl]-1.2.4-oxadiazol*, $C_9H_8O_3N_3\cdot ClS$, F. 195° (A.), aus 2 g **III** u. 3 cm³ Chloracetylchlorid 30 Min. am Rückfluß; 2,5 g. —

5-Dichlormethyl-3-[p-sulfonamidophenyl]-1.2.4-oxadiazol, $C_9H_7O_3N_3Cl_2S$, F. 130° (wss. A. aus III u. Dichloracetylchlorid analog vorst. Verb.; 80%. — *O-Dichloracetyl-p-sulfonamidobenzamidoxim*, $C_9H_9O_4N_3Cl_2S$, F. 210° (Eisessig), aus III u. Dichloressigsäure in Eisessig 15 Min. am Rückfluß; 75%. — *3-[p-Sulfonamidophenyl]-5-phenyl-1.2.4-oxadiazol*, $C_{14}H_{11}O_3N_3S$, F. 241° (Bzl. oder A.), aus III u. Benzoylchlorid in Eisessig 30 Min. bei 160°; 71%. — *N*[4]*-Benzoylderiv.*, $C_{21}H_{15}O_4N_3S$, F. 216° (Bzl.), aus III u. Benzoylchlorid 20 Min. bei 180°; 74%. — *N*[4]*-Acetylderiv.* des *5-Methyl-3-[p-sulfonamidophenyl]-1.2.4-oxadiazols*, $C_{11}H_{11}O_4N_3S$, F. 206—207° (A.), aus 1 g III, 10 g CH_3COOH u. 2 g Acetanhydrid 1 Std. am Rückfluß; 1 g. — *p-Nitrobenzamidin*, $C_7H_7O_2N_3$, F. 194°, aus p-Nitrobenzonitril analog I; 60%. — *2-[p-Nitrophenyl]-4.6-dimethylpyrimidin*, $C_{12}H_{11}O_2N_3$, F. 167° (verd. A.), aus vorst. Verb. u. Acetylaceton (als Kondensationsmittel kann auch an Stelle von Pyridin eine Lsg. von K_2CO_3 verwendet werden); 40%. — *p-Nitrobenzamidoxim* (IV), $C_7H_7O_3N_3$, F. 180° (A. oder Aceton), aus p-Nitrobenzonitril mit der doppelten Menge 2n-Hydroxylaminlsg. in Methanol 1 Std. am Rückfluß; 66%. *Acetylderiv.*, $C_9H_9O_4N_3$, F. 226° (Eisessig), aus vorst. Verb. mit sd. Eisessig; 90%. — *3-[p-Nitrophenyl]-5-methyl-1.2.4-oxadiazol*, $C_9H_7O_3N_3$, F. 140° (wasserfreiem A.), aus IV u. Acetanhydrid 30 Min. am Rückfluß; 80%. — *3-[p-Nitrophenyl]-5-chlormethyl-1.2.4-oxadiazol*, $C_9H_6O_3N_3Cl$, F. 88° (verd. A.), aus IV u. Chloracetylchlorid 30 Min. bei 126°; 90%. — *3-[p-Nitrophenyl]-5-phenyl-1.2.4-oxadiazol*, $C_{14}H_9O_3N_3$, F. 195° (Bzl.), aus IV u. Benzoylchlorid 30 Min. auf dem Wasserbad; 90%. (J. org. Chemistry **18**. 64—69. Jan. 1953. Tel-Aviv u. Jerusalem, Israel, Ministry of Defence, Scientific Dep.) H. ULRICH. 3163

Josef Klosa, *Über einige Derivate des 2.4-Dioxy-6-methylpyridin-3-carbonsäureäthylesters.* Vf. beschreibt die Darst. einiger Derivv. des *2.4-Dioxy-6-methylpyridin-3-carbonsäureäthylesters* (I), die gegebenenfalls tuberkulostat. bzw. chemotherpeut. Wrkg. besitzen. Bei der Bromierung von I entsteht neben *2.4-Dioxy-6-methyl-5-brompyridin-3-carbonsäureäthylester* (II) ein Dibromderiv., das beim Kochen mit W. oder HCl unter Br_2-Abspaltung in II übergeht u. *1.5-Dibrom-2.4-diketo-3-carbäthoxy-6-methyl-1.2.3.4-tetrahydropyridin* sein muß.

Versuche: *2.4-Dioxy-6-methylpyridin-3-carbonsäureäthylester* (I), F. 208—210°, durch 13 std. Kochen von 178,8 g Malonsäurediäthylester (reinst) u. 145 g β-Aminocrotonsäureäthylester in C_2H_5ONa-Lsg., Lösen des Nd. in W. u. Ansäuern (p_H 3,5—5,5); 75 g (Ausbeute). — *2.4-Dioxy-6-methyl-5-brompyridin-3-carbonsäureäthylester* (II), $C_9H_{10}O_4NBr$, F. 249—250° (A.), aus I mit Br_2 in Eisessig u. Gießen in W.; daneben *1.5-Dibrom-2.4-diketo-3-carbäthoxy-6-methyl-1.2.3.4-tetrahydropyridin*, $C_9H_9O_4NBr_2$, F. 168—169°, das auch durch Suspendieren von 1 g I in HCl u. Zusatz von Bromwasser entsteht; 1,4 g; gibt beim Kochen mit W. u. HCl II. — *2.4-Dioxy-6-methyl-5-brompyridin-3-carbonsäure*, $C_7H_6O_4NBr$, F. 265° (Zers.) (Eisessig). — *2.4-Dioxy-5-jod-6-methylpyridin-3-carbonsäureäthylester* (III), $C_9H_{10}O_4NJ$, F. 238° (Zers.), durch Zugabe von J_2 in A. zu 4 g I in 3n NaOH, 10 std. Stehen, Verdünnen mit W. u. Ansäuern mit 20%ig. H_2SO_4; aus Methanol lange Nadeln; 3,6 g. — *2.4-Dioxy-5-jod-6-methylpyridin-3-carbonsäure*, $C_7H_6O_4NJ$, F. 220° (Zers., Methanol), mit n NaOH bei 50°. — *2.4-Dioxy-5-jod-6-methylpyridin*, $C_6H_6O_2NJ$, F. 217—218° (Aceton), durch 1 std. Erwärmen von 0,5 g III mit 2n NaOH; 0,2 g. — *2.4-Dioxy-6-methyl-5-nitropyridin-3-carbonsäureäthylester* (IV), $C_9H_{10}O_6N_2$, F. 256—258° (A.), durch Eintragen von I in Nitriersäure u. 10 std. Stehen. — *2.4-Dioxy-6-methyl-5-nitropyridin-3-carbonsäure*, $C_7H_6O_6N_2$, F. 237° (Zers.), durch 3 std. Kochen von 2 g IV in 2n NaOH; aus A. Nadeln; 1,3 g. — *2.4-Dioxy-6-methyl-5-nitropyridin-3-carbonsäurehydrazid*, $C_7H_8O_5N_4$, F. 238°, durch Einw. von 80%ig. Hydrazin auf 3 g IV bei 50—60°; aus 80%ig. A. gelbe Nadeln; 2,8 g. Daraus (1 g) durch 1 std. Kochen mit Glucose die *Glykosidenverb.*, $C_{13}H_{18}O_{10}N_4$, F. 170—172°; aus 85%ig. A. gelbe Drusen; 0,6 g. — *Bis-[2.4-dioxy-6-methylpyridin-3-carbonsäure]-hydrazid*, $C_{14}H_{14}O_6N_4$, F. 260°, durch 20 Min. Erhitzen einer Suspension von I in W. mit 85%ig. Hydrazinhydrat auf 60°; aus W. Nadeln. — *Bis [2.4-dioxy-6-stilbazol-3-carbonsäure]-hydrazid*, $C_{28}H_{22}O_6N_4$, F. 330° (Zers., A.), durch 2 std. Erhitzen einer Lsg. vorst. Verb. in A. mit Benzaldehyd. — Mit Anisaldehyd, Vanillin oder Propionaldehyd reagiert vorst. Verb. nicht. (Arch. Pharmaz. Ber. dtsch. pharmaz. Ges. **285/57**. 453—59. 1952.) W. HOFFMANN. 3231

Carl Tabb Bahner, William K. Easley, George E. Biggerstaff, Emma Brown, Marguerite Close, Mary Marguerite Isenberg, Harold D. Lyons, Lilburn Norton, Emogene Stephen, Billy Stump, Betty Gay, Walden Blanc und **Mary Watkins**, *Quaternäre Salze von halogenierten heterocyclischen Stickstoffverbindungen.* Vff. beschreiben die Darst. weiterer gegen Tumoren wirksamer *quaternärer Salze* von *Halogenpyridinen* u. *-chinolinen*. 4.7-Dichlorchinolin ist wenig reaktionsfähig, u. 8-Chlorchinolin gibt bei der Rk. mit p-Methoxyphenacylbromid statt des quaternären Salzes das *8-Chlorchinolinhydrobromid*.

Versuche: Salze aus 2-Chlorpyridin: u. *p-Methoxyphenacylbromid*, $C_{14}H_{13}O_2NClBr$, F. 171°; u. *β-Naphthacylbromid*, $C_{17}H_{13}ONClBr$, F. 175°; u. *5.6.7.8-Tetrahydro-β-naphthacylbromid*, $C_{17}H_{17}ONClBr$, F. 190°; u. *4.4'-Bis-[bromacetyl]-diphenyläther*, $C_{26}H_{20}O_3Cl_2Br_2$, F. 210°. — Salze aus 3-Brompyridin: u. *β-Phenyläthyljodid*, $C_{13}H_{13}NBrJ$, F. 152—154°; u. *Jodaceton*, C_8H_9ONBrJ, F. 180°; u. *Glycerin-α-monochlorhydrin*, $C_8H_{11}O_2NClBr$, F. 216°; u. *Jodacetonitril*, $C_7H_6N_2BrJ$, F. 177—178°; u. *4.4'-Bis-[bromacetyl]-diphenyläther*, $C_{26}H_{20}O_3N_2Br_4$, F. 220°. — Salze aus 3-Bromchinolin: u. *Glycerin-α.γ-dibromhydrin*, $C_{12}H_{12}ONBr_3$, F. 251°; u. *3.4-Dioxyphenacylchlorid*, $C_{17}H_{13}O_3NClBr$, F. 245°; u. *p-Methoxyphenacylbromid*, $C_{18}H_{15}O_2NBr_2$, F. 241°; u. *p-Chlorphenacylbromid*, $C_{17}H_{12}ONClBr_2$, F. 240°; u. *p-Bromphenacylbromid*, $C_{17}H_{12}\cdot ONBr_3$, F. 237°. — Salze aus 6-Bromchinolin: u. *Glycerin-α.γ-dibromhydrin*, $C_{12}H_{12}ONBr_3$, F. 241°; u. *Allylbromid*, $C_{12}H_{11}NBr_2$, F. 171°. — Salze aus 6-Chlorchinolin: u. *Jodaceton*, $C_{12}H_{11}ONClJ$, F. 186—187°; u. *p-Jodphenacylbromid*, $C_{17}H_{12}ONClBrJ$, F. 230°. — Salze aus 4.7-Dichlorchinolin: u. *Phenacylbromid*, $C_{17}H_{12}ONCl_2Br$, F. 163°; u. *p-tert.-Butylphenacylbromid*, $C_{21}H_{20}\cdot ONCl_2Br$, F. 185—186°. — *8-Chlorchinolinhydrobromid*, C_9H_7NClBr, F. 222—223° (Zers.). — *1-p-Fluorphenacylpyridon-(2)*, $C_{13}H_{10}O_2NF$, F. 126° (Aceton), durch mehrstd. Stehen von 1-p-Fluorphenacyl-2-chlorpyridiniumbromid mit Sodalsg.; 79% Rohausbeute. (J. Amer. chem. Soc. **75**. 1472—73. 20/3. 1953. Jefferson City, Tenn., Carson-Newman Coll., Dep. of Chem.) W. HOFFMANN. 3231

F. Bell, *Die Einwirkung von Chinolinen auf Aldehyde und Ketone.* Bei Verss. zur Abscheidung von Chinolinen aus Teerbasen mit Hilfe von m-Nitrobenzaldehyd entsteht aus Chinaldin bei 6std. Erhitzen auf 120° ein Alkohol, der bei längerem Erhitzen oder beim Umlösen aus Acetanhydrid ein Styrol liefert. Dieses Ergebnis steht im Gegensatz zu Mitteilungen anderer Autoren (vgl. SIDGWICK, „Organ. Chem. of Nitrogen", Oxford 1942, 554). Es wurden Verss. gemacht mit Benzochinon (I), Phenanthrenchinon (II) u. Benzil (III).

Versuche: *2-[2'-Oxy-2'-(m-nitrophenyl)-äthyl]-lepidin*, $C_{18}H_{16}O_3N_2$, F. 165 bis 167°; aus Bzl. Prismen; gibt durch Lösen in kochendem Acetanhydrid *2-[m-Nitrostyryl]-lepidin*, F. 186°. — *2-[2'-Oxy-2'-(m-nitrophenyl)-äthyl]-6-methylchinolin*, F. 142 bis 144°; aus Bzl. Prismen; daraus wie oben *6-Methyl-2-[m-nitrostyryl]-chinolin*. — *3-Methyl-2-[m-nitrostyryl]-chinolin*, $C_{18}H_{14}O_2N_2$, F. 148—150°; Nadeln aus Acetan-

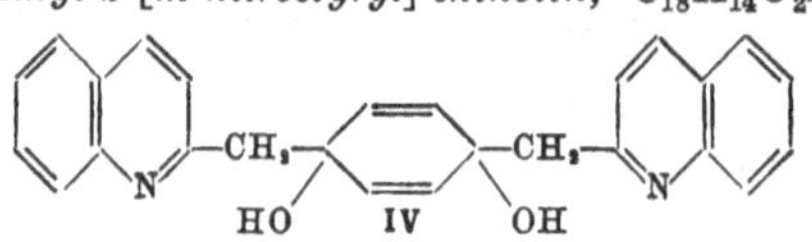

IV

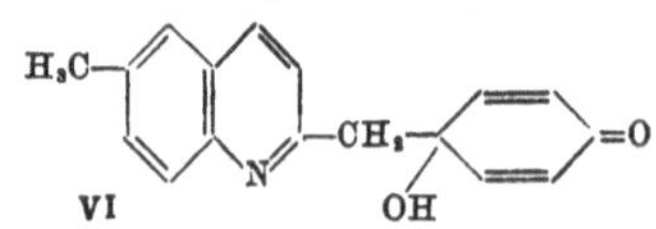

VI

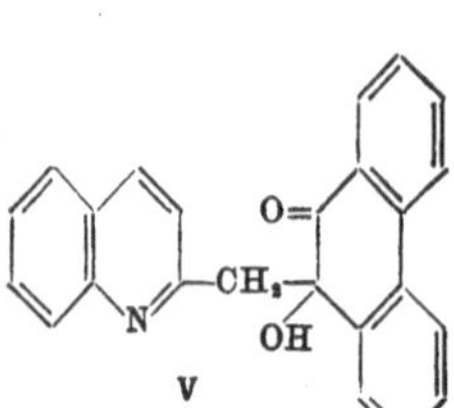

V

hydrid. — *7-Methyl-2-[m-nitrostyryl]-chinolin*, F. 192°; gelbe Nadeln aus Bzl. oder Acetanhydrid. — Aus Chinaldin u. **I** entsteht beim Erhitzen auf 150° oder beim Kochen in Xylol eine *Verb.* $C_{26}H_{22}O_2N_2$, wahrscheinlich **IV**, F. 154°; Rosetten aus Xylol; gibt mit Acetanhydrid *Hydrochinondiacetat*. — Aus Chinaldin u. **III** entsteht *2-[α-Benzoylstyryl]-chinolin*, F. 191°. — Aus Chinaldin u. **II** entsteht bei $^1/_4$std. Erhitzen auf 200° ein *Prod.* vom *F. 169°*, Nadeln aus Bzl., das auch von BENRATH u. MEYER (J. prakt. Chem. **89**. [1914.] 266) dargestellt wurde u. dem Vf. Struktur **V** zuschreibt. Die Verb. krist. unverändert aus Acetanhydrid. — Aus **II** u. 2.6-Dimethylchinolin entsteht eine analoge *Verb.* $C_{25}H_{19}O_2N$, F. 135°. — α-Picolin, 2.3- u. 3.4-Lutidin reagieren nicht unter gleichen Bedingungen. — Aus 2.3-Dimethylchinolin u. **III** entsteht bei 150° (1½ Std.) *2-[α-Benzoylstyryl]-3-methylchinolin*, F. 248° (vgl. ROHDE, Ber. dtsch. chem. Ges. **67**. [1934.] 431). — Aus 2.6-Dimethylchinolin u. **I** entsteht eine *Verb.* $C_{17}H_{15}O_2N$, F. 137—139°; Rosetten aus Xylol, mit wahrscheinlicher Struktur **VI**. (J. chem. Soc. [London] **1953**. 348—49. Jan. Edinburgh, Heriot Watt Coll.) GOEBEL. 3231

Alfred Dornow und **Anneliese Schwarze,** *Notiz zur Darstellung einiger α-Pyridylchinolin-4-carbonsäuren.* Vff. beschreiben die Darst. der *2-[Pyridyl-(3)]-chinolin-4-carbonsäure* (**I**), der *2-[4-Methylpyridyl-(3)]-chinolin-4-carbonsäure* u. ihrer Methyl- u. Äthylester; die erhaltenen Verbb. sollen auf atophanähnliche Wrkg. geprüft werden.

Versuche: *2-[Pyridyl-(3)]-chinolin-4-carbonsäure* (**I**), $C_{15}H_{10}O_2N_2$, F. 290° (Zers., A. + Methanol), aus 3-Acetylpyridin u. Isatin durch 4½std. Kochen in A. u. 33% ig. KOH; roh 70% (Ausbeute); Reinigung über den *Methylester*, $C_{16}H_{12}O_2N_2$, F. 94,5° (Ligroin); 59%; dessen *Pikrat*, $C_{22}H_{15}O_9N_5$, F. 221° (A.). *Äthylester*, $C_{17}H_{14}O_2N_2$, F. 100° (Ligroin); 55%; dessen *Pikrat*, $C_{23}H_{17}O_9N_5$, F. 200° (Zers., A.). — *2-[4-Methylpyridyl-(3)]*-

chinolin-4-carbonsäure, $C_{16}H_{12}O_2N_2$, F. 235°, analog I aus 4-Methyl-3-acetylpyridin; roh 41%. *Methylester*, $C_{17}H_{14}O_2N_2$, F. 148,5° (Ligroin); 53%; dessen *Pikrat*, $C_{23}H_{17}O_9N_5$, F. 213° (A.-Methanol). *Äthylester*, $C_{18}H_{16}O_2N_2$, F. 145° (Ligroin); 34%; dessen *Pikrat*, $C_{24}H_{19}O_9N_5$, F. 197° (A.). (Arch. Pharmaz. Ber. dtsch. pharmaz. Ges. **285/57**. 461—63. 1952. Hannover, TH., Inst. für organ. Chem.) W. HOFFMANN. 3231

Glenn S. Skinner und **R. E. Herbener**, *Kondensationen von α-Carbäthoxy-α-methyl-γ-butyrolacton.* (Vgl. SKINNER, ANDERSON u. BOGART, C. **1949**. E. 553.) Vff. kondensierten α-Carbäthoxy-α-methyl-γ-butyrolacton (**I**) mit Harnstoff, Thioharnstoff u. Guanidin zu *substituierten Barbitursäuren.* Die Kondensation mit Benzamidin (**II**) führte nicht zu Tetrahydropyrimidinderivv., sondern zum *Lactonamidin* (**III**). Dies spricht gegen die frühere Vermutung, daß der akt. H im nichtalkylierten Lactonester an der Kondensation teilnimmt. Auf ster. Hinderung ist der abweichende Verlauf der Rk. von **I** mit **II** offenbar nicht zurückzuführen.

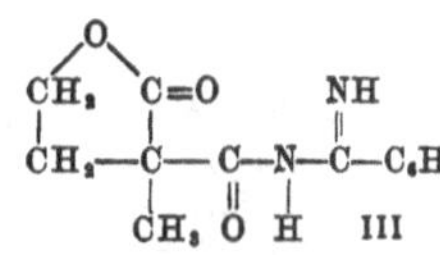

Versuche: **I**, $C_8H_{12}O_4$, Kp.$_{18}$ 146—149°, aus Na-Pulver, Methylmalonsäurediäthylester u. Äthylenbromid in Bzl., 13 Std. bei 75—80°, Lösungsm. abdest., dann 8 Std. bei 135° u. 120 mm, 66% (Ausbeute); n_D^{20} 1,4430; $D._4^{20}$ 1,1386. — *5-β-Oxyäthyl-5-methylbarbitursäure* (**IV**), F. 202—203° (A.), aus **I** u. Harnstoff nach SKINNER, STOKES u. SPILLER (C. **1947**. E. 364), 72%. — *5-β-Oxyäthyl-5-methyl-2-thiobarbitursäure*, F. 194,5—195,5° (A.), durch Zugabe von Thioharnstoff, dann **I** zu $NaOC_2H_5$ in A. bei +2° unter Rühren, 24 Std. bei n. Temp.; 55%. — *5-β-Oxyäthyl-5-methyl-2-iminobarbitursäure* (**VI**), F. 202—203° (64% ig. wss. A.), durch Zugabe von Guanidincarbonat zu $NaOC_2H_5$ in A., dann bei 5° unter Rühren **I**; 3 Std. bei 5°, 24 Std. bei n. Temp.; 58%. — **III**, $C_{13}H_{14}O_3N_2$, F. 138—139° (A.), durch Zugabe von **II**-Hydrochlorid u. **I** zu $NaOC_2H_5$ in A. unter Rühren bei 22°, dann 24 Std. bei 44° u. 3 Std. bei 70°; *inneres Immoniumsalz*, $C_{13}H_{16}O_4N_2$, F. 153—156° (Zers.), aus **III** durch Lösen in wenig kalter NaOH u. 2 Std. stehen bei n. Temp., dann mit Eis kühlen u. ansäuern, 36 Std. stehen. — *5-β-Bromäthyl-5-methylbarbitursäure*, F. 166—167° (A.), aus **IV** u. HBr bei 0°, dann bei n. Temp. 24 Std.; 72%. — Derivv. von **IV**: *5-β-Isothioureyläthyl-5-methylbarbitursäure* (**VII**), F. 197° (Zers.), 94%; **VII**-*Hydrobromid* (**V**), F. 265—265,5° (Zers.), 88%; u. *5-β-Mercaptoäthyl-5-methylbarbitursäure* (**VIII**), F. 145—146°, 66%. — *Äthylxanthogenat* von **VIII** (**IX**), F. 161,5—162,5°; 64%. — **IV**, **V** u. **IX** hatten bei Ratten per os bei Dosen von 400—900 mg/kg keine hypnot. Wrkg., 400 mg/kg von **VI**, **VII** u. **IX** gaben keinen Schutz vor Elektroschock, **VI** u. **IX** ebenfalls keinen, **VII** nur 40% ig. Schutz bei der „Metrazol"-Methode. (J. Amer. chem. Soc. **75**. 3031—33. 20/6. 1953. Newark, Del., Univ., Dep. of Chem.) GNAUCK. 3272

S. R. Safir, Joseph J. Hlavka und **J. H. Williams**, *Synthese von mit Barbitursäure verwandten Verbindungen.* Es wird über die Darst. von Verbb. mit Barbitursäure

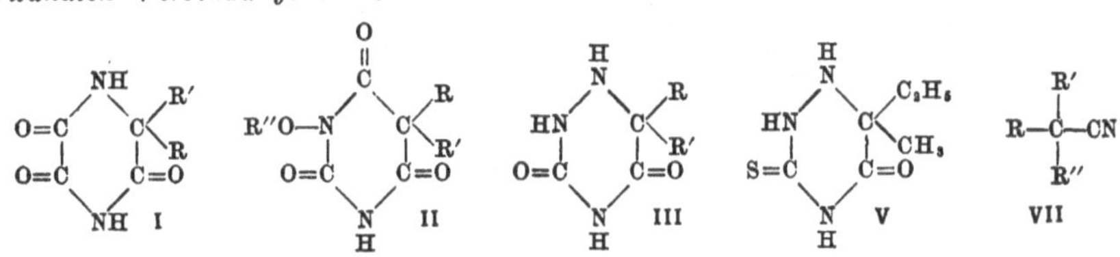

ähnlicher Struktur (**I**, **II** u. **III**) berichtet. Die Nacharbeitung der Darstellungsmeth. für *5-Benzyl-2.3.6-piperazintrion* (**VIII**) nach BORNWATER (Recueil Trav. chim. Pays-Bas **66**. [1917.] 250) gelang nicht; Vff. haben die Verb. aus DL-β-Phenylalaninamid u. Oxalester in Ggw. von $NaOCH_3$ über ihr Na-Salz dargestellt. Die Trion-Na-Salze hydrolysieren in wss. Lsg. in kurzer Zeit völlig. Aus 2-Thiosemicarbazido-2-methylbutyronitril (**IV**) entsteht mit rauchender HCl das *Thiotriazindion* **V**. Die dargestellten Verbb. besitzen nur untergeordnete pharmakol. Aktivität.

Versuche: *5-Mono-* u. *-disubstituierte 2.3.6-Piperazintrione* (**I**), aus äquimol. Mengen Oxalsäurediäthylester u. dem entsprechenden Aminosäureamid durch Kochen in A. u. Zugabe eines geringen Überschusses $NaOCH_3$ innerhalb 15—20 Min., dann noch 20 Min. kochen; beim Kühlen krist. die Na-Salze, die mit der berechneten HCl-Menge zersetzt werden. Dargestellt wurden folgende Verbb. der Formel I: $R = C_6H_5CH_2$; $R' = H$ (**VIII**); $C_{11}H_{10}O_3N_2$, F. 252—255° (Zers., W.); 60% (Ausbeute). — $R = R' = CH_3$ (**VI**); $C_6H_8O_3N_2$, F. 280—284° (Zers., W.); 72%. — $R = C_2H_5$; $R' = H$, $C_6H_8O_3N_2$, F. 196—200° (Zers., W.); 62%. — $R = (CH_3)_2CHCH_2$; $R' = H$; $C_8H_{12}O_3N_2$, F. 222 bis 224° (Zers., aus alkal. Lsg. gefällt mit HCl); 4%. — $R = C_6H_5$; $R' = H$; $C_{10}H_8O_3N_2$, F. 232—236° (Zers., W.); 64%. — Aus **VIII** bzw. **VI** entstehen bei $p_H < 1$ *α-Oxal-*

amido-β-phenylpropionamid, $C_{11}H_{12}O_4N_2$, F. 169—171° (Zers.), Kristalle aus W., 36%, bzw. *α-Oxalamidoisobutyramid*, $C_6H_{10}O_4N_2$, F. 211—212° (Zers., W.); 60%. Letztere Verb. gibt nach Veresterung mit CH_2N_2 in Methanol u. Erhitzen des rohen Methylesters in A. mit $NaOCH_3$ *5.5-Dimethyl-2.3.6-piperazintrion* (**VI**). — *5.5-Disubstituierte 1-Benzyloxybarbitursäuren* der Formel **II**: aus N-Benzyloxyharnstoff in Toluol mit einem disubstituierten Malonylchlorid (mit PCl_5) durch Kochen, bis die HCl-Entw. beendet ist, im Vakuum eindampfen u. erstarrtes Öl aus A. umlösen. Dargestellt wurden: $R = R' = C_2H_5$, $R'' = C_6H_5CH_2$, $C_{15}H_{18}O_4N_2$, F. 111—113°; 40%. — $R = C_2H_5$, $R' = C_6H_5$; $R'' = C_6H_5CH_2$, $C_{19}H_{18}O_4N_2$, F. 100—103°; 62%. — $R = C_2H_5$, $R' = (CH_3)_2CH$, $R'' = C_6H_5CH_2$, $C_{16}H_{20}O_4N_2$, F. 91—92°; 34%. — $R = C_2H_5$, $R' = CH_3 \cdot (CH_2)_2CH_2$, $R'' = C_6H_5CH_2$, $C_{17}H_{22}O_4N_2$, Öl. Alle negativer $FeCl_3$-Test. — *5.5-Disubstituierte 1-Oxybarbitursäuren* der Formel **II**: aus den Benzyloxyderivv. mit PtO_2/H_2 in A.; Kristalle aus W.; mit alkoh. $FeCl_3$ weinrote Färbung. Dargestellt wurden: $R = R' = C_2H_5$, $R'' = H$, $C_8H_{12}O_4N_2$, F. 143—146°; 36%. — $R = C_2H_5$, $R' = C_6H_5$, $R'' = H$, $C_{12}H_{12}O_4N_2$, F. 161—163°; 62%. — $R = C_2H_5$, $R' = (CH_3)_2CH$, $R'' = H$, $C_9H_{14}O_4N_2$, F. 141—143°; 70%. — $R = C_2H_5$, $R' = CH_3(CH_2)_2CH_2$, $R'' = H$, $C_{10}H_{16} \cdot O_4N_2$, F. 107—109°; 33%. — *α.α-Disubstituierte Semicarbazidoacetonitrile* der Formel **VII**: aus den Semicarbazonen in 100% ig. HCN u. konz. HCl, Zugabe von W. u. nach 12 Std. im Vakuum eindampfen. Dargestellt wurden: $R = R' = CH_3$, $R'' = H_2NCONH \cdot NH$, $C_5H_{10}ON_4$, F. 141—143° (Ae./Methanol); 90%. — $R = CH_3$, $R' = C_2H_5$, $R'' = H_2N \cdot CONHNH$, $C_6H_{12}ON_4$, F. 120—122° (Ae./Methanol); 90%. — $R = R' = C_2H_5$, $R'' = H_2NCONHNH$, $C_7H_{14}ON_4$, F. 124—126° (Ae./Methanol); 90%. — $R = CH_3$, $R' = C_2H_5$, $R'' = H_2N \cdot CSNHNH$ (**IV**), $C_6H_{12}N_4S$, F. 133—135° (Bzl.); 77%. — $R = CH_3$, $R' = (CH_3)_2CH$, $R'' = H_2NCONHNH$, $C_7H_{14}ON_4$, F. 126—127°; 95%. — *2-Semicarbazido-2-methylbutyramid, Hydrochlorid*, $C_6H_{15}O_2N_4Cl$, F. 191—193° (Zers.), aus 2-Semicarbazido-2-methylbutyronitril in absol. A. bei 0° mit HCl, Kristalle aus Ae./Methanol; 67%. — *2-Semicarbazidoisobutyramid*, $C_5H_{12}O_2N_4$, F. 199—202° (Zers., W.), aus 2-Semicarbazidoisobutyronitril in A. mit HCl-Gas bei 0° u. *Hydrochlorid* (F. 194—196°; 58%) mit NH_4OH neutralisieren. — *2-Semicarbazido-2-äthylbutyramid*, $C_7H_{16}N_4O_2$, F. 164—166°, aus dem Nitril mit rauchender HCl bei 0°, dann 6 Tage bei 20—25°; Kristalle aus n-Propanol; 47%. — *2-Semicarbazido-2-methylisovaleramid*, $C_7H_{16}O_2N_4$, F. 201—203° (A.); wie vorst.; 32%. — *2-Semicarbazidoisobuttersäure*, $C_5H_{11} \cdot O_3N_3$, F. 186—188° (Zers., A.); aus dem Amid mit 5n NaOH, dann auf p_H 3,2 stellen; 50%. *Äthylester*, F. 98—100° (Bzl.); 47%. — *2-Semicarbazido-2-methylbuttersäure*, $C_6H_{13}O_3N_3$, analog, F. 156—158° (Methanol); 72%. *Äthylester*, $C_8H_{17}O_3N_3$, F. 114—116°; 46%. — *2-Semicarbazido-2-äthylbuttersäure*, $C_7H_{15}O_3N_3$, F. 130—132° (Zers., W.); 59%. *Methylester*, $C_8H_{17}O_3N_3$, F. 102—105° (Essigester); 85%. — *2-Semicarbazido-2-methylisovaleriansäure*, $C_7H_{15}O_3N_3$, F. 174—176° (Zers., W.); 82%. *Methylester*, $C_8H_{17}O_3N_3$, F. 114—116°; 59%. — *6.6-Dialkyldihydro-asymm.-triazin-(2H, 4H)-dione-(3.5)* der Formel **III**, beim Kochen der Semicarbazidoester in absol. Methanol mit $NaOCH_3$, einengen im Vakuum u. mit 6n HCl ansäuern; umlösen aus A.; dargestellt wurden: $R = R' = CH_3$, $C_5H_9O_2N_3$, F. 228—230°; 44%. — $R = CH_3$, $R' = C_2H_5$, $C_6H_{11}O_2N_3$, F. 218—220°; 50%. — $R = R' = C_2H_5$, $C_7H_{13}O_2N_3$, F. 215—217°; 81%. — $R = CH_3$, $R' = (CH_3)_2CH$, $C_7H_{13}O_2N_3$, F. 196—199°; 75%. — *6-Äthyl-6-methyl-3-thiodihydro-asymm.-triazin-(2H, 4H)-dion-(3.5)* (**V**), $C_6H_{11}ON_3S$, F. 176—177° (W.), aus **IV** in rauchender HCl bei 20—25° (9 Tage); 28%. (J. org. Chemistry **18**. 106—14. Jan. 1953. Pearl River, N. Y., Amer. Cyanamid Comp., Lederle Labors. Div.) GOEBEL. 3272

Leopold Horner und **Ulrich Schwenk**, *Zum isosteren Austausch des Pyrimidinringes gegen den Benzolkern im Coffein.* Ausgehend von 2-[Tosylamino]-3.5-dinitrophenyltoluolsulfonat (**I**) gelang Vff. über *3.5-Dinitro-2-[N-methyl-(p-toluolsulfonamido)]-anisol* (**II**), *1-Methyl-5-amino-7-methoxybenzimidazol* (**III**) u. *1-Methyl-5-oxy-7-methoxybenzimidazol* (**IV**) die Darst. des Coffein-Isosteren *1-Methyl-5.7-dimethoxybenzimidazol* (**V**). Erfolgt die Methylierung von **IV** mit $(CH_3)_2SO_4$ statt mit CH_3J oder $CH_2 \cdot N_2$, so entsteht eine *Verb.* $C_{11}H_{16} \cdot O_3N_2$ (**VI**), der Vff. eine der 2 nebensteh. Konstitutionen zuschreiben. Ein Vers., das als Vorstufe zu **V** verwendbare 2-Methylamino-3.5-dimethoxyanilin auf einem von 2.4-Dioxyazobenzol (**VII**) ausgehenden Wege zu synthetisieren, scheiterte, da bei der Nitrierung von *2.4-Dimethoxy-[p-toluolsulfanilid]* (**VIII**) oder dessen *N-Methylderiv.* die NO_2-Gruppe ganz bevorzugt an $C_{(5)}$ geht, was durch weitere Verss. bewiesen wird. — Im Gegensatz zum Coffein besitzt **IV** keine diuret. u. nur geringe Kreislaufwirkung.

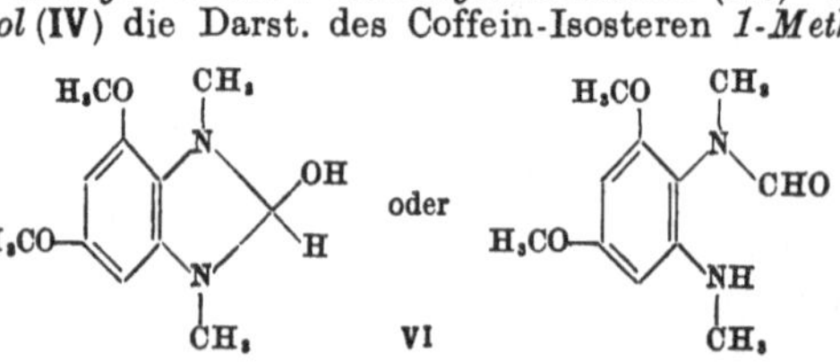

VI

Versuche: *2.4-Dimethoxyazobenzol*, F. 90°, durch ½std. Einw. von $(CH_3)_2SO_4$ auf 80 g **VII** in wss. NaOH, mehrfaches Aufkochen mit NaOH u. Extraktion des abgeschiedenen Prod. mit Ae.; aus A. rote Prismen; 40 g (Ausbeute). — *2.4-Dimethoxyanilin*, $Kp._{760}$ 262°; $Kp._{20}$ 144°, durch Hydrierung von 10 g vorst. Verb. in Ae. oder CH_3COOCH_3 mit RANEY-Ni u. Dest. unter CO_2; 5 g. Daraus durch 2std. Rk. mit $CH_3C_6H_4SO_2Cl$ in Pyridin *2.4-Dimethoxy-[p-toluolsulfanilid]* (**VIII**), $C_{15}H_{17}O_4NS$, F. 95 bis 100° (Eisessig, dann A.). *N-Methylderiv.*, F. 114° (Eisessig, dann A.), aus **VIII** u. $(CH_3)_2SO_4$ in 2nNaOH. Daraus (5 g) mit HNO_3 in Eisessig *2.4-Dimethoxy-5-nitro-[N-methyl-(p-toluolsulfanilid)]* (**IX**), F. 169° (Eisessig); 4 g; entsteht auch aus nachst. Verb. mit $(CH_3)_2SO_4$–Alkali. — *2.4-Dimethoxy-5-nitro-[p-toluolsulfanilid]*, $C_{15}H_{16}O_6N_2S$, F. 172° (Eisessig, dann A.), aus 5 g **VIII** u. HNO_3 in Eisessig; schwach gelbgrün; 1,6 g; entsteht auch durch 1std. Kochen von 2.4-Dimethoxy-5-nitroacetanilid in konz. HCl, Versetzen mit 10nNH_4OH, Aufkochen des gebildeten roten *Amins* mit $CH_3C_6H_4SO_2Cl$ in Pyridin u. Gießen in H_2O. — *2.4-Dimethoxy-5-nitro-N-methylanilin*, $C_9H_{12}O_4N_2$, F. 114° (viel W. oder Bzl.), durch mehrstd. Stehen von **IX** in konz. H_2SO_4 u. Neutralisation mit NH_4OH; orangerot; gibt bei ¼std. Kochen in 89%ig. HCOOH u. Neutralisation mit NH_4OH das *Formanilidderiv.*, F. 143° (W.); gelb. Draaus (2 g) durch Hydrierung mit RANEY-Ni in A. u. Dest. bei 1 Torr *2.4-Dimethoxy-5-amino-N-methylformanilid*, $C_{10}H_{14}O_3N_2$, F. 71°; aus PAe. schwachgelbe Täfelchen; 0,9 g (roh). — *2-Tosylamino-3.5-dinitrophenol*, $C_{13}H_{11}O_7N_3S$, F. 150° (Bzl., dann CH_3OH–W.), durch Verseifung von **I** in verd. sd. NaOH. — *3.5-Dinitro-2-[N-methyl-(p-toluolsulfonamido)]-unisol* (**II**), $C_{15}H_{15}O_7N_3S$, F. 207° (Eisessig, dann viel Bzl.), bei ½std. Einw. von $(CH_3)_2 \cdot SO_4$ auf die alkal. Lsg. vorst. Verb. u. Auskochen des Nd. (Na-Salzgemisch) mit W. im Rückstand; 30 g (aus 100 g **I**); aus der Mutterlauge *Na-Salz* (Nadeln) von *3.5-Dinitro-2-[N-methyl-(p-toluolsulfonamido)]-phenol*, $C_{14}H_{13}O_7N_3S$, F. 218° (Eisessig, dann Bzl.); gibt mit warmer konz. H_2SO_4 *3.5-Dinitro-2-methylaminophenol* (leichtlösl. in Alkali), u. mit $(CH_3)_2SO_4$ in sd. W. entsteht **II**; 95%; Gesamtausbeute (**I** → **II**) 80%. — *2-Methylamino-3.5-dinitroanisol*, $C_8H_9O_5N_3$, F. 169°, durch Rk. von **II** mit konz. H_2SO_4 u. Gießen in W.; aus Eisessig oder viel Methanol orangerote Nadeln. *Acetylderiv.*, F. 125° (Methanol), gelb. — *1-Methyl-5-amino-7-methoxybenzimidazol* (**III**), $C_9H_{11}ON_3$, F. 178° (A.), a) durch Hydrierung von 2 g vorst. Verb. mit 3%ig. Pd–$BaSO_4$ in 80%ig. HCOOH, 1std. Kochen unter Luftausschluß, Alkalisieren mit 10nNaOH u. Ausäthern; 0,1 g; aus Nitrobenzol Nadeln; b) durch Einw. von Sn auf vorst. Verb. in konz. HCl u. 80%ig. HCOOH, Aufnehmen des gebildeten *Sn-Doppelsalzes* in wenig W., Fällen der Base mit NaOH u. Aufnehmen in Bzl.; 51%; nach demselben Verf. läßt sich *Benzimidazol* aus o-Nitranilin darstellen. — *1-Methyl-5-oxy-7-methoxybenzimidazol* (**IV**), $C_9H_{10}O_2N_2 \cdot ½H_2O$, F. 240°, durch Diazotieren von **III** in W. u. etwas H_3PO_4, 2std. Kochen u. Alkalisieren mit Soda; aus CH_3OH, dann W. kleine rote Nadeln; sublimiert bei 220°/1 mm; 28%. — Ein *Gemisch aus* **V** (35%) *u. 1-Methyl-7-methoxybenzimidazol* (65%) (F. 63°) entsteht bei der Einw. von CH_3ONO auf **III** in Methanol u. etwas H_3PO_4, Erhitzen mit etwas Harnstoff, Alkalisieren mit NaOH, Aufnehmen in Chlf., dann 2nHCl, Alkalisieren u. Sublimation. — *1-Methyl-5.7-dimethoxybenzimidazol* (**V**), *Pikrat*, F. 243° (Methanol), nach 2std. Erhitzen von 1,1 g **IV** mit CH_3J in methanol. KOH auf dem Wasserbad u. Aufnehmen in W., dann Chlf. aus wss. HCl gefällt. Daraus die *Base*, $C_{10}H_{12}O_2N_2$, F. 95° (PAe.); 0,1 g; entsteht auch bei 12std. Einw. von äther. CH_2N_2-Lsg. auf 2 g **IV** in Methanol, Aufnehmen in 2nNaOH, dann Ae., Fällen mit PAe. u. Sublimation bei 140°/1 mm; 0,15 g. — *Verb.* $C_{11}H_{16}O_3N_2$ (**VI**), F. 164° (Chlf.–Ae., dann Methanol u. Sublimation bei 1 Torr), durch kurzes Erhitzen von 3 g **IV** u. $(CH_3)_2SO_4$ in 2nNaOH auf dem Wasserbad; 2 g; entsteht auch durch Rk. von **V** mit $(CH_3)_2SO_4$ in 2nNaOH. (Liebigs Ann. Chem. **579**. 204—11. 1953. Frankfurt/Main, Univ., Inst. für organ. Chem.) W. HOFFMANN. 3272

Leopold Horner, Ulrich Schwenk und **Ernst Junghanns,** *Derivate des Chinoxalins als Isostere der Pteridine.* Durch Kondensation von o-Phenylendiaminen mit 1.2-Dicarbonylverbb. wird eine Reihe von *Chinoxalinderivv.* synthetisiert, darunter *2.3.5-Trioxy-7-aminochinoxalin* (**I**) u. *2.5-Dioxy-7-aminochinoxalin* (**II**), die Benzolisosteren von Leukopterin (**III**) bzw. Isoxanthopterin (**IV**); 2.8-Dioxy-6-aminochinoxalin (isosteres Xanthopterin) konnte dagegen noch nicht rein isoliert werden. — Bei der Rk. zwischen o-Phenylendiaminen mit unsymm. Dicarbonylverbb., wie Brenztraubensäure (**V**), Brenztraubensäureäthylester (**VI**) oder Glyoxylsäureäthylesterdiäthylacetal (**VII**) entstehen Isomerengemische, die schwer zu trennen sind; Vff. beschreiben einige Methoden u. geben in jedem Fall die F.-Diagramme an. Die Identifizierung der Komponenten erfolgt durch unabhängige Synth. nach PLÖCHL (1886) u. HINSBERG (1887). Es wird festgestellt, daß das von WOLF u. Mitarbeitern (vgl. C. **1949**. II. 1409.) erhaltene „*2-Chlor-6-nitrochinoxalin*“ (F. 162°) immer noch ein

Isomerengemisch darstellt. — Aus den Versuchsergebnissen folgern Vff., daß durch den Einbau einer Nitrogruppe die Bldg. von Isomeren nicht unterdrückt wird; bei der Rk. von 3.4-Diaminonitrobenzol (**VIII**) mit **V** in A. überwiegt der Anteil der gebildeten 7-Nitroverb. den des 6-Nitroderiv.; in 2n HCl wird der Effekt noch verstärkt; bei Anwendung von **VI** dagegen kehrt sich das Verhältnis der Isomeren um. Daraus ergibt sich, daß das Keto- dem Estercarbonyl in seiner Kondensationsbereitschaft mit der induktiv weniger geschwächten Aminogruppe überlegen ist. Die Umsetzungen von **VIII** u. *2.3-Diamino-5-nitroanisol* (**IX**) mit **VII** deuten darauf hin, daß die Entacetalisierung schneller als die Kondensation abläuft u. daß die freigelegte Aldehydgruppe die Estergruppe an Reaktionsfähigkeit übertrifft. — Die UV-Absorptionsspektren zwischen 2000 u. 4000 Å der mit **V–VII** dargestellten *Oxy-* u. *Chlornitrochinoxaline* in Methanol sowie von **I–IV** u. *2-* bzw. *3-Oxy-5-methoxy-7-nitrochinoxalin* (**XVIII b** bzw. **a**) in n/20 NaOH werden angegeben; die Spektren isomerer u. auch der isosteren Verbb. zeigen große Übereinstimmung.

Versuche: *3.5-Dinitro-1.2-phenylendiamin* (**X**), F. 210° (Eisessig), durch $^1/_4$std. Kochen von 19 g Pikramid (**XI**) in wss. Ammoniumsulfidlsg. u. Methylacetat, Eindampfen, Behandeln mit n HCl, Filtrieren, Lösen in 20%ig. HCl u. Fällen mit W.; 7 g (Ausbeute). — *1.2.3-Triamino-5-nitrobenzol* (**XII**), F. 260° (Zers.), a) durch Zugabe von konz. HCl zur Mutterlauge bei der Darst. von **X** u. Behandeln des *Hydrochlorids* (gelbe Nadeln) mit wss. NH_4OH; 2 g; b) durch weiteres 1std. Erhitzen des Reaktionsgemisches bei der Darst. von **X** mit Ammoniumsulfidlsg. nach dem Abdampfen von CH_3COOCH_3; 9 g; c) durch Hydrierung von **XI** in CH_3COOCH_3 mit RANEY-Ni über das Hydrochlorid; 30%. — *1.2.4-Triaminobenzolhydrochlorid*, a) durch Hydrierung von 3 g 2.4-Dinitranilin mit RANEY-Ni in CH_3COOCH_3, Eindampfen unter Luftausschluß u. Dest. bei 200° u. 1 Torr u. Behandeln mit n- u. konz. HCl; 1,2 g; b) wie vorst., aber ohne Dest.; 40%. — *O.N-Ditosyl-[2-aminophenol]* (**XIII**), F. 144° (Eisessig), durch mehrstd. Einw. von p-Toluolsulfochlorid auf o-Aminophenol in Pyridin; gibt mit HNO_3-Eisessig in Eisessig bei 70° das *3.5-Dinitroderiv.*, F. 186°. Daraus mit konz. H_2SO_4 u. Gießen in W. *3.5-Dinitro-2-aminophenol* (**XIV**), F. 218°; gelb; Reinigung über das *Na-Salz*, verfilzte blutrote Nadeln. — *2.3.5-Triaminophenoldihydrochlorid*, $C_6H_{11}ON_3Cl_2$, durch Sättigen einer Lsg. von $SnCl_2$ in A. mit HCl-Gas, Erwärmen u. Zutropfen von **XIV** (in A.); 57%; konnte nicht zu **I** umgesetzt werden. — *2-Amino-3.5-dinitroanisol*, F. 176° (A.); gelb; a) aus **XIV** u. CH_2N_2 in Ae.; b) durch Rk. von **XIV** (Na-Salz) mit $(CH_3)_2SO_4$ in W. auf dem sd. Wasserbad unter Schütteln u. stetiger Zugabe von NaOH; 70% (bezogen auf **XIII**). — *2.3-Diamino-5-nitroanisol* (**IX**), $C_7H_9O_3N_3$, F. 162° (vgl. dagegen BORSCHE [1917]), durch 4—5std. Kochen von vorst. Verb. in A. unter mehrmaliger Zugabe von Ammoniumsulfidlsg., Einengen, Aufnehmen des roten Nd. in sd. 2n HCl, Fällen des *Hydrochlorids* (gelbe Nadeln) mit konz. HCl, Aufnehmen in heißem W. u. Zugabe von NH_4OH; 44%. — *2.3-Diphenyl-5-methoxy-7-nitrochinoxalin*, $C_{21}H_{15}O_3N_3 \cdot {}^1/_2\, C_2H_5OH$, F. 212°, durch 10 Min. Kochen von **IX** u. Benzil in A.; aus A. gelbliche Nadeln. — *2.3-Dioxy-6-nitrochinoxalin*, $C_8H_5O_4N_3 \cdot H_2O$, F. 355°, durch 1std. Erhitzen von **VIII** u. Oxalsäure auf 160°, Aufkochen in NaOH, Ansäuern mit HCl u. Heißfiltrieren; aus W. gelbbraune Nadeln; mit Oxalester reagierte **VIII** nicht. — *5.7-Dinitro-2.3-dioxychinoxalin*, $C_8H_4O_6N_4$, F. 270° (viel W.), analog vorst. Verb. aus **X**. — *2.3-Dioxy-7-nitrochinoxalin-5-oxamidsäure*, *Na-Salz*, $C_{10}H_5O_7N_4Na$, durch 2std. Erhitzen von **XII** oder dessen Hydrochlorid mit $(COOH)_2$ auf 210°, Lösen in viel nNaOH u. Neutralisieren mit HCl; nach mehrstd. Stehen gelbes Pulver; gibt mit konz. HCl die freie *Säure*, $C_{10}H_6O_7N_4$, Zers. bei 300° (nach Waschen mit W., A. u. Ae.); auch direkt erhältlich aus **XII** durch sofortiges starkes Ansäuern der Oxalsäureschmelze. — *2.3-Dioxy-5-amino-7-nitrochinoxalin*, $C_8H_6O_4N_4$, Zers. bei 300° (viel W.), durch 4std. Kochen der Oxalsäureschmelze bei der Darst. vorst. Verb. in nNaOH u. schwaches Ansäuern; goldgelb; 7 g (aus 10 g **XII**-Hydrochlorid); gibt unlösl. rotes *Na-Salz*; die Umsetzung mit CH_2N_2 zu nachst. Verb. verlief uneinheitlich, desgleichen Diazotierung u. anschließende Verkochung. — *2.3-Dioxy-5-methoxy-7-nitrochinoxalin*, $C_9H_7O_5N_3 \cdot {}^1/_2\, H_2O$, F. 285° (Zers.; viel W. oder Eisessig), durch 1std. Erhitzen von **IX** mit $(COOH)_2$ auf 200°, Aufnehmen in nNaOH u. Fällen mit HCl; gibt bei der Red. mit RANEY-Ni in verd. NaOH, Ansäuern mit Eisessig u. Umkristallisieren aus W. oder Eisessig *2.3-Dioxy-5-methoxy-7-aminochinoxalin*, $C_9H_9O_3N_3$; gelb. — *2.3.5-Trioxy-7-aminochinoxalin* (**I**), $C_8H_7O_3N_3$, durch 1std. Kochen vorst. Verb. in HJ, Lösen des gebildeten *Hydrojodids* in W. u. Fällen mit CH_3COONa; aus W. gelbe Nadeln, die bei 300° braun werden u. bei 300°/0,5 mm sublimieren; olivgrüne Farb-Rk. mit $FeCl_3$. — *2-Oxy-3-methyl-7-nitro-3.4-dihydrochinoxalin*, $C_9H_9O_3N_3$, F. 225° (Zers.), durch $^1/_2$std. Kochen von N-[2.4-Dinitrophenyl]-alanin in A. u. Ammoniumsulfidlsg., Lösen des Nd. in W. u. Fällen mit verd. HCl; aus W. oder A. gelbe Nadeln; 50%. — *2-Oxy-3-methyl-7-nitro-*

chinoxalin (**XV a**), $C_9H_7O_3N_3$, F. 252° (Zers.; A.), a) durch Kochen vorst. Verb. mit H_2O_2 in wss. NaOH u. Fällen mit verd. HCl; 40%; b) durch Aufkochen von **VIII** mit **V** in A., schrittweises Einengen u. fraktionierte Kristallisation des Rohprod. (90%) aus A. u. Essigsäureäthylester als schwerer lösl. Anteil; 15%; daneben **XV**; c) ein 13—15% **XV b**-haltiges Prod. (Zers. bei 238—240°) entsteht bei der Kondensation von **VIII** u. **V** in verd. HCl, mehrstd. Stehen u. Umfällen aus nNaOH; 85%. — *Eutekt. Gemisch* (**XV**) *von* **XV a** *u.* **XV b**, $C_9H_7O_3N_3$, Zers. bei 226°, a) bei der Isolierung von **XV a** (Meth. b); 40%; b) bei $^3/_4$std. Kochen von **VIII** mit **VI** in A. u. fraktionierte Kristallisation des Rohprod. (90%) wie oben als leichter lösl. Anteil; 45%; daneben *2-Oxy-3-methyl-6-nitrochinoxalin* (**XV b**), $C_9H_7O_3N_3$, Zers. bei 282°; 18%. — *2-Methoxy-3-methyl-7-nitrochinoxalin*, $C_{10}H_9O_3N_3$, F. 215° (Bzl.), durch Einw. von CH_2N_2 in Ae. auf 0,4 g **XV a** in Methanol, Einengen u. mehrstd. Stehen; hellrot; 0,05 g. — *2-Oxy-6-nitrochinoxalin* (**XVI a**), Zers. bei 294°, durch $^1/_4$std. Kochen von **VIII** mit **VII** in A. u. fraktionierte Kristallisation des Rohprod. (ca. 80%) aus A. u. Essigester; 15%; daneben *eutekt. Gemisch* (**XVI**) *von* **XVI a** *u.* **XVI b**, $C_8H_5O_3N_3$, Zers. bei 235—237°; 35%. — *Eutekt. Gemisch* (**XVII**) *von* **XVII a** *u.* **XVII b**, F. 162°, durch 1std. Erhitzen von **XVI** mit $POCl_3$ u. PCl_5 auf dem Wasserbad, Gießen auf Eis, Filtrieren nach 2 Std. u. fraktionierte Kristallisation aus Bzl.–A.; 45%; daneben *2-Chlor-7-nitrochinoxalin* (**XVII b**), $C_8H_4O_2N_3Cl$, F. 188°; 10%; entsteht auch analog aus **XVI b**; 60%. Durch Chlorierung von **XVI a** erhält man *2-Chlor-6-nitrochinoxalin* (**XVII a**), $C_8H_4O_2N_3Cl$, F. 202°; 70%; gibt beim Erhitzen in schwach alkal. Lsg., Ansäuern u. Kristallisation aus A. wieder **XVI a**; 70%. Analog liefert **XVII** 15% **XVI a** neben 55% **XVI**, u. **XVII b** hydrolysiert zu *2-Oxy-7-nitrochinoxalin* (**XVI b**), F. 273° (Zers.; A.); 60%; entsteht auch durch Oxydation einer schwach alkal. Lsg. nachst. Verb. mit $KMnO_4$, Filtrieren u. Fällen mit HCl; 50%. — *2-Oxy-7-nitro-3.4-dihydrochinoxalin*, durch 2std. Einw. von $SnCl_2$ auf N-[2.4-Dinitrophenyl]-glycin in gesätt. alkoh. HCl; gelb; 60%. — Durch Kondensation von **VII** u. **IX** u. fraktionierte Kristallisation wie oben wird erhalten *2-Oxy-8-methoxy-6-nitrochinoxalin* (**XVIII a**), F. 276° (Zers.); 15%; daneben *Gemisch* (**XVIII**) *von* **XVIII a** *u.* **XVIII b**, $C_9H_7O_4N_3$, F. 230—235° (Zers.); 35%. Daraus durch Chlorierung *Gemisch*(**XIX**) *von* **XIX a** *u.* **XIX b**, $C_9H_6O_3N_3Cl$; F. 155°; Nadeln; 60%; daneben *2-Chlor-5-methoxy-7-nitrochinoxalin* (**XIX b**), F. 168°; Nadeln; 10%; entsteht auch aus **XVIII b**; 65%. **XVIII a** liefert analog *2-Chlor-8-methoxy-6-nitrochinoxalin* (**XIX a**), $C_9H_6O_3N_3Cl$, F. 224°; Nadeln; 80%; gibt bei der Hydrolyse mit verd. NaOH wieder **XVIII a**; 65%. **XVIII a** (15%) entsteht auch durch Hydrolyse von **XIX**; daneben **XVIII**; 45%. 1 g **XIX b** ergibt analog *2-Oxy-5-methoxy-7-nitrochinoxalin* (**XVIII b**), $C_9H_7O_4N_3$, F. 276—278° (Zers.); 0,5 g; entsteht auch durch Oxydation von **XX** mit $KMnO_4$ in schwach alkal. Lsg.; 70%. — *N-[2.4-Dinitro-6-methoxyphenyl]-glycin*, $C_9H_9O_7N_3$, F. 192° (Zers.; A.), durch 3std. Kochen von 2.3.5-Trinitroanisol u. Na-Glykokollat in wss. A., Aufnehmen in viel heißem W. u. Fällen mit konz. HCl; 60% (roh 93%). Daraus (5,4 g) mit $SnCl_2$ *2-Oxy-5-methoxy-7-nitro-3.4-dihydrochinoxalin* (**XX**), $C_9H_9O_4N_3$, F. 262° (Zers.); 2,7 g. — *2-Oxy-8-methoxy-6-aminochinoxalin*, $C_9H_9O_2N_3 \cdot H_2O$, F. 184°, durch Aufkochen von **XVIII a** u. $FeSO_4$ in wss. NH_4OH, Auskochen des Nd. mit W. u. Einengen der Filtrate; aus wss. Methanol Nadeln; nach Trocknen bei 140° wasserfrei (F. 198°); hygroskop.; 75—80%; mit HJ u. rotem P wurden keine krist. Prodd. erhalten. — *2-Oxy-5-methoxy-7-aminochinoxalin*, $C_9H_9O_2N_3$, F. 318—320° (Zers.; W.), durch 3std. Hydrieren von **XVIII b** (oder auch **XVIII**) mit RANEY-Ni in Methanol, Aufnehmen des Nd. in NaOH u. Fällen mit Essigsäure; weiterer Anteil durch Einengen der methanol. Mutterlauge; 70%. — *2.5-Dioxy-7-aminochinoxalin* (**II**), $C_8H_7O_2N_3$, F. >350°, durch 2std. Kochen vorst. Verb. mit rotem P in HJ, Eindampfen, Aufnehmen des *Hydrojodids* in W. u. Fällen der Base mit CH_3COONa; aus W. bräunliche Nadeln, die bei 250—320°/0,5 mm sublimieren; 45%. (Liebigs Ann. Chem. **579**. 212—34. 1953. Frankfurt/Main, Univ., Inst. f. organ. Chem.) W. HOFFMANN. 3272

E. Hardegger, K. Kreis und **H. El Khadem,** *Zur Kenntnis der* D-, L- *und* DL-*Erythron- und Threonsäurelactone.* Nach dem Verf. von SPENGLER u. PFANNENSTIEL (vgl. D.R.P. 618 164 u. 620 248, C. **1936**. I. 881) wurden Pentosen in Ggw. von überschüssigem Alkali mit O_2 unter Bldg. von Formiat zu den Alkalisalzen von Tetronsäuren abgebaut. Bei der Behandlung dieser Salze mit dem Kationenaustauscher Wofatit KS wurden die entsprechenden Säuren frei gemacht u. nach dem Eindampfen zur Trockne u. Aufnehmen mit Methanol durch Hochvakuumdest. als *Tetronsäurelactone* isoliert. Beim Abbau von D-Ribose u. L-Arabinose lassen sich aus den reichlichen, anscheinend aus Estoliden bestehenden Destillationsrückständen noch weitere Mengen an Erythronsäurelactonen gewinnen. — Behandelt man L-Ascorbinsäure (**I**) u. Dehydro-L-ascorbinsäure (**II**) nach vorst. Verf., so erhält man *L-Threonsäure* u. Oxalsäure. Letztere wird vor der Gewinnung des Lactons durch Dest. zweckmäßigerweise entfernt. — Die Threonsäurelactone sind im Gegensatz zu den Erythronsäurelactonen sehr hygroskopisch.

Versuche (FF. korr.): *D-Erythronsäurelacton* (III), $C_4H_6O_4$, aus 4,5 g D-Ribose u. 4,5 g KOH in 200 ml W. unter 120std. Schütteln mit O_2 bei Zimmertemperatur. F. 101 bis 102°, $[\alpha]_D$ —71° (c = 0,8; W.). *Phenylhydrazid*, F. 129—130°, $[\alpha]_D$ +19° (c = 0,3; W.). — *L-Erythronsäurelacton* (IV), $C_4H_6O_4$, aus 3,6 g L-Arabinose bei sehr langsam verlaufender Rk.; F. 103—104°, $[\alpha]_D$ +72° (c = 0,5; W.); Ausbeute 0,9 g. *Phenylhydrazid*, F. 130—131°, $[\alpha]_D$ —17° (c = 1; W.). — *rac. DL-Erythronsäurelacton*, $C_4H_6O_4$, aus III u. IV; F. 91—92°; Misch-F. (mit III) 86°. — *D-Threonsäurelacton* (V), $C_4H_6O_4$, aus 4,5 g D-Xylose in neuntägiger Rk.; F. 75—77°, $[\alpha]_D$ —29° (c = 0,8; W.); Ausbeute 1,2 g. *Phenylhydrazid*, F. 160°, $[\alpha]_D$ —30° (c = 0,5; W.). — *L-Threonsäurelacton* (VI), $C_4H_6O_4$, aus 8,8 g I in 100 ml W. unter Zutropfen von 14 g KOH in 100 ml W. in 15 Std.; F. 74—76°, $[\alpha]_D$ +30° (c = 0,9; W.). Entsteht auch in entsprechender Weise aus II. *Phenylhydrazid*, F. 160—161°, $[\alpha]_D$ +29° (c = 0,3; W.). *Brucinsalz*, F. 211—212°, $[\alpha]_D$ —27° (c = 1,3; W.). — *DL-Threonsäurelacton*, $C_4H_6O_4$, aus V u. VI; F. 48—50°. (Helv. chim. Acta 34. 2343—48. 1/12. 1951. Zürich, ETH., Organ.-Chem. Labor.)

WILLENBERG. 3400

P. Karrer und **A. Boettcher**, *Neue Synthese der D-Xylomethylose.* Die für die Herst. von *D-Xylomethylose* nötige *1.2-Monoaceton-D-xylomethylose* (I) läßt sich aus *1.2-Acetonxylose* (II) über *1.2-Monoaceton-3.5-di-p-toluolsulfonyl-D-xylose* (III) u. deren Red. mit $LiAlH_4$ gewinnen, wobei ein Tosylrest reduktiv, der andere hydrolyt. entfernt wird.

Versuche: *1.2-Monoaceton-3.5-di-p-toluolsulfonyl-D-xylose* (III), $C_{22}H_{26}O_9S_2$, F. 91—92° (A.), durch Umsetzung von 4 g II mit p-Toluolsulfochlorid in trockenem Pyridin über Nacht bei Zimmertemp., Zugabe von W. u. Extraktion mit Chlf.; $[\alpha]_D^{20}$ —37,91° in Chlf.; 3,3 g (Ausbeute). — *1.2-Monoaceton-D-xylomethylose* (I), $C_8H_{14}O_4$, F. 68—70° (Ae./PAe.), durch 3tägiges Kochen von 6,5 g III mit $LiAlH_4$ in Ae., Zugabe von Essigester u. W., u. Extraktion des Nd. mit PAe. u. der Lsg. mit Ae.; $[\alpha]_D^{19}$ —18,92° (in Methanol), —20,39° (in W.); 0,8 g (Ausbeute). — *D-Xylomethylose* durch Hydrolyse von I mit 0,5 n H_2SO_4 (48 Std. bei Zimmertemp. u. 3 Std. bei 40°). *p-Bromphenylhydrazon*, F. 68—70°. (Helv. chim. Acta 36. 837—38. 15/6. 1953. Zürich, Univ., Chem. Inst.)

WILLENBERG. 3400

M. Abdel-Akher, J. K. Hamilton und **F. Smith**, *Die Reduktion von Zuckern mit Natriumborhydrid.* $NaBH_4$ (I) ist viel weniger reaktionsfähig als $LiAlH_4$ u. kann in wss. Lsg. zur Red. von Kohlenhydraten zu den entsprechenden Alkoholen benutzt werden. Allerdings kristallisieren die Reaktionsprodd., wahrscheinlich infolge des Vorhandenseins von Borsäurekomplexen, schlecht. Dies kann durch völlige Acetylierung der Alkohole u. anschließende Verseifung der gewöhnlich leicht kristallisierenden Acetate überbrückt werden, ferner auch durch die Benutzung von Ionenaustauschern u. schließlich durch Behandlung der rohen Alkohole mit methanol. HCl. Die Reaktionsgeschwindigkeit ist befriedigend schnell u. hängt von der Menge des zugesetzten I ab. I wandelt auch Stärke in ein nicht reduzierendes Polysaccharid („*Amylit*") um. Diese Beobachtung könnte den Einfl. der reduzierenden Gruppe der Stärke auf ihr chem. Verh. u. ihre Rkk. mit Enzymen aufklären u. Kettenlängen- u. Mol.-Gew.-Bestimmungen ermöglichen. Nach der Hydrolyse dieser red. Stärke ließe sich aus dem Verhältnis von Glucose zu Sorbit auf den Verzweigungsgrad schließen. — Das reduzierende Kohlenhydrat Laminarin (aus Laminaria cloustoni), das aus 20 1.3-glucosid. verbundenen Glucoseeinheiten mit einer freien reduzierenden Gruppe besteht, wurde in ein nicht reduzierendes Polysaccharid übergeführt.

Versuche: Im allg. wurde so gearbeitet, daß zu einer Lsg. von 1,0 g Zucker in 10 ml W. eine Lsg. von 0,1—0,15 g I gegeben wurde. Das schwach alkal. Reaktionsgemisch wurde bei 20—25° gehalten, bis eine Probe nach Zers. von I mit Essigsäure nicht mehr FEHLINGsche Lsg. reduzierte oder die opt. Drehung konstant war (Dauer meist 1—2 Std.). Nach der Rk. wurde mit Essigsäure angesäuert u. das im Vakuum zur Trockne gedampfte Reaktionsgemisch acetyliert, die Acetate durch Eingießen in Eiswasser zum Krist. gebracht. — *Sorbithexaacetat*, aus D-Glucose; F. 99,5°, $[\alpha]_D^{25}$ +50° (Bzl.); 78% (Ausbeute). — *D-Mannithexaacetat*, aus D-Mannose; F. 126°, $[\alpha]_D^{25}$+18,5° (Bzl.); 92%. — *Dulcithexaacetat*, aus D-Galaktose; F. 171°; opt. inaktiv; 87%. — *L-Arabitpentaacetat*, $C_{15}H_{22}O_{10}$, aus D-Arabinose; F. 76°, $[\alpha]_D^{25}$ +38° (Chlf.); 87,5%. — *Xylitpentaacetat*, $C_{15}H_{22}O_{10}$, aus D-Xylose; F. 61—62°; opt. inaktiv; 80%. — D-Fructose gab ein Gemisch von *Sorbithexaacetat* u. *D-Mannithexaacetat*. — *Maltitenneaacetat*, $C_{30}H_{42}O_{20}$, aus Maltose; F. 87°, $[\alpha]_D^{25}$ +85° (Chlf.); 70%. — *Dulcit* (F. 188—189°), aus I u. Galaktose; nach Reinigung mit Ionenaustauschern mit 40% Ausbeute direkt kristallisiert erhalten. — *D-Mannit*, F. 163°, aus D-Mannose u. I durch 1std. Kochen mit 6%ig. methanol. HCl; aus dem Filtrat Kristalle; 90%. — *Lactit* u. *Cellobiit*, nach dem gleichen

Verf. erhalten, kristallisierten weder in freier noch in acetylierter Form in absehbarer Zeit. Nachweis chromatograph. nach vorheriger Hydrolyse als Galaktose u. Sorbit bzw. Glucose u. Sorbit. *„Amylit“*, aus Maisstärke u. I unter Zusatz von 0,2 n NaOH oder Butanol; angesäuertes Reaktionsgemisch mit 2 Voll. Methanol gefällt; wenig lösl. in W., lösl. in verd. NaOH; $[\alpha]_D^{25}$ +177° (c = 0,5% in 2% Butanol enthaltendem W.), umkristallisierbar aus mit Butanol gesätt. W.; gibt Jodreaktion wie Stärke. — *Laminarit*, aus Laminarin u. I in 2tägiger Rk.; aus dem Reaktionsgemisch durch Fällen in A. isoliert; lösl. in W.; amorph; nur leichte Reduktionswirkung. (J. Amer. chem. Soc **73**. 4691—92. Okt. 1951. St. Paul, Univ. of Minnesota, Div. of Agricultural Biochemistry.) WILLENBERG. 3400

Peter P. T. Sah, *D-Glucuronolactonisonicotinsäurehydrazon.* Das tuberkulostat. wirkende *D-Glucuronolactonisonicotinsäurehydrazon* (I), $C_{12}H_{13}O_6N_3$, F. 150—160° (Zers.), wird aus 88 g Glucuronsäurelacton in methanol. Lsg. durch 10 Min. langes Kochen mit 70 g Isonicotinsäurehydrazid erhalten. Aus dem Filtrat kristallisiert I (148 g) in weißen Stäbchen u. schmalen Tafeln, aus absol. A. in Nadeln. I ist in W. sehr lösl., in kaltem Methanol u. A. prakt. unlösl., in 100 ml sd. Methanol sind 1,2 g lösl. (J. Amer. chem. Soc. **75**. 2512—13. 20/5. 1953. San Francisco, Univ. of California, Coll. of Pharmacy.) WILLENBERG. 3400

Harold J. Koepsell, Frank H. Stodola und **Eugene S. Sharpe,** *Bildung von α-Ketoglutarat bei der Glucoseoxydation durch Pseudomonas fluorescens.* Die fermentative Oxydation von Glucose durch *Pseudomonas fluorescens* führt zu Ausbeuten von 0,5—0,55 Mol *a-Ketoglutarsäure* (I) pro Mol Glucose, die möglicherweise sogar noch gesteigert werden können. — Zunächst bildet sich bei der Rk. schnell u. in fast stöchiometr. Ausbeute *Ca-2-Ketogluconat,* aus dem bei fortschreitender Rk. langsam über Pyruvate *Ca-α-Ketoglutarat* gebildet wird. Aus der hohen Ausbeute an I muß geschlossen werden, daß die C_6-Kette zunächst in C_2- oder C_3- enthaltende Bruchstücke gespalten wird, die dann zu I kondensieren. Ein stufenweiser Abbau des 1-Hexosemonophosphats nach WARBURG ist unwahrscheinlich. — Die einfache fermentative Umwandlung von Glucose in I könnte für die industrielle Herst. von I ausgenutzt werden.

V e r s u c h e: Zus. der Nährlsg. (g/100 cm³): 9 Glucose; 0,16—0,32 $(NH_4)_2SO_4$; 0,11 KH_2PO_4; 0,024 $MgSO_4$; 1 Fe als $FeNH_4(SO_4)_2$ p. p. m.; 3,75 $CaCO_3$. Pseudomonas fluorescens NRRL B-6; Gesamtinoculationszeit 10—14 Tage; nach dem 7. Tag beginnender seidiger Nd. von *Ca-α-Ketoglutarat.* Das Fortschreiten der Rk. wird durch Analyse der Reduktionswerte nach SOMOGYI (J. biol. Chem. **160**. [1945.] 61), Pyruvat- u. I-Geh. nach FRIEDEMANN u. HAUGEN (l. c. **147**. [1943.] 415) bestimmt. Papierchromatograph. Analyse: Proben der Reaktions-Fl. werden nach Desionisierung auf 3 Papierstreifen mit Butanol + Pyridin + W. (3:2:1,5 Voll.) als beweglicher Phase chromatographiert; Nachw. der organ. Säuren mit Bromphenolblau, der reduzierenden Zucker mit 0,5% 3.5-Dinitrosalicylsäure in 1 n NaOH; der Ketoverbb. mit 0,2% o-Phenylendiamin in A. + 1% HNO_3; nach 30 Min. bei 70° erscheint 2-Ketogluconsäure tiefblau, Glucose grau-braun, I weiß auf stahlgrauem Untergrund, Brenztraubensäure rosa. Quantitative Best. von I durch Einengen der gesamten Kultur; Ansäuern mit HCl u. Extrahieren mit Äthylacetat ergibt 99,2% des durch colorimetr. Meth. gefundenen Wertes. *Ketoglutarsäuresemicarbazon,* $C_6H_9O_5N_3$, F. 197—198°. (J. Amer. chem. Soc. **74**. 5142—44. 20/10. 1952. Peoria, Ill.) ROSSOW. 3400

William L. Glen, Gordon S. Myers und **Gordon A. Grant,** *Monoalkylhexosen: Verbesserte Darstellungsverfahren für die 1- und 3-Methyläther der Fructose und für 3-Alkyläther der Glucose.* Die Darst. der *3-Methyl-D-glucose* (I) über die Zwischenprodd. *1.2;5.6-Diisopropyliden-D-glucose* (*Diacetonglucose*) (II) u. *3-Methyl-1.2;5.6-diisopropyliden-D-glucose* (III) wurde gegenüber den bisherigen Methoden wesentlich verbessert; die Ausbeute ließ sich auf 60—65% steigern. Bei der ersten, zu II führenden Stufe ließen sich durch Anwendung von Kondensationsmitteln Nebenreaktionen hintanhalten. Noch wesentlicher ist die Verbesserung bei den beiden nächsten Stufen. II ließ sich durch Anwendung eines 50%ig. Überschusses an Dimethylsulfat oder von Methylchlorid unter Druck in Ggw. von pulverisiertem NaOH u. Aceton fast quantitativ zu III methylieren. Die Hydrolyse von III zu I gelang sowohl mittels eines sauren Kationenaustauschers als auch in nur schwach saurer Lösung (2—3 p_H). Diese Verff. ließen sich auch bei der erstmaligen Darst. von *3-Äthyl-*, *3-n-Propyl-* u. *3-n-Butyl-D-glucose,* ferner auch bei der Darst. von *3-* u. *1-Methylfructose* anwenden. Zur Darst. der Methylfructosen wurden die beiden isomeren Diacetonfructosen, *1.2;4.5-Diisopropyliden-D-fructose* (*„α“-Diisopropylidenfructose*) (IV) u. *2.3;4.5-Diisopropylidenfructose* (*„β“-Diisopropylidenfructose*) (V) (vgl. WOLFRAM, SHILLING u. BINKLEY, C. **1951**. II. 975) durch modifizierte Umsetzung von Fructose bzw. Saccharose mit Aceton hergestellt. IV u. V ließen sich mit über 90% ig. Ausbeute zu *3-*(VI) bzw. *1-Methyldiisopropyliden-D-fructose*

(VII) mit Dimethylsulfat methylieren. Die Hydrolyse von VI zu *3-Methyl-D-fructose* verlief glatt, während die Spaltung von VII zu *1-Methyl-D-fructose* schärfere Reaktionsbedingungen erforderte. Ein Gemisch von gleichen Teilen I u. 1 Methyl-D-fructose, die pharmakolog. Interesse hat, wurde in einem 4stufigen Verf. aus Saccharose hergestellt. In ähnlicher Weise wurden Gemische der entsprechenden Äthyl- u. Propylhexosen erhalten.

Versuche: *1.2;5.6-Diisopropyliden-D-glucose* (II), F. 105—109°, aus wasserfreier Glucose u. Aceton mit wasserfreiem $ZnCl_2$ u. 85% ig. H_3PO_4 [30std. Rühren bei Zimmertemp.]; 91% (Ausbeute). — *3-Methyl-1.2;5.6-diisopropyliden-D-glucose* (III), a) durch Methylierung von 78 g roher II in Aceton mit Dimethylsulfat u. pulverisiertem NaOH, 6 Std. bei Tempp. von 45—60°; hell-bernsteinfarbene Fl.; 83 g roh; b) durch Methylierung von 52 g II in Aceton mit CH_3Cl u. pulverisiertem NaOH, 8 Std. bei 145—150°, in einem Schüttelautoklaven; 55 g. — *3-Methyl-D-glucose* (I), F. 166—168°, a) durch 6std. Hydrolyse von III in wss., mit H_2SO_4 auf p_H 2,6 eingestellter Lsg. beim Kp.; 86%; b) durch 4std. Verrühren von III mit saurem Amberlite IR-120 bei 100°. — *3-Äthyl-1.2;5.6-diisopropyliden-D-glucose*, aus II analog III (a); fast 100%. — *3-Äthyl D-glucose*, $C_8H_{16}O_6$, F. 137 bis 138°, aus roher vorst. Verb. wie I (a); aus Methanol/Ae.; $[\alpha]_D^{25}$ +26,1° (5 Min.); +55,2° (24 Std., konstant) (c = 2; W.); 82%. — *3-n-Propyl-1.2;5.6-diisopropyliden-D-glucose*, aus II u. n-Propylbromid analog III (b) (9 Std. bei 150°); hell-bernsteinfarbene Fl., die wahrscheinlich noch Acetonpolymere enthielt. — *3-n-Propyl-D-glucose*, $C_9H_{18}O_6$, F. 130 bis 131°, aus vorst. roher Verb. durch 8std. Hydrolyse beim Kp. u. p_H 2,1; aus Methanol/Ae.; $[\alpha]_D^{25}$ +29,5° (5 Min.); +62,3° (konstant) (c = 2; W.); 86%. — *3-n-Butyl-1.2;5.6-diisopropyliden-D-glucose*, $C_{16}H_{28}O_6$, $Kp._1$ 120—123°, aus II u. n-Butylbromid (150°); n_D^{27} 1,4513; $[\alpha]_D^{25}$ +70,5° (c = 2; Chlf.); 87%. — *3-n-Butyl-D-glucose*, $C_{10}H_{20}O_6$, F. 137—139°; $[\alpha]_D$ +23,7° (5 Min.); +52,1° (konstant) (c = 2; W.); 98% roh. — *2.3;4.5-Diisopropyliden-D-fructose* (V), F. 94,5—95°, a) aus Fructose wie II (26 Std. bei Zimmertemp.), Trennung vom isomeren IV durch 8std. Hydrolyse mit 0,1n H_2SO_4 bei Zimmertemp.; 63%; b) durch 24std. Kondensation von Saccharose u. Aceton wie vorst. u. Trennung von etwa vorhandener IV; 74%. — *1-Methyldiisopropyliden-D-fructose* (VII), F. 48—48,5°, a) aus V wie III (a); 93%; b) durch 24std. Einw. von Na auf V in Bzl. u. anschließende Umsetzung der benzol. Lsg. mit CH_3J (4 Tage bei Zimmertemp.); 92%. — *1-Methyl-D-fructose*, $C_7H_{14}O_6$, aus vorst. Verb. durch 7std. Hydrolyse mit 0,1n H_2SO_4 bei 95—100°, Entfernung der Säure durch $BaCO_3$ oder Anionenaustauscher; süßer, honigfarbener, harzartiger Sirup; 93%. — *1.2;4.5-Diisopropyliden-D-fructose* (IV), F. 115—117°, a) aus entwässertem Invertzucker u. Aceton mittels $ZnCl_2$ unter 2tägigem Rühren bei Zimmertemp. u. Zusatz von Sand zur Zerteilung des Invertzuckers; 60%; b) durch 2tägiges Verrühren von 250 g Saccharose in 4,5 ml konz. H_2SO_4 enthaltendem Aceton (1,5 Liter) neben 50% nicht umgesetzter Saccharose; 137 g roh, mit vermutlich reichlichem Geh. an II u. V. — *3-Methyldiisopropyliden-D-fructose* (VI), F. 115—117° aus IV wie III (a) 82% (aus reiner IV), 42% (aus roher IV aus Invertzucker). 137 g rohe IV aus Saccharose lieferten 39,5 g VI. — *3-Methyl-D-fructose*, F. 124—126°, (Methanol), durch Hydrolyse von VI nach I (b) (5—6 Std. bei 95—100°); 89%, oder nach I (a) (5 Std. auf dem Dampfbad), 93%. (J. chem. Soc. [London] **1951**. 2568—72. Okt. Montreal, Can., Messrs. Ayerst, McKenna & Harrison Ltd., Res. and Biol. Labor.) WILLENBERG. 3400

E. J. Bourne, A. J. Huggard und **J. C. Tatlow**, *Untersuchungen an Trifluoressigsäure.* 7. Mitt. *Die Synthese von 2-Benzoyl-4.6-benzyliden-α-methyl-D-glucopyranosid und seine Umwandlung in die isomere 3-Benzoylverbindung durch eine Acylwanderung.* (6. vgl. C. **1953**. 8331.) Die Benzoylierung von 4.6-Benzylidentrifluoracetyl-α-methyl-D-glucosid (I) in Pyridinlsg. liefert sirupöses, nicht zu reinigendes *2-Benzoyl-4.6-benzyliden-3-trifluoracetyl-α-methyl-D-glucosid* (II), welches bei der alkal. Hydrolyse in *3-Benzoyl-4.6-benzyliden-α-methyl-D-glucosid* (III) u. bei der sauren Hydrolyse oder bei der Behandlung mit A. in die *2-Benzoylverb.* VI übergeht. Bei der alkal. Hydrolyse wandert also die Benzoylgruppe vom $C_{(2)}$ zum $C_{(3)}$-Atom. Durch Behandlung mit verd. NaOH in Aceton läßt sich VI in III überführen. In saurem u. neutralem Medium, in Pyridin u. von Ag_2O in sd. Ae. wird VI nicht verändert. III, VI u. 2.3-Dibenzoyl-4.6-benzyliden-α-methyl-D-glucosid enthalten in ihren Ultrarotspektren die für die CO-Valenzschwingung charakterist. Bande u. besitzen demnach eine Orthoesterstruktur, die als Zwischenstufe bei der beobachteten Benzoylwanderung in Erwägung gezogen wird. Eine Wanderung der Trifluoracetylgruppe findet während der Benzoylierung nicht statt. — Die Behandlung von III mit alkoh. Na-Äthylat liefert *4.6-Benzyliden-α-methylglucosid* (IV). Bei der Toluolsulfonierung von III entsteht *3-Benzoyl-4.6-benzyliden-2-[p-toluolsulfonyl]-α-methyl-D-glucosid*, welches

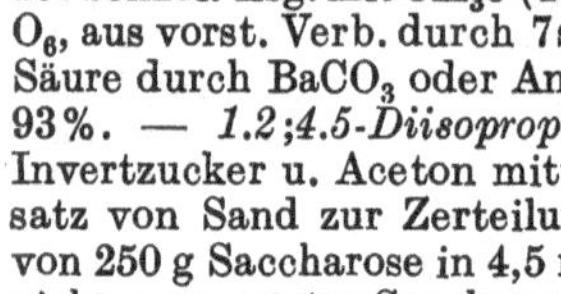

I R = CF_3CO, R' = H
II R = CF_3CO, R' = C_6H_5CO
III R = C_6H_5CO, R' = H
VI R = H, R' = C_6H_5CO

mit Na-Methylat in *4.6-Benzyliden-2.3-anhydro-α-methyl-D-mannosid* übergeht. Die Methylierung von **III** führt zu *3-Benzoyl-4.6-benzyliden-2-methyl-α-methyl-D-glucosid*, welches sich zu *4.6-Benzyliden-2-methyl-α-methyl-D-glucosid* (vgl. C. **1951**. II. 2461) entbenzoylieren läßt. Die Trifluoracetylierung von **III** liefert *3-Benzoyl-4.6-benzyliden-2-trifluoracetyl-α-methyl-D-glucosid* (**V**), aus welchem bei der Behandlung mit verd. Säure oder A. oder durch partielle Verseifung in wss. Aceton **III** zurückgebildet wird. Die vollständige Verseifung von **V** führt zu **IV**. — Die 2-Benzoylverb. **VI** geht bei der Toluolsulfonierung in *2-Benzoyl-4.6-benzyliden-3-[p-toluolsulfonyl]-α-methyl-D-glucosid* über, aus welchem mit Na-Methylat *4.6-Benzyliden-2.3-anhydro-α-methyl-D-allosid* entsteht. Die Trifluoracetylierung von **VI** führt zu **II**, welches bei der Behandlung mit A. in **VI**, bei der vollständigen Verseifung in **IV**, bei der partiellen Verseifung mit verd. Alkali aber in **III** übergeht.

Versuche: *4.6-Benzylidentrifluoracetyl-α-methyl-D-glucosid* (**I**), F. 210°, $[\alpha]_D^{19}$ +117,0°; Darst. vgl. C. **1951**. II. 2461. — *3-Benzoyl-4.6-benzyliden-α-methyl-D-glucosid* (**III**), $C_{21}H_{22}O_7$, F. 217—218°, $[\alpha]_D^{19}$ +33,5°; durch Zugabe von 2,3 cm³ frisch dest. Benzoylchlorid zu 6,24 g **I** in 25 cm³ Pyridin, 95std. Stehenlassen bei Raumtemp., Vakuumdest. unter Zusatz von CCl_4, dreimalige Extraktion des Rückstands mit je 50 cm³ warmem Ae., Eindampfen der filtrierten Lsg. im Vakuum, Aufnehmen des sirupösen Rückstands in 170 cm³ Aceton, Alkalischmachen der Lsg. mit 180 cm³ 0,1 n NaOH gegen Phenolphthalein u. Umkristallisation des nach einer Std. abfiltrierten Nd. aus A.–PAe.; 4,10 g (Ausbeute); oder durch Zugabe von 5,1 cm³ 0,044 n NaOH zu 0,086 g **VI** in 5,0 cm³ Aceton; 0,056 g. — *4.6-Benzyliden-α-methylglucosid* (**IV**), $C_{14}H_{18}O_6$, F. 165 bis 166°; aus **III** mit alkoh. Na-Äthylat, Neutralisation mit HCl, Abdest. des A. im Vakuum u. Umkristallisation des Nd. aus W., 67%; oder analog aus **VI**; 42%. — *3-Benzo-4.6-benzyliden-2-[p-toluolsulfonyl]-α-methyl-D-glucosid*, $C_{28}H_{28}O_9S$, F. 212—214° (aus A.), $[\alpha]_D^{19}$ +49,3°; aus 1,22 g **III** in 4,5 cm³ Pyridin mit 0,96 g p-Toluolsulfochlorid in 14 Tagen bei Raumtemp.; 1,50 g. — *4.6-Benzyliden-2.3-anhydro-α-methyl-D-mannosid*, $C_{14}H_{16}O_5$, F. 145—146°, $[\alpha]_D^{18}$ +103,2°; aus vorst. Verb. mit Na-Methylat; 65%. — *3-Benzoyl-4.6-benzyliden-2-methyl-α-methyl-D-glucosid*, $C_{22}H_{24}O_7$, F. 167—168° (aus A.), $[\alpha]_D^{19}$ +29,2°; durch 18std. Kochen von 1,095 g **III** mit 30 cm³ CH_3J u. 2,9 g Ag_2O am Rückflußkühler, Abdest. des Lösungsm., Auskochen des Rückstands mit Chlf., Eindampfen der Lsg. u. Nachmethylierung des Rückstands; 0,84 g. — *4.6-Benzyliden-2-methyl-α-methyl-D-glucosid*, $C_{15}H_{20}O_6$, F. 167—168° (aus A.–PAe.), $[\alpha]_D^{15}$ +74,5°; aus vorst. Verb. mit alkoh. Na-Äthylat u. Neutralisation mit HCl; 73%. — *3-Benzoyl-4.6-benzyliden-2-trifluoracetyl-α-methyl-D-glucosid* (**V**), $C_{23}H_{21}O_8F_3$, F. 130—132° (aus PAe.), $[\alpha]_D^{19}$ +25,9°; durch 10 Min. langes Erwärmen von 1,28 g **III** mit 16,0 cm³ Trifluoressigsäureanhydrid u. 0,28 g Na-Trifluoracetat auf 50°, Vakuumdest. des Reaktionsgemisches mit CCl_4 u. Extraktion des Rückstands mit sd. PAe.; 0,795 g. — *2-Benzoyl-4.6-benzyliden-α-methyl-D-glucosid* (**VI**), $C_{21}H_{22}O_7$, F. 165—166° (aus PAe.), $[\alpha]_D^{21}$ +109,5°; aus 1,50 g **I**, 6,5 cm³ Pyridin u. 0,52 g Benzoylchlorid in 75 Std. bei 75° u. Einrühren in 200 cm³ durch gleichzeitige Zugabe von 2nHCl sauer gehaltenes Eiswasser; 0,615 g. — *2-Benzoyl-4.6-benzyliden-3-[p-toluolsulfonyl]-α-methyl-D-glucosid*, $C_{28}H_{28}O_9S$, F. 188—189° (aus A.), $[\alpha]_D^{21}$ +88,5°; aus 0,100 g **VI**, 0,50 cm³ Pyridin u. 0,088 g p-Toluolsulfochlorid in 90 Std. bei 15°; 0,107 g. — *4.6-Benzyliden-2.3-anhydro-α-methyl-D-allosid*, F. 199—200°, $[\alpha]_D^{19}$ +144,5°; aus vorst. Verb. mit Na-Methylat; 71%. — *2-Benzoyl-4.6-benzyliden-3-trifluoracetyl-α-methyl-D-glucosid* (**II**), $C_{23}H_{21}O_8F_3$, F. 135—138° (aus PAe.), $[\alpha]_D^{17}$ +123,5°; durch ¼std. Kochen von 0,497 g **VI** mit 8,0 cm³ Trifluoressigsäureanhydrid u. 0,16 g Na-Trifluoracetat am Rückflußkühler; 0,371 g. (J. chem. Soc. [London] **1953**. 735—41. März. Birmingham, Univ., Chem. Dep.) FORCHE. 3400

P. Karrer und **B. J. R. Nicolaus**, *Zur Kenntnis des Methylpteridinrots, des Pteridinrots und ähnlicher Farbstoffe. Methylpteridinrot* (**I**) (vgl. C. **1952**. 687) kann reversibel zu einer Leukoverb. tetrahydriert werden. Analog dem **I** kann ein synthetisiertes methylfreies *Pteridinrot* (**II**) (vgl. C. **1951**. I. 463) ebenfalls in eine Leukoverb. übergeführt werden. Ob einem entsprechend gebildeten *Neomethylpteridinrot* die isomere Formel **III** zukommt, ist noch ungewiß; gleichzeitig entsteht ein blaue Halochromie gebendes Pigment *Neomethylpteridinblau*.

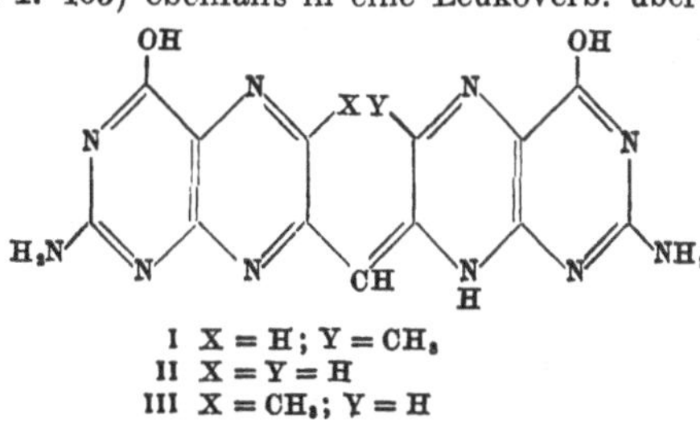

I X = H; Y = CH_3
II X = Y = H
III X = CH_3; Y = H

Versuche: *Tetrahydromethylpteridinrot*, $C_{14}H_{16}O_2N_{10}$, aus **I** mit H_2/Pt oder Zn/HCOOH; aus W. krist. *Monohydrat*; λ_{max} 278—280 u. 334—336 mμ (in konz. H_2SO_4); Rückoxydation durch Luft in salzsaurer Lösung. — *Pteridin-*

rot (II), $C_{13}H_{10}O_2N_{10}$, durch Oxydation eines heißen salzsauren Gemisches von 9-Methyl-2-amino-6-oxypteridin u. 2-Amino-6-oxypteridin u. fraktionierte Fällung aus konz. H_2SO_4 mit H_2O; Hydrierung führt wie oben zur Leukoverb.; Ozonisierung entsprechend I ergab *2-Amino-6-oxypteridin-9-carbonsäure* ($C_7H_5O_3N_5$) u. *Isoxanthopterin* ($C_6H_5O_2N_5$). — *Neomethylpteridinrot* (III?), aus 2-Amino-6-oxy-8.9-dimethylpteridin u. 2-Amino-6-oxypteridin wie oben; in 2nHCl lösl. Anteil; λ_{max} 325, 380, 534 mμ (konz. H_2SO_4) (zum Vgl. **I**: 325, 379, 547); Tetrahydrierung zur Leukoverb. wie oben. — *Neomethylpteridinblau*, HCl-unlösl. Rückstand der **III**-Synth.; schwarzes Pulver, in konz. H_2SO_4 indigoblau. (Helv. chim. Acta **34.** 1029—35. 15/6. 1951. Zürich, Univ., Chem. Inst.) GIBIAN. 3550

Phyllis E. Brockman und **C. H. Gray,** *Weitere Untersuchungen über Porphobilinogen.* Die Umwandlung von *Porphobilinogen* aus Harn durch Erhitzen einer Lsg. auf 100° bei p_H 5,2 verläuft über Gelbwerden (2 Min.) mit Auftreten von Absorptionsmaxima bei 477—480 (mμ) (A_I) u. schwächer bei 350—370 (A_{II}). Nach weiteren 3 Min. wird die EHRLICH-Rk. bei weiterer Zunahme der Extinktion negativ. Nach 60 Min. ist die Lsg. rosa geworden, u. eine neue Bande 408 (A_{III}) hat ihr Maximum erreicht, während A_I vermindert ist. A_I u. A_{II} dürften einem Dipyrrylmethen, A_{III} einem Porphyrin zugehören. Eine prakt. unverändert bleibende Bande bei 286—288 (GRAY, C. **1952.** 393) dürfte verunreinigender Harnsäure zugeordnet werden. Ein von LOWY u. Mitarbeitern (Bull. Univ. Minnesota, Hosp. Minnesota, Med. Foundation **22.** [1950.] 97) postulierter zweiter Porphyrinvorläufer konnte in den geprüften Harnen nicht gefunden werden. (Biochemic. J. **49.** LXXI. Okt. 1951. London, King's Coll., Hosp. Med. School, Dep. of. Chem. Pathol.) GIBIAN. 3550

G. R. Clemo, *Die Kopf–Schwanz-Isoprenregel in der Chemie der Terpene.* Bei der Polymerisation des Isoprens zu Terpenen (nach WALLACH) wird die Kopf-Schwanz-Anlagerung der einzelnen C_5-Reste bevorzugt. Die Entstehung des Isopentangerippes in der Pflanze ist ein noch ungelöstes Problem (aus Kohlenhydraten oder durch Aminosäureabbau). Vf. bespricht die strukturchem. Voraussetzungen für das Entstehen der C_{10}, C_{15}, C_{20} usw. -Körper zu offenen Ketten bzw. unter Ringschluß, sowie die Ausnahmen von der Kopf-Schwanz-Regel. (Perfum. essent. Oil Rec. **41.** 435—37. 448. Dez. 1950.) SEIFERT. 3600

J. Romo, G. Rosenkranz und **Carl Djerassi,** *Steroide.* 20. Mitt. *Cyclische Steroidhemithioketale.* (19. vgl. Experientia [Basel] **7.** [1951.] 260; 18. vgl. DJERASSI u. Mitarbeiter, C. **1952.** 5899.) Unkonjugierte Carbonylgruppen von Steroiden an $C_{(3)}$, $C_{(17)}$ u. $C_{(20)}$ reagieren mit β-Mercaptoäthanol unter Bldg. von cycl. Äthylenhemithioketalen. Diese Prodd. sind stabil gegen Basen u. $LiAlH_4$, werden aber durch saure Hydrolyse in die ursprünglichen Ketone übergeführt. Im Gegensatz zu Thioenoläthern oder Mercaptolen liefern sie bei Behandlung mit RANEY-Ni die ursprünglichen Ketone. $\alpha.\beta$-ungesätt. Ketone reagieren unter n. Bedingungen nicht mit β-Mercaptoäthanol. Cycl. Äthylenhemithioketale von Δ^4-3-Ketosteroiden können durch mit p-Toluolsulfonsäure katalysierte Kondensation in geringer Ausbeute erhalten werden. In Ggw. von Piperidin geht β-Mercaptoäthanol eine 1.4-Addition mit ster. nicht gehinderten $\alpha.\beta$-ungesätt. Ketogruppen ein, wie am $\Delta^{5.16}$-Pregnadien-3β-ol-20-on u. 16-Dehydroprogesteron gezeigt wird.

V e r s u c h e (Messung der Drehwerte in Dioxan, der UV-Spektren in 96% A. u. der IR-Spektren in CS_2): Darst. von Äthylenhemithioketalen unkonjugierter Ketone: 8 g Steroidketon in 20 cm³ Dioxan wurden mit 8 g β-Mercaptoäthanol u. dann mit 10 g frischgeschmolzenem $ZnCl_2$ u. 10 g entwässertem Na_2SO_4 unter Eiskühlung versetzt. Nach 20 std. Stehen bei Zimmertemp. u. Verdünnen mit W. wurde mit Chlf. extrahiert, Extrakt neutral gewaschen, getrocknet u. eingedampft. *Androstan-17β-ol-3-on-17-acetat-3-äthylenhemithioketal,* $C_{23}H_{36}O_3S$, F. 164—167°, aus Androstan-17β-ol-3-on-17-acetat; aus Aceton-Methanol; $[\alpha]_D^{20}$ +20°; 72% (Ausbeute). — *Ätiocholan-17β-ol-3-on-17-acetat-3-äthylenhemithioketal,* $C_{23}H_{36}O_3S$, F. 163—165°, aus Aceton-Methanol Tafeln; $[\alpha]_D^{20}$ +24,5°; 60%. Geht durch 3std. Kochen mit 4 cm³ konz. HCl, 10 cm³ W. u. 200 cm³ Methanol u. Acetylierung in *Ätiocholan-17β-ol-3-on-17-acetat* (F. 144—146°, $[\alpha]_D^{20}$ +30°; 52%) über. — *Östronacetat-17-äthylenhemithioketal,* $C_{22}H_{28}O_3S$, F. 124 bis 126°, aus Chlf.-Methanol Nadeln; $[\alpha]_D^{20}$ −4°; 79%. Aus der alkoh. Lsg. durch 2std. Kochen mit $KHCO_3$ u. W. 83% *Östron-17-äthylenhemithioketal* [$C_{20}H_{26}O_2S$, F. 160 bis 162° (Hexan/Aceton); λ_{max} 282 mμ (log ε = 3,29); λ_{min} 248 mμ (log ε = 2,32), durch saure Hydrolyse *Östron* (F. 257—259°; $[\alpha]_D^{20}$ +164,3°)]. — *Δ^5-Androsten-3β-ol-17-on-3-acetat-17-äthylenhemithioketal,* $C_{23}H_{34}O_3S$, F. 174—176°, aus Chlf.-Methanol Tafeln; $[\alpha]_D^{20}$ −86,7°; 90%. Durch Entschwefelung von 2 g in 400 cm³ Aceton mit 20 g W-2 RANEY-Ni (3 Std. Kochen) 1,35 g *Δ^5-Androsten-3β-ol-17-on-3-acetat* [$C_{21}H_{30}O_3$, F. 171—172° (Aceton/Hexan); $[\alpha]_D^{20}$ +8,5° (Chlf.)], durch Bicarbonatverseifung

Δ^4-Androsten-3β-ol-17-on-17-äthylenhemithioketal (I; $C_{21}H_{32}O_2S$, F. 151—152°; $[\alpha]_D^{20}$ —90,3°)]. — *Δ^4-Androsten-3.17-dion-17-äthylenhemithioketal* (II), F. 192—193° (CH_3OH), a) 10 g **I**, 8 g Al-tert.-Butylat, 100 cm³ Cyclohexanon u. 200 cm³ Toluol wurden 40 Min. gekocht, die Lsg. wurde mit verd. ROCHELLE-Salzlsg. u. W. gewaschen u. mit Wasserdampf behandelt u. der Rückstand mit Ae. extrahiert; 7,1 g; $[\alpha]_D^{20}$ +46°; λ_{max} 240mμ (log ε = 4,29); Infrarotcarbonylbande bei 1674 cm^{-1}; b) durch Kondensation von Δ^4-Androsten-3.17-dion (**III**) mit β-Mercaptoäthanol nach ROSENKRANZ u. Mitarbeitern (C. **1949**. E. 418) unter Anwendung der äquivalenten Menge β-Mercaptoäthanol. Hydrolyse von **II** mit HCl u. $CdCO_3$ nach ROSENKRANZ (l. c.) sowie Hydrierung von 2 g **II** in 400 cm³ Aceton mit 30 g W-2 RANEY-Ni (3 Std.) geben **III** [F. 171—173°; $[\alpha]_D^{20}$ +197° (Chlf.)]. — *Δ^5-Pregnen-3β-ol-20-on-3-acetat-20-äthylenhemithioketal*, $C_{25}H_{38}O_3S$, F. 186—188° (Chlf.-Methanol); $[\alpha]_D^{20}$ —34°; 72%. Durch Verseifung in Methanol mit wss. NaOH (1,5 Std.) *Δ^5-Pregnen-3β-ol-20-on-20-äthylenhemithioketal* [**IV**; $C_{23}H_{36}O_2S$, F. 153—155° (Methanol–Chlf.); $[\alpha]_D^{20}$ —28,3]. — *Progesteron-20-äthylenhemithioketal* (**V**), $C_{23}H_{34}O_2S$, F. 190—192,5° (Chlf.-Methanol), aus 5 g **IV** u. 5 g Al-tert.-Butylat in 50 cm³ Cyclohexanon u. 125 cm³ Toluol (½ Std.); 3,1 g; $[\alpha]_D^{20}$ +77,4; λ_{max} 242 mμ (log ε = 4,31). Saure Hydrolyse gibt *Progesteron* [F. 126—127°; $[\alpha]_D^{20}$ +189° (Chlf.); λ_{max} 240 mμ (log ε = 4,30)]. — Darst. von Äthylenhemithioketalen $\alpha.\beta$-ungesätt. Ketone: 8 g Steroidketon in 100 cm³ Bzl. wurden mit 12—15 g β-Mercaptoäthanol u. 1,5 g p-Toluolsulfonsäure 5—7 Std. gekocht u. eingedampft. *Δ^4-Androsten-3.17-dion-3.17-bis-äthylenhemithioketal*, $C_{23}H_{34}O_2S_2$, F. 202 bis 204° (Aceton–Methanol). 1 g reines u. 3 g unreines Prod., das einer GIRARD-Trennung unterzogen wurde, aus der nicht keton. Fraktion 1,6 g, aus der Ketonfraktion 0,9 g **II**; $[\alpha]_D^{20}$ —60°; 23%. Entschwefelung mit RANEY-Ni in Aceton gibt 22% **III**, saure Hydrolyse 60% **III**. *Testosteron-3-äthylenhemithioketal*, $C_{21}H_{32}O_2S$, F. 192—193°, aus Methanol Prismen; $[\alpha]_D^{20}$ —19°. — *Testosteronacetat-3-äthylenhemithioketal*, $C_{23}H_{34}O_3S$, F. 200—202° (Methanol); $[\alpha]_D^{20}$ —15°; 15%. — *Δ^4-Pregnen-3-ol-20-on-20-äthylenhemithioketal*, $C_{23}H_{36}O_2S$, F. 156—158°, 4 g **V** in 60 cm³ absol. Tetrahydrofuran wurden zu 3 g $LiAlH_4$ in 25 cm³ Tetrahydrofuran getropft, 15 Min. gekocht, mit Eiswasser zersetzt u. bei p_H 6 mit Chlf. extrahiert; aus Methanol–Chlf.; $[\alpha]_D^{20}$ +36°; 3,1 g (78%). — *16-[β-Oxyäthylmercapto]-Δ^5-pregnen-3β-ol-20-on-3-acetat* (**VI**), $C_{25}H_{38}O_4S$, F. 91—93° (Ae.-Pentan), aus $\Delta^{5.16}$-Pregnadien-3β-ol-20-on-3-acetat in Bzl., 5 g β-Mercaptoäthanol u. Piperidin durch 5std. Kochen u. 20 std. Stehen bei Zimmertemp.; nach Waschen mit verd. Säure u. W. Eindampfen; $[\alpha]_D^{20}$ —24,5°; 90%. Entschwefelung mit RANEY-Ni in Aceton gibt *Δ^5-Pregnen-3β-ol-20-on-3-acetat* [F. 147—148°; $[\alpha]_D^{20}$ —14° (Chlf.)]. — *16-[β-Benzoyloxyäthylmercapto]-Δ^5-pregnen-3β-ol-20-on-3-acetat*, $C_{32}H_{42}O_5S$, F. 123—125° (CH_3OH), durch Benzoylierung von **VI**; $[\alpha]_D^{20}$ —12°; λ_{max} 230 mμ (log ε = 4,18). — *16-[β-Oxyäthylmercapto]-progesteron*, $C_{23}H_{34}O_3S$, F. 72—74° (CH_3OH), durch Anlagerung von β-Mercaptoäthanol an $\Delta^{4.16}$-Pregnadien-3.20-dion wie bei **VI**; λ_{max} 240 mμ (log ε = 4,31); 92%. Behandlung mit RANEY-Ni gibt *Progesteron* (F. 127—128°). — *16-[β-Benzoyloxyäthylmercapto]-progesteron*, $C_{30}H_{38}O_4S$, F. 129—130° (Aceton–Hexan); $[\alpha]_D^{20}$ +72°; λ_{max} 234 mμ (log ε = 4,58). (J. Amer. chem. Soc. **73**. 4961—64. Okt. 1951. Mexiko City, D. F., Res. Labor. of Syntex, S. A., u. Univ., Chem. Inst.) K. H. MENZEL. 3750

F. Neumann, G. Rosenkranz, J. Romo und **Carl Djerassi**, *Steroide*. 21. Mitt. *Δ^7-Androsten-3β.17β-diol*. (20. vgl. vorst. Ref.) Vff. synthetisieren *Δ^7-Androsten-3β.17β-diol* (**III**) auf 2 Wegen: aus Δ^5-Androsten-3β.17β-dioldibenzoat (I) durch WOHL-ZIEGLER-Bromierung, anschließende HBr-Abspaltung zu *$\Delta^{5.7}$-Androstadien-3β.17β-diol* (**II**) u. dessen katalyt. Hydrierung, sowie durch Perjodsäureoxydation von Δ^7-Allopregnen-3β.17α.20-triol (**IV**) u. $LiAlH_4$-Red. des entstandenen *Δ^7-Androsten-3β-ol-17-ons* (**V**).

Versuche: *$\Delta^{5.7}$-Androstadien-3β.17β-diol* (**II**), F. 210—212°. 30 g **I** u. 12 g N-Bromsuccinimid in 600 cm³ absol. CCl_4 4 Min. kochen (Belichtung u. Heizung mit 2 Photospotlampen), nach Zugabe von 15 cm³ γ-Kollidin filtrieren der gekühlten Lsg., Filtrat bei 25° im Vakuum zur Trockne eindampfen, Rückstand in 1 Liter Xylol lösen, 50 cm³ Kollidin zusetzen u. 1 Std. kochen. Kollidin durch Waschen mit verd. Säure entfernen u. Xylol mit Wasserdampf abtreiben; aus Methanol–Chlf. 16 g Benzoatgemisch, das durch 1std. Kochen mit 22 g KOH in 450 cm³ Methanol verseift wurde; aus Aceton Kristalle; $[\alpha]_D^{20}$ —158° (Dioxan); λ_{max} 270, 280 u. 392 mμ (log ε = 4,11, 4,13 u. 3,89). *Dibenzoat*, F. 222—224,5° (Chlf.-Methanol); $[\alpha]_D^{20}$ —33,5° (Chlf.), —22° (Dioxan). — *$\Delta^{4.6}$-Androstadien-3β.17β-diol*, $C_{19}H_{28}O_2$, F. 194—196°, aus den Mutterlaugen von **II** durch Umkristallisation; aus Aceton–Hexan; $[\alpha]_D^{20}$ —57°; λ_{max} 232, 240 u. 248 mμ (log ε = 4,34, 4,37 u. 4,29). *Dibenzoat*, $C_{33}H_{36}O_4$, F. 202—203° (Methanol–Chlf.); $[\alpha]_D^{20}$ —30,4° (Chlf.), —37° (Dioxan). — *Δ^7-Androsten-3β-ol-17-on* (**V**), $C_{19}H_{28}O_2$, F. 153—155°, aus 0,4 g **IV** in 25 cm Methanol u. 0,44 g Na-Metaperjodat in 6 cm³ W.,

20 Std. bei Zimmertemp., Nd. (Ausgangsprod.) abfiltrieren u. Filtrat mit W. verd.; aus Ae.-Hexan 0,1 g; $[\alpha]_D^{20}$ $+33^0$; Infrarotcarbonylbande bei 1742 cm^{-1}. *Acetat*, $C_{21}H_{30}O_3$, F. 140—141° (verd. Methanol); $[\alpha]_D^{20}$ $+31,3^0$. — *Δ^7-Androsten-3β.17β-diol* (**III**), $C_{19}H_{30}O_2$, F. 181—183°, durch Hydrierung von 0,5 g **II** in 80 cm^3 Essigester bei Zimmertemp. in Ggw. von 50 mg Plationoxyd (3 Std.); aus Hexan–Aceton 0,38 g; $[\alpha]_D^{20}$ -23^0; oder durch Red. von 3,0 g **V** in 60 cm^3 Tetrahydrofuran mit 2,5 g $LiAlH_4$; 80%. *Diacetat*, $C_{23}H_{34}O_4$, F. 119—121° (Ae.-Pentan); $[\alpha]_D^{20}$ $-28,8^0$. (J. Amer. chem. Soc. **73**. 5478—80. Nov. 1951.) K. H. MENZEL. 3750

L. Miramontes, G. Rosenkranz und **Carl Djerassi**, *Steroide*. 22. Mitt. *Die Synthese von 19-Norprogesteron*. (21. vgl. vorst. Ref.) 3-Methoxy-17-acetyl-1.3.5-östratrien(**I**) wurde durch eine von WILDS u. NELSON modifizierte BIRCH-Red. in *$\Delta^{2.5,10}$-3-Methoxy-20-oxy-19-norpregnadien*, $C_{21}H_{32}O_2$, übergeführt; F. 135—138°; $[\alpha]_D^{20}$ $+88^0$ (alle Drehungen in Chlf.); im UV keine selektive Absorption, im IR Bande der freien Hydroxylgruppe. — *Δ^4-19-Norpregnen-20-ol-3-on* (**II**), $C_{20}H_{30}O_2$, durch Kochen voriger Verb. mit alkoh. HCl; F. 174—177°; $[\alpha]_D^{20}$ $+42^0$; UV-Maximum bei 240 mμ (log ε = 4,35; in A.); Infrarotbanden bei 3617 cm^{-1} u. 1678 cm^{-1} (in CS_2). Vermutlich liegt in **II** ein Gemisch der 20-Epimeren vor . — *19-Norprogesteron* (**III**), $C_{20}H_{28}O_2$, durch CrO_3-Oxydation von **II** in Eisessig; 55% Ausbeute bezogen auf **I**; F. 144—145°; $[\alpha]_D^{20}$ $+147^0$; UV-Maximum bei 240 mμ (log ε = 4,36; in A.); IR-Banden bei 1706 cm^{-1} u. 1674 cm^{-1} (in CS_2). *3.20-Bis-2.4-dinitrophenylhydrazon*, $C_{32}H_{36}O_8N_8$, rötlich-orange, F. 278—279°; UV-Maximum bei 380 mμ (log ε 4,78; in Chlf.). — Im Kaninchenvers. zeigt **III** nahezu die gleiche Wirksamkeit wie natürliches Progesteron. Mit Ausnahme des $C_{(10)}$ ist an allen Asymmetriezentren die „natürliche" Konfiguration gesichert, aber auch am $C_{(10)}$ dürfte sich sehr wahrscheinlich die stabilere (natürliche) β-Konfiguration während der Säurebehandlung eingestellt haben. Der Ersatz der angulären Methylgruppe am $C_{(10)}$ im Progesteron durch H verringert also nicht die biolog. Aktivität. Diese Beobachtung erscheint im Hinblick auf die Totalsynth. antiarthrit. Verbb. von Bedeutung. (J. Amer. chem. Soc. **73**. 3540—41. Juli 1951.) FRUHSTORFER. 3750

J. Romo, G. Rosenkranz und **Carl Djerassi**, *Steroide*. 23. Mitt. *$\Delta^{7.9,11}$-Allopregnadien-3β.20β-diol und verwandte Verbindungen*. (22. vgl. vorst. Ref.) Vff. stellen *$\Delta^{7.9,11}$-Allopregnadien-3β.20β-diol* (**II**) aus Δ^7-Allopregnen-3β-ol-20-on-3-acetat (**I**) durch Red. mit $LiAH_4$ unter Bldg. von *Δ^7-Allopregnen-3β.20β-diol* (**III**) u. anschließende Dehydrierung mit Hg(II)-Acetat dar. Außerdem wird **II** durch $LiAlH_4$-Red. von $\Delta^{7.9,11}$-Allopregnadien-3β-ol-20-on-3-acetat (**IV**) erhalten. Das für die Herst. von Corticosteroiden als Ausgangsprod. dienende *16α.17α-Oxydo-$\Delta^{7.9,11}$-allopregnadien-3β-ol-20-on-3-acetat* konnte aus $\Delta^{7.16}$-Allopregnadien-3β-ol-20-on-3-acetat (**V**) durch Oxydation mit H_2O_2 u. anschließende Dehydrierung mit Hg(II)-Acetat gewonnen werden.

V e r s u c h e (Messung der Drehwerte in Chlf. u. der UV-Spektren in 95%ig. A.): *Δ^7-Allopregnen-3β.20β-diol* (**III**), $C_{21}H_{34}O_2$, F. 179—180°. 4,0 g **I** in 300 cm^3 absol. Ae. wurden tropfenweise zu 2 g $LiAlH_4$ in 50 cm^3 Ae. gegeben, 10 Min. gekocht, überschüssiges $LiAlH_4$ wurde mit verd. Säure zerstört u. das Diol in Ae. aufgenommen; aus Ae.-Pentan 2,5 g; $[\alpha]^{20}_D$ $-21,8^0$; 63% (Ausbeute). *Diacetat*, $C_{25}H_{38}O_4$, F. 104—106° (CH_3OH); $[\alpha]_D^{20}$ $-3,2^0$. — *$\Delta^{7.9,11}$-Allopregnadien-3β.20β-dioldiacetat*, $C_{25}H_{36}O_4$, F. 113 bis 115° (CH_3OH), aus 1 g vorst. Diacetats, 2 g Hg(II)-Acetat, 25 cm^3 Chlf. u. 40 cm^3 Essigsäure unter 18 std. Schütteln bei Zimmertemp.; 0,41 g; $[\alpha]_D^{20}$ $+23,5^0$; λ_{max} 236 u. 242 mμ (log ε = 4,11 u. 4,14). — *$\Delta^{7.9,11}$-Allopregnadien-3β.20β-diol* (**II**), $C_{21}H_{32}O_2$, F. 183—185°, durch Red. von 2,0 g **IV** mit 1 g $LiAlH_4$ wie **III**; aus Aceton 1,41 g farblose Prismen; $[\alpha]_D^{20}$ $+24^0$; λ_{max} 235 u. 242 mμ (log ε = 4,09 u. 4,13). Acetylierung liefert das *Diacetat*; Misch-F. mit vorst. Prod. keine Depression. — *$\Delta^{7.16}$-Allopregnadien-3β.20β(?)-diol*, $C_{21}H_{32}O_2$, F. 145—147° (Ae.-Hexan), aus **V** durch Red. mit $LiAlH_4$; $[\alpha]_D^{20}$ $+6,6^0$; 70%. — *16α.17α-Oxido-Δ^7-allopregnen-3β-ol-20-on*, $C_{21}H_{30}O_3$, F. 124 bis 126°, durch Zutropfen von 10 cm^3 30%ig. H_2O_2 u. 2,3 g NaOH in 10 cm^3 W. u. 15 cm^3 Methanol zu 5 g **V** in 400 cm^3 Methanol bei 18°, 1 std. Rühren, anschließend Stehen über Nacht unter Eiskühlung, Verdünnen mit W. u. Filtrieren, Verseifung des Acetat enthaltenden Prod. mit methanol. $KHCO_3$-Lsg. durch 1 std. Kochen; aus Aceton–W. 4,2 g; $[\alpha]_D^{20}$ $+32,5^0$; 90%. *Acetat*, $C_{23}H_{32}O_4$, F. 153—155°; $[\alpha]_D^{20}$ $+28^0$; Gelbfärbung mit Tetranitromethan. — *16α.17α-Oxido-$\Delta^{7.9,11}$-allopregnadien-3β-ol-20-on-3-acetat*, $C_{23}H_{30}O_4$, F. 153—155°, durch Dehydrierung vorst. Acetats mit Hg(II)-Acetat wie oben; aus Methanol Prismen; $[\alpha]_D^{20}$ $+102^0$; λ_{max} 234 u. 242 mμ (log ε = 4,13 u. 4,17). J. Amer. chem. Soc. **73**. 5489—90. Nov. 1951.) K. H. MENZEL. 3750

Gilbert Stork, J. Romo, G. Rosenkranz und **Carl Djerassi**, *Steroide*. 24. Mitt. *Einführung von 11-Keto- und 11α-Oxygruppen in im Ring C unsubstituierte Steroide*. (23. vgl. vorst. Ref.) *$\Delta^{7.9,11}$-Allopregnadien-3β.20β-dioldiacetat* gibt bei Oxydation mit

Perameisensäure *9α.11α-Oxidoallopregnan-3β.20β-diol-7-ondiacetat*, F. 260—262°; $[\alpha]_D^{20}$ —55° (Chlf.). Alkal. Hydrolyse liefert unter Isomerisierung *Δ^8-Allopregnen-3β.11α.20β-triol-7-on* (I), F. 250—252°; $[\alpha]_D^{20}$ —25° (A.); λ_{max} 254 mμ (log ε = 4,11 in A.). *Triacetat*, F. 203—205°. Bei katalyt. Hydrierung von I mit Pd-Kohle in A. erhält man *Allopregnan-3β.11α.20β-triol-7-on*, F. 246—248°; $[\alpha]_D^{20}$ —112° (A.); 78% (Ausbeute). Red. nach WOLFF-KISHNER gibt *Allopregnan-3β.11α.20β-triol* (II), F. 253 bis 255°; $[\alpha]_D^{20}$ —28° (A.). *Triacetat*, F. 162—164°; $[\alpha]_D^{20}$ —16° (Chlf.). Chromsäureoxydation von II gibt *Allopregnan-3.11.20-trion*, F. 211—213°; $[\alpha]_D^{20}$ +129° (A.), welches bei Red. mit RANEY-Ni *Allopregnan-11.20-dion-3β-ol*, F. 192—194°; $[\alpha]_D^{20}$ +99° (Chlf.), gibt; *Acetat*, F. 143—144°; $[\alpha]_D^{20}$ +89° (Chlf.). Diese Meth. ist auch auf Steroidsapogenine anwendbar, wie durch Perameisensäureoxydation von *$\Delta^{7.9,11}$-22-Isoallospirostadien-3β-olacetat* gezeigt wird, wobei *9α.11α-Oxido-22-isoallospirostan-3β-ol-7-onacetat*, F. 295—297°; $[\alpha]_D^{20}$ —128° (Chlf.), erhalten wird. (J. Amer. chem. Soc. **73**. 3546—47. Juli 1951.) K. H. MENZEL. 3750

G. Rosenkranz, J. Pataki und **Carl Djerassi**, *Steroide*. 25. Mitt. *Synthese des Cortisons*. (24. vgl. vorst. Ref.) Da einerseits die Partialsynth. des *Allopregnan-11.20-dion-3β-ols* (I) aus natürlichem Material (z. B. Ergosterin) gelungen ist (vgl. 14. Mitt. u. CHAMBERLIN u. Mitarbeiter, C. **1953** 4212) u. andererseits *Allopregnan-3β.17α.21-triol-11.20-dion-21-monoacetat* (II) in *Cortison* (III) übergeführt werden konnte (vgl. ROSENKRANZ u. Mitarbeiter, Nature [London] **168**. [1951.] 28), macht die hier beschriebene Umwandlung von I in II die Partialsynth. von III möglich. I wurde mit Acetanhydrid in p-Toluolsulfonsäure in das nicht isolierte *11.20-Dienolacetat* übergeführt. Behandlung mit überschüssiger Benzopersäure in Chlf. u. Verseifung mit 2n NaOH liefert in guter Ausbeute *Allopregnan-3β.17α-diol-11.20-dion*, F. 270—272°; $[\alpha]_D^{20}$ +76° (Dioxan). Bromierung in Chlf. führt zu *21-Bromallopregnan-3β.17α-diol-11.20-dion*, F. 243—245° (Zers.); $[\alpha]_D^{20}$ +73° (Dioxan), das nach Behandlung mit NaJ in Aceton u. anschließendem Kochen mit K-Acetat *Allopregnan-3β.17α.21-triol-11.20-dion-21-acetat* (II), F. 235—237°; $[\alpha]_D^{20}$ +66° (Aceton), liefert, das mit REICHSTEINS „Verb. D"-Acetat ident. ist (vgl. C. **1942**. II. 2266). *3.21-Diacetat*, F. 220°. — Da Androstan-3β-ol-17-on durch Totalsynth. zugänglich u. in 3-Ketoätioallocholansäuremethylester (IV) überführbar ist u. Umwandlung von IV in Δ^4-3-Ketoätiocholensäuremethylester über Δ^5-3β-Acetoxyätiocholensäuremethylester u. die Säure zum Δ^5-Pregnen-3β-ol-20-on führt, ist die Synth. von III abgeschlossen. (J. Amer. chem. Soc. **73**. 4055—56. Aug. 1951.) HALDER. 3750

George P. Hess und **Frederick H. Carpenter**, *Chromatographische Trennung der adrenocorticotropen Hormone auf Verteilungssäulen*. Vff. fraktionierten mittels einer 1,2 cm weiten Säule mit 12 g Kieselgur Schafhormonpräpp. mit 30—40 E/mg-biol. Aktivität ohne vorherige Verdauung mit Pepsin. Als stationäre Phase dienten 10 ml 0,2n HCl, gesätt. mit Isobuttersäure, als bewegliche Isobuttersäure mit 0,2 n HCl gesättigt. Die Fließgeschwindigkeit betrug bei 24° Versuchstemp. 6 ml/Stunde. Sowie die biol. wirksame Fraktion ausgetreten war, wurde mit 6 n HCl eluiert. Die I. Fraktion (14 ml) mit 5% der biol. Aktivität der Ausgangssubstanz erschien nach dem Ausfließen der ersten 17 ml, die II. (17 ml) enthielt 95% Aktivität, die III. (mit 6 n HCl eluiert) enthielt 0%. Fraktion II enthielt 200—400 E/mg. (J. Amer. chem. Soc. **74**. 4971—72. 5/10. 1952. Berkeley, Calif., Univ., Dep. of Biochem.) ENDRASS. 3750

Wadie Tadros, Youssef Akhnookh und **Gamil Aziz**, *Triphenyläthylene und verwandte Verbindungen*. 4. Mitt. (3. vgl. J. chem. Soc. [London] **1952**. 3823.) Vff. finden, daß in *Triphenyläthylenen* (I) des Typs (p-Hal·$C_6H_4)_2C$ = CBr — C_6H_4·R mit Hal = Cl oder Br ein p-Bromatom (R = p — Br) östrogene Wrkg. bedingt, die bei R = p-CH_3 noch gesteigert ist. Die Wrkg. wird jedoch abgeschwächt bei R = p-CN. Verglichen wird die Zeit, nach der die östrogene Wrkg. auf die Hälfte abgefallen ist (vgl. Original). I wurden aus p.p'-disubstituierten Benzophenonen u. Benzyl-, 4-Brombenzyl- oder 4-Methylbenzylmagnesiumhalogenid unter nachfolgender Zers. durch wss. NH_4Cl-Lsg., Dehydratisierung der gebildeten Alkohole u. anschließende Chlorierung oder Bromierung dargestellt.

V e r s u c h e : *p-Cyanbenzophenon* (IV), $C_{14}H_9ON$, F. 107—108°, gelbe Kristalle aus A., durch 1std. Erhitzen von CuCN u. p-Brombenzophenon auf 220°, anschließend ½ Std. unter Pyridinzusatz u. Zers. mit konz. HCl. Nd. filtrieren u. waschen, sublimieren. — *p.p'-Dicyanbenzophenon*, F. 162°, Kristalle aus Essigsäure, analog aus p.p'-Dibrombenzophenon. — *β.β-Bis-[p-äthoxyphenyl]-acrylsäure* (II), $C_{19}H_{20}O_4$, F. 134°, gelbe Nadeln aus Bzl.; aus asymm.-Di-[p-äthoxyphenyl]-äthylen u. Oxalylchlorid bis zur Beendigung der HCl-Entw. u. anschließendes Kochen, im Vakuum Oxalylchlorid abdest., den Rückstand mit kaltem wss. Na_2CO_3 zers. u. aufarbeiten. Oder über den durch REFORMATSKI-Rk. aus p.p'-Diäthoxybenzophenon erhältlichen *Äthylester* $C_{21}H_{24}O_4$, F. 59° (PAe.) u. Verseifung. — *β.β-Bis-[p-n-propoxyphenyl]-acrylsäure*, $C_{21}H_{24}O_4$, F. 128—129° (Bzl.); analog vorst. Verb., erste Methode. — GRIGNARD-Rkk.: Die *Alkohole* werden aus den entsprechenden substituierten Benzophenonen durch Zugabe des GRIGNARD-Reagenses aus Mg, Ae. u. 4-Brombenzylchlorid, Benzylchlorid oder 4-Methylbenzylbromid hergestellt, aus PAe. Kristalle; Ausbeuten um 40%. Aus diesen Alkoholen wurden die *Äthylene* direkt oder durch Dehydratisierung durch Erhitzen in Essigsäure, die Acetylchlorid oder konz. H_2SO_4 enthält bzw. durch Vakuumdest. in Ggw, eines Tropfens konz. H_2SO_4 erhalten. Die Lsgg. wurden in wss. Na_2CO_3 eingetragen u. der dabei gebildete Nd. aus A. umkristallisiert. Folgende

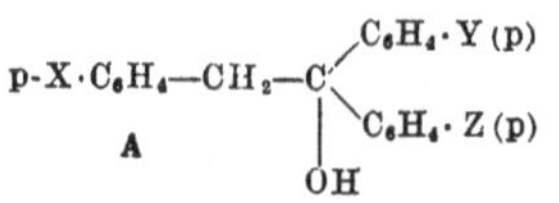

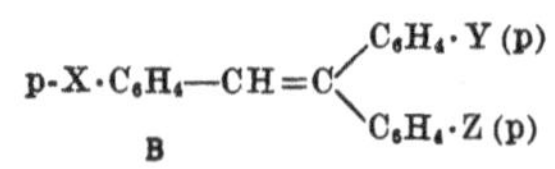

Alkohole der Konst. **A** wurden dargestellt: $X = H$, $Y = CN$, $Z = H$, $C_{21}H_{17}ON$, F. 103 bis 104°. — $X = Z = H$, $Y = CO-CH_2-C_6H_5$, $C_{28}H_{24}O_2$, F. 144°. — $X = H$, $Y = Z = CN$, $C_{22}H_{16}ON_2$, F. 194—195°. — $X = Br$, $Y = Z = Cl$, $C_{20}H_{15}OCl_2Br$, F. 109°. — $X = Br$, $Y = Z = OC_2H_5$, $C_{24}H_{25}O_3Br$, F. 93°. — $X = CH_3$, $Y = Z = Cl$, $C_{21}H_{18}OCl_2$, F. 120°. — Folgende *Äthylene* der Konst. **B** wurden dargestellt: $X = Z = H$, $Y = CN$, $C_{21}H_{15}N$, F. 138—139°. — $X = H$, $Y = Z = CN$, $C_{22}H_{14}N_2$, F. 151°. — $X = Z = H$, $Y = CO-CH_2-C_6H_5$, $C_{28}H_{22}O$, F. 110—111°. — $X = Br$, $Y = Z = Cl$, $C_{20}H_{13}Cl_2Br$, F. 118°. — $X = Y = Z = Br$, $C_{20}H_{13}Br_3$, F. 101°. — $X = Br$, $Y = Z = OCH_3$, $C_{22}H_{19}O_2Br$, F. 107°. — $X = Br$, $Y = Z = OC_2H_5$, $C_{24}H_{23}O_2Br$, F. 110°. — $X = CH_3$, $Y = Z = Cl$, $C_{21}H_{16}Cl_2$, F. 94°. — Folgende *Halogenäthylene der* Konst. p-X·C_6H_4—C(Hal)=C=(C_6H_4·Y—p)$_2$ wurden dargestellt: $X = Br$, $Y = Hal = Cl$, $C_{20}H_{12}Cl_3Br$, F. 170—171°. — $X = Y = Br$, $Hal = Cl$, $C_{20}H_{12}ClBr_3$, F. 189°. — $X = Hal = Br$, $Y = Cl$, $C_{20}H_{12}Cl_2Br_2$, F. 174°. — $X = Y = Hal = Br$, $C_{20}H_{12}Br_4$, F. 183°. — $X = Hal = Br$, $Y = OCH_3$, $C_{22}H_{18}O_2Br_2$, F. 114°. — $X = Hal = Br$, $Y = OC_2H_5$, $C_{24}H_{22}O_2Br_2$, F. 99°. — $X = CH_3$, $Y = Cl$, $Hal = Br$, $C_{21}H_{15}Cl_2Br$, F. 158°. — *1.1-Bis-[p-äthoxyphenyl]-2-[p-nitrophenyl]-äthylen* (**III**), $C_{24}H_{23}O_4N$, F. 88° (A.); diazotiertes p-Nitroanilin, festes Na-Acetat, wss. $CuCl_2$ u. 4 g **II** in Aceton auf 35° erwärmen, Wasserdampfdest., halbfesten Rückstand in Bzl. aufnehmen, mit Alkali u. W. waschen u. eindampfen. Fraktioniert aus A. kristallisieren gibt zuerst 1,55 g *asymm.-Di-[p-äthoxyphenyl]-äthylen*, F. 142°, u. aus der Mutterlauge 0,72 g **III**. — *2-[p-Cyanphenyl]-1.1-diphenyläthylen*, $C_{21}H_{15}N$, F. 107—109° (A.), aus 2-[p-Brompheny]-1.1-diphenyläthylen u. CuCN. — *Äthyl-p-benzoylbenzimidat* (**V**), $C_{16}H_{15}O_2N$, F. 164° (Bzl.), aus **IV** in Bzl. u. A. durch Sättigen mit HCl bei —5°, 10 tägiges Stehen bei Zimmertemp., Fällen mit Bzn. u. Behandeln mit wss. Na_2CO_3. — *p-Amidinobenzophenonhydrochlorid*, $C_{14}H_{13}ON_2Cl\cdot CH_3OH$, F. 196° (Methanol-Ae., dann Bzl.), aus 1,5 g **V** in A. mit alkoh. NH_3-Lsg. bei Zimmertemp., filtrieren, A. abdampfen, Rückstand fraktioniert umkrist., neben 0,35 g **V** 0,72 g Amidinohydrochlorid + CH_3OH. Kristallmethanol geht beim Stehen im Vakuumexsiccator über $CaCl_2$ nicht verloren. (J. chem. Soc. [London] **1953**. 186—89. Jan. Giza, Fouad I Univ., Chem. Dep.) RUSKE. 3750

Adolf Butenandt, Horst Jatzkewitz und **Ulrich Schiedt**, *Über die Synthese des Benzylpenaldinsäureazids und seine Eignung zur Überprüfung versuchter Penicillinsynthesen.* Benzylpenald(in)säureaziddiäthylacetal läßt sich mit konz. HCl in Dioxan bei 21° in *Benzylpenald(in)säureazid* (**I**) überführen. Die Reaktionsfähigkeit der Oxo- u. Azidogruppe in **I** ist p_H abhängig. In Eisessig reagiert **I** mit Penicillamin (**II**) zu *dl-Benzylpenicillo(in)-säure-α-azid* (**III**), das nicht isoliert, sondern nach Umsetzen mit Benzylamin (**IV**) als *Benzylammoniumsalz* des *dl-Benzylpenicillo(in)säure-α-benzylamids* (**VI**) charakterisiert wird. Bei $p_H > 7$ entsteht aus **I** mit 2 Mol **IV** *Benzylpenald(in)säurebenzylamid*, mit 4 Mol **IV** dessen *Benzylaminderivat* (**VII**). Es ist anzunehmen, daß unter ähnlichen Reaktionsbedingungen aus **I** u. **II** *Benzylpenaldylpenicillamin* (**V**) intermediär auftritt. Da alle Verss., durch Umsetzen von **I** mit **II** zu biol. aktiven Präpp. zu kommen, fehlschlugen, ist anzunehmen, daß **III** u. **V** im Gegensatz zu den Behauptungen angelsächs. Autoren zur Darst. von Penicillin ungeeignet sind.

V e r s u c h e (FF. korr.): *Benzylpenald(in)säureazid* (**I**), $C_{11}H_{10}O_3N_4$, F. 93° (unter Gasentw.), durch Stehenlassen von dem aus 206 mg dl-Benzylpenald(in)säurehydrazid-diäthylacetal bereiteten *Acetalazid* in 3 cm³ Dioxan mit 3 cm³ 7,64 n HCl bei 21° (25 Min.), Eintragen des Reaktionsgemisches in 6 cm³ eiskaltes W., Extraktion mit Chlf. u. Eindampfen; derbe Prismen aus Ae.; 149 mg [Ausbeute]. Gibt mit $FeCl_3$ in Aceton eine intensive dunkelrote Färbung. λ_{max} 248, 287 mμ, ε = 9300, 9500 cm⁻¹ (c = 13,8 γ/cm³ in Dioxan). — *dl-Benzylpenicillo(in)säure-α-benzylamid* (**VI**), F. 86 bis 110°, aus 350 mg **I** u. 1,2 cm³ einer mol. Lsg. von dl-Penicillamin (**II**) in Eisessig durch

Stehenlassen bei 26° (9 Std.), Verrühren mit kaltem Ligroin, Dekantieren vom Bodensatz, Aufnehmen des Bodensatzes in 10 cm^3 W., Extraktion dieser Lsg. mit Ae., Zugeben einer äther. Benzylamin(IV)-Lsg., Eindampfen unter N_2, Aufnehmen des öligen Rückstandes in 15 cm^3 Chlf., Extraktion mit 5%ig. $NaHCO_3$-Lsg. u. Ansäuern des Bicarbonatextraktes mit 2 n HCl bis auf p_H 3; amorphe Substanz; [13%]. Diese Substanz wird nach MOZINGO u. FOLKERS (The Chemistry of Penicillin, Princeton University Press [1949], S. 634); C. **1951**. I. 1591) mit **IV** in A. + Ae. umgesetzt. u. als *dl-Benzylpenicillo(in)säure-α-benzylamid-β-benzylammoniumsalz* ($C_{30}H_{36}O_4N_4S \cdot 2\ H_2O$, F. 62—70°; nach Wiedererstarren F. 110—120°; Nadeln aus A. + Ae.) charakterisiert. — *Benzylpenald(in)säurebenzylamid, Benzylaminderiv.* (**VII**), $C_{25}H_{25}O_2N_3 \cdot {}^1/_2\ H_2O$, F. 130 bis 132° nach Erweichen bei 85—88° unter Flüssigkeitsabgabe, aus 62 mg **I** u. 0,13 cm^3 (1,2 mg) **IV**-Lsg. in (5 cm^3) Chlf.; Prismen aus A.; [64%]; λ_{max} 281, 5 mμ, $\varepsilon = 26400\ cm^{-1}$ (c = 35,6 γ/cm^3 in Methanol). — *Benzylpenald(in)säurebenzylamidmonohydrat* (**VIII**), $C_{18}H_{18}O_3N_2 \cdot H_2O$, F. 106—109°, aus 32 mg **I** u. 0,027 cm^3 **IV** in Chlf.; Prismen aus A.; [15 mg]; aus dem Vgl. der Absorptionsspektren folgt, daß diese Verb. als Aldehydhydrat (Orthoform) vorliegt. Aus 75 mg dieser Verb. u. 0,131 cm^3 **IV** in Chlf. werden nach 14 std. Stehen bei 20° 71 mg **VII** erhalten. — Aus 81 mg **VIII** u. 37 mg **II** in Dioxan + $m/_{12}$ Phosphatpuffer bei p_H 7 werden durch Stehenlassen (60 Std.) bei 18° 48 mg [43%] **VI** erhalten u. durch Überführen in das *β-Benzylammoniumsalz* charakterisiert. — Bei Kondensation von **I** mit **II** in Dioxan + Phosphatpuffer bei p_H 6 (6 Std., 20°) u. p_H 7 (18 Std., 20°) oder in Pyridin (13 Std., 20°), von **I** mit **II**-Hydrochlorid in Pyridin (1 u. 2 Std., 70°) oder in Formamid (**IX**) (17 Std., 22°), oder in **IX** + 1% Pyridin (19 Std., 22°), oder in **IX** + 7% Pyridin (17 Std., 22°), wurden stets biol. unwirksame Reaktionsprodd. erhalten. Bei Kondensation von **I** (197 mg) mit **II** (119 mg) in **IX** (19 Std., 22°) wurde nach Aufarbeiten durch Verdünnen mit 10 cm^3 W. von 0°, Einstellen auf p_H 2 mittels 2 mol. H_3PO_4, Ausschütteln mit Ae., Schütteln der Äthylätherextrakte mit 0,1 mol. Glycinpuffer von p_H 2, Eindampfen bei 18° unter N_2 u. Lösen des so erhaltenen Rückstandes in 1,5 cm^3 0,25 mol. Phosphatpuffer von p_H 6, Filtrieren u. Einstellen auf p_H 5 mit 2 n NaOH im Lochplattentest gegenüber *Staphylococcus aureus S. G. 511* ein Hemmwert beobachtet, der 0,4 I. E. Penicillin/cm^3 entspricht. Die Aktivität konnte durch Penicillinase nicht verringert werden. Mit Dinitrophenylhydrazinlsg. gab die akt. Lsg. ein nicht näher untersuchtes orangerotes Reaktionsprodukt. (Hoppe-Seyler's Z. physiol. Chem. **288**. 62—69. Sept. 1951. Tübingen, Max-Planck-Inst. für Biochemie.) K. FABER. 3900

Ignacio Ribas-Marquès, *Untersuchung der chemischen Konstitution des Korks.* Überblick über den derzeitigen Stand der Forschung. — 32 Literaturhinweise. (Chim. et Ind. **68**. 333—50. Sept. 1952. Saint-Jaques-de-Compostelle, Univ.) WINIKER. 3950

D_3. Makromolekulare Chemie.

Carl D. Thurmond, *Staubprüfung von Lösungen für Trübungsmessungen.* Kurze Beschreibung einer App. zur Darst. von staubfreiem Lösungsm. für Lichtzertreuungsmessungen an Hochpolymeren. (J. Polymer Sci. **8**. 607—09. Juni 1952. Berkeley, Calif., Univ., Dep. of Chem. and Chem. Engng.) FUCHS. 4000

Arne Tiselius, *Elektrophorese und Adsorptionsanalyse als Hilfsmittel zur Untersuchung hochmolekularer Stoffe und ihrer Zerfallsprodukte.* Nobel-Vortrag 1948. Zusammenfassende Darst. der Methodik der Elektrophorese u. ihrer Anwendung zur Trennung und Kennzeichnung organ. Hochmolekularer (bes. Biokolloide) sowie der Umentw. der chromatograph. Adsorptionsanalyse für biol. Zwecke. — Zahlreiche Figuren, Diagramme u. Literaturhinweise. (Naturwissenschaften **37**. 25—33. 1950.) TIEDEMANN. 4000

M. Wales und **J. W. Williams**, *Einfluß der Solvatation auf Sedimentationsversuche.* Theoret. Arbeit über das Sedimentationsgleichgewicht von Hochpolymeren in Lösungsmittelgemischen. Das scheinbare Gewichtsmittel M_n des Mol.-Gew. ist in einem bin. Lösungsmittelgemisch ident. mit dem von LANSING u. KRAEMER (J. Amer. chem. Soc. **58**. [1936] 1471) angegebenen. Die Solvatationszahl mißt die Bevorzugung für ein Lösungsm. u. kann als thermodynam. Größe angegeben werden, die für das Syst. aus dem Polymeren u. den beiden Lösungsmittelkomponenten charakterist. ist. Für den Fall, daß beide Lösungsmittelkomponenten verschied. Brechungsdindices besitzen, werden Beziehungen erhalten, die ähnlich den für die Lichtzerstreuung in Lösungsmittelgemischen geltenden sind. Im Falle des Gleichgewichts sowie bei Anwesenheit eines Lösungsm. kann über die Solvatation keine Aussage gemacht werden. Verss. zur Best. der Solvatation in Lösungsmittelgemischen bei Gleichgewichtsbedingungen müssen daher stets zum gleichen Ergebnis führen. Für die Sedimentationskonstante bei der Konz. 0 wird unter der Voraussetzung eines thermodynam. Gleichgewichts zwischen Sedimentation u. Diffusion eine Beziehung abgeleitet, die ähnlich der von SCHACHMAN u. LAUFFER (vgl. C. **1951**. I. 2853) erhaltenen ist. (J. Polymer. Sci. **8**. 449—56. Mai 1952. Madison, Wis., Univ.) FUCHS. 4000

Raymond Carré und **René A. Pâris**, *Die Umwandlungen des Polytetrafluoräthylens.* Die durch therm. Differenzmessung aufgenommenen Kurven von *Polytetrafluoräthylen* zeigen eine deutliche Aufspaltung der beiden bekannten Umwandlungsbereiche bei gewöhnlicher Temp. u. bei ca. 330° in jeweils zwei getrennte Phasen. An die Umwandlung bei 18,5° schließt sich ein schwächerer Vorgang bei 28,5° an, u. dem Umwandlungspunkt bei 318° folgt eine schwächere Veränderung bei 347°. Dieselben Erscheinungen erhält man mit Proben, die einige Std. auf 360° erhitzt u. dann abgeschreckt werden, u. mit Proben, die 300 Std. auf 300° erhitzt worden waren. (C. R. hebd. Séances Acad. Sci. **236**. 1559—61. 20/4. 1953.) FORCHE. 4010

C. Luner und **C. A. Winkler**, *Die Diffusion von Polyisobutylen in verschiedenen Lösungsmitteln.* Es wurde festgestellt, daß der Diffusionskoeff. von *Polyisobutylen* in n-Heptan zunächst abnimmt u. dann mit wachsendem Mol.-Gew. zunimmt. (Canad. J. Chem. **31**. 150—52. Febr. 1953. Montreal, McGill Univ., Phys. Chem. Labor.) E. W. HAAS. 4010

W. Cooper und **R. K. Smith**, *Dilatometrie bei der Polymerisation von Styrol.* Bei dilatometr. Unterss., die zur Ermittlung des Polymerisationsumsatzes durch Best. der beim Übergang von Monomerem in Polymeres eintretenden Volumenkontraktion ausgeführt werden, muß vorher Eichung erfolgen. Hierzu wird der Polymerisationsumsatz entweder durch Fällen u. Wägen des Polymerisats oder durch Abschätzung aus den Dichten von Monomerem u. Polymerem bestimmt. Die Vff. wandten die erstere Meth. an u. untersuchten die Temperaturabhängigkeit des zu einer bestimmten Volumenkontraktion (1%) gehörenden Polymerisationsumsatzes von *Styrol* im Bereich kleiner Umsätze. Sie erhielten eine abfallende Gerade, die sich mit den auf die gleiche Art erhaltenen Werten von GOLDFINGER u. LAUTERBACH (J. Polymer Sci. **3**. [1948.] 145) zwar bzgl. der Neigung, aber nicht in der Höhe deckt, während die durch Dichtemessungen erhaltenen Kurven anderer Autoren eine gänzlich andere Neigung aufweisen. Die D.–Temp.-Kurve des Polymeren zeigt beim Umwandlungspunkt 2. Ordnung (85°) einen scharfen Knick, wobei aus der Neigung der Kurve die Werte $0{,}6 \cdot 10^{-3}$ g/cm³/Grad vor u. $0{,}27 \cdot 10^{-3}$ g/cm³/Grad nach dem Knick erhalten wurden. (J. Polymer Sci. **9**. 463—65. Nov. 1952. Fort Dunlop, Birmingham, Dunlop Res. Centre, Chem. Res. Div.) DALL'ASTA. 4010

M. F. Vaughan, *Phthalylperoxyd als Polymerisationsinitiator.* Aus den von SHAH, LEONARD u. TOBOLSKY (vgl. C. **1953**. 8096) mitgeteilten Daten wird geschlossen, daß polymeres *Phthaloylperoxyd* bei der Polymerisation von *Styrol* durch den Zerfall in Monoradikale als Initiator wirkt u. zum Teil auch mit der wachsenden Kette Übertragungs-Rkk. eingehen kann. (J. Polymer Sci. **8**. 445. April 1952. Great Burgh, Epson, Surrey, Distillers Comp. Ltd., Res. and Development Dep.) FUCHS. 4010

R. O. Colclough, *Untersuchung des Mechanismus der Ionenpolymerisation unter Verwendung von radioaktiven Spuren.* Der Polymerisationsansatz hatte folgende Zus.: 0,176 Mol *Nitrobenzol* (I), 0,0173 Mol *Styrol* (II) u. 0,000186 Mol *$SbCl_5$* (III) als Katalysator für die Ionenpolymerisation; III enthielt radioakt. ^{124}Sb. Polymerisationsdauer 24 Std. bei 25°, Umsatz fast 100%. Das Mol.-Gew. M des Polymerisates (**IIa**) betrug ca. 12000. Da sich eine Reinigung von **IIa** durch Umfällen aus I mit PAe. als unmöglich erwies, wurde die erhaltene Lsg. mit wasserfreiem Al_2O_3 bzw. mit Aktivkohle vom restlichen **III** befreit. Der Geh. an **III**, der durch radioakt. Messungen bestimmt wurde, sank dabei auf unter 1 Mol **III** pro 100 Mol **IIa**. Weitere Verss. wurden unter völligem Ausschluß von W. u. Luft ausgeführt, wobei statt **I** nun Cyclohexan (**IV**) als Lösungsm. verwendet wurde (Ansatz: 0,216 Mol **II**, 0,003 Mol **III**, 0,232 Mol **IV**, M = 2000); Reinigung wieder mit Aktivkohle. **IIa** enthielt jetzt nur noch 1 Mol **III** pro 4000 Mol **IIa**. Bei dieser Ionenpolymerisation wird also offenbar kein Katalysator in die Polymerkette eingebaut. Der daraus folgende Mechanismus der Polymerisation (Fortleitung der Polymerisation nach einem Carboniumionenmechanismus) wird diskutiert; für den Abbruch der Rk. werden verschied. Möglichkeiten angegeben, von denen alle ausscheiden, bei denen eine Bindung des Katalysators an die Kette stattfindet. (J. Polymer Sci. **8**. 467—75. Mai 1952. Paris, Fac. des Sci., Labor. Chim.-Phys.) FUCHS. 4010

G. V. Schulz und **G. Meyerhoff**, *Über den zweiten Virialkoeffizienten des osmotischen Druckes und seiner Ermittlung durch Messung der Diffusionskonstante und der Sedimentationskonstante in der Ultrazentrifuge.* 12. Mitt. *über den Lösungszustand makromole-*

kularer Stoffe. (11. vgl. C. **1953**. 7822.) Für eine Reihe von fraktionierten *Polymethacrylsäuremethylestern* mit Mol.-Geww. von 2,3·10^4 bis 5,3·10^6 wurden der Diffusionskoeff. u. die Sedimentationskonstante in Aceton in Abhängigkeit von der Konz. bestimmt. Hieraus kann der zweite Virialkoeff. des osmot. Druckes berechnet werden. Die mit Hilfe der Ultrazentrifuge bestimmten Mol.-Geww. lagen höher als die aus den direkten osmot. Messungen erhaltenen Werte, was nach Ansicht der Vff. auf mangelnde Einheitlichkeit der Fraktionen zurückzuführen ist. Thermodynam.-statist. Ansätze waren noch nicht in der Lage, den experimentellen Befund zu erfassen. (Z. Elektrochem., Ber. Bunsenges. physik. Chem. **56**. 545—51. 1952. Mainz, Univ., Inst. für phys. Chem.) KLAFFKE. 4010

C. S. Marvel, H. Z. Friedlander, Sherlock Swann jr. und **H. K. Inskip,** *Diazoniumfluoborate als Initiatoren der Vinylpolymerisation. p-Brombenzoldiazoniumfluoborat* u. *p-Methoxybenzoldiazoniumfluoborat* vermögen die durch Ferroammonsulfat aktivierte Polymerisation von *Acrylonitril* (**I**), *Styrol* (**II**), *Acrylsäuremethylester* u. *Methacrylsäuremethylester* u. die Mischpolymerisation von **I**/Butadien u. von **I**/**II** bereits bei Tempp. um 30° einzuleiten. Die Einflüsse von p_H-Wert, Temp., Reaktionsdauer, Initiator- u. Aktivatormengen auf die Umsetzung u. Viscosität des Prod. sind tabellar. zusammengestellt. Vermutlich erfolgt die Einleitung der Polymerisation durch freie Radikale, die bei 30° durch Red. des Diazoniumfluoborats durch $(NH_4)_2Fe(SO_4)_2$ u. bei 50° durch Zers. der wss. Fluoboratlsg. entstehen. Die Aryldiazoniumchloride sind unwirksam. (J. Amer. chem. Soc. **75**. 3846—48. 5/8. 1953. Urbana, Ill., Univ. of Illinois, Noyes Chem. Labor.) FORCHE. 4010

Julio Marcos de Lanuza, *Kunststoffe durch Addition gesättigter Monomere. Isocyanatkunststoffe.* Ausführliche Darst. der Theorie der Bildungsweise, Aufzählung einer Reihe bekannter, auf Isocyanatbasis aufgebauter Kunststoffe u. Beschreibung ihrer Eigenschaften. (Rev. Plásticos **2**. 66—70. März/April 1951.) RUMPF. 4010

L. P. Witnauer, F. R. Senti und **M. D. Stern,** *Bestimmung des Molekulargewichtes von Kartoffelamylopektin durch Lichtzerstreuung.* Es wird über Lichtstreuungsmessungen an Amylopektin in wss. Lsg. sowie an acetyliertem Amylopektin in verschied. organ. Lösungsmitteln berichtet, wobei die Streuung bei Winkeln von 135—22° beobachtet wurde. 3 Mol.-Gew.-Bestimmungen der wss. Pektinlsg. ergaben ein mittleres Mol.-Gew. von 36 Millionen ± 10%. Zu bemerken ist noch, daß die 90°-Streuung durch die Temp. zwischen 25 u. 75° nicht beeinflußt wird. Eine Amylopektinlsg. in NaOH, die 2 Std. auf 90° erhitzt worden war, zeigte weniger als 10% Abnahme der Trübung bei abwesendem O_2. Auch 1std. Erhitzen im geschlossenen Rohr bei 120° bei Ausschluß von O_2 bewirkte keine Änderung der Trübung. In Acetonlsg. hatte das Acetat dieses Amylopektins ein Mol.-Gew. von 38 Millionen. 9 Fraktionen, die durch Zusatz von A. zu einer 0,1% NaCl enthaltenden wss. Amylopektinlsg. gewonnen wurden, hatten im Durchschnitt ein Mol.-Gew. von 36 Millionen. Der Teilchendurchmesser lag zwischen 4300 u. 2200 Å. Verschied. Messungen an acetyliertem Amylopektin ergaben ein Mol.-Gew. von angenähert 10 Millionen. Nach der Desacetylierung wurde in wss. Lsg. ein Mol.-Gew. von ebenfalls 10 Millionen gefunden. Aus den Verss. schließen Vff., daß das Kartoffelamylopektin ein Mol.-Gew. von 10 Millionen oder mehr hat u. daß Moll. dieser Größe wahrscheinlich in den Stärkekörnern vorkommen. (J. chem. Physics **20**. 1978—79. Dez. 1952. Philadelphia, Pa., U. S. Dep. of Agric., Eastern Reg. Res. Labor.) GOTTFRIED. 4050

E. Schauenstein und **O. Gold,** *UV-spektrographische Untersuchungen über die Bindung zwischen Eiweißkörpern und höher ungesättigten Fettsäuren.* Unter Hinweis auf bereits erschienene (vgl. Österr. Chemiker-Ztg. **53**. [1952.] 187) wird mitgeteilt, daß UV-spektrograph. Aussagen über eine Komplexbldg. zwischen Protein u. Fettsäure möglich sind. Dies wird am Beispiel von *Tyrosin* enthaltenden Proteinen sehr deutlich, weil die phenol. Dissoziationskurve der Tyrosingruppen des Eiweißkörpers spektrograph. sehr sicher erfaßbar ist u. damit Änderungen eindeutig erkannt werden können. Die Verss. werden mit *Rinderserumalbumin* sowie mit *Seidenfibrinogen* ausgeführt; die Fettsäuren (als Na-Salz) sind teils isoliert-, teils konjugiert-ungesättigt. Auswertend wird festgestellt, daß bei Komplexbldg. zwischen polyolefin. Fettsäuren u. Protein den — 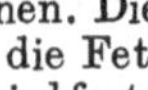 —OH-Gruppen eine wesentliche Rolle zufällt; dabei ist die Stellung der C=C-Bindung im Fettsäuremol. von Einfluß. Zusätzlich zur Wrkg. des Tyrosins bei der Komplexbldg. kommen weitere, nicht zuletzt ster. Faktoren hinzu. (Mh. Chem. **84**. 209—11. 15/2. 1953. Graz, Univ., Inst. für theoret. u. physikal. Chem.) TÄUFEL. 4070

John G. Kirkwood und **John B. Shumaker,** *Der Einfluß von Dipolmomentschwankungen auf das dielektrische Inkrement von Proteinen in Lösung.* Starke Erhöhungen der DK. von W. durch gelöste Proteine werden auf das Fluktuieren von beweglichen

Protonen durch das Proteinmol. erklärbar gemacht. Dieser Effekt ist äquivalent dem Einfl. großer permanenter Dipolmomente. Es ist deshalb nicht möglich, das Dipolmoment der Proteine ohne weiteres aus Messungen der DK. zu bestimmen. (Proc. nat. Acad. Sci. USA **38.** 855—62. Okt. 1952. New Haven, Conn., Yale Univ., Sterling Chemie Labor.) K. L. WOLF. 4070

John G. Kirkwood und **John B. Shumaker,** *Kräfte zwischen Proteinmolekülen in Lösung, herrührend von Schwankungen in Protonenladung und -konfiguration.* Schwankungen der Zahl u. Verteilung beweglicher Protonen erteilen den Moll. gelöster Proteine schwankende Ladungen u. schwankende Multipolmomente. Es wird gezeigt, daß diese auf Grund eines einfachen Mechanismus einen beachtlichen Beitrag zu den zwischenmol. Kräften geben. Diese sind von großer Reichweite. Die Theorie dieser Kräfte ist schemat. durchgerechnet, zur Einzeldurchführung wäre die Kenntnis von Einzelheiten in der Struktur der Proteine erforderlich. (Proc. nat. Acad. Sci. USA **38.** 863—71. Okt. 1952.) K. L. WOLF. 4070

P. F. Djatschenko und **I. N. Wlodawetz,** *Bestimmung des Molekulargewichts von Casein nach der Methode der Lichtzerstreuung.* Es wurde nach der Meth. der Lichtzerstreuung das Mol.-Gew. des *Caseins* (I) in *KOH* (p_H 9,0); *HCl* (p_H 1,5) u. *Harnstoff* (p_H 6,2) bestimmt. Die entsprechenden Mol.-Geww. in diesen Lösungsmitteln wurden zu 32000, 27000 u. 31000 gefunden. Das wahre Mol.-Gew. des I liegt wohl in der Nähe von 30000. Eine Temperaturerhöhung im alkal. Medium führt zur Aggregation der I-Moll., was durch die Ggw. von Ca-Spuren erklärt werden kann. Eine Temperaturerhöhung im sauren Medium führt zur Desaggregation der Moleküle. Die Temperaturabhängigkeit weist darauf hin, daß die I-Moll. in den Aggregaten eine H-Bindung besitzen. (Коллоидный Журнал [Kolloid-J.] **14.** 338—45. Sept./Okt. 1952. Allunions Wiss. Forschungsinst. für Milch-Ind.) STEINBERG. 4070

K. Ss. Makarow, *Untersuchung von aus fermentativen und sauren Hydrolysaten von Caseinpräparaten erhaltenen Plasteinen.* Die *Plasteine* wurden aus Casein (I) durch fermentative Hydrolyse bei p_H 1,7 u. Säurehydrolyse (p_H 1,7) mit nachfolgender Fermentierung der Hydrolysate hergestellt. Diese Plasteine lösen sich bei p_H 11,0 u. geben bei p_H 8,5 ein klares Gel. Viscosität u. Alkalibindung der Plasteine sind geringer als die von I u. II. Zur Oxydation von I u. II sind 1,185 g, für Plasteine 1,341 g O_2 erforderlich. Durch Elektrophorese im Veronalpuffer p_H 8,6 u. 11,0 werden I u. II in 2 Komponenten zerlegt, die Plasteine sind homogen. (Доклады Академии Наук СССР [Ber. Akad. Wiss. UdSSR] [N. S.] **87.** 975—78. 21/12. 1952. Jaroslawl, Med. Inst., Zentralinst. für Hämatol. u. Blutübertragung.) v. SCHROEDER. 4070

B. W. Derjagin und **Ss. M. Lewi,** *Über die Temperaturabhängigkeit der Viscosität von Gelatinelösungen.* Zur Berechnung der wahren (plast.) Viscosität muß die Grenzschubspannung bekannt sein, die aus der Formel von BINGHAM ermittelt werden kann. Vff. entwickeln aus ihren Verss. die Formel $\lg \eta_t = \lg \eta_\infty + B\,(t - t_0)^{-1/2}$ für die Temperaturabhängigkeit der Viscosität von Gelatinelsgg., wo η_∞ die Viscosität bei der Temp. $t = \infty$, B eine Konstante (0,44) u. $t_0 = 21^0$ ist. Diese Formel bewährt sich im Bereich von 30—40°. (Коллоидный Журнал [Kolloid-J.] **15.** 24—28. Jan./Febr. 1953. Moskau, Wiss. Kinophotoforschungsinst.) v. SCHROEDER. 4070

J. Pouradier und **M. Abribat,** *Löslichkeit von Gelatine in kaltem Wasser.* Auf Grund viscosimetr. Unterss. kommen Vff. zu dem Schluß, daß die Lsg. kleiner Anteile von *Gelatine* in kaltem W. nicht die Folge einer Änderung der Molekülgrößen, sondern der Aufhebung intermol. Bindungen ist. (Bull. Soc. Chim. biol. **32.** 947—51. 1950. Labor. de Rech. Kodak-Pathé.) KRUSEN. 4070

H. E. Huxley, *Röntgenanalyse und das Problem des Muskels.* Kleinwinkelaufnahmen von feuchtem, gestreiftem Muskel von Ratten u. Fröschen wurden hergestellt u. das „SZENT-GYÖRGY-Modell" untersucht; dies besteht hauptsächlich aus extrahierten Actomyosinfasern, die sich beim Eintauchen in Adenosintriphosphat (ATP)-Lsg. kontrahieren. Queraufnahmen an lebendem Muskel lassen die Ggw. von sehr langen Moll. erkennen, die hexagonal angeordnet sind, u. zwar parallel zur Faserachse mit Abständen von 450 Å; der bei trockenen Muskeln beobachtete Abstand von 150 Å wurde hier nicht beobachtet. Beim Dehnen des Muskels nimmt der Querabstand zwischen den Muskeln umgekehrt mit der Quadratwurzel der Muskellänge ab. Entfernt man das ATP vom Muskel, dann ändert sich das Querdiagramm grundlegend. Zwar ist noch die hexagonale Anordnung der Moll. mit einem Abstand von 450 Å vorhanden; dagegen tritt eine vollkommene Umkehr in den relativen Intensitäten der ersten zwei Linien des Diagramms ein, wobei die 225 Å-Reflexion sehr stark ist. Als mögliche Erklärung wird angenommen, daß in Abwesenheit von ATP das Actin an die Außenseite des Myosins durch spezif. Bindungen befestigt wird. Ferner wurde das axiale

Diagramm von lebendem Muskel untersucht. Bei sehr kleinen Winkeln treten Interferenzen entsprechend den Ordnungen der 420 Å-Periode auf, u. zwar beginnend bei der 2. Ordnung bei 210 Å bis zu der 8. Ordnung bei 52 Å. Wird ATP entfernt, dann bleibt das alte axiale Diagramm erhalten, wenn sich auch vielleicht einige relative Intensitäten ändern. (Proc. Roy. Soc. [London], Ser. B **141.** 59—66. 11/3. 1953. Cambridge, Univ., Cavendish Labor., Med. Res. Counc. Unit.) GOTTFRIED. 4070

K. Bailey, *Die Struktur von Tropomyosin.* Im Vgl. zu Myosin hat *Tropomyosin* (I) ein ziemlich niedriges Mol.-Gew. von 53000; in seiner Aminosäurezus. ist es jedoch dem Myosin sehr ähnlich mit Ausnahme von größeren Mengen an Lysin u. Glutaminsäure. Dialysiert man eine Lsg. von I in Salz, dann erhält man eine stark viscose Lsg., die Strömungsdoppelbrechung zeigt; auf einer Glasplatte eingetrocknet erhält man einen Film, der aus Fibrillen besteht, die 3000—6000 Å lang u. ca. 200—300 Å breit sind. Fügt man ein Salz der Ionenstärke 0,4 zu, dann erhält man das Protein in Form zerbrechlicher doppelbrechender Kristalle, die mehr als 90% W. enthalten. Trocknet man I-Lsgg. auf einer Glasplatte ein, erhält man dann röntgenograph. ein Diagramm vom Typ des α-Keratins. Auf Grund der analyt. u. röntgenograph. Daten werden einige Vorhersagen über die Struktur des I gemacht. (Proc. Roy. Soc. [London], Ser. B **141.** 45—48. 11/3. 1953. Cambridge, Univ., School of Biochem.) GOTTFRIED. 4070

Lawrence Bragg, *Röntgenanalyse des Hämoglobinmoleküls. Met-, Oxy-* u. *Carboxyhämoglobin* kristallisieren in der Raumgruppe C_2 mit Z = 2; diese müssen auf zweizähligen Achsen liegen u. in ihrer Orientierung ident. sein. Die Kristalle kommen in wenigstens 6 gedehnten oder geschrumpften Stufen mit variierendem Wassergeh. vor. Das W. kann durch eine Salzlsg. ersetzt werden. Die Hämoglobine verschied. Ursprungs (Pferd, Ochse, Schaf u. Mensch) scheinen in ihrer Struktur sehr ähnlich zu sein. Das Protein hat ein Vol. von 83000 $Å^3$, eine Dichte von 0,43 Elektronen pro $Å^3$ u. die angenäherten Dimensionen 55 · 55 · 65 Å. Es scheint von einer Lage gebundenen W. umgeben zu sein, in das Salz nicht eindringen kann u. so das Vol. des Mol. auf 115000 $Å^3$ erhöht. Wenn Methämoglobin (Pferd) schrumpft oder sich ausdehnt, dann bleiben die Achsenlängen nahezu konstant; die Volumenänderung der Zelle wird nur durch Änderung des Winkels β bedingt. (Proc. Roy. Soc. [London], Ser. B **141.** 67—69. 11/3. 1953. Cambridge, Cavendish Labor.) GOTTFRIED. 4070

Robert Havemann und **Werner Rausch,** *Das Absorptionsspektrum des Methämoglobinazids.* Das Absorptionsspektr. des *Methämoglobinazids* wurde bei p_H 6,6 von 2300—12000 Å gemessen. Es zeigt folgende Maxima: 2790, 3550, 4180 u. 5440 Å. Im steilen Abfall der Absorption oberhalb 5500 Å deuten sich als „versteckte" Banden an: 5720 u. 6280 Å. Im Ultraroten scheint bei 10000 Å eine Bande deutlich zu werden. (Z. physik. Chem. **201.** 68—74. Nov. 1952. Berlin, Humboldt-Univ., u. Berlin-Dahlem, KWI für phys. Chem. u. Elektrochem.) D. BRÜCK. 4070

Robert Havemann und **Werner Rausch,** *Zur Kinetik der Bildung von Methämoglobinazid.* Die Geschwindigkeit der Bldg. von *Methämoglobinazid* (I) aus *Methämoglobin* (II) u. Azidionen wurde bei 20° u. bei verschied. p_H gemessen (6,62; 7,29; 8,1 u. 9,07). Die Rk. besitzt eine Anlaufphase; den Grund hierfür sehen Vff. darin, daß, bevor das Azidion mit den prosthet. Gruppen des II reagieren kann, dieses erst in das Innere des Proteinmol. hineindiffundieren muß. Die Zeit der Anlaufphase von 30—90 Sek. steht mit dieser Annahme im Einklang. Die Bindung der Azidionen an die prosthet. Gruppen von II ist dieser Vorstellung entsprechend erst möglich, wenn Azidionen in das Innere des Mol. eindiffundiert sind. Die Geschwindigkeit der I-Bldg. steigt proportional der $[H^+]$ an. Die Rk. wurde spektroskop. durch quantitative Auswertung der Hg-Linie 406,6 mμ verfolgt. (Z. physik. Chem. **201.** 111—20. Dez. 1952. Berlin, Humboldt-Univ., physik.-chem. Inst., u. Berlin-Dahlem, KWI für physik. Chem.) ZIMMER. 4070

Dorothy Wrinch, *Über das Vektordiagramm von kristallinem Pferdehämoglobin.* Vf. versucht eine Deutung des von PERUTZ (Proc. Roy. Soc. [London], Ser. A **195.** [1949.] 474) angegebenen dreidimensionalen Vektordiagramms von *Pferdehämoglobin* zu geben, u. zwar bes. desjenigen Teils des Diagramms, das von PERUTZ als „5 Å-Schale" bezeichnet wurde. Eine genaue Deutung kann noch nicht gegeben werden. (J. chem. Physics **20.** 1051. Juni 1952. Northampton, Mass., Smith Coll., Dep. of Phys.) GOTTFRIED. 4070

Gunnar Jungner und **Ingmar Jungner,** *Über die Deutung der dielektrischen Ergebnisse von Natriumthymonucleat.* 1. Mitt. *Über die Beziehungen zwischen dem Inkrement, Dipolmoment und Molekulargewicht.* Die Diskussion der früher (vgl. Acta physiol. scand. Suppl. **20.** Suppl. 69. [1950.] 1) mitgeteilten Ergebnisse der dielektr. Messungen an *Natriumthymonucleat* (I) ergibt: Das dielektr. Inkrement pro g u. Liter von I ist proportional dem Mol.-Gew. M. Für die Abhängigkeit des Dipolmomentes μ von Aminosäuren u. Peptiden gilt die allg. Beziehung $\mu = K \cdot M^x$, wo K eine Konstante bedeutet u. x zwischen 0 u. 1 liegt; z. B. ist x = 1 für I u. 0,5 für Peptide. Auf die Analogie mit der STAUDINGER-Viscositätsbeziehung $Z_\eta = k \cdot M^\alpha$ wird hingewiesen. Für ein Mononucleid von I beträgt μ ca. 0,9; aus diesem kleinen Wert wird geschlossen, daß die polaren Gruppen von I an der Oberfläche lokalisiert sind u. stark von dem polaren Lösungsm. (W.) beeinflußt werden. Die Best. von M von fadenförmigen Makromoll. auf Grund von dielektr. Messungen wird für möglich gehalten (vgl. auch l. c.). (Acta chem. scand. **6.** 1391—1404. 1952. Stockholm, Karolinska Inst., Biochem. Dep.) FUCHS. 4090

Gunnar Jungner, *Über die Deutung der dielektrischen Ergebnisse von Natriumthymonucleat. 2. Mitt. Die Dipolassoziation von hochpolymerisierten Molekülen.* (1. vgl. vorst. Ref.) Unter Zugrundelegung eines einfachen Modells u. unter Berücksichtigung von polarer u. unpolarer Assoziation (das heißt Bldg. von mehr oder weniger polaren Assoziaten) von hochpolymeren Multipolen, deren Dimension etwa denen des *Natriumthymonucleats* (I) entspricht, wird die Wechselwirkungsenergie E zwischen den polaren Makromoll. berechnet. E steigt mit dem Polymerisationsgrad P an, u. zwar um so stärker, je größer der Abstand zwischen den Dipolen (z. B. in verd. Lsgg.). Die unpolare Assoziation kommt häufiger vor als die polare. Die Assoziation führt zu einer quasikrist. Struktur der Lsgg. von fadenförmigen Makromolekülen. Die Ergebnisse werden speziell auf die früher (vgl. l. c.) für I erhaltenen Ergebnisse angewendet. (Acta chem. scand. **6.** 1405—16. 1952.) FUCHS. 4090

James Bryant Conant y Albert Harold Blatt, Química de los compuestos orgánicos. Madrid: Aguilar. 1953. (XIX + 675 S.) ptas 230,—.

Wilhelm Theilheimer, Synthetic methods of organic chemistry. An annual survey = Synthetische Methoden der organischen Chemie. Jahrbuch. Basel, New York: S. Karger. 7. Mit deutschem Register-Schlüssel. 1953. (XII + 450 S.) fr 60,30.

N. Trappeniers, Le principe des états correspondants et les diagrammes d'état du tétrachlorure et du tétrabromure de carbone. Brux.: Palais des Académies. 1952. (93 S. m. Abb., Diagr.) 8°. fr 100,—.

Gertrud Woker, Die Chemie der natürlichen Alkaloide mit besonderer Berücksichtigung ihrer Biogenese. Stuttgart: F. Enke. 1953. 1: (449 S. m. 1 Taf.) 8°. DM 78,—.

E. Biologische Chemie. Physiologie. Medizin.

E_1. Allgemeine Biologie und Biochemie.

M. Stacey, *Konjugierte Proteine.* Diskussion über Klassifikation u. allg. Eigg. von *Protein–Nucleinsäure-* (I) u. *Protein–Kohlenhydrat* (II)-*Komplexen,* z. B. Virus- u. Bakterien-I u. das Umformungsprinzip der Pneumokokken; ferner für **II**: Blutgruppenfaktoren, Chondroitinsulfat (für die sogenannten *Mucopolysaccharide* wird ein, wenn auch niedriger, so doch signifikanter Geh. an Protein angenommen, solange sie nicht denaturiert sind) u. einige *Mucoproteine* (Mp.). Alle Mp. enthalten Glucosamin u. sind durch Hitze oder Eiweißfällungsmittel nicht koagulierbar bzw. sind oft an Benzoesäure adsorbierbar. Im Harn von mit Dextrin behandelten Ratten erscheint ein Mp., das Galaktose- u. Glucosamineinheiten an ein sulfathaltiges Polysaccharid eng geknüpft enthält. Ein *Baumwollsamenallergen* (C. S.–13 RL) ist ein Mp., dessen Kohlenhydratanteil (6%) zu gleichen Teilen aus Arabinose u. Galaktose besteht. Ein bakterielles Mp. konnte als Komplex mit Protein (das nur durch starkes Alkali, nicht mit Chlf.–Butanol zu entfernen war) aus dem wss. Extrakt teilweise autolysierter Zellen zusammen mit Nucleoproteinen mittels Cetyltrimethylammoniumbromid abgetrennt werden. Ein elektrophoret. einheitliches, sehr stark antigen wirkendes Mp. konnte mittels Harnstoffextraktion aus *M. tuberculosis*-Zellen isoliert werden. Kompliziert zusammengesetzte „künstliche" Mp. wurden aus *Melasse* gewonnen u. stehen in Untersuchung. (Discuss. Faraday Soc. **1953.** Nr. 13. 245—51. Birmingham, Univ., Chem. Dep.) GIBIAN. 4100

Th. Weevers, *Blumenfarben und ihre Häufigkeit.* Übersicht über die chem. Struktur der Blumenfarben. Die relative Häufigkeit der vorkommenden Blumenfarben ist überall ziemlich gleich. Während etwa je 30% der Arten weiß, gelb oder rot gefärbt sind, gibt es nur wenig grüne u. blaue Blumen. Doch in gebirgigen Gegenden, z. B. in den Schweizer Alpen oberhalb 1100 m, nimmt die Häufigkeit der blauen Blumen zu. Aus dieser Tatsache wird geschlossen, daß die Bldg. des blauen Pigmentes in der Blume auf progressiver Mutation beruht, während die gelben u. weißen Farben der Blumen durch Rückbldg. ursprünglich tieferer Farbe zustande kommen sollen. (Acta bot. neerl. **1.** 81—92. 1952. Amersfort.) D. BRÜCK. 4130

S. Lesher, *Untersuchungen über die larvale Speicheldrüse von Drosophila.* 3. Mitt. *Die histochemische Lokalisierung und mögliche Bedeutung von Ribonucleinsäure, Alkaliphosphatase und Polysacchariden.* (2. vgl. Exp. Cell Res. **2.** [1951.] 586.) Unterss. an 4 larvalen Stadien von *Drosophila robusta.* Es wurden 2 — durch ihre Lage innerhalb der Zellen — differenzierte Polysaccharide festgestellt. Es wird angenommen, daß die über das gesamte Cytoplasma verteilte Substanz eine Vorstufe des Chitins darstellt. Gehh. von *Alkaliphosphatase* u. *Ribonucleinsäure* wurden in gleicher Höhe festgestellt. (Anatom. Rec. **114**. 633—44. Dez. 1952. East Lansing, Mich., U. S. Dep. of Agricult., Regional Poultry Res. Labor.) LÜPNITZ. 4150

F. Magrassi, *Experimentelle Daten, die für einen Virusursprung der menschlichen Leukämie sprechen.* Vf. stellt experimentelle Ergebnisse zusammen, die für ein Virus als Ursache der verschied. Leukämien des Menschen sprechen. Beim Meerschweinchen kann durch intraperitoneale, intracerebrale oder Injektion ins Knochenmark von leukäm. menschlichem Material, Plasma, Knochenmark, Milz, Lymphdrüsen, eine Leukämie hervorgerufen werden, die durch eine plötzliche Verringerung der roten Blutkörperchen u. degenerative Läsionen des Parenchyms von Epithelialdrüsen charakterisiert ist. (Arch. ges. Virusforsch. **4**. 621—48. 1952. Sassari, Univ., Inst. für allg. med. Klinik.) WIEDEMANN. 4160

Helmut Riehm und **Peter Stoll,** *Corpuscarcinom nach 17 jähriger Follikelhormonmedikation.* Klin. Bericht über eine 37 jährige Patientin, bei der nach 17 jähriger Therapie mit hohen Dosen *Follikelhormon* ein Adenocarcinom des Corpus uteri auftrat. (Geburtshilfe u. Frauenheilkunde **12**. 985—92. Nov. 1952. Heidelberg, Univ., Frauenklinik.) H. SCHEURLEN. 4160

Olwen D. James, *Verwendung von „Implantin" bei perianalen Adenomen alter Hunde.* Subcutane Implantation von *Stilböstrol* (I) („*Implantin*") bei perianalen Adenomen alter Hunde in das der Tumormasse benachbarte gesunde Gewebe zeigte in 9 von 10 Fällen nach 28 Tagen merklichen Rückgang der Wucherungen. Eine orale Therapie mit täglich 0,6—1,0 mg I gab nur geringe Besserung. (Veterin. Rec. **65**. 190. 21/3. 1953. Cardiff.) K. MAIER. 4160

Umberto Veronesi, *Die Wirkung von Podophyllin und Podophyllotoxin auf das Blutbild bei der Ratte.* Die Behandlung von Ratten mit *Podophyllin* (I) bzw. *Podophyllotoxin* (II) führt zu Leukopenie. Die Wrkg. von II ist $2^1/_2$ mal so stark wie die von I. Eine Entscheidung, ob es sich um eine auf das hämopoiet. Gewebe gerichtete antimitot. oder um eine cytotox. Wrkg. handelt, kann nicht getroffen werden. Das akt. Prinzip des I-Harzes dürfte demnach vorwiegend im II, weniger in den anderen Komponenten (Pikropodophyllin, Quercetin usw.) zu suchen sein. (Tumori **38**. 359—65. Nov./Dez. 1952. Milano, Ist. Nazionale per lo Studio e la Cura dei Tumori.) LUDOLPHY. 4160

R. Coliez, M. Tubiana und **B. Pierquin,** *Der radioaktive Phosphor bei chronischen Leukämien. Erste Resultate an 24 Fällen.* Vff. berichten über die Behandlung myeloider u. lymphoider chron. Leukämien, die zum Teil mit Röntgenstrahlen vorbehandelt waren u. sich dabei als resistent erwiesen hatten, zum Teil weder chem. noch radiolog. vorbehandelt waren. Die Kranken erhielten intravenöse Injektionen von einer ^{32}P-(*Natriumphosphat*-) Lsg. (4—6 mC) in zeitlichen Abständen von 15 Tagen. Die dabei dem Patienten zugeführte Energie beträgt in einer Periode von 11 Tagen 4560 Erg/g für eine Injektion von 5 mC. Die therapeut. Resultate zeigen durchweg gute Heilwrkg. bei Beobachtungszeiten bis zu 28 Monaten. Die Ursachen für die günstige Wrkg. des ^{32}P auf die Blutbldg. infolge seiner Ablagerung im Knochen u. in den blutbildenden Organen werden besprochen. (J. Radiol. Électrol. Arch. Électr. méd. **33**. 682—90. 1952.) REUSSE. 4160

Edward C. Porter und **Leslie K. Sycamore,** *Der Einfluß der Bestrahlungsdosis auf den Heilerfolg bei Carcinomen am Cervix uteri.* Zusammenfassender Bericht über 113 Fälle von Carcinombehandlungen am Cervix uteri mit einer Kombination von Röntgen- u. γ-Bestrahlung. Eine ältere Meth., bei der eine Fünfjahresüberlebensrate von 23% erzielt wurde, ist seit 1940 durch eine solche mit besserer Erfolgsquote (48%) abgelöst worden. Bei dieser werden Röntgenstrahlen von 200 kV mit einer Gesamtdosis von 2000 r in Einzeldosen von 300 r auf verschied. Bestrahlungsfelder appliziert. In jeweiligen zeitlichen Abständen von drei Wochen werden zwei Behandlungen mit 3500 mg Ra/Std. zusätzlich angesetzt. Die gesamte Bestrahlungsdosis ist bei der neueren Meth. etwa doppelt so hoch wie bei der älteren. (Radiology **59**. 103—06. Juli 1952. Hannover, N. H., Hitchcock Clin., u. Mary Hitchcock Mem. Hosp.) REUSSE. 4160

Joseph S. Fruton and Sofia Simmonds, General biochemistry. New York: Wiley. 1953. (952 S., Diagr. u. Bibl.) $ 10,—.

Harold A. Harper, Compendio de Química Fisiológica. Madrid: Edic. Morata. 1953. (373 S.) ptas 150,—.

William Hovanitz, Textbook of genetics. Houston: Elsevier Press. 1953. (429 S. m. Abb. u. Diagr.) $ 5.95

E_2. Enzymologie. Gärung.

—, *Funktion und Lage der Enzyme in den Zellen.* Vorträge; Royal Soc. am 12. März 1953. (Nature [London] **171.** 815—16. 9/5. 1953.) BRATFISCH. 4200

G. Ss. Kitawin, *Adaptive Bildung von Katalase bei der Einwirkung von Wasserstoffperoxyd auf Aspergillus niger.* Werden 2 Tage alte Kulturen von Aspergillus niger mit je 3 ml H_2O_2 versetzt, so daß die Endkonz. von H_2O_2 0,017, 0,050 oder 0,170 mol. ist, dann wird die Aktivität der *Katalase* (**II**) bereits nach 3 Std. vervielfacht u. nimmt darauf bei 0,017 u. 0,050 mol. H_2O_2 ständig ab, während mit 0,170 mol. H_2O_2 das Maximum erst nach 24 Std. erreicht wird. Das Rohgewicht des Mycels wird durch H_2O_2 stark herabgesetzt. Von allen bisher untersuchten, den **II**-Geh. ändernden Faktoren kommt H_2O_2 der Wrkg. von Hg-Präpp. am nächsten. (Биохимия [Biochemie] **17.** 336—38. Mai/Juni 1952. Kischinew, Univ., Lehrstuhl für Pflanzenphysiol.) LEBTAG. 4210

J. W. Goddard und **Arnold M. Seligman,** *Intracelluläre Topographie von Bernsteinsäuredehydrogenase in der Schilddrüse von Albinoratten.* Vff. entwickeln eine Meth. für die mkr. Beobachtung des Fortschreitens der Supravitalfärbung mit Ditetrazoliumchlorid (**II**) für die histochem. Demonstration der *Bernsteinsäuredehydrogenase* (**I**) in der Thyroidea. Dazu wird das frische oder bei 4° aufbewahrte Gewebe nach dem Waschen mit Phosphatpuffer (p_H 7,62) 30 Min. bei 37° mit einem Gemisch aus 0,1%ig. **II**, Phosphatpuffer u. Natriumsuccinatlsg. behandelt u. zur Beobachtung auf einem Objektträger in Agar eingebettet. Das Fortschreiten der Färbung u. damit die Lokalisierung von **I** wird in zahlreichen Zeichnungen gezeigt. Die Färbung beginnt am Epithel, dann entwickelt sich ein Pigment in den Zwischenräumen der neutralen roten Vakuolen, schließlich färben sich die perinuclearen verlängerten Mitochondrien, dann das ganze Mitochondrium; einige Zellen entwickelten zusätzlich zu dem Pigment der Organellen ein Pigment im undifferenzierten Cytoplasma. In vielen Fällen wurde eine Beziehung zwischen dem histophysiol. Zelltyp u. der Verteilung von **I** gefunden. (Anatom. Rec. **112.** 543—59. März 1952. Boston, Mass., Beth. Israel Hosp., Yamins Labor. for Surgical Res.; Harvard Med. School, Dep. of Surgery.) H.-J. KOCH. 4210

T. D. Day, *Hyaluronidase und Salicylate.* Die mittels *Hyaluronidase* erhöhte Filtriergeschwindigkeit durch Mäusefascialmembranen (C. **1953.** 1509) wird nicht beeinflußt durch Zugabe von Salicylat in vitro, noch auch durch Injektion in vivo vor Tötung der Versuchstiere. (Nature [London] **171.** 268—69. 7/2. 1953. Leeds, School of Med., Dep. of Exp. Pathol. and Cancer Res.) GIBIAN. 4210

Merle E. Fox und **W. L. Hard,** *Histochemische Untersuchungen über die Esterasen des Nervengewebes.* Mittels der histochem. Technik von NACHLAS u. SELIGMAN wurde im peripheren u. Zentralnervensyst. des Hundes die *Esterase* (**I**)-Aktivität in Kernen u. Nervenfibrillen des Gehirns, den grauen Gebieten des Rückenmarks u. in den sympath. Ganglien des peripheren Nervensyst. lokalisiert, jedoch ist auf diese Weise eine Identifizierung des **I**-Typs nicht möglich. Hierfür wurden relativ selektive **I**-Inhibitoren, wie *Eserin* (**II**), *DFP, TEPP, Nu 683, Chinin* (**V**), *Caffein* (**III**), *Prostigmin* (**IV**), *Cholin* (**VI**), *Na-Taurocholat, NaF, Tri-o-kresylphosphat,* verwendet. Die 3 letztgenannten Verbb. zeigten keine Hemmwirkung. *TEPP* gab als einzige Verb. in 10^{-10} mol. Konz. Totalhemmung. **II,** *DFP* u. *Nu 683* hemmten die Hydrolyse in 10^{-2}—10^{-5} mol. Konzz. u. wirkten in 10^{-7}—10^{-10} mol. deutlich schwächer. **III, IV** u. **V** hemmten in 10^{-7}—10^{-2} mol. Konzz. in zunehmendem Maße. Die Verbb. mit *Anticholinesterase*-Wrkg. hemmten ein Enzym, das ein **VI**-freies Substrat hydrolysierte. Die Verss. deuten auf eine selektive Aufhebung der extracellulären Lokalisierung der **I**-Aktivität ohne vollständige Hemmung der intracellulären Enzymwrkg. u. damit auf das Vork. verschied. Esterasen an den einzelnen Lokalisationsstellen hin. (Proc. South Dakota Acad. Sci. **30.** 103. 1/12. 1951. Vermillion, Univ. of South Dakota, School of Med., Dep. of Anat.) K. MAIER. 4210

Ju. L. Sacharjin, *Über die Bremsung der Hexokinasereaktion durch Extrakte aus tierischen Geweben.* Extrakt aus Stierhypophysen in 0,1 mol. Phosphatpuffer (p_H 7,4) hemmt die *Hexokinase* (**I**)-Rk. nicht, ebensowenig zeigt *Insulin* (**II**) einen Einfl. auf die **I**-Aktivität. Wss. Milzextrakt enthält jedoch eine Substanz, die die **I**-Rk. bremst. Diese Bremswrkg. wird durch *Cortin* (**III**) nicht verstärkt u. durch **II** nicht aufgehoben, Dies beweist, daß die von Vf. entdeckte Substanz nicht mit der von COLOWICK, CORI u. SLEIN (vgl. C. **1949.** E. 1274) beschriebenen Substanz ident. ist, falls diese überhaupt existiert. Bei Abwesenheit des Inhibitors zeigen **II** u. **III** keinen Einfl. auf die **I**-Reaktion. — Bei 20std. Aufbewahren bei 0° bleibt ein beträchtlicher Teil der Anfangsaktivität des Inhibitors erhalten, während in der gleichen Zeit bei 37° völlige Inaktivierung erfolgt. — Beim Zentrifugieren des Milzextraktes geht der **I**-Inhibitor in die wss. Phase. — Ein Inhibitor analogen Charakters wurde in den Nieren gefunden, wäh-

rend defibriniertes Blut u. Serum die I-Rk. nicht beeinflussen. — Die beobachtete Bremswrkg. von Gewebeextrakten kann nicht mit der Wrkg. von Phosphatasen erklärt werden, da unter den Versuchsbedingungen mit Milzextrakten diese völlig fehlten u. im Nierenextrakt nur äußerst schwach waren. (Биохимия [Biochimia] **16.** 562—66. Nov./Dez. 1951. Allunions Inst. für exp. Endokrinol., Biochem. Abt.)
v. PEZOLD. 4210

Florence Moog, *Nichtdiffundierbarkeit alkalischer Phosphatase in fixierten Geweben.* Verss. mit fixierten Schnitten von Mäuseduodenum in GOMORI-Medium ergaben, daß bei p_H 9,4 (Barbitalpuffer) u. Bebrütung bis zu 30 Min. bei 38° keine Diffusion *alkal. Phosphatase* (I) stattfindet. Die Möglichkeit einer I-Diffusion während der Fixierung selbst bleibt offen. (Science [Washington] **114.** 109. 27/7. 1951. Washington, Univ., Dep. of Zool.) K. MAIER. 4210

M. Berg und **S. A. Levinson,** *Aktivität der alkalischen Nierenphosphatase nach experimentellem Schock bei Hunden durch Clostridium perfringens-Toxin.* Nach intramuskulärer Injektion von letalen Dosen des *Clostridium perfringens-Toxins* (8 cm^3/kg Körpergewicht) entwickelte sich bei Hunden ein typ. Schockzustand, wobei im Blut die Harnstoffwerte anstiegen, Chloride abnahmen u. Kalium u. alkal. Phosphatase unverändert blieben. Verminderung der Harnausscheidung mit patholog. Sedimentbefund. Die glomeruläre Filtration von Ferrocyanid war anfangs eingeschränkt, nach 5 Std. aber vermehrt, die tubuläre Ausscheidung von Phenolrot vermindert. Die histolog. Veränderungen zeigten sich zuerst an den Mitochondrien der proximalen Tubuli; die histochem. Phosphatase-Rk. war vor allem im Bürstensaum der Tubuli gleichzeitig deutlich vermindert. Die funktionellen u. strukturellen Veränderungen der Glomeruli u. Tubuli werden auf die Durchblutungsänderung, auf die direkte Wrkg. des Toxins oder tox. Verbb. auf die Zellen oder eine Kombination dieser Faktoren zurückgeführt. (A. M. A. Arch. Pathol. **53.** 179—86. Febr. 1952. Chicago, Ill., Univ. of Illinois, Coll. of Med., Res. and Educational Hosp.) RUPPERT. 4210

Adolf Kröncke und **Rudolf Naujoks,** *Die Speichelphosphatasen und ihre Beziehungen zur Zahncaries.* In vitro wurde die Aktivität der *Phosphatasen* (I) des Speichels von cariesresistenten (cR) u. cariesanfälligen (cA) Personen mit Dinatriumphenylphosphat als Substrat gemessen. Zwischen den *sauren* I von cR u. cA ♂ u. ♀ ergaben sich keine wesentlichen Unterschiede, während die *alkal.* I bei cR u. cA ♂ sogar statist. gesicherte Unterschiede zeigten. Bei Unters. der Nüchternwerte bestehen zwischen sauren u. alkal. I bei cA ♂ u. ♀ signifikante Unterschiede, dagegen bei cR ♂ u. ♀ nicht. Die Aktivitäten der sauren u. der alkal. I sind abhängig vom p_H u. zeigen gleichartige Maxima bei p_H 4 u. zwischen p_H 8,5 u. 10. (Dtsch. zahnärztl. Z. **8.** Nr. 12; Verh. dtsch. Ges. Zahn-, Mund- u. Kieferheilkunde **1952.** 71—74. 15/6. 1953. Hamburg-Eppendorf, Univ., Zahnklinik.) KLESSE. 4210

E. Kaiser, *Hemmung und Aktivierung von Lysozym.* Vf. vergleicht bei zwei verschied. Fermentsystemen, *Hyaluronidase* (I)-Hyaluronsäure u. *Lysozym* (II), Hemmung u. Aktivierung derselben. So werden I u. II durch elektronegativ geladene Kettenmoll., wie Heparin, sulfurierte Hyaluronsäure u. sulfurierte Carboxycellulose, gehemmt, dagegen durch elektropositive Makromoll., wie Histon, Protamin u. Pepton, aktiviert. (Nature [London] **171.** 607—08. 4/4. 1953. Wien, Univ., Dep. of Biochem.) BRATFISCH. 4210

J. H. Wolfsie und **G. D. Winter,** *Statistische Analyse der Cholinesteraseaktivität der normalen menschlichen Blutkörperchen und des Plasmas.* Es wurden 549 Bestimmungen der *Cholinesterase*-Aktivität im Plasma u. in den roten Blutkörperchen an Blutproben von 255 gesunden Männern durchgeführt. Es wurde die von MICHEL (J. Lab. clin. Med. **34.** [1949.] 1564) modifizierte Mikrometh. benutzt. Die Versuchsergebnisse wurden mit denen anderer Untersuchungsmethoden verglichen. Da die Normalwerte innerhalb weiter Grenzen schwanken können, kann man nicht mit Hilfe einer Best. entscheiden, ob Normalwerte vorliegen oder nicht. Es werden die aus der statist. Auswertung des Versuchsmaterials sich ergebenden signifikanten Daten mitgeteilt. (A. M. A. Arch. ind. Hyg. occupat. Med. **6.** 43—49. Juli 1952. Warners Plant. American Cyanamid Co.)
W. BRANDT. 4210

A. G. Passynski und **D. L. Talmud,** *Über die Austauschbarkeit von Aminosäuren im Eiweißmolekül in vitro.* In Ggw. von krist. ***Trypsin*** (I; 1% der Substratmenge) wurde die Substitution von ***dl-Phenylalanin*** (II) gegen ***Tyrosin*** (III) im ***Serumglobulin*** von Pferd u. Mensch bei n. u. erhöhtem Druck untersucht. Als Lösungsm. diente 0,1 mol. Boratpuffer (p_H 8,5), dem 20% Saccharose zugesetzt wurden. Die bei erhöhtem Druck in Ggw. von I abgespaltene III-Menge war viel geringer als bei n. Druck, bedingt durch die Resynthese. Gleichzeitig mit dem Auftreten von III nahm die Menge an II um etwa den gleichen Wert ab. Bei der Inaktivierung von I durch 8-Oxychinolin, beim Kochen

oder in Abwesenheit von Eiweiß, tritt die Substitution nicht ein. Die Ergebnisse sind als Beweis dafür anzusehen, daß die Substitution unmittelbar im nativen Eiweißmol. erfolgt. Die Substitution der Aminosäuren im Eiweißmol. betrachten Vff. als Ergebnis des dynam. Gleichgewichtes zwischen Fermenthydrolyse u. Resynth., die zu jedem Zeitpunkt nicht das gesamte Eiweißmol., sondern nur bestimmte Bereiche desselben angreifen. (Доклады Академии Наук СССР [Ber. Akad. Wiss. UdSSR] [N. S.] **85.** 1361—64. 21/8. 1952. Bach-Inst. für Biochem. der Akad. der Wiss. der UdSSR.)
LEBTAG. 4210

D. Carretti und **U. Borghi,** *Experimentelle Untersuchungen über die Wirkung der fibrinolytischen und pyolytischen Pankreasenzyme auf Bauchfellverwachsungen.* Fibrinolyt. u. pyolyt. Pankreasfermente verhindern im Experiment an der Ratte dann die Bldg. von Peritonealverwachsungen (nach Talkuminstillation u. artifiziellen Laparotomieadhärenzien), wenn sie unmittelbar nach dem Eingriff verabfolgt werden. Schon sich bildende Adhäsionen werden nicht mehr gelöst, ebensowenig die Talkumgranulome beeinflußt. (Rass. Clin., Terap. Sci. affini **52.** 113—17. April/Mai/Juni 1953. Modena, Univ., Clin. Chirurg.) P. G. SCHEURLEN. 4210

Elliott Shaw und **D. W. Woolley,** *Imidazo-1.2.3-triazine als Substrat und Inhibitoren für Xanthinoxydase.* Vff. berichten über die Wrkg. von *2-Azaadenin* (**I**) auf *Xanthinoxydase* (**II**) in Ggw. der n. Substrate Xanthin (**III**) u. Hypoxanthin (**IV**). **I** wird durch **II** rascher angegriffen als **IV**. Die bei der Oxydation von **I** gebildete Verb. wurde isoliert u. als *8-Oxyazaadenin* (**V**) identifiziert. Spektrophotometr. Unterss. ergaben, daß die Oxydation von **III** u. **IV** durch **II** in Ggw. von äquimol. Mengen **I** 2—4mal langsamer verläuft; die Inhibitorwrkg. beruht darauf, daß gleichzeitig das Purinanaloge (**I**) abgebaut wird u. das daraus gebildete **V** als solches auf **II** hemmend wirkt. **I** wirkt stärker hemmend auf den **IV**- als auf den **III**-Abbau.

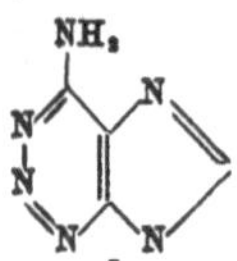
I

Versuche: *Aminomalondiamidindihydrochlorid* (**VI**), $C_3H_9N_5 \cdot 2HCl$; aus 10 g Phenylazomalondiamidin·2HCl in 15 cm³ konz. HCl + 50 cm³ W. mit 6 g Zn-Staub, wenn Lsg. entfärbt ist (p_H 4) filtrieren u. Filtrat mit H_2S/Pyridin versetzen, ZnS abtrennen, Filtrat eindampfen u. Rückstand mit absol. A. (zur Entfernung von Pyridinhydrochlorid) waschen; Kristalle aus konz. wss. Lsg. durch Fällen mit absol. A.; 70% (Ausbeute). — Daraus mit Chlorameisensäureäthylester *Carbäthoxyamidomalondiamidindihydrochlorid,* $C_6H_{13}O_2N_5 \cdot 2HCl$, F. 217—218°; aus absol. A./Ae. Nadeln: 24%. — *6-Amino-8-oxyimidazo-1.2.3-triazin* (*8-Oxyazaadenin,* **V**), $C_4H_4ON_6$; aus 1 g **VI** in W. mit NaOH (Kältemischung) u. Chlorameisensäureester; 25%. Daneben Isolierung aus dem Rohgemisch durch Behandeln mit 6nHCl + absol. A. *2-Oxy-4-amino-5-imidazolcarboxamidinhydrochlorid,* $C_4H_7ON_5 \cdot HCl \cdot \frac{1}{2}H_2O$; aus wss. A. Kristalle. UV- u. Infrarotabsorptionsspektren vgl. Original. (J. biol. Chemistry **194.** 641—54. Febr. 1952. New York, N. Y., Rockefeller Inst. for Med. Res., Labors.) GOEBEL. 4210

W. Ss. Schapot, *Die Abtrennung eines stabilen Ferment-Substrat-Nucleoproteides.* Wird in Abwesenheit von Mg- oder Mn-Salz die 0,1%ig. Lsg. von *Desoxyribonucleinsäure* (**I**), als Na-Salz aus der Thymusdrüse des Kalbes gewonnen, mit 0,3—0,5%ig. *Desoxyribonuclease* (**II**; erhalten aus der Nebenniere) versetzt, dann entsteht ein in W. unlösl., äußerlich an Nucleohiston erinnerndes Nucleoproteid, das als stabiler Fermentsubstratkomplex (**III**) anzusehen ist. Wird nahe p_H 7 der **III**-Nd. mit Mg-Salz versetzt, dann verbleibt nur eine schwache Trübung. Damit ist der Fermentcharakter von **III** erwiesen. Unabhängig von einem Überschuß an **I** oder **II** bleibt die chem. Zus. von **III** konstant. Der P-Geh. beträgt 1,79—1,91%, entsprechend ca. 20% **I.** An Eiweiß sind 65—70% enthalten. Es ist in **III**:**I**:**II** = 1:3,5. Im Unterschied zu Nucleohiston u. Albuminnucleinat, wo das Maximum des Absorptionsspektr. bei 260 mμ nicht verschoben wird, ist in **III** dieses Maximum nach 254 mμ verschoben. Nach der katalyt. Depolymerisation von **I** kehrt das Maximum 260 mμ für **I** wieder. Es konnten zeitlich zwei Phasen des Fermentprozesses festgestellt werden: 1. Bldg. des Fermentsubstratkomplexes; 2. eigentliche katalyt. Substratspaltung u. Zerfall des Komplexes. (Биохимия [Biochemie] **17.** 299—302. Mai/Juni 1952. Leningrad, Inst. für exp. Med. der Akad. der Med. Wiss. der UdSSR, Abt. Biochemie.) LEBTAG. 4210

Virginia Mae Stuermer und **Robert J. Stein,** *Cytodynamische Eigenschaften des menschlichen Endometriums.* 5. Mitt. *Stoffwechsel und enzymatische Aktivität des menschlichen Endometriums während des menstruellen Cyclus.* An Material, das durch wöchentliche Curettage während eines Cyclus von 6 regelmäßig menstruierenden Frauen gewonnen wurde, konnte festgestellt werden, daß der O_2-Verbrauch während der letzten Proliferations- u. Sekretionsphase steigt; während der Sekretionsphase erhielt man die höchsten Werte für die aerobe u. die niedrigsten Werte für die anaerobe *Glykolyse.* Die

Aktivität von *Äpfelsäure-* u. *Bernsteinsäuredehydrogenase, Cytochromoxydase* u. *Adenosintriphosphatase* steigt während der Proliferationsphase u. erreicht ihr Maximum während der frühen Sekretionsphase. Die Aktivität der Enzyme scheint derjenigen der Hormone parallel zu gehen. (Amer. J. Obstetr. Gynecol. **63**. 359—70. Febr. 1952. Iowa City, Iowa.) FRÜHWALD. 4230

F. Kayser, M. Pouteau-Thouvenot und **A. R. Prévot,** *Untersuchung einiger Desaminierungen durch Esch. coli in Gegenwart von Sulfanilamid, in Verbindung mit oder ohne Phenol. Sulfanilamid* (I) hemmt selbst in Konzz. bis 0,56% weder die enzymat. Desaminierung von *Asparaginsäure* durch *E. coli,* noch beeinflußt I die Hemmung der Rk. durch *Phenol* (II; 0,126% II 28% Hemmung). Die Hemmung der Desaminierung von *Cystein* (III) durch I nimmt mit der I-Konz. zu, sie steigt zuerst mit der Incubationsdauer an, vermindert sich dann u. verschwindet schließlich. Wahrscheinlich verzögert I die adaptive Bldg. der *Cysteinase* (IV), u. vielleicht erfolgt allmählich eine Art Adaption von IV an I. *p-Aminobenzoesäure* beeinflußt die Hemmwrkg. von I auf IV nicht. Die Kombination I–II verstärkt die Wrkg. der Konzz., in denen I u. II allein nur schwache oder mittlere Hemmung hervorrufen. Die Desaminierung von *L-Tryptophan* wird durch 0,005—0,4% I prakt. nicht beeinflußt. (Bull. Soc. Chim. biol. **33**. 1731—39. 1951. Nancy, Fac. de Pharm., Labor. de Chim., u. Garches, Inst. Pasteur, Labor. de Chim. bactérienne.) K. MAIER. 4230

M. A. Ter-Karapetjan, *Über die biologische Oxydation von Äthylalkohol zu Acetaldehyd durch Submersion der dispergierten Kultur.* Unter Verwendung von 16%ig. A. (Phosphatpuffer p_H 3,5) oder 16%ig. Weißwein (p_H 3,5) wird an Saccharomyces ellipsoideus bei 19° gezeigt, daß im Modellvers. u. mit Wein die Oxydation von *A.* u. *Acetaldehyd* (I) eine gleichzeitige Belüftung u. Vermischung der Kultur erfordert. Die Oxydation erfolgt nicht an der Oberfläche des Gefäßes oder der festen Teilchen. Gekochter Hefeextrakt enthält keine thermostabilen, A. zu I oxydierende katalyt. Systeme. Neben den biol. Rkk. verlaufen SO_2-Oxydation, Synth. von Acetalen u. andere Reaktionen. Die Oxydation von A. zu I wird durch KCN, $NaHSO_3$ u. JCH_2COOH inhibiert. Die Oxydation verläuft nach A. $\xrightarrow{\text{Dehydrase}}$ Zwischensysteme→Cytochromsyst. $\xrightarrow[\text{oxydase}]{\text{Cytochrom-}}$ O_2. Die Beteiligung von H_2O_2 wird damit nicht ausgeschlossen. In der dispergierten Kultur erfolgt die I-Bldg. über 300mal rascher als mit der Hautkultur. Die dispergierte Kultur kann als Schnellverf. zur Bldg. von I u. damit für die Schnellreifung von Sherry angewandt werden, da hierbei gleichzeitig oder aufeinanderfolgend andere chem., enzymat. u. biol. Reifeprozesse durchgeführt werden können. (Доклады Академии Наук СССР [Ber. Akad. Wiss. UdSSR] [N. S]. **83**. 885—88. 21/4. 1952. Erewan, Inst. für Tierzucht des Landw.-Minist. der Armen SSR.) LEBTAG. 4270

Derrol Pennington, Charles H. Sawyer und **Joan Schmidt,** *Das Wesen der Wachstumsreaktion von Saccharomyces cerevisiae auf Inosit.* Es wurde die Wrkg. von *Inosit* (I) auf das Wachstum von *S. cerevisiae* (GEBRÜDER MAYER-Stamm) unter verschied. Bedingungen (Zeit, Temp., I-Konz., Impfmenge) untersucht. In I-freier Nährlsg. wird die Wachstumsgeschwindigkeit der Hefe durch eine konstitutive, jedoch begrenzende Geschwindigkeit der I-Synth. bestimmt. In Ggw. von I wird diese Beschränkung aufgehoben. Das in einem I-Mangelmedium verzögert in Erscheinung tretende Wachstum ist eher auf eine langsame Wachstumsgeschwindigkeit als auf eine Adaptation an die I-Synth. zurückzuführen. (J. Bacteriol. **62**. 677—83. Dez. 1951. Seattle, Univ. of Washington, School of Med., Dep. of Microbiol.) K. MAIER. 4270

E₃. Mikrobiologie. Bakteriologie. Immunologie.

J. B. Hassinen, G. T. Durbin, R. M. Tomarelli und **F. W. Bernhart,** *Der minimale Nährstoffbedarf von Lactobacillus bifidus.* Bei der Unters. des Nährstoffbedarfs von 4 aus dem Stuhl von Brustkindern isolierten *L. bifidus*-Stämmen wurde gefunden, daß diese auf einem vereinfachten, aus Lactose, Puffer, Mineralsalzen, NH_4-Acetat, Cystein (I), Biotin u. Ca-Pantothenat (II) bestehenden Nährmedium wuchsen. Der I-Bedarf konnte nicht durch *Methionin, Homocystein* oder ähnliche Verbb. ersetzt werden. Die *Pantothensäure*-Aktivität von *Pantethin* kam annähernd der von II gleich. (J. Bacteriol. **62**. 771—77. Dez. 1951. Mason, Mich., Wyeth, Inc., Nutrit. Div., Res. and Developm. Dep.) K. MAIER. 4310

Richard-Ernst Bader und **Gerhard Hotz,** *Eisen–Harnstoff-Agar, eine Modifikation des Eisenagars nach Kligler.* Eisenagar nach KLIGLER erlaubt keine sichere Unterscheidungsmöglichkeit zwischen gas- u. H_2S-bildenden Proteusbakterien (*Pr. vulgaris, Pr. mirabilis*) einerseits u. Paratyphus–Enteritis-Bakterien andererseits sowie zwischen nicht gas- u. nicht H_2S-bildenden Proteusbakterien (*Pr. morganii, Pr. rettgeri*) einerseits u. Ruhrbakterien andererseits, so daß häufig eine weitere serolog. u. kulturell biochem. Unters. erforderlich wird. Zur Ausschaltung möglichst vieler apathogener, harnstoffspaltender Keime vor der weiteren Prüfung wurde ein Eisen–Harnstoff (I)-Agar entwickelt, da pathogene Darmkeime I nicht spalten, während die Vertreter der Proteusgruppe ein I-spaltendes Enzym bilden. (Z. Hyg. Infektionskrankh. **133.** 20—25. 1951. Heidelberg, Univ., Hygien. Inst.) K. MAIER. 4310

Je. I. Kwassnikow, *Die Alkoholfestigkeit von Milchsäurebakterien.* Durch Unterss. an ca. 1000 frischen u. Laborstämmen von Milchsäurebakterien wurde festgestellt, daß die meisten Stämme bei einer A.-Konz. von 16—18% lebensfähig sind, einige sogar bei 20—23%. Vorwiegend die aus Milchprodd. gewonnenen Kokken vertragen nicht mehr als 14—16% Alkohol. Die Lebensdauer der Milchsäurebakterien ohne Umsaat beträgt bei hoher A.-Konz. den mehrfachen Wert der Lebensdauer auf Nährböden ohne A.-Geh., bedingt durch die Hemmung der Vermehrung, der Nährstoffverwertung u. der Anreicherung. Als Elektivnährböden für die Milchsäurebakterien werden solche mit ca. 15% A.-Geh. vorgeschlagen. (Микробиология [Mikrobiologie] **21.** 160—65. März/April 1952. Mittelasiat. Zweigstelle des Allunions Wiss. Inst. für Weinbau u. Weinbereitung u. Inst. für Landw. der Akad. der Wiss. der UsbekSSR.) LEBTAG. 4310

J. Christophersen und **H. Thiele,** *Über den Einfluß von Substrat und Temperatur auf die proteolytische Aktivität einiger Käsebakterien.* Es wurden geprüft Thermobacterium helveticum (Th. h.), Thermobacterium lactis (Th. l.), **Streptococcus lactis** St. l.), Streptococcus cremoris (St. c.), Escherichia coli (E. c.) u. Bacterium linens (B. l.). Das p_H-Optimum für *Casein* (I)-Spaltung lag für Th. l. u. Th. h. zwischen 5,5 u. 6,0 für St. l. u. St. c. bei 6,5 u. für E. c. u. B. l. bei 7, während *Pepton* (II) u. *Leucylglycin* (III) von allen Organismen optimal bei 5,7 gespalten wurden. Der Einfl. des Züchtungssubstrates zeigte sich in einer Steigerung der Spaltung von II u. III bei St. l. u. St. c. u. einer Verminderung bei E. c. u. B. l., wenn diese auf trypsinverdauter Milch gewachsen waren. Dagegen zeigten St. c., St. l., E. c. u. B. l. nach Züchtung auf diesem Nährboden einen Verlust der Fähigkeit der I-Spaltung, der nach Wachstum auf Molkenbouillon oder auf I nicht eintrat. Die proteolyt. Aktivität aller Organismen, außer St. c., war nach Züchtung bei 20° größer als bei 30°. Die Züchtungstemp. beeinflußte auch die temperaturabhängigen Wirkungsmaxima u. die Hitzeresistenz der Enzyme, was auch nach erfolgter Autolyse beobachtet wurde. Die Wachstumsgeschwindigkeit wurde durch die Züchtungstemp. nicht beeinflußt. — 23 Literaturangaben. (Kieler milchwirtsch. Forschungsber. **4.** 683—700. 1952. Kiel, Bundes-Vers.- u. -Forschungsanst. für Milchwirtschaft.) KRUSEN. 4310

A. C. Baskett und **Sir Cyril Hinshelwood,** *Oxydations–Reduktionsvorgänge in Bakterienkulturen.* 2. Mitt. *Das anaerobe Wachstum von Bact. lactis aerogenes.* (1. vgl. C. **1951.** I. 3059.) Verschied. C-Quellen ermöglichen bei *B. lactis aerogenes* anaerobes Wachstum. Dieses erfolgt z. B. rasch in Ggw. von *Glucose*, langsam mit *Citrat* oder überhaupt mit *Succinat, Fumarat,* DL-*Lactat, Acetat,* DL-*Malat* u. anderem. In allen Fällen findet das anaerobe Wachstum langsamer u. unter größerem Materialverbrauch statt. Die beim Übergang von aerober zu anaerober Entw. u. umgekehrt auftretenden Erscheinungen wurden untersucht: 1. Beim Fehlen von O_2 zur Reoxydation red. H-Überträger XH_2 hört das Wachstum auf. 2. Die Zellen unterliegen einer Veränderung, wobei sie die Fähigkeit zur Bldg. reduzierender Substanzen YH_2 erlangen. Dieser Vorgang hängt vom N-Stoffwechsel ab. 3. Zunahme des Reduktionspotentials der Zellen u. Ansammlung von YH_2. 4. Nach einer Periode adaptiver Veränderungen, die vom Substratcharakter abhängig ist, beginnen die anaeroben Reduktionsprozesse abzulaufen, wobei das Reduktionspotential mit der Abnahme von YH_2 absinkt. In Glucose-haltigen Kulturen wird in verstärktem Maße Säure gebildet. 5. Der Wachstumsbeginn kann dem Dismutationsprozeß ein wenig nachhinken. Die Rückkehr zum aeroben Stoffwechsel verläuft einfach, ohne daß hierzu wesentliche Regulierungen erfolgen müssen: 1. Ggw. von O_2 bewirkt sofortige Oxydation von XH_2 durch das Syst. der Atmungsfermente. 2. Das größere Verhältnis X/XH_2 vermehrt das Oxydationspotential der Zelle, so daß die Reduktionsvorgänge, die für einen Teil der Säurebldg. aus Glucose verantwortlich sind, sofort aufhören. 3. Das Wachstum, das von der fortlaufenden Reoxydation von XH_2 zu X abhängt, geht weiter u. paßt sich rasch den aeroben Bedingungen an. (Proc. Roy. Soc. [London], Ser. B **138.** 75—87. 15/2. 1951. Oxford, Univ., Phys. Chem. Labor.) K. MAIER. 4320

A. C. Baskett und **Sir Cyril Hinshelwood,** *Oxydations–Reduktionsvorgänge in Bakterienkulturen.* 3. Mitt. *Der Pasteur-Effekt bei Bact. lactis aerogenes.* (2. vgl. vorst. Ref.) Im Hinblick auf die experimentellen Beobachtungen werden verschied. Schemata zur Deutung des PASTEUR-Effekts bei *B. lactis aerogenes* diskutiert. Sie beruhen auf der

Annahme, daß anaerobes Wachstum die Entw. eines neuen Mechanismus zur Reoxydation red. H-Überträger erfordert, u. daß kompetitive Rkk. existieren, bei denen ein red. Syst. einerseits durch mol. O_2, andrerseits durch Vorgänge unter Verbrauch primären Substrats reoxydiert wird. Durch Erniedrigung des Verhältnisses XH_2/X im reduzierenden Syst. unterdrückt O_2 die kompetitiven Rkk., woraus eine Verminderung der Gesamtgeschwindigkeit des Substratverbrauchs erfolgen kann. Die Reoxydation durch ein C-Substrat ist im Vgl. zum Substratverbrauch bei aerober Entw. unvorteilhaft, da stark red. organ. Verbb., wie Paraffin-KW-stoffe, leicht gebildet werden können, während eine Oxydation häufig vollständig verlaufen kann. (Proc. Roy. Soc. [London], Ser. B **138.** 88—97. 15/2. 1951. Oxford, Univ., Phys. Chem. Labor.) K. MAIER. 4320

E. D. Michlin, M. G. Golyschewa und **W. A. Keppen,** *Einfluß der Aerationsbedingungen auf die Entwicklung von essigsauren ketogenen Mikroorganismen.* Untersucht wurde die Oxydation von *Sorbit* (I) zu *Sorbose* durch Acetobacter melanogenum u. Acetobacter suboxydans, in Abhängigkeit von Belüftung u. Umrühren, sowie das Bakterienwachstum. Durch intensive Belüftung wurde die Vermehrungsgeschwindigkeit der Bakterien stark erhöht u. als Folge davon die I-Oxydation verstärkt. Das Oxydationsvermögen der einzelnen Bakterienzelle wurde durch die Belüftung nicht verändert. (Микробиология [Mikrobiologie] **21.** 521—27. Sept./Okt. 1952. Moskau, Allunions Wiss. Vitamin-Forschungsinst.) LEBTAG. 4320

E. D. Michlin und **M. G. Golyschewa,** *Einfluß der Katalase auf die Oxydation des Sorbits durch ketogene Mikroorganismen.* Durch Zugabe von Katalase aus Ochsenleber oder steriler wss. Blutlsg. zu dem 30 Min. bei 118—120° sterilisierten Nährboden werden Wachstum von Ac. melanogenum u. Ac. suboxydans sowie Geschwindigkeit der Oxydation von *Sorbit* (I) zu *Sorbose* durch die genannten Bakterien erhöht. Bei der I-Oxydation durch die ketogenen Bakterien entsteht H_2O_2, das sich ohne Katalasezugabe in solcher Menge ansammelt, daß das Wachstum der Bakterien gehemmt wird. (Биохимия [Biochemie] **17.** 91—96. Jan./Febr. 1952. Moskau, Allunions Wiss. Vitamin-Forschungsinst.) LEBTAG. 4320

W. A. Alexejew, *Über die Bindung des atmosphärischen Stickstoffes durch die Erreger der Flachsröste Granulobacter pectinovorum und Bac. felsineus.* Auf dem nach WINOGRADSKI hergestellten Nährboden mit 0,1% K_2HPO_4, 0,05% $MgSO_4 \cdot 7H_2O$, 1% Glucose, 1% reine Kreide, Spuren Fe u. Mn wird die Bindung von Luft-N durch Granulobacter pectinovorum (Gr. p.) u. Bac. felsineus (B. f.) durch Zugabe von 0,2% Agar erhöht. Auf beiden Nährböden ist die N-Bindung durch B. f. intensiver als durch Gr. p. Die Anreicherung an Essig- u. Buttersäure ist in Ggw. von Agar ebenfalls erhöht. Gr. p. ist biol. weniger akt. als B. f. In beiden Kulturen konnten Aceton u. Alkohole nicht nachgewiesen werden. (Микробиология [Mikrobiologie] **21.** 166—70. März/April 1952. Leningrad, Allunions Wiss. Forschungsinst. für landw. Mikrobiol.) LEBTAG. 4320

I. Zelitch, E. D. Rosenblum, R. H. Burris und **P. W. Wilson,** *Vergleich des Stoffwechsels von Ammoniak und molekularem Stickstoff bei Clostridium.* Wird wachsenden, N-bindenden *Cl. pasteurianum* (Stamm *Wisconsin W 5*)-Zellen ^{15}N in Form von $^{15}N_2$ oder $^{15}NH_4^+$ zur Verfügung gestellt, so findet sich die höchste ^{15}N-Konz. in der *Glutaminsäure* (I) der Zellen, d. h. I muß die erste aus fixiertem N_2 oder NH_4^+ gebildete Aminosäure sein. Die ^{15}-N-Verteilung in den übrigen Aminosäuren erfolgt gleichmäßig. Die Ähnlichkeit der Befunde mit den bei *Azotobacter* erhaltenen weisen auf einen weitgehend einheitlichen N-Fixierungsmechanismus bei Aeroben u. Anaeroben sowie auf die Funktion von NH_3 als Schlüsselverb. hierbei hin. (J. Bacteriol. **62.** 747—52. Dez. 1951. Madison, Univ. of Wisconsin, Coll. of Agric., Dep. of Biochem. and Bacteriol.) K. MAIER. 4320

F. M. Tschisstjakow und **S. F. Kamnewa,** *Die Bildung von Kristallen in Kulturen von psychrophilen Bakterien.* Aus verschied. Böden von Lwow wurden 45 Kulturen von psychrophilen Bakterien isoliert. Sie alle zeigten eine für jede Bakterienkultur spezif. Bldg. von Kristallen. Die Bldg. der Kristalle erfolgte nur in Ggw. von Phosphorsäure, Mg u. Ammonium bei entsprechendem p_H des Bodens u. war die Folge des Stoffwechsels der Bakterien. Die im festen Nährboden (Fleischpepton–Agar) gebildeten Kristalle enthielten Phosphate von Ca, Mg u. NH_4. Im fl. Medium (Fleischpepton–Bouillon) entsprachen die Kristalle etwa $MgNH_4PO_4 \cdot 6\,H_2O$. Im Vegetationsvers. mit Hafer mit u. ohne Bakterien- oder chem. Kristalle von $MgNH_4PO_4$ wurde bei Versorgung mit P, Mg u. N die größte Zunahme der Trockensubstanz in Ggw. von chem. u. Bakterienkristallen erzielt. Es wird angenommen, daß die von den psychrophilen Bakterien in der kalten Jahreszeit gebildeten Kristalle in der Pflanze von Bedeutung für die Mobilisierung von N, P u. Mg sind. (Микробиология [Mikrobiologie] **21.** 540—47. Sept./Okt. 1952. Lwow, Inst. für Handel u. Wirtschaft.) LEBTAG. 4320

G. P. Kalina und **B. A. Fichman,** *Die Bildung von Kristallen in Bakterienkulturen.* Zwecks Nachprüfung der These von Boschjan (Über die Natur der Viren u. Bakterien, Moskau, 1949), wonach Virus- u. Bakterieneiweiß krist. kann u. in dieser Form bes. widerstandsfähig gegenüber physikal., chem. u. therm. Einflüssen ist, wurde das Kristallisationsvermögen verschied. Stämme von Typhus-, Paratyphus- u. Dysenteriebacillen untersucht. Es zeigte sich, daß die Kristallbldg. von der Zus. des Mediums u. dem Stoffwechsel der Mikrobenkulturen abhängig ist. Bei geringem oder fehlendem Stoffwechsel entstehen keine Kristalle. Die Temp. ist von geringem Einfluß. Die Kristallbldg. erfolgt immer in der alkal. Lösung. Enthält das Medium durch Mikroben spaltbare Kohlenhydrate, dann bleibt die Kristallbldg. infolge der eintretenden alkal. Rk. aus. In der Mischkultur von Antagonisten entstehen keine Kristalle, während in der Einzelkultur die Kristallbldg. sehr intensiv ist. Bei fehlendem Antagonismus verhalten sich die Einzel- u. Mischkulturen genau umgekehrt. Demnach wird durch die wechselseitige Hemmung des Stoffwechsels die Kristallisation vermindert. Die Ergebnisse widerlegen die Möglichkeit einer Kristallisation des lebenden Mikrobeneiweißes. (Микробиология [Mikrobiologie] **21.** 528—39. Sept./Okt. 1952. Tschernowitz, Med. Inst.) Lebtag. 4320

F. Kayser und **M. Pouteau-Thouvenot,** *Die Wirkung von Sulfanilamid, Phenol und der Kombination beider Substanzen auf Wachstum und Atmung von Escherichia coli.* Die Synth. lebender Substanz in *E. coli*-Kulturen ist in Ggw. verschied. Konzz. von *Sulfanilamid* (I)–*Phenol* (II) (0,03—0,1% **II**, 0,005—0,01% **I**) stärker verringert als mit I oder II allein. In Ggw. von I oder II allein ist die Atmung schwächer als bei den Kontrollen. Die Hemmung ist noch ausgeprägter, wenn **I** + **II** zugegen sind (Hemmung nach 8 Std. durch **I** 30%, **II** 22%, **I** + **II** 73%). Die Bldg. einer bestimmten Bakterienmenge erfordert in Ggw. von **I**, **II** oder **I** + **II** einen erhöhten O_2-Verbrauch. (Bull. Soc. Chim. biol. **33.** 1726—30. 1951. Nancy, Fac. de Pharm., Labor. de Chim.) K. Maier. 4330

Johannes Meyer-Rohn, *Über den Synergismus von Isonicotinsäurehydrazid und Lactoflavin. Lactoflavin* zeigt in vitro einen synergist. Effekt zum *Isonicotinsäurehydrazid* (I), der die tuberkulostat. Wrkg. des I um eine Zehnerpotenz steigert. Im Tiervers. ist dieser Synergismus nicht reproduzierbar. (Tuberkulosearzt **7.** 300—02. Mai 1953. Hamburg-Eppendorf, Univ., Hautklinik.) Rutkowski. 4330

Mai Arvidson, Hans Ericsson, Örjan Ouchterlony und **Bo Vahlquist,** *Ein zur Wachstumshemmung von Corynebacterium diphtheriae fähiger Faktor aus dem Atmungstrakt des Menschen.* Bei der Suche nach Faktoren, welche in der Lage sind, die Entw. von *C. diphtheriae* zu hemmen, wurde keine direkte Wrkg. des Speichels festgestellt. Bei Verwendung bestimmter Kulturmedien war eine deutliche Hemmwrkg. durch α-Streptokokken, die zur n. pharyngealen Flora gehören, nachweisbar, wobei die hemmende Substanz in die Umgebung diffundierte. Sie wurde durch Erythrocyten gehemmt. (Acta pathol. microbiol. scand. **27.** 263—69. 1950. Stockholm, State Bacteriol. Labor.) K. Maier. 4330

E. I. Tschertkowa und **N. I. Buinow,** *Untersuchung der Wirkung aktiver chemischer Präparate auf den Tuberkelbacillus mit Hilfe des Elektronenmikroskopes.* Nach 6—15tägigem Kontakt des Tbc-Bacillus mit bakteriostat. u. höheren Konzz. von *Streptomycin* (I), *p-Aminosalicylsäure* (II) bzw. p-Acetaminobenzaldehydthiosemicarbazon kommt es, wie Beobachtungen mit Hilfe des Elektronenmikroskops ergaben, zunächst zu Quellung u. Umwandlung der Granularsubstanz in eine formlose homogene M. mit nachfolgendem Zerfall der Zelle. Am stärksten sind die Veränderungen bei Kombination der Präpp., bes. von **I** u. **II**. (Проблемы Туберкулеза [Probleme Tuberkul.] **1953.** Nr. 1. 22—28. Jan./Febr. Swerdlowsk, Wiss. Forschungsinst. für Tbc u. Inst. für Physik der Metalle.) Rentz. 4340

G. L. Fawer, *Wirkung von Magnesiumlösungen mit Penicillin auf die Kultur des Staphylococcus aureus.* In Verss. in vitro stellte Vf. fest, daß *Penicillin* (I), welches in 25%ig. $MgSO_4$ (**II**) gelöst wurde, seine bakteriostat. Eigg. länger behält, als wenn man es in dest. W., physiol. NaCl-Lsg. bzw. in 10%ig. NaCl-Lsg. auflöst. Da **II** auch noch über wertvolle therapeut. Eigg. verfügt, wird es als Lösungsm. für I empfohlen. (Журнал Микробиологии, Эпидемиологии и Иммунобиологии [J. Mikrobiol., Epidemiol., Immunobiol.] **1953.** Nr. 2. 53. Febr. Krimer Inst. für Epidemiol. u. Mikrobiol., u. Nishegorsk, Bezirkskrankenhaus.) Rentz. 4340

G. G. Winberg und **T. N. Ssiwko,** *Einige Beobachtungen über die „grüne Bakterie".* Durch Unterss. an städt. Abwässern wurde nachgewiesen, daß in der Entwicklungszeit der grünen Bakterie die Biomasse des Planktons fast ausschließlich aus der Substanz der grünen Bakterie besteht ($0{,}111 \cdot 10^{-9}$ mg organ. Substanz je Zelle). Im Unterschied zu den übrigen Bakterien enthält die grüne Bakterie die für die grüne Pflanze typ.

Pigmentstoffe u. ist hauptverantwortlich für die intensive Photosynthese. Sie bestimmt die O_2-Verhältnisse, die akt. Rk. des W., den gesamten Stoffwechsel u. die Selbstreinigung des Teiches. Die Massenentw. der grünen Bakterie setzt erst nach der ersten Periode der Oxydation u. der Umsetzung der leichtassimilierbaren organ. Stoffe ein. Sie ist begleitet von einer Ausfällung der vorher reichlich entstandenen Grünalgen. (Микробиология [Mikrobiologie] **21.** 139—45. März/April 1952. Minsk, Weißruss. Sanitäts-Inst.) LEBTAG. 4350

Sol Miller und **Vera Ruttinger,** *Eine verbesserte Hydrolysemethode zur Verwendung bei der mikrobiologischen Bestimmung von Tryptophan in menschlicher Milch.* In menschlicher Milch wurde *Tryptophan* (**I**) nach Hydrolyse mit NaOH u. $Ba(OH)_2$ in Ni- u. Glasgefäßen mikrobiol. unter Verwendung von *Str. faecalis* bestimmt. Mit $Ba(OH)_2$ wurden höhere **I**-Werte als mit NaOH erhalten. Zusatz von Cystein steigerte die **I**-Ausbeute nicht. Mit $Ba(OH)_2$ in Ni-Gefäßen hergestellte Hydrolysate enthielten mehr **I** als in Glas erhaltene. **I**-Bestimmungen in Casein ließen eine gute Reproduzierbarkeit erkennen. (Arch. Biochemistry **27.** 185—90. Juni 1950. Detroit, Mich., Children's Fund of Michigan., Res. Labor.) K. MAIER. 4360

Florence B. Seibert, *Tuberkulinproteine.* 4 Proteinpräpp. (**I**) aus nichterhitzten *Tuberkulin*-Filtraten u. ein mittels festen Harnstoffs aus lebenden Bacillen hergestelltes Protein (**II**) wurden auf mögliche Korrelationen zwischen physikal.-chem., chem. u. biol. Eigg. untersucht. Zwei **I** hoher hatten im Vgl. zu solchen niederer Aktivität niedrige elektrophoret. Beweglichkeit, hohen Kohlenhydratgeh. u. ein hohes Verhältnis der opt. D. im Maximum u. Minimum. Umgekehrt ähnelte **II** trotz hoher biol. Wirksamkeit den wenig akt. **I.** Die Ggw. von ***Nucleinsäure*** beeinflußte die Spektren, die elektr. Beweglichkeiten u. biol. Eigg. mancher, jedoch nicht aller Produkte. Möglicherweise sind die allerdings nicht sehr großen Unterschiede in der Aminosäurezus. hierfür verantwortlich. (Discuss. Faraday Soc. **1953.** Nr. 13. 251—61. Univ. of Pennsylvania, Henry Philipps Inst.) GIBIAN. 4370

C. A. Knight, *Die Agglutination von Hühnererythrocyten unter besonderer Berücksichtigung des Geflügelhistons.* Bas. Proteinfraktionen des Influenzavirus, PR 8, zeigten keine Hämagglutinations(HA)-aktivität gegenüber Hühnererythrocyten; Lipoidextrakte, gewonnen durch Extraktion mit A.–Ae., ergaben nur kleine Agglutinate bei hoher Konzentration. Vf. prüfte eine Reihe von Substanzen, bas. Proteine, Schwermetallsalze, Pflanzenextrakte, auf ihre HA. Als hochakt. erwies sich nur Histon aus Hühnererythrocyten. Es enthält 18,7 $\pm$0,7% N, 0,52% S u. 0,04% P, die ***Aminosäure***-Zus. ist angegeben. (Arch. ges. Virusforsch. **4.** 649—58. 1952. Berkeley, Calif., Univ., Virus Labor.) WIEDEMANN. 4374

J. D. Verlinde, *Vergleichende Untersuchung über die Beteiligung der Muskeln bei der experimentellen, durch verschiedene Virusstämme erregten Poliomyelitis und die Wirkung von Hyaluronidase auf die intramuskuläre Impfung.* In Verss. mit Cynomolgusaffen wird gezeigt, daß Columbia SK-Virus u. Poliomyelitis virus (nicht pathogen für Nager) nicht nur Schädigungen am Nervensyst. hervorrufen, sondern auch myotrop (Myocarditis, Myositit) wirken. Die Lähmungserscheinungen traten verstärkt auf, wenn die Inoculation mit *Hyaluronidase* zusammen erfolgte, indem diese das Eindringen der Viren in die peripheren Nerven erleichtert. (Arch. ges. Virusforsch. **4.** 546—60. 1952. Leiden, Holland, Inst. for Preventive Med., Dep. of Bact. and exp. Pathol.) WIEDEMANN. 4374

H. T. Epstein, *Die Identität von strahlenempfindlichem Volumen und Nucleinsäurevolumen.* Vf. hat unter Auswertung der Meßergebnisse über die Strahlensensibilität von Viren einerseits das strahlenempfindliche Vol. in $m\mu^3$ u. andrerseits das Vol. der im Virus enthaltenen Nucleinsäure bestimmt u. gute Übereinstimmung zwischen beiden Werten festgestellt. Lediglich bei extrem großen Viren komplexer Struktur (Influenza- u. Vaccinavirus) ist das Nucleinsäurevol. erheblich größer. Es wird angenommen, daß diese Diskrepanz auf der für die großen Viren nicht mehr zutreffenden Eintreffertheorie beruht, die der Berechnung der Voll. zugrunde liegt. Vf. schließt aus seinen Berechnungen, daß der strahlenempfindliche Teil des Virus die in ihm vorhandene Nucleinsäure ist. (Nature [London] **171.** 394—95. 28/2. 1953. Pittsburgh, Pa., Univ. of Pittsburgh, Dep. of Biophys.) REUSSE. 4374

Rudolf Kaden, *Vergleichende Versuche über die Resistenzsteigerung von Epidermophyton Kaufmann-Wolf.* Der Pilz wird auf Nährböden mit unterschwelligen Konzz. von *Chloroxychinolin* (**I**) oder mittelkettigen Fettsäuren (**II**) schon nach wenigen Passagen gegen diese an sich fungicid wirkenden Stoffe resistent. Die Resistenz ist spezif., denn ein gegen **I** resistenter Stamm bleibt empfindlich für **II** u. umgekehrt. Für die Therapie von Hautmykosen wird daher ein häufiger Wechsel antimykot. Präpp. empfohlen. (Z. Haut- u. Geschlechtskrankh. **15.** 1—6. 1/7. 1953. Berlin, Univ., Rudolf-Virchow-Krankenhaus, Hautklinik.) FISCHOEDER. 4380

Carroll E. Cox, Hugh D. Sisler und **Robert A. Spurr,** *Die Art der aus organischen schwefelhaltigen Fungiciden stammenden gasförmigen Giftstoffe.* Bei der Fortführung früherer Unterss., die eine Abspaltung von CS_2 aus einer Lsg. oder Suspension von *Tetramethylthiuramdisulfid, Thiram,* in Ggw. von Sporen oder Mycel von *Fusarium roseum Lk.*, ergeben hatten (Phytopathology [Abstr.] **41.** [1951.] 32), wurde gefunden, daß Lsgg. von *Dithane D-14,* einem Fungicid mit 25% *Dinatriumäthylen-bis-dithiocarbamathexahydrat, Nabam* (I), spontan H_2S u. CS_2 abspalteten, ohne daß hierfür lebende Zellen notwendig waren. In der Atmosphäre einer Lsg. von 10 g I/Liter W. erfolgte keine Sporenkeimung von *Colletotrichum phomoides* u. nur schwache von *F. roseum,* bei schwächeren Konzz. eine zunehmende Entw., über einem CS_2–W.-Gemisch ebenfalls keine Keimung. I war im Gasraum über seinen wss. Lsgg. nicht nachweisbar. Die Infrarotspektroskopie der Dämpfe aus I-Lsg. zeigte außer den Wasser- u. CO_2-Banden nur noch diejenigen von CS_2 u. *Äthylendiamin.* Die nach dem BEERschen Gesetz berechneten entsprechenden Partialdrucke betrugen hierfür 26,3 bzw. 2,3 mm Hg. Die Wrkg. fungicider *Dithiocarbaminsäure*-Derivv. ist nach diesen Verss. wenigstens teilweise auf CS_2, in Verbindung mit Aminen, zurückzuführen. (Science [Washington] **114.** 643—45. 14/12. 1951. Univ. of Maryland, Coll. Park, Dep. of Bot. and Chem.) K. MAIER. 4380

M.-M. Janot et J. Keufer, Mécanismes biochimiques de l'activité des antibiotiques. (Pénicilline, Streptomycine, Tyrothricine.) Paris: Masson et Cie. (74 S.) fr. 700,—.

E_4. Pflanzenchemie. Pflanzenphysiologie. Pflanzenpathologie.

Noboru Yamagata, *Anorganische Bestandteile der Pflanzen im Moorbezirk „Oze-ga-Hara" und seiner Umgebung.* Zur Unters. des Kreislaufs der anorgan. Elemente wurden anorgan. Analysen von Vertretern der niedrigeren u. höheren Pflanzen der verschied. lokalen Florabezirke ausgeführt. (J. chem. Soc. Japan, pure Chem. Sect. [Nippon Kagaku Zassi] **73.** 470—77. Juli 1952. Gumma Univ. [Orig.: japan.]) SCHULER. 4410

Ross B. Pringle, *Die freien Aminogruppen der Proteine von Ambrosia elatior-Pollen.* Pollen von Ambrosia elatior wurden nach Entfettung (Ae., PAe.) mit einem Phosphatpuffer extrahiert u. der Extrakt dialysiert. Die so erhaltenen Proteine wurden mit 2.4-Dinitrofluorbenzol (0,4 g in 10 cm^3 A.) geschüttelt, die Dinitrophenylproteine hydrolysiert u. die 2.4-Dinitrophenylaminosäuren (lösl. in Ae.) von den nichtsubstituierten Aminosäuren abgetrennt. Durch Papierchromatographie beider Fraktionen wurde festgestellt, daß das Pollenprotein nur drei freie Aminogruppen enthält, die unter den Versuchsbedingungen 2.4-Dinitroanilin, 2.4-Dinitrobenzol u. ε-Dinitrophenyllysin ergeben. Es wird daher angenommen, daß das Protein cycl. gebaut ist oder Endaminogruppen mit anderen Komponenten verbunden sind. (J. Allergy **24.** 251—57. Mai 1953. Ann Arbor, Mich., Univ. of Michigan, Med. School, Dep of Intern. Med.) REICHLE. 4420

R. Lemberg, *Stickstoffhaltige Farbstoffe des Pilzes Coriolus sanguineus (Polystictus cinnabarinus).* Aus dem Basidiomyceten *C. sanguineus* (Fr.) wurde ein stickstoffhaltiges orangefarbenes Pigment *Polystictin* (I) von der Zus. $C_{29}H_{22}O_{10}N_4$ bzw. $C_{14}H_{10}O_5N_2$ (GRIPENBERG, C. **1952. 1496**) isoliert. — Es handelt sich um einen Chinonfarbstoff von amphoterem Charakter. Zwei Gewinnungsmethoden aus frischem u. getrocknetem Pilzmaterial werden beschrieben. Für I diskutiert Vf. die Zus. $C_{29}H_{22}O_{10}N_4$. F. nicht eindeutig feststellbar. Die Absorptionskurve einer Lsg. von I in Chlf. hat ein Maximum bei 458 mμ, das Maximum einer Lsg. des Farbstoffes in Pyridin liegt bei 467 mμ. Gegen Säuren erweist sich I als sehr beständig, in wss. alkal. Lsg. dagegen werden ca. 50% des Stickstoffs als NH_3 abgespalten. In mit Alkali behandelten Lsgg. des Farbstoffes konnten mindestens 5 verschied. gelborangefarbene Pigmente festgestellt werden, die zum Teil saure Eigg. aufweisen u. aus Chlf., Ae., Bzn. oder Butanol in reiner Form gewonnen werden konnten. Eine Behandlung mit methanol. KOH führt zur Decarboxylierung des Farbstoffes ohne N-Verlust. I wird von einem weiteren Farbstoff *Polystictinin* begleitet, der sich von jenem durch die größere Löslichkeit in organ. Lösungsmitteln u. durch einen scharf definierten F. 246—247° unterscheidet. Andere äther- u. wasserlösl. gelb bis orangefarbene Substanzen sind in kleinen Mengen vorhanden. Eine antibiot. Wrkg. gegenüber gramnegativen Bakterien konnte bei keinem der isolierten Pigmente festgestellt werden. (Austral. J. exp. Biol. med. Sci. **30.** 271—78. Juni 1952. Sydney, Roy. North Shore Hosp., Inst. of Med. Res.) I. WEINMANN. 4420

K. Mothes, *Neue Untersuchungen zur Pflanzenphysiologie der Alkaloide.* Autoref. eines Vortrages. Die Wurzel ist als Hauptbildungsstätte der Alkaloide anzusehen. Die besondere chem. Leistung der Wurzel gründet sich auf den Nachw. einer in isolierten

Wurzeln ablaufenden Alkaloidsynth. u. einer Alkaloidwanderung im Saft. Die Alkaloidführung in einem Sproß kann durch den Zustrom aus der Wurzel, durch die Bldg. im Sproß, durch Abbau u. Verwandlung, Abwanderung, Ausscheidung u. Auswaschung bedingt sein. Die jüngsten noch in Zellteilung befindlichen Sproßteile haben eine allg. verbreitete Fähigkeit zur Alkaloidbldg. (auch bei jungen Früchten u. jungen Samen). Die Rolle des Chlorophylls für den Abbau der Alkaloide im Blatt ist noch nicht entschieden. Bei „panaschierten" Blättern (Atropareiser auf Nicotianawurzeln) sind die ausbleichenden Stellen entweder die Orte besonderer Alkaloidspeicherung oder solche verhinderten Abbaues oder beides zugleich. Der Saft ist vermutlich nicht allein für den Alkaloidtransport entscheidend. An den Orten der Bldg. u. des Abbaues der Alkaloide treten papierchromatograph. erfaßbare neue Alkaloidtypen auf. Die Purine scheinen sich in das Alkaloidschema einzufügen. (Arch. Pharmaz. Ber. dtsch. pharmaz. Ges. **285/57.** Nr. 10. Mitt. dtsch. pharmaz. Ges. **22.** 101—02. 1952. Gatersleben-Halle.) PATZSCH. 4420

Alfredo Quartaroli, *Über einige sehr stark flockende Substanzen im Samen und ihre physiologische Bedeutung.* Ausführliche Übersicht über die Beobachtungen des Vf. an wss. Extrakten vorwiegend schleimbildender Pflanzensamen, die in Mengen von wenigen γ Substanz auf Aufschwemmungen tonhaltiger Erden nach Alaunzusatz sehr stark flockend wirkten. Die für diese Wrkg. in Frage kommenden Substanzen sind thermostabil, finden sich in der obersten Schicht der Samen u. scheinen sehr enge Beziehungen zu den *Mucinen* zu besitzen. Der Vf. nimmt an, daß diese Substanzen dem Samen möglicherweise eine geeignete Struktur des umgebenden Bodens schaffen. (Atti Accad. Georgofili [6] **16.** 120—30. 1952.) IPPEN. 4450

W. B. Jewstignejew und **W. A. Gawrilowa,** *Der Einfluß einiger Stoffe auf die Geschwindigkeit der Photooxydation von Chlorophyll a.* Zusatz geringer Mengen W. u. einer Reihe anderer Stoffe ruft in inerten Lösungsmitteln (Bzl., CCl_4, Toluol) eine starke Veränderung der Eigg. des *Chlorophylls* (**I**) u. verwandter Verbb., die Mg enthalten, hervor, wie sich in einer Veränderung des Absorptionsspektr. zeigt. Es wurde untersucht, welcher Zusammenhang zwischen der durch derartige Zusätze bewirkten Veränderung des I-Spektr. u. seiner Fähigkeit zur photochem. Oxydation besteht. Als am stärksten wirksam hinsichtlich der Beschleunigung der photochem. Oxydation erwies sich *W.*; *Ae.* u. *Aceton* bewirkten nur eine schwache Beschleunigung, *Pyridin, Piperidin, Nicotin* u. *Urotropin* eine starke Verlangsamung. Die Wrkg. dieser Stoffe auf die Geschwindigkeit der photochem. Oxydation stand nicht im Zusammenhang mit ihrer Wrkg. auf die Fluorescenz u. das Spektrum. (Доклады Академии Наук СССР [Ber. Akad. Wiss. UdSSR] [N. S.] **89.** 523—26. 21/3. 1953. Bach-Inst. für Biochem. der Akad. der Wiss. der UdSSR.) A. JACOB. 4460

A. A. Krassnowski und **G. P. Brin,** *Über die Natur der aktivierenden Wirkung von Basen auf die Reaktion der umkehrbaren photochemischen Reduktion des Chlorophylls und des Pheophytins.* Untersucht wurde das Absorptionsspektr. von *Chlorophyll a* (**I**) u. *Pheophytin* (**II**) in Ggw. von Ae., Pyridin, Piperidin, Chinolin, Nicotin, Phenylhydrazin u. Pyrrol. Auf Grund des Zusammenhangs zwischen den spektralen u. photochem. Veränderungen von **I** u. **II** wird der Schluß gezogen, daß allg. die Intensität der Absorptionsbande 638—642 mμ nicht die Intensität u. Umkehrbarkeit der Photored. bestimmt. Am stärksten wirken Basen, in denen diese Banden nur schwach in Erscheinung treten; in alkoh. Lsgg. werden in Ggw. von Basen diese Banden nicht beobachtet. Von starkem Einfl. ist offenbar eine Koordinationsverb. von Basen mit dem Pigmentmolekül. In Analogie zu den Hämochromogenen, bei denen eine Verb. des Häms mit Basen die Größe des Redoxpotentials des Mol. beträchtlich erhöht, kann man annehmen, daß auch eine Verb. des **I** mit Basen zu einer Verstärkung seiner Oxydationsfähigkeit führt. Die Verb. von **I** mit bas. Eiweißgruppen kann die hohe Wirksamkeit der prim. photochem. Rk. der Eiweiß–Lipoid-Verbb. des **I** in den Plastiden der Pflanze erklären. (Доклады Академии Наук СССР [Ber. Akad. Wiss. UdSSR] [N. S.] **89.** 527—30. 21/3. 1953.) A. JACOB. 4460

N. M. Ssissakjan und **I. I. Filippowitsch,** *Der Charakter des Stoffwechsels bei der Stadienentwicklung des Organismus.* Übersichtsarbeit (34 Literaturangaben) unter besonderer Berücksichtigung der Atmungsprozesse u. der Fermenttätigkeit in den verschied. Entwicklungsstadien der Pflanzen. Danach erfolgen während der Stadienentw. tiefgreifende irreversible Veränderungen im Stoffwechsel der Pflanze, die denselben in eine bestimmte Richtung drängen. (Журнал Общей Биологии [J. allg. Biol.] **14.** 215. Mai/Juni 1953.) LEBTAG. 4460

R. Pohl, *Das Wuchsstoff–Hemmstoff-Problem der höheren Pflanze.* Literaturbericht. 60 Literaturangaben. (Naturwissenschaften **39.** 1—8. 1. Januarheft 1952. Freiburg/Br., Univ., Botan. Inst.) FRÜHWALD. 4485

Magnus Matell, *α-N-Arylaminocarbonsäuren als Pflanzenwachstumsregulatoren.* Es wurden einige Vertreter oben genannter Verbindungsklasse dargestellt. Von einigen Verbb. wurde die Auxinaktivität bestimmt. (—)-*α-Anilinopropionsäure,* $C_9H_{11}O_2N$, F. 149,5—150,2° (wss. A.), das Strychninsalz der rac. Säure wurde mehrfach aus verd. A. umkrist. u. danach zers., $[\alpha]_D^{25}$ —62,5°, $[M]_D^{25}$ —103,2° (0,1004 g in 10 cm³ absol. A.). — (+)-*α-Anilinopropionsäure,* $C_9H_{11}O_2N$, F. 149,5—150,4° (verd. A.), aus der Mutterlauge der 1. Kristallfraktion vorst. Strychninsalzes wurde nach Zers. eine (+)-Säure gefunden, die über das (+)-α-Phenyläthylaminsalz durch Umkristallisieren aus Aceton weiter gereinigt wurde, $[\alpha]_D^{25}$ +62,4°, $[M]_D^{25}$ +103,0° (0,1031 g in 10 cm³ absol. A.). — *α-[2.4-Dichloranilino]-propionsäure,* $C_9H_9O_2NCl_2$, F. 148—149° (verd. A.), aus 8,1 g 2.4-Dichloranilin u. 4,5 g α-Brompropionsäureäthylester (I) durch 1 std. Erhitzen auf 180°, Wasserdampfdest. mit wss. Alkali u. Ansäuern; 2,2 g (Ausbeute). — *α-[2.5-Dichloranilino]-propionsäure,* $C_9H_9O_2NCl_2$, F. 160,5—162° (verd. A.), analog vorst. Verb. aus 8,1 g 2.5-Dichloranilin u. 4,5 I; 2,5 g. — *α-[3.4-Dichloranilino]-propionsäure,* $C_9H_9O_2NCl_2$, F. 145—146,5° (verd. A.), ebenso aus 16,2 g 3.4-Dichloranilin u. 9,1 g I 2 Std. bei 100° u. 2 Std. bei 130—140°; 7,8 g. (Acta chem. scand. **7.** 228—29. 1953. Uppsala, Sweden, Royal Agricult. Coll., Dep. of Organ. Chem.) L. FISCHER. 4485

E₅. Tierchemie. Tierphysiologie. Tierpathologie.

John A. Arcadi, *Einige Polysaccharidkomponenten der Prostata des Hundes.* Nach der HJO_4-Leukofuchsinmeth. gefärbte Prostataschnitte wurden untersucht u. das reakt. Material durch die Löslichkeit in Pufferlsgg. u. durch die Rk. mit Enzymen (Speichel, Lysozym, Hyaluronidase, Kollagenase, Cl. welchii Toxin, Pepsin u. Emulsin) roh charakterisiert. Danach bestehen die Granula im Cytoplasma aus *Mucin.* Die Glykoprotein-haltige Grundsubstanz u. die Basalmembran sind beim jungen Tier schwächer ausgeprägt als beim alten, doch liegt, nach der stärkeren Färbung zu urteilen, das *Glykoprotein* beim jungen Tier in einem stärker depolymerisierten u. möglicherweise „flüssigeren" Zustand vor als beim alten. Die granulierten Zellen an der Basis des Epithels der Drüsenbläschen enthalten einen *Glykogen-Protein-Komplex.* Die kleinen dunklen supranuclearen Granula scheinen aus dem *Glykoprotein* des GOLGI-App. zu bestehen. (Anatom. Rec. **112.** 593—607. März 1952. Chicago, Ill., Univ., Dep. of Anat.) H.-J. KOCH. 4520

P. M. Kusnetzow, *Die Chemie der Fette des Igels Erinaceus rumanicus.* 7 Igel (Erinaceus rumanicus) wurden auf Art u. Menge ihres subcutanen u. inneren Fettes untersucht. Es handelt sich um ein Triglycerid. Die fl. Fraktion (77—79%) der gewonnenen Säuren besteht aus *Oleinsäure,* der Rest aus 20—22% *Stearinsäure* u. 78—80% *Palmitinsäure.* Im subcutanen Fett fanden sich 0,35% nicht verseifbarer Stoffe, davon ließen sich 19,78% als *Cholesterin* identifizieren. (Биохимия [Biochemie] **18.** 163—68. März/April 1953. Moskau, Univ., Wiss. Forschungsinst. für Chem.) RENTZ. 4520

Edward D. Freis, Thomas F. Higgins und **Harold J. Morositz,** *Transcapillarer Austausch von Deuteriumoxyd und Thiocyanat im Vorderarm des Menschen.* Vff. beschreiben eine neue Meth. zur Best. des Austausches filtrierbarer Substanzen durch Capillarwände. So diffundieren innerhalb einer einzigen Zirkulation 95% D_2O u. 50% Thiocyanat durch die capillaren Wände des Vorderarms. Vff. schließen hieraus, daß Schnelligkeit u. Größe des Wasseraustausches durch capillare Wände eher durch einfache Diffusion als durch hydrostat. u. osmot. Drucke erfolgt. (J. appl. Physiol. **5.** 526—32. März 1953. Georgetown, Univ., Cardiovascular Res. Labor., Dep. of Med., School of Med.) BRATFISCH. 4550

A. R. Schifrin, *Einfluß des Schlafes auf die Sensibilität der Meerschweinchen gegenüber Dinitrochlorbenzol.* Um den Einfl. des Schlafes auf die allerg. Rk. der Haut gegenüber *Dinitrochlorbenzol* (I) festzustellen, wurden die mit 1%ig. I sensibilisierten Kaninchen mit 1,8—2,0 ml Lsg. von 4,0 g Na-Amytal, 1,8 g Antipyrin, 100,0 ml W. (subcutan) eingeschläfert. Es zeigte sich, daß bei Schlaf die allerg. Rk. auf I nach 4—5 Std. eintrat gegenüber 2—3 Std. ohne Schlaf u. im 1. Fall schwächer u. von kürzerer Dauer war. (Вестник Венерологии и Дерматологии [Nachr. Venerol. Dermatol.] **1952.** Nr. 4. 24—25. Juli/Aug. Jaroslawl, Med. Inst., Lehrstuhl für Haut- u. Geschlechtskrankh.) BURGHARDT. 4551

G. Loewi, *Änderungen in der Grundsubstanz des alternden Knorpels.* Vom Vf. ausgeführte quantitative u. qualitative Unterss. des *Chondroitinsulfats* (I) aus Rippenknorpel von Menschen verschied. Altersstufen ergeben, daß der Geh. von I im Knorpel u. der Grad der Polymerisation dem Alter umgekehrt proportional sind. Es wird angenommen, daß der Prozeß der Verkalkung des Knorpels zum Teil durch die Depolymerisation von I begünstigt wird, da durch den Aufbruch der Molekülketten neue Gruppen für die Aufnahme von Ca-Ionen verfügbar werden. (J. Pathol. Bacteriol. **65.** 381—88. April 1953. London, Univ., Coll. Hosp. Med. School.) Nieswandt. 4552

D. Monnier und **Z. Besso,** *Polarographische Untersuchung des Speichels.* Vff. untersuchen das polarograph. Verh. des Speichels (Sp.) in verschied. Verdünnungen u. beobachten die Ggw. von 3 katalyt. Wellen, deren verschied. Potentiale für alle 4 untersuchten Sp. prakt. gleich sind. Weiter werden die Änderungen im polarograph. Verh. untersucht, die sich bei der Denaturierung des Sp. durch Wärmebehandlung, durch Sulfosalicylsäure u. durch KOH ergeben, u. die Ergebnisse diskutiert; z. B. verschwindet die 3. Welle vollständig bei der Denaturierung mit KOH. Zwischen der Höhe der 1. katalyt. Welle (h_1) u. dem Gesamt-N-Geh. scheint eine einfache Beziehung der Form $h_1 = A \log[N] + C$ zu bestehen. Die Ggw. von Spuren Blut verändert die Polarogramme des Sp. weitgehend. (Helv. chim. Acta **36.** 990—96. 1/8. 1953. Genève, Univ., Labor. de chim. min., de chim. analyt. et de microchim.) Niemitz. 4555

Fritz Bramstedt und **Rudolf Vonderlinn,** *Die Biochemie des Speichels in ihrer Beziehung zur Ernährung und Zahncaries.* Mit ^{32}P wird gezeigt, daß eine schnelle Beeinflussung des P-Spiegels des Speichels durch P-reiche Nahrung möglich ist. Neben einer genügend großen Reserve an anorgan. Phosphat ist die Ggw. von organ. Phosphatacceptoren für den Abbau der Kohlenhydrate notwendig. Die verminderte O_2-Aufnahme des Speichels cariesanfälliger (cA) u. cariesresistenter (cR) Personen (vgl. C. **1953.** 3105) deutet auf Störungen im Phosphatstoffwechsel hin u. damit im Abbau der Kohlenhydrate bei diesen Personen. Auch bzgl. der Oxydation des NH_3 bestehen Unterschiede zwischen cA u. cR: Bei cA wird NH_3 innerhalb 1 Std. zum großen Teil zu Nitrit oxydiert, während bei cR in der gleichen Zeit keine Umwandlung eintritt. (Dtsch. zahnärztl. Z. **8.** Nr. 12. Verh. dtsch. Ges. Zahn-, Mund- u. Kieferheilkunde 1952. 69—71. 15/6. 1953. Hamburg, Univ., Krankenhaus Eppendorf, Physiol.-Chem. Inst.) Klesse. 4555

A. Kossobrjuchow, A. Kabysch und **E. Bujewitsch,** *Über eine hohe Titrationsacidität der frischen Milch.* Bei einer Reihe von Versuchstieren, die längere Zeit wegen Ca-Mangels im Futter eine Milch mit erhöhtem Säuregrad lieferten, beobachtete man eine Verminderung der Milchleistung. Durch intravenöse Einführung von 300—400 ml 10%ig. $CaCl_2$-Lsg. erzielte man eine Herabsetzung des Säuregrades der Milch sowie des Geh. an Ca u. P im Blutserum u. an Zucker im Blut, ferner eine Steigerung der Milchleistungen. (Молочная Промышленность [Milch-Ind.] **13.** Nr. 11. 39—40. Nov. 1952. Troizky, Veterinär-Inst.) M. Gordienko. 4555

Viggo Hanzon, *Beobachtungen der Leberzellsekretion unter normalen und pathologischen Bedingungen an lebenden Ratten mittels Fluorescenzmikroskopie.* 340 Literaturangaben. (Acta physiol. scand., Suppl. Nr. **101.** 1—268. 1952. Stockholm, Schweden, Karolinska Inst., Dep. of Anat.) Brosemann. 4555

Howard L. Holley und **James S. McLester,** *Manifestationen von Ascorbinsäuremangel nach langanhaltender Corticotropinzufuhr.* Beschreibung einer für *Vitamin-C* (**I**)-Mangel typ. hämorrhag. Tendenz, die sich bei 2 Patienten während *Corticotropin* (**II**)-Therapie (Dauer 7 u. 12 Monate) entwickelte. Trotz der wahrscheinlich nicht großen Häufigkeit dieses Mangelsyndroms sollte bei skorbutähnlichen Symptomen während lang anhaltender **II**-Zufuhr an dessen Möglichkeit gedacht werden. Die Blutungstendenz verschwand schlagartig bei **I**-Zuführung. (A. M. A. Arch. intern. Med. **88.** 760—61. Dez. 1951. Birmingham, Med. Coll. of Alabama, Dep. of Med.) K. Maier. 4558

Fr. Hoffmann, *Über die Progesteronbildung im Cyclus und in der Schwangerschaft.* Zusammenfassender Bericht über die heutigen Kenntnisse von der *Progesteron*-Bldg. im Ovar, in der Placenta u. in der fetalen Nebenniere, sowie dem Progesterongeh. des Blutes im Cyclus u. in der Schwangerschaft. (Geburtshilfe u. Frauenheilkunde **12.** 1000—06. Nov. 1952. Essen-Werden, Evang. Krankenhaus, Geburtsh.-Gynäk. Abt.) H. Scheurlen. 4559

Rolf Kaiser, *Ergebnisse der klinischen Auswertung von Pregnandiolbestimmungen im Cyclus und ihre Bedeutung für die Hormontherapie. Pregnandiol* (**I**)-Bestimmungen während des Menstruationscyclus zeigten, daß **I** schon 1—2 Tage vor dem Mittelschmerz im Urin auftritt, während der Anstieg der Basaltemp. am gleichen oder folgenden Tage eintritt. Bei regelmäßig verkürztem Cyclus gelingt es, durch kombinierte Behandlung mit *Östradiol* u. *Progesteron* zur Zeit des Abfalls der Basaltemp. u. der I-Ausscheidung, den Cyclus auf die n. Dauer einzustellen. (Geburtshilfe u. Frauenheilkunde **12.** 1006—14. Nov. 1952. München, I. Univ.-Frauenklinik.) H. Scheurlen. 4559

N. Ss. Agadshanow, *Quantitativer Gehalt und qualitative Charakteristik der gonadotropen und östrogenen Hormone im Blut und Harn bei Schwangerschaftstoxikosen.* Bei ausgesprochenen Schwangerschaftstoxikosen ist der Geh. an gonadotropen *Hormonen* in Blut u. Harn erhöht, in der 1. Hälfte der Gravidität sowohl der Faktor A als auch B, in der 2. Hälfte (Nephropathie) vorwiegend der Faktor A. Bei Eklampsie u. Präeklampsie ist der Geh. an Faktor A u. B in Blut u. Harn gleichzeitig erhöht. Der Geh. an Östrogenen ist in der 1. Hälfte der Gravidität bei Toxikosen allg. nicht höher als bei n. Schwangerschaft, in der 2. Hälfte jedoch erhöht, ebenso bei Eklampsie u. Präeklampsie. Außer den gewöhnlichen gonadotropen gelang es auch, thermostabile u. vogelakt. Formen festzustellen. (Акушерство и Гинекология [Geburtshilfe u. Gynäkol.] **1953.** Nr. 1. 35—41. Jan./Febr. Inst. für Geburtshilfe u. Gynäkol. des Gesundheitsminist. der UdSSR.) RENTZ. 4559

E. Diczfalusy, P. Ekwall, L. Sjöblom und **A. Westman,** *Percutane Absorption von Progesteron in wässerigen Lösungen von Assoziationskolloiden. Progesteron* (I) in wss. Lsgg. von Assoziationskolloiden wurde bei jungen, mit 2,5 γ *Östron* behandelten Kaninchen im MCPHAIL-Test untersucht. I konnte in wss. Lsgg. mit *Na-Laurylsulfat* (II), *Na-Cholat* oder *Tween 20* percutan zur Anwendung gebracht werden. Der günstigste Effekt, der ungefähr $^1/_4$—$^1/_5$ der Wrkg. intramuskulärer Injektion öliger Suspensionen entspricht, wurde mit einer 3%ig. wss. Lsg. von I in II erzielt. (Acta endocrinol. [København] **9.** 387—94. Sep. 1952. Stockholm, Sweden, Karolinska sjukhuset, u. Åbo, Finland, Akad., Inst. of Phys. Chem.) H. SCHEURLEN. 4559

Heinz Gross und **Bernd Mäuser,** *Klinische Beobachtung und tierexperimenteller Nachweis der Funktion des insulotropen Hypophysenvorderlappenhormons.* Aus klin. u. tierexperimentellen Verss. ergab sich, daß niedrige Dosen eines Hypophysenvorderlappenextraktes (*Präphyson*) eine Senkung des Blutzuckerspiegels um ca. 50% u. Gabe hoher Dosen eine Blutzuckersteigerung um über 60% des Ausgangswertes bewirkt. Daß hierbei die β-Zellen des Pankreas als Reizrezeptor fungieren, konnte dadurch gezeigt werden, daß bei Alloxandiabetes diese Rkk. nicht eintraten. Auf Grund dieser Tatsachen halten Vff. die Existenz eines insulotropen Hormons des Hypophysenvorderlappens für erwiesen. (Aerztl. Forsch. **6.** I/372—79. 10/8. 1952. Berlin-Tegel-Süd, Städt. Krankenhaus.) H. SCHEURLEN. 4560

Ralph L. Kitchell und **L. J. Wells,** *Funktion der Hypophyse und Nebenniere bei fötalen Ratten: Einflüsse von Hypophysektomie, Adrenalektomie, Kastration, injiziertem ACTH und implantierten Geschlechtshormonen.* Hypophysektomie durch Decapitation hat bei den Föten eine Verlangsamung des Wachstums der Nebenniere zur Folge, die Dicke der Rinde, die Größe der Zellen u. Kerne u. der Lipidgeh. der Rinde nehmen ab. Diese Wirkungen werden durch Injektion von *ACTH* aufgehoben. Kastration allein u. mit anschließender Implantation von *Testosteronpropionat* hat keinen Einfl. auf das Wachstum der Nebenniere; ACTH beschleunigt nicht das Wachstum der Samenblasen bei kastrierten Föten. Adrenalektomie beeinflußt nicht das Wachstum der Samenblasen, während gleichzeitige Adrenalektomie u. Kastration im wesentlichen die Wrkg. der Kastration allein hat. Bei ♀ Föten implantiertes *Östradiolbenzoat* u. *Progesteron* rufen keine Veränderungen an den Produktionsorganen hervor. Nach diesen Unterss. produziert die Hypophyse der fötalen Ratte ein Hormon (ACTH), das auf die Nebenniere wirkt, u. diese produziert keine nennenswerten Mengen Androgen. — Vff. diskutieren die Arbeitshypothese einer reziproken funktionellen Beziehung zwischen Hypophyse u. Nebennierenrinde. (Anatom. Rec. **112.** 561—91. März 1952. Minneapolis, Minn., Univ. of Minnesota, Dep. of Anat.) H.-J. KOCH. 4560

G. Douglas Baldridge, Albert M. Kligman, Morris J. Lipnik und **Donald M. Pillsbury,** *In vitro-Einflüsse von Cortison auf Mesodermalgewebe.* Im Zusammenhang mit der Verhinderung der Bldg. von Bindegewebselementen in experimentellen Wunden durch *Cortison* (I) wird in vitro untersucht, ob I eine cytotox. Wrkg. auf menschliche periphere Leukocyten hat. Es wird nach 2 u. 17 Std. eine geringe Zunahme der Lymphocyten u. Eosinophilen u. eine Abnahme der polymorphkernigen Leukocyten u. Monocyten beobachtet, was aber auf die verschied. natürliche Resistenz gegen die Incubation, nicht auf die Einw. von I zurückgeführt wird. Ebenso wird die Proliferation der Fibroblasten von Hühnerembryonen in I-haltigen Gewebskulturen nicht inhibiert. (A. M. A. Arch. Pathol. **51.** 593—96. Juni 1951. Philadelphia, Pa., Univ. of Pennsylvania, School of Med., Dep. of Dermatol. and Syphilol.) H.-J. KOCH. 4561

Karl Heinz Pfeffer und **Hansjürgen Staudinger,** *Beitrag zur Physiologie und Pathologie des „Adaptionssyndroms“.* Vff. geben einen ausführlichen Überblick über die Beziehungen der SELYEschen Adaptionskrankheiten zur Hypertonie u. zur Klinik der mesenchymalen Entzündungen (bes. Gelenkrheumatismus). Nach Ansicht der Vff. richtet sich der Bedarf an *Nebennierenrindenhormonen* nach den Erfordernissen des Organismus, bes. eines geschädigten Gewebes. Die Produktion dieser Hormone steuert wahrscheinlich nicht von sich aus den Verlauf eines patholog. oder physiol. Vorgangs im Organismus; so ist auch die Behandlung mesenchymaler Entzündungen mit *Cortison* keine kausale sondern eine symptomat. Behandlung. — 145 Literaturangaben. (Aerztl. Forsch. **6.** I/335—57. 10/8. 1952. Marburg/Lahn, Univ., Med. Klinik, u. Mannheim, Städt. Krankenhaus.) H. SCHEURLEN. 4561

W. Ehrengut und **H. Lorz,** *Das Cushing-Syndrom. Ein Beitrag zur Pathogenese und zur Therapie mit Desoxycorticosteronacetat.* Vff. versuchen zunächst eine Deutung der verringerten Resistenz von Patienten mit CUSHING-Syndrom u. beschreiben ausführlich 1 Fall (13 jähr. Mädchen) mit Hyperplasie einer Nebenniere u. n. Regelblutung, der durch Applikation von *Cortiron* „SCHERING" = *Desoxycorticosteronacetat* (Dosis: 1 mg/Tag buccal, später 2 mg/Tag) gebessert werden konnte. (Ann. paediatrici [Basel] **180.** 366—81. Juni 1953. München, Univ., Kinderpoliklinik.) R. KÖNIG. 4561

Lowell L. Henderson, *Über den Wert von Cortison bei der postinfektiösen Encephalitis.* Ein Patient, der an einer Hühnerpockenencephalitis erkrankt war, wurde mit *Cortison* (I) behandelt. I beeinflußte jedoch das Krankheitsgeschehen wenig u. der Wert von I u. *ACTH* bei der postinfektiösen Encephalitis, allerg. Natur, wird diskutiert. (J. Allergy **24.** 245—50. Mai 1953. Urbana, Ill., Mem. Hosp.) REICHLE. 4561

Jakob Bauer und **Josef Karl,** *Die klinische Anwendung der Chromatographie zur Trennung der C–17-Ketosteroide.* Es wird eine Meth. beschrieben zur chromatograph. Trennung der 17-Ketosteroide an Al_2O_3 (BROCKMANN) aus Harnextrakten (Elution mit CCl_4, CCl_4–Ae.-Gemisch, Ae. u. A.). Die quantitative Best. der 17-Ketosteroide in den einzelnen Fraktionen wurde photometr. nach Umsetzung mit *m-Dinitrobenzol* ausgeführt. Einige Chromatogramme von Urin n. u. endokrin gestörter Frauen wurden ausgeführt. Während bei Virilismus mit der bisher üblichen Meth. n. Ausscheidungswerte erhalten wurden, läßt die chromatograph. Meth. deutliche Abweichungen von Normalchromatogrammen erkennen. (Aerztl. Forsch. **6.** I/379—88. 10/8. 1952. München, Diakonissenanst. u. Wiss. Labor. Prof. Dr. J. Bauer.) H. SCHEURLEN. 4561

H. J. Wespi, *Jodprophylaxe und Jodmangeltheorie. Untersuchungen über die Schilddrüsenverhältnisse bei Schulkindern in einigen Schweizer Dörfern.* Unterss. ergaben im Kanton Zürich einen Rückgang der Kropfhäufigkeit von 47% 1912 auf 1% 1952. im Kanton Aargau von 55% auf 17%. Es wird dies auf Anwendung jodierten NaCl zurückgeführt, das in Zürich in größerer Menge verkonsumiert wurde. (Schweiz. med. Wschr. **83.** 452—58. 9/5. 1953. Aarau, Kantonspital.) BROSEMANN. 4562

W. P. Kamtschatnow, *Eine vergleichende Charakteristik des Mangangehaltes von Nahrungsmitteln in Gebieten mit endemischem und nicht endemischem Kropf.* Die Unters. von pflanzlichen Nahrungsmitteln (Hafer, Weizen, Tomate, Erbse, Kohl usw.) ergab, daß deren *Mn*-Geh. mit der stärkeren bzw. schwächeren Kropfverbreitung in der Bevölkerung zu- bzw. abnimmt. Ein hoher Mn-Geh. ist mit einem geringen Ascorbinsäuregeh. verbunden. Es wird angenommen, daß ein hoher Mn- u. Fe-Geh. u. ein niedriger J- u. Vitamin-C-Geh. Faktoren sind, welche die Verbreitung des endem. Kropfes fördern. (Гигиена и Санитария [Hyg. u. Sanitätswes.] **1953.** Nr. 2. 33—35. Febr. Kasan, Med. Inst., Lehrstuhl für allg. Hyg.) RENTZ. 4562

J. Hennig, *5-Vinyl-2-thiooxazolidon, ein natürlicher antithyreoider Faktor.* Unter allg. Hinweis auf die Hemmstoffe des Thyreoidstoffwechsels wird die von ETTLINGER (C. **1951.** II. 49) beschriebene Synth. von *1.5-Vinyl-2-thiooxazolidon* aus 1-Aminobuten-(3)-ol-(2) besprochen. (Przemysł chem. **7** (**30**). 602—05. Okt. 1951.) FREYTAG. 4562

James Berkman, Harold Rifkin und **George Ross,** *Die Serumpolysaccharide bei Diabetikern mit und ohne degenerativer vasculärer Erkrankung.* Vff. fanden bei Diabetikern mit degenerativer vasculärer Erkrankung im Gegensatz zu solchen ohne degenerative vasculäre Erkrankung einen Abfall der Serumpolysaccharide. Es wurde keine Relation zwischen Blutzuckerspiegel u. den bestimmten Gesamtserumpolysacchariden festgestellt. — Diskussion der Ergebnisse. (J. clin. Invest. **32.** 415—21. Mai 1953. New York, N. Y., Montefiore Hosp.) BRATFISCH. 4564

A. D. Bass, H. F. Diermeier, H. S. Di Stefano und **E. J. Cafruny,** *Die Wirkung von Alloxan auf die Leberdesoxyribonucleinsäure.* Der gesteigerte Geh. an *Desoxyribonucleinsäure* (I) der Leberzellen bei Alloxan (II)-diabet. Ratten u. Kaninchen wurde von Vff. als spezif. Wrkg. des II aufgeklärt. Die Erscheinung ist also keine Folge des Diabetes. Pankreatomie ohne Gaben von II bewirkt keinen I-Anstieg. (J. Pharmacol. exp. Therapeut. **107.** 478—81. April 1953. Syracuse, N. Y., Pharmacol. Dep.) ZÖLLNER. 4564

A. R. Furmanski (unter klin. Mitarbeit von **W. Eckhardt, H. Ostrander, R. F. Biggy, S. Bruson** und **F. O. Westfall**), *Histamintherapie bei akuter Hirnischämie.* Nach Erfahrungen an 50 eigenen Fällen empfehlen Vff. die Anwendung von *Histamin* zur Vermeidung einer Anoxie nach Hirnischämie. (A. M. A. Arch. Neurol. Psychiatry **69.** 104—17. Jan. 1953. Los Angeles, Calif., Ross. Loos Med. Group.) BROSEMANN. 4569

Perihan Cambel und **James T. Sgouris,** *Pathologische Veränderungen an der Magenschleimhaut der Ratte nach Histaminbehandlung.* Es wurde gezeigt, daß eine anhaltende Behandlung mit *Histamindihydrochlorid* (**I**) bei der Ratte zu krankhaften Veränderungen der Magenschleimhaut führt. Es wurde eine parietale Zellhyperplasie bei Abfall des Zymogengeh. beobachtet, worauf schließlich eine partielle Intestinalisation folgte. Es wird aus den Versuchsergebnissen geschlossen, daß die Ratte, im Gegensatz zu früheren Ansichten, nur relativ resistent gegen **I** ist. (Amer. J. Pathol. **28.** 1079—89. Nov./Dez. 1952. Florida, Univ., Cancer Res. Labor.) WALLIS. 4569

Sergio Perugini und **Domenico Bottino,** *Erster Beitrag zur qualitativen cytochemischen Untersuchung der Lipide in neutrophilen Leukocyten.* Bisher konnte nur nachgewiesen werden, daß beim n. Menschen in den neutrophilen Leukocyten ein Komplex verschied. Lipide existiert, in dem ein phospholipid. u. ein acetalphosphatid.Teil sicher erkennbar sind. Der histochem. Beweis von Cholesterin u. Lecithin konnte noch nicht erbracht werden. Desgleichen fehlt noch die Best. der Mehrfachbindungen der Lipide der Neutrophilen. (Ricerca sci. **23.** 404—07. März 1953. Pavia.) GRIMME. 4573

R. Cazzola und **G. Petrin,** *Die Aminosäuren im Knochenmark und peripheren Blut bei Gesunden und Blutkranken.* Der Proteingeh. des n. Blutes beträgt durchschnittlich 5,5%, der des Knochenmarks liegt um ca. 6% höher. Bei hyperplast. Hämatopathien übertrifft der Proteingeh. des Knochenmarkes den des Blutes um 14% (10—20%). Bei Patienten mit sek. hyporegenerator. Anämien liegt der Proteingeh. des Knochenmarkes um 9% (2,1—21,2%) niedriger als im Blut. Die Differenzen können somit als Ausdruck der Intensität der Hämatopoesis betrachtet werden. (Arch. Patol. Clin. med. **30.** 351—57. 1952. Padova, Ist. di Clin. Med. Generale e Terapie Med.) P. G. SCHEURLEN. 4573

Bo Vahlquist, Verner Westberg und **Mercedes de las Heras,** *Prothrombin- und Fibrinogenwerte im jungen menschlichen Fetus.* Vff. fanden bei 8 menschlichen Feten vom 4.—5. Monat einen durchschnittlichen Prothrombinindex (nach QUICK) von 80 (n. bei Neugeborenen 75) u. eine Fibrinogenkonz. von 0,18 Gew.-% (n. bei Neugeborenen 0,39 Gew.-%). (Acta Soc. med. Upsaliensis **58.** 281—84. 1/7. 1953. Upsala, Univ. Hosp., Ped. Clin.) BRATFISCH. 4574

St. Greif, *Untersuchungen über die Einwirkungen von Polycarbonsäuren auf die Gerinnung.* Klin. Bericht über die Anwendung eines Polycarbonsäurepräp. *Thrombosol* (*Tri-β-oxäthyl-β-oxypropan-α.β.γ-tricarbonsaures Ammonium*) bei Behandlung verschied. thrombo-embol. Prozesse. Die Ergebnisse standen denen der üblichen Therapie mit Antikoagulantien nach Ansicht von Vf. nicht nach. (Wiener med. Wschr. **103.** 254—56. 4/4. 1953. Graz, Landeskrankenhaus.) BRATFISCH. 4574

Oskar Baur, *Chirurgische Erfahrungen mit Hirudoid.* Vf. betont die Brauchbarkeit der *Hirudoidsalbe* auch bei erweiterter Indikation. (Zbl. Chirurg. **78.** 763—67. 1953. Karlsruhe, Städt. Krankenanst.) BROSEMANN. 4574

F. Seelich, E. Schauenstein und **M. Hochenegger,** *UV-Spektrographische Untersuchungen über die Hemmung der Fibrinbildung durch Hexamethylenglykol.* Vff. fanden bei spektraler Unters. des Syst.: *Fibrinogen* (**I**)–*Thrombin–Hexamethylenglykol* (**II**) im mittleren UV eine Zusatzabsorption in den Bereichen, in denen die **I**-Fibrinumwandlung ihren Ausdruck findet (Durchschnitt des Absorptionszuwachses: 0,04—0,05 log m-Einheiten [$m = E/\alpha$] bei 3950 ν' —). Bei Ggw. von **II** ist die beobachtete Wrkg. im Vgl. zur n. Fibrinumwandlung abgeschwächt. Die Wrkg. von **I** deuten Vff. auf Grund früherer Befunde als Hemmung der Ausbldg. von Wasserstoffbrücken zwischen C=O- u. OH-Gruppen. (Mh. Chem. **84.** 77—84. 15/2. 1953. Wien, Univ., Med. Chem.-Inst., u. Graz, Univ., Inst. für theoret. u. physikal. Chem.) BRATFISCH. 4574

Lucien Leger, *Synthetisch hergestelltes Antikoagulans, das Heparinwirkung zeigt und intramuskulär wirksam ist. Treburon* (**I**; *Na-Salz des Methylglykosidschwefelsäureesters* des *Polygalakturonsäuremethylesters*) besitzt dieselbe antikoagulierende Wrkg. wie Heparin. Es wurde an 142 Kranke teils intravenös, teils intramuskulär, teils in Form eines Dauerinfuses verabreicht (50 bzw. 150 mg/cm^3, ingesamt 1350 mg täglich) u. führte zur Erhöhung der Koagulationszeit u. Herabsetzung der Prothrombinzeit. (Presse méd. **60.** 1255—56. 27/9. 1952. Paris.) W. BRANDT. 4574

F. Koller und **H. Jakob,** *Über ein neues, hochaktives Antikoagulans mit protrahierter Wirkung* (*Marcoumar*). *Marcoumar*, ein neues Antikoagulans vom Dicumaroltyp, bewirkt bereits schon in kleinsten Mengen verabreicht (ca. 3 mg/Tag) eine langanhaltende Wrkg. auf die Blutgerinnung. Hierdurch ist es möglich, klin. einen konstanten Prothrombin- oder Faktor VII-Geh. einzuhalten. Verabreichung kann peroral oder parenteral erfolgen. Bei Überdosierung Anwendung von öllösl. Vitamin K_1. (Schweiz. med. Wschr. **83.** 476—79. 16/5. 1953. Zürich, Univ., med. Klinik.) BRATFISCH. 4574

R. Jürgens, *Experimentelle Untersuchungen über das Antikoagulans Marcoumar (3-[1'-Phenylpropyl]-4-oxycumarin) und seinen Antagonisten Konakion (synthetisches Vitamin K_1).* Vf. berichtet an Hand von tierexperimentellen Unterss. über ein neues Antikoagulans *Marcoumar* (**I**). **I** erwies sich schon in Bruchteilen von mg/kg nach einmaliger Verabreichung als langdauernd wirksam auf die Prothrombinzeit. Bei Überdosierung von **I** liegen Blutungsindex u. Capillarresistenz günstig im Vgl. zu anderen ähnlichen Präparaten. Auch hohe **I**-Dosen, die Blutungen verursachen, bewirken beim Kaninchen keine Organ- u. Blutveränderungen. *Konakion,* ein synthet. Vitamin K_1-Präp. erwies sich als zuverlässiger Antagonist gegenüber allen geprüften Dicumarol-Analogen.

Versuche: *Marcoumar* (**I**; 3-[1'-Phenylpropyl]-4-oxycumarin), F. 179°, krist. farbloses Pulver, lösl. in Chlf., Ae., A.; unlösl. in W.; als Alkalisalz gut wasserlöslich. **I** ist luft- u. lichtbeständig u. unbegrenzt haltbar. (Schweiz. med. Wschr. **83.** 471—75. 16/5. 1953. Basel, Hoffmann-La-Roche u. Co,, Med. Labor.) BRATFISCH. 4574

Th. Halse, *Tromexan — ein echter oder scheinbarer Fortschritt?* Vf. kommt beim Vgl. der beiden Antikoagulantien *Tromexan* (**I**; *Bis-[4-oxycumarinyl-(3)]-essigsäureäthylester*) u. *Dicumarol* (**II**; *3.3'-Methylenbis-[4-oxycumarin*) auf Grund eigener Beobachtungen u. in der Literatur beschriebener Fälle zu folgendem Ergebnis: Weder **I** noch **II** zeigen in therapeut. Dosen tox. Wirkungen auf die Leberfunktion. Capillarschäden treten bei **II** initial durch die hierbei übliche Stoßtherapie auf, werden jedoch bei der kontinuierlichen **I**-Therapie laufend unterhalten. **II** besitzt eine bessere Steuerbarkeit als **I.** Mit beiden Verbb. lassen sich gute prophylakt. u. therapeut. Ergebnisse erzielen, doch ist bei **I** mit den gleichen Gefahren zu rechnen wie bei **II.**(Dtsch. med. Wschr. **77.** 1634—36. 26/12. 1952. Freiburg/Breisgau, Univ., Chirurg. Klinik.) ZOPFF. 4574

J. A. Nissim, *Histologischer Befund nach intravenöser Gabe von Eisenoxyd–Saccharat und die entscheidenden Faktoren für die Präcipitation der Verbindung in vivo. Eisenoxyd-Saccharat* wird in Tierverss. bis zu 45 mg/kg vertragen. Höhere Dosen führen zu Präcipitation mit folgenden Embolien. Die Ursache liegt zum Teil im p_H des Plasmas. Inwieweit metabol. Abbau ebenfalls beteiligt ist, konnte nicht geklärt werden. Die injizierte Verb. findet sich zum größten Teil in den Blutstrom-Uferzellen des reticuloendothelialen Syst. wieder. (Guy's Hospital Rep. **102.** 164—79. 1953. London, Guy's Hospital Medical School.) MATTHIES. 4575

J. Hendrikse und **K. F. Joling,** *Einfluß auf die Befruchtung durch Zugabe von Penicillin und Streptomycin zum verdünnten Sperma.* Der Befruchtungs-%-Satz des Spermas mit *Penicillin-* u. *Streptomycin*-Zusatz liegt nicht höher als bei Sperma ohne diesen Zusatz. Nur bei einem Stier (von 19) konnte eine Erhöhung festgestellt werden. (Tijdschr. Diergeneeskunde **78.** 431—38. 15/5. 1953. Utrecht, Rijskuniv., Klin. voor Vet. Verlosk. en Gyn.) PATZSCH. 4582

S. W. J. Van Dieten, *Einfluß auf die Befruchtung durch Penicillin- und Streptomycinzugabe zum verdünnten Sperma.* Bei 4757 künstlichen Besamungen mit Sperma von 13 Bullen ergab die Zugabe von *Penicillin* (**I**) u. *Streptomycin* (**II**) zum verd. Sperma keine besseren Befruchtungsresultate. Ein Zeitunterschied im Wiederauftreten der Brunst bei unbefruchteten Tieren, die mit **I** u. **II**-haltigem Sperma oder mit Sperma ohne Zusatz besamt wurden, wurde nicht festgestellt. — 7 Literaturangaben. (Tijdschr. Diergeneeskunde **78.** 419—30. 15/5. 1953. Oerle, K. I. Stat. van de Coöp. Zuivelver. „De Kempen A. G.") PATZSCH. 4582

Georg Kriszat und **John Runnström,** *Die Aktivierung des Seeigeleis (Psammechinus miliaris) durch Perjodat.* Na-Perjodat (**I**) hat in einer Konz. von $6 \cdot 10^{-5}$ — $9 \cdot 10^{-5}$ eine aktivierende Wrkg. auf Eier von Psammechinus miliaris, die in der Membranentw. u. Teilung ihren Ausdruck findet. Angriffspunkt von **I** wahrscheinlich Polysaccharide an der Oberfläche der Eier. Jodat in entsprechender Konz. hat einen bedeutend niedrigeren Aktivierungseffekt als **I.** (Exp. Cell Res. **3.** 597—604, Sept. 1952. Stockholm, Univ., Wenner-Gren Inst. for Exp. Biol.) WOLFGANG ALBRECHT. 4583

Tore Hultin und **Gunilla Wessel,** *Die Aufnahme von ^{14}C gekennzeichnetem Kohlendioxyd in die Proteine von sich entwickelnden Seeigeleiern.* Die Aufnahme von mit ^{14}C gezeichnetem CO_2 in die Proteine von Seeigeleiern wurde untersucht. Bei der trichloressigsäurelösl. Fraktion (a) steigt die CO_2-Aufnahme während der 1. Respirationsphase proportional der Atmung bis zu einem Maximum an, um in der 2. Phase allmählich abzusinken. Die spezif. Aktivität des Carboxyl-C des Eiweiß stieg langsam bis zu einem Maximum entsprechend in a an. Von Beginn der Gastrulation ab war ein erneuter Anstieg festzustellen (Exp. Cell Res. **3.** 613—16. Sept. 1952. Stockholm, Schweden, Biol. Univ., Wenner-Gren Inst. for Exp.) WOLFGANG ALBRECHT. 4583

J. H. C. Ruyter, *Hypertrophie des Epithels der Vasa afferentia von Nieren A-avitaminotischer Ratten unter dem Einfluß gonadotroper Hormone.* Die e-Zellen der Nieren A-avitaminot. Ratten unterscheiden sich nicht von denen gesunder. Gonadotrope Hormone riefen eine Hypertrophie dieser Zellen hervor. (Proc, Kon. nederl. Akad. Wetensch. Ser. C **56.** 379—83. Mai/Juni 1953. Amsterdam, Histolog. Labor.) BROSEMANN. 4587

B. M. Kagan und **Elizabeth Kaiser,** *Vitamin-A-Konzentration in der Leber bei nephrotischem Syndrom.* Der Vitamin A (I)-Geh. von 3 an Nephritis mit nephrot. Syndrom verstorbenen Kindern betrug 585—2105 γ I/g Leber. Bei tox. Nephrosis wurden nur 415 γ gefunden. Bei Patienten ohne Leberschädigung betrug der I-Geh. 1,4—375 γ/g Leber. Die Störungen des I-Stoffwechsels in der Leber werden besprochen. (J. Lab. clin. Med. **40.** 12—16. Juli 1952. Chicago, Univ. of Illinois, Coll. of Med., Dep. of Pediatrics, Sarah Morris Hospital for Children. Michael Reese Hosp.) DU MONT. 4587

R. S. Allen, G. H. Wise und **N. L. Jacobson,** *Die Wirkungen von jodiertem Casein und Thiouracil auf die Carotinoid- und Vitamin-A-Konzentrationen des Blutplasmas von jungem Milchvieh.* Der *Carotinoid-* u. *Vitamin-A*-Spiegel des Blutplasmas von jungem Milchvieh, das ein Futter mit niedrigem *Carotin* (I)-Geh. erhielt, wurde durch Verfüttern von *2-Thiouracil* nicht meßbar, durch jodiertes Casein (II) jedoch erniedrigt. Bei n. oder höherer I-Aufnahme hatte jodiertes II auf den Blutplasmaspiegel dieser Vitamine nur geringen oder keinen Einfluß. (Proc. Iowa Acad. Sci. **58.** 235—43. 1951. Ames, Io., Iowa Agricult. Exp. Station.) K. MAIER. 4587

H. van Marken Lichtenbelt, *Vitamin B_1 und Coma diabeticum.* Vf. fand, daß bei der Behandlung der schweren diabet. Acidose *Thiamin* denselben Nutzen hat wie *Thiaminpyrophosphat.* (Proc., Kon. nederl. Akad. Wetensch. Ser. C **56.** 384. Mai/Juni 1953. Utrecht, Dep. of Med.) BROSEMANN. 4587

M. Hammouda und **M. Sidky,** *Pyridoxin, ein wesentlicher Faktor bei der Wiederherstellung der Muskelkraft bei ägyptischen Pellagrakranken.* Die nach Pellagra weit unter dem n. Wert liegende Muskelkraft der Patienten wird nach Gaben von *Pyridoxin* (I) rasch wiederhergestellt. Es wird eine orale Nachbehandlung mit I vorgeschlagen. (J. Roy. Egypt. med. Assoc. **35.** 413—26. 1952. Cairo, Kasr El-Ainy Faculty of Med., Dep. of exp. Med.) H.-J. KOCH. 4587

H. Felten, *Pantothensäure bei postoperativer Wind- und Stuhlverhaltung.* Bei 50 Patienten mit postoperativer Wind- u. Stuhlverhaltung wurden 500 mg *Panthenol* (*Bepanthen*) intramuskulär injiziert. Innerhalb 1 Std. trat bei den meisten subjektive u. objektive Besserung auf, nur bei wenigen Kranken mußte die Injektion wiederholt werden; völliges Versagen der Behandlung war selten. (Zbl. Chirurg. **78.** 981—84. 1953. Leverkusen, Städt. Krankenh.) BROSEMANN. 4587

Ronald H. Girdwood, *Zur Kenntnis des Metabolismus der antimegaloblastischen Substanzen im Menschen.* Vf. fand, daß bei Erhitzen der Sera von Normalpatienten oder solchen mit perniciöser Anämie diese die Fähigkeiten besitzen, das Wachstum von L. leichmanni zu unterstützen, was nicht auf den *Vitamin-B_{12}* (I)-Geh. zurückzuführen ist. Verabfolgung von I änderte weder *Folsäure* (II)- noch *Citrovorumfaktor* (III)-Geh. des Serums. *Pteroyldi-* u. *-triglutaminsäure* erscheint nach oraler Gabe als I in Blut u. Harn. Oral verabfolgtes III wird im Magen zu II umgewandelt, bei panuteraler Verabfolgung wird III unverändert mit dem Harn ausgeschieden. (Blood **8.** 469—85. 1953. Edinburgh, Scotland, Univ., Dep. of Med.) BRATFISCH. 4587

R. P. Nikolajew, K. L. Powolotzkaja und **N. A. Wodolasskaja,** *Der biologische Wert verschiedener Konzentrate und Präparate von Vitamin C.* Es wurden verschied. Konzentrate u. Präpp. der *Ascorbinsäure* (I) biolog. (am Meerschweinchen) geprüft u. dabei gefunden, daß die Verwendung von natürlichem I im Vgl. zum synthet. I wirksamer ist. Konzentrate aus Hagebutten u. grünen Walnüssen verhindern nicht nur die Entw. von Skorbut u. Hämorrhagien, sondern fördern auch das Wachstum u. die Ablagerung von I in Nebenniere u. Leber der Versuchstiere. Hagebutten sind auch als Quelle für das *Vitamin P* (II) von Bedeutung. Der biolog. Wert der synthet. I wird durch kombinierte II-Präpp. gesteigert. (Биохимия [Biochemie] **18.** 169—74. März/April 1953. Moskau, Allunions Wiss. Vitaminforschungsinst.) RENTZ. 4587

J. Hartmann, *Die Capillarresistenz unter dem Einfluß von Calcium—Vitamin C und Rutin.* Capillarresistometr. Unterss. an 43 Patienten mit herabgesetzter Capillarresistenz ergaben, daß eine kombinierte Behandlung mit *Calcium-Vitamin C* u. *Rutin* in hoher Dosierung über 28 Tage einen Anstieg der Resistenz auf Normalwerte mit statist. Wahrscheinlichkeit zur Folge hat. Die Wrkg. blieb im Durchschnitt noch drei Wochen nach Absetzen der Medikation nachweisbar. (Ärztl. Wschr. **8.** 407—09. 24/4. 1953. Hamburg-Eppendorf, II. Med. Univ.-Klin.) MATTHIES. 4587

Hannah Uflacker, *Weitere Beobachtungen bei der Rachitisprophylaxe mit einer Vigantolmilch.* Verss. an 30 Kindern (Beobachtungszeit $^1/_2$—2 Jahre) ergaben, daß die für eine ausreichende Rachitisprophylaxe benötigte Menge *Vitamin* D_2 (I) bei Verabreichung von mit Vigantol angereicherter Milch 15000 I.E. pro Monat beträgt. Bei 6 Kindern mit einer floriden Rachitis genügten zur Ausheilung innerhalb von 4—6 Wochen 15000—22000 I.E. I, während mit dem Ölstoß 600000 benötigt wurden. Ob für die erhöhte Wirksamkeit von I seine Bindung an das Milcheiweiß ausschlaggebend ist, muß noch geklärt werden. (Mschr. Kinderheilkunde **101.** 38—40. Febr. 1953. Gießen, Justus-Liebig-Hochsch., Kinderklinik d. Akad. f. Med. Forsch. u. Fortbldg.) SPITALER. 4587

G. Ss. Linetzki, *Vitamin* D_2 *bei der Behandlung des tuberkulösen Lupus.* 100 Lupuskranke erhielten *Vitamin* D_2 (I) in täglichen Dosen von 50000—100000 E. (Kinder 25000—60000 E.). Nach 5 Monaten waren 47 Patienten klin. geheilt, 39 wesentlich gebessert u. 15 gebessert. Am besten reagierten die ulcerösen Formen, vor allem bei Kombination von I mit UV-Bestrahlung. Bei 17 Patienten kam es während der Behandlung zu Störungen der Nierenfunktion, bei 6 zu Lebererkrankungen, bei 4 zu Appetitlosigkeit u. Übelkeit u. bei 11 zu Hauterscheinungen. (Проблемы Туберкулеза [Probleme Tuberkul.] **1953.** Nr. 1. 69. Jan./Febr. Lwow, Wiss. Dermato-Venerol. Forschungsinst.) RENTZ. 4587

Adriana Bonfante, *Das Vitamin* K_5. *Vitamin* K_5 *(2-Methyl-4-amino-1-naphtholhydrochlorhydrat)* hat neben der den K-Vitaminen eigenen antihämorrhag. Wrkg. auch eine bakteriostat. Wrkg. gegenüber Aspergillus niger, Penicillium notatum, einigen Saccharomyceten, Bacillus subtilis, Escherichia coli u. a. Die DL_{50} für Maus u. Ratte liegt bei 600 mg/kg peroral u. 750 mg/kg intraperitoneal. Als geeignetste Anwendungsform hat sich die Suspension in Carbowax erwiesen; als Medium für fl. Anwendung wird Propylenglykol gebraucht. (Boll. chim. farmac. **92.** 20—22. Jan. 1953.) P. G. SCHEURLEN. 4587

Shri S. G. Iyer und **S. Bose,** *Haifischlebertran in der Geflügelfütterung.* Vergleiche der Gewichtszunahmen von Geflügel, Eiproduktion u. -qualität bei Grünfütterung u. Fütterung mit Haifischlebertran. (Indian veterin. J. **29.** 406—10. März 1953. Izatnagar, Ind. Vet. Res. Inst.) PATZSCH. 4589

Martin Herrmann und **Hans-Diedrich Cremer** (unter Mitarbeit von **W. Büttner, Bartling, Werner, G. Dittmann** und **U. Zabel**), *Tierexperimentelle Untersuchungen über Ernährung und Zahncaries, Auswirkungen auf Struktur und chemischen Aufbau der Zähne.* Durch Verfütterung von cariogener Kost (an Ratten in der 2.—5. Generation) werden deutliche Unterschiede in der harten Zahnsubstanz, beim Zusatzwachstum der Nagezähne u. in der Aufnahmebereitschaft für ^{32}P gegenüber normal ernährten Tieren erzielt. Verantwortlich dafür sind Ernährungsfaktoren, die bereits auf die Zahnanlagen wirken. Durch gleichzeitige *F*-Gaben wird die Einlagerung von *P* (^{32}P) u. *Ca* nicht beeinflußt. (Dtsch. zahnärztl. Z. **8.** Nr. 12. Verh. dtsch. Ges. Zahn-, Mund- u. Kieferheilkunde 1952. 61—68. 15/6. 1953. Mainz, Univ., Klinik u. Poliklinik für Zahn-, Mund- u. Kieferkrankh., u. Physiol.-Chem. Inst.) KLESSE. 4589

C. Romijin und **W. Lokhorst,** *Der Einfluß von Jod auf die physiologische Aktivität des Huhnes.* An ca. 100 Legehennen (Kreuzung zwischen Rhode Island Reds u. Exchequer Leghorn) wurde der Einfl. verschied. hoher Dosen J im Futter auf die physiol. Aktivität untersucht (Versuchsdauer 6 Monate). J wurde in Form von Meeresalgenmehl (Algit) u. als KJ-Zusatz gegeben. Bei mit 10% Algenmehl gefütterten Tieren sank das Körpergewicht um ca. 6%, bei mit 1% Algit gefütterten Tieren stieg es um 3%. KJ in äquivalenten Mengen mit 1% Algenmehl hatte dieselbe Wirkung. Die J-Zugabe wirkt auf die Legekapazität nicht schädigend. Der J-Geh. der Eier steigt rasch an. In Eiern von mit 10% Algenmehl gefütterten Hennen wurde ein Maximalwert von 903 γ, in Eiern von mit 1% Algenmehl gefütterten Tieren 260 γ gefunden. Die J-Fütterung hat großen Einfl. auf die näher im Original beschriebene Struktur der Schilddrüse. Die J-Zugabe zum Futter für Geflügel in Form von Algenmehl sollte daher in nicht zu großen Dosen erfolgen. — 29 Literaturangaben. (Tijdschr. Diergeneeskunde **78.** 369—92. 1/5. 1953. Utrecht, Rijksuniv., Labor. voor Vet. Physiol.) PATZSCH. 4589

N. I. Smetanin, *Über die Verdaulichkeit örtlicher Bohnenarten (Kichererbse und Mungobohne).* In Verss. an 7 Personen wurde festgestellt, daß die Verdaulichkeit bei Kichererbse 82,3%, bei Mungobohne 78,6% beträgt, daß die Kohlenhydrate zu 97% bzw. 91% ausgenutzt werden. Zur Aufrechterhaltung des N-Gleichgewichtes sind täglich mindestens 360 g Kichererbse oder 310 g Mungobohne erforderlich, wenn vor der Beobachtung die Diät 90 g Eiweiß enthielt. (Гигиена и Санитария [Hyg. u. Sanitätswes.] **1950.** Nr. 8. 32—36. August.) SCHMEISS. 4594

H. L. Lucas, *Algebraische Beziehungen zwischen den Verdauungskoeffizienten nach der konventionellen Methode und nach der Indicatormethode.* Auf Grund der Formeln zur Berechnung der Verdaulichkeit nach den beiden Methoden werden die mathemat. Beziehungen zwischen den beiden Formeln erörtert u. Formeln für die Berechnung der Differenzen zwischen den beiden Methoden entwickelt. Die Formeln gelten auch, wenn der zugesetzte Indicator nicht zu 100% wiedergefunden wird. (Science [Washington] **116.** 301–305. 19/9. 1952. Raleigh, Univ. of North Carolina, Inst. of Statistics.) NEHRING. 4594

K. Choremis, V. Constantinides und **Ph. Nicolaides,** *Brenztraubensäure in der Rückenmarksflüssigkeit während verschiedener das Zentralnervensystem angreifender Infektionskrankheiten.* Es wurde der Geh. an *Brenztraubensäure* (**I**) in der Rückenmarks-Fl. bei akuten Infektionskrankheiten, Typhus, Toxikose mit meningoencephalit. Symptomen, Meningoencephalitis u. tuberkulöser Meningitis bestimmt. Bei der 1. Gruppe lag der Geh. an **I** innerhalb des n. Bereichs bei gleichzeitiger Erhöhung im Blut. Außer bei Encephalitis wurde bei den Erkrankungen des Nervensyst. eine Erhöhung gefunden. **I** nimmt bei tuberkulöser Meningitis im Verlauf der Behandlung ab. Eine Erklärung für die Zunahme der **I** kann noch nicht gegeben werden. Wahrscheinlich handelt es sich um Veränderungen im Enzymsyst. der Rückenmarks-Fl., bei denen das *Vitamin B* eine Rolle spielt. (Ann. paediatrici [Basel] **180.** 337–45. Juni 1953. Athen, Univ., Pediatric Clin. „Saint Sophie Hosp.") R. KÖNIG. 4596

André Lichtwitz und **Bruno Gerocarni,** *Das Syndrom des interstitiellen und vasculären Wasser–Natrium-Mangels.* Auf Grund von umfangreichen klin. u. biochem. Unterss., hauptsächlich an Patienten mit Nebenniereninsuffizienz, gelangen Vff. zu der Ansicht, daß neben dem bereits bekannten Schocksyndrom noch ein anderes Syndrom des W.–Na-Mangels existiert, das sich durch Asthenie, Anorexie, Abmagerung und Hypotonie kennzeichnen läßt u. das bes. dann in Erscheinung tritt, wenn die Zwischenzellräume arm an W. u. Na sind. Der W.–Na-Stoffwechsel wird, wie auch bei Patienten mit diabet. Koma u. in Stadien der Hypochlorämie festgestellt werden kann, außer durch die glomerulären u. tubulären Anteile der Nieren u. die osmot. u. onkot. Bedingungen der Zellen, Interstitien u. Gefäße, auch durch verschied. endokrine Drüsen reguliert: Nebennierenrinde (Verss. mit Injektion von Cortison u. DOCA), Hypophysenhinterlappen, Schilddrüse u. vielleicht durch das somatotrope Hypophysenhormon. (Rass. Clin., Terap. Sci. affini **52.** 118–28. April/Mai/Juni 1953. Paris, Ospedale „Henri Rouselle".) P. G. SCHEURLEN. 4596

H. Havermann und **H. W. Scharpenseel,** *Untersuchungen über die Phosphoraufnahme und -ablagerung junger Schweine durch Markierung mit* ^{32}P. Es wurde die Verteilung einer oral in Form von H_3PO_4 verabreichten ^{32}P-Menge von 1,8 mC im Körper eines Ferkels von 9 Wochen Alter verfolgt. 60 Std. nach der Applikation wurde das Tier geschlachtet u. zerlegt. Vom gesamten P_2O_5 des Tierkörpers entfielen auf das Skelett 82,5%; von der applizierten P-Menge wurden dagegen nur 65,8% für den P-Haushalt des Skeletts verbraucht. Der auf die anderen Organe entfallende Anteil hat sich dagegen etwa verdoppelt, mit Ausnahme des Hirns, das eine auffallend rückläufige Tendenz in der P-Aufnahme zeigte. Skelett u. Hirn scheinen somit in der ersten Entw. bei der P_2O_5-Versorgung bevorzugt zu werden. Mit fortschreitendem Wachstum nimmt die relative P-Einnahme bei den anderen Organen (Leber, Milz, Niere, Darmsubstanz, Pankreas- u. Harnblase) zu. Autoradiograph. Unterss. an Schnitten gestatten auch Aussagen über die Verteilung des P in den einzelnen Organen u. Geweben. (Arch. Tierernähr. **2.** 327–37. Mai/Juni 1952. Bonn, Univ., Inst. für Tierzucht u. Tierfütterung.) NEHRING. 4596

Clemens Moncke, *Der Bilirubinstatus. Ein Beitrag zur praktischen Bewertung der Bilirubindiazoreaktionen im Verlauf ikterischer Erkrankungen.* Mit Hilfe des sogenannten Bilirubinstatus, der sich aus der eiweißfehlerfreien Best. des Gesamtbilirubins, dem Einminutenwert u. der sogenannten Haftung, welche den Teil *Bilirubin* ausdrückt, der sich der Diazotierung nach Hinzufügen von 11% Na-Acetat entzieht, zusammensetzt, glaubt Vf. die Schwere einer ikter. Erkrankung genau bestimmen zu können. Außerdem soll eine Differenzierung verschied. Krankheitsbilder u. Stadien mit Hilfe dieser drei im Bilirubinstatus zusammengefaßten Untersuchungsmethoden möglich sein. (Z. ges inn. Med. Grenzgebiete **7.** 999—1004. 1/11. 1952. Rostock, Univ., Med. Klinik.) REICHLE. 4597

M. I. Schusster, *Der Kreatinphosphorsäuregehalt im Hirngewebe beim Absterben und bei der darauffolgenden Wiederbelebung.* (Vgl. C. **1953.** 1840.) Der Geh. an *Kreatinphosphat* (**I**)-P im in situ eingefrorenen Gehirngewebe von Hunden, die man mit Ae. narkotisiert hatte, beträgt 5,3—10,2 mg- %. Beim Absterben infolge akuten Blutverlustes kommt es zum Zerfall von I u. beim Eintritt der terminalen Pause ist I unter Zunahme des anorgan. P aus dem Gehirngewebe vollständig verschwunden. Die weitere Zunahme des anorgan. P beim Eintritt des klin. Todes erklärt sich aus dem Zerfall der Adenosintriphosphorsäure (II). Während der Wiederbelebung erfolgt die Resynth. von I u. II, verbunden mit einer Abnahme des Geh. an organ. P. (Архив Патологии [Arch. Pathol.] **45**. Nr. 2. 55—60. März/April 1953. Akad. der Med. Wiss., Labor. für exper. Physiol. zur Wiederbelebung des Organismus.) RENTZ. 4599

Walter Bradford Cannon, Bodily changes in pain, hunger, fear and rage; an account of recent researches into the function of emitional excitement. 2nd ed. Bost.: Charles T. Branford Co. 1953. (420 S. m. Abb., Diagr., Bibl.) $ 5,—.

E6. Pharmakologie. Therapie. Toxikologie. Hygiene.

Jean-François Duplan, *Einfluß der Ernährungsweise auf die Röntgenstrahlenempfindlichkeit des Meerschweinchens.* Meerschweinchen, die als Nahrung ein Übermaß von Proteinen in Form von Kohl erhalten, sind weniger empfindlich gegen die Wirkungen einer allg. Röntgenbestrahlung als diejenigen, deren Ernährungsweise durch Mohrrüben ergänzt wird. (C. R. hebd. Séances Acad. Sci. **236**. 424—26. 26/1. 1953.) E. W. HAAS. 4601

Marguerite Lourau, *Modifizierung der Nutzbarmachung des Glykogens der Leber während des Fastens durch allgemeine Röntgenbestrahlung.* Eine allg. Röntgenbestrahlung modifiziert die Nutzbarmachung des Glykogens im Verlauf des Fastens. Starke Dosen (2000 r) u. mittlere Dosen (1000 r) vermehren das Leberglykogen. Nach vorübergehenden Abfällen tritt ein erneuter Anstieg ein, der durch vermehrten Proteinabbau hervorgerufen wird. Mit mittleren Dosen wird nur der zweite Mechanismus erhalten. — Nichttödliche Dosen haben keine sofortige Wirkung. Diese Ergebnisse treten sowohl bei der Maus als auch beim Meerschweinchen auf. (C. R. hebd. Séances Acad. Sci. **236**. 422—24. 26/1. 1953.) E. W. HAAS. 4601

John H. Wentworth und **John A. Billows**, *Die synergistische Wirkung von Cortison und Röntgentotalbestrahlung bei Mäusen.* Die Überlebensdauer von Mäusen nach letaler Röntgenbestrahlung (400 r) wurde durch zusätzliche Gaben von *Cortison* (3 mg) weiterverkürzt. Die bei Röntgenbestrahlung allein bekannte Schutzwrkg. von Cystein entfiel vollkommen bei gleichzeitiger Cortisonbehandlung. Die Bestrahlung sowohl wie das Cortison bewirken jedes für sich eine wirksame Oxydation der Sulfhydrilgruppe des Cysteins, wirken also synergistisch. (Radiology **59**. 559—63. Okt. 1952. Brooklyn, N. Y., Brooklyn Hosp., Dep. of Radiol.) REUSSE. 4601

Hamilton Baxter, **John A. Drummond**, **L. G. Stephens-Newsham** und **Robert G. Randall**, *Die Mortalität von Schweinen nach Totalbestrahlung in Verbindung mit Verbrennungen und ihre Verringerung durch Streptomycin.* Zur modellmäßigen Darst. einer Atombombenschädigung von Lebewesen wurden Schweine in kurzen zeitlichen Abständen einer intensiven Totalbestrahlung mit 400 r Röntgenstrahlung (280 kV, FHA 80 cm, Filter: 1 mm Al + 0,5 mm Cu, HWS: 1,1 mm Cu) u. einer Verbrennung durch Entzündung eines Gemisches von Mg u. BaO_2 (Temp. 2800°) ausgesetzt. Die Brandwunden umfaßten 10—15% der Rumpfoberfläche. Ein Teil der Tiere erhielt anschließend tägliche intramuskuläre Injektionen von 500 mg *Streptomycin* (I). Körpergewicht u. Blutbild wurden laufend untersucht. Die Bestrahlung allein hatte eine Sterblichkeit von 20% zur Folge, die Verbrennung allein dagegen wirkte in keinem Fall tödlich. Die Kombination beider Traumen verursachte überraschenderweise eine Mortalität von 90%, die durch I-Behandlung wieder auf 20% reduziert wurde. Die histolog. Änderungen im Organismus u. die Modifikationen im Blutbild werden im einzelnen beschrieben. (Ann. Surgery **137**. 450—55. April 1953. Montreal, Canada, Royal Victoria Hosp., Dep. of plastic surgery, u. Mr. Gill Univ., Dep. of experim. surgery.) REUSSE. 4601

A. Hervé und **Z. M. Bacq**, *Chemische Schutzmittel gegen Röntgenstrahlenwirkungen.* (*Therapeutische Versuche.*) Vff. besprechen zusammenfassend ihre zahlreichen Tierverss. mit Chemikalien zur Kompensation von Röntgenschäden. Sie berichten dann weiter über Verss. am Menschen, den Strahlenkater durch chem. Mittel auszuschalten. Ca. 30 Patienten, die therapeut. Röntgenbestrahlungen erhielten, bekamen vor der Bestrahlung bis zu 200 mg *β-Mercaptoläthylamin* (I) in Form intravenöser Injektionen. Diese sind schmerzfrei. Schäden am Blutbild, Blutdruck oder den venalen Organen wurden nicht beobachtet. Die üblichen Formen des Strahlenkaters, unter dem die Patienten regelmäßig nach jeder Bestrahlung zu leiden gehabt hatten, entfielen völlig nach einer, gegebenenfalls bis zu 3 vorherigen Injektionen von I. (J. Radiol. Électrol. Arch. Électr. méd. **33**. 651—55. 1952.) REUSSE. 4601

Jean Vivien, *Die Wirkungen von radioaktivem Phosphor ^{32}P auf die Gonaden von lebendgebärenden Cyprinodonten.* Das W., in dem *Xiphophorus helleri H.* u. *Lebistes reticulatus H.* (♂ u. ♀) gehalten wurden, wurde mit ^{32}P (200μC/Liter) versetzt. Autopsie nach 40 Tagen zeigte kräftige Strukturänderungen an den Gonaden. Die histolog. u. cytolog. Untersuchungsergebnisse werden beschrieben. ^{32}P findet sich ausschließlich im Kopfteil der Spermatozoiden bzw. im Dotter konz., wie autoradiograph. Aufnahmen zeigten. (C. R. hebd. Séances Acad. Sci. **236.** 535—38. 2/2. 1953.) REUSSE. 4601

Paul R. Salerno, H. L. Friedell, James H. Christie und **Marvin Berg,** *Die synergistische Letalwirkung gewisser Isotopen bei Ratten.* Die gleichzeitige Verabreichung verschied. radioakt. Isotopen an Ratten (^{198}Au, ^{89}Sr, ^{90}Sr, ^{32}P) ergibt gelegentlich kräftigere Gesamtwirkung als man bei einfacher Summierung der Einzelwirkungen erwarten würde. Erklärt wird die Erscheinung damit, daß die verschied. Isotopen an verschied. Organen oder Organsystemen gleichzeitig Wirkungen u. damit erhöhte Gesamtschädigungen auslösen. Bes. empfindlich reagieren die Tiere auf gleichzeitige Schädigungen am hämatopoiet. u. am reticuloendothelialen System. (Radiology **59.** 564—69 Okt. 1952. Cleveland, Ohio, Western Reserve Univ., Dep. of Radiol.) REUSSE. 4601

Frank G. Carpenter, *Depressive Wirkung von inerten Gasen auf das Zentralnervensystem der Maus.* Vf. untersuchte, bei welchem Partialdruck bestimmte inerte Gase in der Lage sind, die Wrkg. eines Elektroschocks bei der Maus zu unterdrücken. Es zeigte sich, daß 265 lbs./sq. in. N, 185 lbs./sq. in. Argon, 27,5 lbs./sq. in. Schwefelhexafluorid u. 8,6 lbs./sq. in. NO_2 bei 50% der Mäuse, die durch den Elektroschock bedingten Konvulsionen unterdrücken. (Amer. J. Physiol. **172.** 471—74. Febr. 1953. Rochester, Univ., School of Med.) REICHLE. 4606

W. M. Ssennikow, *Der Einfluß von übermangansaurem Kalium auf die Harnabsonderung aus der intakten und transplantierten Niere.* Hunde mit intakter linker Niere u. einer auf den Hals transplantierten rechten Niere erhielten 2,5 mg 0,1% ig. $KMnO_4$ (I) pro 1 kg Körpergewicht per os. Filtration, Konzentrationsindex u. Rückresorption, u. damit auch die Harnausscheidung, sind in der transplantierten Niere sowohl bei der „spontanen" als auch bei der Wasserdiurese stets niedriger als in der intakten Niere. Durch I wird die Filtration der intakten Niere (wahrscheinlich durch Beeinflussung des Zentralnervensyst.) mehr als verdoppelt, während in der transplantierten Niere nur eine geringe Zunahme eintritt. Das Kreatinin im Blutplasma nimmt nach I-Zufuhr ab. (Физиологический Журнал СССР имени И. М. Сеченова [Ssetschenow J. Physiol. UdSSR] **38.** 723—28. Nov./Dez. 1952. Iwanowo, Med. Inst., Lehrstuhl für Pharmakol.) RENTZ. 4606

A. O. Woinar, *Zur Frage der Toxizität der Cadmiumsalze.* Vf. kritisiert den Befund von GRUSCHKO, DONSKOW u. KOLESSNIK (vgl. C. **1952.** 2716), wonach bereits 0,1 mg Cd in 1 l W. (0,001 mg pro kg Körpergewicht täglich) als tox. anzusehen sei. Demgegenüber gibt Vf. auf Grund eigener Unterss. an, daß in den Organen u. Geweben des Menschen u. der höheren Tiere im Mittel 0,05 mg Cd pro 1 kg Körpergewicht enthalten sind, wobei Leber u. Nieren eine mehrfach höhere Konz. davon enthalten als die übrigen Organe. Aus diesen Ergebnissen wird gefolgert, daß die von GRUSCHNO u. Mitarbeitern angegebene Dosis mehreremal niedriger ist als der n. Geh. des Elementes im Gewebe u. infolgedessen nicht giftig sein kann. Selbst bei einem Geh. von 0,04 mg% Cd im Blut u. bei Ausscheidung von 0,1 mg/Liter durch den Harn kommt es zu keinen klin. Symptomen einer chron. Cd-Vergiftung. (Гигиена и Санитария [Hyg. u. Sanitätswes.] **1953.** Nr. 2. 16—18. Febr.) RENTZ. 4606

J. Stüben, *Experimentelle Untersuchungen über die Durchtrittszeit verschiedener Medikamente durch Dentin, gemessen mit der Schlierenmethode.* Da die Diffusionsvorgänge im Dentin für zahlreiche zahnärztliche Maßnahmen von größter Bedeutung sind (z. B. für Dentinanästhesie, Wurzelbehandlung u. -füllung) wurden in vitro mit der TOEPLERschen Schlierenmeth. die Durchtrittszeiten verschied. Präpp. durch Dentin (getrocknetes u. vitales) bei Zimmertemp. gemessen. *Ae., Methylenchlorid, A.* u. *Chlf.* durchdringen innerhalb 30—90 Sek. eine 1 mm dicke Dentinschicht (Ae. am schnellsten, Chlf. am langsamsten). Eine gesätt. $AgNO_3$-Lsg, die nur 30 Sek. auf Dentin eingewirkt hat, wird weder durch *Eugenol* noch durch *Hydrochinon* so restlos reduziert, daß sie nicht mehr weiter in das Dentin eindringen kann. Eine erhärtete Phosphatzementunterfüllung (Phz.) vermindert die Durchtrittszeit der monomeren *Palavit*-Fl. um ca. 50%, vermag aber nicht das Eindringen ins Dentin zu verhindern, während sich eine noch tropfbar-fl. Phz. je nach Dentindicke während der Beobachtungszeit als vollkommen undurchlässig erwies. (Dtsch. zahnärztl. Z. **8.** 662—70. 15/6. 1953.

Kiel, Univ., Zahnärztl. Inst. u. Klinik für Zahn-, Mund- u. Kieferkrankheiten, Abt. für Zahnerhaltung.) KLESSE. 4607

S. Y. P'An, J. F. Gardocki, M. Harfenist und **A. Bavley,** *Die Pharmakologie von Äthinylcarbinolen, einer neuen, auf das Zentralnervensystem depressiv wirkenden Stoffgruppe.* Die hypnot. u. antikonvulsive Wrkg. von *3-Methylpentinol-(3)* (MARGOLIN, Science [Washington] **114**. [1951.] 384) veranlaßte die Vff. *3-Methylpenten-(4)-in-(1)-ol-(3)* (**I**) u. *3-Äthylpentan-(4)-in-(1)-ol-(3)* (**II**) — Zwischenprodd. bei der Vitamin-A-Synth. — auf die gleiche Wrkg. zu untersuchen. **I** u. **II** wirken an Mäusen nach oraler u. parenteraler Verabreichung hypnot. u. beim Pentylentetrazol-Test antikonvulsiv. Hunde zeigten nach mehrwöchiger oraler Verabreichung keine Störungen der Nieren- oder Leberfunktion sowie des Blutbildes. (J. Pharmacol. exp. Therapeut. **107**. 459—63. April 1953. New York, N. Y., Brooklyn, Pfizer & Co.) ZÖLLNER. 4607

Harold E. Himwich, *Einige Wirkungen von DFP (Diisopropylfluorphosphat) und Atropin.* Nach einseitiger Injektion von *DFP* in die Carotis communis von Versuchstieren gelingt es, isolierte Gehirnerscheinungen auszulösen, die sich als Drehbewegungen u. Krampfanfälle zeigen. Kleine Gaben von Atropin intravenös unterbinden diese Erscheinungen. (Arzneimittel-Forsch. **3**. 228—31. Mai 1953. Galesburg, Ill., State Res. Hosp.) ULEX. 4607

Kenneth P. DuBois, John Doull, Arthur J. Okinaka und **Julius M. Coon,** *Untersuchungen über die Toxizität und die pharmakologischen Wirkungen von symmetrischem und unsymmetrischem Diäthyl-bis-[dimethylamino]-pyrophosphat.* Vff. untersuchen das symmetr. (**I**) u. unsymmetr. (**II**) *Diäthyl-bis-[dimethylamino]-pyrophosphat* auf ihre therapeut. Anwendbarkeit. DL_{50} in mg/kg: für weibliche Ratten oral: **I** 12,4; **II** 3,8, weibliche Mäuse intraperitoneal: **I** 17,0; **II** 4,7; Hunde intravenös: **I** 20—30; **II** 10—15. Resorbierbarkeit von **I** u. **II** durch den Magendarmkanal u. durch die Haut. Vorhergehende Behandlung mit *Polyoxyäthylenalkylarylphenol* (*Thiosolve 8139*) wirkt entgiftend, so daß die dermale tödliche Dosis auf das Sechsfache steigt. Die Aktivität der Hirncholinesterase wird um 50% vermindert durch Konzz.: $2,8 \cdot 10^{-7}$ mol. **II** u. $4,7 \cdot 10^{-7}$ mol. **I**. Die Aktivität der *Cholinesterase* von Serum, Skelettmuskel u. anderer peripherer Organe wird bedeutend stärker herabgesetzt als die vom Gehirn, weshalb Vff. Anwendung bei der Myasthenia gravis diskutieren. Vorbehandlung mit *Atropin* erhöht die DL_{50} auf das Zweifache, Vorbehandlung mit *Eserin* auf das 10 bis 12fache. (J. Pharmacol. exp. Therapeut. **107**. 464—77. April 1953. Chicago, Calif., Univ., Pharmacol. Dep.) ZÖLLNER. 4607

J. M. Barnes und **F. A. Denz,** *Experimentelle Demyelination durch organische Phosphorverbindungen.* Unterss. über die Natur der bei Hühnern, Ratten u. Kaninchen durch 3 neue Insekticide aus der Reihe der organ. P-Verbb.: *Bis-[isopropylamino]-fluorphosphinoxyd* (*Mipafox*), *Di-isopropylfluorphosphonat* (*DFP*) u. *Tri-orthocresylphosphat* (*TOCP*) hervorgerufenen Vergiftungen (Lähmungen), die, wie Vff. annehmen, nicht im direkten Zusammenhang mit der Cholinesterase hemmenden Wrkg. dieser Verbb. stehen, werden beschrieben. Es wird auf histolog. Wege nachgewiesen, daß neurolog. Schädigungen (Zerstörung des *Myelins*) in den peripheren Nerven u. bes. im Rückenmark auftreten. Bei Säugetieren werden durch diese Substanzen keine dauernden Lähmungen verursacht, aber ebenfalls geringere Demyelinationsschäden beobachtet, die von einer allg. vorübergehenden Muskelschwäche begleitet sind. Andere organ. P-Verbb. mit Anticholinesterase-Wirksamkeit, wie *Diäthyl-p-nitrophenylthiophosphat* (*E 605*), *Diäthyl-p-nitrophenylphosphat* (*E 600*), *Tetra-isopropylpyrophosphoramid* u. a. besitzen die beschriebene Giftwrkg. nicht. (J. Pathol. Bacteriol. **65**. 597—605. April 1953. Carshalton Beeches (Surrey), Woodmansterne Road.) NIESWANDT. 4607

J. D. Judah, *Wirkungsart der Nitrophenole.* Nach Injektion letaler Dosen von *3.5-Dinitro-o-cresol* trat in allen Rattengeweben ein Rückgang des Kreatininphosphates, Adenosintriphosphates u. Adenosindiphosphates auf. Gewöhnlich stiegen gleichzeitig anorgan. Phosphat u. Adenylsäure an. Verss. in vitro mit Rattendiaphragmen führten zum gleichen Ergebnis. Im Verlauf der Vergiftung verlor der Muskel nach u. nach die Fähigkeit, auf Stimuli zu reagieren. (Proc. Roy. Soc. Med. **45**. 574. Sept. 1952.) KNÖPKE. 4607

Erwin Hiller, *Zur Wirkungsweise von intramuskulär injiziertem Salicylamid.* Lokale Verträglichkeit, Serumspiegel, Urinausscheidung u. klin. Effekt von *Salicylamid* (**I**) sowie Schmerzmessung mit dem Algimeter werden besprochen. Eine einmalige intramuskuläre Injektion von 1,0—1,5 g **I** bewirkt über viele Std. eine Besserung rheumat. Affektionen. (Arzneimittel-Forsch. **3**. 256—58. Mai 1953. München, Univ., 1. Med. Klinik.) ULEX. 4607

J. Büchi, J. Ammann, R. Lieberherr und **E. Eichenberger,** *Über neue 3.5-Dioxopyrazolidine.* Die geringe Wasserlöslichkeit des Pyramidons, die eine Stoßtherapie schwierig gestaltet, konnte in neuester Zeit durch Kombination mit Derivv. des *3.5-Dioxopyrazolidins* (I) (wie z. B. im *Irgapyrin*) weitgehend aufgehoben werden. Letztere Körperklasse ist pharmakol. bisher wenig untersucht worden, da hauptsächlich nur die 1.2.4-trisubstituierten I-Derivate. Vff. untersuchen daher den Einfl. eines Substituenten in 2-Stellung auf die Wrkg. an Hand einer Reihe neu synthetisierter I-Derivate. Sie stellen 1.2.4.4-, 4.4- u. 1.4.4-substituierte I durch Kondensation von dialkyliertem *Malonester* (II) mit entsprechend substituiertem *Hydrazin* (III) mittels Na-Alkoholat als Kondensationsmittel dar. Unsubstituiertes oder monosubstituiertes III reagiert hierbei glatt mit disubstituiertem II, symm. disubstituiertes III hingegen reagiert nur mit unsubstituiertem oder monosubstituiertem II. Es wurde daher unsubstituiertes III oder Phenyl-III mit Dialkyl-II umgesetzt u. der 2. Substituent am N durch Alkylierung mittels Alkyljodid u. wasserfreier alkoh. KOH eingeführt. Die Alkaliempfindlichkeit der entstehenden tetrasubstituierten I erfordert besonders sorgfältiges Aufarbeiten. Die Benzylierung von 1-Phenyl-4-[n-butyl]-I ergab jedoch nicht das 2-, sondern das 4-Benzylderiv., das auch durch Kondensation von n-Butylbenzyl-II mit Phenyl-III erhalten wurde. Daraus folgt eine größere Reaktionsfähigkeit der H-Atome der 4-ständigen Methylengruppe in I als des H-Atoms am $N_{(2)}$. Das 2-Benzylderiv. ist daher nur durch Kondensation von n-Butyl-II mit N-Phenyl-N'-benzyl-III erhältlich. Hinsichtlich der Meth. der Prüfung auf analget., sedative u. antipyret. Wrkg. u. ihre Auswertung vgl. das Original. Diese Prüfung ergab eine gute analget. Wrkg. des in 4-Stellung unsubstituierten 1-Phenyl-I, das nur geringfügige Toxizität zeigt. Wird in 2-Stellung eine zweite Phenylgruppe eingeführt, sinkt die analget. Wrkg. auf die Hälfte ab u. die Toxizität wird erhöht. 1-Phenyl-4-[n-butyl]-I u. 1-Phenyl-2-benzyl-4-[n-butyl]-I („*homologes Butazolidin*") zeigen die gleiche analget. Wrkg. wie Pyramidon, wobei besonders die letzte Verb. sich durch geringe Toxizität auszeichnet. 4.4-Dimethyl-I-Derivv. zeigen ungünstige pharmakol. Eigg., während 4.4-Diäthyl-I ein gutes Analgeticum von außerordentlich geringer Toxizität ist. 1-Phenyl-4.4-diäthyl-I zeigt leichten Wirkungsanstieg bei gleicher Toxizität. Wird in dieser Verb. auch das zweite N alkyliert, so zeigt das 2-Methyl- wie auch das 2-Äthylderiv. Absinken der analget. Wrkg. u. Anstieg der Toxizität. Das 2-Methylderiv. ist auch wenig antipyret. wirksam. Hingegen wirkt das 2-[n-Propyl]-Deriv. besser analget. als Pyramidon u. ist auch weniger toxisch. Die 2-Isopropyl- u. 2-Allylderivv. sind wieder völlig unwirksam, während im 2-[β-Diäthylaminoäthyl]-Deriv. die analget. Wrkg. bis in die Größenordnung der des Pyramidons ansteigt. Die gleiche Wrkg. hat auch das 2-Benzylderiv., das daneben noch antipyret. wirkt u. außerordentlich gering tox. ist. Daher können bisher keine Gesetzmäßigkeiten hinsichtlich des Einfl. des Substituenten in 2-Stellung aufgestellt werden. 1-Benzylderivv. sind ungünstig sowohl hinsichtlich ihrer Wrkg. als auch ihrer Toxizität. Vergrößerung der 4.4-Dialkylreste bringt keine Verbesserung der Eigenschaften. 4.4-Dibutyl- u. 4-Allyl-4-isopropyl-Derivv. sind noch ähnlich wirksam wie 4.4-Diäthylverbb., 4-Äthyl-4-isoamylverbb. aber sind völlig unwirksam, ihre Eigg. werden erst durch Einführung einer 4-Benzylgruppe günstiger. Die Substitution in der 4-Stellung in I zeigt also einen grundlegenderen Einfl. auf die pharmakol. Wrkg. als die in der 2-Stellung. Bei geeigneter Substitution in 4-Stellung verstärkt eine Phenylgruppe in 1-Stellung die pharmakol. Eigenschaften.

V e r s u c h e (FF. korr.): *1-Phenyl-4-äthyl-4-isoamyl-3.5-dioxopyrazolidin*, $C_{16}H_{22}\cdot O_2N_2$, Kp.$_{0,3}$ 179—182°, gelbes zähfl. Öl, erstarrt mit tiefem F.; aus Äthyl-isoamyl-II, Phenyl-II u. Na-Alkoholat, 6std. bei 120—140° Lösen der gelben Reaktionsmasse in Wasser. Ausgangsprodd. ausäthern, wss. Phase ansäuern, ausfallendes Öl in Ae. aufnehmen u. im Hochvakuum destillieren. 95% (Ausbeute). — *1-Phenyl-2-benzyl-4-äthyl-4-isoamyl-3.5-dioxopyrazolidin*, $C_{23}H_{28}O_2N_2$, F. 97—99°, Kristalle aus Ligroin-PAe.; aus vorst. Verb. in alkoh. KOH mit Benzylbromid; 59,5%. — Analog wurden folgende *3.5-Dioxopyrazolidine* nebenst. Konst. erhalten:

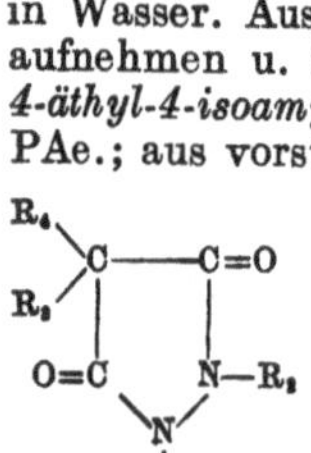

$R_1 = C_6H_5$, $R_2 = R_3 = R_4 = H$, F. 192°, 63%. — $R_1 = R_2 = C_6H_5$, $R_3 = R_4 = H$, F. 178°, 67%. — $R_1 = R_2 = H$, $R_3 = R_4 = C_2H_5$, F. 262°, 21%. — $R_1 = R_2 = H$, $R_3 = R_4 = n\text{-}C_4H_9$, F. 215°, 9%. — $R_1 = C_6H_5$, $R_2 = R_4 = H$, $R_3 = n\text{-}C_4H_9$, F. 99°, 66%. — $R_1 = C_6H_5$, $R_2 = H$, $R_3 = R_4 = C_2H_5$, F. 113°, 75%. — $R_1 = CH_2C_6H_5$, $R_2 = H$, $R_3 = R_4 = C_2H_5$, F. 134°, 65%. — $R_1 = CH_2C_6H_5$, $R_2 = H$, $R_3 = R_4 = n\text{-}C_4H_9$, F. 128°, 56%. — $R_1 = C_6H_5$, $R_2 = H$, $R_3 = CH_2{-}CH{=}CH_2$, $R_4 = iso\text{-}C_3H_7$, Kp.$_{0,01}$ 148°, 67%. — $R_2 = C_6H_5$. $R_2 = H$, $R_3 = iso\text{-}C_5H_{11}$, $R_4 = C_2H_5$, Kp.$_{0,3}$ 182°, 95%. — $R_1 = C_6H_5$, $R_2 = H$, $R_3 = n\text{-}C_4H_9$, $R_4 = CH_2C_6H_5$, F. 171°, 45%. — $R_1 = C_6H_5$, $R_2 = CH_2C_6H_5$, $R_1 = n\text{-}C_4H_9$, $R_4 = H$, F. 98°, 44%. — $R_1 = C_6H_5$, $R_2 = R_3 = R_4 = CH_3$, F. 70°, 61%. — $R_1 = C_6H_5$, $R_2 = CH_3$, $R_3 = R_4 = C_2H_5$, F. 95°, 60%. — $R_1 = C_6H_5$, $R_2 = R_3 = R_4 = C_2H_5$, F. 57°, Kp.$_{0,08}$ 115°, 56%. —

$R_1 = C_6H_5$, $R_2 = n\text{-}C_3H_7$, $R_3 = R_4 = C_2H_5$, Kp.$_{0,2}$ 130°, 44%. — $R_1 = C_6H_5$, $R_2 = iso\text{-}C_3H_7$, $R_3 = R_4 = C_2H_5$, Kp.$_{0,02}$ 106°, 17%. — $R_1 = C_6H_5$, $R_2 = CH_2{-}CH = CH_2$, $R_3 = R_4 = C_2H_5$, F. 42°, Kp.$_{0,35}$ 135°, 92%. — $R_1 = C_6H_5$, $R_2 = CH_2CH_2N(C_2H_5)_2$, $R_3 = R_4 = C_2H_5$, Kp.$_{0,1}$ 144°, 63%. — $R_1 = C_6H_5$, $R_2 = CH_2C_6H_5$, $R_3 = R_4 = C_2H_5$, F. 93°, 79%. — $R_1 = R_2 = CH_2C_6H_5$, $R_3 = R_4 = C_2H_5$, F. 74°, 54%. — $R_1 = C_6H_5$, $R_2 = CH_3$, $R_3 = CH_2{-}CH = CH_2$, $R_4 = iso\text{-}C_3H_7$, Kp.$_{0,03}$ 124°, 77%. — $R_1 = C_6H_5$, $R_2 = CH_2C_6H_5$, $R_3 = CH_2{-}CH{=}CH_2$, $R_4 = iso\text{-}C_3H_7$, Kp.$_{0,06}$ 155°, 67%. — $R_1 = C_6H_5$, $R_2 = CH_3$, $R_3 = C_2H_5$, $R_4 = iso\text{-}C_5H_{11}$, Kp.$_{0,15}$ 123°, 50%. — $R_1 = C_6H_5$, $R_2 = CH_2C_6H_5$, $R_3 = C_2H_5$, $R_4 = iso\text{-}C_5H_{11}$, F. 99°, 59%. — $R_1 = C_6H_5$, $R_2 = R_3 = CH_2C_6H_5$, $R_4 = n\text{-}C_4H_9$, Kp.$_{0,01}$ 175°, 67%. — $R_1 = C_6H_5$, $R_2 = CH_2CH_2N(C_2H_5)_2$, $R_3 = CH_2C_6H_5$, $R_4 = n\text{-}C_4H_9$, Kp.$_{0,05}$ 180°, 47%. — (Helv. chim. Acta **36**. 75—85. 1953. Zürich, Eidgen. TH., Pharmazeut. Inst.) RUSKE. 4607

Graham Chen, Ruth Portman und **Agnes Wickel,** *Pharmakologie des 1.1-Dimethyl-4-phenylpiperaziniumjodids, einer ganglienstimulierenden Substanz. 1.1-Dimethyl-4-phenylpiperaziniumjodid* (I) (farblos, krist., in W. lösl.) ist eine die autonomen Ganglien stimulierende Substanz, wie die Wrkg. auf die Kontraktion der Nickhaut der Katze, die Erhöhung des Blutdrucks u. die Zunahme der Blasentension beim Hunde zeigt. Am isolierten Kaninchenherz bewirkte I eine starke Vergrößerung der Amplitude u. eine geringe der der Kontraktionsgeschwindigkeit. Nach intravenöser Zufuhr trat sofort eine vorübergehende Zunahme des Minutenvol. der Atmung ein. Am isolierten Meerschweinchenileum hatte I eine spasmogene Wirkung. Die I-Wirkungen können durch vorhergehende Gaben von *Tetraäthylammoniumchlorid* oder *Hexamethylen-bis-(trimethylammoniumbromid)* verhindert werden. DL_{50} von I ist 27,5 mg/kg bei der Maus, intramuskulär, u. ca. 1 mg/kg beim Kaninchen, intravenös. (J. Pharmacol. exp. Therapeut. **103**. 330—36. Nov. 1951. Detroit, Mich., Parke, Davis and Co., Res. Labors.) K. MAIER. 4607

Julius Axelrod und **Jules Reichenthal,** *Das Schicksal des Coffeins im menschlichen Körper und eine Methode zur Bestimmung in biologischem Material.* 1—5 cm³ Plasma mit 40 cm³ Bzl. u. 3,0 g NaCl ausschütteln. Nach Zentrifugieren 30 cm³ des Bzl. in 4 cm³ 5n HCl überführen. Nach 5 Min. Schütteln 3 cm³ der wss. Phase bei 213 mμ im BECKMANN-Spektrophotometer untersuchen. Vgl. gegen Standardlsg. einer mit 5n HCl angesetzten Lsg. bekannten Gehaltes. Coffein (I) wird schnell u. nahezu restlos durch den Gastrointestinaltrakt resorbiert. Der I-Geh. der einzelnen Organe entspricht etwa deren Wassergehalt. I dringt sehr schnell in das Nervensystem ein. I wird bei Mensch u. Hund bis auf 1% abgebaut, das mit dem Harn ausgeschieden wird. Ohne wesentliche individuelle Unterschiede werden 12—22% I pro Std. abgebaut, so daß die „Halbwertzeit" im Körper bei 3½ Std. liegt. Die nach mehrmaligem Kaffeetrinken angesammelte I-Menge wird im Laufe der Nacht abgebaut, so daß keine Kumulation auftreten kann. (J. Pharmacol. exp. Therapeut. **107**. 519—23. April 1953. Bethesda, Md., Chem. Pharm. Lab.) ZÖLLNER. 4608

Michèle Leblanc, *Untersuchungen über die Vergiftung durch Amanita phalloides.* Verantwortlich für die Giftigkeit von Amanita phalloides sind: das *Phallin* (KOBERT), *Amanitahämolysin* (FORD; thermolabil, von glykosid. Natur), die *Amatine* α u. β u. das *Phalloidin.* Die klin. Erscheinungen u. die Behandlung der Vergiftung sowie Fütterungsverss., pharmakol. u. histol. Unterss. werden kurz beschrieben. Diskussion des Wirkungsmechanismus. — 43 Literaturangaben. (Ann. pharmac. franç. **10**. 615—28. Sept./Okt. 1952. Paris, Univ., Fac. de Méd., Labor. de Physiol.) PATZSCH. 4608

Moufid Raghab, *Einige Beobachtungen bei der Behandlung von Bacillus coli-Infektionen des Harntrakts mit „Gantrisin".* Akute u. chron. Infektion des Harntrakts mit Bacillus coli (Cystitis, Pyelitis u. Pyonephritis) wurden ohne Nebenerscheinungen mit Erfolg mit *Gantrisin* (*3.4-Dimethyl-5-sulfanilamidoisoxazol*, F. HOFFMANN-LA ROCHE & CO.) behandelt. Die Behandlung war in Fällen von Infektionen (Cystitis) mit B. pyocyanea ohne Erfolg. (J. Roy. Egypt. med. Assoc. **35**. 491—95. 1952. Cairo, Kasr El-Ainy Fac. of Med.) H.-J. KOCH. 4610

Klaus Thomsen, *Über den Wert der Sulfonamidprophylaxe in der Geburtshilfe.* Übersicht über den Zeitraum von 25 Jahren. Es wird ein Rückgang der entzündlichen genitalen Komplikationen bei Wöchnerinnen nach verschied. geburtshilflichen Eingriffen auch in zeitlicher Hinsicht infolge der Sulfonamidprophylaxe festgestellt. Daneben deutliche Verminderung der Infektionen des Respirationstraktes u. der Harnwege wie der Infektionssterblichkeit von 1,1 auf 0,3%. (Z. Geburtshilfe Gynäkol. **137**. 270—304. 1952. Hamburg-Eppendorf, Univ., Frauenklinik.) EGGSTEIN. 4610

Walther Löhlein, *Der Ablauf einer im Kindesalter erfolgten schweren Optochinvergiftung von Netzhaut und Sehnerv.* Eine jetzt 35jährige Patientin wurde kurz nach ihrem 1. Lebensjahr von einer Influenza-Pneumonie mit meningit. Erscheinungen befallen u. mit *Optochinhydrochlorid* in der Gesamtmenge von 1,2 g behandelt. Unter vorübergehender Erblindung trat rasche Besserung des Allgemeinzustandes ein. Im Alter von 6 Jahren fanden sich bei einer Augenunters. ein feinschlägiger Nystagmus, abgeblaßte Sehnervenscheiben u. stark verengte Netzhautgefäße. Der Schulbesuch war möglich. Bei der 35jährigen zeigen sich Pigmentwucherungen am Augenhintergrund, Degeneration der Netzhaut u. Nervenfasern, Herabsetzung des Sehvermögens auf $^1/_6$ bei beiderseits nasalem Skotom u. sehr erschwertem Dämmerungssehen. Nach Überanstrengung u. seelischer Erregung tritt durch Zirkulationsstörung vorübergehende Verschlechterung des Sehvermögens ein. Wegen der Gefahr der Augenschädigung wird Optochin therapeut. nicht mehr verwendet. (Klin. Monatsbl. Augenheilkunde augenärztl. Fortbild. **121**. 25—33. 1952. Berlin, Freie Univ.) ZOPFF. 4610

P. C. Sen Gupta, B. Bhattacharyya, A. K. Das und **N. N. Sanyal,** *Behandlung der Hautleishmaniose nach Kala-Azar mit Methylglucaminantimoniat.* (Vgl. J. trop. Med. Hyg. **53**. [1950.] 230.) In 30 Fällen Hautleishmaniose wurde Methylglucaminantimoniat intramuskulär 2mal wöchentlich verabreicht, im ganzen 12—53 Injektionen, entsprechend dem Alter insgesamt 80—640 ml. Die Verträglichkeit war gut. Die Wrkg. war, ebenso wie die anderer Antimonverbb., in gewissen Fällen sogar besser. (J. trop. Med. Hyg. **55**. 205—08. Sept. 1952. Calcutta, School of Trop. Med.) DUCHO. 4610

W. Smolarek, *Über die Calciumsalze der PAS.* Vergleichende Blutspiegelunterss. ergaben, daß mit dem leichtlösl., gut verträglichen, neutralen *PAS-Calciumsalz* wesentlich höhere Blutspiegel zu erreichen sind als mit dem schwerlösl., bas. PAS-Calciumsalz. (Tuberkulosearzt **7**. 303—05. Mai 1953. Braunschweig, städt. Krankenanstalten, Abt. IV [Tbk.-Krh.]) RUTKOWSKI. 4610.

O. Wiese und **F. Berthold,** *Tuberkulostatica beim tuberkulösen Diabetiker?* 137 Literaturangaben. (Tuberkulosearzt **7**. 267—74. Mai 1953. St. Blasien, Sanatorium.) RUTKOWSKI. 4610

A. J. Proust, E. G. Beacham und **H. S. Allen,** *Isonicotinsäurehydrazid in der Behandlung der Lungentuberkulose.* Bei 20 Patienten mit meist fortgeschrittener Lungentuberkulose bewirkte *Isonicotinsäurehydrazid* (I) eine Besserung des subjektiven Befindens, ohne daß schwerwiegende Nebenerscheinungen auftraten. Tägliche Dosis war 150—200 mg **I**. In 13 Fällen blieb das Sputum positiv nach 21—25 Wochen dauernder Behandlung. Röntgenolog. Besserungen wurden in 7 Fällen beobachtet. Nach 3—4 monatiger **I**-Medikation wurden fast alle Patienten zusätzlich mit *Streptomycin, PAS* oder *Viomycin* behandelt. (Med. J. Australia **40**. I. 179—82. 7/2. 1953. Baltimore, Maryland, Baltimore City Hosp., Tuberculosis Div.) RUTKOWSKI. 4610

Donald S. King, *Tuberkulose.* Übersichtsref. u. a. über die Chemotherapie der Tuberkulose mit Streptomycin u. PAS, Isonicotinsäurehydrazid u. Derivv., ACTH u. Cortison, Streptokinase, Pyrazinamid (Aldinamid), Viomycin, Tibion, Neomycin, Mycomycin, Marsilid (1-Isonicotinyl-2-isopropylhydrazin). — 77 Literaturangaben. (New England J. Med. **247**. 718—25. 6/11. 1952. Boston, Mass., Massachusetts General Hospital.) W. BRANDT. 4610

I. Ss. Ssergejew, *Unmittelbare und spätere Resultate der Behandlung von Lungentuberkulose mit Streptomycin.* Aus Beobachtungen an 101 Patienten wird geschlossen, daß bei fibrösen stationären Prozessen *Streptomycin* (**I**) nicht indiziert ist. Die besten Erfolge erzielt man bei Patienten mit infiltrativen akuten u. subakuten disseminierten Formen der Lungen-Tbc, wobei der Stillstand des Prozesses noch lange Zeit nach Abschluß der **I**-Behandlung fortdauert. **I** ist ferner angezeigt bei etwas disseminierenden u. fibrös. cavernösen Prozessen, jedoch nur in der Phase der Aktivierung. Vor einer Wiederholung der antibakteriellen Therapie soll erst die Resistenz des Tbc-Bacillus des Patienten gegenüber **I** geprüft werden. (Проблемы Туберкулеза [Probleme Tuberkul.] **1953**. Nr. 1. 38—43. Jan./Febr.) RENTZ. 4611

W. A. Rawitsch-Schtscherbo, *Antibiotica und chemosynthetische Präparate in der Komplextherapie der Tuberkulose.* Unter einer Komplextherapie der Tuberkulose versteht Vf. die gleichzeitige Durchführung der antibakteriellen, desensibilisierenden u. stimulierenden Therapie im Verein mit der direkten Beeinflussung bzw. Entfernung des Herdes. Es wird über Heilerfolge mit Streptomycin, Globisporin, p-Aminosalicylsäure, Tibon u. Phthivazid berichtet. (Клиническая Медицина [Klin. Med.] **31** (**34**). Nr. 4. 12—17. April 1953.) RENTZ. 4611

K. P. Poljanskaja, *Versuch zur Anwendung von Streptomycin bei Knochen- und Gelenktuberkulose Erwachsener.* Bei Knochen- u. Gelenk-Tbc erhielten die Patienten täglich (aus 2 Dosen verteilt) 0,5—1 g *Streptomycin* (**I**) intramuskulär, insgesamt

15—100 g (auch in die Fisteln u. Abscesse). Neben der gleichzeitig durchgeführten orthopäd. u. allg. kräftigenden Behandlung erwies sich diese Therapie als sehr wirksam, bes. in den Anfangsstadien der Erkrankung. Bei reichlichem Vorhandensein verkäster Massen ist die Wrkg. von I gering. (Клиническая Медицина [Klin. Med.] **31** (**34**). Nr. 4. 36—40. April 1953. Moskau, Städt. Wiss. Forschungsinst. für Tbc.) RENTZ. 4611

WM. G. Wimsett, *Die Chemotherapie der Tuberkulose der Harnwege.* Die Tuberkulose der Harnwege scheint durch Kombination von 1 g *Streptomycin* (I) täglich u. 15 g *PAS* täglich besser beeinflußt zu werden als durch I allein. (Edinburgh med. J. **59.** 573—82. Dez. 1952. Glasgow, Robryston Hosp.) RUTKOWSKI. 4611

Josef Breitner, *Über die Behandlung der Adnextuberkulose mit Streptomycin.* Klin. Bericht über 5 Fälle von Adnextuberkulose, die erfolgreich mit *Streptomycin* (2 mal 5 g/Tag) je nach Verträglichkeit behandelt wurden. (Geburtshilfe u. Frauenheilkunde **12.** 1039—46. Nov. 1952. München, I. Univ.-Frauenklinik.) H. SCHEURLEN. 4611

F. L. Elinsson, *Streptomycin bei der Behandlung von Kranken mit tuberkulöser Lymphadenitis und Peritonitis.* Nach den Beobachtungen an 62 Patienten ist *Streptomycin* (I) das wirkungsvollste Mittel zu Behandlung der tuberkulösen Lymphadenitis u. Peritonitis. Es setzt alle Erscheinungen der chron. u. akuten Intoxikation herab u. führt zur Entw. einer langdauernden Remission mit Aufsaugung der entzündlichen Veränderungen. Bei der Peritonitis ist es ratsam, I nicht nur intramuskulär, sondern auch intraperitoneal zu verabreichen. (Проблемы Туберкулеза [Probleme Tuberkul.] **1953.** Nr. 1. 43—49. Jan./Febr.) RENTZ. 4611

B. G. Gililowa und **Ss. Ss. Schkolnik,** *Frühdiagnostik der tuberkulösen Meningitis bei Erwachsenen und ihre Behandlung mit Streptomycin.* Bei Veränderungen der Psyche u. des Benehmens Tbc-Kranker neben dem Auftreten recidivierender Kopfschmerzen ist die Liquorpunktion zu diagnost. Zwecken indiziert. Die *Streptomycin* (I)-Behandlung der Tbc-Kranken kann die Entw. einer tuberkulösen Meningitis maskieren. Bei dieser soll I nicht nur intralumbal, sondern auch intramuskulär verabreicht werden. Die Behandlung ist bis zur Liquorsanierung fortzusetzen. (Клиническая Медицина [Klin. Med.] **31** (34). Nr. 4. 32—35. April 1953. Leningrad, Wiss. Forschungsinst. für Tbc.) RENTZ. 4611

N. A. Kondakssasow, *Zur Frage der Idiosynkrasie gegenüber antibakteriellen Präparaten.* Vf. berichtet über einen Fall gleichzeitiger Idiosynkrasie gegenüber *Penicillin, p-Aminosalicylsäure* u. *Streptomycin.* (Проблемы Туберкулеза [Probleme Tuberkul.] **1953.** Nr. 1. 65—66. Jan./Febr.) RENTZ. 4611

W. A. Wassiljew, *Erfahrungen bei der Behandlung von Patienten mit Lungenabsceß durch intrapulmonale Penicillinzufuhr.* Von 12 Patienten mit Lungenabsceß u. gestörter Durchlässigkeit der drainierenden Bronchien wurden 11 durch 4—10 Injektionen (jeden 2. Tag) von anfangs 300000—400000, später 100000—150000 E. *Penicillin* (I) direkt in den Absceß (nach vorausgegangenem Absaugen des Eiters) geheilt. Bei 7 Patienten war die drainierende Funktion der Bronchien bereits nach 2—3 Punktionen wiederhergestellt. Vor Beginn der intrapulmonalen Zufuhr erhielten die Patienten 4—5 Tage lang I intramuskulär. (Клиническая Медицина [Klin. Med.] **31** (**34**). Nr. 4. 29—32. April 1953.) RENTZ. 4611

N. M. Owtschinnikow, *Die Bedeutung von Milch und Blut als Mittel, die die Verweilzeit von Penicillin im Organismus verlängern.* In Verss. an Kaninchen erzielte man bei Verabreichung von Penicillin (I) (2000 I.E./kg intramuskulär) zusammen mit Eigenblut eine längere u. zusammen mit einer 0,85% ig. NaCl-Lsg. eine kürzere Verweildauer von I im Blut als bei der Kombination mit Milch. Die Ausscheidung von I in den Harn war bei allen Gruppen etwa gleich groß. Am kürzesten war die Verweildauer von I im Blut bei Verabreichung zusammen mit 0,25 cm³ 10% ig. Natriumcitrat, durch welches offenbar I teilweise zerstört wird. An Kaninchen mit experimenteller Syphilis ließ sich zeigen, daß der negative Ausfall der serolog. Rkk. bei Zufuhr von I mit Blut oder Milch etwas rascher erfolgt als mit I in physiol. NaCl-Lösung. Auch war die Leukocytose deutlicher. Allg. scheint jedoch für das therapeut. Ergebnis eine ständige hohe Konz. von I im Blut nicht erforderlich zu sein. (Вестник Венерологии и Дерматологии [Nachr. Venerol. Dermatol.] **1952.** Nr. 6. 29—33. Nov./Dez. Dermato-Venerol. Zentralinst. des Gesundheitsminist. der UdSSR.) RENTZ. 4611

W. Kulpe, *Die Inaktivierung des Penicillins durch Cystein und ihre praktische Bedeutung.* Obwohl durch Verss. die Fähigkeit des *Cysteins,* die antibiot. Wrkg. von Penicillin zu hemmen, nachgewiesen werden konnte, kommt jedoch dieser Erkenntnis keine klin.-therapeut. Bedeutung zu, da die bei der Therapie zu findenden Cysteinspiegel weit unterhalb der Grenzkonz. liegen, die in der Lage ist, Penicillin in nennenswerter Weise zu hemmen. (Aerztl. Wschr. **8.** 106—07. 30/1. 1953. Berlin, Rudolf Virchow-Krankenh.) GERDA SCHULZE. 4611

A. Mosig, *Antibiotische Heilmittel in ihrer Beziehung zur Zahnheilkunde.* Chemie u. Wirkungsweise sowie Indikationsgebiete der im Handel befindlichen Präparate von *Penicillin, Streptomycin, Aureomycin, Neomycin, Gramicidin* u. *Gramicidin S.* (Dtsch. dentist. Z. **4.** 603—05. 30/8. 1950. Dresden.) KLESSE. 4611

Jerome M. Glassman, Albert Blumenthal, William J. Beckfield und **Joseph Seifter,** *Wirkung von Hyaluronidase auf die Entzündung.* Gemessen am Spreading intravasculär gegebenen Farbstoffs (Trypanblau) als Maß der Gefäßpermeabilität verstärkt u. verfrüht *Hyalurinodase* (I)-Zugabe die Wrkg. von wasserlösl. (nicht dagegen öllösl.) Irritantia (*Phenylendiamin* bzw. *Allylisocyanat*), besonders auch bezüglich gegebenenfalls auftretender Hämorrhagien. Ödembldg. dagegen wird in jedem Fall durch **I** vermieden, weswegen prakt. Verwendung von **I** zu diesem Zweck u. zum Studium dieser Seite der Entzündungsrk. empfohlen wird. (Proc. Soc. exp. Biol. Med. **82.** 323—28. Febr. 1953. Philadelphia, Pa., Wyeth Inst. u. Univ., Graduate School of Med.) GIBIAN. 4614

Ulla Claesson und **Bertil Lindquist,** *Verwendung von Hyaluronidase beim Skleroderma.* Während ACTH u. p-Aminobenzoesäure keine oder sogar verschlechternde Wrkg. zeigten, führte täglich zweimalige intramuskuläre Injektion von 10 VRU *Hyaluronidase* (LEO) über 10 Monate hin zu merklicher Besserung eines generalisierten *Sklerodermas* an der Innenseite des rechten Vorderarmes eines 10jährigen Mädchens. (Acta Paediatrica [Uppsala] **42.** 278—81. Mai 1953. Lund, Univ., Kinderklinik.) GIBIAN. 4614

John W. Nuzum jr., *Die Wirkung von Hyaluronidase auf den experimentellen Exophthalmus.* Behandlung n. u. thyreoidektomierter Meerschweinchen mit thyreotropem Hormon führt zu etwa gleich starkem Exophthalmus. Im Gegensatz zu unbehandelten n. Tieren bewirkt retrobulbäre Injektion von *Hyaluronidase* (I) Enophthalmus, dessen Dauer etwa proportional der I-Dosis ist. — Es wird die I-Verwendung zur zeitlichen Beherrschung des klin. Exophthalmus vorgeschlagen. (Surgery **33.** 550—55. April 1953. Chicago, Ill., Augustana Hosp.) GIBIAN. 4614

Morton Hamburger und **J. Park Biehl,** *Einige Wirkungen bei Injektion von sterilen Streptokinase-Streptodornaselösungen in den subarachnoiden Raum von normalen Rhesusaffen.* Hierdurch Hervorrufung einer kräftigen polymorphonuclearen Pleocytosis u. positiver PANDY-Reaktion. Scharfes Abfallen der Leukocytenzahlen innerhalb von ein paar Tagen u. wieder Normalisierung innerhalb von zwei Wochen. Vff. beobachteten jedoch keine klin. Krankheitsanzeichen. (J. clin. Invest. **32.** 391—93. Mai 1953. Cincinnati, O., Univ. Coll. of Med., Dep. of Internal Med., u. Cincinnati General Hosp.) BRATFISCH. 4614

Peter N. Kessler, *Beitrag zur fermentativen Wurmbehandlung.* 1. Mitt. Bei über 90 Kranken mit *Ascaris lumbricoides, Ankylostoma duodenale* oder *Strongyloides* wurde *Wernatolyt* (I) (fermentartige Substanz, die die Keratinschicht der Würmer angreift) angewandt. Bei über 90% waren Wurmeier nicht mehr nachweisbar. I ist ungiftig, an einem Tage wirksam, haltbar, Abführmittel unnötig. (Med. Klin. **48.** 710—11. 15/5. 1953. Liberia, Narbel, Firestone Health Services.) BROSEMANN. 4614

L. Demling, H. Kinzlmeier und **N. Henning,** *Experimentelle Untersuchungen über die Wirkung inhibitorischer Pharmaka am menschlichen Magen.* Mit einem Sondengerät, das p_H-Messungen u. die Wrkg. motilitätsmindernder Stoffe am menschlichen Magen ermöglicht, wurden Patienten untersucht, deren Beschwerden auf Hyperacidität oder Hyperkinese des Magens hinweisen. Angewendet wurden: *Atropin* (**I**), *Banthine* (**II**; *Methylbromid des* · *β-Diäthylaminoäthyl-xanthen-9-carboxylats*), *Buscopan* (**III**; *Scopolamin-n-butylbromid*), *Pendiomid* (**IV**; *Pentamethyldiäthyl-3 azapenten-1.5.-diammoniumdibromid*), *Avacan* (**V**; *α-[N-(β-diäthylaminoäthyl)]-aminophenylessigsäureisoamylesterhydrochlorid*), *Atrenyl* (**VI**; *Phenylcyclohexyloxyessigsäurediäthylaminoäthylesterbrommethylat*) u. *Regitin* (**VII**; *2-[N,p-Tolyl-N-(m'-oxyphenyl)-aminomethyl]-imidazolin*). Bei der infolge Begrenztheit des Krankengutes verständlich kleinen Zahl der Unterss. sowie der Verschiedenheiten von Applikationsform u. -menge lassen sich noch keine quantitativ signifikanten Differenzen bei den Substanzen **I—VI** nachweisen. Sie setzen bei einem Teil der Patienten die Magenmotilität herab, während sich die Säureproduktion seltener verringerte u. dann nur bei schon eingetretener Motilitätsminderung. Die Wrkg. scheint nach **VI** am längsten anzuhalten, nach **VII** kam es manchmal vor Beginn der Beruhigung zu einer vorübergehenden Stimulierung. Auch nach glukagonfreiem Insulin beobachteten Vff. manchmal Motilitätsminderung. (Gastroenterologia [Basel] **78**. 269—82. 1952. Würzburg, Univ., Med. Poliklinik.) ZÖLLNER. 4620

John W. Draper, Stewart Wolf, John F. Murphy und **Howard Kravetz,** *Die Wirkung von Banthine bei der Behandlung von urogenitalen Störungen.* Die orale oder intramuskuläre Anwendung von *Banthine* (I) bei einer größeren Anzahl von Patienten mit Funktionsstörungen der Harnblase zeigte, daß im allg. der Tonus u. die Spontankontraktionen der Blase zunahmen u. außerdem eine Zunahme der Kapazität erreicht wurde. Die besten Erfolge zeigten sich bei Patienten mit kontrahierter Blase oder solcher mit geringer Kapazität. Außerdem beseitigte I durch parasympath. Erregung verursachte Blasenkontraktionen. (J. Urology **69**. 632—40. Mai 1953.) REICHLE. 4620

Gerhard Gross, *Behandlung herpetischer Hornhautentzündungen mit Dihydroergotamin (DHE 45). Herpes corneae* ist als Viruserkrankung vermutlich durch einen fermentartigen Giftstoff verursacht, welcher das Endprodukt eines falsch gesteuerten Zellstoffwechsels sein könnte. Wie die Erfahrung lehrt, sind herpet. Erkrankungen durch sympathicolyt. wirkende Medikamente zu beeinflussen. Hier wird *Dihydroergotamin* (DHE 45, SANDOZ) bei einigen durch Herpes verursachten Hornhauterkrankungen erprobt. Die verwendeten Lsgg. enthielten in der 1 cm^3-Ampulle 1 mg, bei Tropfen in 1 cm^3 2 mg DHE 45. An zusätzlichen Medikamenten wurden Na-Salicylat- u.Dijozol-Salben benutzt. DHE 45 kam in Mengen von 0,5—2,0 mg intramuskulär zur Injektion. Oral wurden ansteigend 3mal 5bis 3mal 15—20 Tropfen verabreicht. Soweit noch keine Dauerschäden eingetreten waren, konnten gute Heilungserfolge erzielt werden. Besonders gut sprachen Keratitis dentritica, disciformis, superficialis punctata u. filiformis auf die Behandlung an. Die am Kaninchen hervorgerufene Impfkeratitis ließ sich mit DHE 45 nicht beeinflussen. (Klin. Monatsbl. Augenheilkunde augenärztl. Fortbild. **121**. 15—24. 1952. Frankfurt/Main, Univ.-Klinik für Augenkrankheiten.) ZOPFF. 4620

F. Herr, L. Tardos und **J. Pórszász,** *Messung der analgetischen Wirkung.* 2. Mitt. *Spezifizität der Methode; Lokalisation der Schmerzreaktion bedeutenden Bewegung im Zentralnervensystem.* (1. vgl. Kisérletes Orvostudomany **2**. [1950.] 295.) Mit der von Vff. ausgearbeiteten Kontaktwärme-Meth. wurde an Ratten der Einfl. verschied. Pharmaka auf die Schmerzreaktionszeit untersucht. Dabei zeigten *Strychnin* (0,15—0,45 mg/kg), *Adrenalin* (1 mg/kg), *Pilocarpinhydrochlorid* (10—15 mg/kg), *Doryl* (0,25 mg/kg), *Physostigminsalicylat* (0,1 mg/kg), *Prostigmin* (0,1 mg/kg), *Histaminhydrochlorid* (100 mg/kg u. *Chininhydrochlorid* (60—120 mg/kg) keinen Einfluß. Die Excitantia *Aktedron, Coffein-Na-Benzoat* u. *Tetracor* hatten schon in kleinen Dosen deutliche analget. Wrkg., desgleichen betäubend wirkende Dosen der Narkotica *Urethan, Sevenal-Natrium* u. *Paraldehyd,* ferner auch *Pyribenzamin.* Die analget. Wrkg. der Excitantia kann durch kleine *Sevenal*-Dosen, die nicht analget. wirken, verhindert werden, während *Morphin* u. *Amidazophen* durch diese Sevenaldosen nicht in ihrer Wrkg. beeinflußt werden. Decortizierte Ratten zeigten das als Kriterium der Schmerzempfindung verwendete Belecken der Pfoten nicht. Ein Vgl. mit der Meth. von D'AMOUR-SMITH (Strahlungswärme) ergab, daß diese für *Morphin* u. seine Derivv. 3½ mal empfindlicher ist, während bei *Amidazophen* die Meth. der Vff. empfindlicher ist. (Acta physiol. Acad. Sci. hung. **4**. 123—30. 1953. Budapest, Med. Univ., Pharmakol. Inst.) DAUTZENBERG. 4621

O. Ss. Scherstnewa, *Über den Einfluß einer chemischen und elektrischen Narkose bei der Phagocytose.* Narkotisiert wurden Kaninchen mit *Chloralhydrat* (I) u. elektr. Strom (E). I senkt sofort die Phagocytose um 14—15%, die später wiederkehrt. E bedingt eine schnelle, mit der Dauer stark zunehmende Senkung der Phagocytose (13—14% nach 5 Min., 21—22% nach 30 Minuten). Die Abnahme der Phagocytose bei I hängt nicht von einem direkten Einfl. auf die Leukocyten ab, sondern von der narkot. Hemmung des zentralen Nervensystems. (Архив Патологии [Arch. Pathologie] **14**. Nr. 2. 78—81. März/April 1952. Molotow, Med.-Stomatol. Inst.) BURGHARDT. 4621

Charles P. Kraatz, Melvyn I. Gluckman und **H. L. Shields,** *Die Wirkung von Thiopental und Pentobarbital auf den quergestreiften Muskel.* Die maximale Einzelzuckung nach elektr. Reizung des Musculus tibialis von Katze u. Hund wird durch die intraarterielle Injektion von *Thiopental* u. *Pentobarbital* gesteigert. Die tetan. Muskelkontraktur wird nicht im gleichen Maße verstärkt. Vielmehr wird sogar die Fähigkeit, den Spannungszustand aufrechtzuerhalten, vermindert. Zur Klärung der Effekte werden von Vff. Verss. durchgeführt, welche die Hypothese, es handele sich um rivalisierende Effekte variierender Stärke an kontraktiler Muskelsubstanz u. neuromuskulärer Verb., sichern sollen. (J. Pharmacol. exp. Therapeut. **107**. 437—58. April 1953. Philadelphia, Pa., Pharmacol. Dep.) ZÖLLNER. 4621

W. E. Majewski, *Über die Wirkung von Cocain und anderer anästhesierender Mittel auf das Glomus caroticum.* Läßt man an mit Chlf. narkotisierten Tieren *Cocain* (1%),

Novocain (2%) oder *Dicain* (0,5%) auf das Glomus caroticum einwirken u. injiziert einige Min. später *Adrenalin* intravenös, so kommt es nicht — wie gewöhnlich — zur tödlichen Fibrillation des Herzens. Die Anästhesie der Chemorezeptoren des Glomus caroticum hat somit den gleichen schützenden Effekt wie die Erregung desselben durch Ephedrin (0,5—1%ig. Lsg.). (Фармакология и Токсиколия [Pharmakol. u. Toxikol.] **16.** Nr. 1. 37—39. Jan./Febr. 1953. Stalinabad, Med. Inst., Lehrstuhl für Pharmakol.) RENTZ. 4621

Paul Kühne und **Gudrun Scharnewski,** *Die Beeinflussung des Differentialblutbildes durch Procainpräparate.* Im Anschluß an intravenöse Procaininjektionen (153 Einzelversuche) wurde bei 20 Patienten das Verhalten des Leukocytenspektr. verfolgt. Verwendet wurde *Causat* (D. RUDOLF REISS, Chemische Werke, Berlin West) in der ursprünglichen Zus.: (I) Procain 0,1, Na-Phenyläthylbarbiturat 0,025, Atropinsulfat 0,0003 und in der jetzt im Handel befindlichen Zus. (II): isoton. Lsg. von Procain 0,05 u. Nicotinsäure 0,0025 mit Zusätzen von Na-Phenyläthylbarbiturat 0,025 u. Atropinsulfat 0,00015 in 5 cm^3. Die statist. Auswertung der Versuchsergebnisse ergab: Die Lymphocytenwerte zeigten nach I u. II eine signifikante Tendenz zum Absinken, während bei den neutrophilen Granulocyten diese Tendenz nur nach II erkennbar war. (Ärztl. Forsch. **6.** I/515—21. 10/11. 1952. Berlin, Univ., Charité.) W. BRANDT. 4621

P. Adler, T. Bányász, T. Jávor, L. Kesztyüs, M. Simon, T. Szilágyi, E. Varga und **St. Went,** *Novocainazoprotein und Novocainallergie.* Darst. des *Novocainazoproteins:* 0,5 g Novocainhydrochlorid, in 10 ml W. u. 1 ml konz. HCl gelöst, wird auf 0° gekühlt, dazu unter Rühren 1 mol. $NaNO_2$-Lsg. bis zum positiven Ausfall der Jodkali–Stärke-Probe. Das entstandene Diazoniumsalz wird unter Eiskühlung u. Rühren tropfenweise, einem Gemisch von 100 ml Rinder- oder Pferdeserum u. 100 ml Na_2CO_3-Lsg. zugesetzt Nach 10 Min. Ausfällung des *Novocainazoproteins* mit HCl; Nd. wird filtriert, gewaschen. mit wenig NaOH wieder gelöst, 2mal mit konz. A. gefällt u. mit Lauge wieder gelöst, dann wieder mit HCl gefällt u. mit Lauge gelöst, mit HCl gegen Phenolphthalein neutralisiert, filtriert u. auf 200 ml aufgefüllt. Die Lsg. enthält 3% *Azoprotein.* — In. Immunisierungsverss. am Kaninchen erhalten sich die Novocain–Protein-Komplexe als chemospezif. Antigene (bestimmend ist die Novocaingruppe). Aus Präcipitat hemmungs-Rkk. mit Derivv. der p-Aminobenzoesäure u. andersartigen Lokalanästheticis wird geschlossen, daß für die Chemospezifität die Aminogruppe in p-Stellung zur veresterten Carboxylgruppe maßgebend ist. — Die Temperaturwrkg. des Novocains wird weder durch akt. noch durch passive Immunisierung beeinflußt (Meerschweinchen), desgleichen die motor. u. sensible Nervenblockade. Die letale Novocaindosis für Kaninchen konnte durch Incubation in Immunserum von 60 auf 80 mg/kg erhöht werden. — Die für die Klinik der Novocainüberempfindlichkeit sich ergebenden Konsequenzen werden diskutiert. (Acta physiol. Acad. Sci. hung. **4.** 195—210. 1953. Debrecen, Med. Univ., Physiol. u. Pathophysiol. Inst.; Stomatol. u. Dermatol. Klinik.) DAUTZENBERG. 4621

J. Knoll, E. Komlós und **L. Tardos,** *Über die Rolle der Eiweißbindung im Synergismus der Analgetica und Parasympathicomimetica.* Durch Lsg. in menschlichem Serum wird die analget. Wrkg. von *Morphin, Methadon, Dolantin, Hexalgon, Amidazophen* u. *Morphin–Prostigmin*-Gemischen herabgesetzt. Dialyseverss. zeigen, daß diese Analgetica, desgleichen *Prostigmin,* von den Serumeiweißkörpern gebunden werden. *Cholin* setzt schon in kleinsten Mengen die Bindung von Analgeticis an Serum herab. *Germanin,* an sich nicht analget., wirkt ähnlich u. steigert die analget. Wrkg. von *Morphin, Methadon, Dolantin* u. *Amidazophen* durch Veränderung der Verteilung im Organismus infolge Verdrängung von den Bindungsstellen am Serumeiweiß. (Acta physiol. Acad. Sci. hung. **4.** 131—40. 1953. Budapest, Med. Univ., Pharmakol. Inst.) DAUTZENBERG. 4621

J. Pórszász, L. Tardos, F. Herr und **M. Nyiri,** *Prüfung der analgetischen Wirkung und der gekreuzten Gewöhnung an die Analgetica bei Ratten.* Bei Vgl. der analget. Wrkg. mittels der von Vff. angegebenen Kontaktwärmemeth. an Ratten ergab sich, bezogen auf *Morphin* (I) 1, für *Methadon* (II) 2,39, für *Hexalgon* (III) 0,79, für *Dolantin* 0,36 u. für *Amidazophen* (IV) (Aminophenazon; ? Ref.) $^1/_{13}$. Für *Aspirin* ließ sich eine analget. Wrkg. mit diesem Verf. nicht nachweisen. Für I—III ließ sich zeigen, daß bei Behandlung mit einem dieser Mittel eine gekreuzte Gewöhnung auftritt, so daß nach Gewöhnung an dieses Mittel die beiden anderen eine geringere analget. Wrkg. haben. Wird nun mit einem dieser beiden Mittel auch eine Gewöhnung erzeugt, so ist das 3. Mittel wirkungslos, auch wenn es vorher nie gegeben wurde. Dagegen wirkt IV auch dann noch in ursprünglicher Stärke. (Acta physiol. Acad. Sci. hung. **4.** 107—22. 1953. Budapest, Med. Univ., Pharmakol. Inst.) DAUTZENBERG. 4621

Harris Isbell und **H. F. Fraser,** *Wirkungen und Suchtgefährdung von Dromoranderivaten beim Menschen.* Mit Hilfe von 15 Morphin (I)-Süchtigen stellten Vff. Unterss. über die Wrkg. von *Dromoran* = Racemat des *3-Oxy-N-methylmorphinon* (II) u. des *3-Methyläthers* (III) von II an. Die *l*-Formen von II u. III sowie die Racemate haben analget. Wrkg. u. beseitigen die Abstinenzerscheinungen nach I-Entzug. Die Entziehungserscheinungen nach II u. III sind nach Vff. genau so ernst zu nehmen wie nach I. Die entsprechenden d-Formen besitzen diese Wirkungen nicht, wie ihnen auch der analget. u. der miot. Effekt sowie die hemmende Wrkg. auf die Atmung fehlen. Die pharmakol. Wrkg. ist am stärksten, wenn *l*-II subcutan, *l*-III dagegen oral verabfolgt wird. Während die *l*-Formen in viel stärkerem Maße als Codein suchtgefährdend sind, fehlt den d-Formen diese Eig. völlig. (J. Pharmacol. exp. Therapeut. **107.** 524—30. April 1953. Lexington, Ky., Addict. Res. Center.) ZÖLLNER. 4621

Christa zur Verth, *Pervitinbehandlung bei Schlafmittelvergiftung.* (Vgl. C. **1952.** 3049.) Bericht über 46 pervitinbehandelte Fälle von Schlafmittelvergiftung, welche meist gleichzeitig auch andere Weckmittel erhielten. (Samml. Vergiftungsfällen, Arch. Toxikol. **14.** 229—30. 1952. Hamburg, Marienkrankenhaus.) SCHEIBE. 4622

Lloyd E. Seyler und **S. William Simon,** *Bristamin, ein neues Antihistaminicum.* Vff. berichten über ein neues Antihistaminicum. *Bristamin* (I; Citrat von *2-[β-Dimethylaminoäthoxy]-diphenylmethan*). Bei 62% der Patienten zeigten sich gute oder ausgezeichnete Erfolge durch die Behandlung mit I bei Heufieber, Urticaria u. allerg. Dermatitis. (J. Allergy **24.** 261—63. Mai 1953. Dayton, O., Brown General Hosp.) REICHLE. 4625

H. L. Bruner, *Phenarsenide in der Behandlung von Asthma bronchiale. Vorläufiger Bericht.* Vf. behandelte 25 Patienten mit Asthma bronchiale mit *Phenarsenide* (enthält AsJ_3; A. J. PARKER Co., Philadelphia) u. berichtet über günstige Erfolge. Kontraindikationen sind: Hypothyreose u. Arsen- bzw. Jodhypersensibilität. (J. Amer. osteopath. Assoc. **52.** 431—32. April 1953. Philadelphia, Pa., Coll. of Osteopathy.) REICHLE. 4625

B. K. Harned, Raymond W. Cunningham, Mary C. Clark, Carolyn H. Hine, Margaret Meaney Kane, Frank H. Smith jr., R. E. Vessey, N. N. Yuda und **F. W. Zabransky,** *Die Pharmakologie des N-Benzyl-β-chlorpropionamids (Hibicon), eines neuen Anticonvulsivum.* Pharmakologie des Anticonvulsivum *Hibicon* = *N-Benzyl-β-chlorpropionamid* (I) im Vgl. zum Na-Salz des *Dilantins* (II). In den wesentlichen pharmakol. Eigg. ähnlich, differieren die Nebenwirkungen von I u. II. I ist bei 25° zu 0,1%, bei 40° zu 0,2% lösl. u. reagiert gegen Lackmus neutral. Bei oraler Verabreichung gut resorbierbar, beginnt die anticonvulsive Wrkg. von I nach 30 Min., ist zwischen 2—6 Std. maximal u. nach 12 Std. noch nachweisbar. Minimale tox. Dosis an Ratten bei oraler Verabreichung I: 350; II: 380 mg/kg. Die intraperitoneale DL_{50}: I: 770; II: 475 u. *Tridion* (III): 1880 mg/kg. Die therapeut. Breite ist zufriedenstellend. Bei Dauerverss. (1 Jahr) zeigten sich keine Intoxikationserscheinungen. Tox. Dosen von I u. II verursachen Muskelrigidität, von III dagegen nicht. Die Leistungsfähigkeit von Leber u. Niere ist für die Entgiftung u. die Wirkungsdauer von I u. II von Bedeutung. Vff. halten die therapeut. Anwendung von I für gerechtfertigt. (J. Pharmacol. exp. Therapeut. **107.** 403—23. April 1953. New York, Lederle Labor.) ZÖLLNER. 4628

J. Pórszász und **L. György,** *Untersuchungen über die pharmakologische Wirkung der Quartärtropeine und der TEA-artigen ganglionblockierenden Substanzen.* An Katzen in *Urethan*-Narkose wurde die Wrkg. von *N-239* = *p-Brombenzyl-dl-mandelyltropiniumbromid* (I) u. *Tetraäthylammoniumbromid* (II) auf den Blutdruck untersucht. Beide Verbb. verursachen starke Blutdrucksenkung, auch nach Vagotomie u. Atropinisierung. Während *Adrenalin* (III)-Infusion wird der Blutdruck durch I u. II deutlich erhöht. Nach Vagotomie u. Atropinisierung wird während III-Infusion der Blutdruck durch I in kleinen Dosen nicht beeinflußt, in großen Dosen herabgesetzt, dagegen durch II gesteigert. Bei wiederholter Gabe von I am n. Tier bleibt die depressor. Blutdruckwrkg. voll erhalten, während II nach einigen Injektionen seine Wrkg. verliert bzw. in eine pressor. Wrkg. umkehrt. — Die während III-Infusion kontrahierte Nickhaut wird durch I in kleinen Dosen nicht beeinflußt, in großen Dosen erschlafft, ähnlich durch *Atropin* u. *Papaverin*; dagegen wird durch II meist eine noch stärkere Kontraktion hervorgerufen. (Acta physiol. Acad. Sci. hung. **4.** 141—58. 1953. Budapest, Med. Univ., Pharmakol. Inst.) DAUTZENBERG. 4628

L. Demling und **N. Henning,** *Die Behandlung von Magendarmerkrankungen mit ganglienblockierenden Substanzen.* Übersicht über die tierexperimentelle u. klin. Erfahrungen mit Ganglienblockern (*Tetraäthylammonium, Hexa-* u. *Pentamethonium,*

Pendiomid) bei Magen- u. Darmerkrankungen an Hand der Literatur. (Therap. d. Gegenwart **92.** 127—31. April 1953. Würzburg, Univ., Med. Poliklinik.) Dautzenberg. 4628

L. Gyermek und **K. Nádor,** *Untersuchungen über cholinergisch blockierende Verbindungen.* 3. Mitt. *Neuromuskulär blockierende Tropeine.* (2. vgl. C. **1953.** 2483.) Untersucht wurden folgende Verbb.: *N-297, Methylsuccinyltropiniumdijodid* (**I**); *N-298, p-Methylbenzylsuccinyltropiniumdibromid* (**II**); *N-307, m-Brombenzylsuccinyltropiniumdibromid* (**III**); *N-305, Methylphthaloyltropiniumdijodid* (**IV**) u. *N-306, Benzylphthaloyltropiniumdibromid* (**V**). Die curarisierende Wrkg. am Frosch ist am stärksten bei **V** (5mal wirksamer als *d-Tubocurarin*), dagegen wirkt bei Katze, Kaninchen u. Hund am stärksten **III** (Kaninchen doppelte, Katze u. Hund gleiche Wrkg. wie *d-Tubocurarin*, jedoch von kürzerer Dauer). Die Blockierung vegetativer Ganglien ist wesentlich schwächer als die curarisierende Wirkung. Verglichen mit *Tetraäthylammoniumbromid* am Blutdruck u. an der Nickhaut der Katze ist die Wrkg. von **I—V** 0,5; 2,0; 3,6; 0,5; 1,8. Am isolierten Kaninchendünndarm zeigt sich eine geringe Hemmwrkg. auf parasympath. Nervenendigungen; bezogen auf *Atropin* ergeben sich in der Reihenfolge **I—V** folgende Werte: 0,001; 0,002; 0,02; 0,002; 0,005. (Acta physiol. Acad. Sci. hung. **4.** 159—74. 1953. Budapest, Med. Univ., Inst. of Pharmacol.; Pharmaco-Ind. Res. Inst.) Dautzenberg. 4628

Corneille Radouco und **Edouard Frommel,** *Der periphere Angriffspunkt des Cardiazols am glatten Muskel und seine Beziehungen zum neurovegetativen System.* (Vorl. Mitt.) Am isolierten Meerschweinchenileum ruft *Cardiazol* in Konzz. von 10^{-7} bis $5 \cdot 10^{-8}$ eine Kontraktion hervor. Die *Acetylcholin*-Kontraktion wird durch *Cardiazol* offenbar gesteigert. Die *Cardiazol*-Kontraktion wird durch *Atropinsulfat* (10^{-6}, 3 Min.) gehemmt, durch *Eserin* nicht beeinflußt u. ist ohne Einfl. auf die *$BaCl_2$*-Kontraktion (*$BaCl_2$*, $2{,}5 \cdot 10^{-5}$). (Arch. des Sci. **5** (**157**). 261—62. 1952. Genf, Univ., Inst. de Thérap.) Dautzenberg. 4628

O. P. Osstreiko, *Die kombinierte Wirkung von Analepticis auf das Zentralnervensystem. Einfluß auf den durch elektrischen Strom hervorgerufenen Krampfeffekt und auf die Toxizität.* Kombiniert man an Fröschen *Corazol* (**I**) mit *Cordiamin* (**II**), **II** mit *Strychnin* (**III**) bzw. **III** mit **I**, so erzielt man damit eine Herabsetzung der minimalen krampferzeugenden Wechselstromdosis, auch wenn deren Summe nur 10, 25 oder 50% der Schwellendosis beträgt (Potenzierung). Kombiniert man hingegen die Analeptica untereinander zum Zwecke der Krampferzeugung (an Kaninchen), so beobachtet man einen Antagonismus. Die DL_{50} (an der weißen Maus) verändert sich bei der Kombination nicht. Eine Erklärung für die obigen Beobachtungen kann nicht gegeben werden. (Фармакология и Токсикология [Pharmakol. u. Toxikol.] **16.** Nr. 1. 28—33. Jan./Febr. 1953. Leningrad, Med. Pawlow-Inst., Lehrstuhl für Pharmakol.) Rentz. 4630

H. Dorow und **J. Bialkowski,** *Perorale Dauerbehandlung der chronischen muskulären Herzinsuffizienz mit Lanatosid C.* Klin. Bericht über die perorale Dauerbehandlung mit *Lanatosid C* (**I**) bei 50 Patienten mit chron. muskulärer Herzinsuffizienz über eine Zeit von 8—16 Monaten. Die Erhaltungsdosis betrug 0,35—1,5 mg **I** täglich. Vff. beobachteten keine tox. Nebenwirkungen. (Aerztl. Wschr. **8.** 162—65. 13/2. 1953. Berlin, I. Med. Klinik, u. Poliklinik des Städt. Krankenhauses Berlin-Moabit.) Bratfisch. 4630

Gunnar Stickler, *Die Indikationen des Euphyllins in den USA.* Auf die Wrkg. des *Euphyllins* (*Aminophyllin*) bei Kreislaufdekompensation, Asthma cardiale u. bronchiale, Lungenödem, Angina pectoris, Myocardinfarkt u. Lungenemphysem wird eingegangen (nicht auf die Anwendung bei drohender Apoplexie; der Ref.). (Med. Klin. **48.** 709—10. 15/5. 1953. Montclair, N. J., Mountainside Hosp.) Brosemann. 4630

R. Hürthle, *Angina pectoris und Thiouracil.* An einer größeren Anzahl von Patienten mit Angina pectoris (infolge Myocardinfarktes, Coronarsklerose, Coronarsklerose bei rotem u. blassem Hochdruck, Coronarlues, Myocarditis u. Morbus Buerger), die nach einer *Strophanthin*-Behandlung unbeeinfußt geblieben waren, wurde eine zusätzliche *Thiouracil*-Kur erprobt. Es kam dabei das gut verträgliche *Propylthiouracil* (*Propycil*) in Gaben von 0,6 g (6 Tage) u. weiterhin von 0,4 g zur Anwendung. 50% dieser Kranken, überwiegend solche mit Coronarsklerose u. rotem Hochdruck, wurden völlig beschwerdefrei. Da Thiouracil die periphere Durchblutung verbessert, lassen sich Durchblutungsstörungen der Beine hierdurch beeinflussen. (Dtsch. med. Wschr. **77.** 1632—34. 26/12. 1952. Frankfurt/M., St. Marienkrankenhaus.) Zopff. 4630

Rudolf Wladika, *Diuresesteigerung bei Erkrankungen der ableitenden Harnwege.* Zur Steigerung der Tubulusdiurese bei leichten Infektionen der ableitenden Harnwege wird

Solutral (Teegemisch; LUDW. HEUMANN u. CO., Nürnberg) empfohlen. (Die Medizinische **1952**. 1566—68. 6/12. München.) SCHEIBE. 4634

M. Streifler und **S. Feldman,** *Wirkung von Dimercaprol (BAL) bei hepatolentikulärer Degeneration.* Eine Frau mit seit 4 Jahren bestehender hepatolentikulärer Degeneration erhielt 100 mg Dimercaprol/kg Körpergewicht in 10%ig. öliger Lsg. täglich bis zu insgesamt 2,2 g. Es kam zu einer wesentlichen Besserung. (A. M. A. Arch. Neurol. Psychiatry **69**. 84—90. Jan. 1953. Jerusalem, Israel, Rothschild-Hadassah-Univ., Hosp., u. Hebrew-Univ., Nadassah Med. School.) BROSEMANN. 4640

K. B. Kerr und **Harry E. Green,** *Die täniacide Wirkung von 7 halogenierten Diphenylmethanen, einem Diphenylpropan und einem Diphenyläther.* Bei mit Raillietina cesticillus infizierten Vögeln wirkten von den getesteten Verbb. [*2.2'-Dioxy-5.5'-dichlor-* u. *3.3'.5.5'-tetrachlordiphenylmethan, 3.3'.4.4'-Tetrachlordiphenylmethan, 2.2'-Dioxy 3.3'.5.5'.6.6'-hexachlordiphenylmethan* (I), *2.2'-Dioxy-3.3'.4.4'.5.5'.6.6'-octachlordiphenyläther* (II), *3.3'-Dioxy-2.2'.4.4'.5.5'.6.6'-octachlordiphenylpropan, 4.4'-Dioxy-3.3'.5.5'.6.6'-hexachlordiphenylmethan, 4.4'-Dioxy-3.3'.5.5'.6.6'-hexabromdiphenylmethan* u. *4.4'-Dioxy-3.3'.5.5'-tetrabromdiphenylmethan*] I u. II stark anthelmintisch. Anscheinend ist die Anzahl der Halogenatome von Bedeutung. (J. Parasitology **39**. 79—83. Febr. 1953. Charles City, Iowa, Dr. Salsbury's Labor.) BROSEMANN. 4649

A. Ss. Pschenitschnikowa, *Versuch einer Behandlung von Trichomonadencolpitiden mit Phytonciden.* 1—2 Eßlöffel geriebener Rettiche, Meerrettich oder Zwiebeln (Knoblauch ist zu stark reizend) wurden bei Trichomonadencolpitis für 5—15 Min. in die Vagina eingeführt. Nach 4—10 Sitzungen (in 10—15 Tagen) waren keine Trichomonaden mehr im Sekret nachzuweisen. Langdauernde Beobachtungen (3 Monate bis zu 10 Jahren) ergaben, daß die Zahl der Recidive durch die Behandlung mit Phytonciden bis auf 5% herabgedrückt werden kann. (Акушерство и Гинекология [Geburtshilfe u. Gynäkol.] **1953**. Nr. 1. 71—76. Jan./Febr. Omsk, Med. Kalinin-Inst., Pädiatr. Fak., Lehrstuhl für Geburtshilfe u. Gynäkol.) RENTZ. 4649

Eduard Leopold, *Arsenfreie Pulpendevitalisation.* Zur Devitalisation der Pulpa ohne As- bzw. As-haltige Präpp. wird *Toxavit* (I) empfohlen, das sich bei 125 zu devitalisierenden Zähnen ausgezeichnet bewährt hat. Das Präp. wirkt auch baktericid. Zur Wurzelfüllung nach I ist *Fokalamin*-Paste entwickelt worden. (Vgl. auch C. **1953**. 6089.) (Dtsch. zahnärztl. Z. **8**. 689—91. 15/6. 1953. Stuttgart.) KLESSE. 4655

L. N. Samanski und **A. I. Lopuschanski,** *Der Einfluß des Harnstoffes als Strukturänderungen der Eiweißkörper bewirkender Faktor auf den Verlauf der Wundheilung.* An Hunden mit experimentellen Wunden wird gezeigt, daß durch Behandlung der Wunde mit 30%ig. *Harnstoff* (I) im Wundregenerat das Redoxpotential E_0 in der 1. Periode der Wundheilung rascher abnimmt u. später früher ansteigt als bei der Kontrolle. Der Geh. an red. *Glutathion* (II) nimmt mit I rascher zu u. beginnt früher abzunehmen. I ist ohne Einfl. auf die akt. Acidität des regenerierenden Gewebes. 15 Tage nach der Wundsetzung ist der Geh. an *Ascorbinsäure* im Wundregenerat mit I höher als bei der Kontrolle (hier höher als im gesunden Gewebe). Durch die Behandlung mit I wird die Heildauer stark abgekürzt. Die Zunahme von II u. Abnahme von E_0 im Gewebe fällt zeitlich mit der Abnahme von II u. Zunahme von E_0 im Blut zusammen. Die Einführung von I beeinflußt den gesamten Organismus. Die I-Wrkg. wird damit erklärt, daß I die Gewebsproteine, vor allem die der Receptorzonen, denaturiert. Diese umkehrbare Denaturierung wirkt als schwacher Reiz, der die troph. Funktion des Zentralnervensyst. der Wundzone intensiviert. (Доклады Академии Наук СССР [Ber. Akad. Wiss. UdSSR] [N. S.] **85**. 665—68. 21/7. 1952. Tschernowitz, Staatl. Med. Inst.) LEBTAG. 4660

Werner Pfützner, *Versuche in vitro und in vivo mit Orthomin-Weidner unter besonderer Berücksichtigung der Verwendung auf der äußeren Haut.* Das Rhodanwasserstoffpräp. *Orthomin* (WEIDNERIT K. G., Berlin) ist ein hervorragendes Hautdesinfektionsmittel, das als Antimykoticum in der dermatolog. Therapie geeignet ist. Es besitzt, wie nach verschied. Methoden ausgeführte Verss. in vitro zeigen, bes. als 30 u. 20%ig. Lsg. hohe baktericide u. fungicide Eigg. u. wirkt auf Schweißproben desodorierend. Im Gegensatz zu einer 5%ig. Hexachlorophenseifenlsg. rief es bei der Läppchenmeth. bei 100 Personen keine Hautreizung hervor. Es zerstört auch nicht den natürlichen schützenden Säuremantel der Haut. (Z. Haut- u. Geschlechtskrankh. **15**. 21—25. 1/7. 1953. Hamburg.) FISCHOEDER. 4661

P. Buchner, W. Herbrand und **W. Röckl,** *Über eine neue contraceptionelle Methode auf biologischer Grundlage.* Vff. beschreiben ein neues empfängnisverhütendes Mittel „*CC*" (Contraceptivum) auf biol. Grundlage. Wirkungen durch Blockierung der Fructolyse des Spermas, Hemmung der Hyaluronidase im Sperma u. im Spermienkopf.

Beim Kaninchen verhielt sich die antikonzeptionelle u. letale Dosis zueinander etwa wie 1:750. (Dtsch. med. Wschr. **78.** 907—11. 19/6. 1953. Gengenbach/Baden, Hormonforschungslabor., u. Neapel, Zool. Station.) BRATFISCH. 4670

A. Terbrüggen und **W. Mohnke,** *Akute Silicose mit Verkieselung des Lungengewebes.* Bericht über einen Fall von Silicose bei einem 36jährigen Sandstrahl-Arbeiter mit einer Letalzeit von 17 Monaten mit eingehendem patholog.-anatom. Befund. (Beitr. pathol. Anatom. allg. Pathol. **113.** 44—58. 1953. Bielefeld, Städt. Krankenhaus.) MATTHIES. 4681

Joseph T. Noe, *Silicose bei Arbeiterinnen in der keramischen Industrie.* Übersicht über das Auftreten der Silicose in der keram. Industrie nach Einführung von Arbeitsschutzmaßnahmen unter besonderer Berücksichtigung der Expositionszeiten der Arbeiterinnen. (Ind. Med. Surgery **22.** 255—58. Juni 1953. Newell, W. Va.) MATTHIES. 4681

P. F. Holt und **S. G. Osborne,** *Bildung silicotischen Gewebes.* Ähnlich wie Chondroitinsulfat (DAY, C. **1951.** II. 2333; C. **1953.** 1509) verlangsamt auch *Kieselsäure* die durch *Hyaluronidase* beschleunigte Durchflußgeschwindigkeit durch Bindegewebsmembranen. Es wird für möglich gehalten, daß patholog. Veränderungen im Gefolge der Einatmung von Kieselstaub ähnlich darauf beruhen, daß Kieselsäure (bzw. in anderen Fällen polymere Al- u. Be-Hydroxyde) an die Stelle der n. Mucopolysaccharidsäuren in den interfibrillären Räumen tritt. (Nature [London] **171.** 892. 16/5. 1953. Reading, Univ.) GIBIAN. 4681

Alexander E. Goss und **Arthur M. Ross jr.,** *Wirksame Bekämpfung des Bleistaubes bei der Herstellung von Vinylharzen.* Beschreibung der Herst. von *plast. Vinylchloridpolymeren* nach einer neuen Meth., bei der die als Stabilisatoren zur Verwendung kommenden staubförmigen *Pb-Verbb.* (Silicate, bas. Sulfate, Salicylat, Stearat, bas. Phosphit) entfernt werden, so daß die Pb-Konz. im Arbeitsraum möglichst gering gehalten wird u. keine gesundheitlichen Schäden bei den Arbeitern mehr auftreten. (Amer. ind. Hyg. Assoc. Quart. **44.** 41—49. März 1953. Hartford, Bureau of Ind. Hyg., Connecticut State Dep. of Health.) FAHRNLAENDER. 4681

Nelson Paul Anderson, *Kontaktdermatitis und ihre Beziehungen zu Petroleumprodukten.* Übersicht über die Besonderheiten der Dermatitiden durch Petroleum u. seine Inhaltsstoffe in bezug auf Krankheitsbild u. Diagnose. (Ind. Med. Surgery **22.** 270—73. Juni 1953.) MATTHIES. 4681

G. H. W. Lucas, The symptoms and treatment of acute poisoning. London: H. K. Lewis. 1953. (XII + 308 S.) 27 s. 6 d.

F. Pharmazie. Desinfektion.

W. Deckenbrock, *Das neue Britische Arzneibuch.* Übersicht über das Brit. Arzneibuch (8. Ausgabe) „British Pharmacopoeia 1953" (B. P. 53). (Dtsch. Apotheker-Ztg. **93.** 490—93. 2/7. 1953. Lüdinghausen, Westf.) BORSUTZKI. 4750

E. Steigerwald, *Über die Gründe der Qualitätsschwankungen bei verschiedenen Arzneipflanzen.* Es wird über den Einfl. der Düngung, der Tageszeit der Ernte, der Dauer der Lagerungszeit der Blattdrogen u. andere Einflüsse berichtet. Bes. werden der Fingerhut (Düngung), die Pfefferminze (Ölgeh., Trocknung u. Pflanzenkrankheiten) u. einige Körnerdrogen (Düngung u. Lagerung) betrachtet. (Dtsch. Apotheker-Ztg. **93.** 487—89. 2/7. 1953. München, Bayer. Landesanstalt für Pflanzenanbau u. Pflanzenschutz.) BORSUTZKI. 4782

Annelise Grahle, *Beobachtungen über die Verbreitung azulenhaltiger Schafgarbenpflanzen.* (Z. Naturforsch. **7b.** 326—27. Mai 1952. Tübingen, Univ., Botan. Inst.) KLESSE. 4782

J. Klosa, *Über die Isolierung der Flechtensäuren von Parmelia physodes.* Die offizinelle *Parmelia physodes* (vom Kyffhäuser stammend) besitzt einen relativ hohen Geh. an *Physodalsäure.* Im Herbst u. im Frühjahr ist ein erhöhter Geh. an *Chloratranorin* (I) feststellbar. Vf. beschreibt einfache, zeitsparende Trennungsmethoden. Ae.-Extrakt: Physodalsäure, Physodsäure u. Atranorin. I wurde aus dem Chloroformextrakt isoliert. (Pharmaz. Ind. **15.** 46—47. Febr. 1953. Berlin-Altglienicke.) BORSUTZKI. 4782

Dinko Morović, *Beitrag zur Geschichte der Erforschung des Jodgehalts der Algen der Adria.* Die bisherigen Ergebnisse der J-Bestimmungen in dalmatin. Algen geben kein einheitliches Bild. Vf. hält eine sorgfältige Unters. des J-Geh. nach modernen Methoden u. eine Best. der Häufigkeit der einzelnen Algenarten für notwendig. (Farmac. Glasnik **7.** 297—301. Aug. 1951. Split, Inst. für Ozeanographie u. Fischerei.) BECKMANN. 4782

Stjepan Čmelik, *Zum Problem des Jods in adriatischen Algen.* Vf. hält die von Morović (vgl. vorst. Ref.) geforderte Neuunters. des J-Geh. der adriat. Algen für unnötig, da die vom Vf. (Acta Adriatica **3.** Nr. 6 [1948.]) gefundenen Werte höchstens geringfügig korr. werden könnten. Ein Vgl. mit J-Bestimmungen aus der Mitte des vorigen Jahrhunderts ist wegen der damaligen unzulänglichen Methoden nicht statthaft. (Farmac. Glasnik **7.** 426. Nov. 1951. Zagreb, Hygien. Inst.) Beckmann. 4782

—, *Vergleichende Untersuchungen an Essenzen.* 4 Pflanzen (Belladonna, Farfara, Rumex crispus, Verbascum), deren Essenzen nach § 1 des H. A. B. hergestellt werden, wurden zu den vergleichenden Unterss. herangezogen. Die Auswertung zeigte in allen Fällen die Überlegenheit der Meth. nach § 2. (Arzneimittel-Forsch. **2.** 593—96. Dez. 1952. Stuttgart, Robert-Bosch-Krankenh.) Ulex. 4790

August W. Spittler, John J. Brennan und **John W. Payne,** *Der Gebrauch von Melamin-Formaldehyd bei der Anlegung von Verbänden.* In Melamin–Formaldehyd getränkte Gipspflaster ergeben stärkere, leichtere, weniger umfangreiche Verbände, die den gewöhnlichen an Widerstandsfähigkeit gegen Feuchtigkeit u. Schmutz überlegen sind, bei Korrektur von Verformungen besser befriedigen u. schwieriger mit Handmesser oder elektr. Schneider zu entfernen sind. Von 52 Patienten erlitten 4 Hautentzündung, 1 war empfindlich gegen das Pflaster. (U. S. Armed Forces med. J. **4.** 373—81. März 1953.) E. W. Haas. 4794

—, *Neue Spezialitäten. Adenovasin* (Goda, Bad Homburg): Tabletten mit 0,0003 (g) Nitroglycerin, 0,02 Phenyläthylbarbitursäure, 0,2 Theophyllin, 0,01 Extractum Belladonnae. Bei Coronarinsuffizienz. — *Benzöstrol* (*Octofollin*) ist 2.4-Di-[p-oxyphenyl]-3-äthylhexan. Synthet. Östrogen. — *BVK Roche* (Deutsche Hoffmann-La Roche Akt.-Ges., Grenzach): Dragees mit 5 (mg) Aneurin, 2 Lactoflavin, 20 Nicotinsäureamid, 2 Adermin, 3 pantothensaurem Ca. — *Glutaminsäure Dragees Haury* (Heinz Haury, München): enthalten 0,2 g neben Lecithin, Natriumphosphat. — *Hyperforat-Tropfen* (G. Klein GmbH., Zell-Harmersbach/Baden): enthalten je 3 cm^3 3,5 (mg) Hypericin, 5 Chlorophyll u. 2 Hyperosid. — *Liverin* (Ankermann & Co., Friesoythe): Frischleberextrakt. — *Liverin 12* wie vorst. mit 15 γ-Vitamin B_{12}. — *Liverin-Sirup* enthält Frischleberextrakt, Hefeextrakt, 100 γ-Vitamin B_{12} in 100 cm^3, Folsäure, Fe, Cu, Mn. — *Mepran* ist 3.4-Bis-[m-methyl-p-propoxyphenyl]-hexan. Synthet. Östrogen. — *Micofol* (Nordmarkwerke GmbH., Uetersen): Ampullen mit 15 (mg) Folsäure, 30 Nicotinsäureamid u. 50 Pantothensäure. — *Orthangin* (Promonta GmbH., Hamburg): Auszug aus Weißdorn u. Convallaria. 1 cm^3 = 60 F.D. — *Streptokinase* (Chemie Grünenthal GmbH., Stolberg/Rhld.): Ampullen mit Fermenten aus Streptokokken zur Unterstützung der Streptomycinbehandlung der tuberkulösen Meningitis. — *Tanavulgin* (Heinz Haury, München): Enthält die Bitterstoffe von Tanacetum vulgare. — *Vermizym* (Arzneimittelfabrik Dr. Schwab, München): Papainhaltiges Wurmmittel. (Klin. Wschr. **30.** 46. 1/1. 1952.) Hotzel. 4800

Benno Reichert, *Salicylamid in Chemie und Pharmakologie.* Das Amid der Salicylsäure gewinnt als Analgeticum u. Antirheumaticum steigende Bedeutung. Gegenüber der Salicylsäure u. ihren Salzen zeichnet es sich durch einen breiteren Anwendungsbereich aus. Es kann parenteral verabfolgt werden. (Arzneimittel-Forsch. **3.** 255—56. Mai 1953. München.) Ulex. 4804

Hannelore Braunsberg, *Reinigung von Östronhandelsproben.* Mittels Papierchromatographie (p-Nitrobenzolazodimethoxyanilinderivv. des Östrons) fanden sich in 2 untersuchten Handelsproben von Östron (I) geringe Verunreinigungen, deren R_F-Wert niedriger lag als derjenige von I. Vermutlich handelte es sich dabei um Equilenin. Durch Fraktionierung an einer „Celite"-NaOH-Säule (nach Swyer u. Braunsberg) konnte die Verunreinigung restlos beseitigt werden, wobei I quantitativ zurückgewonnen wurde. Eine ähnliche Technik läßt sich nach Haenni auch auf Östradiol, α-Dihydroequilin u. Dihydroequilenin anwenden. (Nature [London] **169.** 967—68. 7/6. 1952. London, Univ. Coll., Hosp. Med. School.) Ruppert. 4808

Hans Walter Flemming, *Die Brauerei als pharmazeutische Rohstoffquelle. Vitamine und Antibiotica in Hefe und Hopfen.* Vortragsbericht. (Pharmaz. Ind. **13.** 230—32. Okt. 1951. München.) Spitaler. 4810

Ss. G. Gechman, *Zustand der Erythrocyten in der erythrocytären Masse von konserviertem Blut.* Konserviert wurden n. Blut u. die erythrocytäre M. (I) mit saurem Na-Citrat u. schwach alkal. Citrat. Es wurde festgestellt, daß Form u. Menge der Erythrocyten u. die Leukocyten in der konservierten I, unabhängig vom Konservierungsmittel, stabiler sind als im konservierten Blut. In 94% der Fälle war in 20 Tagen in der I keine Hämolyse sichtbar. Die konservierte I ist, unabhängig vom Konservierungsmittel, 20 Tage als Transfusionsmittel voll verwendungsfähig. (Клиническая Медицина [Klin. Med.] **30** (**33**). Nr. 7. 92. Juli 1952. Kiew, Bluttransfusionsstat.) Burghardt. 4812

Walter Kundrat, *Möglichkeiten der Raumluftentkeimung in pharmazeutischen Betrieben durch ultraviolette Strahlen.* UV-Licht eignet sich zur Entkeimung der Luft in Betriebsräumen. Vegetative Formen werden eher abgetötet als Sporen. Beschreibung geeigneter Anordnungen der Lampen. (Pharmaz. Ind. **12.** 201—04. Sept. 1950. Weihenstephan, Versuchs- u. Forschungsanstalt für Milchwirtschaft.) HOTZEL. 4834

K. Beller und **E. Langenscheidt,** *Stalldesinfektion mit Coniferol.* Wichtig ist für die Wirksamkeit von *Coniferol* die Art der Vernebelung in geeigneten Geräten. Es werden gefordert: Aerosole von höchstens 10 μ Teilchengröße mit einem geringen Spektr. u. eine möglichst kurze Vernebelungszeit. (Tierärztl. Umschau **8.** 147—48. Mai 1953. Stuttgart, Württ. Tierärztl. Landesuntersuchungsamt.) BOYE. 4834

M. G. Allmark und **A. Lavallee,** *Die Wirksamkeit kanadischer Marktware von gereinigten Extrakten aus Veratrum viride.* Die Wirksamkeit verschied. Erzeugnisse wird gegen ein Standardmuster gemessen. Gearbeitet wird nach der Meth. von LAVALLEE u. ALLMARK (Rec. Canad. de Bio. **11.** [1952.] 171) am Hahn u. nach MAISON u. STUTZMAN (Arch. int. Pharmacodynam. thérap. **85.** [1951.] 357) am Hund. Beide Methoden ergeben prakt. übereinstimmende Resultate. Die Handelspräpp. zeigen erhebliche Wertunterschiede. (Canad. med. Assoc. J. **68.** 546—47. Juni 1953. Ottawa, Can., Food and Drug Labor., Dep. of Nat. Health and Welfare.) FRESENIUS. 4880

Karl-Emil Grönkvist, *Direkte Titration von Wismut mit Komplexon.* Es wird eine Meth. zur Best. von Bi in pharmazeut. wichtigen Verbb. u. Zubereitungen vorgeschlagen. Das Verf. basiert auf einer Titration bei p_H 2,5—4,0 mit *Komplexon III 0,05 M* (Di-Na-Salz der Äthylendiamintetraessigsäure). Der gelbgefärbte Komplex zwischen Bi u. Thioharnstoff wird als Indicator verwendet. (Farmac. Revy **52.** 305—12. 15/5. 1953. Stockholm, Apoteket Lejonet.) ULEX. 4880

Jean Bosly, *Das Oxystrychnin.* Untersucht wurde ein *Oxystrychnin* (**I**), F. 214°, das vollkommen frei war von zur Oxydation des Strychnins (**II**) benutzten Oxydationsmitteln. **I** krist. mit 3 Mol. W., die zwischen 105 u. 110° verschwinden u. an der Luft wieder aufgenommen werden. Die alkoh. gesätt. Lsg. (95%ig. A.) zeigt eine spezif. Drehung von + 8,9°. Die Chloroformlsg. von **I** zeigt keine Drehung. 1 Teil **I** löst sich bei 20° in 133,63 Teilen W., in 13,96 Teilen A. (95%ig), in 57,4 Teilen Chloroform. Von Salzen wurden dargestellt das **I**-*Hydrochlorid*, $C_{21}H_{22}O_3N_2 \cdot HCl$, das **I**-*Hydrobromid*, $C_{21}H_{22}O_3N_2 \cdot HBr$ u. das **I**-*Sulfat*, $C_{21}H_{22}O_3N_2 \cdot H_2SO_4$. Vergleichende Rkk. mit den üblichen Alkaloidreagentien wurden durchgeführt mit **I**-Benzoat u. **II**-Sulfat, wobei festgestellt wurde, daß die Empfindlichkeit bei **II** größer ist. Bei colorimetr. Rkk. wird kein analyt. Unterschied zwischen **I** u. **II** gefunden. Weiter wurden untersucht die mit Co-Rhodanid (**III**) erhaltenen Komplexe. **I** gibt eine Verb. verschied. Zus. je nach Bedingungen. Der **II**-Komplex entspricht der Formel [Stry*chnin*$_2$ · $Co(SNC)_4]_2 \cdot H_2O$. — Nachw. von **I** in **II**: Überführung von **I** u. **II** in die Acetate, Zugabe von **III** u. Schütteln mit Chlf., wobei dieses nur durch **I** blau gefärbt wird. Empfindlichkeit 1 : 20. Nachw. von **II** in **I**: Eine Lsg. von 1 Teil **I** in 2000 Teilen n/2 HCl ergibt mit 5%ig. $HgCl_2$-Lsg. keinen Nd. mehr, während dies für **I** erst bei 1 : 40000 der Fall ist. Empfindlichkeit 1 : 20. Von quantitativen Bestimmungen werden dargelegt die Methoden der Titration, der Extraktion u. Wägung, der Fällung mit Silicowolframsäure, der colorimetr. Ermittlung als Tetrahydro-**II** u. der Best. mit $NaHSO_3$. Die Best. von Gemischen von **I** u. **II** läßt sich durchführen durch colorimetr. Best. nach DENIGÈS (Ermittlung von **I** + **II**) u. Best. von **II** durch Titration oder Polarimetrie. (J. Pharmac. Belgique [N. S.] **5.** 117—24. Mai/Juni 1950. Liège, Univ., Inst. de Pharm., Labor. d'Analyse de Médicaments.) BOYE. 4880

Erich Hesse, Hamburg, *Herstellen einer Masse für Mineralschlamm- (Fango-) Packung.* Fango bzw. Schlick u. Paraffin (**I**) (F. 50—65°) werden unter starkem Erhitzen mit in **I** nicht sedimentierenden Stoffen, bes. MgO, $MgCO_3$ u. Kieselgur, innig verrührt u. die erhaltene M. abgekühlt. Das Prod. besitzt hohes Wärmebindungsvermögen u. kühlt auf der Haut nur langsam ab. (**D. B. P. 866 985** Kl. 30h vom 15/2. 1951, ausg. 12/2. 1953.) E. PETERSEN. 4779

Michael Malis, Wien, Österreich, *Herstellung von kolloidalen Lösungen von Gold oder anderen Schwermetallen in Ölen oder dergleichen, insbesondere für die Bereitung von therapeutisch wirksamen Metalloleosolen.* Man macht aus in Ölen oder Fetten (Olivenöl, Ricinusöl, Rüböl, Mohnöl, Sesamöl, Lebertran, Schweinefett) verteilten Metallverbb. (wie $AuCl_3$), die sich in den Dispersionsmitteln beim Erhitzen zers., das Metall frei u. dispergiert es in dem Dispersionsmittel durch Einw. von Ultraschallwellen, wobei man diese entweder während der Zers. der Metallverbb. oder im Anschluß hieran einwirken läßt; bes. verwendet man als Dispersionsmittel Öle oder Fette von höherer

SZ., vorteilhaft oxydierte Öle oder Fette. Die Befreiung des Metalles aus seiner Verb. kann auch durch Red., z. B. mittels CH_2O oder CO_2, erfolgen. Zweckmäßig löst man ein Metallsalz, wie $AuCl_3$, mit Hilfe eines Lösungsvermittlers, wie Ae., in Öl oder geschmolzenem Fett u. setzt das Gemisch unter gleichzeitigem Erhitzen auf die Zersetzungstemp. einer kräftigen Ultraschallbehandlung aus. Man erhält so haltbare koll. Metall-Lsgg. von äußerst geringem TYNDALL-Effekt, die als Injektionslsgg. in der Therapie, bes. zur Behandlung von chron. Gelenkrheumatismus oder Tuberkulose, verwendbar sind. — Zeichnung. (**Oe. P. 171 119** vom 14/4. 1948, ausg. 25/7. 1952. Schwz. Prior. 28/5. 1947.) RAETZ. 4787

Fidel Gonzales-Barcena Fonsdeviela, Madrid, Spanien, *Herstellung von Zubereitungen mit bakteriolytischer Wirkung auf Haemophilus pertussis zur Behandlung von Keuchhusten.* Sekrete aus Gastropoden, bes. von Helixarten u. Nachtschnecken, werden zu einem Schaum geschlagen, bis eine sahneartige Konsistenz erhalten wird, u. bei neutraler Rk. zu einem homogenen Pulver eingedampft. Der Rückstand wird mit proteolyt. Enzymen gespalten u. darauf wird der hierdurch frei gewordene Wirkstoff isoliert. (**Finn. P. 26 043** vom 20/12. 1950, Auszug veröff. 29/11. 1952. Span. Prior. 23/2. 1950.) JÜRGEN SCHMIDT. 4791

Pharmazeutische Fabrik Evers & Co. (Erfinder: **Traugott Wille, Walter Evers** und **Hans Hugo Nagel**), Hamburg, *Herstellung therapeutisch wirksamer Substanzen,* dad. gek., daß man keratinhaltige Stoffe mit schwacher NaOH anfeuchtet, hierauf in N_2-haltiger Atmosphäre bei erhöhter Temp. u. Überdruck behandelt, worauf das Gut gewaschen u. in N_2 geröstet wird. Aufschluß erfolgt bei ca. 80° mit Druckgas von 8% O_2 u. 92% N_2. Heilwrkg. auf Ektasien venöser Gefäße. (**D. B. P. 845 383** Kl. 30h vom 10/12. 1950, ausg. 31/7. 1952.) SCHINDLER. 4791

Valy Menkin, Philadelphia, Pa., V. St. A., *Gewinnung des Leukocytosis-Promoting-Faktors (LPF)* aus tier. Entzündungsexsudaten. Die künstlich hervorgerufenen Lungenexsudate wurden zu $^1/_3$ mit $(NH_4)_2SO_4$ gesätt. u. der Nd. abfiltriert. Die Fl. wird dialysiert, bis keine SO_4-Ionen vorhanden. Dann wird die Fl. zu $^1/_2$ mit $(NH_4)_2SO_4$ gesätt. u. der Eiweiß-Nd. abgezogen. Der schwebende Nd. wird bis zur SO_4'-Freiheit dialysiert u. getrocknet. *Diagnosticum.* (**A. P. 2 575 763** vom 21/5. 1949, ausg. 20/11. 1951.) SCHINDLER. 4791

Guldsmeds Aktiebolaget i Stockholm, G. A. B., Stockholm, Schweden, *Herstellung von voramalgamiertem Amalgam, besonders für die Zahnbehandlung.* Die Metalle oder Metallegierungen, bes. eine Legierung aus 70% Ag u. 25% Sn werden in gekörntem oder gepulvertem Zustand bei so hoher Temp. mit Hg behandelt, daß ein gleichmäßig verteilter Angriff des Hg auf die einzelnen Körner erfolgt u. man bei der endgültigen Herst. der Amalgame ebenfalls eine sehr gleichmäßige Amalgamierung erzielt. Die Behandlungstemp. u. die Dauer sind von der Legierungszus. abhängig. (**N. P. 79 659** vom 7/2. 1948, ausg. 4/2. 1952.) JÜRGEN SCHMIDT. 4799

Michael Erlenbach und **Adolf Sieglitz,** Frankfurt/M., *Überführen eines pharmakologisch wirksamen Cholinsalzes in eine zur oralen Verabreichung geeignete Form.* Man löst das Salz in W. u. führt die wss. Lsg. mit Hilfe eines geeigneten Emulgiermittels, z. B. Wollfett, u. eines öligen Lösungsm. in eine W.-in-Öl-Emulsion über. (**E. P. 679 673** vom 1/3. 1950, ausg. 24/9. 1952. D. Prior. 1/10. 1948.) NEBELSIEK. 4807

International Minerals & Chemical Corp., Chicago, Ill., V. St. A., *Glutaminsäure* (**I**) wird in krist. Form erhalten, wenn man STEFFENS-Filtrat filtriert, mit NaOH bei p_H 10—11 heiß verseift, kühlt, mit HCl bis zum p_H 5—6 ansäuert, eindampft bis zur Abscheidung von anorgan. Salzen, filtriert, mit HCl versetzt bis zum p_H 3,1—3,3 u. die ausfallende **I** abtrennt. — 2 Zeichnungen. (**E. P. 670 003** vom 29/11. 1948, ausg. 9/4. 1952. A. Prior. 15/5. 1948.) LANGER. 4807

Allied Chemical & Dye Corp., New York, übert. von: **Michael Witte,** Nassau, und **Morton Georges Welge,** Barker, N. Y., V. St. A., *p-Nitrobenzolsulfonsäurechlorid* (**I**) erhält man durch Behandeln von Di-(p-nitrophenyl)-disulfid mit Cl_2 in Ggw. von konz. HNO_3, HCl u. einem fl., aromat., in den Säuren unlösl. KW-stoff, der jedoch **I** löst, bei 25—100°, bes. 50—65°. — Zwischenprod. zur Herst. von *Sulfanilamiden.* (**D. B. P. 848 950** Kl. 12o vom 14/9. 1950, ausg. 11/9. 1952. A. Prior. 29/5. 1944.) KRAUSS. 4807

Dr. A. Wander Akt.-Ges., Bern, Schweiz, *Sulfanilamidpräparate.* 17,2 (Teile) Sulfanilamid (**I**) werden in 100 Nitrobenzol (**II**) suspendiert, 15 $AlCl_3$ zugesetzt, so daß die Temp. auf 60° steigt, die Lsg. auf 0° abgekühlt, mit trocknem HCl gesätt., darauf bei 0° eine Lsg. von 12 g $\beta.\beta$-Dimethylacrylsäurechlorid zugetropft u. 1 Std. bei 0° gerührt. Das Reaktionsgemisch wird auf Eis gegossen, **II** abdest. u. das Filtrat mit NH_3 oder NaOH so weit neutralisiert, daß es nur noch lackmussauer, nicht kongosauer ist. Nach dem Erkalten wird N_1-*Dimethylacroyl*-**I** abfiltriert, F. 177—178°. In analoger

Weise erhält man aus **I** u. Dimethylbenzoylchlorid das *3.4-Dimethylbenzoyl-I*, F. 215°. (**Schwz. PP. 268 775** u. **268776** vom 2/8. 1946, ausg. 16/9. 1950. **Zusätze zu Schwz. P. 260 993; C. 1949. E. 753.**) KALIX. 4807

Farbenfabriken Bayer (Erfinder: **Siegfried Petersen**), Leverkusen, *Herstellung von Kondensationsprodukten*, dad. gek., daß man Caprolactim-O-alkyläther mit Verbb., die eine akt. Methylengruppe tragen, z. B. Acetessigestern, Cyanessigestern, Malonsäureestern sowie deren Amiden oder Nitrilen, Acetylaceton (**IV**), Barbitur-, Thiobarbitursäure, Aminobarbitursäuren, Rhodamin (**V**), 3-Methyl-, 1-Aryl-3-methyl-5-pyrazolonen, Nitroalkanen, bes. CH_3NO_2, Diketon (**II**), umsetzt, auch in Ggw. von Lösungsmitteln, wie A., Toluol, u. Katalysatoren, wie Alkalien, tert. Basen usw. — 127 (Teile) Caprolactim-O-methyläther (**I**) u. 232 Acetessigsäuremethylester werden mit etwas Na 5 Std. auf 130° erhitzt. Aus dem entstehenden Öl durch Vakuumdest. eine Fraktion vom $Kp._{0,5-0,6}$ 132—138°, stark lichtbrechendes Öl, $C_{11}H_{17}O_3N$. Zur gleichen Verb. gelangt man, wenn man anstatt **I** den entsprechenden Äthyl- oder Isobutyläther einsetzt, oder **I** mit **II** behandelt. — Aus **I** u. Cyanessigsäuremethylester die Verb. **III** vom F. 118°. — Aus **I** u. **IV** Verb. $C_{11}H_{17}O_2N$, F. 70 bis 71°. — Aus **I** u. 3-Methylpyrazolon-(5) Verb. vom F. 236—237° (aus A.). — Aus **I** u. 1-Phenyl-3-methyl-5-pyrazolon die Verb. $C_{16}H_{19}ON_3$, F. 178°. — Aus **I** u. 1-(2'-Chlorphenyl)-5-pyrazolon ein Prod. vom F. 206—208°. — Aus **I** u. **V** ein gelbes Pulver, F. 210—214°. — Aus **I** u. Barbitursäure ein Prod. $C_{10}H_{13}O_3N_3$. — Aus **I** u. CH_3NO_2 Verb. **VI** vom F. 92°. — Zwischenprodd., z. B. *der pharmazeut. Industrie*. (**D. B. P. 863 056** Kl. 12p vom 22/12. 1950, ausg. 15/1. 1953.) DONLE. 4807

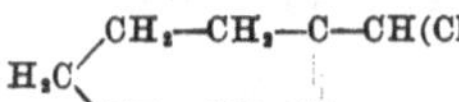

III

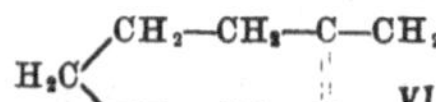

VI

Farbwerke Hoechst, vormals Meister Lucius & Brüning (Erfinder: **Reinhart Böker**), Frankfurt/M.-Hoechst, *Herstellung einer haltbaren Molekularverbindung von 4-Dimethylamino-1-phenyl-2.3-dimethyl-5-pyrazolon mit Butylchloralhydrat*, dad. gek., daß 1. bei der Herst. aus den Komponenten, zweckmäßig in Ggw. eines Lösungsm., oder zu der fertigen Molekularverb. Na_3PO_4 oder Hexamethylentetramin, bes. in einer Menge von 1—2%, als Stabilisator hinzugefügt wird; 2. ein weniger als 0,1%, bes. nur 0,05% freie HCl enthaltendes Butylchloralhydrat verwendet wird. (**D. B. P. 858 848** Kl. 12p vom 28/11. 1950, ausg. 11/12. 1952.) DONLE. 4807

Ciba Akt.-Ges., Basel, Schweiz, *Heilmittel*. Verbb. der allg. Formel 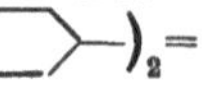 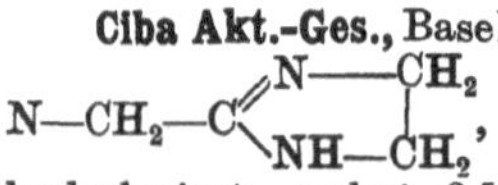, in der R eine leicht hydrolysierbare Gruppe darstellt, werden hydrolysiert, wobei *2-[N.N-(p.p'-Dioxydiphenyl)-aminomethyl]-imidazolinhydrochlorid* entsteht, F. 227—230°. Es hat eine *sympathicolyt. Wirkung*. (**Schwz. P. 283 586** vom 31/1. 1947, ausg. 1/10. 1952.) KALIX. 4807

Soc. des Usines Chimiques Rhône-Poulenc, Paris (Erfinder: **Raymond Jacques Horclois**, Malakoff, **Louis Antoine Gilbert**, Lyon, und **Daniel Marie Gustave Marcilhacy**, Paris), Frankreich, *Darstellung quartärer Chinolinderivate* der allg. Formel **I**, wobei n eine ganze Zahl gleich oder größer als 2, X Halogenatome oder Säurereste u. R Hydroxyl- oder Alkylreste bedeuten, wobei die Reste R an irgendeiner freien Stelle des Chinolinkernes stehen u. miteinander unter Bldg. einer Dioxyalkylenkette verbunden sein können, dad. gek., daß die entsprechenden substituierten Chinoline mit freier 1-Stellung mit einem dihalogenierten aliphat. KW-stoff umgesetzt werden. Das Halogen kann gegen einen anderen Säurerest ausgetauscht werden. — Z. B. werden 14,5 (g) 8-Oxychinolin u. 10,1 1.3-Dibrompropan 16 Std. auf dem Wasserbad erhitzt. Aufarbeitung ergibt das *Dihydrobromid* des *1.3-(8'.8''-Dioxychinolinium)-propans*, F. 192°. — *Physiol. Eigenschaften*. (**D. B. P. 828 248** Kl. 12p vom 20/7. 1950, ausg. 17/1. 1952. F. Priorr. 16/10. 1946 u. 13/1. 1947.) K. HEINZE. 4807

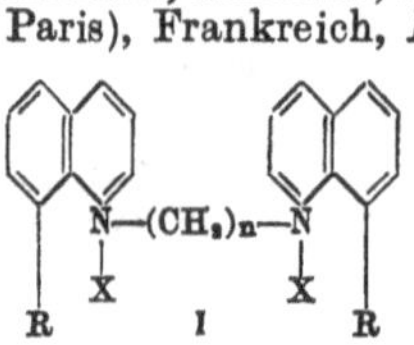

I

American Cyanamid Co., New York, N. Y., V. St. A., *Substituierte Pteridine* der Zus. **IV** (R = OR^1 oder NR^2R^3, R^1 = H oder Alkyl, R^2 u. R^3 = H, aromat. oder aliphat. Reste) erhält man durch Rk. von 2.4.5-Triamino-6-oxypyrimidin (**I**) mit

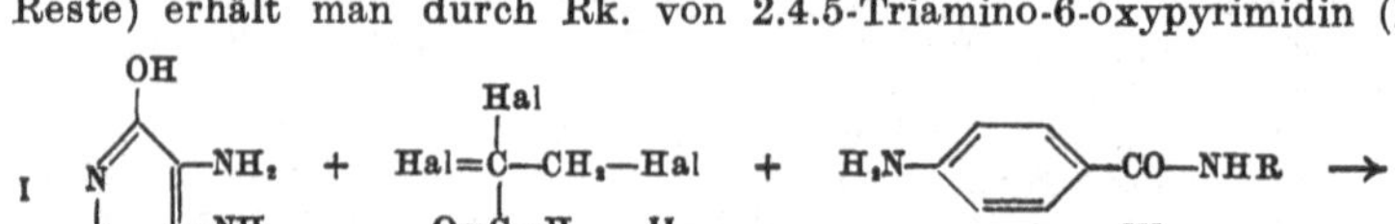

I II III

α.α.β-Trihalogenpropionaldehyd (II) oder dessen Acetal u. p-Aminobenzoesäure (III) oder einem funktionellen Deriv. derselben. — Man löst z. B.

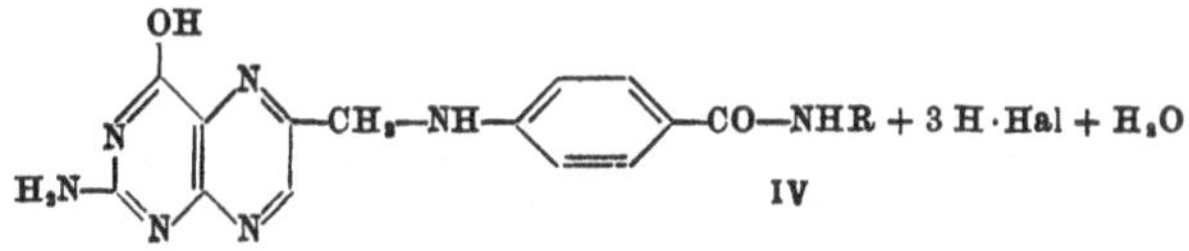

IV

5 (Gewichtsteile) I in 500 Vol. W., das eine Spur $Na_2S_2O_4$ u. 11,6 CH_3COONa enthält, u. gibt bei Raumtemp. eine Lsg. von 7,6 der II-Tribromverb. in 400 Vol. A. u. von 12 p-Aminobenzoylglutaminsäure in 500 W. gleichzeitig zu u. erhält nach 1std. Stehen gelbes *N-{4-([2'-Amino-4'-oxy-6'-pyrimido-(4.5-b)-pyrazyl]-methylamino)-benzoyl}-glutaminsäure.* Zers. bei Erhitzen ohne zu schmelzen. — *Therapeutica.* (**E. P. 638 480** vom 24/4. 1946, ausg. 7/6. 1950.) Müller-Meiningen. 4809

American Cyanamid Co., New York, N. Y., V. St. A., *Herstellung von substituierten Pteridinen.* Das in N. P. 77 886; C. **1952.** II. 4500 beschriebene Verf. zur Herst. von substituierten Pteridinen durch Kondensation von 2.4.5-Triamino-6-oxypyrimidin mit einer Aminobenzoesäure u. einem chlorierten Propionaldehyd (I) wird dahin weitergebildet, daß **I** durch eine Verb. der Formel O=CH—C(OH)=CH(OH), d. h. 2.3-Dioxyacrylaldehyd bzw. des tautomeren 2-Oxo-3-oxypropionaldehyd, oder durch Verbb. der allg. Formel O=CH—CX=CX—COOH (X = Halogen) ersetzt wird. Geeignet sind bes. die bromierten Säuren. Die Rk. wird bei ca. 100°, p_H 3—5 u. bes. in Ggw. eines Lösungsm. durchgeführt. (**N. P. 79 143** vom 16/5. 1946, ausg. 15/10. 1951. A. Priorr. 29/11. 1945, 5/2. u. 12/3. 1946. **Zusatz zu N. P. 77 886; C. 1952. 4500.**) Jürgen Schmidt. 4809

Schering Akt.-Ges. (Erfinder: **Traugart Otto,** Berlin, und **Rudolf Tschesche,** Hamburg), *Abtrennung von Penicillin und anderen Mykoinen aus Kulturlösungen,* dad. gek., daß die Lsg. mit organ. Lösungsmitteln in eine Emulsion übergeführt u. angesäuert wird, worauf eine Trennung der Kulturlsg. vom Extraktionsmittel bewirkt u. letzteres zur Mykoingewinnung aufgearbeitet wird. Nach dem Beispiel wird Amylacetat u. H_3PO_4 verwendet. (**D. B. P. 886 517** Kl. 30h vom 30/1. 1945, ausg. 13/8. 1953.) Schindler. 4811

Ankermann & Co., Friesoythe, Oldbg., *Erzeugung biologisch wirksamer Stoffe,* dad. gek., daß akt. Stämme von Actinomyceten in oder auf einem Nährboden gezüchtet werden, in dem Fischpreßwasser enthalten ist, das zweckmäßig von Eiweißstoffen, Fett u. Leimstoffen befreit ist. — Beispiele für *Streptomycin-* u. *Vitamin-B_{12}*-Ausbeuten. (**D. B. P. 876 310** Kl. 30h vom 27/9. 1951, ausg. 11/5. 1953.) Schindler. 4811

Josef Keil, Speyer, *Gewinnung von Rohprodukten mit biogenen fungistatischen Eigenschaften,* dad. gek., daß Sporobakterium fungostalicum in einer Nährlsg. gezüchtet u. seine Stoffwechselprodd. gewonnen werden. Als Nährlsg. dient bes. eine 10—20%ig. Melasselsg. mit oder ohne Zusätze. Rührkultur bei 28—35° in 1—3 Tagen. — *Antibiotikum,* bes. gegen Schimmelpilze. (**D. B. P. 876 571** Kl. 30h vom 20/8. 1950, ausg. 15/5. 1953.) Schindler. 4811

Werner Rothe, Radebeul, *Herstellung und Gewinnung eines Antibioticums.* Schimmelpilze werden nach einem der bekannten Verff. bis zu einer gewissen Alterung der Pilzmasse gezüchtet. Diese Alterung u. damit der Zeitpunkt der Aufarbeitung kann künstlich herbeigeführt werden, z. B. durch Entzug von Nährstoffen, Zusatz von Fremdstoffen, Bestrahlung mit kurzwelligem bzw. UV-Licht. Die Aufarbeitung erfolgt durch Extraktion der Pilzmasse mit organ. Lösungsmitteln, Einengung, fraktionierte Fällung u. Kristallisation. Ebenso kann die abgezogene verbrauchte Nährlsg. z. B. auf Penicillin verarbeitet werden. Das Antibioticum krist. hellgelb, hat die Summenformel $C_{18}H_{13}O_2N_2$, ist bei 130° noch beständig, bildet Metallverbb. u. organ. Derivate. (**D. B. P. 882 139** Kl. 30h vom 5/5. 1951, ausg. 6/7. 1953.) Schindler. 4811

Horn Research Laboratories, Inc., Long Island City, N. Y., V. St. A., *Reinigung physiologisch aktiver organischer oder biologischer Stoffe, wie Seren, Enzyme und dergleichen* mittels Basen- u. Säurenaustauschern. Nach dem Beispiel wird eine Diphtherieantitoxinlsg. mit ca. 12% $(NH_4)_2SO_4$-Geh. zunächst gegen W. dialysiert u. dann über ein Gemisch eines Kationenaustauschers vom Phenol–Formaldehyd-Harz-Typ u. eines Anionenaustauschers vom Amin–Formaldehyd-Harz-Typ geleitet. Das $(NH_4)_2SO_4$ wird prakt. entfernt, NaCl in isoton. Konz. verbleibt. (**E. P. 636 172** vom 5/11. 1945, ausg. 26/4. 1950. A. Prior. 2/12. 1944.) Schindler. 4813

Parke, Davis & Co., Detroit, und **Eugene Charles Loomis,** Grosse Pointe Park, Mich., V. St. A., *Gewinnung eines fibrinolytischen Faktors* (I) aus Blutserum, der frei von Fibrin (II), Fibrinogen (III), Thrombin (IV) u. Prothrombin (V) ist, durch Ausfällen bzw. Abbau von **II, III, IV** u. **V** aus gefrorenem Oxalatplasma, welches nach u. nach unter Zugabe von $CaCl_2$-Lsg. auf 18—24° erwärmt wird. Die abgezogene klare Lsg. wird bei 4—6° mit 24—26% $(NH_4)_2SO_4$ (**VI**) versetzt, um weitere Eiweißkörper auszufällen. Durch Steigerung der **VI**-Konz. auf 29—31% wird ein profibrinolyt. Faktor (**VII**) gefällt u. durch Zentrifugieren gewonnen. **VII** wird in W. gelöst u. mit Chlf. geschüttelt. Die wss. Schicht wird gegen W. dialysiert, wobei **I** ausfällt. **I** wird nochmals gelöst u. durch Zugabe von n-HCl bis p_H 5,5 gefällt. Der abzentrifugierte **I** wird durch Gefriertrocknung konserviert. Er ist in W. lösl., verhindert die Blutgerinnung durch Abbau von Prothrombin u. Fibrinogen u. löst ausgefallenes Fibrin. — *Gegen Thrombose u. Embolie.* (**E. P. 640 002** vom 24/2. 1947, ausg. 12/7. 1950. A. Prior. 22/4. 1946.) K. HEINZE. 4813

East Anglia Chemical Co. Ltd., Darlington, England, *Partielle Depolymerisation von Dextran* (**I**), dad. gek., daß eine wss. Dispersion von **I** beschallt wird. Vorteilhaft werden Ultraschallwellen eines Schwingungserzeugers mit einer Frequenz von 750 kHz verwendet. Das **I** kann durch Einw. des Birmingham-Stammes von Leuconostoc mesenteroides auf Rohrzucker erhalten werden. — *Ersatz für Blutplasma.* (**D. B. P. 871 730** Kl. 89k vom 1/6. 1950, ausg. 26/3. 1953. E. Priorr. 7/6., 5/11. 1949 u. 22/5. 1950.) SCHINDLER. 4813

Vladimir Kitter, New York, N. Y., V. St. A., *Haltbares Gemisch aus Chloramin T und Alkalijodid.* Die Komponenten werden vor dem Mischen restlos getrocknet u. gegebenenfalls gemeinsam mit trockenen Streckmitteln, wie Dextrose u. Na-Benzoat, feuchtigkeitsdicht verpackt. — Z. B. werden 23,3 (%) Chloramin T, 15,0 KJ, 22,7 Dextrose u. 38,8 Na-Benzoat gemischt. (**E. P. 644 054** vom 1/8. 1947, ausg. 4/10. 1950. A. Prior. 9/4. 1940.) K. HEINZE. 4815

Jacques Loewe Research Foundation, Inc., New York, N. Y., V. St. A., *Protrahiert wirkendes Injektionsmittel*, gek. durch einen Geh. an 6,5—12 (%) Dextrose u. 13—28 mit Eisessig hydrolysierter Gelatine sowie einem Arzneimittel, z. B. Penicillin, Streptomycin, Heparin, Ephedrin, Eneupin. Die Lsg. vom p_H ca. 7 wird der Gefriertrocknung unterworfen oder im Vakuum getrocknet u. ist so unbegrenzt haltbar. (**E. P. 642 380** vom 25/4. 1947, ausg. 30/8. 1950.) K. HEINZE. 4815

Wyeth, Inc., Philadelphia, Pa., V. St. A., *Protrahiert wirkende Injektionsflüssigkeit*, bestehend aus einem in Pflanzenöl suspendierten oder gelösten Arzneimittel, z. B. einem Antibioticum, Insulin oder einem anderen Hormon, u. einem mit W. gelbildenden Stoff, z. B. einem Polysaccharid, wie Pektin oder Na-Alginat, Dextrin bzw. Cellulosederivv., oder einem Eiweißkörper, wie Gelatine. Die Teilchengröße der Feststoffe darf nicht über 50—100 μ betragen. — Z. B. wird eine Suspension von 100 mg Pektin u. 0,5 g Streptomycin-$CaCl_2$-Trihydrochlorid-Doppelsalz in Erdnußöl zur Injektion verwendet. (**E. P. 642 385** vom 25/11. 1947, ausg. 30/8. 1950. A. Prior. 3/6. 1947.) K. HEINZE. 4815

Dolcin Ltd., Toronto, Can., und **Arthur Abbey**, London, England, *Arzneimittel zur peroralen oder parenteralen Anwendung* aus einem die Gewebsatmung beeinflussenden Therapeuticum, wie z. B. „Cinchophen", „Amidopyrin", 6-Chlor-9-(4'-diäthylamino-1'-methylbutylamino)-2-methoxyacridindihydrochlorid (Atebrin) oder Acetylsalicylsäure (**I**) bzw. Na-Salicylat u. einer die bei hoher Dosierung auftretenden Nebenwirkungen paralysierenden Komponente, z. B. Bernstein-, Fumar-, Malein- oder Oxalessigsäure bzw. ihren Salzen. — Z. B. werden 76 (Teile) Ca-Succinat mit 100 **I** gemischt u. zu Tabletten verpreßt. (**E. P. 642 971** vom 23/12. 1947, ausg. 13/9. 1950.) K. HEINZE. 4815

Raptakos, Brett & Co. Ltd. und **Gollakota Butchi Ramsarma**, Bombay, Indien, *Herstellung von Leberpräparaten* durch proteolyt. Abbau mit Pankreasenzymen in wss. Lsg. bei 35—65° u. p_H 5—7 u. anschließendes Abtrennen der Lsg. vom Unverdauten. — Z. B. werden 60 (kg) zerkleinerte Rinderleber u. 6 zerkleinerte Pankreasdrüse in 180 Liter W. mazeriert, 3 Std. auf 53° erwärmt u. dann 30 Min. auf 95° erhitzt. Das Filtrat wird bei 60° im Vakuum eingedickt u. mit Vitaminen, wie Lactoflavin, Pyridoxin, Folsäure, Nicotinsäureamid, ferner mit Glycerin, A., Zucker u. Aromastoffen, versetzt. — *Roborans.* (**E. P. 643 331** vom 20/5. 1947, ausg. 20/9. 1950.) K. HEINZE. 4815

Wilhelmus Leenderd Vols, Den Haag, Holland, *Herstellen von Mundpflegemitteln.* In diese werden NH_4-Ionenaustauscher, die mit NH_4-Ionen beladen sind, z. B. NH_4-Bentonit, u. gegebenenfalls noch Harnstoff oder dessen Derivv. eingearbeitet. Der p_H-Wert des Mittels soll nicht über 8,5 liegen. (**D. B. P. 881 723** Kl. 30h vom 10/8. 1951, ausg. 2/7. 1953. Holl. Prior. 14/8. 1950.) E. PETERSEN. 4823

Continax Ltd., London, **North Western Laboratories Ltd.**, Middleton, und **Stanley King**, High Lane, England, *Desinfizierende und desodorierende Mittel in Gallertform.* Eine wss. Lsg. von. CH_2O, Na-Diborat u. einem Emulgiermittel wird zu einer wss.

Dispersion von Na-Alginat gegeben u. der Mischung eine wss. Lsg. von Ca-Citrat zugesetzt. (**E. P. 645 976** vom 29/7. 1948, ausg. 15/11. 1950.) Kettner. 4835

Foromycen Établissement, Vaduz, Liechtenstein, *Verhindern der eiweißfällenden, -gerbenden oder -spaltenden Wirkungen von Formaldehyd.* Um eine Beeinträchtigung von Desinfektionsvorgängen mit Formalinlsgg. durch unerwünschte Einw. auf Eiweißstoffe zu verhindern, geht man von Formaldehydkondensationsprodd. oder -polymerisationsprodd. aus u. dest. diese in Ggw. von Al-Silicaten. Man kann die Ausgangsstoffe auch vorher mit Säuren reinigen, nimmt dann aber die Dest. unmittelbar anschließend vor. An Stelle der Al-Silicate kann man auch Gemische aus Ton u. Kieselsäure oder aus diesen erhaltene Schmelzen verwenden. Diese Stoffe sollen möglichst frei von Fe sein. (**N. P. 79 400** vom 1/11. 1950, ausg. 19/11. 1951. Schwz. Prior. 5/11. 1949.) Jürgen Schmidt. 4835

Anton Iglauer, Klagenfurt, Österreich, *Heil- und Desinfektionsmittel.* Man verteilt — gegebenenfalls mit Hilfe von Dispergier- oder Emulgiermitteln, wie Fettalkoholsulfonaten — homogen Crotonsäure u. bzw. oder deren Salze, bes. das Ca-Salz, in mindestens einem geeigneten inerten festen, halbfesten oder fl. Träger- u. bzw. oder Verdünnungsmittel, wobei man gleichzeitig auch andere therapeut. wirksame Stoffe, bes. baktericide Verbb., wie Sulfonamide, z. B. 2-[4'-(n-Crotonylamino)-benzolsulfonyl-(1')-amino]-thiazol, oder Antibiotika usw. mitverwenden kann. Zweckmäßig verwendet man die Crotonsäureverbb. oder die Säure selbst in Mengen von 0,1—6,0%, bes. von 2,5—4,0%. Die neuen Mittel können in Form von Pudern, Salben, Cremes, Seifen, Emulsionen, Schminken, Nagellacken, Haar- oder Toilettenwässern oder Zahn- oder Mundpflegemitteln zur Anwendung gelangen u. dienen sowohl zur Bekämpfung von durch Ascomyceten hervorgerufenen Krankheiten als auch zur Verhütung von Infektionen durch derartige Mikroorganismen. — Tabelle. (**Oe. P. 173 799** vom 18/2. 1950, ausg. 26/1. 1953.) Raetz. 4835

Dr. Hammer & Co. G. m. b. H. (Erfinder: **Fritz Willy Hammer †,** Hamburg), *Sterilisieren von organischem Gut, besonders chirurgischem Nähmaterial.* Das zu sterilisierende Gut, z. B. Catgut, wird in eine Lsg. von prim. Alkylbromiden oder -jodiden oder von halogenierten KW-stoffen, die in 2.3-Stellung eine Doppelbindung besitzen, z. B. Allylbromid oder -jodid u. Crotylchlorid, eingelegt u. in einem mit W. mischbaren Lösungsm. bei $>40^0$, bes. $50-60^0$, behandelt. (**D. B. PP. 868 056** Kl. 30i vom 3/6. 1943, ausg. 23/2. 1953 u. **873 298** Kl. 30i vom 6/11. 1941, ausg. 13/4. 1953.) E. Petersen. 4835

Valto Matias Klemola, Helsingfors, Finnland, *Präparieren von tierischen Geweben.* Zum Schutz gegen die Einw. von Bakterien, Viren oder Pilzen behandelt man die Gewebe mit gegebenenfalls substituierten aliphat. Oxyden. (**Finn. P. 25 441** vom 25/2. 1949, Auszug veröff. 30/11. 1951.) Jürgen Schmidt. 4835

John S. Williams, Columbia, Pa., V. St. A., *Konservierungsflüssigkeit für Organteile,* bestehend aus Alkalihexametaphosphat 0,5—1 (Teile), Alkalicitrat ca. 13, Alkalicarbonat ca. 20, sulfoniertes Ricinusöl ca. 10, gelöst in W.; der p_H-Wert liegt über 8. Die Fl. kann selbst mit hartem W. auf das 10—20fache verd. werden u. ist fast unbegrenzt haltbar. (**Can. P. 477 578** vom 8/6. 1950, ausg. 9/10. 1951.) Wittholz. 4835

Albert Goris, André Liot et **André Goris,** Incompatibilités pharmaceutiques. 3e éd. Liste de synonymie des principaux médicaments chimiques. Paris: Le François. 1953. (192 S. Graph.) 8°. Fr. 900,—.

G. Analyse. Laboratorium.

F. L. Hahn, *Einfache und wirksame Arbeitshilfen: Filterstäbchen. Bicarbonatventil.* Vf. beschreibt die Herst. von Filterstäbchen. Er benutzt z. B. eine halbierte Pipette, läßt im erweiterten, nun offenen Teil etwas Glaswolle sintern u. saugt aus einer feinen Aufschlemmung so viel Asbest an (Öffnung nach unten), bis sich ein „Bart" gebildet hat. Mit diesem Stäbchen wird aus einem Erlenmeyer-Becher der Nd. angesaugt u. so lange Waschwasser nachgespült, bis alles angesaugt ist. Zum Lösen wird etwas Lösungsm. in den Stiel des Stäbchens eingeführt u. in das obere Ende geblasen. Vf. beschreibt mehrere Anwendungsbeispiele, bes. die Best. von Zuckern mit Fehlingscher Lsg., wobei das abfiltrierte Cu_2O in $Fe_2(SO_4)_3$ gelöst wird. Das entstehende Fe^{2+} wird sofort titriert, u. Verluste durch Oxydation werden somit weitgehend vermieden. Vf. beschreibt ferner ein Bicarbonatventil, das er für besser hält als das Bunsenventil. Ein dünnes, mit einem „Glockenrohr" verschlossenes Glasrohr ist so in einen Trichter gesteckt, daß es gerade nicht durchfällt. Bei Druckgleichheit oder Überdruck fließt die im Trichter befindliche Fl. nicht durch. (Analytica chim. Acta [Amsterdam] **7.** 438—40. Nov. 1952. Mexico, D. F., „Control Químico".) Pluskal. 5010

Z. Novosad und **J. Marek,** *Die Kalibrierung des Inhaltes liegender zylindrischer Behälter.* (Chem. Průmysl **2** (27). 152—58. 1952.) FREYTAG. 5012

W. R. Holt, *Im Vakuum arbeitende automatische Pipette.* Beschreibung der Anordnung. (Analytic. Chem. **24.** 1870. Nov. 1952. Old Hickory, Tenn., E. I. du Pont de Nemours & Co., Film Dep.) GOTTFRIED. 5014

G. Medicus, *Gummiringdichtung für konische Vakuumverbindungen.* Vf. empfiehlt zur Abdichtung von kon. Vakuumverbindungen über den Kern einen Gummiring zu ziehen. Bei dieser Art Dichtung ist es nicht notwendig, daß die beiden Verbindungen genau aufeinanderpassen. (Rev. sci. Instruments **23.** 647. Nov. 1952. Dayton, O., Wright Field.) GOTTFRIED. 5026

G. Medicus, *„Gummilösungsdichtungen" für Hochvakuumarbeit.* An Stelle von Fett oder Kitt empfiehlt Vf. zur Dichtung von plangeschliffenen Glasverbindungen in Hochvakuumapparaturen die Verwendung von Gummilösungen. Es werden zwei Lsgg. angegeben: 1. von braunem Paragummi in Bzn. oder reinem Gasolin, oder 2. eine handelsübliche Gummilsg., die Vulkanisationsmittel enthält. Die Glasflächen werden in die Lsgg. eingetaucht u. nach Verdampfen des Lösungsm. aufeinandergepreßt. (Rev. sci. Instruments **23.** 646. Nov. 1952. Dayton, O., Wright Field.) GOTTFRIED. 5026

Frederick C. Hickey, *Einfacher selbsttätiger (robot) Antrieb für den Craigschen Gegenstromverteilungsapparat.* Vf. beschreibt eine Abänderung des von CRAIG, HAUSMANN, AHRENS u. HARFENIST (vgl. C. **1952.** 3706) entwickelten Gegenstromverteilungsapp. zur Abtrennung kleiner Mengen schwer auflösbarer Substanzen, die darin besteht, daß alle Operationen automat. durchgeführt werden. (Analytic. Chem. **24.** 1993—95. Dez. 1952. Providence, R. I., Providence Coll., Med. Res. Labor.) GOTTFRIED. 5048

E. I. Johnson und **J. King,** *Eine einfache Methode zur näherungsweisen Bestimmung von Teilchengrößen.* Vff. beschreiben ein einfaches, auf der Ermittelung der Sedimentationsgeschwindigkeit basierendes Verf. zur Best. von Teilchengrößen. Als App. wird ein einfaches Fettextraktionsrohr verwendet, wie es von dem MILK PRODUCTS SUB-COMMITTEE (Analyst **61.** [1936.] 105) empfohlen wird. Wie Vergleichsunterss. nach der Meth. von ANDREASON u. LUNDBERG (Ber. dtsch. keram. Ges. **11.** [1930.] 249) — der vermutlich besten Meth. zur Best. von Teilchengrößen — zeigen, ist das vorgeschlagene Verf. für laufende Unterss. gut geeignet. (Analyst **76.** 661—62. Nov. 1951. Strand, London, Government Labor.) GEDSCHOLD. 5048

I. N. Jermolenko und **M. I. Masel,** *Neue Methoden zur Bestimmung der Quellung von Xerogelen.* Die erste App. zur Best. der Quellung ist nach dem volumetr. Prinzip von DOGADKIN (Коллоидный Журнал [Kolloid-J.] **8.** [1946.] 31) konstruiert u. besteht aus 2 Mikropipetten, deren Enden in 2 Behälter münden. In einem findet die Quellung des an einem Glashaken des angeschliffenen Stöpsels aufgehängten Gels statt. In einem zweiten Behälter erfolgt dann die Ablesung der Flüssigkeit. Der angeschliffene Stöpsel ist von außen durch Hg abgeschlossen. — Die zweite App. gestattet die Best. der Quellungskinetik durch Messung des Vol. des gequollenen Körpers nach der Menge des verdrängten Hg. Sie besteht aus einem Glastiegel mit einem porösen Glasboden, der an einen unteren, ca. 5—6 cm³ fassenden Behälter angeschliffen ist. Das Glasfilter muß die Fl., aber nicht das Hg durchlassen. Der untere Behälter ist mit einem capillaren Niveaugefäß mit Hg verbunden. Man kann mit der App. auch pulverförmige Stoffe untersuchen. (Коллоидный Журнал [Kolloid-J.] **14.** 390—91. Sept./Okt. 1952. Weißruss. Lenin-Univ.) STEINBERG. 5048

F. R. Cropper, *Physikalische und physikochemische Methoden der analytischen Chemie.* Überblick. Im einzelnen werden folgende Gebiete behandelt: Opt. Methoden, elektrometr. Methoden, Massenspektrometrie, Radioaktivitäts-Spuren-Methoden, physikal. Trennungsmethoden. — 297 Literaturzitate. (Annu. Rep. Progr. Chem. **47** (**1950**). 399—419. 1951.) H. W. LEVI. 5050

K. Zonis, *Mikro- und Makro-Elektrodialysator für Laboratoriumszwecke.* Es wird ein Elektrodialysator aus 3 Behältern beschrieben. Durch Auswechseln des mittleren Behälters kann jedoch das neu beschriebene Gerät sowohl für größere Füllmengen bis zu 200 cm³ als auch für kleinere Mengen bis 1 cm³ verwendet werden. Der Elektrodialysator hat außerdem folgenden Vorteil: Da die zum Rühren bzw. zur p_H-Wertbest. dienenden Elektroden in dem mittleren Behälter angebracht sind, läßt sich in jedem Augenblick (während welcher Zeit allerdings der Durchgang des Starkstroms unterbrochen wird) der Verlauf der Reinigung des zu bearbeitenden koll. Füllgutes verfolgen. (Praktika Akad. Athenon **18.** 122—24. 1943; herausg. 1950. [Orig.: griech.]) VLACHOS. 5054

E. Wilfred Taylor, *Das Ultraviolettmikroskop.* Das beschriebene Refraktionsmikroskop wird allg. mit einem Objektiv, das für 2570 oder 2537 Å auf Sinusbedingung korr. ist, benutzt. Als Lichtquelle dient die Funkenentladung zwischen festen oder rotierenden Elektroden, die mit dem Monochromator eine auch für andere Mikroskopiezwecke zu verwendende selbständige Einheit bilden. Objektbewegungen von 0,10 mμ können abgelesen werden. Die Justierung des Objektes kann mittels Fluorescenzschirms oder Phasenkontrasts im Sichtbaren kontrolliert werden. Letzteres wird auch bei der UV-Photographie benutzt. (J. opt. Soc. America **43.** 299—305. April 1953. London, Cooke, Troughton & Simms.) LINDBERG. 5056

M. Paul, *Die modernen Metallmikroskope.* Übersicht über die speziell in Frankreich in der Wissenschaft u. Industrie benutzten Metallmikroskope. (Techn. mod. **44.** 257—62. Sept. 1952. Syndicat général de l'Opt. et des Instruments de Précision.) GOTTFRIED. 5056

Arne Strömberg, *Ein Verfahren zur schnellen photographischen Aufnahme von Mikroskopobjekten.* Ein auf eine Messingplatte montierter Plattenhalter ist derart verschiebbar, daß die bei abgenommenem Okular eingesetzte Platte gerade in die Brennebene des Objektivs gebracht wird. Auf einer Platte 6×9 können 4 Aufnahmen gemacht werden. (Geol. Fören. Stockholm Förh. **74.** 386—89. Mai/Okt. 1952.) R. K. MÜLLER. 5056

F. Gille, *Herstellung von Dünnschliffen und An-Dünnschliffen, insbesondere von wasserempfindlichen Proben.* Es wird ein Verf. zur Herst. dünn geschliffener polierter Anschliffe beschrieben, deren polierte Flächen frei vorliegen u. nach Wunsch geätzt werden können. Mit Hilfe von 1.4-Butylenglykol ist es möglich, in Kanadabalsam oder Kollolith eingebettete feuchtigkeitsempfindliche Proben dünn zu schleifen u. zu polieren. (Neues Jb. Mineralog., Mh. **1952.** 277—87. Dez. Düsseldorf, Forschungsinst. der Zementind.) GOTTFRIED. 5058

P. Decker, *Papierchromatographie.* Übersicht mit 326 Literaturangaben. (Pharmazie **8.** 371—78. Mai. 477—84. Juni 1953. München, Univ., II. Med. Klinik.) BARZ. 5062

E. C. Leisegang, *Absorptionsspektroskopie.* Kurzer Überblick über die in der Spektroradiometrie angewandten Techniken. Ein Spektroradiometer ist eine Vorr., mit der man die Intensität von monochromat. Strahlung messen kann, u. zwar in den Spektralgebieten zwischen 0,2—30 μ. (South African ind. Chemist **6.** 134—35. Juni 1952.) GOTTFRIED. 5063

J. K. Hurwitz, *Eine Untersuchung der Faktoren bei der spektrochemischen Mikroanalyse.* Beschreibung einer mikroanalyt. App. zur Unters. der Diffusion in Metallen u. Legierungen u. zur Analyse von Segregaten u. Einschlüssen, bei welcher Probe u. Photoplatte im Spektrographen mit einem bestimmten Geschwindigkeitsverhältnis bewegt werden. Die Einflüsse verschied. mechan. Parameter auf die Strecke, innerhalb derer bei einer scharfen Konzentrationsänderung in der Probe sich diese im Spektrogramm feststellen läßt, werden diskutiert. Als wichtigster Faktor ergab sich die Größe der abgefunkten Fläche, welche bei einem Elektrodenabstand von 0,38 mm, einer *Ag*-Gegenelektrode von 3 mm Durchmesser (Anspitzung unter 30°) u. einer stark gedämpften Entladung ca. 0,6 mm Durchmesser hatte. Ein Geschwindigkeitsverhältnis >10 : 1 brachte keinen Vorteil. (J. opt. Soc. America **42.** 484—89. Juli 1952. Ottawa, Ont., Can., Physic. Metallurgy Div., Mines Branch, Dep. of Mines and Techn. Surv.) EICHHOFF. 5063

Jean Lecomte, *Neuere Fortschritte in der Infrarotspektrometrie.* Zusammenfassende Übersicht über die Fortschritte der Infrarottechnik im Laufe der letzten 10 Jahre. (Boll. sci. Fac. Chim. ind. Bologna **10.** 96—119. 1952; Cahiers de Physique **1952.** Nr. **38.** 26—54. Juli. Centre Nat. de la Rech. Sci.) EICHHOFF. 5063

W. E. Tolberg und **H. M. Boyd,** *Neuer Schlitzantrieb für das Beckmannsche IR-2-Infrarotspektrometer.* Bechreibung der Vorrichtung. (Analytic. Chem. **24.** 1836 bis 1839. Nov. 1952. Minneapolis, Minn., General Mills, Inc., Res. Dep.) GOTTFRIED. 5063

W. B. Jewstignejew, *Anwendung von schwerem Wasser als Lösungsmittel für spektroskopische Untersuchungen im nahen Ultrarot.* D_2O zeigt im Gegensatz zu H_2O geringe Absorption im Ultrarot (1,1—1,8 μ) u. eignet sich daher besser als Lösungsm. für spektroskop. Unterss. wasserlösl. Stoffe, bes. biochem. wichtiger Verbb., in diesem Gebiet. Als Anwendungsbeispiele werden Unterss. an Pyridin, Aceton, Phenol, W., Mannit, Saccharose, Harnstoff, Cysteinchlorid, NH_4Cl, Hydroxlyamin- u. Anilinchlorid u. KCl in Absorptionskurvenbildern mitgeteilt. Wenn die zu untersuchende Substanz in D_2O nicht genügend lösl. ist, um die für quantitative Unterss. erwünschte Konz. (10—20%) zu erreichen, kann man mit einer Austausch-Rk. oder bei höherer Temp. arbeiten oder durch längeres Schütteln mit D_2O einen allmählichen Austausch erzielen. Aus der Größe der Absorption bei 1,45—1,48 μ läßt sich die gebildete Menge HOD bestimmen u. aus dieser die Menge der Substanz mit austauschfähigem H. (Доклады Академии Наук СССР [Ber. Akad. Wiss. UdSSR] [N. S.] **89.** 105—08. 1/3. 1953. Bach-Inst. für Biochem. der Akad. der Wiss. der UdSSR.) R. K. Müller. 5063

J. R. Eshbach und **M. W. P. Strandberg,** *Apparat für Messungen des Zeeman-Effektes auf Mikrowellenspektren.* Es wird ein App. u. die experimentelle Technik für Messungen des Zeeman-Effektes auf Mikrowellenspektren beschrieben. Bei der Meth. wird ein Wellenleiter vom Absorptionszellentyp benutzt, mit dem Beobachtungen vom π- oder σ-Typ durchgeführt werden können. Meßbar sind die Molekularrotations- u. kerngyromagnet. Verhältnisse mit einer Genauigkeit von ca. 1%. Es wird außerdem eine Meth. zur Best. des Vorzeichens der gyromagnet. Verhältnisse unter Verwendung von zirkular polarisierten Mikrowellen beschrieben. (Rev. sci. Instruments **23.** 623—28. Nov. 1952. Cambridge, Mass., Inst. of Technol., Res. Labor. of Electronics.) Gottfried. 5063

L. J. Rueger und **R. G. Nuckolls,** *Eine breitbandige, koaxiale Stark-Zelle für Mikrowellenspektroskopie.* (Vgl. C. **1952.** 4981.) Es wird eine Stark-Zelle für Mikrowellenfrequenzen zwischen 3400 u. 900 MHz beschrieben, in der weder die zur Unters. vorliegende Probe noch die Zellgröße geändert zu werden braucht. Die Stark-Spannung wird zwischen den inneren u. äußeren Leitern der koaxialen Leitung angelegt u. wird von dem Radiofrequenzsignal an jedem Ende der Zelle durch Querschnitte des Wellenleiters getrennt. Mit dieser Zelle konnten die Messungen der Mikrowellenabsorption in Gasen bis zu extrem niedrigen Frequenzen durchgeführt werden. Über Messungen an ND_3 vgl. C. **1952.** 4725. (Rev. sci. Instruments **23.** 635. Nov. 1952. Washington, D. C., Nat. Bur. of Stand.) Gottfried. 5063

J. J. Brady, M. D. Pearson und **S. Peoples,** *Phasenverschieber mit zusammenpreßbarem Querschnitt (squeeze-section phase shifter) für Mikrowellenmessungen.* Der beschriebene Wellenleiter (für 3 cm-Wellen) hat die äußeren Dimensionen 1 in.·½ in. bei einer Wandstärke von 0,050 in. u. enthält parallel zu der Achse auf den breiten Seiten 25 in. lange u. 0,0625 in. breite Schlitze. Über der Mitte der Schlitze befindet sich ein Mikrometerkopf, mit dessen Hilfe der Leiter zusammengepreßt werden kann. Theoret. wird die Wellenlängenquerverschiebung pro Wellenlängeneinheit als Funktion der Verschiebung der Wand des Leiters in bezug auf die Lage des nicht belasteten Leiters berechnet. Experimentell wurden die Verschiebungen für drei Wellenlängen (3,717, 3,454 u. 3,225 cm) gemessen. Die Übereinstimmung zwischen experimentellen u. theoret. Werten ist gut. (Rev. sci. Instruments **23.** 601—04. Nov. 1952. Corvalis, Ore., State Coll., Dep. of Phys.) Gottfried. 5063

Félicien Blottiau und **Hélène Royer,** *Versuch der Verwirklichung eines Normalmaßes von weißem Licht für die Colorimetrie.* 1. Mitt. *Leucoskop.* Vff. stellten Verss. an, um ein Filter mit einem möglichst hohen Durchlassungsvermögen zu erhalten, das mit einer Leuchtlampe von 2850° K Farbtemp. eine Lichtverteilung im sichtbaren Spektr. lieferte, die angenähert der Lichtverteilung eines schwarzen Körpers bei 5200° K entsprach. Zuerst wird gezeigt, daß sich weder das einfache noch das doppelte Leucoskop für diesen Zweck eignen. Vff. entwickelten hierauf die Theorie eines „ellipt. Lichtleucoskops“, das aus einer senkrecht zur opt. Achse geschnittenen Quarzplatte gebildet wird, die zwischen zwei $^1/_4$-Wellenlängenplättchen liegt, welche ihrerseits zwischen zwei Polarisatoren angeordnet sind. (Rev. Opt. théor. instrument. **32.** 91—103. Febr. 1953. Paris, Inst. d'Optique.) Gottfried. 5065

Antonio Carlos Villanova und **Agnes Turcsany Jaymovich,** *Metalle als Urtitersubstanzen in der volumetrischen Analyse.* Einige Metalle sind wegen ihres hohen Äquivalentgewichts, ihrer Beständigkeit u. leichten Reingewinnung zunächst als Urtitersubstanzen gut geeignet; jedoch kann Zn nur beschränkt zur Einstellung von K-Ferrocyanid, Fe-Draht (Treadwell) nach neueren Unterss. (Bradstreet) wegen seiner zweifelhaften Reinheit zweckmäßig überhaupt nicht mehr verwendet werden. Das aus reinstem Sn unter den Vorsichtsmaßnahmen der A.S.T.M. erhaltene u. zur Einstellung von J_2-Lsg. verwandte $SnCl_2$ gibt nach Unterss. des Vf. nur unzuverlässige Werte. Lediglich Elektrolyt-Cu, das außerdem vor Gebrauch zweckmäßig noch nach Bradstreet sorgfältig gesäubert wird, ist für die Einstellung von J_2-Lsg. nach bekanntem Verf. vorzüglich geeignet. (Rev. Quím. Farmac. **17.** 19—24. Jan. 1952.) Kimpel. 5070

a) Elemente und anorganische Verbindungen.

E. L. Harper, *Halbmikrobestimmung von gelöstem Sauerstoff.* Die Best. des O_2, die auf einer Modifikation der Winklerschen Meth. beruht, erfolgt mit $MnSO_4$, alkal. KJ-Lsg., Ansäuern mit H_2SO_4 u. Titration des ausgeschiedenen J_2 mit Thiosulfat.

Die App. besteht aus kleinen Glasgefäßen von ca. 30 ml Inhalt, die mittels durchbohrter Gummistopfen u. Glasröhrchen mit der Wasserprobe u. Reagentien ohne Außenluftbeeinflussung schnell u. bequem gefüllt werden können. Ein Vgl. der Halbmikromit der Makrometh. zeigt bei drei Verss. eine Differenz der Halbmikrometh. von 0,02—0,04 mg O_2/Liter. Bei exakter Ausführung überschritt der Volumenfehler nicht 0,24%. (Analytic. Chem. **25.** 187—88. Jan. 1953. Nanaimo, B. C., Fisheries Res. Board of Canada, Pacific Biol. Stat.) CZEKAY. G 239

W. Kemula und **S. Siekierski,** *Polarographische Bestimmung von Sauerstoff.* Vff. entwickeln auf Grund der Red. von O_2 an der Hg-Tropfelektrode zu OH^- eine Neutralisationsmeth. zur Best. von O_2 in W. mit polarograph. Endpunktsanzeige. 20 ml der an KCl 0,001 mol. Probelsg. werden in der polarograph. Meßzelle bei —1,8 V gegen die gesätt. HgCl-Elektrode mit 0,01 n HCl bzw. Acetatpufferlsg. vom p_H 5,09 (Essigsäure : Na-Acetat = 1 : 3) titriert, wobei die Zunahme des H-Grenzstromes im Endpunkt mit einem Galvanometer gemessen wird. Die Eigg. der Hg-Tropfelektrode beeinflussen die Meßergebnisse nicht, die jedoch nur bei Verwendung von Acetatpuffer von der Konz. der Trägerelektrolytlsgg. unabhängig sind. Ein tabellar. Vgl. der polarograph. bestimmten O_2-Gehh. in natürlichen Wässern mit analyt. nach WINKLER erhaltenen Werten zeigt die Brauchbarkeit der Methode. (Collect. Trav. chim. Tchécoslov. **15.** 1069—75. 1950. Warschau, Univ., Inst. of Inorgan. Chem.) WEITBRECHT. G 239

H. Barnes, *Eine Farbreaktion auf Nitrate und Nitrite.* Zur Ausführung der Prüfung werden 2,25 ml der zu untersuchenden wss. Lsg. mit 2,75 ml N_2-freier H_2SO_4 versetzt u. danach 1,0 ml einer 0,02%ig. Lsg. von N-(1-Naphthyl)-äthylendiaminhydrochlorid in H_2SO_4 zugegeben. Der Einfl. einer Anzahl Oxydationsmittel u. von Nitraten sowie Oxydationsmittel in Ggw. von Nitraten wird untersucht u. die Ergebnisse werden in Form einer Tabelle wiedergegeben. Durch 2,5 μg Nitrat-N/ml in der zu prüfenden Lsg. wird die Fl. in 90 Sek. deutlich, in 3 Min. intensiv purpur gefärbt. Die Farbe ist für einige Zeit stabil. Die Grenzempfindlichkeit beträgt ~0,25 μg Nitrat-N/ml; die Farbentw. dauert bei diesen geringen Konzz. etwas länger. Nitrite geben dieselbe Reaktion. KJO_3 gab als einziges der untersuchten Oxydationsmittel ebenfalls die Purpurfärbung; diese verblaßte jedoch in wenigen Min. zu Gelb. Einige andere Oxydationsmittel rufen Gelbfärbung hervor. Die Nitrat- u. Nitritfärbung wird in Ggw. einiger stärkerer Oxydationsmittel durch weitere Oxydation zu einer gelben Verb. maskiert. (Analyst **76.** 666—67. Nov. 1951. Millport, Scotland, Marine Stat.) GEDSCHOLD. G 243

William M. MacNevin, Bertsil B. Baker und **Richard D. McIver,** *Coulogravimetrische Bestimmung der Halogenide.* Es wurde eine neue Meth. für die Analyse von Mischungen von Halogeniden beschrieben, wobei coulometr. u. elektrogravimetr. Daten gleichzeitig bestimmt wurden. Die doppelte Messung wurde am Beispiel der gleichzeitigen Best. von Cl^- u. Br^- erläutert. Zur Ausführung benutzten Vff. ein Potentiometer nach LINGANE (Ind. Engng. Chem., analyt. Edit. **17.** [1945.] 332), bei dem die Kontakte am Galvanometer so justiert waren, daß bis zu 0,01 V kontrolliert werden konnte; als Elektrolysenzelle wurde ein mit schwarzem Papierstreifen umhülltes u. dunklem Deckel versehenes 150 ml-Becherglas verwandt, in welchem die Lsg. mit Hilfe eines magnet. Rührers gerührt wurde. Außerdem wurde ein 100 ml-Knallgas-Coulometer nach LINGANE (J. Amer. chem. Soc. **67.** [1945.] 1916) benutzt. Zur Elektrolyse wurden 4,5 mVal Halogenid u. als Basiselektrolyt 0,2 mol. Na-Acetat- + 0,2 mol. Essigsäurelsg. verwendet. Es wurden Pt-Netzelektroden gebraucht, von welcher die größere als Anode mit einer Schicht von 5 g Ag bezogen wurde. Die Ausführung wurde im wesentlichen nach der Meth. von LINGANE u. SMALL (Analytic. Chem. **21.** [1949.] 1119) durchgeführt, wobei noch das Wägen der Elektroden hinzukam. Die Resultate wurden nach aufgestellten Gleichungen berechnet. Die Elektrolyse beginnt bei 0,22 V, u. die Spannung steigt gegen Ende bis zu 0,25 V an. Steigt das Potential um nur 0,01 höher als 0,25 V an, so wird einiges Ag an der Anode gelöst, welches sich an der Kathode wieder absetzt. Vff. bringen daher entsprechende Korrekturen an. Der durchschnittliche relative Fehler, welcher bei verschied. Gewichtsverhältnissen beobachtet werden kann, wurde von Vff. in Kurven dargestellt. Diese Meth. erlaubt das Arbeiten mit einem absol. Fehler von rund 0,04 mg für jedes Halogen. (Analytic. Chem. **25.** 274—77. Febr. 1953. Columbus, O., Ohio State Univ., Dep. of Chem.)
HILDEGARD SCHULZ. G 245

R. Belcher, E. F. Caldas und **S. J. Clark,** *Die Fluorbestimmung nach der Bleichlorfluoridmethode in Verbindungen, die Halogene, Schwefel, Phosphor und Arsen enthalten.* Die gravimetr. *Fluorid*-Best. als *PbClF* ist auch in Ggw. von Bromid u. Jodid anwendbar, da *PbBrF* etwas leichter lösl. als *PbClF* ist u. *PbJF* überhaupt nicht gefällt wird. Wenn eine organ. Fluorverb. S, P oder As enthält, bilden sich bei der Zers. mit Na in einer Ni-Bombe Sulfid, Phosphid u. As, u. bei der Behandlung des Aufschlusses mit

H_2O_2 entstehen Sulfat-, Phosphat-, Arsenit- u. Arsenationen. Während Arsenit die graphimetr. PbClF-Best. nicht stört, geben die anderen Ionen unlösl. Pb-Salze, die eine gravimetr. Best. unmöglich machen. Bei der titrimetr. Best. nach der VOLHARD-Meth. treten keine Störungen auf, wenn man (zur Vermeidung der Fällung von Ag-Phosphat oder Ag-Arsenat) in einer Säurekonz. von 2 n. arbeitet u. durch Zusatz von Nitrobenzol die Umsetzung zwischen AgCl u. SCN-Ion unterbindet. Die Fällung muß mit $Pb(NO_3)_2$-Lsg. an Stelle von gesätt. $PbCl_2$-Lsg. vorgenommen werden, weil andernfalls die PbClF-Fällung infolge des Pb-Verbrauches der genannten Ionen unvollständig ist. Die Bromfluoridmeth. von EHRLICH u. PIETZKA (vgl. C. **1952.** 3543) bietet keine Vorteile. — Ausführung: Die bei dem Schmelzaufschluß erhaltene u. filtrierte alkal. Fluoridlsg. erwärmt man mit 10 cm^3 20 vol.-%ig. H_2O_2 2—3 Min. zum Sieden, zers. den H_2O_2-Überschuß durch Eintauchen einer Pt-Folie, kühlt auf Zimmertemp. ab, setzt 2 Tropfen 0,4%ig. Bromphenolblau-Indicatorlsg. u. 3 cm^3 10%ig. NaCl-Lsg. zu, verd. auf ca. 250 cm^3, extrahiert mit 2nHNO_3 u. 2nNaOH bis zum Umschlag des Indicators nach Blau, versetzt mit 2 cm^3 50%ig. HCl u. 5,0 g festem $Pb(NO_3)_2$, erwärmt auf 70—80°, gibt 5,0 g Na-Acetat-Trihydrat zu, digeriert 30 Min. bei 70—80° unter gelegentlichem Rühren u. läßt über Nacht bei Zimmertemp. stehen. Den abfiltrierten u. viermal mit je 15 cm^3 gesätt. PbClF-Lsg. u. einmal mit kaltem W. ausgewaschenen Nd. löst man unter Erwärmen in ca. 50 cm^3 2nHNO_3, gibt 1 cm^3 Nitrobenzol auf je 50 mg anwesendes Chlorid u. überschüssige 0,1n$AgNO_3$-Lsg. zu, schüttelt bis zur Zusammenballung des Nd., setzt 1 cm^3 gesätt. Fe-Alaunlsg. zu u. titriert mit 0,1nKSCN-Lösung. (Analyst **77.** 602—10. Nov. 1952. Birmingham, Univ., Dep. of Chem.) FORCHE. G 246

R. Wickbold, *Die photometrische Trübungstitration zur Bestimmung kleinster Sulfatmengen.* Die von RINGBOHM (Z. analyt. Chem. **122.** [1941.] 263) beschriebene Sulfatbest. durch photometr. Trübungstitration mit $BaCl_2$ wird auf Sulfatmengen übertragen, die um zwei Zehnerpotenzen niedriger liegen. Die Titration wird bei p_H 7,5 in einer 80—90%ig. Methanollsg. ausgeführt, die 60 mg $MgCl_2$ u. 10 mg NH_4Cl enthält. Die Extinktion wird mit einem Graukeil-Photometer gemessen. Es wird Blaulicht verwendet, die Auswertung geschieht graphisch. Zur Best. von kleinen S-Mengen bis 100 γ werden genau 100 γ S vorgegeben u. anschließend abgezogen. Der Fehler beträgt bis 30 γ S $\pm$10%, darüber $\pm$2%. Die Meth. läßt sich bes. zur S-Spurenbest. in organ. Substanzen nach dem Verbrennungsverf. verwenden. Bei Anwendung von 10 g Substanz läßt sich noch 1 mg/kg sicher bestimmen. (Angew. Chem. **65.** 159—61. 21/3. 1953. Marl, Krs. Recklinghausen, Chem. Werke Hüls G. m. b. H., Untersuchungslabor.) SCHILLER. G 253

G. S. Deshmukh und **B. R. Sant,** *Bestimmung von elementarem (rotem) Phosphor durch Kaliumbromat.* Man versetzt eine genau eingewogene Menge von rotem P in einem KJELDAHL-Kolben mit einem Überschuß einer Lsg. von $KBrO_3$, fügt 5—10 ml CCl_4 oder Chlf. hinzu, verd. auf 100 ml, versetzt mit 10 ml 4nH_2SO_4 u. erhitzt auf dem Wasserbad zunächst mit aufgesetztem Schliffkühler bis zum völligen Verschwinden der P-Partikelchen. Dann entfernt man den Kühler u. erhitzt unter Durchleiten eines langsamen Luftstromes gelinde zum Vertreiben des freien Br. Die Rk. verläuft, wenn die Säurestärke ca. 0,5nH_2SO_4 entspricht, nach: $6\,KBrO_3 + 6\,P + 3\,H_2SO_4 + 6\,H_2O \rightarrow 6\,H_3PO_4 + 3\,Br_2 + 3\,K_2SO_4$. Der Überschuß an $KBrO_3$ wird jodometr. mit Thiosulfat zurücktitriert. (Analytic. Chem. **24.** 901—02. Mai 1952. Benares, Indien, Hindu-Univ., Dep. of Chem.) SCHLEGEL. G 264

A. F. Ijewinsch und **Ja. K. Osol,** *Volumetrische Methode zur Kaliumbestimmung.* Eine ohne Einführung von Na^+ durchführbare, durch Na^+, Li^+ u. Mg^{2+} nicht gestörte volumetr. Meth. der K^+-Best. beruht auf der Fällung mit Anilin- (**I**) oder Pyridin (**II**)-Tartrat. Die ca. 5 mg K^+ im cm^3 enthaltende Lsg. wird mit Methylalkohol oder A. bis zu 50% verd. u. tropfenweise mit der Reagenslsg. (20 g Weinsäure in 500 cm^3 W. + 8 g **I** bzw. 7 g **II**, mit A. auf 1 Liter verd.) versetzt (Umrühren mit Glasstab), bis Methylorange nach Gelb umschlägt, 2 Std. stehengelassen (bei Farbumschlag Reagens nachgegeben), durch Papierfilter filtriert, 4mal mit A. gewaschen u. Filter + Nd. im Fällgefäß mit auf 80° erhitztem W. (mit NaOH bis zu schwacher Rosafärbung von Phenolphthalein versetzt) gelöst. Bei der Titration mit 0,05nNaOH (carbonatfrei, gegen KCl eingestellt) bis zu schwacher Rosafärbung entspricht 1 cm^3 0,00195 g K^+. (Журнал Аналитической Химии [J. analyt. Chem.] **8.** 53—54. Jan,/Febr. 1953. Riga, Chem. Inst. der Akad. der Wiss. der LettSSR.) R. K. MÜLLER. G 275

Ivo Ubaldini und **Franco Guerrieri,** *Bestimmung des Anthracens und des Cadmiums als Cadmiumanthracensuccinat.* In ungefähr neutraler Lsg. geben Cd^{2+} u. *Anthracen-9.10-endosuccinat* (**I**)-Ion eine in W. unlösl., krist. Fällung von $C_{18}H_{12}O_4Cd \cdot 2\,H_2O$, die zwischen 100 u. 110° beständig ist, von 120° an W. verliert u. erst bei längerem Erhitzen auf 170—180° wasserfrei wird. Alkalisalze stören die Rk. nicht, während *Erdalkali-*, *Zn-* u. *Cu-*Salze unter denselben Bedingungen auch ausfallen. Die Rk. ist geeignet zur Best. des Anthracens (**II**), auch in Form der Paste u. in verd. Zustand, sowie des Cd. — **II**-Best.: 10 g **II**-Paste oder **II**-Rückstand werden mit 5%ig. HCl u. 5%ig. NaOH gekocht, mit W. gewaschen u. bei 100° getrocknet, um den Gewichtsverlust festzustellen. 1 g des reinen Rückstandes wird ca. ½ Std. lang mit 10 ml Xylol oder Chlorbenzol + 0,5 g *Maleinsäureanhydrid* (**III**) unter Rückfluß gekocht, dann werden 100 ml W. zugefügt, das Lösungsm. durch Dampfdest. entfernt, dann NaOH in Stücken zugesetzt, bis die Lsg. 5%ig. ist, die Lsg. gekocht, so daß das Na-**I** in Lsg. geht, u. nach Abkühlen filtriert. Das Filtrat wird mit verd. HCl bis p_H 4 angesäuert (bei p_H 3 beginnt die **I**-Anhydridausscheidung), die Lsg. gegebenenfalls von sauren Verunreinigungen abfiltriert, gekocht, gegen Phenolphthalein neutralisiert, mit einigen Tropfen verd. HCl auf p_H 6 gebracht u. sd. mit 5%ig. Cd-Acetatlsg. gefällt. Der Nd. wird nach Absitzen auf dem Wasserbad über Sinterglas filtriert, mit warmem W. u. einmal mit Aceton gewaschen u. bei 105° getrocknet. Faktor zur Berechnung des **II**: 0,4044. Die Best. von hochprozentig. **II** oder von **II** ohne saure u. bas. Verunreinigungen (ca. 0,2 g **II** enthaltend) vereinfacht sich durch Fortfall der Reinigungsoperationen, ist aber auch dann immer noch umständlicher als die volumetr. Best. des **III**-Überschusses, jedoch genauer. Bei **II**-Pasten gibt die volumetr. Meth. um 1—2% zu hohe Werte, bei **II**-Rückständen versagt sie völlig. — Cd-Best.: Die Empfindlichkeit des Cd-Nachw. mit **I**-Ion ist ca. 10^{-6}. Zur Best. verd. man eine Cd^{2+}-Lsg. (mit 0,5—1 g Cd) auf 200 bis 300 ml, fügt 2—3 g NH_4Cl u. NH_3 bis p_H 8—9 zu, erwärmt zum Sieden u. setzt 15 bis 20 ml 5%ig. Na-**I**-Lsg. zu. Nach ½ Std. auf dem Wasserbad wird der Nd. filtriert, mit warmem W. gewaschen u. bei 110° getrocknet. Faktor zur Berechnung des Cd: 0,25507. Bis 0,1 g Cd ist die Best. sehr zuverlässig, bei kleineren Mengen findet man meist etwas zu wenig. — Trennung des Cd vom Cu: Zu Lsgg. mit Cu^{2+} u. Cd^{2+} gibt man die 3fache Gewichtsmenge *Glykokoll* im Vgl. zum Cu, das hierdurch komplex gebunden wird, neutralisiert mit n NaOH bis p_H 6—7, fällt in der Siedehitze mit Na-**I**-Lsg. u. behandelt weiter wie zuvor. Gute Ergebnisse bis zum Gewichtsverhältnis Cd:Cu = 1:20. (Ann. Chimica **41**. 247—54. April/Mai 1951. Novara, Soc. Montecatini, Ist. Ric. „G. Donegani".) Metzener. G 289

Vl. Majer und **M. Cejpová**, *Titrimetrische Bestimmung kleiner Thoriummengen in Gegenwart von Uran.* Zu 5 ml einer $Th(SO_4)_2$-Lsg. (0,3—30 mg ThO_2 enthaltend) werden 5 ml 2 n HNO_3 zugegeben, die Mischung wird auf Dampfbad erhitzt, u. dann werden tropfenweise 5 ml einer gesätt. (9%ig. bei 20°) Oxalsäurelsg. zugegeben, die Fällung erfolgt während 1—2 Std. auf dem Dampfbad. Die Lsg. wird über Nacht bei Raumtemp. stehengelassen u. die Mutterlauge mit dem Emich-Filterstab abgesaugt. Der Nd. wird 4 mal mit insgesamt 15 ml W. (0,5 ml 2 n HNO_3/100 ml W.) gewaschen, darauf das Th-Oxalat in 5 ml 2 n H_2SO_4 gelöst u. bei 90° mit 0,01 n $KMnO_4$-Lsg. titriert. Die Fehlergrenze liegt durchschnittlich bei ±0,5%. Bei Ggw. von U ist die Ausführung der Analyse die gleiche. Zu großer Uranüberschuß stört die Best. infolge Mitfällung von U-Oxalat. Es können noch genau bestimmt werden: 0,5 mg ThO_2 in 15 ml Lsg. bei Ggw. von 200 mg UO_3, 5 mg ThO_2 bei Ggw. von 175 mg UO_3 u. 30 mg ThO_2 bei Ggw. von 120 mg UO_3. (Collect. Trav. chim. Tchécoslov. **15**. 874—80. 1950. Prag, Techn. Univ., Dep. of Inorgan. Technol.) Barchet. G 324

J. V. P. Long, *Die Bestimmung von Tantal in Mischungen mittels einer Analyse, die auf Neutronenaktivierung beruht.* Vf. beschreibt eine Meth., bei welcher Neutronenaktivierung zur Best. von Ta in Gemischen mit Nb, Zr, Fe, Sn, Ti u. Si verwendet wird. Sie besteht darin, daß die Probe im Atommeiler bestrahlt u. danach die gefilterte γ-Strahlenaktivität gemessen wird. Die zu erreichende Genauigkeit beträgt für Mischungen, die mehr als 1% Ta enthalten, annähernd ±3%. (Analyst **76**. 644—46. Nov. 1951. Teddington, Middlesex, Chem. Res. Labor.) Gedschold. G 332

Michelle Gibaud, *Über eine jodometrische Manganbestimmung.* Die Mn^{2+}-Lsg. (2—50 mg Mn enthaltend) wird mit einem Gemisch aus gleichen Volumenteilen *Triäthanolamin* u. konz. Na_2CO_3-Lsg. unter Bldg. eines weißen Nd. versetzt, der beim Lufteinleiten bei Tempp. bis 30° zum grünen Mn^{6+} oxydiert u. gelöst wird. Begleitende Ionen von Fe, Cu, Ni, Al, Pb, Zn, Cr werden durch einen Zusatz von Trilon A nach der Oxydation maskiert, das Mn^{6+} bei p_H ~4 jodometr. bestimmt. Co wirkt störend durch sein dem Mn ähnliches Verhalten. — Beleganalysen. (C. R. hebd. Séances Acad. Sci. **236**. 814—16. 23/2. 1953.) v. Pilinszky. G 350

Wilhelm Reiss, J. Fred Hazel und **Wallace M. McNabb**, *Die Anwendung des Absorptionsspektrums des Ferriacetatkomplexes zur Bestimmung von Eisen.* Zur Best. von Fe durch Absorptionsspektralanalyse erweist sich der rosagefärbte, durch Essigsäure stabilisierte Ferriacetatkomplex als geeignet. Man fällt zunächst Lsgg., die 0,20 bis 50 mg Fe mit einigen Tropfen HNO_3 enthalten, mit NH_4OH, wäscht den Nd. mit dest. W., löst ihn in 0,2—0,5 ml nHCl, setzt 25 ml heißen Eisessig zu u. füllt nach Erkalten mit W. auf 50 ml auf. Die Messungen werden in Corex- u. Quarzglaszellen mit einem BECKMAN-Spektrophotometer, Modell DU, gegen 0,2 ml HCl in 50 ml 50%ig. Essigsäure (8,7 mol.) enthaltende Leerprobe bei 337,5 mμ durchgeführt. Lsgg., die mehr als 3 mg Fe enthalten, werden mit 50%ig. Essigsäure entsprechend verdünnt. Ein Überschuß an H_2SO_4, HCl oder HNO_3 stört die Bldg. des Acetatkomplexes. Das Verf. eignet sich auch zur Analyse von Eisenerzen, die in konz. HCl gelöst u. dann wie oben behandelt werden. (Analytic. Chem. **24**. 1646—48. Okt. 1952. Philadelphia, Pa., Univ., Chem. Dep.) SCHLEGEL. G 354

Jorma Kinnunen, *Schnellbestimmung von Magnetit in Kupferschlacken und -steinen.* Kochen von Proben mit $SnCl_2$ in konz. HCl unter CO_2 (zuletzt Zusatz von etwas HF u. H_3BO_3) u. Zurücktitrieren des Überschusses an $SnCl_2$ mit J. Aus dem $SnCl_2$-Verbrauch ergibt sich in Abwesenheit von metall. Fe, Cu, Fe_2O_3, CuS u. CuO das vorhandene Fe_3O_4, andernfalls der überhaupt vorhandene O. (Chemist-Analyst **40**. 89—92. Dez. 1951. Pori, Finnland, Outokumpu Oy.) BLUMRICH. G 354

S. M. Mehta und **N. R. Bharucha,** *Quantitative Bestimmung von Kupfer, Kupfer(I)-oxyd und Kupfer(II)-oxyd in einer Mischung.* Vff. diskutieren kurz 9 verschied. veröffentlichte Verff. zur Best. von Mischungen von Cu, Cu_2O u. CuO u. ihre Mängel u. geben dann eine eigene Meth. an, mit der sie an aus reinstem Cu, Cu_2O u. CuO hergestellten, bekannten Mischungen sehr gute Resultate erzielt haben. Zur Best. von metall. Cu wurde eine abgewogene Probe zur Auflösung von Cu_2O 5 Min. mit heißer, gesätt. KJ-Lsg. gerührt. Der Rückstand, Cu + CuO, wurde filtriert, mit CO_2-haltigem W. gewaschen u. unter gelindem Erwärmen mit 30 cm³ $FeCl_3$-Lsg. (150 g $FeCl_3 \cdot 6\,H_2O$ + 300 cm³ HCl auf 800 cm³ mit CO_2-gesätt. H_2O aufgefüllt) gerührt. Nach dem Abkühlen wurde mit 0,1 n$K_2Cr_2O_7$-Lsg. bei Ggw. von H_3PO_4 titriert. Zur Best. von Cu_2O wurde eine abgewogene Probe sofort in $FeCl_3$ gelöst u. Fe^{2+} mit $K_2Cr_2O_7$ titriert. Die Differenz der beiden Werte ergab den Geh. an Cu_2O. Zur Best. von CuO wurde eine 3. Probe in wenig HNO_3 gelöst u. zur Entfernung von Stickoxyden einige Min. mit Harnstoff gekocht. Der Cu-Geh. wurde jodometr. bestimmt u. CuO als Differenz errechnet. (Proc. Indian Acad. Sci., Sect. A **37**. 29—32. Jan. 1953. Bombay, Indien, Inst. of Sci., Dep. of Chem.) PLUSKAL. G 358

I. M. Kolthoff und **E. P. Parry,** *Bestimmung von Osmium: Anwendung eines polarographisch-kinetischen Wasserstoffperoxydstromes.* Die Red. von Fe^{III} zu Fe^{II} an der Hg-Tropfelektrode in Ggw. von H_2O_2 ergab einen geringen Reduktionsstrom. Bei der weiteren Unters. des kinet. Effektes zeigte Os^{VIII} an der Hg-Tropfelektrode in Ggw. von H_2O_2 Stromstärken, die eine begrenzte analyt. Best. zulassen. Da Lsgg. von H_2O_2 u. OsO_4 in Ggw. von Hg unstabil sind u. sich kein geeignetes organ. Lösungsm. für den Schutz der Hg-Schicht fand, wurde eine acetatgepufferte Essigsäurelsg. mit p_H 4—6 angewandt, die eine Red. des OsO_4 von 2% in der Min. zeigte. Der wahrscheinliche Reduktionsverlauf des OsO_4 in der Pufferlsg. ist: $Os^{VIII} + 2\,e \rightarrow Os^{VI}$; $Os^{VI} + 4\,e \rightarrow Os^{II}$; u. 2. bei Zusatz von H_2O_2: $Os^{VIII} + 2\,e \rightarrow Os^{VI}$; $Os^{VI} + 2\,H^+ + H_2O_2 \rightarrow Os^{VIII} + 2\,H_2O$. Diese Folge ergibt sich aus dem Kurvenverlauf eines Polarogramms, in dem die Reduktionsstufe des Osmates im gleichen Potentialbereich des Maximums der Reduktionskurve bei Zusatz von H_2O_2 liegt. Bei einer gegebenen $6 \cdot 10^{-7}$ mol. OsO_4-Konz. war der Stromverlauf nur bis zu 10 Millimolen H_2O_2-Konz. linear. Bei einer gegebenen H_2O_2-Konz. von 8 Millimolen ist der Stromverlauf nur zwischen $2—10 \cdot 10^{-7}$ mol. Konz. an OsO_4 linear. Zum analyt. Nachw. von Spuren Os^{VIII} muß also eine Eichkurve herangezogen werden, da die Funktion zwischen Stromstärke u. Os-Konz. nicht streng linear ist. (Analytic. Chem. **55**. 188—89. Jan. 1953. Minneapolis, Minn., Univ. of Minnesota, School of Chem.) CZEKAY. G 366

A. F. Boyer, *Untersuchung und Bestimmung von Quarz durch thermische Differentialanalyse.* Es werden Methoden zur Best. von krist. SiO_2 in Gesteinen u. Stäuben beschrieben. Die Methoden bestehen darin, entweder den Flächeninhalt des bei der $\alpha \rightarrow \beta$-Umwandlung bei der therm. Differentialanalyse auftretenden Bereiches zu messen oder die Höhe des auftretenden Maximums zu bestimmen, wobei betont wird, daß die letztere Meth. sicherer u. leichter auszuführen ist. Die Genauigkeit der Methoden wird als mittelmäßig bezeichnet. Vorverss. ergaben, daß gemahlene Proben mit SiO_2-Korngrößen $< 3\,\mu$ zu niedrige Werte liefern. Durch Behandeln mit 10%ig. NaOH bei 100° werden die amorphen Anteile der SiO_2 herausgelöst, wonach die Rückstände die Maximahöhen erreichten, die SiO_2-Proben mit Korngrößen $> 5\,\mu$ ergeben hatten. Proben von *Chalcedon* lieferten nach mehrmaliger Behandlung mit 10%ig. NaOH ebenfalls die bei reiner krist. SiO_2 festgestellten Höhen der Maxima. Der untersuchte Chalcedon bestand danach aus einem heterogenen Gemisch von reiner krist. SiO_2 mit in NaOH lösl. SiO_2, die die $\alpha \rightarrow \beta$-Umwandlung nicht zeigte. Ebenso führten Unterss. an Stäuben aus Kohlenbergwerken zu zufriedenstellenden Ergebnissen. (J. Chim. physique Physico-Chim. biol. **50**. 60—63. Jan. 1953.) GOTTFRIED. 5292

b) Organische Verbindungen.

Donald Milton Smith, John Mitchell jr. und **Annette M. Billmeyer,** *Halbmikroverfahren zur Bestimmung von Säuren, Basen und Estern unter Verwendung kleiner, abgeschlossener Gefäße.* Zur Durchführung der Bestimmungen werden Serumampullen von 10 ml Inhalt u. Injektionsspritzen mit dünnen Hohlnadeln benutzt. Als Verschluß für die Ampullen dient ein sich nach dem Einstich der Nadel selbst dichtender Gummistopfen, so daß der Inhalt vor Gewichtsverlusten durch Verdampfung geschützt ist. Das zur Best. von Säuren, Basen u. Estern entwickelte Verf. arbeitet wie folgt: Man bringt einen Tropfen einer entsprechenden Indicatorlsg. in die Ampulle, verschließt u. wägt sie. Als Indicatoren für die Säurebest. dienen Phenolphthalein, Thymolphthalein oder Thymolblau, für die Basenbest. Bromphenol- oder Thymolblau. Dann fügt man mit Hilfe einer Injektionsspritze durch den Gummistopfen ca. 1 ml mol. NaOH bzw. mol. HCl zu dem Indicator in der Ampulle hinzu, wobei eine zweite Hohlnadel als Ventil für die entweichende Luft dient, u. wägt wiederum, um die genaue, eingefüllte Reagensmenge festzustellen. Ein Teil der zu untersuchenden Probe wird vorsichtig aus einer Spritze von 2 ml Inhalt bis zum Auftreten des Umschlagspunktes in die vorgelegte Titrations-Fl. gegeben, worauf wieder gewogen wird. Die Berechnung erfolgt aus den Gewichtsdifferenzen in üblicher Weise. Der mittlere Fehler beträgt bei den Säurebestimmungen $\pm 0,1\%$, bei den Basenbestimmungen 0,2%. — Für die Esterbest. wägt man ca. 1 ml 2n NaOH-Lsg. in 90%ig. CH_3OH in eine mit dem zuvor eingebrachten Tropfen Indicatorlsg. abgewogene Ampulle von 10 ml Inhalt u. fügt dann 1 ml oder weniger von der Probe, die bis zu ca. 1 mVal Säure + Ester enthält, hinzu. Die gefüllte Ampulle wird zur Esterverseifung für 30 Min. bei 60 ± 1^0 in ein Wasserbad gestellt, im Eisbad abgekühlt u. der Alkaliüberschuß mit 0,5 mol. HCl zurücktitriert. (Analytic. Chem. **24**. 1847—49. Nov. 1952. Wilmington, Del., E. I. du Pont de Nemours & Co., Inc., Polychem. Dep.) SCHLEGEL. 5364

Victor Arreguine, *Eine neue Farbreaktion des Chlorals und seines Hydrates.* Beim Erhitzen mit Dimethylanilin gibt Chloral u. sein Hydrat eine intensiv grün gefärbte Masse. Nach 24 Std. färbt sich eine alkoh. Lsg. derselben intensiv violettblau. (Rev. Asoc. bioquím. argent. **16**. 452—54. Okt./Dez. 1951. Córdoba, Univ. Nacional.) KRAFT. G 660

Ss. N. Andrejew und **P. I. Gindina,** *Bestimmung kleiner Schwefelkohlenstoff- und Acetonmengen durch Colorimetrie im Ultraviolett.* Die Best. von CS_2 (I) in CCl_4-Lsg. durch UV-Colorimetrie kann bis herab zu I-Gehh. von $4 \cdot 10^{-4}\%$ unter Anwendung eines Lichtfilters für 3150 Å mit einem relativen Fehler von 6—11% auf Grund einer Eichkurve durchgeführt werden. *Aceton* (II) läßt sich in 0,3—0,02%ig. Lsg. in W. ebenfalls durch UV-Colorimetrie mit einem für 2750 Å durchlässigen Lichtfilter bestimmen, jedoch stören dabei andere Ketone oder Aldehyde mit Absorptionsbanden bei 2750 Å. Zweckmäßiger u. für II-Konzz. bis $2 \cdot 10^{-5}\%$ verwendbar (relativer Fehler 8—10%) ist die UV-Colorimetrie mit Lichtfilter 3500 Å nach folgendem Verf.: 20 cm^3 einer Lsg. von 400 cm^3 H_2O + 200 g KJ + 100 g J_2 werden mit 6,6 cm^3 20%ig. NaOH u. 20 cm^3 der II-Lsg. versetzt, 5 Min. geschüttelt, der J_2-Überschuß mit 3 cm^3 5%ig. $Na_2S_2O_3$-Lsg. entfernt u. das gebildete Jodoform mit 20 cm^3 Chlf. extrahiert; die Chloroformlsg. wird nach 10 Min. Stehen in die Küvette gegossen, nach weiteren 5—10 Min. colorimetriert (Eichkurve für Jodoform). Für noch geringere II-Mengen bis $10^{-6}\%$) werden nur 4—5 cm^3 Chlf. zur Extraktion verwendet. (Журнал Прикладной Химии [J. angew. Chem.] **26**. 104—08. Jan. 1953.) R. K. MÜLLER. G 700

Ugo Pratolongo und **Franco Mecca,** *Die Bestimmung der Isovaleriansäure in Gegenwart von Butter- und Capronsäure.* Bei der unter festgelegten Bedingungen ausgeführten Dest. einer mit verd. H_2SO_4 angesäuerten, verd. wss. Lsg. von *Buttersäure, Isovaleriansäure* (I) u. *Capronsäure* wurde der in 3 nacheinander aufgefangenen Fraktionen enthaltene %-Satz der 3 einzelnen Säuren, jeweils bezogen auf deren ursprünglich vorhandene Menge, bestimmt u. durch 3 Gleichungen mit der titrierbaren Gesamtsäuremenge der 3 Fraktionen auf Grund der Annahme in Beziehung gesetzt, daß dieselben unabhängig voneinander destillieren. Nach diesen Gleichungen kann man somit aus den Titrationswerten einer in gleicher Weise ausgeführten fraktionierten Dest. einer unbekannten Lsg. der 3 Säuren deren Gehh. errechnen. Dieses Verf. wird zur Unters. von *Butter* u.

Ersatzfetten nach deren Verseifung, Abtrennung der flüchtigen Säuren u. deren Verdünnung mit W. unter Zusatz von H_2SO_4 unter genau angegebenen Bedingungen benutzt. Die Bedeutung des Verf. beruht auf der Tatsache, daß REICHERT-MEISSL- u. POLENSKE-Zahlen nicht ausreichen, um die Unverfälschtheit der Butter zu garantieren, wenn dieser hydrierte Fette der Cetaceen, bes. des Delphins zugefügt werden, die aber an ihrem I-Geh. erkannt werden. Außerdem trägt das Verf. dazu bei, Einzelbestandteile der vielartigen Margarinen mengenmäßig festzustellen. (Chim. e Ind. [Milano] **34**. 1—3. Jan. 1952. Milano, Univ., Labor. Chim. Agraria.) METZENER. G 810

Matthew S. Norris und **Norman D. Coggeshall,** *Ultraviolett-Absorptions-Bestimmung von aromatischen Verbindungen mit 9 oder 10 C-Atomen.* Vff. entwickeln eine Meth. für die Analyse von KW-stoffen mit Kp. von 150—180° für verschied. Klassen von aromat. Verbb. mit 9 u. 10 C-Atomen. Die Meth. beruht auf der großen Ähnlichkeit der charakterist. Absorptionsspektren von monosubstituierten Aromaten, o- u. m-substituierten Aromaten u. p-substituierten Aromaten, jeweils als eine Klasse aufzufassen. Für die UV-Absorptionsmessungen wurde ein BECKMAN-Quarzspektrophotometer benutzt, als Lösungsm. 2.2.4-Trimethylpentan, als Aromate wurden Standardproben der amerikan. Petroleumindustrie benutzt. Aromate, die olefin. Material enthielten, wurden mit alkal. Permanganatlsg. vorbehandelt, um mögliche Störungen zu vermeiden. Vierzehn von den möglichen C_9- u. C_{10}-Aromaten (Kp. 150—180°) werden nach ihren charakterist. Spektren klassifiziert. Als monosubstituierte Aromate werden *n-Propyl-*, *Isopropyl-*, *Isobutyl-*, *sek.-Butyl-* u. *tert.-Butylbenzol* (**I**) zu einer Gruppe zusammengefaßt, als o- u. m-substituierte Aromate *o-* u. *m-Äthyltoluol*, *1-Methyl-3-isopropylbenzol*, *1.3-Diäthylbenzol*, *1.2.3-* (**II**) u. *1.3.5-Trimethylbenzol* (**III**) u. *1-Methyl-2-isopropylbenzol*, als p-substituierte Aromate *1-Methyl-4-isopropylbenzol* (**IV**), *p-Äthyltoluol* (**V**) u. *1.2.4-Trimethylbenzol* (**VI**). Vff. zeigen in Form von Kurven die Spektren der monosubstituierten Aromaten, von denen das des **I** noch ähnlich genug ist, um zu dieser Klasse von Verbb. gerechnet zu werden. Das Absorptionsmaximum dieser Klasse von Verbb. liegt bei ca. 259 mμ. In einer 2. Figur werden Kurvenbilder der Spektren von o- u. m-substituierten Aromaten gezeigt. **II** u. **III** wurden infolge ihrer Ähnlichkeit hinzugenommen. Die Spektren der p-substituierten Aromaten (ebenfalls in Kurvenbildern gezeigt) werden zwecks Berechnung in 2 sehr ähnliche Unterklassen unterteilt, **IV** u. **V** als die eine u. das **VI** als die zweite Untergruppe. — Von den untersuchten Aromaten sind 8 mit 9 u. 7 mit 10 C-Atomen. Die mol. Absorptionen wurden berechnet mit Konzz., ausgedrückt in Mol/Liter bzw. in Vol.-% u. in einer Tabelle wiedergegeben. Die angeführte Meth. ist nur leidlich genau für die Best. der Konzz. der einzelnen Klassen, ist aber für die Gesamtsumme der Konzz. aller Aromate zufriedenstellend. Die maximale Differenz der vorhandenen u. berechneten Gesamtkonz. an Aromaten beträgt weniger als 3%. (Analytic. Chem. **25**. 183—87. Jan. 1953. Pittsburgh, Pa., Gulf Res. & Development Co.) HILDEGARD SCHULZ. G 1010

James S. Fritz und **Robert T. Keen,** *Titration von Phenolen in nichtwässerigen Lösungsmitteln.* Vff. zeigen in dieser Arbeit, daß die meisten Phenole mit negativen Substituenten genügend sauer sind, um sie in Dimethylformamid mit Azoviolett (p-Nitrobenzolazoresorcin) als Indicator titrieren zu können. Phenol u. alkyl- oder arylsubstituierte Phenole u. Naphthole haben schwächer sauren Charakter u. können in Äthylendiamin mit o-Nitranilin als Indicator titriert werden. Carbonsäuren können in Ggw. der meisten Phenole mit p-Oxyazobenzol als Indicator titriert werden. In einigen Fällen kann Azoviolett hinzugefügt werden, wenn der erste Endpunkt erreicht ist, u. anschließend kann der phenol. Anteil bis zum blauen Azoviolettendpunkt titriert werden. Die störende Säure kann aber auch mit Hilfe einer Differenztitration bestimmt werden. Diese Titrationen sind bequem auszuführen u. geben Resultate mit guter Genauigkeit. Vff. beschreiben 3 Verff., nach denen die verschied. Titrationen vorteilhaft ausgeführt werden können. V e r f. A: 2 Tropfen Azoviolett werden ca. 20 ml Dimethylformamid zugefügt u. mit 0,1 n Na- oder K-Methylat (in Bzl.) neutralisiert. Nach Hinzufügen der Phenolprobe wird auf ein klares Blau mit Na- oder K-Methylat titriert, mit einer Genauigkeit von $\pm$0,3% (auf eine Probe soll ungefähr 3—8 ml Methoxylat verbraucht werden). — V e r f. B: 2 Tropfen o-Nitranilin zu ca. 25 ml Äthylendiamin fügen u. mit Methylat auf Rot titrieren. Schnell das neutralisierte Lösungsm. mit der Phenolprobe vereinigen u. mit K- oder Na-Methylat titrieren. Der Farbwechsel am Endpunkt geht von Hellgelb bis Orangerot, Genauigkeit $\pm$0,6% (die Probe soll ca. 3—6 ml Methylat verbrauchen). — V e r f. C: Lösen der Probe in 30—40 ml Aceton oder Acetonitril, 2 Tropfen p-Oxyazobenzol hinzufügen u. mit 0,1 n K-Methylat bis zum hellgelben Endpunkt titrieren. Es wird der Anteil der Carbonsäure in der Probe nach dieser Meth. bestimmt. Der phenol. Anteil wird durch Subtrahieren der Milliäquivalente Carbonsäure von der nach Verf. B bestimmten Summe der Carbonsäure u. des Phenols erhalten.

Genauigkeit ±0,5%. (Analytic. Chem. **25.** 179—81. Jan. 1953. Detroit, Mich., Iowa State Coll., u. Ames, Iowa, Keystone Oil Refining Co.) HILDEGARD SCHULZ. G 1060

Albert S. Keston, Sidney Udenfriend und **Milton Levy,** *Bestimmung organischer Verbindungen als isotope Derivate.* 2. Mitt. *Aminosäuren durch Papierchromatographie und Indicatortechnik.* (1. vgl. C. **1950.** I. 2391.) Zur Best. von *Glutaminsäure* (I), *Asparaginsäure* (II), *Oxyprolin* (III), *Serin* (IV) u. *Threonin* (V) in 0,2—1 mg Proteinhydrolysat wurde eine Meth. ausgearbeitet, die auf einer Kombination der Papierchromatographie mit einer radiometr. Meth. beruht. Die Aminosäuren I—V werden in dem neutralisierten Hydrolysat mit ^{131}J-markiertem *p-Jodbenzolsulfonylchlorid* („*Pipsylchlorid*") in die Pipsylderivv. übergeführt (1. Stufe). Dieses Gemisch der Pipsylderivv. wird mit den ^{35}S markierten Pipsylderivv. von I—V sorgfältig gemischt. Die aus dem Reagensüberschuß in Stufe 1 stammende p-Jodbenzolsulfosäure wird durch Gegenstromverteilung in Ae.–0,2n HCl entfernt (3. Stufe). Pipsylglycin-^{131}J wird durch wiederholte Fällung mit inakt. Pipsylglycin aus der Lsg. der Prodd. der 3. Stufe abgetrennt. Durch Verteilung zwischen Chlf. u. wss. HCl werden das restliche Pipsylglycin, Pipsylalanin u. die in Chlf. lösl., ^{131}J enthaltenden Pipsylderivv. entfernt. Die wss. Schicht mit den verbleibenden Pipsylderivv. von I—V wird mit Ae. extrahiert, die Ae.-Schicht wird eingedampft, u. der Rückstand wird in 0,2 ml 3n NH_4OH in 50% ig. A. aufgenommen. Diese Lsg. wird der Papierchromatographie auf 2 Streifen von WHATMAN-Papier Nr. 1 (3×57 cm) unterworfen. Die Pipsylderivv. von I u. II werden mit Isopropylalkohol–n-Butanol (35 : 50)–NH_4OH, die von III–V mit n-Butanol–NH_4OH entwickelt. Von den entwickelten Streifen werden Radioautogramme angefertigt, mit deren Hilfe die geeigneten Banden ausgeschnitten u. in mehrere gleiche Streifen (mindestens 5) geteilt werden. Diese Streifen werden einzeln mit je 0,1—0,2 ml 0,1n NH_4OH eluiert. Die Eluate werden auf Plättchen aufgebracht, das W. wird durch Infrarotbestrahlung entfernt. Die Radioaktivität der Rückstände wird bestimmt, u. zwar direkt ($\bar{c}$ Stöße) u. nach Dazwischenschaltung eines geeigneten Al-Filters ($\bar{s}$ Stöße). Ein konstantes Verhältnis der Stöße in aufeinanderfolgenden Streifen ist ein Kennzeichen für die Reinheit. Aus den durchschnittlichen $\bar{c}/\bar{s}$-Werten werden die Ergebnisse berechnet; die erforderlichen Formeln sind angegeben. — Mit Hilfe dieser Meth. wurden I–V in Hydrolysaten von *β-Lactoglobulin, Rinderserumalbumin* u. *menschlichem Serumalbumin* bestimmt; I: 18,2, 16,3 bzw. 17,0%; II: 10,5, 9,6, 8,95%; III: <0,05, <0,0006, <0,0007%; IV: 3,85, 4,03, 2,97%; V: 4,95, 5,49, 4,35%. (J. Amer. chem. Soc. **72.** 748—53. Febr. 1950. New York, N. Y., Univ., Coll. of Med., Dep. of Chem.) K. F. MÜLLER. G 4050

d) Medizinische und toxikologische Analyse.

Volkmar Böhlau, *Ein Gerät zur fortlaufenden automatischen Registrierung des Gasstoffwechsels.* Beschreibung eines vollautomat. Gerätes zur Unters. des energet. Stoffwechsels, das fortlaufend O_2-Verbrauch u. CO_2-Abgabe nach dem Prinzip der Wärmeleitfähigkeitsmessung (WHEATSTONEsche Brücke) registriert. (Dtsch. Z. Verdauungs- u. Stoffwechselkrankh. **13.** 90—98. 1953. Leipzig, Univ., Med. Klin.) KRUSEN. 5725

C. L. Harders, *Betrachtungen im Anschluß an klinische Erfahrungen mit der Papierelektrophorese.* Die Best. der Eiweißfraktionen im klin. Labor. kann durch die Papierelektrophorese beträchtlich vereinfacht werden. Es ist wünschenswert, mehr Angaben über die Zus. dieser Fraktionen, etwa durch UV-Messungen bei verschied. Wellenlänge, zu erhalten. Unterss. darüber sind im Gange. (Chem. Weekbl. **49.** 246—47. 4/4. 1953.) WESLY. 5727

Alfredo S. Monga, *Die Bestimmung des Blutzuckers nach der Methode von Solomos. Schlüsse aus eigenen Untersuchungen.* Es wird das vom Vf. geringfügig abgeänderte Verf. von SOLOMOS zur Best. des Blutzuckers beschrieben u. für die Praxis erläutert. (Rev. Asoc. bioquím. argent. **16.** 473—82. Okt./Dez. 1951.) KRAFT. 5727

P. Monnier, M. Arnavielhe-Bony und **R. Huguet,** *Irrtümer bei der Bestimmung von Bluthamstoff.* Bei der Best. von Harnstoff in 5 Blutproben ergaben sich bei 4 Proben anomal hohe Werte. Es wird vermutet, daß diese Werte durch den Amino-N verursacht werden, der aus Resten von Streptomycin herrührt, mit dem die Flaschen vorher gefüllt waren. (Trav. Soc. Pharmac. Montpellier **12.** 55. 1952. Montpellier, Fac. de Pharm., Labor. de Chim. biol.) BOYE. 5727

Frederick A. Putt, *Eine Benzidin–Thionin-Methode zum Nachweis des Hämoglobins in Formaldehyd-fixiertem, in Paraffin eingebettetem Gewebe.* Der Nachw. von *Hämoglobin* in Formol-fixiertem, in Paraffin eingebettetem Gewebe geschah durch 5 Min. langes Baden der 6 μ starken Schnitte in einem Gemisch aus gleichen Teilen der beiden Lsgg. A (100 cm³ H_2O + 0,25 g Thionin) u. B (100 cm³ absol. Methanol + 1,0 g Benzidin). Alsdann wird der Schnitt 1 Min. lang in einer 10% ig. H_2O_2-Lsg. in absol. A. gebadet, hierauf unter Kontrolle durch das Mikroskop in 100 cm³ absol. A. + 2 Tropfen Eisessig. Schließlich in absol. A. abspülen, in Toluol klären u. einbetten. Hämoglobin färbt sich olivgrün oder grünlichbraun. Hämosiderin wechselt die Farbe von Gelb nach Braun. Die Farbe von Hämatoidinkristallen u. Gallenfarbstoffen (Bilirubin u. Biliverdin) bleibt unverändert. Eisen in calcifizierten Gefäßen färbt sich blau. (A. M. A. Arch. Pathol. **52**. 293—94. Sept. 1951. New Haven, Conn., Yale Univ., School of Med., Dep. of Pathol.) W. BRANDT. 5750

Francisco Bermejo Martinez, Los Cálculos numéricos en la Química Analítica Cualitativa. Santiago de Compostela. 1952. (153 S.) ptas 40,—.

H. Angewandte Chemie.

I. Allgemeine chemische Technologie.

D. A. Epstein, *Gesetzmäßigkeiten in der chemischen Technologie.* Allg. über den Verlauf der chem. Rkk., die Ausbeuten u. die Kapazität der Apparaturen im technolog. Prozeß. (Химия в Школе [Chem. Schule] **1953**. Nr. 2. 17—24. März/April.) LEBTAG. 5800

G. A. Chan, G. A. Ssedowa und **L. A. Kurakina**, *Über die Zerkleinerungsfähigkeit von Mineralien.* Es werden die Ergebnisse von Laboratoriumsverss. mit *Calcit, Bauxit, Magnetit* u. *Apatit* in Tabellenform wiedergegeben, die die neu gebildeten Kornoberflächen u. den Durchgang des neuen Prod. durch das 200 Maschen-Sieb einzelner Gesteinsarten im Vgl. zu *Quarz* (= 1) zum Ausdruck bringen. (Горный Журнал [Berg-J.] **1950**. Nr. 5. 23—25. Mai.) v. MICKWITZ. 5820

Heinz Roehrich, *Grundsätzliches zum Mischen und Lösen mit schnellaufenden Maschinen.* 1. Mitt. (Vgl. C. **1953**. 1258.) Die Geschwindigkeit des Lösungsprozesses kann beschleunigt werden durch Zerkleinerung des Gutes u. Bewegung des Lösungsmittels. Der Leistungsbedarf kann durch Einsatz hochtouriger Rührwerke red. werden, er ist jedoch in bestimmter Weise abhängig von der Viscosität des Lösungsmittels. (Pharmaz. Ind. **14**. 381—83. Dez. 1952. Hamburg.) WALLIS. 5822

Heinz Roehrich, *Grundsätzliches zum Mischen und Lösen mit schnellaufenden Maschinen.* 2. Mitt. *Die Anwendung strömungsphysikalischer Erkenntnisse im Bau schnellaufender Mischmaschinen.* (1. vgl. vorst. Ref.) Es wird der Einfl. von Größe, Form u. Lage des Rührers u. des Rührgefäßes auf den Mischprozeß erörtert. (Pharmaz. Ind. **15**. 27—28. Jan. 1953.) WALLIS. 5822

G. J. Maslach, *Möglichkeiten in der Vakuumherstellung für die Untersuchung von Überschallströmungen.* Vf. beschreibt die Gründe für die Herst. großer Vakuumwindtunnel zur Herst. von Flugbedingungen in Höhen zwischen 40 u. 60 Meilen im Laboratorium. Er geht auf Einzelheiten der Konstruktion solcher Windkanäle mit Vakuum von 30—300 μ Hg ein. Vor allem wird auf die Druckmessung eingegangen. Die durchgeführten Verss. sind von großem Interesse für alle Gebiete der Vakuumtechnik. (Chem. Engng. Progr. **48**. 594—98. Dez. 1952.) CRAMER. 5842

David L. Fiske, *Tiefere Temperaturen und neue Verfahren in der Kältetechnik.* Kurze Übersicht über: Zusammenhang zwischen Kälteerzeugung, Wärmeentw. u. Antriebsleistung bei Kompressionskältemaschinen bzw. Wärmepumpen in Abhängigkeit von der Verdampfertemp.; Dampfdruckkurven verschied. Kältemittel; Kolben- u. Turbokompressoren; neue Absorptionskältemaschinen; Bedeutung der Luftfeuchtigkeit; Wärmeisolation; Verwendung der Wärmepumpe gleichzeitig bei der Vakuumverdampfung u. der Dampfkondensation in der Konservierungstechnik. (Chem. Engng. **57**. 136—39. Mai 1950. New York.) TRAUSTEL. 5858

G. L. H. Bird, *Mechanische Kälteerzeugung.* 1. Mitt. *Die Anwendung thermodynamischer Prinzipien auf Kälteprozesse. Die Anwendung des 1. Wärmesatzes.* An Hand des vereinfachten CARNOTschen Kreisprozesses wird die Wirkungsweise einer Kältemaschine erklärt. Dabei werden die dafür wichtigen Faktoren in einer Summationsgleichung zusammengefaßt: von außen zugeführte Wärme, an die Umgebung abgeführte Wärme, auf den App. ausgeübte Arbeit u. ihre innere Energie, von ihm geleistete Arbeit u. ihre innere Energie u. die Wechselwrkg. der beiden zuletzt erwähnten Arbeiten aufeinander. (Mod. Refrigerat. **56**. 61—65. Febr. 1953.) MIETHING. 5858

G. L. H. Bird, *Mechanische Kälteerzeugung.* 2. Mitt. *Die Anwendung thermodynamischer Prinzipien auf Kälteprozesse. Die Anwendung des 2. Wärmesatzes.* (1. vgl. vorst. Ref.) Es werden die in der 1. Mitt. (l. c.) bereits gegebenen Erklärungen durch Einführung der Begriffe Enthalpie u. reversible u. irreversible Prozesse vertieft. Dann werden Bedingungen für adiabat. Kompression u. besten Nutzeffekt erörtert. (Mod. Refrigerat. **56**. 97—99. März 1953.) MIETHING. 5858

Grégoire Kalopissis, *Gegenstromverteilung.* Nach Besprechung der Theorie der Gegenstromverteilung (Extraktion von Fll. mit Fll. im Gegenstrom) bespricht Vf. das Verf. u. die App. von CRAIG (C. **1945.** I. 828 u. weitere Veröffentlichungen) sowie einige einfachere Apparaturen. Des weiteren wird die Wahl der Lösungsmittel bei gegebenem gelöstem Stoff, die Berechnung von Verteilungskurven u. die Best. von Verteilungskoeffizienten behandelt. Ferner wird eine Variante des Verf. mit Ersatz der einen fl. Komponente durch eine feste (z. B. Tonerde) diskutiert. Abschließend wird als Anwendungsbeispiel die Abtrennung antibiot. Substanzen aus *Aspergillus ustus* besprochen. (Chim. et Ind. **64.** 563—73. Nov. 1950.) GERHARD GÜNTHER. 5862

Robert T. Struck und **Corliss R. Kinney,** *Wirksamkeit von Füllkörper-Fraktionierkolonnen. Einfluß der Anwendung von Vakuum.* Die für eine destillative Trennung erforderliche Zeit hängt ab von der relativen Flüchtigkeit, vom Rückflußverhältnis, der Trennschärfe der verwendeten Kolonne u. der Destillationsgeschwindigkeit. Anwendung von Vakuum erniedrigt die Destillationstemperatur. Über den Einfl. auf die anderen Faktoren ist wenig bekannt. Vff. führten deshalb für das Syst. n-Decan/trans-Decalin in einer 80 cm hohen Glaskolonne von 18 mm Durchmesser bei verschied. Füllkörpern (RASCHIG, FENSKE, CANNON, MAC MAHON) Verss. durch. Diese ergaben nur eine geringe Abhängigkeit der Trennschärfe vom Druck derart, daß sie bei 50 u. 100 mm absol. wenig höher war als bei 10, 20 oder 730 mm Hg. Ausführliche Darst. der Ergebnisse u. Vgl. mit denen anderer Autoren. — 33 Literaturhinweise. (Ind. Engng. Chem. **42.** 77—82. Jan. 1950. State College, Pa., Pennsylvania State Coll.) F. HEINRICH. 5864

Louis Desmangeot, *Sublimation und Pseudosublimation.* Im Temperatur/Druck-Diagramm treffen sich die 3 Grenzlinien zwischen dem festen u. fl., fl. u. gasförmigen u. festen u. gasförmigen Zustand eines Stoffes im sogenannten Tripelpunkt. Die Überführung vom festen zum gasförmigen Zustand nimmt man techn. am vorteilhaftesten im Tripelpunkt vor; es schadet aber nichts, wenn man dabei ein wenig zu höheren Drucken geht, wo zeitlich erst eine Verflüssigung u. dann gleich darauf eine Verdampfung bei zunehmender Temp. eintritt, weil am Tripelpunkt die Sublimationswärme gleich der Summe von Schmelzwärme u. Verdampfungswärme ist. Letzteren Vorgang nennt der Vf. Pseudosublimation. — 1 Zeichnung, 2 Formeln, 2 Kurvenbilder. (Rev. prat. Froid **7.** Nr. 10. 25—26. Juli 1952. Westinghouse-Bremsen- u. -Signal-Gesellschaft.) PAULI. 5866

Armstrong Cork Co., Lancaster, übert. von: **John W. Baymiller,** Manheim, Township, Pa., V. St. A., *Dichtungsscheiben.* Natronpapier (Baumwollgewebe, Lederfaserfilz) wird z. B. mit einer 21—32° warmen Lsg. von 1 (Teil) Leim, 0,1 Resorcin, 3,5 Glycerin, 0,2 Triäthanolamin u. 8 W. getränkt, mit CH_2O nachbehandelt u. bei 65—82° getrocknet. (**A. P. 2 588 340** vom 20/9. 1948, ausg. 11/3. 1952.) SALZMANN. 5813

Bakelite Ltd. (Erfinder: **Joseph George Weighall** und **George Richard Theodore Lanford-Allen**), London, England, *Sockelkitt,* bestehend aus 5—12 (%) heiß härtbarem Phenol–Aldehyd-Harz (I), Weichmacher u. Härter für **I**, 0,05—5 bes. härtbarem Siliconharz u. 75—90 mineral. Füller. (**E. P. 690 698** vom 25/5. 1949 u. 21/3. 1950, ausg. 29/4. 1953.) LÜTTGEN. 5813

Charles-Pierre Baylet, Seine, Frankreich, *Bindemittel.* Es besteht aus der Lsg. eines Phenoplasten in Trichloräthylen (I) — allein oder im Gemisch mit Bzl. (**II**) oder Aceton (**III**) — oder in **II** oder Petroleum–Bzn. allein oder im Gemisch mit **I** oder **II**. Die Verwendung von **I** hat den Vorzug der Unentflammbarkeit des Produktes. Man kann das Bindemittel ferner noch durch Zusatz von z. B. Gasöl verflüssigen u. die erhaltene dicke Fl. für Motorendichtungen verwenden. Ein isolierendes Bindemittel von guten Eigg. besteht z. B. aus 1000 (Teilen) Bakelitpulver, 540—555 **I** u. 60—45 **II** oder **III**. (**F. P. 55 109** vom 2/12. 1946, ausg. 6/6. 1951. **Zusatz zu F. P. 933 478.**) RAETZ. 5813

Farbwerke Hoechst, vormals Meister Lucius & Brüning (Erfinder: **Otto Scherer**), Frankfurt/M., *Wärmeübertragungsmittel* bei tiefen Tempp., bestehend aus aliphat., fluorhaltigen, halogenierten KW-stoffen mit wenigstens 2 C-Atomen u. wenigstens 5-Halogenatomen, einem Kp. von wenigstens 70° u. einem F. von wenigstens —80°, einzeln oder in Gemischen mit gleichem F. u. Kondensationspunkten. Genannt sind: CF_2Cl–$CHCl_2$, $CFCl_2$–CF_2–CCl_3, $CFCl_2$–$CFCl$–$CFCl_2$, CF_2Cl–$CFCl$–$CFCl_2$ u. $CFCl_2$–$CFCl$–$CFCl$–$CFCl_2$. (**D. B. P. 882 844** Kl. 12a vom 18/12. 1941, ausg. 13/7. 1953.) SCHINDLER. 5815

Farbwerke Hoechst, vormals Meister Lucius & Brüning, Frankfurt/M., *Entschäumungsmittel* für techn. Fll., gek. durch einen Geh. an Sulfamiden, Sulfoacylamiden oder Disulfimiden, die aus den durch Sulfochlorierung langkettiger Paraffin-KW-stoffe erhältlichen Sulfochloriden durch nachfolgende Behandlung mit NH_3 oder dessen organ.

Derivv. gewonnen wurden. Bei der Zuckerverkochung, beim Rohphosphataufschluß, beim Leimeindampfen, bei Färbeflotten, Verdickungs- u. Appreturmitteln verwendbar. (**D. B. P. 885 393** Kl. 12a vom 8/10. 1943, ausg. 3/8. 1953.) SCHINDLER. 5825

Chivers & Sons Ltd., Histon, Cambridge, England, *Filtrieren von Flüssigkeiten.* Es wird als Filtermasse (**I**) granuliertes inertes Material, z. B. Pech- oder Petroleumkoks, das mit einem pulverförmigen Adsorptionsmittel, z. B. Diatomeenerde, Ton, A-Kohle, überzogen ist, verwendet. Zur Regeneration wird **I** unter O_2-Zufuhr auf 425—550° erhitzt, wodurch die adsorbierten oder zurückgehaltenen Verunreinigungen verbrannt werden. (**E. P. 684 036** vom 1/3. 1950, ausg. 10/12. 1952. A. Prior. 4/3. 1949.) REICHELT. 5831

Adolf Messer G. m. b. H. (Erfinder: **Peter Graßmann**), Frankfurt/M., *Zerlegung von Luft bei gleichzeitiger Gewinnung von O_2*, wobei die Luft unter 2 verschied. Drücken eintritt u. der zunächst fl. anfallende O_2 in fl. Zustand auf Enddruck verdichtet u. anschließend wieder auf n. Temp. erwärmt wird, dad. gek., daß die Ausdampfung des Roh-O_2-Bades durch die auf niedrigerem Druck befindliche Mitteldruckluft bewirkt wird, wobei der Druck dieses Luftanteils so hoch (ca. 8—11 ata) gewählt wird, daß er im Wärmeaustausch mit Roh-O_2-Bad verflüssigt werden kann. Weitere 3 Variationen des Verfahrens. — Abbildungen. (**D. B. P. 880 893** Kl. 17g vom 8/4. 1949, ausg. 25/6. 1953.) SCHINDLER. 5857

Fritz Werner und **Werner Föhse**, Leipzig, *Flüssigkeiten mit tiefliegendem Gefrierpunkt*, bes. Kühlsole, gek. durch einen Zusatz von Pektin oder Pektinverbb. in Mengen von 0,5—20 g auf 1 Liter Sole. (**D. B. P. 876 688** Kl. 12a vom 21/3. 1940, ausg. 18/5. 1953.) SCHINDLER. 5859

American Viscose Corp., Wilmington, Del., übert. von: **Ralph T. K. Cornwell**, Rosemont, **Edward J. Dunn**, Drexel Hill, und **Alfred W. Hunter**, Chester, Pa., V. St. A., *Dialysiermembran* zur Trennung von Stoffen verschied. Mol.-Größe u. Konstitution aus einer Mischung u. zur Entfärbung. Es wird eine semipermeable Membran verwendet, die aus Häutchen aus regenerierter Cellulose besteht u. ½—35% feinverteilte A-Kohle enthält. — Trennung z. B. von Salzen u. Zuckern aus Melassen, Milch, Blut, Latex u. dergleichen. (**A. P. 2 574 533** vom 24/5. 1949, ausg. 1/11. 1951.) REICHELT. 5863

Drying & Concentrating Co., übert. von: **Joseph M. Hall** und **Herbert E. Tucker**, Chicago, Ill., V. St. A., *Konzentrieren und Trocknen viscoser Flüssigkeiten* durch Behandeln der Fll. mit Druck u. Wärme, anschließende Druckaufhebung u. Verdampfung eines Teils der Flüssigkeit. Hierauf wird der Dampf überhitzt u. die vorkonz. Fl. in diesen Dampf hinein versprüht. — Vorrichtung. (**A. P. 2 572 857** vom 4/8. 1948, ausg. 30/10. 1951.) SCHINDLER. 5865

Brush Development Co., übert. von: **Edward M. Brazis**, Cleveland, O., V. St. A., *Kristallisation.* Durch Erhöhung der Temp. in einem 1. Behälter werden kleinere Kristalle gelöst. Diese Lsg. pumpt man in einen 2. Behälter mit niederer Temp., wobei die Lsg., die anfänglich gerade oder noch nicht einmal gesätt. war, in dem 2. Behälter übersättigt. wird; eingebrachte Saatkristalle wachsen nun schneller. (**E. P. 654 486** vom 25/5. 1948, ausg. 20/6. 1951. A. Prior. 17/6. 1947.) NEBELSIEK. 5869

United States of America, übert. von: **Walter C. Saeman**, Florence, Ala., V. St. A., *Kristallisation.* Man zieht von der Spitze eines Kristallisationsbehälters (**I**) eine Fl., z. B. $NH_4 \cdot NO_3$-Lsg., ab u. bringt sie in einem Verdampfer auf einen bestimmten Übersättigungsgrad. Dann führt man diese übersätt. Lsg. fortlaufend in einen tieferen Teil von **I** ein, wo sich bereits eine Suspension von $NH_4 \cdot NO_3$-Kristallen (**II**) in übersätt. Lsg. befindet; dabei reguliert man die Geschwindigkeit der einströmenden Lsg. so, daß sich zwei Zonen in der nun wachsenden **II**-Suspension ausbilden, nämlich eine tiefere, worin sich gröbere **II** bilden, die dann zu Boden sinken u. eine obere, relativ ruhige Zone, die feinere **II** enthält, u. in die auch die feineren **II** der tieferen Zone steigen, wo sie durch Kontakt mit der übersätt. Lsg. allmählich wachsen. (**A. P. 2 567 968** vom 1/5.1948, ausg. 18/9. 1951.) NEBELSIEK. 5869

Antony Chemevière, Frankreich, *Verfahren und Vorrichtung zum Trocknen von Stoffen* durch Verdampfung unter Verwendung von *Infrarot*-Strahlen als Wärmequelle. Die Vorr. enthält eine größere Anzahl von Lampen, die so angeordnet sind, daß eine wirksame u. einwandfreie Einw. stattfindet. Bestimmte Anwendungsgebiete sind nicht genannt. — Zeichnung. (**F. P. 989 638** vom 19/2. 1944, ausg. 11/9. 1951.) M. F. MÜLLER. 5875

Aktieselskabet „Volund", Kopenhagen, Dänemark, *Eindampfen und Trocknen von flüssigen oder feuchten Stoffen auf eine teigartige Konsistenz.* Man führt das Behandlungsgut (**I**) auf einem Transportband in dünner Schicht durch die Behandlungszone u. leitet einen schnellen Luftstrom darüber, wobei der Abstand zwischen dem **I** u. der

darüberliegenden Wand sehr gering sein soll. Diese Wand ist mit senkrecht zur Wanderungsrichtung des I verlaufenden Kanälen versehen, durch die Kühl- oder Heizluft zu- u. abströmt. Die Entfernung zwischen 2 Kanälen soll mindestens das 8fache des obigen Abstandes betragen. Wenn man z. B. I von unten auf 110—140° heizt, kann man von oben so stark kühlen, daß I bei schneller Trocknung sich nicht über 50—60° erwärmt. — Vorr., Zeichnung. (**N. P. 77 939** vom 8/5. 1946, ausg. 15/1. 1951.)
JÜRGEN SCHMIDT. 5875

N. V. de Bataafsche Petroleum Mij., Den Haag, Holland, *Herstellung feiner, nicht zusammenballender Pulver*, indem als oberflächenakt. Stoffe trockene oder im wesentlichen trockene Salze sek. Schwefelsäurealkylester, deren Alkylrest z. B. 10—18 C-Atome aufweist, oder deren Mischungen mit anorgan. Salzen, wie Na_2SO_4, zugesetzt u. zusammen vermahlen werden. (**E. P. 658 616** vom 18/3. 1948, ausg. 10/10. 1951. Holl. Prior. 21/3. 1947.) GRÄGER. 5875

Siemens-Schuckertwerke Akt.-Ges., Berlin und Erlangen (Erfinder: **Karl Krammer**, Berlin), *Herbeiführen einer Reaktion zwischen Stoffen, von denen einer oder beide in Form je einer Verbindung vorliegen und deren Affinität zueinander geringer ist als ihre Affinität innerhalb der Verbindung.* Ein Gemisch dieser Stoffe wird der Einw. eines elektr. Hochspannungsfeldes, bes. eines Ultrakurzwellenfeldes, ausgesetzt. — Beispiel: Rk. zwischen Al-Pulver u. CCl_4 unter Bldg. von $AlCl_3$. (**D. B. P. 874 135** Kl. 12h vom 22/3. 1942, ausg. 20/4. 1953.) SCHREINER. 5879

Magnaflux Corp., übert. von: **Taber de Forest** und **Henry N. Staats**, Chicago, Ill., V. St. A., *Feststellung von Rissen und Sprüngen in porösen Oberflächen* durch Übergießen derselben mit einer Pigmente in feinverteilter Form enthaltenden Fl., welche in die Poren eindringt u. das Pigment in geballter Form zurückläßt, wodurch die schadhafte Stelle erkennbar wird. Auch farbige Pigmente können verwendet werden. (**Can. P. 478 337** vom 14/7. 1948, ausg. 6/11. 1951.) WITTHOLZ. 5889

C. W. Chamberlain, East Lansing, Mich., V. St. A., *Stoßdämpfer*. Die Stoßdämpfer bestehen aus mehreren dünnen Schichten aus hartem Material (Metallbänder), die auf beiden Seiten eine Flüssigkeitshaut aufweisen, wie sie bei n. Trocknung durch Molekularattraktion zwischen den Metallbändern u. den Fll. hinterbleibt. Hierbei werden die Bänder einem so hohen Druck in Richtung ihrer aufeinanderliegenden Seiten ausgesetzt, daß zwischen ihnen nur eine dünne Schicht Luft zurückbleibt, die unter Druck steht u. durch Molekularattraktion am Ausströmen verhindert wird. Der aufgewandte Druck soll mehrere 100 at betragen. — Zeichnungen. (**Schwed. P. 133 730** vom 19/5. 1944, ausg. 27/11. 1951. A. Priorr. 19/5. 1943 u. 20/4. 1944.)
JÜRGEN SCHMIDT. 5893

General Motors Corp., Detroit, Mich., übert. von: **David Edward Lucid**, Dayton, O., V. St. A., *Bremsmaterial* für Kraftwagen u. dgl., bestehend aus einem Gemisch von Asbest, etwas Asphaltpulver, Cashewnußschalenöl (hochmol. Phenol mit ungesätt. Seitenketten), $BaSO_4$, einem härtbaren, mit 60% Lein- oder Ricinusöl modifizierten Phenolharz u. Mineralöl (zum Anfeuchten). Nach dem Kneten werden endlose Stangen gezogen, ausgebacken, gepreßt, durch Vor- u. Heißpressen geformt u. getempert. (**E. P. 655 842** vom 16/1. 1948, ausg. 1/8. 1951. A. Prior. 4/11. 1943.) SALZMANN. 5893

Hydrocarbon Research, Inc., New York, übert. von: **Paul W. Garbo**, Freeport. N. Y., V. St. A., *Exothermische und endothermische Reaktionen* im Wirbelschichtverf. führt man in Ggw. eines *Katalysators* durch, dem ein indifferenter Stoff mit hoher Wärmeaufnahme- u. -ableitfähigkeit (Thermophor) beigemischt ist, der sich durch physikal. Methoden, magnet. oder elektrostat. Einw., leicht von dem Katalysator abtrennen läßt. — Beispiel: Al_2O_3–SiO_2 (Katalysator) u. SiC (Thermophor). Das Regenerieren der einzelnen Stoffe erfolgt getrennt. Bei exotherm. verlaufenden Rkk. wird der Thermophor vor dem Wiedereinleiten gekühlt u. bei endotherm. Rkk. vorher erhitzt. Als Thermophore eignen sich ferner: Fe, Al, geschmolzenes Al_2O_3, Sand, Magnetit, Graphit oder Halogenide der Alkalimetalle. — Zeichnung. (**A. P. 2 582 246** vom 7/9. 1947, ausg. 15/1. 1952.) G. KÖNIG. 5905

W. G. Frankenburg an others, ed. Advances in catalysis and related subjects. V. 5. New York: Academic Press. 1953. (501 S. m. Abb., Bibl.) $ 11,—.

III. Elektrotechnik.

Soc. An. des Manufactures des Glaces et Produits Chimiques de Saint-Gobain, Chauny & Cirey, Paris, Frankreich, *Formbeständige elektrische Leiter* zur Verwendung in Glas- oder Salzschmelzen bestehen aus einem nichtleitenden, feuerfesten Kern (z. B. aus

Zement u. SiC) mit einem metall. Mantel (z. B. aus Pt, Ni, Mo, bes. Elektrolyt-Fe). (**E. P. 690 802** vom 19/5. 1948, ausg. 29/4. 1953. F. Prior. 22/5. 1947.) KESSEL. 5953

Herbert H. Grager, Rockville, Md., V. St. A., *Schwer schmelzbares Material,* z. B. zum *Isolieren.* Man mischt $Al_2(SO_4)_3$ (**I**), Mono- u. Dicalciumphosphat (**II**), Ton oder Bauxit mit einem Füllstoff, fügt W. zu der Mischung, wodurch eine klebrige M. entsteht, bildet damit die gewünschte Form u. läßt an der Luft trocknen. Dabei beträgt das Verhältnis von **I**:**II** ca. 2:1 bis 3:1 u. der P_2O_5-Geh. ca. 1—5% der Gesamtmischung. (**A. P. 2 619 426** vom 11/7. 1951, ausg. 25/11. 1952.) NEBELSIEK. 5957

Aktiebolaget Kanthal, Hallstahammar, Schweden (Erfinder: **R. Czepek**), *Keramische Einbettungsmasse für elektrische Heizleiter.* Eine mechan. nichtgebrannte Mischung aus Zr-Oxyden, gegebenenfalls mit anderen keram. Stoffen, wird mit 0,1—15 (%). bes. 0,5—7, Borsäureanhydrid in der Kälte gemischt. Die Massen zeichnen sich durch hohe Wärmeleitfähigkeit, gutes Isoliervermögen u. gute Wärmebeständigkeit aus. (**Schwed. P. 133 187** vom 12/4. 1947, ausg. 9/10. 1951.) JÜRGEN SCHMIDT. 5957

W. T. Henley's Telegraph Works Co. Ltd., London, übert. von: **Harold Arthur Tunstall, Benjamin Beardmore Evans** und **Frederick George Richard Jesson,** Gravesend, Kent, England, *Elektrisches Isoliermaterial.* Um den Leiter ist eine Glasfaserschnur gelegt, auf welche eine Schicht aus einem Kunstharzfirnis kommt, die ihrerseits eine Deckschicht aus Neoprenvulkanisat trägt. (**Can. P. 478 936** vom 3/4. 1947, ausg. 27/11. 1951. E. Prior. 16/5. 1946.) PANKOW. 5957

Bo Inge Rutger Andrén und **Hjalmar Andrén & Söner,** Stockholm, Schweden (Erfinder: **N. D. Svensson**), *Festleimen von dünnen Glimmerscheiben auf Papier oder dergleichen.* Man führt das Papier zwischen einer Stütz- u. einer Preßwalze hindurch, wobei gleichzeitig die Glimmermasse mit dem Bindemittel zugeführt wird u. vor der Durchpreßstelle eine Verdickung bildet. Die Preßwalze kann gegebenenfalls mit Rillen oder anderem Muster versehen sein, um ein Festhaften der Glimmermasse an ihr zu verhindern. (**Schwed. P. 133 699** vom 17/12. 1948, ausg. 27/11. 1951.) JÜRGEN SCHMIDT. 5957

Aladdin Industries Ltd. und **H. C. Hebard,** Greenford, England (Erfinder: **H. C. Hebard**), *Elektrisches Heizelement,* bestehend aus einem auf hohe Temp. erhitzbaren Leiter u. zwei oder mehreren außenliegenden, wärmeleitenden Metallflächen, die nach außen hin durch Isolierscheiben abgeschirmt sind. Diese Isolierscheiben (Asbest) müssen die Metallplatten nach allen Seiten überragen. Man erhält dann auch bei starker Erwärmung der Heizelemente auf ca. 900° eine gleichmäßige Erwärmung der wärmeübertragenden Platten bei wesentlich niedrigerer Temperatur. — Zeichnungen. (**Schwed. P. 133 709** vom 12/5. 1947, ausg. 27/11. 1951. E. Prior. 13/5. 1946.) JÜRGEN SCHMIDT. 5971

Burndept Ltd., London, **Kenneth Jones** und **Glaister Stuart Bell,** South Skields, England, *Trockenelement* vom Typ Zn–Alkalilauge–HgO. Um die Oberfläche der Kathode zu vergrößern, erhält diese einen elektr. leitenden Überzug aus faserigem Papierbrei, einem gelierenden Mittel u. feinverteiltem elektropositiven Metall. (**E. P. 662 774** vom 26/1. 1949, ausg. 12/12. 1951.) BAUR. 5971

Accumulatorenfabriek Varta N. V., Amsterdam, Holland (Erfinder: **F. A. Schneider**), *Alkalische Batteriezelle,* deren Pole direkt im Verschlußmaterial für die Zelle bei deren Verformung durch Pressen, Gießen oder Vulkanisieren eingesetzt sind. Hierbei ist das freie Ende jedes Pols umgeben von einem rohrförmigen Teil des Zelldeckels. Das Rohrteil erstreckt sich über das freie Ende der Pole u. ist mit einer Schraubkappe, die eine Öffnung aufweist, u. einem Verschlußring versehen. Hierbei ist ein Verbindungsorgan zum Anschluß an den Pol vorgesehen. Dieses Verbindungsorgan muß nach außen zum Zelldeckel durch ein Kautschukteil oder ein Einsatzstück aus Kunstharz isoliert sein. Diese Verschlußvorr. ist leicht zu öffnen u. ermöglicht eine gute Reinigung der Batterie. — Zeichnung. (**Schwed. P. 133 507** vom 16/7. 1948, ausg. 6/11. 1951. Holl. Prior. 17/7. 1947.) JÜRGEN SCHMIDT. 5971

Canadian National Carbon Co. Ltd., Toronto, Ontario, Can., übert. von: **Marcus R. Hatfield,** Lakewood, O., V. St. A., *Überziehen von metallischen Anoden für Trockenelemente.* Die Anoden werden in eine koll. Suspension von Methylcellulose in Methylalkohol getaucht, die ein Formaldehydharz enthält. Dann wird getrocknet. (**Can. P. 477 224** vom 21/10. 1947, ausg. 25/9. 1951. A. Prior. 16/11. 1946.) SCHÖNAUER. 5971

H. Vogt, Erlau b. Passau, *Elektrode für galvanische Elemente.* Die Elektrode besteht aus einem leitenden, porösen Stoff, z. B. zusammengesinterten Metallteilchen aus Fe, Ni, Co oder Cr oder deren Legierungen, oder auch aus gesinterten keram. Teilchen, die mit porösem Metall überzogen sind. Die Teilchen sollen eine Größe von 1—5 mm haben u. mit elektrochem. akt. Stoffen getränkt sein. Als solche dienen bes. die Hydroxyde von Metallen. (**Schwed. P. 133 131** vom 2/12. 1947, ausg. 2/10. 1951.) JÜRGEN SCHMIDT. 5971

International General Electric Co., Inc., New York, N. Y., V. St. A. (Erfinder: **G. E. Reinker**), *Sockel für elektrische Lampen.* Der Sockel enthält einen dünnen Metallmantel u. einen gefärbten Glaskörper aus einem Glas mit hohem Ausdehnungskoeff., das an dem Mantel festgeschmolzen ist. Dieser Glaskörper soll 0,03—1 Gew.-% CoO enthalten. Im übrigen besteht das Glas vorzugsweise aus 65,0—73,0 (%) SiO_2, 0,5—2,0 Al_2O_3, 0,0—0,5 BaO, 4,0—11,0 CaO, 0,0—2,5 MgO, 13,0—19,0 Na_2O, 0,1—0,6 K_2O, 0,0—2,0 B_2O_3. Das CoO dient zum Färben u. zum Verhindern einer unerwünschten Erhitzung des Metallmantels. — Zeichnung. (**Schwed. P. 133 514** vom 2/4. 1949, ausg. 6/11. 1951. A. Prior. 14/4. 1948.) JÜRGEN SCHMIDT. 5973

Auergesellschaft Akt.-Ges., Berlin (Erfinder: **Wilhelm Weber,** Bensheim), *Glühlicht.* Hochhitzebeständige Oxyde, bes. von Th, Al, Be u. den Seltenen Erden, werden in einer Gasentladung auf Glühtemp. aufgeheizt. (**D. B. P. 860 674** Kl. 21f vom 18/4. 1951, ausg. 22/12. 1952.) KESSEL. 5973

William Warren Triggs, London, England, übert. von: **Patelhold Patentverwertungs- & Elektro-Holding Akt.-Ges.**, Glarus, Schweiz, *Gasentladung zur Herbeiführung chemischer Reaktionen* in Gasen u. Dämpfen (**I**). Die **I** durchströmen unter verringertem Druck einen aus dielektr. Material bestehenden zylindr. Entladungsraum, in dem mittels einer darumgelegten, das induktive Element eines Hochfrequenzschwingungskreises bildenden Induktionsspule eine elektrodenlose Ringentladung mit einer Frequenz von mindestens 10 MHz erzeugt wird. (**E. P. 635 398** vom 8/9. 1944, ausg. 5/4. 1950.) KESSEL. 5975

George Baldwin Banks, Chelmsford, Essex, England, *Gitter für elektrische Entladungsröhren.* Die aus Cu oder Ni bestehenden Gitterelemente (**I**) erhalten zur Unterdrückung von Sekundäremission einen dünnen Überzug aus Au. Um zu vermeiden, daß dieser bei höherer Temp. (400—500°) in die **I** hineindiffundiert, werden diese vor dem Aufbringen des Überzugs mit einem dünnen Überzug aus Rh versehen. Die Überzüge werden elektrolyt. gewonnen. (**E. P. 639 533** vom 12/6. 1946, ausg. 28/6. 1950.) KESSEL. 5975

Philips Lamps Ltd., London, England, *Elektronenröhre.* Um die Vergiftung der Oxydkathode durch die beim Betrieb entstehenden Cl-Verbb. zu vermeiden, erhält die Innenwand des Gefäßes eine dünne Schicht eines bas. Oxyds oder Hydroxyds, z. B. CaO, ZnO, NaOH oder KOH. (**E. P. 647 944** vom 26/6. 1946, ausg. 28/12. 1950. Holl. Prior. 2/5. 1942.) KESSEL. 5975

Philips Lamps Ltd., London, England, *Leuchtschirme für Kathodenstrahlröhren* werden aus 2 Schichten (**I** u. **II**) aufgebaut, von denen **I** bei Elektronenaufprall UV-Strahlung emittiert, während **II** bei UV-Bestrahlung im Sichtbaren emittiert. **I** hat zweckmäßig eine lange, **II** eine kurze Nachleuchtdauer. **I** besteht prakt. aus CaO, mit Mg, Fe, Cu, Zn, Ag oder Bi aktiviert, oder aus $Ca_3(PO_4)_2$, mit Ce aktiviert, oder aus $ZnO \cdot SiO_2$, mit Ti aktiviert; **II** aus ZnS, mit Cu aktiviert, oder aus ZnS–CdS, mit Mn aktiviert. (**E. P. 636 483** vom 16/4. 1947, ausg. 3/5. 1950. Holl. Prior. 8/8. 1944.) KESSEL. 5975

Radio Corp. of America, New York, N. Y., V. St. A., *Leuchtschirm für Kathodenstrahlröhren.* Die rauhe Leuchtstoffschicht wird mit W. benetzt, Darauf kommt eine dünne Schicht einer Lsg. eines in W. unlösl. organ. Kunststoffs (**I**) in einem in W. lösl. Lösungsm. (**II**), z. B. Toluol oder Aceton, unter Zusatz eines in W. unlösl. Ausbreitungsmittels, z. B. Isobutylmethacrylat. Nach dem Verdampfen des W. u. des **II** wird die entstehende glatte **I**-Oberfläche metallisiert. (**Belg. P. 497 677** vom 19/8. 1950, ausg. 16/12. 1950. A. Prior. 31/8. 1949.) KESSEL. 5975

Philips Lamps Ltd., London, England, *Leuchtschirm,* enthaltend eine 0,05 bis 0,3 mm dicke Leuchtstoffschicht aus Seleniden oder Sulfoseleniden des Zn oder Cd, unter Zusatz geringer Mengen Ag oder Cu als Aktivator. (**E. P. 639 397** vom 23/10. 1946, ausg. 28/6. 1950. Holl. Prior. 25/2. 1943.) NEBELSIEK. 5975

Edison Swan Electric Co. Ltd., London, England, *Photozelle.* Während auf einer Trägerschicht aus Sb, Bi, Sn oder Pb ein Alkalimetall (bes. Rb oder Cs) aufgedampft wird (z. B. durch therm. Zers. einer Alkalichromat–Si-Mischung), wird ein Gettermetall (bes. Mg oder Ba) verdampft. (**E. P. 647 862** vom 28/6. 1948, ausg. 20/12. 1950.) KESSEL. 5977

John Chamberlain, Worsley, Lancashire, England, *Trockengleichrichter und Halbleiterphotozellen* werden während der Aufbringung der Gegenelektrode u. während der elektr. Formierung mit Ultraschall behandelt. (**E. P. 639 381** vom 26/7. 1948, ausg. 28/6. 1950.) KESSEL. 5877

IV. Wasser. Abwasser.

B. Rößler, *Beeinflussung des Grundwassers durch Müll- und Schuttablagerungen.* An einem Beispiel, das durch reiches Zahlenmaterial aus jahrzehntelangen Unterss. u. daraus hergeleitete Kurvendiagramme belegt wird, wird aufgezeigt, welchen, oft erst nach vielen Jahren erkennbaren, nachteiligen Einfl. Schutt- u. Müllablagerungen auf die Beschaffenheit des Grundwassers ausüben. Die Verschlechterung äußert sich vor allem in starkem Ansteigen des Chloridgeh. u. der bleibenden Härte. Geolog. Struktur des Bodens u. Grundwasserstromrichtung spielen dabei eine wichtige Rolle. (Vom Wasser **18.** 43–60. 1950/51.) HALLER. 6010

W. Fresenius, *Zur Nomenklatur der Heilwässer.* Nach einem kurzen Überblick über die Wandlungen, die Begriffsbest., Einteilung u. Bezeichnung der Heilquellen im Laufe der Zeit durchgemacht haben, wird die neueste Nomenklatur besprochen. In 2 Tabellen sind eine Anzahl Analysen verschied. Quelltypen u. die sich aus der neuen Nomenklatur ergebenden Bezeichnungen zusammengestellt. (Vom Wasser **18.** 19–26. 1950/51.) HALLER. 6012

W. Müller, *Über die Veränderlichkeit der Mineralquellen.* Nach einem Überblick über die Faktoren, die den physikal. u. chem. Zustand einer Quelle zu verändern vermögen, wird auf die Bedeutung laufender Quellenunterss. u. ihre graph. Darst. hingewiesen, um über den Pulsschlag einer Quelle, wie Vf. die Schwankungen in Ergiebigkeit, Salzgeh. u. Temp. bezeichnet, Auskunft zu erhalten u. den Optimalzustand therapeut. u. wirtschaftlicher Nutzung zu erreichen. Als Beispiele werden eine größere Anzahl Kurvenbilder aus umfangreichem Beobachtungsmaterial von den Nauheimer Quellen gebracht u. erläutert. (Vom Wasser **18.** 27–42. 1950/51.) HALLER. 6012

A. E. Rawson, *Untersuchungen über Ozonisation.* 2. Mitt. *Die Löslichkeit des Ozons in Wasser.* (1. vgl. C. **1953.** 6330.) Vf. untersucht die Lösungsgeschwindigkeit u. das Löslichkeitsverhältnis des Ozons (I) in W. im Temperaturbereich von ca. 10–40° bei I-Gehh. der zur Ozonisation verwendeten Luft zwischen 2 u. 25 g/m³. Die Löslichkeitsverhältnisse mg I/Liter W. zu g I/m³ Luft betragen bei 10, 15, 20, 25, 30, 35 u. 40° 0,39, 0,29, 0,21, 0,17, 0,14, 0,12 u. 0,07. Bei Tempp. bis zu 25° tritt die Sättigung nach 30 bis 60 Min. ein, bei höheren Tempp. ist die Lösungsgeschwindigkeit kleiner. Innerhalb der einzelnen Temperaturbereiche besteht eine annähernde Proportionalität zwischen dem Geh. an I in der Luft u. dem im behandelten Wasser. Die Ergebnisse werden diskutiert u. mit früher von anderen Autoren erhaltenen verglichen. Außerdem wird die Zers. des I bei seinem Durchtritt durch W. untersucht u. die fraktionierte Löslichkeit des I in W. beim Behandeln des W. mit Luft von einem I-Geh. von 2 bis ca. 25 g/m³ im bestimmten Luft–W.-Verhältnis unter Verwendung eines Injektors u. eines Diffusers bei einer Kontaktzeit von nur 2½ Min. ermittelt, wobei sich ergibt, daß bei 15° bei einem Luft–W.-Verhältnis von 1:1 die Löslichkeit des I im W. 83% des oben ermittelten maximalen Löslichkeitsverhältnisses beträgt, bei einem Luft–W.-Verhältnis von 1:2 nur noch 52% u. bei einem solchen von 1:3 nur 31%. (Water and Water Engng. **57.** 102–11. März 1953.) NIEMITZ. 6026

Walter Dardel, *Reinigung von Abwasser und gewerblichem Abwasser in der Schweiz.* Außer einigen allg. Fragen werden mehrere in der Schweiz entwickelte Apparate, der BENDEL-Absetzbehälter, das Fe-Fällungsverf., das ZIGERLIsche Asbestverf. u. die bisher erstellten biol. Reinigungsanlagen in St. Gallen, Zürich u. Winterthur besprochen. J. Proc. Inst. Sewage Purificat. **1950.** Part 3. 174–200. Aarberg, Bern.) MANZ. 6036

L. Scheuring und **H. Stetter,** *Versuche über die Wirkung von Natriumsulfat auf Wasserorganismen.* Die bei der Zellwollherst. anfallenden Mengen von Na_2SO_4 werden trotz Rückgewinnung teilweise in die Vorfluter gelangen. In einer großen Anzahl gründlicher Verss. wird der Einfl. in erster Linie dieses Salzes auf Tiere, u. a. Protozoen, Würmer, Schnecken, Krebse, Fische, u. auf höhere wie niedere Pflanzen untersucht. Im Gegensatz zu früheren Verss. werden niedere Konzz. bei langer Einwirkungsdauer bevorzugt. Insgesamt geht aus den Verss. hervor, daß die in öffentlichen Vorflutern vorkommenden Konzz. von Na_2SO_4 u. anderen Sulfaten für deren Biologie relativ unschädlich sind. (Vom Wasser **18.** 78–100. 1950/51.) HALLER. 6038

R. Czensny, *Sauerstoffzehrung und Permaganatverbrauch, ein Vergleich.* Nach kurzer Besprechung der Methoden wird an Hand eigener u. fremder Beobachtungen der prinzipielle Unterschied zwischen Permanganatverbrauch, einer rein chem. Meth., u. der Sauerstoffzehrung, einem biol. Verf., aufgezeigt. Abschließend stellt Vf. fest, daß die Sauerstoffzehrung bzw. der biochem. Sauerstoffbedarf geeignet ist, ein Urteil über die organ. Belastung eines Gewässers u. seine Wrkg. auf den O_2-Haushalt abzugeben; der Permanganatverbrauch wird dagegen dort heranzuziehen sein, wo der Abbau eines bestimmten organ. Abwassers verfolgt werden soll, oder wo bei einem an u. für sich reinen W. die überhaupt nachweisbaren Mengen der organ. Substanz festgestellt werden sollen. (Vom Wasser **18.** 171—77. 1950/51.) HALLER. 6038

Gordon M. Fair und **Harold A. Thomas jr.**, *Der Begriff von Grenzfläche und Belastung in überstauten aeroben biologischen Abwasserreinigungsanlagen.* An Stelle der bisherigen verschied. Maßstäbe für die Belastung biol. Reinigungsanlagen nach Beckendimension, Luft- oder Rücklaufschlammenge wird auf Grundlage des Überganges organ. Stoffe in biochem. akt. Grenzflächen eine Formulierung der Vorgänge bei der Belebtschlammreinigung u. daraus eine Beziehung für den Wirkungsgrad in Abhängigkeit von dem Verhältnis zwischen flüchtiger Substanz im geklärten Zulauf zu Umlaufschlammmenge u. Beckeninhalt je Einheit der Zulaufmenge abgeleitet u. auf die Brauchbarkeit durch Vgl. mit Betriebsanlagen geprüft. Die Formulierungen können auch auf Füll- u. Tropfkörper übertragen werden. (J. Proc. Inst. Sewage Purificat. **1950.** 235—47. Harvard Univ.) MANZ. 6044

G. J. Stander und **J. F. Elsworth,** *Abwässer der Gärungsindustrien.* 3. Mitt. *Der Einfluß hoher Sulfatkonzentrationen auf die anaerobe Faulung bei thermophilen (55° C) und mesophilen (33° C) Temperaturen.* (2. vgl. C. **1953.** 7628.) Sulfatgehh. über 5,0 g/Liter SO_4 haben bei 55° einen sehr starken, bei 33° nur einen leicht hemmenden Einfl. auf die Faulung von Melasserückständen, so daß die Ausfaulung bei 33° besser verläuft. Ein Anstieg der flüchtigen Säuren führt nur bei gleichzeitigem Absinken des p_H-Wertes zu Minderung der Faulgasbildung. Eine Begrenzung der Mengen an flüchtigen Säuren ist deshalb nicht in allen Fällen gerechtfertigt. Sulfatarme Rückstände werden bei 55° intensiver abgebaut. Die Sulfatred. ist in beiden Temperaturbereichen hoch. (J. Proc. Inst. Sewage Purificat. **1950.** 303—12. Johannesburg, Univ. of Witwatersrand, Water Treatment Res. Unit., Nat. Chem. Res. Labor.) MANZ. 6048

V. Anorganische Industrie.

Steirische Chemie Akt.-Ges., Kapfenberg, Steiermark, Österreich, *Alkalisulfide aus den Abgasen der CS_2-Erzeugung unter gleichzeitiger Rückgewinnung von CS_2.* Die Abgase werden mit einer hochkonz., z. B. 70%ig., Ätzalkalilsg., bei einer Temp., bei welcher noch keine Ausscheidung von Alkalisulfid bzw. Hydrosulfid erfolgt, z. B. 90—110°, ausgewaschen, sodann wird die entstandene Alkalihydrosulfidlsg. abgezogen, ohne wesentliche Abkühlung mit der zur Bldg. von Alkalisulfid erforderlichen Menge an festem Ätzalkali versetzt u. dann abgekühlt, wodurch unmittelbar ein über 50% Alkalisulfid enthaltendes Prod. anfällt. Durch Abkühlung des Restgases u. anschließende Wäsche kann CS_2 wiedergewonnen werden. (**Oe. P. 173 466** vom 20/12. 1950, ausg. 27/12. 1952.) WITTHOLZ. H 253

Krebs & Co. Akt.-Ges., Zürich, Schweiz, *Kontinuierliche Reinigung von Quecksilber bei der Chloralkalielektrolyse.* Man trennt einen Teil des umlaufenden Hg von jeder Zelle ab, leitet diesen Teil über eine Destillationsanlage u. führt ihn dem Kreislauf wieder zu. (**Finn. P. 25 577** vom 8/7. 1949, Auszug veröff. 29/2. 1952. Schwz. Prior. 10/7. 1948.) JÜRGEN SCHMIDT. H 272

International Nickel Co. of Canada Ltd., Copper Cliff, Ontario, Can., übert. von: **Harry Rollason Copson,** Ceanford, N. J., V. St. A., *Korrosionssichere Metallelektroden für Salzschmelzbäder.* Das Salzbad besteht aus Alkali- u. Erdalkalichloriden mit 2,5% Chromat; Badtemp. ca. 700—1200°. Bei Verwendung von Wechselstrom von 7 A/sq. ft. müssen die Elektroden mindestens ein Metall der Fe-Gruppe u. 5—35 (Teile) Cr, bei 7—36 A 0,1—80 Fe, 10—22 Cr u. 7—82 Ni, u. bei 20 A 5—75 Fe, 12—22 Cr u. 7—80 Ni enthalten. (**Can. P. 488 395** vom 9/12. 1947, ausg. 25/11. 1952.) HOLM. H 272

Office National Industriel de l'Azote, Toulouse, Frankreich, *Neutralisieren von Calciumnitrat.* Um die überschüssige Säure (HNO_3 u. H_3PO_4) zu beseitigen, neutralisiert man $Ca(NO_3)_2$, das durch Behandeln von Rohphosphat mit HNO_3 entstanden ist, zuerst mit CaO u. anschließend mit einer ammoniakal. NH_4NO_3-Lösung. — Beispiele. (**E. P. 685 193** vom 24/7. 1951, ausg. 31/12. 1952. F. Prior. 5/6. 1951.) NEBELSIEK. H 283

Elektrokemisk A/S, Oslo, Norwegen, *Stromzuführung zu selbstbrennenden Elektroden für die Al-Elektrolyse.* Das Kontaktstück besteht aus Al u. ist in der Nähe des Randes in die C-Elektroden eingesetzt. Dieses Al-Stück reicht bis zum fl. Al herunter u. weist seitliche Abzweigungen auf, um eine gute Verbindung u. guten Stromübergang zum Kohlenteil zu ermöglichen. Diese Abzweigungen sind taschenförmig ausgebildet

u. füllen sich während des Betriebes mit fl. Al. (**N. P. 80 179** vom 27/4. 1950, ausg. 5/5. 1952.) JÜRGEN SCHMIDT. H 294

Aluminum Co. of America, Pittsburgh, übert. von: **Francis C. Frery,** Oakmont, Pa., V. St. A., *Galliumgewinnung.* Man fällt aus einer Ga-haltigen Alkalialuminatlsg. mit Kalk bei ca. 40° Ca-Aluminat aus, filtriert u. leitet in die restliche Lsg. CO_2 ein. Das ausgefällte Ga_2O_3 löst man in NaOH u. gewinnt durch Elektrolyse metall. Ga. (**A. P. 2 582 376** vom 5/4. 1947, ausg. 15/1. 1952.) NEBELSIEK. H 295

Ralph Waldo Brown, East St. Louis, Ill., V. St. A., *Galliumgewinnung.* Aus einer Ga-haltigen Alkalialuminatlsg. fällt man durch Einleiten von CO_2, zusammen mit Al_2O_3, Ga_2O_3, erhitzt den abgetrennten Nd. auf 350—600° u. löst in wss. Alkalilauge, aus der man das Ga in reiner Form elektrolyt. gewinnt. (**E. P. 674 104** vom 31/3. 1948, ausg. 18/6. 1952. A. Prior. 11/4. 1947.) NEBELSIEK. H 295

Hermann C. Starck Akt.-Ges. (Erfinder: **Hans Joachim Friedrich,** Oker, und **Horst Mayer,** Goslar), Goslar, *Trennung des Tantals und Niobs von den Anionen bildenden Metallen der 3., 4., 5. und 6. Gruppe des Periodischen Systems und von SiO_2.* Ta u./oder Nb werden durch alkal.-wss. oder Schmelzaufschluß in die unlösl. Na-Tantalate u./oder -Niobate übergeführt, während die anderen Anionen bildenden Metalle u. die SiO_2 als Na-Salze in Lsg. bleiben. (**D. B. P. 880 282** Kl. 12m vom 19/8. 1951, ausg. 22/6. 1953.) NEBELSIEK. H 332

Guaranty Investment Corp. Ltd. (Erfinder: **Marvin J. Udy,** Niagara Falls, N. Y., V. St. A.), Montreal, Can., *Gewinnung von Chromaten.* Man röstet ein Gemisch aus Chromiterz (**I**), CaO u. Na_2CO_3 mit O_2 bei so hoher Temp., daß Chromat (**II**) gebildet wird, so lange, daß nur 70—80% des **I** umgesetzt werden u. von diesem das Cr in die 6wertige Form oxydiert wird, laugt das geröstete Gut mit Na_2CO_3-Lsg. aus u. trennt die gewonnene **II**-Lsg. vom Unlöslichen ab. Dieses konz. man u. schlägt es einer neuen Charge zu. (**D. B. P. 880 744** Kl. 12m vom 1/10. 1950, ausg. 25/6. 1953. A. Prior. 5/7. 1941.) NEBELSIEK. H 335

Union Carbide & Carbon Corp., übert. von: **Robert M. Briney,** Douglaston, N. Y., V. St. A., *Herstellung von WSi_2 oder $MoSi_2$.* Ein Gemisch, das Si u. die Metalle fein zerteilt im stöchiometr. Verhältnis enthält, wird im Vakuum oder in inerten Gasen auf 1400—1600° erhitzt. Vorhandener O_2 führt zur Bldg. von Subsiliciden, was verhindert wird, wenn man einen Überschuß von Si anwendet, der zur Bldg. von SiO führt. SiO verflüchtigt sich während der Reaktion. (**A. P. 2 619 406** vom 27/4. 1949, ausg. 25/11. 1952.) ZÜRN. H 337

Titan Co. A/S., (Erfinder: **Olav Möklebust,** Hauga i Dalane, und **Andreas Johan Raonestad,** Vikane, Onsöy), Frederikstad, Norwegen, *Gewinnung von Eisen- und anderen Metallverbindungen* aus Erzen. Man unterwirft diese einer reduzierenden Behandlung u. oxydiert das erhaltene Prod. dann in Ggw. von W. bei $<200°$ unter ständiger Bewegung. Die erhaltenen Fe-Oxyde, bes. Fe_3O_4, werden auf mechan. Wege, bes. durch Waschen oder andere Naßbehandlung, von den restlichen Bestandteilen getrennt. (**D. B. P. 880 745** Kl. 12n vom 6/11. 1941, ausg. 25/6. 1953. N. Priorr. 23/11., 2/12. u. 4/12. 1940.) NEBELSIEK. H 354

Henry Adolph Tobelmann, Los Angeles, Calif., V. St. A., *Gewinnung von Cu-Verbindungen* aus Cu-haltigen Erzen. Man zerkleinert diese u. dispergiert sie in einer wss., NH_3- u. $(NH_4)_2CO_3$-haltigen Lsg. unter Rühren u. Einleiten von Luft. Dabei hält man durch ständige NH_3-Zufuhr den NH_3-Geh. konstant. Die Cu-haltige Lsg. trennt man vom Rückstand u. arbeitet sie auf Cu-Verbb. auf. (**E. P. 688 183** vom 6/12. 1951, ausg. 25/2. 1953.) NEBELSIEK. H 358

Missouri Automatic Control Corp., St. Louis, übert. von: **Robert A. Watson,** Webster Groves, Mo., V. St. A., *Gewinnung von Silberjodidkristallen.* Man löst Ag in HJO_3, fügt A. hinzu, erhitzt allmählich zum schwachen Sieden u. kühlt dann langsam ab. Die ausgeschiedenen AgJ-Kristalle gleichmäßiger Form u. Größe trennt man ab. (**A. P. 2 620 264** vom 14/9. 1951, ausg. 2/12. 1952.) NEBELSIEK. H 359

VI. Silicatchemie. Baustoffe.

L. I. Bunejewa, W. W. Polljak und **I. D. Tykatschinski,** *Die Anwendung von technischem Natriumsulfat bei der Glasschmelze.* Industrieverss. zeigten, daß die Verwendung von reinem, künstlich hergestelltem Na_2SO_4 (**I**) den Schmelzvorgang verzögert. Empfohlen wird, ein Gemisch (1:1) aus künstlichem u. natürlichem **I** (vom Aralsee) anzuwenden u. die Feuchtigkeit der M. auf 6% zu halten oder dem künstlichen **I**

0,5% CaO in Form von Gips zuzusetzen. (Стекло и Керамика [Glas u. Keramik] **7.** Nr. 12. 19—20. Dez. 1950.) v. MICKWITZ. 6170

M. A. Chatschwankjan, *Die Reaktion zwischen Ätznatron und Sand.* Der Zusatz von Ätznatron (**I**) zur Glascharge soll den Vorgang der Glasbldg. beschleunigen. Die aufschließenden Eigg. des **I** zeigen sich nicht nur darin, daß sich die Quarzkörnchen des verwandten Sandes rasch verkleinern, sondern auch darin, daß die Kornoberfläche stark angegriffen u. reaktionsfähiger wird. Zur weiteren Beschleunigung der Auflösung des Sandes können geeignete Salze (2—3% der Glasmasse) verwandt werden. Die Ausscheidung von Wasserdämpfen bei der Rk. zwischen NaOH u. SiO_2 fördert den Schmelzprozeß. (Стекло и Керамика [Glas u. Keramik] **7.** Nr. 6. 8—11. Juni 1950.) v. MICKWITZ. 6170

—, *Mikropolit härter als Drehstahl. Mikropolit* ist ein fester, künstlich geschaffener Werkstoff ohne metall. Beimischung. Er besteht aus Silicat u. hat eine größere Härte als die der bekannten Stahlsorten. Die Druckfestigkeit liegt 10—20 mal höher als bei üblicher Industriekeramik. Mikropolit übertrifft an Härte u. Hitzebeständigkeit sowie Verschleißfestigkeit die bisher bekannten Hartmetalle. (Metallurgie u. Giessereitechn. **2.** 350. Okt. 1952.) HOCHSTEIN. 6220

Zdeněk Čapek, *Erhöhung der Lebensdauer der Mörtelfugen von Zementdrehöfen.* Überblick über die bisher vorliegenden Untersuchungsergebnisse. (Stavivo **30.** 6—10. 1952.) STEINER. 6222

A. W. Ssatalkin und **M. B. Kublanowa,** *Veränderungen der wichtigsten Eigenschaften von Zementlösungen und Beton unter dem Einfluß von Zusätzen oberflächenaktiver Substanzen.* (Vg. C. **1951.** II. 2512.) Die Oberflächen der Zementteilchen in Mörtelmischungen werden durch Zusätze von *Sulfitcelluloseablaugen* (**I**), *Schlempe* aus der Vergärung der gleichen Ablaugen u. *Na-Abietat* (**II**)-Lsg. aktiviert, so daß sich die Plastizität der Mischungen mehr als verdreifacht, wobei die Wasserabscheidung red. wird. Geringe Zusätze (0,1% **I** oder 0,01% **II**) verbessern Druck- u. Zugfestigkeit, augenscheinlich durch Verkleinerung der Strukturelemente im Zementstein. Durch die gesteigerte Plastizität der M. läßt sich der Zementanteil an der Mischung herabsetzen. **I** vermindert sichtbar das Schwinden des Mörtels an der Luft während der ersten 28 Erhärtungstage, wobei gleichlaufend das Quellen von Betonkörpern bei Wasserlagerung ansteigt. Durch Zusatz von oberflächenakt. Stoffen zur Mörtelmischung wird die Frostbeständigkeit des Betons erheblich gesteigert. (Доклады Академии Наук СССР [Ber. Akad. Wiss. UdSSR] [N. S.] **72.** 561—64. 21/5. 1950. Leningrad, Zweigstelle des Wiss. Wegebau-Forschungsinst.) v. MICKWITZ. 6222

L. Halm und **P. Lapoujade,** *Untersuchungen von Klinkersteinen für Zementdrehrohröfen.* Die Unters. der gebrauchten Steine berechtigt zur Annahme, daß die Bldg. von freiem Kalk in der mittleren Zone des Steines u. seine Hydratation beim Stillstand des Ofens die Zers. an dieser Stelle bewirkt. Durch Temperaturmessungen im Stein während des Betriebes wird der krit. Temperaturbereich mit 700—1000° ermittelt. (Rev. Matér. Construct. Trav. publ., Édit. C **1950.** 273—81. Sept. 306—12. Okt.) SCHÜTZ. 6222

M. I. Strelkow, *Über den Charaker einer funktionellen Abhängigkeit zwischen der mineralogischen Zusammensetzung eines Klinkers und den Kennzahlen der Materialdosierung in Zementrohmischungen aus zwei Komponenten.* An Zementmischungen aus ton- u. kalkhaltigen Komponenten wird gezeigt, daß zwischen dem *Tricalciumsilicatgeh.* des *Portlandzementklinkers* u. dem Geh. der Rohmischung an kalkhaltigen ungebranntem Material oder seinem Titer eine hyperbol. Beziehung besteht, die prakt. als linear angesehen werden kann. (Доповіді Академії Наук Української РСР [Ber. Akad. Wiss. UkrSSR] **1953.** Nr. 2. 99—102.) LEBTAG. 6222

Je. Je. Artemjew, *Erfahrungen bei der Anwendung plastifizierter Zemente im hydrotechnischen Beton.* Verwendet wurden für die Verss. 3 verschied. Zemente. Es zeigte sich, daß die plastifizierten Mischungen bei geringerem Wasserzementfaktor im Vgl. zum nichtplastifiziertem Zement höhere Festigkeiten erreichen. Plastifizierte Betone sind bes. geeignet für die Herst. von geneigten Flächen. (Гидротехническое Строительство [Hydrotechn. Bau] **21.** Nr. 8. 20—23. Aug. 1952.) HELENE HAHN. 6224

A. W. Schwetzow, *Eine Näherungsmethode zur Bestimmung der Eigenspannung im Beton unter Berücksichtigung der Veränderlichkeit der Deformationseigenschaften.* Vf. gibt Berechnungsmethoden für die durch Temp. u. Schwindspannungen bedingten Deformationen des Betons an, bei welchen die zeitlichen Änderungen der Deformation berücksichtigt werden. Im Durchschnitt werden kleinere Werte als nach den bisher üblichen Methoden errechnet, die aber den tatsächlichen Verhältnissen mehr entsprechen. (Гидротехническое Строительство [Hydrotechn. Bau] **21.** Nr. 8. 23—27. Aug. 1952.) HELENE HAHN. 6224

A. Ch. Vournazos, *Zemente mit kolloiden Hydroxyden.* Wenn $Mg(OH)_2$ (I) im Zustand eines weichen Hydrogels mit calciniertem u. pulverisiertem Magnesit vermischt wird, bildet sich eine plast. Paste, die an der Luft genau wie die hydraul. Mörtel erstarrt. Die Erhärtung dieses I-Mörtels beruht auf der chem. Hydratation, welche der calcinierte Magnesit nach Vermischung mit dem oben beschriebenen Hydrogel erfährt. I zieht das Adsorptionswasser dieses Geles an, das sich übrigens wie ein mineral. Leim verhält u. das sich nach Verlust des Hydratwassers in ein hartes Hydrogel des I verwandelt. Auch andere hydrophile Oxyde, z. B. CaO oder BaO erstarren ebenso wie der calcinierte Dolomit, wenn man sie mit dem Hydrogel des I vermischt. Andere, nichthydrophile Oxyde bilden keine hydraul. Mörtel. Der calcinierte u. pulverisierte Magnesit reagiert in gleicher Weise mit anderen Metallhydroxyden, die sich in koll. Zustand befinden, z. B. mit $Fe(OH)_3$ u. $Al(OH)_3$. Der Mechanismus der Erhärtung ist rein koll. Natur. Schließlich zeigt Vf., daß der Sorelzement kein definiertes Magnesiumoxychlorid enthält u. daß das $MgCl_2$, einer der Bestandteile dieses Zementes, nur zu einer raschen Umwandlung des MgO in das Hydrogel des I beiträgt. Auf diese Weise bleibt $MgCl_2$ völlig frei erhalten, u. das ist der Hauptnachteil dieses Zementes. Nach dem von Vf. entwickelten Verf. wird das reine koll. I aus MgO durch Dampfbehandlung hergestellt, also unter Ausschluß von $MgCl_2$. (Praktika Akad. Athenon **18.** 8—28. 1943, ausg. 1950. [Orig.: griech.]) VLACHOS. 6226

F. A. Henglein, *Makromoleküle in Bausteinen der Technik und Natur.* Es werden neuere Unterss. über die Herst. von Kunststeinen nach der Art der künstlichen Kalksandsteine mitgeteilt, dad. gek., daß bei der hydrothermalen Härtung NaOH mitverwendet wird. Die Ergebnisse der Unterss. werden in Beziehung gesetzt zu unserer heutigen Auffassung über den Aufbau des Pflanzenbausteins *Protopektin*: Die hier beschriebenen Kunstsandsteine sind „Übermoll.", bestehend aus raumvernetzten SiO_2-Körnern (Makromoll.), deren Nachbarn andererseits mit Metallionen vernetzt sind. Beim Protopektin hat man Vernetzung von benachbarten, kettenförmigen Pektinmakromoll. durch Metallionenbrücken. (Makromolekulare Chem. **6.** 71—77. März 1951.) H. G. FRÖHLICH. 6228

P. P. Budnikow, I. M. Keller und **O. Ss. Lawrowitsch,** *Untersuchung des Einflusses von Ton verschiedener mineralogischer Zusammensetzung auf die Eigenschaften von Ton-Kalk-Baumaterialien.* Zusätze von *Magerton* wirken sich günstig auf die physikal.-mechan. Eigg. von Kalksanderzeugnissen aus, die einer hydrothermalen Druckbehandlung ausgesetzt werden. Die freie disperse Kieselsäure der Tone bildet bei Dampfverfestigung (8 atü), mit $Ca(OH)_2$ (I) Calciumhydrosilicate, die zusätzlich eine Erhöhung der Festigkeit bringen. Möglich erscheint auch die Bldg. eines nur wenig verfestigend wirkenden Reaktionsprod. von Kaolinit u. I. Zwischen Ausdehnungskoeffizienten, Frostbeständigkeit u. Calciumsilicatbldg. besteht eine gewisse Beziehung. (Доклады Академии Наук СССР [Ber. Akad. Wiss. UdSSR] [N. S] **87.** 1043—46. 21/12. 1952.) HELENE HAHN. 6228

K. Walz, *Über Feststellungen mit Auftausalzen und den Schutz der Betonfahrbahndecken.* Es wird die zerstörende Wrkg. von Tausalzen auf Betondecken behandelt, da deren Anwendung gefordert wird. Die Frage, wie die Tausalze auf den Beton einwirken, ist noch nicht eindeutig zu beantworten. Es können unter Umständen auch bei reinem, allg. nicht als betonaggresiv in Erscheinung tretenden $CaCl_2$ u. NaCl sowohl chem. Umsetzungen als auch physikal. ablaufende Zerstörungsvorgänge beim Auskristallisieren aus den Lsgg. oder bei der Hydratbldg. beteiligt sein. Die Unterss. über den Schutz der bestehenden Betondecken durch eine Oberflächenbehandlung ergaben noch kein einheitliches Bild. Eine wesentliche Verbesserung der Tausalzbeständigkeit ist zweifellos durch Verwendung von luftporenbildenden Zusatzstoffen bei Neubauten möglich. (Zement-Kalk-Gips **6** (**42**). 8—14. Jan. 1953. Stuttgart.) K. SEIDEL. 6230

Optische Werke C. A. Steinheil Söhne G. m. b. H. (Erfinder: **Franz Mantler**), München, *Herstellung von Fluoriden,* z. B. CaF_2, mit einem die Erzeugung dünner reflexionsändernder Oberflächenschichten auf Glas, durchsichtigen Kunststoffen u. dgl. durch Aufdampfen im Vakuum gestattenden Reinheitsgrad. Das aus Fluoriden bestehende Aufdampfmaterial wird ein- oder mehrere Male mit HF abgeraucht; die hierbei ausgeschiedenen Beimengungen werden entfernt. (**D. B. P. 870 091** Kl. 12i vom 26/6. 1942, ausg. 9/3. 1953.) SCHREINER. 6201

Karl Wägerle, Neustadt/Weinstraße, *Zementglasuren.* Zement wird mit einer größeren Menge Hydratkalk u. einer kleineren Menge kieselsaurer Magnesia vermengt. Der Mischung können geringe Mengen Lithophone u. bituminöse Mörteldichtungsmittel zugesetzt werden. Mit einer wss. Zelleimlsg. kann zur Konsistenz einer Spachtelmasse angerührt u. auf Gegenstände aufgetragen werden. Die M. ist geeignet für Gehäuse von Maschinen, elektr. Isolierkörper, Haushaltgegenstände, Kühlschränke usw. (**D. B. P. 847 570** Kl. 80b vom 15/2. 1951, ausg. 25/8. 1952.) REINHART. 6213

Friedr. Krupp Akt.-Ges., Essen (Erfinder: **Friedr. Badenheuer**, Essen), *Silicasteine.* Der M., aus der die Steine geformt werden, wird FeSi in feingemahlenem Zustand zugesetzt. Das FeSi oxydiert während des anschließenden Brennens der Steine. Als zweckmäßig hat sich ein Zusatz von 1—10% FeSi erwiesen bei Geh. des FeSi an Si von über 90%. Die während des Brennens der Steine stattfindende Oxydation des FeSi bewirkt eine Volumenvergrößerung, die zu dichten Silicasteinen führt. (**D. R. P. 752 150** Kl. 80b vom 1/9. 1942, ausg. 27/10. 1952.) REINHART. 6219

Soc. An. des Manufactures des Glaces et Produits Chimiques de Saint-Gobain, Chauny & Cirey, Paris, Frankreich, *Harte, feuerfeste Erzeugnisse.* Zum Herstellen von Gegenständen, die aus einem Gemisch von Kristallen eines Oxyds, z. B. Al_2O_3, u. einer interkristallinen Legierung aus Si u. einem der metall. Bestandteile des Oxyds bestehen, werden z. B. Körper aus SiO_2 in einem Bad von fl. Al bei Tempp. von ca. 700—900° erhitzt. Bei genügender Erhitzungsdauer wird SiO_2 zu Si red., u. es bildet sich ein gleichgeformter Körper aus Al_2O_3 u. einer Al–Si-Legierung. Der Erfinder hat den Prodd. die Bezeichnung „Metasil" gegeben. Es kann auch so vorgegangen werden, daß SiO_2-haltigen keram. Massen Metall in Pulverform zugesetzt u. bei den angegebenen Tempp. erhitzt wird. (**Schwz. P. 281 069** vom 30/12. 1947, ausg. 3/6. 1952. F. Prior. 19/3. 1942.) REINHART. 6219

Heradéos Fyssen-Zides, Seine, Frankreich, *Gießen keramischer Körper aus keramischen Pasten mit hohem Gehalt an Titandioxyd* unter Zusatz von stärkemehlhaltigen Plastifizierungsmitteln. Für 100 (kg) trockener oder frittenartiger Paste mit Titandioxydpulver, die nur 2—4% koll. Ton enthält, werden ca. 3 Weizenmehl (< 100-Maschensieb), ca. 0,6 Reisstärkemehl u. ca. 65 Liter W. verwendet. — Z. B. führt man in ein Mischrührwerk 40—45 Liter W. u. 100 Paste aus Titandioxydpulver u. 3 Weizenmehl ein, läßt ca. 1 Std. rühren, setzt unter Weiterrühren einen Brei aus 0,6 Reisstärkemehl in 20—25 Liter W. zu, der vorher zum Aufkochen gebracht wurde, u. rührt ca. 1 Std. weiter. Man siebt die Paste durch, gießt sie in Gipsformen u. läßt sie erhärten. (**F. P. 1 001 481** vom 7/5. 1946, ausg. 25/2. 1952.) BEWERSDORF. 6221

Eugen Dürrwächter, Pforzheim, *Versilberungspräparate und damit hergestellte Gegenstände.* Eine Aufschlämmung von Ag_2O in einem Nichtelektrolyten wird durch eine sehr kleine Menge eines Reduktionsmittels derart red., daß Silbersuboxyd entsteht. Als Nichtelektrolyt können ein aliphat. oder aromat. Alkohol, ein Ester oder Keton oder ihre Mischungen verwendet werden. Lacksubstanzen, wie Kollodiumwolle, natürliche oder künstliche Harze, können zugesetzt u. als Reduktionsmittel Phenylhydrazin, Phenylhydroxylamin, Benzaldehyd oder Harnstoffaldehyd benutzt werden. — 70 g Ag_2O werden z. B. in 40 g einer 15%ig. Lsg. von Nitrocellulose in Äthylenglykol aufgeschlämmt. Zu diesem Gemisch werden 4 g Benzaldehyd zugesetzt u. die Mischung 60 Std. in einer Porzellanmühle gemahlen. Die erhaltene Suspension von Silbersuboxyd wird mit Spritzpistole oder Pinsel aufgetragen u. bei ca. 380° eingebrannt. (**D. B. P. 862 727** Kl. 80b vom 27/4. 1951, ausg. 12/1. 1953.) REINHART. 6221

Schundler & Co., Inc., übert. von: **Paul S. Denning**, Joliet, Ill., V. St. A., *Herstellung von Gegenständen aus Magnesiazement.* MgO u. eine wss. Lsg. von $MgCl_2$ oder von $MgSO_4$ werden in einem solchen Verhältnis zu einem Schlicker vermischt, daß nach der Rk., welche z. B. zu der Verb. $3MgO \cdot MgCl_2 \cdot 10H_2O$ führt, keine freie Reaktionskomponente mehr vorliegt. Ferner werden der M. bis zu 2% eines schaumbildenden Stoffes in Form eines hydrolysierten Proteins zugesetzt. Die Mischung wird schaumig geschlagen. Von der Art des Schlagens hängt es ab, ob gröbere oder feinere Blasen u. somit nach dem Erhärten ein weniger fester, jedoch stärker wärmeisolierender bzw. ein festerer Körper entsteht. Da keine flüssigkeitsaufsaugenden Füllstoffe verwendet werden, kann mit verhältnismäßig konz. Salzlsgg. gearbeitet werden. (**A. P. 2 598 980** vom 26/2. 1949, ausg. 3/6. 1952.) HANS HOFFMANN. 6223

Aktiebolaget Iföverken, Bromölla, Schweden, *Herstellung von Faserzement.* Cellulosefasern werden mit einer Harzschicht überzogen, mit Zement vermischt u. unter Zusatz von W. verformt. Als Überzugsmassen kommen Kunstharze, wie Aminoplaste, Polyäthylenimine, Melaminharze, u. als Faserstoffe solche aus der Aufbereitung des Holzes wie Sulfit- oder Sulfatcellulose, in Frage. Die mit Kunstharz überzogenen Faserstoffe können mit einer hydrophoben Substanz, wie Kolophonium, behandelt werden. Auch können der Mischung noch andere Faserstoffe, wie Asbest, zugesetzt werden. (**Schwz. P. 283 344** vom 18/5. 1949, ausg. 1/10. 1952. Schwed. Prior. 18/5. 1948.) HANS HOFFMANN. 6223

Internationella Siporex A/B, Stockholm, Schweden, *Verbesserung des Austreibens von Luft und der Wärmeübertragung bei der Dampfbehandlung von Formkörpern (Leichtbetonsteinen) in geschlossenen Räumen.* Man führt den Kesseln zum Aushärten von Leichtbetonsteinen auf der einen Seite Dampf zu u. saugt auf der anderen Seite die Luft kräftig ab, so daß um die Steine herum eine starke Luft–Dampf-Strömung auftritt. (**Finn. P. 26 082** vom 18/7. 1950, Auszug veröff. 29/11. 1952. Schwed. Prior. 21/7. 1949.) JÜRGEN SCHMIDT. 6225

Dortmund-Hörder Hüttenunion Akt.-Ges. (Erfinder: **Hermann Stützel**), Dortmund, *Mörtel für Silicasteine.* Einem tonarmen, doch feuerfesten Klebsand oder reinem Sand als Grundstoff wird ein gemaukter Quarz- oder Quarzitschlamm zugesetzt. Dieser Bindeschlamm, dessen Wirksamkeit auf der Bldg. von Kieselsolen u. -gelen während der Maukzeit beruht, wird dadurch erhalten, daß ein genügend reiner Quarzit oder auch Quarzsand vermahlen u. dann, z. B. in einer Kugelmühle, mit einer solchen Wassermenge u. so lange feingemahlen wird, daß ein zäher klebriger Schlamm entsteht. Dieser Schlamm wird längere Zeit, am besten wochenlang, gemaukt. Von dieser M. werden dem Grundstoff je nach seiner Feinheit u. Bindigkeit einige, mindestens 3 Gew.-%, zweckmäßig ca. 10—25% (bezogen auf die Trockenmasse), zugesetzt. (**D. B. P. 862 725** Kl. 80b vom 23/3. 1951, ausg. 12/1. 1953.) REINHART. 6227

Petra Corp., reg. Trust, Vaduz, Liechtenstein, *Gipsherstellung,* Rohgips wird zur Entwässerung einer Wasserdampfbehandlung unterworfen, indem das Behandlungsgut in einen in ununterbrochenem Kreislauf geführten, durch eine Heizquelle ständig aufgeheizten Wasserdampfstrom eingeführt u. von diesem gefördert wird, wobei dem Behandlungsgut W. in Dampfform entzogen wird. Das entwässerte Gut wird fortlaufend ausgetragen u. der überschüssige Wasserdampf aus dem Kreislauf entfernt. Zur Entwässerung kommen Dampftempp. von 250—500° in Frage. (**Schwz. P. 282 976** vom 26/3. 1949, ausg. 1/9. 1952.) HANS HOFFMANN. 6227

Hercules Powder Co., Wilmington, Del., übert. von: **Fred L. Chappell jr.,** Kalamazoo, Mich., V. St. A., *Herstellung von Schaumgips.* Zwecks Herst. von Leichtbauplatten oder dgl. wird eine Mischung aus Gips u. W. mit einem Schaummittel versetzt u. vor dem Erhärten zu Schaum geschlagen, der dann verformt wird. Als Schaummittel wird eine Mischung aus einer Alkaliseife von zum Teil in Gasolin unlösl. Kiefernharz (**I**) u. einem in W. lösl. niederen Alkohol mit 3—6 C-Atomen u. einem O-Geh. unter 40% benutzt, z. B. Hexylenglykol (**II**), Isopropanol oder tert. Butylalkohol. — Beispiel für eine Gipsmischung: 100 (Teile) Gips, 106 W. u. 0,012% (bezogen auf den Gips) einer Mischung aus 2 **I** u. 1 **II**. (**A. P. 2 593 008** vom 13/4. 1950, ausg. 15/4. 1952.) HANS HOFFMANN. 6227

Century Waalboards Ltd. und **Sidney Dent,** Stockport, England, *Leichtbaustoff.* Als Bewehrung für Schaumbeton wird Holzwolle benutzt, welche auf eine Stapellänge von 1,5—2 Zoll geschnitten u. vor ihrem Gebrauch durch Eintauchen in eine Na_2SiO_3-Lsg. vorbehandelt ist. — Z. B. wird eine Mischung aus 126 (lbs) scharfem feinem Sand, 56 Portlandzement u. 12 geschnittener Holzwolle mit 2,5 Gallonen W. angemacht, worauf die M. mit einem aus hydrolysiertem Protein bereiteten Schaum vermischt wird. (**E. P. 659 575** vom 20/12. 1948, ausg. 24/10. 1951.) HANS HOFFMANN. 6229

Cellactite & British Uralite Ltd., und **Charles Percy Pringle,** Rochester, Kent., England, *Bauplatten* für Wandverkleidungen, Zimmerdecken u. ähnliche Zwecke. Man stellt sich eine Mischung aus Diatomeenerde u. Zement her, z. B. aus 34 u. 52 (%), u. setzt 8—9 Asbest u. 5 Pflanzenfasern, z. B. Flachs, zu. (**E. P. 650 169** vom 13/2. 1948, ausg. 14/2. 1951.) NEBELSIEK. 6229

Hermann Roth, *Kunststeinfabrikation.* Man verwendet eine Mischung aus Steinpulver, Leim u. etwas W. u. gibt zu der bei 60° erhaltenen Paste gegebenenfalls 3—5% Wasserglas. Kurz vor der Formgebung versetzt man die Paste mit 0,1—1% CH_2O, läßt in der Form erkalten, trocknen u. härten u. taucht gegebenenfalls die Wasserglas enthaltende M. in eine F-Salzlsg.; Verwendung für Lampenfüße, Kandelaber, Möbelteile, Wandplatten. (**F. P. 981 095** vom 18/2. 1949, ausg. 22/5. 1951. D. Prior. 1/10. 1948.) PANKOW. 6229

Victor Søyland, Alvøen, Norwegen, *Wärme- und schallisolierende Stoffe.* Man verwendet als Isoliermaterial *Seealgen,* in denen 10—50% der vorhandenen Alginsäure in *Zn-Alginat* übergeführt werden u. hierdurch als wasserfestes Bindemittel für den Rest der M. dienen. Man kann ferner die Massen mit Sägespänen mischen u. dieses Vermischen zweckmäßig im Autoklaven vornehmen, in dem die Alginatbldg. bewirkt wird. (**N. P. 79 408** vom 17/3. 1951, ausg. 19/11. 1951.) JÜRGEN SCHMIDT. 6229

Lauri Mackenzie, Oslo, Norwegen, *Kontinuierliche Herstellung von Isoliermaterial.* Man trägt auf eine Unterlage, z. B. eine Papierbahn (**I**), zunächst in der Mitte einen in der Wärme schnellbindenden Leim, z. B. auf Latex- oder Cellulosebasis auf, schüttet dann das lose Isoliermaterial, z. B. Cocosfaser, darüber, legt eine 2. I darüber, die nur an den Kanten mit Leim versehen ist, u. führt dann alles so durch Walzenpaare, daß die Kanten zusammengepreßt u. verleimt werden. — Zeichnung. (**N. P. 78 514** vom 15/11. 1947, ausg. 7/5. 1951.) JÜRGEN SCHMIDT. 6229

Johannes Anton Vilhelm Mieritz, Hørsholm, Dänemark, *Isoliermaterial aus Stroh oder Rohr.* Stroh oder Rohr werden lose ohne Bindemittel u. ohne Pressung geschichtet u. dann mit so wenig Bindemittel verbunden, daß nur die natürlich gegebenen Verbindungsstellen zusammenkleben. (**Dän. P. 73 317** vom 24/4. 1946, ausg. 5/11. 1951.) JÜRGEN SCHMIDT. 6229

Johns-Manville Corp., New York, N. Y., übert. von: **Roland W. Honnig,** Plainfield, N. J., *Isoliermaterial aus geformter Magnesia.* Man bildet bei 80—120° F einen wss. Schaum von $MgCO_3$ u. *Asbestfasern* mit einem Feststoffgeh. von 1,5—15%, erhitzt durch heißes W. auf 140—180° F u. läßt 2—30 Min. stehen. Es bilden sich voluminöse Flocken von miteinander verflochtenen Kristallen u. Fasern. Die M. wird teilentwässert; dann wird in feuchtem Zustand eine blockförmige M. hergestellt, die durch Druck u. Hitze unter Beibehaltung der Blockform getrocknet wird. (**A. P. 2 609 733** vom 26/10. 1945, ausg. 9/9. 1952.) REICHELT. 6229

Pierre-Jean-René Moreau, Seine, Frankreich, *Betonoberflächen für Straßen und Fahrwege aus 2 Lagen Beton und einer Isolierzwischenlage.* Die untere Betonlage wird etwas stärker hergestellt als die Betonoberflächenlage u. kann mit Bewehrungen versehen sein. Dazwischen wird eine Schicht mit einem bituminösen Bindemittel verlegt, wodurch die obere dünne Betonlage gleichsam auf der verstärkten Unterbetonschicht ohne Reibung gleiten kann. (**F. P. 998 713** vom 5/10. 1949, ausg. 22/1. 1952.) BEWERSDORF. 6231

VII. Agrikulturchemie. Schädlingsbekämpfung.

P. P. Chichilo und **Colin W. Whittacker,** *Spurenelemente in landwirtschaftlichen Schlacken.* Unterss. von Hochofen-, Thomas- u. Ferromanganschlacken auf ihren Geh. an Spurenelementen (Mn, B, Zn, Cu, Pb, Co u. Mo). Angaben über ihren landwirtschaftlichen Wert. (Agronomy J. **45.** 1—5. Jan. 1953. Beltsville, Md., Div. of Fertilizer and Agric. Lime.) GRIMME. 6292

A. Je. Kotschergin, *Die Wirkung großer Körner aus Humus und Superphosphat bei Schwarzerden Sibiriens.* Größere Körner von *Humus* u. *Superphosphat* (I) haben eine längere Wrkg. als kleinere Körner. Wenn bei der Granulierung auch NH_4- u. K-Salze zugesetzt werden, bilden sich im Boden Herde mit bes. günstigen biol. Bedingungen. Eine zu hohe Korngröße des granulierten I ist aber unzweckmäßig, da dadurch der Übertritt der P_2O_5 in den Boden beeinträchtigt wird. K trat innerhalb eines Monats fast vollständig aus den Düngerkörnern von 10 mm Durchmesser aus u. verteilte sich in einem Umkreis von 6 cm Durchmesser. (Агробиология [Agrobiologie] **1953.** Nr. 2. 62—69. März/April. Omsk, Sibir. Wiss. Forschungsinst. für Getreidebau.) A. JACOB. 6304

W. K. Iwanow, *Die nesterweise Einbringung von granuliertem Superphosphat bei Mais.* Einbringen von granuliertem *Superphosphat* (I) mit dem Saatgut verminderte den Ertrag von Mais. Wird I 3–4 cm seitlich eingebracht, so wird der Ertrag erhöht, bes. wenn es beiderseitig untergebracht wird. (Доклады Всесоюзной ордена Ленина Академии Сельскохозяйственных Наук имени В. И. Ленина [Ber. Allunions landwirtsch. (Lenin-Orden) Lenin-Akad.] **18.** Nr. 6. 20—22. 1953. Krasnodar, Selektionsstat.) A. JACOB. 6304

O. A. Lorenz und **C. M. Johnson,** *Stickstoffdüngung in Beziehung zur Phosphorausnutzung in gewissen kalifornischen Böden.* Die Art der N-Düngung ist vom Einfl. auf den Ertrag auf gewissen leichten, schwachalkal. Böden. $(NH_4)_2SO_4$ wirkt besser als Nitrat. Das physiol. saure $(NH_4)_2SO_4$ begünstigt im Gegensatz zu $Ca(NO_3)_2$ u. $NaNO_3$ die P_2O_5-Aufnahme. Die Wrkg. von NH_4NO_3 lag in der mittleren Erhöhung der P_2O_5-Versorgung durch Düngung mit elementarem S oder geringe P_2O_5-Düngung erhöht die N-Ausnutzung. (Soil Sci. **75.** 119—29. Febr. 1953. Berkeley, Calif., Univ.) GRIMME. 6304

O. M. Kekuch, *Der Einfluß von Magnesiumsalzen bei der Nichtwurzelernährung auf die Knollenbildung bei der Kartoffel.* Besprühen zu üppig entwickelter Kartoffelstauden mit einer 1%ig. Lsg. von *$MgSO_4$* verstärkt den Abtransport von Kohlenhydraten nach den Knollen. Je früher diese Zufuhr von $MgSO_4$ erfolgt, desto stärker ist die Wirkung. (Доповіді Академії Наук Української РСР [Ber. Akad. Wiss. UkrSSR] **1953.** Nr. 3. 168—71. Ukrain. Abt. der Allunions Landwirtsch. Genossenschaft.) A. JACOB. 6304

Lyle A. Derscheid, L. M. Stahler und **D. E. Kratochvil,** *Verschiedene Reaktionen von Hafersorten auf 2.4-Dichlorphenoxyessigsäure (2.4-D).* Bericht über vergleichende Verss. mit 2.4-D als Butylester, Triäthanolamin- u. Na-Monohydratsalz bei 9 verschied. Hafersorten. Dosis 1 lb-Säureäquivalent/1 acre. Hierbei zeigte der Butylester in der Regel eine erhöhte Toxitität. Generell waren alle Hafersorten im Jugendstadium empfindlich gegen die 2.4-D-Behandlung; im Laufe der Vegetation fand jedoch stets ein Ausgleich statt. Gerste ist empfindlicher gegen die Hormonbehandlung als Hafer. Bei Haferkörnern zeigte sich im 2. Jahre noch eine Nachwirkung. (Agronomy J. **45.** 11—17. Jan. 1953. South Dakota Agric. Exp. Stat.) GRIMME. 6312

B. Rademacher, *Über die Auswirkungen einer Behandlung mit 2.4-Dichlorphenoxyessigsäure (2.4-D) auf dem Grünland unter besonderer Berücksichtigung ihrer Anwendung gegen die Herbstzeitlose (Colchicum autumnale L.)* Das *Na-* u. *Aminsalz* der *2.4-D* (**I**) wirken schädigend auf Colchicum autumnale (Verzögerung des Austriebs im Frühjahr, Verhinderung der Blüten- u. Kapselbldg. auf mindestens 2 Jahre). Der Grad der Schädigung entspricht der Höhe der **I**-Gabe. Durch Zugabe von Netzmitteln konnte die Wrkg. verbessert werden. Zusätzliche Düngung drängte als solche schon die Herbstzeitlosen zurück, was durch **I**-Behandlung kaum verstärkt wurde. Abschließend werden Unterss. über die Veränderungen des Pflanzenbestandes des Grünlandes bei **I**-Anwendung beschrieben. (Z. Acker- u. Pflanzenbau **96.** 415—56. Aug. 1953. Stuttgart-Hohenheim, Landwirtsch. Hochschule, Inst. für Pflanzenschutz.) WINIKER. 6312

Franz Kersting, *Zur Frage der Bekämpfung von Colchicum autumnale mit wuchsstoffhaltigen Mitteln.* Bei Aufwandmengen bis zu 16 kg/ha in mehreren Gaben in einem Zeitraum von 3 Jahren konnte der Colchicum autumnale-Besatz verseuchter Wiesen bis zu 95% mit *2.4-D*-Salzpräpp. vernichtet werden. Die Wrkg. der Mittel auf die Verminderung der Blüte war größer als auf die Blattbüschel. *2.4-D/2.4.5-T*-Mischpräpp., bes. die Mischester, scheinen die 2.4-D-Salze an Wirksamkeit zu übertreffen. Die Wirkungssteigerung der Mittel durch Zusatz von Netzmitteln erscheint nicht gesichert (vgl. nachst. Ref.). (Nachrichtenbl. dtsch. Pflanzenschutzdienstes [Braunschweig] **5.** 70—75. Mai 1953. Münster/Westfalen, Pflanzenschutzamt.) WINIKER. 6312

F. Kersting, *Bekämpfung der Pestwurz auf Wiesen und Weiden.* (Vgl. C. **1953.** 3627.) Zur Bekämpfung der Pestwurz (Petasites officinalis Mnch.) sind *2.4-D/2.4.5-T*-Mischpräpp. geeignet. (Höfchen-Briefe Wiss. Prax. **6.** 83—90. 1953. Münster/Westfalen, Pflanzenschutzamt.) WINIKER. 6312

G. Weber, *Die Bekämpfung des Apfelschorfes (Venturia inaequelis) mit einer Fermatnebellösung.* Kurzer Hinweis auf Erfolge mit einer *DDT-Fermat*-Lösung. (Z. Pflanzenkrankh. (Pflanzenpathol.) Pflanzenschutz **60.** 408—09. 1953. Frankfurt/M., Pflanzenschutzamt.) WINIKER. 6312

Herbert S. Hurlbut, Robert M. Altman und **Carlyle Nibley jr.,** *DDT-Resistenz koreanischer Körperläuse.* Ein DDT-Talkum-Gemisch, das seine Wirksamkeit gegenüber Larven von Anopheles sinensis (als Lsg.) voll entfaltete, versagte gegenüber Pediculus humanus corporis Deg. (Science [Washington] **115.** 11—12. 4/1. 1952 Korea, Fleet Epidemic Disease Control Unit 11, u. 37th. Preventive Med. Co.) LÜPNITZ. 6312

B. C. Basu, C. M. Sen Gupta und **P. Balarama Menon,** *Rückgang der Milcherzeugung bei indischem Vieh durch Arthropodenbefall und seine Bekämpfung.* Zur Verminderung der Parasiten Musca nebulo Wied., M. crassirostris Stein, Lyperosia exigua de MAIJ, Stomoxys calcitrans Linn., Hippobosca maculata Leach, Hyalomma aegyptium Linn. u. Boophilus australis Fuller u. Verbesserung der durch sie gestörten Milcherzeugung wurden Kühe zu verschied. Jahreszeiten mit 4 verschied. Insekticiden (Dieselöl + Pyrocid 20 + Kiefernöl; Extr. Pyrethri liqu. (**I**) + Kerosinöl (**II**); DDT + **II** + W.; **I** + **II** + DDT) behandelt. Die Tiere wurden täglich mit 60 cm^3 der Mischungen besprüht. Die durchschnittliche Zunahme der Milchproduktion für alle Tiere, Jahreszeiten u. Mittel lag zwischen 4 u. 11%. (Indian J. veterin. Sci. animal Husbandry **22.** 51—59. März 1952. Izatnagar, Uttar Pradesh, Indian Vet. Res. Inst.) FRESENIUS. 6312

J. A. J. Veenenbos, *Versuche zur Bekämpfung schädlicher Insekten auf Raps (Brassica napus L.).* Zur Bekämpfung von Psylliodes chrysocephala L. bewährten sich Parathion u. BCH. Dasyneura brassica Winn. konnte durch DDT u. Ceuthorrhynchus assimilis Payk. durch BHC u. Toxaphen vernichtet werden. (Tijdschr. Plantenziekten **59.** 35—50. 1953. Wageningen, Plantenziektenkundige Dienst.) GRIMME. 6312

H. Ehrenhardt und **R. Diercks,** *Über die Ausbreitung, Lebensweise und Bekämpfung des Weißen Bärenspinners in Europa. Parathion* u. *Hexa*-Präpp. wirkten gegen die jüngeren Raupenstadien sehr gut, besaßen aber eine nur relativ kurze Dauerwirkung. Sehr gut war die Wrkg. von DDT-Präpp. auch auf ältere Raupenstadien. Das Carbazolpräp.

Holfidal erwies sich als recht brauchbar. *Hexa-DDT*-Mischpräpp. lagen in ihrer Wrkg. im Durchschnitt zwischen reinen DDT- u. Hexapräparaten. *Dieldrin* erwies sich als weniger brauchbar. (Nachrichtenbl. dtsch. Pflanzenschutzdienstes [Braunschweig] **5.** 113—19. Aug. 1953. Heidelberg, Inst. für Obstbau der Biol. Bundesanst., u. München, Bayer. Landesanst. für Pflanzenbau u. Pflanzenschutz.) WINIKER. 6312

Bruno Götz, *Zur Wirkung synthetischer Insektengifte gegen die Larven des Rebstichlers Byctiscus betulae L.* Bei stärkerem Auftreten wird der Käfer in der Regel mit *DDT*-Präpp. bekämpft, aber auch *Lindan-* u. *Phosphorsäureester*-Mittel töten ihn rasch u. sicher ab. (Z. Pflanzenkrankh. [Pflanzenpathol.] Pflanzenschutz **60.** 397—406. 1953. Freiburg/Br., Zool. Abt. des Staatl. Weinbau-Inst.) WINIKER. 6312

H. Mühlmann, *Zur Bekämpfung der Roten Spinne im rheinhessischen Weinbau.* Zur erfolgreichen Bekämpfung der Roten Spinne reichte zweimaliges Spritzen mit *E 605 forte* (**I**; 0,03%) aus. Von prakt. der gleichen Wirksamkeit war eine Kombination von **I** mit *Netzschwefel 80* (0,2%). *Systox* (0,05%) stand in seiner acariciden Wrkg. dem **I** nicht nach; eine einmalige Behandlung reichte aus. *Nicotin* (0,15%) bewährte sich nicht. (Höfchen-Briefe Wiss. Prax. **6.** 73—79. 1953. Oppenheim/Rh., Landes-Lehr- u. Versuchsanst. für Wein- u. Obstbau.) WINIKER. 6312

Ir. A. Soenen, *Die Wickler unserer Obstbäume.* Überblick über Biologie u. Bekämpfung (im Winter mit *organ. Farbstoffen*; im Frühling u. Sommer mit *Phosphorsäureestern* u. *DDT*) der Obstbaumwickler u. die durch sie verursachten Schäden. (Höfchen-Briefe Wiss. Prax. **6.** 117—20. 1953. Gorsem/St. Trond., Centre des Rech) WINIKER. 6312

Werner Ext, *Stachelbeermilbe als Hauslästling.* Bei der Bekämpfung der Stachelbeermilbe wurde mit *Toxaphen* u. *E 605* ein gewisser Erfolg erzielt, während *DDT*-Mittel versagten. (Z. Pflanzenkrankh. [Pflanzenpathol.] Pflanzenschutz **60.** 407—08. 1953. Kiel) WINIKER. 6312

G. Unterstenhöfer, *Freilandversuche mit dem systemischen Insekticid „Systox" gegen die schwarze Bohnenlaus (Doralis fabae Scop.) an Ackerbohne (Vicia faba L.).* In Freilandverss. wurde festgestellt, daß die Saatgutbehandlung mit Systox bei der Ackerbohne eine gesicherte Befallsminderung u. Ertragssteigerung bewirkt (Höfchen-Briefe Wiss Prax. **6.** 121—30. 1953.) WINIKER 6312

Jos. Schmit, *Bekämpfungsversuche der Kirschenmade mit Phosphoresterpräparaten.* Bericht über erfolgreiche Bekämpfungsverss. mit *E 605* u. *Parathion.* Bedenken betreffs des Konsums der mit diesen Präpp. behandelten Kirschen bestehen nicht. (Höfchen-Briefe Wiss. Prax. **6.** 113—16. 1953. Luxemburg.) WINIKER 6312

O. Hierholzer, *Zur Kenntnis des Moosknopfkäfers Atomaria linearis Steph. (Cryptophagidae).* Zur 100%ig. Abtötung der Käfer sind mindestens 30 kg *Hexa*-Streumittel/ha erforderlich. (Nachrichtenbl. dtsch. Pflanzenschutzdienstes [Braunschweig] **5.** 76—79. Mai 1953. Göttingen, Univ., Inst. für Pflanzenpathol.) WINIKER. 6312

Hedwig Hirschmann, *„Systox" zur Bekämpfung von Blattälchen. Systox* (**I**) tötet Aphelenchoides fragariae u. A. ritzema-bosi rascher ab als *E 605 forte.* Das Stockälchen, Ditylenchus dispaci, u. die freilebende Nematodenart Diplogaster maupasi reagierten auf **I** mit ähnlichen Lähmungserscheinungen wie die Blattälchen. **I** scheint, neben seiner Wrkg. als Kontaktgift, in erster Linie als Atemgift über die Haut der Würmer zu wirken. (Höfchen-Briefe Wiss. Prax. **6.** 90—112. 1953. Erlangen, Zool. Inst.) WINIKER. 6312

E. Mosebach, *Kontaktinsekticide als „Fraßgifte" gegen Ameisen.* Bericht über zufriedenstellende Bekämpfungsverss. mit einem *Gamma-HCH*-Gemisch. (Nachrichtenbl. dtsch. Pflanzenschutzdienstes [Braunschweig] **5.** 121—24. Aug. 1953. Celle, Biol. Bundesanst., Inst. für angew. Zool.) WINIKER. 6312

G. Schmidt, *Zur Frage der insekticiden Wirksamkeit von Taxus-Extrakten. Taxus*-Extrakte erwiesen sich bei der Bekämpfung von Blattläusen, Stabheuschrecken, Drosophilae u. Kornkäfern als unwirksam. Auch reines *Taxin* zeigte keinerlei insekticide oder abschreckende Wirkung. (Nachrichtenbl. dtsch. Pflanzenschutzdienstes [Braunschweig] **5.** 124—25. Aug. 1953. Berlin-Dahlem, Abt. für Pflanzenschutzmittelforsch. der Biol. Zentralanst.) WINIKER. 6312

E. A. Mitscherlich, *Zur Ermittlung der „Grenzzahlen" bei einer „chemischen Bodenanalyse".* Vf. bespricht die Möglichkeit der Festlegung von „Grenzzahlen" für die chem. Bodenanalyse u. erbringt gleichzeitig den Nachw., daß das Düngerbedürfnis eines Bodens mit Hilfe einer chem. Bodenanalyse nicht bestimmt werden kann. Hingegen ist es möglich, „stark düngerbedürftige Böden" festzustellen u. für diese Grenzzahlen zu bestimmen. (Z. Acker- u. Pflanzenbau **96.** 397—414. Aug. 1953. Berlin, Dtsch. Akad. der Wiss., Inst. zur Steigerung der Pflanzenerträge Paulinenaue.) WINIKER. 6324

Siemens-Schuckertwerke Akt.-Ges. (Erfinder: **Paul Wenk,** Erlangen), Berlin und Erlangen, *Verkürzen der Keimzeit von Saat- und anderem Korngut.* Das Gut wird, bes. während des Waschens, bis zu 5 Min. Schall- oder Ultraschallwellen ausgesetzt. (**D.B.P. 880 525** Kl. 451 vom 22/7. 1951, ausg. 22/6. 1953.) NEBELSIEK. 6313

Aktiebolaget Ewaos, Södertälje, Schweden (Erfinder: **C. G. G. von Hofsten**), *Mittel zur Vernichtung von Butterblumen.* Man bespritzt die Blumen mit der Kultur eines für Taraxacumarten spezif. Pilzes, z. B. Phoma taraxi n. s. von HOFSTEN. (**Schwed. P. 135 703** vom 1/4. 1946, ausg. 13/5. 1952.) JÜRGEN SCHMIDT. 6313

Standard Oil Development Co., übert. von: **Howard L. Yowell,** Westfield, **John F. McKay jr.,** Cranford, und **Leo Z. Jasion,** Elizabeth, N. J., V. St. A., *Herbicide Mittel.* Die stabile homogene Lsg. enthält *Na-Trichloracetat* im Gemisch mit Ölsäure, Triäthanolamin, polymerisiertem alkyliertem Phenolpolyäthylenoxyd, aromat. Erdöl oder Na-Erdölsulfonat u. Wasser. Die Lsg. ist bes. zur Bekämpfung von *Polygonum aviculare, Poa annua, Digitaria sp., Veronica sp., Paspalum sp. Taraxacum officinale* u. *Ranunculus sp.* geeignet. (**A. P. 2 615 803** vom 22/12. 1950, ausg. 28/10. 1952.) KARST. 6313

Shell Development Co., San Francisco, übert. von: **René Blondeau** und **Johannes Van Overbeek,** Modesto, und **Richard R. Whetstone,** Orinda, Calif., V. St. A., *Unkrautvernichtungsmittel.* Man bespritzt die Unkräuter mit einem KW-stofföl vom Kp. ca. 150—290°, das wenigstens 10% aromat. Verbb. enthält, z. B. *Kerosin,* u. einen geringen Geh. von ca. 0,5—2% an substituierten Phenolen, z. B. *p-Nonyl-* oder *p-Dodecylphenol, p-Cyclohexylphenol, o-* oder *p-Phenylphenol* u. dergleichen, aufweist. Das Gemisch hinterläßt auf dem Kulturboden keine tox. Stoffe. (**A. P. 2 600 045** vom 26/8. 1950, ausg. 10/6. 1952.) KARST. 6313

B. F. Goodrich Co., New York, übert. von: **William D. Stewart** und **John H. Stauden,** Yonkers, N. Y., V. St. A., *Herbicide Mittel.* Die Blätter der zu bekämpfenden Unkräuter oder das vom Unkraut freizuhaltende Gelände werden mit Lsgg. oder wss. Emulsionen bespritzt, die 0,05 bis ca. 5% *Bisisopropylxanthogen* enthalten. Ein geeignetes Lösungsm. ist Kerosin. Dispergier- u. Netzmittel können noch zugesetzt werden. *Bisalkylxanthogendisulfide, Bisalkylthioxanthogene* u. *Bisalkylthioxanthogendisulfide* sind ebenfalls geeignet. (**A. P. 2 615 804** vom 8/5. 1947, ausg. 28/10. 1952.) KARST. 6313

Dow Chemical Co., übert. von: **Kenneth C. Kauer** und **Francis N. Alquist,** Midland, Mich., V. St. A., *Herbicid wirksames δ-Hexachlorcyclohexan* erhält man durch Photochlorierung von Bzl. bei 0 —30° in Ggw. von Chlormethanen u. fl. Chloräthanen im Verhältnis 10—96 (%): 90—4, bezogen auf Bzl., u. eines Benzothiazols oder Mercaptobenzothiazols als Katalysator, wobei über 17 des δ-Isomeren gewonnen werden. In den Beispielen beträgt die Ausbeute 21, 18—19, 21—25 (bestimmt nach der Infrarot-Meth.); ferner werden gewonnen: 50,2 α-, 11 β-, 13,1 γ-, 0,4 ε- u. 25,3 δ-Isomere. (**A. P. 2 606 868** vom 31/5. 1951, ausg. 12/8. 1952.) KRAUSS. 6313

R. T. Vanderbilt Co., Inc., New York, übert. von: **Albert A. Somerville,** Carmel, N. Y., V. St. A., *Fungicide Mittel.* Fe-Dimethyldithiocarbamat (**I**) wird mit dem Bi-Salz des 5-Chlor-2-mercaptobenzothiazols (**II**) in solchen Mengen vermischt, daß eine synergist. Wrkg. in bezug auf die fungicide Aktivität eintritt. Auf ca. 95—99 (%) **I** kommen ca. 5—1 **II.** Zur Herst. von **II** wird 1 (Mol.) Bi $(NO_3)_3 \cdot 5\ H_2O$ in sorbithaltigem W. gelöst, mit W. verd., mit 3 **II** u. 3 NaOH versetzt. Der Nd. wird abfiltriert u. getrocknet. Fungicide u. fungistat. Wirkungen. (**A. P. 2 614 960** vom 28/3. 1949, ausg. 21/10. 1952.) KARST. 6313

Böhme Fettchemie G. m. b. H. (Erfinder: **Kurt Burgdorf,** Offenbach/M.), Hamburg, *Herstellung von Spritzmitteln* für den *Pflanzenschutz,* gek. durch Zusatz von lösl. Salzen der Schwefelsäureester der aus den höheren Vorlaufsäuren (**I**) der Paraffinoxydation (**II**) über die Ketone erhältlichen sek. Alkohole einerseits u. von Ketonen aus den niederen **I** der **II** andererseits zu dem zu verwendenden Wirkstoff, z. B. Rotenon. (**D. B. P. 880 816** Kl. 451 vom 24/12. 1942, ausg. 25/6. 1953.) NEBELSIEK. 6313

A. P. Chambionnat und **A. J.-M. Bruyneel,** Casablanca, Marokko, *Vernichten von Insekten.* Man verwendet ein aliphat. α-Oxynitril, das mindestens 4 C-Atome in gerader Kette enthält, in Mischung mit einer Trägersubstanz. Geeignet sind z. B. *α-Cyanpentanol* oder *1-Chlor-4-dichlor-3-pentanolnitril* oder *Octanol-2-nitril.* (**Schwed. P. 134 505** vom 29/1. 1948, ausg. 5/2. 1952. Marrokan. Prior. 1/2. 1947.) JÜRGEN SCHMIDT. 6313

N. V. de Bataafsche Petroleum Mij., Den Haag, Holland (Erfinder: **T. Swarbrick**), *Insektenbekämpfungsmittel,* bestehend aus *Thiocyanaten,* die aus Alkoholgemischen der Oxosynth., bes. mit 12—13 C-Atomen, hergestellt wurden. Geeignet ist z. B. ein aus solchen Prodd. gewonnenes Präp. als Spritzmittel gegen *rote Spinnen.* Das Prod. ist wesentlich wirksamer als n-Dodecylthiocyanat. (**Schwed. P. 134 362** vom 12/1. 1949, ausg. 22/1. 1952. Holl. Prior. 27/1. 1948.) JÜRGEN SCHMIDT. 6313

May & Baker Ltd., Dagenham, Essex, England, *Schädlingsbekämpfungsmittel*, bestehend aus einem Halogenid der allg. Formel $RX \cdot CH_2M$, worin R einen aromat. Kern, X ein O- oder S-Atom u. M ein Cl- oder Br-Atom darstellen, ein Gemisch mit einem oder mehreren passenden Verdünnungsmitteln. (**E. P. 687 144** vom 8/10. 1949, ausg. 11/2. 1953.) NEBELSIEK. 6313

Gebr. Borchers Akt.-Ges. (Erfinder: **Ralf Garneck** und **Hugo Salaschek,** Bad Harzburg), Goslar (Harz), *Herstellung eines Schädlingsbekämpfungsmittels.* Man vermengt Azobenzol trocken mit einem Trägerstoff, z. B. Talkum, u. mahlt das Gemenge. Vor der Vermahlung kann man diesem 1—2% eines Haftmittels, z. B. Türkischrotöl, zusetzen. (**D. B. P. 882 335** Kl. 451 vom 12/8. 1942, ausg. 9/7. 1953. **Zusatz zu D. R. P. 744 721; C. 1944. I. 1218.**) NEBELSIEK. 6313

Ludwig Rosenstein und **Manuel H. Gorin,** San Francisco, Calif., V. St. A., *Pesticide Mittel.* Fester Thioharnstoff wird unter Rühren mit einem Überschuß an Chlorpikrin (I) zur Rk. gebracht, die feste Komplexverb. von dem Überschuß an I getrennt u. getrocknet. Die M. wird mit feinpulverigen Trägerstoffen vermischt, in Ölen verteilt oder zu wss. Emulsionen **oder Dispersionen** verarbeitet. Sie dient als Räuchermittel, zur Behandlung von frischen oder getrockneten Früchten oder Saatgut, zur Rattenbekämpfung u. Vernichtung von Schädlingen auf Citrusbäumen. (**A. P. 2 600 431** vom 17/6. 1950, ausg. 17/6.1952.) KARST. 6313

Soc. Civile d'Étude des Brevets Hycar (Erfinder: **Charles Pierre**), Frankreich, *Schädlingsbekämpfungsmittel.* Um eine sehr feine, konz. u. haltbare Dispersion von Insecticiden, z. B. DDT, zu erhalten, löst man z. B. in 100 (Teilen) Leuchtpetroleum 10 Dioleinphosphat (I) u. 100 DDT. u. gibt 1900 W. hinzu. An Stelle von I als Emulgator werden auch Distearin-, Diolein-, Dipalmitin-, Dimyristin-säureglycerid u. ähnliche Verbb. vorgeschlagen. (**F. P. 1 000 569** vom 5/3. 1946, ausg. 13/2. 1952.) WITTHOLZ. 6313

Solvay & Co., Brüssel, Belgien, *Herstellung von reinem γ-Hexachlorcyclohexan.* Man geht von einer übersätt. Lsg. der drei Isomeren aus u. fügt zu dieser Lsg. solche Mengen X zu, daß deren Konz. 20—50% beträgt: X = Chlorierungsprodd. des Bzl. außer den 3 α-, β- u. γ-Isomeren. (**Finn. P. 26 033** vom 30/8. 1950, Auszug veröff. 29/11. 1952. Belg. Prior. 14/9. 1949.) JÜRGEN SCHMIDT. 6313

Eastman Kodak Co., übert. von: **Joseph B. Dickey** und **Harry W. Coover jr.**, Rochester, N. Y., V. St. A., *Insecticide Mittel.* Das Mittel besteht aus 2 (%) *o-Cyclohexenylcyclohexanon,* 0,2 Pyrethrinextrakt, 1 Piperonylbutoxyd, 12 Petroleumdestillat u. 84,8 Dichlordifluormethan. Durch Vermischen der M. mit Trägerstoffen, wie Pyrophyllit, können Stäubemittel hergestellt werden. Sie sind bes. wirksam *gegen Fruchtfliegen* u. für Menschen u. warmblütige Tiere unschädlich. (**A. P. 2 614 961** vom 24/9. 1949, ausg. 21/10. 1952.) KARST. 6313

Pest Control Ltd., Bourn, Cambridgeshire, England, *Herstellung von Bis-isopropylaminofluorphosphinoxyd.* Man mischt Isopropylamin u. $POCl_3$ in einem inerten organ. wasserfreien Lösungsm. u. behandelt das Prod., gegebenenfalls nach Isolierung, mit einer konz. wss. Lsg. von KF oder NH_4F. (**Finn. P. 26 115** vom 10/5. 1951, Auszug veröff. 31/12. 1952. E. Prior. 12/5. 1950.) JÜRGEN SCHMIDT. 6313

Standard Oil Development Co., übert. von: **Jeffrey H. Bartlett,** Westfield, **Harry W. Rudel,** Roselle Park, und **Elmer B. Cyphers,** Cranford, N. J., V. St. A., *Insekticide Mittel.* Substituierte aliphat. Ester der Diäthyldithiophosphorsäure (I), bes. die Cyanoäthyl- u. Chloräthylester, werden mit Ton oder Bentonit innig vermischt. Cyanopropyl-, Cyanobutyl-, Chlorpropyl-, Chlorbutyl- u. Chlorhexylester von I sind ebenfalls geeignet. Höhere insekticide Wrkg. als Pyrethrin. (**A. P. 2 611 728** vom 1/11. 1949, ausg. 23/9. 1952.) KARST. 6313

Standard Oil Development Co., übert. von: **Jeffrey H. Bartlett,** Westfield, **Harry W. Rudel,** Roselle Park, und **Elmer B. Cyphers,** Cranford, N. J., V. St. A., *Insekticide Mittel.* Die *Addukte von Styrol* oder *α-Pinn* mit *Diäthyldithiophosphorsäure* werden mit ca. 20% eines Petroleumsulfonats mit 10—20 C-Atomen u. gepulvertem Ton oder Bentonit innig vermischt. Die M. zeigt ebenso gute insecticide u. fungicide Eigg. wie DDT u. Pyrethrin. (**A. P. 2 611 729** vom 1/11. 1949, ausg. 23/9. 1952.) KARST. 6313

Allied Chemical & Dye Corp., New York, übert. von: **Everett E. Gilbert,** Flushing, N. Y., V. St. A., *Acaricide Mittel.* Die Mittel bestehen aus wss. Dispersionen, die ein organ. Lösungsm. mit hohem Geh. an aromat. Verbb. u. als akt. Stoff eine Verb. der allg. Formel RSO_2OR' enthalten, in der R Phenyl- oder Tolyradikale u. R' chloriertes

Phenyl bedeuten. Beispiele: *2.4-Dichlorphenylester* der *Benzolsulfosäure* u. *p-Chlorphenylester* der *p-Toluolsulfosäure*. Konz. ca. 5%. Der M. können noch 30—50% methylierte Naphthaline zugesetzt werden. Bes. geeignet zur Bekämpfung von *Milben* u. dergleichen *auf Obstbäumen*. (**A. P. 2 618 583** vom 9/8. 1949, ausg. 18/11. 1952.) KARST. 6313

Schering Akt.-Ges. (Erfinder: **Herbert Schotte, Alfred Czyzewski** und **Max Ehlers**), Berlin, *Erhöhung der Wirksamkeit von Nagetierbekämpfungsmitteln*. Man vergrößert ihr Haftvermögen u. macht sie zugleich wasserabstoßend, indem man zweckmäßig die Teilchen von Fraßgiften, bes. Thioharnstoffverbb., mit dem Überzug eines Harzes oder eines fettsauren Erdalkali- oder anderen Metalles versieht. (**D. B. P. 880 524** Kl. 451 vom 24/8. 1950, ausg. 22/6. 1953.) NEBELSIEK. 6313

K. D. Jacob, ed. Fertilizer technology and resources in the United States. New York: Academic Press. 1953. (472 S. m. Abb., Bibl.) $ 8,50.

VIII. Metallurgie. Metallographie. Metallverarbeitung.

A. M. Gaudin und **R. E. Cole**, *Doppelbindungsaktivität der Ölsäure bei der Flotation*. Es wird gezeigt, daß die Fähigkeit der Ölsäure, als Flotationssammler zu wirken, nicht auf der Oxydierbarkeit ihrer Doppelbindung beruht, da die bei der üblichen Flotation von *Fluorit* adsorbierte Ölsäure nach der Wiedergewinnung durch Extraktion unveränderte Eigg., bes. JZ., aufwies u. erst nach oft wiederholter Flotation oder nach Flotation in Ggw. von O_2 oxydiert wurde. Ebenso verhält sich *Linolsäure*; dagegen zeigt *Linolensäure* schon nach einmaliger Flotation deutlichen Rückgang der Jodzahl. (Mining Engng. **5**. 418. April 1953. Mass. Inst. of Technol.) METZENER. 6362

Béla Vécsey, *Über den Präzisionsguß*. Übersicht über die Arbeitsmethoden zur Herst. von Präzisionsguß nach dem Wachsausschmelzverfahren. (Természet és Technika **111**. 43—48. Jan. 1952.) v. PILINSZKY. 6382

J. E. Lafon, *Verwendung von Sauerstoff in Martinöfen*. Als Zusatz zur Verbrennungsluft oder als Frischmittel für das Bad verkürzt O_2 die Schmelzdauer u. erhöht die Produktion um 10—30%; jedoch werden Kammern, Gewölbe u. Ofenköpfe durch die höheren Tempp. stark beansprucht. (Métallurgie Construct. mécan. **84**. 305—09. Mai 1952.) HAUG. 6390

Holger Pettersson, *Untersuchungen über das Eindringen des Stahls in Formmassen*. In einem Hochfrequenzofen werden zylindr. Formsandproben in fl. Stahl eingebracht u. der Einfl. der Zus. des Stahls, der Temp., des Drucks, der Korngröße des Sandes u. ihrer Verteilung, der Formzus., der Rammdichte u. Sintertemp. untersucht. Wenn der Stahl sofort an der Oberfläche erstarrt, dringt er nicht in die Form ein, wenn er fl. bleibt, nur bei einem zur Überwindung des Capillarwiderstandes genügenden Druck (bei grobem Sand ca. 10, bei feinem ca. 40 cm), u. zwar proportional diesem Druck u. mit einer mit steigender Temp. u. Korngröße zunehmenden Geschwindigkeit. C-armer Stahl dringt leichter ein. Überzüge auf der Form wirken dem Eindringen entgegen, wenn sie frei von Rissen u. Löchern bleiben. — 22 Literaturzitate. (Jernkontorets Ann. **135**. 1—43. 1951. Metallograf. Inst.) R. K. MÜLLER. 6408

P. Devilder, *Borhaltige Stähle*. Übersicht an Hand der Literatur. (Métallurgie Construct. mécan. **84**. 495—97.) HAUG. 6408

F. H. Keating, *Die Metallurgie des Schmelzens austenitischer Chrom-Nickel-Stähle*. Vortrag. Diagramme für verschied. Legierungen veranschaulichen den Existenzbereich der einzelnen Phasen. Ti, Nb, Mo u. Si sowie C wirken verstärkend für die Ferritbldg., während Ni u. C den Austenit stabilisieren. Die Wrkg. des Mn ist noch umstritten. Elektronenopt. Aufnahmen zeigen, daß die Carbide an den Korngrenzen in Form von Ketteneinlagerungen, aber nicht in Form von Filmen vorliegen. Die Wrkg. der Chrom-Carbide ($Cr_{23}C_6$ mit rund 94% Chrom) auf die Nachbargebiete wird klargestellt. Eine vergleichende Gegenüberstellung von Ti- u. Nb-haltigen Legierungen bei Korrosionsverss. in 70%ig. HNO_3 belegt den Stabilisierungseffekt. Zähigkeitswerte für Tieftempp. bis -180^0 werden angegeben. — 25 Abb. u. Diagramme. (Ingenieur ['s-Gravenhage] **64**. W. 71—W. 81. 3/10. 1952.) KÜNTSCHER. 6410

Salvador Gil Quinzá und **Pedro Ribosa Arnó**, *Industrielle Herstellung des Raney-Nickels*. Ergänzende Angaben zu der in C. **1952**. 7564 referierten Arbeit über die industrielle Erzeugung der Ausgangslegierung, ihre Zerkleinerung, Behandlung mit NaOH, Auswaschen des RANEY-Ni, seine Trocknung u. Lagerung, Herst. aus verbrauchten Katalysatoren u. die des *Nickels CX-20* von CORNUBERT u. PHELISSE. (Afinidad [3] **30**. 1—6. Jan./Febr. 1953.) METZENER. 6434

R. V. Lundquist, *Anreicherung von einheimischen Manganerzen durch Auslaugen mit Ätznatron.* Verss. ergaben die wirksamste Konzentrierung von lösl. SiO_2 oder Silikate enthaltenden, Mn-armen Erzen oder Flotationskonzentraten durch Auslaugen mit Lsgg., die ca. 244—398 g NaOH/Liter enthielten, wenn davon die 6fache Menge in ml/g unter Druck bei 160° zur Einw. gebracht wurde. Je nach Art der Mineralien sind auch geringere NaOH-Konzz. u. Tempp. wirksam, werden mehr (bis zu 90%) oder weniger SiO_2 entfernt u. Konzentrate mit bis zu 41% Mn erhalten. Die verbrauchten Laugen können mit CaO unter Ausfällung von Ca-Silicat regeneriert werden, bis andere Verunreinigungen, wie Gips, eine weitere Umarbeitung erfordern. (Mining Engng. **5.** 413—17. April 1953. Boulder City, Nev., U. S. Bur. of Mines.) METZENER. 6436

M. Herenguel, *Polierfähige Aluminiumlegierungen und die anodische Oxydation.* Beschreibung von 2 *Al–Mg*-Legierungen „Brillalumag 3 u. 5", die speziell zum elektrolyt. Polieren geschaffen wurden. (Metalurgia y Electr. **15.** Nr. 163. 31—33. 1951. Soc. des Trefileries et Laminoirs du Havre, Centro de Invest.) RUMPF. 6442

—, *Charakteristik und Technologie der Leichtmetall-Legierungen vom Typ Ergal.* Zusammenstellung der physikal. u. chem. Eigg. der unter dem Namen „Ergal" im Handel befindlichen Al-Legierungen. (Alluminio **21.** 403—26. Sept. 1952.) RUMPF. 6442

D. Gualandi, *Über die Vorteile des Mikrohärteprüfers Tukon in der Metallographie.* Der einige Nachteile aufweisende Mikrohärteprüfer von HANEMANN (C. **1940.** II. 375) wurde vom I. S. M. L. verbessert unter Verwendung einer Diamantpyramide nach KNOOP. (Vgl. C. **1940.** I. 1897.) Das Gerät ist bes. bei der Best. der Härte nach KNOOP von Leichtmetallen gut verwendbar. (Alluminio **21.** 463—71. 1952. Novara, Ist. Sper. dei Metalli Leggeri [I. S. M. L.] Div. Ric.) STEINER. 6482

Ernest H. S. van Someren, *Röntgenprüfung von Schweißungen bei kurzem Abstand.* (Welder [N. S.] **20.** 10. Jan./Juni 1951. Murex Research Dep.) RUMPF. 6484

A. Kohn, *Die Anwendungen radioaktiver Elemente in der Metallurgie.* Überblick mit 70 Literaturzitaten. (Doc. métallurg. **1953.** 9—30. Jan./Febr./März.) RUMPF. 6484

L.-G. Erwall, A. Franzén und **M. Hillert,** *Autoradiographische Untersuchung der Bleiverteilung in 18-8-Stahl.* Mittels ThB (^{212}Pb) als Indicator wird die Verteilung des Pb (0,004%) in rostfreiem Stahl unter Verwendung von Kodak Autoradiographic Plate u. Vgl. mit der geätzten Metalloberfläche (Vergrößerung bis 400fach) untersucht. Das Pb ist in den zuletzt erstarrten Teilen des Gusses, zwischen den Dendriten, großenteils in kleinen Körnern von etwa 1 μ Durchmesser, ungleich verteilt. Erst bei wesentlich geringerem Pb-Geh. ist mit dem Ausbleiben einer Pb-reichen Phase zu rechnen. (Jernkontorets Ann. **135.** 219—28. 1951.) R. K. MÜLLER. 6484

M. Robba, *Die Möglichkeit der Anwendung von Gamma-Strahlen in der Radiographie von Leichtmetallen.* Nach Unters. des Mechanismus von Absorption u. Streuung von γ-Strahlung wird gezeigt, daß die Anwendung von γ-Strahlen bei Leichtmetallen ebenso möglich ist wie bei Schwermetallen. — Unters. der Wrkg. verstärkter Pb-Schirme bei Röntgenbildern. (Alluminio **21.** 352—62. Sept. 1952. Novara, Ist. Sper. dei Metalli Leggeri, Div. Ric.) RUMPF. 6484

C. H. Luiten, *Einige Gesichtspunkte bei der Gaszementierung und Carbonitrierung.* Übersicht über die verschied. Verff. der Gaszementierung u. der Carbonitrierung u. der Einfll. von CO, CH_4 u. NH_3. (Metalen **8.** 91—97. 14/3. 1953. Nijmegen, Willem Smit & Co.s Transformatorenfabriek N. V., Ovenlabor.) WESLY. 6492

W. Kost, *Hartlöten dünner Thermoelemente.* Beschreibung eines Lötverf. mit Silberlot, nach dem es gelingt, Lötstellen an 0,1 mm dicken Drähten durchzuführen, die nur wenig dicker als die Drähte selbst sind. Es werden bessere Ergebnisse erhalten als bei dem bekannten elektr. Stumpfschweißverfahren. (Brennstoff. Wärme. Kraft **5.** **44.** Febr. 1953. Karlsruhe.) RUMPF. 6504

—, *Stahlschweißung mit dem Metallbogen mit Schutzgas.* Erörterung der Vorteile der Schutzgasschweißung. (Welding Engr. **37.** Nr. 8. 23. 64. Aug. 1952.) KÜNTSCHER. 6506

H. Hug, *Das elektrolytische und chemische Polieren des Aluminiums.* Inhaltlich ident. mit der in C. **1952.** 6431 referierten Arbeit. (Alluminio **21.** 472—80. 1952. Neuhausen, AIAG, Ist. di Ric.) STEINER. 6512

T. Brehmer, *Über elektrochemische Oberflächenbehandlung.* Überblick über einige Probleme u. ihren Entwicklungsstand: kathod. Metallplattierung; anod. Behandlung; Oxydation u. Färbung von Al. (Tekn. Fören. Finland Förh. **72.** 196—201. Sept. 1952. Helsingfors.) R. K. MÜLLER. 6512

G. Rossi-Landi, *Sprödigkeit des Metalles nach der Beize.* Vorschläge zur Verhinderung der H_2-Aufnahme durch den Stahl. (Métallurgie Construct. mécan. **84.** 521—23. Juli 1952.) HAUG. 6512

George Keeleric, *Elektrolytisches Polieren von schwer zu behandelnden Legierungen.* Verbindung von elektrolyt. u. mechan. Polieren. In eine rotierende Scheibe, die als Kathode dient, werden Diamantsplitter eingebettet, die z. B. auf der Anode zurückbleibende Wolframcarbide wegschleifen sollen. Die Entfernung Anode:Kathode soll so sein, daß kein Lichtbogen entsteht. Der Elektrolyt, eine neutrale Lsg. eines Na-Salzes in W., wird zwischen die Anode u. Kathode gespritzt. Die Unebenheiten der polierten Fläche sind meist besser als 5 microinches r m s (Wurzel aus dem mittleren Quadrat der Höhen u. Tiefen einer Oberfläche). (Steel **130.** Nr. 11. 84—86. 17/3. 1952. Chicago, United Drill & Tool Corp.) J. FISCHER. 6514

Hanns Benninghoff, *Über die Beeinflussung der Härte von Chromniederschlägen durch die Badkonstanten.* Besprechung der Faktoren, die einen bestimmenden Einfl. auf die Härte des abgeschiedenen Cr haben: Badtemp., Stromdichte, Konz. des Bades an Chromsäure, Fremdsäuregeh. u. der Geh. an Fremdmetallen sowie an 3wertigem Chrom. (Metallwaren-Ind. Galvano-Techn. **44.** 179—84. 1953.) J. FISCHER. 6518

—, *Mit Borax überzogene Stahlstäbe zum Trockenziehen.* Vorzüge eines Boraxüberzuges beim Ziehen von Draht gegenüber Kalk. (Wire Ind. **1953.** 228—29. Borax-Coating Steel Rod for Dry Drawing.) MARKHOFF. 6528

—, *Das Bonder-Verfahren.* Anwendung des Bonderverf. als Vorbehandlung beim Drahtziehen aus Stählen mit höheren C-Gehalten. (Wire Ind. **1953.** 230. 234.) MARKHOFF. 6532

A. J. Gould, *Korrosionsermüdung von Metallen. Ein kritischer Überblick.* Ursachen u. Erscheinungsformen. (Iron and Steel **54.** 7—10. Jan. 1951.) HOCHSTEIN. 6538

H. H. Symonds, *Aluminiumkorrosion.* Der Putz von Mauerwänden wirkt leicht korrodierend auf Al-Legierungen. Durch eine anod. erzeugte Oxydschicht kann der Angriff ausgeschaltet werden. Zweckmäßig werden für diesen Zweck Rein-Al, Al–Li-Legierungen oder die Legierung D.T.D 424 verwendet. (Metal Ind. [London] **76.** 189 bis 190. 10/3. 1950.) MARKHOFF. 6538

H. H. Symonds, *Korrosion von Chrom.* Berichtet wird über Korrosionserscheinungen bei Fleischmaschinen aus verchromter Al-Bronze. Hauptursachen sind Fehler im Cr-Überzug u. die dem Fleische zugesetzten Konservierungsmittel oder Salzlauge. — Abbildungen. (Metal Ind. [London] **76.** 167—68. 3/3. 1950.) MARKHOFF. 6538

J. C. Hudson und **J. F. Stanners,** *Der Einfluß des Klimas und der atmosphärischen Verunreinigungen auf die Korrosion.* Untersucht wurden *Flußeisen* u. *Zn* in England u. Übersee. Die Korrosion wird sehr stark durch die verschied. klimat. Verhältnisse beeinflußt. In England ist der für die Korrosion bestimmende Faktor die Verunreinigung der Luft durch *Schwefel.* Die Korrosion von Zn ist dem S-Geh. direkt proportional, während bei Fe die Korrosionsprodd. eine weitere Korrosion vermindern. Der Angriff der Metalle ist in der Nähe der Meeresbrandung in den Tropen sehr schwer. Er ist für Fe fünfmal größer als in einer Industrieatmosphäre in England. Korrosionsunterschiede mit der Entfernung vom Boden sind von geringerer Bedeutung als Unterschiede der Korrosion innerhalb mehrerer Jahre. (J. appl. Chem. **3.** 86—96. Febr. 1953. London, British Iron and Steel Res. Assoc.) J. FISCHER. 6538

—, *Interkristalline Korrosion, möglicherweise durch Nylon verursacht.* In einem Getriebe ist Nylon in Kontakt mit Al-Bronze aus 94,5 (%) Cu, 5,2 Al, 0,2 As. Auftretende interkristalline Korrosion der Bronze wird der Einw. von Nylon zugeschrieben. (Engineer **192.** 271. 31/8. 1951.) J. FISCHER. 6538

Carl G. Deuber, *Der gegenwärtige Stand der über Forschung in USA. Korrosion durch Bakterien.* Überblick. — 42 Literaturstellen. (Corrosion [Houston] **9.** 95—99. März 1953. New York, N. Y., Deuber Lab.) J. FISCHER. 6540

B. J. Nelson, *Korrosionsprüfungen an plattierten und nichtplattierten Magnesiumblechen.* Mg-Legierungen von hoher Festigkeit lassen sich mit einer korrosionsbeständigen Legierung plattieren. Untersucht werden AMC 52 S u. AMC 54 S mit AM 3 S. Die Zugfestigkeit des plattierten Materials läßt sich nach den Anteilen der verwendeten Legierungen berechnen. AM 3 S übernimmt den Schutz des Grundmaterials. Beide plattierten Legierungen sind widerstandsfähiger gegen Spannungskorrosion als die nichtplattierten. Nach den Unterss. verhält sich AMC 52 S in dieser Hinsicht günstiger als AMC 54 S. AM 3 S neigt nicht zu Spannungskorrosion. (Mod. Metals **9.** Nr. 1. 63—65. Febr. 1953.) J. FISCHER. 6540

British Cast Iron Research Association, England (Erfinder: **H. Morrogh**), *Graues Gußeisen*, gek. durch mindestens 0,01 Gew.-% *Ce* und so viel *S* u. *P*, daß der *C*-Geh. überwiegend in Form von knötchenförmigem Graphit besteht. Der C-Geh. soll über dem Eutektikum liegen u. unterhalb der Formel C = 4,3—$^1/_3$ (P+Si), bei 0,5% P liegen. Das graue Gußeisen kann außerdem 2,3—7% *Si* u. 10—40% *Ni* enthalten. Zur Herst. versetzt man das geschmolzene Gußeisen, das höchstens 0,5% P enthält, mit der erforderlichen Menge Ce u. gegebenenfalls dem Zusatz an Ni. (**Schwed. P. 132 576** vom 21/7. 1947, ausg. 7/8. 1951. E. Priorr. 22/7. 1946 u. 9/7. 1947.) JÜRGEN SCHMIDT. 6405

Mauser-Werke Akt.-Ges. (Erfinder: **Rudolf Niemann** und **Karl-Heinz Walz**), Oberndorf/Neckar, *Verringerung der Bruchgefahr und des Setzens von Stahlfedern.* Die Federn werden aus einem Ni-haltigen Baustahl mit geringer Streckgrenze u. mit 0,3 bis 0,4 (%) *C*, 0,4—0,8 *Mn*, 0,35 *Si*, 1,1—1,5 *Cr*, 4,25—4,75 *Ni*, Rest *Fe* mit den üblichen Verunreinigungen an *S* u. *P* hergestellt u. vor Inbetriebnahme in Stufen steigend über die Streckgrenze des Stahles hinaus belastet u. entlastet. Die so behandelten Federn eignen sich bes. zur Herst. von Rückhol-, Vorhol- oder Pufferfedern für Waffen u. Waffenteile selbsttätiger Feuerwaffen. (**D. R. P. 757 604** Kl. 18c vom 24/10. 1939, ausg. 9/3. 1953.) HOCHSTEIN. 6411

Shawinigan Water & Power Co., Montreal, Can., *Elektrolytische Gewinnung von Titan.* Als Elektrolyt dient eine Schmelze von ein oder mehreren *Chloriden* des *Na*, *K*, *Ca* u. *Mg*, der $TiCl_4$ zugesetzt wird. $TiCl_4$ u. die kathod. Abscheidungsprodd. müssen von der Atmosphäre isoliert sein. Man erhält Ti mit einem Reinheitsgrad von 99%. — Abbildung. (**E. P. 678 807** vom 11/5. 1951, ausg. 10/9. 1952. A. Prior. 12/5. 1950.) MARKHOFF. 6449

Hermann Franßen, Oberhausen/Rhld., *Herstellung von Blechen aus Reinstmetallen.* Reinstmetallpulver wird gegebenenfalls unter Schutzgas zu einem porösen endlosen Band verwalzt u. darauf in einer Schutzgas-Atmosphäre gesintert. Durch anschließende Walzbehandlung wird das zunächst poröse Band zu einem dichten Werkstoff zusammengedrückt u. durch entsprechende Glühbehandlung werden ihm die gewünschten physikal. Eigg. verliehen. (**D. B. P. 868 522** Kl. 40b vom 16/1. 1951, ausg. 26/2. 1953.) GÖTZE. 6475

Wallram, Hartmetallwerk und Hartmetallwerkzeugfabrik Meutsch, Voigtländer & Co., Essen, *Herstellen von Dauermagneten aus Eisen–Aluminium–Nickel-Legierungen.* Zunächst wird ein Dauermagnetwerkstoff von der Zus. des fertigen Formkörpers erschmolzen, die entstandene Legierung zu Pulver zerkleinert u. hierauf der zu sinternde Formkörper hergestellt, der nach dem Sintern noch einer Wärmebehandlung unterworfen werden kann. Zweckmäßig erfolgt das Schmelzen unter reichlichem Zusatz feuerbeständiger, pulverförmiger Stoffe, wie CaO oder MgO, worauf diese Schlackenbestandteile durch Lösen entfernt werden. (**D. R. P. 764 858** Kl. 18b vom 6/9. 1939, ausg. 16/3. 1953.) HOCHSTEIN. 6475

Akt.-Ges. für Unternehmungen der Eisen- und Stahlindustrie (Erfinder: **Eduard Houdremont** und **Hermann Fahlenbrach**), Essen, *Gewinnung von Pulvern aus ferromagnetischen Stoffen.* Die ferromagnet. Stoffe, z. B. *Fe*, werden im Hochvakuum verdampft u. dann als Pulver niedergeschlagen. Zweckmäßig wird bei der Gewinnung eines oxydationsempfindlichen Pulvers mit diesem zusammen ein weniger oxydationsempfindliches Pulver, z. B. *Cr*, niedergeschlagen, vorzugsweise bei Tempp. unter 500°, bes. unter 350°. (**D. B. P. 875 414** Kl. 40a vom 18/7. 1951, ausg. 4/5. 1953.) HANS HOFFMANN. 6475

Gebr. Böhler & Co. Akt.-Ges., Wien, Österreich, *Verhinderung der Stickstoffaufnahme an Werkstückstellen, die beim Nitrierprozeß weich bleiben sollen.* Die vor der Härtung zu schützenden Stellen werden mit H_3PO_4 zur Erzeugung von Eisenphosphat behandelt. (**D. B. P. 874 007** Kl. 18c vom 19/3. 1943, ausg. 20/4. 1953.) HOCHSTEIN. 6493

Deutsche Edelstahlwerke Akt.-Ges., Krefeld (Erfinder: **Gerhard Seulen,** Remscheid-Hasten), *Warmbehandlung von Werkstücken aus Baustahl.* Gewalzte oder geschmiedete Werkstücke werden in an sich bekannter Weise, gegebenenfalls nach einem kurzzeitigen Aufkohlen, gehärtet u. anschließend in einem Arbeitsgang derart elektroinduktiv erwärmt, daß sie in kürzester Frist bis in den Kern hinein bei 500—800° angelassen u. sodann an der Oberfläche auf Tempp. über 820° gebracht werden, worauf sie abgeschreckt werden. Durch das Verf. wird an der Oberfläche eine hohe Härte u. im Kern eine hohe Zähigkeit erreicht. Es eignet sich bes. in der Anwendung auf Gleiskettenbolzen aus einem Stahl mit 0,45—0,6% C. (**D. B. P. 874 009** Kl. 18c vom 28/10. 1944, ausg. 20/4. 1953.) HOCHSTEIN. 6493

Mannesmannröhren-Werke (Erfinder: **Fritz Schmitz**), Düsseldorf, *Erzeugen gut haftender und dichter Schichten beim Silicieren mit gasförmigen Silicierungsmitteln.* Beim Aufheizen wird N_2, beim eigentlichen Silicierungsvorgang H_2 u. beim Abkühlen ebenfalls H_2 als Trägergas verwendet, bes. wenn $SiCl_4$ als Silicierungsmittel dient. — Abbildung. (**D. R. P. 765 679** Kl. 48b vom 30/6. 1940, ausg. 22/12. 1952.) MARKHOFF. 6493

Siemens-Schuckertwerke Akt.-Ges., Berlin und Erlangen (Erfinder: **Eduard Justi**, Braunschweig), *Lot mit niedrigem Schmelzpunkt.* Das Lot besteht entweder ganz aus *In* oder aus 20—60 (%) *Sn*, Rest *In*. Zur Desoxydation der zu lötenden Stellen erhält es einen Zusatz von 0,35—3 *P*. Die Lote eignen sich bes. zum Löten von Teilen an Vakuumapparaten, von niedrigschmelzenden thermoelektr. Werkstoffen, wie Bi u. Bi-Legierungen, sowie von Konservendosen. (**D. B. P. 858 925** Kl. 49h vom 21/7. 1950, ausg. 11/12. 1952.) GÖTZE. 6505

I. G. Farbenindustrie Akt.-Ges., Frankfurt/M. (Erfinder: **Karl Frank**, Bad Soden/Taunus, und **Erich Kranz**, Frankfurt/M.), *Lötmittel zum Verlöten von Silicium und Siliciumlegierungen mit sich selbst oder anderen Metallen* besteht aus wenigstens 50% NH_4F, $(NH_4)_2SiF_6$ oder sonstigen organ. oder anorgen. flüchtigen *Fluoriden* oder *Silicofluoriden* oder H_2SiF_6, einzeln oder in Mischung miteinander, gegebenenfalls neben bekannten Lötmitteln, wie $ZnCl_2$ oder NH_4Cl. Beispiel: für ein Sn-freies Lot aus 81,7 (%) Pb, 17,3 Cd u. 1 Zn wird ein Lötmittel aus 66 $(NH_4)_2SiF_6$, 25 $ZnCl_2$ u. 9 NH_4Cl verwendet. Das Mittel eignet sich auch zum Auflöten von Si auf Fe. (**D. R. P. 754 996** Kl. 49h vom 7/8. 1941, ausg. 24/11. 1952.) MARKHOFF. 6505

General Railway Signal Co., Rochester, N. Y., V. St. A., *Flußmittel zum Löten* besteht aus *Milchsäure* u. *Harnstoff*, *Acetamid* oder *Äthylendiamid*. Das Gemisch ist verteilt in einer mit einem Netzmittel versehenen Trägersubstanz, wie *Petrolatum*, oder einem Gemisch von A. u. Wasser. Beispiel: einem Gemisch aus 25—20 (Vol.%) Milchsäure 85% ig., 42,5—40 A., 42,5—40 dest. W. werden 2—6 (%) Harnstoff u. 0,05—0,1 eines Netzmittels zugesetzt. Das Flußmittel hinterläßt keinen korrosiven Rückstand. (**E. P. 675 407** vom 11/4. 1950, ausg. 9/7. 1952. A. Prior. 1/6. 1949.) MARKHOFF. 6505

Robert Émile Halut, Paris, Frankreich, *Mechanische Metallbearbeitung.* Bei der Metallbearbeitung durch Walzen, Schmieden, Dehnen oder Treiben werden die Werkstücke vorher einer anod. Behandlung unterworfen. Hierdurch wird die elast. Verformbarkeit erhöht, so daß die Werkstücke bei der Kaltbearbeitung stärker, als ohne elektrolyt. Vorbehandlung beansprucht werden können. (**Dän. P. 73 220** vom 12/7. 1948, ausg. 15/10. 1951. F. Prior. 12/7. 1947.) JÜRGEN SCHMIDT. 6511

Badische Anilin- & Soda-Fabrik (Erfinder: **Fritz Graf**, Ludwigshafen/Rh., und **Wilhelm Chorbacher**, Neustadt/Weinstraße), *Schützen von Metallen gegen sauer wirkende Flüssigkeiten.* Den Fll. werden organ. Rhodanverbb. u. Kondensationsprodd. aus Ammoniumsalzen, Aldehyden, bes. Formaldehyd, u. gegebenenfalls anderen organ. Carbonylverbb., die aktivierte Methyl- oder Methylengruppen aufweisen, zugesetzt. Die Zusätze schützen die Metalle gegen den Angriff der üblichen Beizsäuren. (**D. B. P. 862 698** Kl. 48d vom 9/1. 1943, ausg. 12/1. 1953.) MARKHOFF. 6513

Joh. A. Benckiser G. m. b. H., Chemische Fabrik (Erfinder: **Kurt Müller**), Ludwigshafen/Rhein, *Erhöhen der Korrosionsbeständigkeit von Metallen, insbesondere Leichtmetallen in wässerigen Lösungen.* Der Lsg. werden *Polyoxysäuren*, wie *Saccharin-*, *Aldon-* oder *Cellobionsäuren*, zugesetzt. Die Lsgg. können neutral, sauer oder alkal. sein. Die Minderung der Aggressivität beträgt bis zu 100%. (**D. B. P. 871 395** Kl. 48d vom 27/6. 1944, ausg. 13/4. 1953.) MARKHOFF. 6513

Vereinigte Aluminium-Werke Akt.-Ges., Berlin und Bonn (Erfinder: **Heinrich Neunzig**, Gustorf b. Grevenbroich), *Chemisches oder elektrolytisches Polieren von Metallgegenständen.* Die Gegenstände werden vor dem Polieren erwärmt, um die für das Polieren erforderliche Badtemp. durch das Einbringen kalter Gegenstände nicht zu verändern. Gegenstände mit verschied. Wandstärke werden an den dickeren Stellen höher erwärmt als an den dünnen. (**D. B. P. 847 389** Kl. 48a vom 20/12. 1949, ausg. 26/3. 1953.) MARKHOFF. 6513

Battelle Memorial Institute (Erfinder: **Charles L. Faust**), Columbus, O., V. St. A., *Elektrolytisches Polieren von Metallflächen.* Als Elektrolyt wird ein Gemisch von H_2SO_4 u. H_3PO_4 mit einer Gesamtsäurekonz. von mindestens 50 Gew.-% verwendet, z. B. ein Gemisch aus 15—20 (%) H_2SO_4 u. 63—67 H_3PO_4, dem noch ca. 2—10% CrO_3 zugesetzt sein können. Das Verf. eignet sich zum Polieren von *Stahl*, *rostfreiem Stahl*, *Ni*, Ni-Legierungen u. *Cu*. (**D. R. P. 754 703** Kl. 48a vom 30/3. 1939, ausg. 9/3. 1953.) MARKHOFF. 6515

Ella Delmari geb. **Schachian,** London, England, *Erzeugen von Metallüberzügen auf Metallen nach der Tauch- oder Anreibemethode.* Man verwendet eine $FeCl_3$-haltige Lsg. eines Salzes des Überzugsmetalles, die zu mehr als einem Drittel, bes. zu ca. 80%, aus einer Mischung von Alkoholen besteht. Beispiel: In 1 Liter gesätt. $FeCl_3$-Lsg. werden 100 g Elektrolyt-Cu gelöst. Die filtrierte Lsg. wird im Verhältnis 1:5 mit einer Mischung aus 3 (Teilen) Methylalkohol u. 2 Isopropylalkohol verdünnt. Dieser Lsg. werden noch 1(%) $ZnCl_2$ u. 0,5 $AlCl_3$, ein Netzmittel u. HCl zugesetzt. Beim Verreiben der Lsg. mit einem Wattebausch bildet sich ein festhaftender, dichter Cu-Überzug. (**D. B. P. 874 854** Kl. 48b vom 3/5. 1951, ausg. 27/4. 1953. Oe. Prior. 6/5. 1950.) MARKHOFF. 6517

Stahl- und Walzwerke Rasselstein/Andernach Akt.-Ges., Neuwied (Erfinder: **Vinzens Seul,** Andernach), *Einseitiges Feuerverzinnen oder -verzinken von Eisenblechen oder -bändern.* Ein beim Verzinnen oder Verzinken nicht angreifbarer Lack wird auf die eine Seite des Bleches oder Bandes aufgetragen, eingebrannt, die Bleche dann gebeizt u. in üblicher Weise metallisiert. Die Bleche lassen sich auf diese Weise ohne Schwierigkeiten überziehen. — Abbildungen. (**D. B. P. 877 234** Kl. 48b vom 29/10. 1939, ausg. 21/5. 1953.) MARKHOFF. 6523

Tennessee Coal, Iron and Railroad Co., Birmingham, Ala., V. St. A., *Schmelzflüssiges Verzinnen von Blechen.* Die Bleche werden in einer einen Sparbeizzusatz enthaltenden Beizlsg. behandelt u. noch mit der Lsg. benetzt in das Sn-Bad eingebracht. Man erhält porenfreie Sn-Überzüge. — Abbildung. (**E. P. 647 599** vom 13/4. 1948, ausg. 20/12. 1950. A. Prior. 30/7. 1947.) MARKHOFF. 6525

Sylvania Electric Products, Inc., New York., N. Y., V. St. A., *Überziehen von Metalldrähten mit Elektronen emittierenden Stoffen.* Die Stoffe, z. B. Salze der Erdalkalimetalle, bes. die *Nitrate* u. *Carbonate* von *Ba*, *Sr* u. *Ca*, werden in einer nicht-wss. Fl. suspendiert, die Bindemittel aus Nitrocellulose u. eine die Oberflächenspannung zwischen Fl. u. suspendierten Stoff herabsetzende Verb. enthält, u. dann elektrophoret. auf der Drahtoberfläche abgeschieden. (**E. P. 634 187** vom 14/4. 1947, ausg. 15/3. 1950. A. Prior. 28/4. 1943.) MARKHOFF. 6529

Parker Rost Proof Co., übert. von: **Paul Amundsen,** Detroit, Mich., und **John A. Hendricks,** Lakewood, O., V. St. A., *Erzeugen von Überzügen auf nichtrostendem Stahl zur Erleichterung des Ziehens.* Die Gegenstände werden in einer Oxalsäurelsg. von etwa 190° F (88° C) behandelt, der eine S-Verb., wie Thiosulfat, Hydrosulfit, Tetrathionat oder Sulfit, sowie ein Aktivator, wie ein Alkalihalogenid (Chlorid oder Fluorid), zugesetzt sind. Die entstehenden Schichten absorbieren das Schmiermittel gut u. haften fest auf der Fe-Oberfläche. Beispiel: Man verwendet eine Lsg. aus 5 (%) Oxalsäure, 2 $(NH_4)HF_2$, 0,2—0,5 $Na_2S_2O_3$. (**A. P. 2 550 660** vom 4/9. 1948, ausg. 1/5. 1951.) MARKHOFF. 6529

American Chemical Paint Co., Ambler, Pa., V. St. A., *Herstellung von Phosphatüberzügen auf Eisen und Stahl.* Man behandelt die Gegenstände in der üblichen Lsg. eines überzugbildenden prim. Phosphates, bes. $Zn(H_2PO_4)_2$, die ein Oxydationsmittel enthält u. durch Herabsetzung des Säuregeh. an sek. Phosphat übersättigt ist. Temp. der Lsg. höchstens 50°. Als Oxydationsmittel dient z. B. eine 6%ig. Lsg. von $NaNO_2$, während die Herabsetzung des Säuregeh. durch NaOH vorgenommen wird. Man erhält sehr feinkörnige Überzüge. (**Oe. P. 173 106** vom 20/4. 1950, ausg. 25/11. 1952. A. Prior. 13/4. 1940.) MARKHOFF. 6533

Pyrene Co. Ltd., London, England, *Erzeugen von Phosphatschichten auf Aluminium und seinen Legierungen.* Die Gegenstände werden in einer heißen, wss. Lsg. von Dihydrogenphosphaten, einem komplexen Fluorid u. einem Oxydationsmittel behandelt, z. B. in einer Lsg. von $Zn(H_2PO_4)_2$, Na_2SiF_6 u. einem Nitrat. Man erhält in kurzer Zeit gleichmäßige u. gut haftende Überzüge. (**E. P. 645 157** vom 16/2. 1948, ausg. 25/10. 1950. A. Prior. 7/9. 1940.) MARKHOFF. 6533

Sinclair & Valentine Co., New York, N. Y., V. St. A., übert. von: **Cyril M. Rice,** Montreal, Quebec, Canada, *Färben von Aluminium.* Auf anod. oxydierten Al-Oberflächen wurden Musterungen aufgedruckt unter Verwendung eines Lackes, in dem ein Farbstoff gelöst ist; dann wurden die nicht mit der Musterung bedeckten Stellen der Oberfläche durch Eintauchen in eine Farbstofflsg. gefärbt, die Poren der Oxydschicht durch Behandeln in W. sd. verschlossen u. schließlich der Abdecklack entfernt. Man erhält mehrfarbige, gemusterte Oberflächen. (**A. P. 2 614 912** vom 7/10. 1950, ausg. 21/10. 1952. Can. Prior. 19/4. 1946.) MARKHOFF. 6535

Gulf Oil Corp., Pittsburgh, Pa., übert. von: **Leslie Cline Case,** Tulsa, Okla., V. St.A., *Verhindern des Korrosionsangriffes von wässerigen Tiefbohrflüssigkeiten mit einem Gehalt an Sulfiden und Kohlensäure auf metallische Teile.* Man setzt der Fl. das Reaktionsprod. einer wss. Formaldehydlsg. u. H_2S zu, das in einem O enthaltenden organ. Lösungsm. gelöst ist, wie Methylalkohol, Aceton, Dioxan. (**A. P. 2 605 223** vom 26/5. 1950, ausg. 29/7. 1952.) MARKHOFF. 6539

R. Cazaud and **A. J. Fenner**, Trans-Fatigue of metals. London: Chapman & H. 1953. (334 S.) 60 s.
S. L. Hoyt, Metal data. 2nd ed. London: Chapman & H. 1953. (526 S. m. Abb.) 80 s.

IX. Organische Industrie.

H. R. Leech, *Einige Fortschritte in der Fluorchemie.* Überblick über die techn. wichtigen organ. Fluorverbindungen. Eingegangen wird auf die verschied. Verff. zur Darst. von Fluorkohlenstoffen durch Einw. von elementarem Fluor auf Kohlenstoff, durch Fluorierung von KW-stoffen mit F_2, CoF_3 u. anderen höherwertigen Metallfluoriden, durch Austausch von Cl durch F mittels HF, durch elektrolyt. Fluorierung u. durch Synth. mittels der Perfluoralkyljodide. Die anorgan. Halogenfluoride u. ihre Rkk. werden kurz erörtert. — 22 Literaturhinweise. (Research **5**. 449—55. Okt. 1952. Imperial Chemical Industries Ltd.) FORCHE. 6564

Umberto Maffezzoni, *Die Herstellung von Blausäure aus Methan, Ammoniak und Luft.* Während die HCN-Synth. aus CH_4 u. NH_3 nach der Gleichung $NH_3 + CH_4 \rightleftarrows HCN + 3\,H_2 - 60$ cal verläuft, also Wärmezufuhr benötigt, verläuft das beschriebene Verf. exotherm gemäß $NH_3 + CH_4 + 1{,}5\,O_2 \rightleftarrows HCN + 3\,H_2O + 113{,}3$ cal. Beschreibung einer Versuchsanlage. (**Katalysator–Pt-Rh-Drahtnetz.**) (Chim. e Ind. [Milano] **34**. 460—65. Aug. 1952. Novara, Istituto di ricerche „Guido Donegani" della Montecatini.) GRIMME. H 890

Universal Oil Products Co., Chicago, übert. von: **Richard C. Wackher,** La Grange, und **Carl B. Linn,** Riverside, Ill., V. St. A., *Katalysator für organische Synthesen,* bes. für Polymerisationen, Kondensationen oder Alkylierungen, ist die Komplexverb. von BF_3 mit O_2 u. einem KW-stoff. Man erhält diese Verb. als braune Paste durch Einleiten von O_2 u. BF_3 in einen KW-stoff, z. B. in n-Pentan, u. Erhitzen dieser Mischung unter Druck auf $> 150^0$ im Autoklaven. Bei Vorlage von aromat. KW-stoffen ist eine Temp. von 350^0 einzuhalten. (**A. P. 2 568 209** vom 15/6. 1949, ausg. 18/9. 1951.) G. KÖNIG. 6551

Chemische Verwertungsgesellschaft Oberhausen m. b. H., Oberhausen-Holten (Erfinder: **Wilhelm Wenzel,** Frankfurt/M., und **Alois Gemassmer,** Köln-Stammheim), *Herstellung von sauerstoffhaltigen organischen Verbindungen insbesondere Alkoholen,* durch Anlagern von CO u. H_2 an olefin. Verbb. bei erhöhter Temp. unter erhöhtem Druck u. in Ggw. von Katalysatoren u. anschließende Hydrierung, dad. gek., daß man bei der Verwendung von Ausgangsstoffen, die durch S-Verbb. verunreinigt sind, die Anlagerung des CO u. H_2 an die olefin. Verbb. in Ggw. von Metallen der 8. Gruppe des Period. Syst., die Hydrierung hingegen in Ggw. schwefelunempfindlicher Katalysatoren unter erhöhtem Druck ausführt. (**D. B. P. 871|750** Kl. 12o vom 12/8. 1942, ausg. 26/3. 1953.) G. KÖNIG. 4550

Deutsches Hydrierwerk Rodleben VEB (Erfinder: **Wilhelm Rittmeister**), Rodleben bei Roßlau/Elbe, *Herstellung von Alkoholen aus aliphatischen Kohlenwasserstoffen* vom Kp. 200—400^0 durch Oxydation bei 100—160^0 u. durch nachfolgende Red. der Oxydationsprodd. zu Alkoholen, dad. gek., daß man 1. die KW-stoffe in Abwesenheit von Katalysatoren solange der Behandlung mit O_2-haltigen Gasen, bes. Luft, unterwirft, bis im Oxydationsgemisch keine KW-stoffe mehr vorhanden sind, u. danach das erhaltene Oxydationsprod. unmittelbar unter Druck u. in Ggw. von Katalysatoren mit H_2 behandelt; 2. das Oxydationsgemisch vor der H_2-Behandlung einer Wasserwäsche unterwirft. (**D. P. [DDR] 587** Kl. 12o vom 1/8. 1944, ausg. 15/5. 1952. [Wirtschaftspatent].) M. F. MÜLLER. H 550

Ruhrchemie Akt.-Ges., Oberhausen-Holten, *Gewinnung von Alkoholen aus Acetalen oder anderen ätherartig gebundenen sauerstoffhaltigen Kohlenwasserstoffen,* bes. solchen mit einer C-Zahl von 20—30, durch Red. mit H_2, unter Verwendung eines Hydrierungskatalysators, bei erhöhter Temp. u. erhöhten Drucken, dad. gek., daß die Red. in Ggw. von W. ausgeführt wird. Der prim. durch Acetal-Aufspaltung neben Alkohol entstehende Aldehyd wird durch den H_2 sofort zu Alkohol reduziert, so daß man sowohl den Alkohol der Aldehydkomponente als auch der Alkoholkomponente erhält. (**Oe. P. 173 686** vom 20/7. 1951, ausg. 10/1. 1953. D. Prior. 25/7. 1950.) M. F. MÜLLER. H 550

Ruhrchemie Akt.-Ges., Oberhausen-Holten, *Gewinnung aliphatischer Alkohole* mit einer im Vgl. zur Alkohol-Direkt-Synth. erheblich vergrößerten Ausbeute an Alkoholen mit mehr als 4 C-Atomen im Mol. durch katalyt. Wassergasanlagerung an olefin. KW-stoffgemischen u. durch Hydrierung der Anlagerungsprodd., dad. gek., daß als olefin. Ausgangsmaterial CO-Hydrierungsprodd. verwendet werden, die aus CO u. H_2 enthaltenden Gasen mit fest angeordneten Eisenkatalysatoren bei Gasdrucken von 10—100 at, bes. von 20—30 at, u. bei hoher Gasbelastung von stündlich mindestens 500—1000 Raumteilen Gas je Raumteil Katalysator gewonnen werden. — Aus einem fl. Syntheseprod. der CO-Hydrierung wurde eine Gesamtfraktion der Mol.-Größe C_3—C_{18} (Kp. bis 320°) bei 100—200 at mit Wassergas katalyt. umgesetzt. Als Katalysator dienten in W. aufgelöste Co-Salze. Dabei wurden die im KW-Gemisch enthaltenen Olefine zu über 95% in Alkohole übergeführt, wobei der prim. gebildete Aldehyd in den entsprechenden Alkohol übergeführt wird. (**Oe. P. 173 439** vom 20/10. 1950, ausg. 27/12. 1952. D. Prior. 9/9. 1950.) M. F. MÜLLER. H 550

Standard Oil Development Co., Elizabeth, N. J., V. St. A., *Reinigen von Alkoholen durch extraktive Destillation.* Bei der Dest. eines rohen aliphat., aus dem entsprechenden Olefin hergestellten Alkohols, der niedriger u. höher sd. Verunreinigungen enthält, wird als extraktives Lösungsm. eine wss. Lösung verwendet, die 20—70 Vol.-% eines aliphat. Glykols, Glykoläthers oder Glykolätheresters enthält; die Lsg. wird der Destillationskolonne in einer Menge aufgegeben, die genügt, um einen inneren Flüssigkeitsrückfluß mit einem Lösungsmittelgeh. von 70—99,9 Vol.-% aufrecht zu erhalten. (**E. P. 672 433** vom 27/4. 1950, ausg. 21/5. 1952. A. Prior. 16/7. 1949.) KETTNER. H 550

Standard Oil Development Co., Elizabeth, N. J., V. St. A., *Reinigen von Alkoholen durch Destillation.* Es wird eine rohe, hitzebeständige alkoh. Lsg. (Füllung), die wärmeunbeständige, nichtalkoh., höher sd. Verunreinigungen enthält u. prakt. frei ist von niedriger als der Alkohol sd. Verunreinigungen, unter genügend vermindertem Druck u. unter Kontrolle von Temp. u. Zeit so dest., daß die höher sd. Verunreinigungen sich nicht zu flüchtigen Verbb. zers., die das alkoh. Destillat verunreinigen würden, wobei die im wesentlichen von hitzezersetzlichen höher sd. Verunreinigungen freien alkoh. Dämpfe am Kopf u. die beständigen, höher sd. Verunreinigungen am Boden der Kolonne abgezogen werden. (**E. P. 672 635** vom 30/3. 1950, ausg. 21/5. 1952. A. Prior. 31/12. 1949.) KETTNER. H 550

National Distillers Products Corp., New York, N. Y., übert. von: **Sylvan E. Forman**, Baltimore, Md., V. St. A., *Gewinnung von Methanol und Aceton* aus Gemischen erfolgt durch azeotrop. Dest. unter Zugabe von Hexan in Mengen von mindestens 3,7%, bezogen auf das Gewicht des vorhandenen Methanols (I), wobei ein ternäres Gemisch, bestehend aus I, Aceton (II) u. Hexan (III) als Kopfdestillat übergeht. Als Bodenprod. fällt fast reines II an. Das Destillat wird mit W. extrahiert, eine Mischung aus III mit II u. wenig I tritt am Kopf des Extraktionsturmes aus u. gelangt in den Kreislauf, während eine Mischung aus W., I, II u. wenig III in einer Destillationskolonne vom W. als Bodenprod. befreit werden. Das Kopfdestillat wird azeotrop. dest., wobei als Bodenprod. reines I anfällt. Das Kopfprod., bestehend aus einer azeotrop. Mischung von I, II u. wenig III, kommt in den Kreislauf. — Zeichnung. (**A. P. 2 581 789** vom 11/4. 1949, ausg. 8/1. 1952.) G. KÖNIG. H 560

Johann G. W. Opfermann & Sohn, Bergisch-Gladbach, *Herstellung von 4-Halogenbutanol-(1).* Man setzt Tetrahydrofuran (I) mit trockenem Halogenwasserstoff bei —20 bis +30° bes. in Ggw. von sauren Katalysatoren um. Z. B. behandelt man I mit HCl bei 0—10°. *4-Chlorbutanol-(1)*, $Kp._{12}$ 78—81°. In analoger Weise *4-Brombutanol-(1)*, $Kp._{11}$ 76—78°. (**Dän. P. 73934** vom 13/9. 1949, ausg. 24/3. 1952.) JÜRGEN SCHMIDT. H 560

Ruhrchemie Akt.-Ges. (Erfinder: **Walter Rottig**), Oberhausen-Holten, *Herstellung von Gemischen gesättigter und ungesättigter Äther*, dad. gek., daß Acetale, bes. in Fraktionierkolonnen, bei 100—300°, zweckmäßig 150—200°, u. bei n. oder bis 20 at erhöhtem Druck, vorzugsweise bis 5 at, zers. u. durch anschließende Dest. aufgearbeitet werden. Die Rk. soll in Ggw. von Katalysatoren, bes. porösen Stoffen, z. B. Kieselsäuregel, Al_2O_3, Bimsstein, akt. Bleicherde, bei 250—350°, durchgeführt werden. Bei der Dest. kann man Schleppmittel anwenden. — Ein aus Butyraldehyd u. Butylalkohol hergestelltes Acetalgemisch wurde durch Vorfraktionierung von unerwünschten Begleitstoffen befreit, der oberhalb 110° sd. Destillationsrückstand schnell auf 155° erhitzt u. das zwischen 143 u. 155° übergehende Gemisch kondensiert. Bei der fraktionierten Dest. erhält man: ca. 5% Butyraldehyd, 5% Crotonaldehyd, 10% Butylalkohol u. durch Feinfraktionierung ein Gemisch von Dibutyl- u. Butylcrotyläther. (**D. B. P. 840 092** Kl. 12o vom 16/5. 1950, ausg. 26/5. 1952.) G. KÖNIG. 4560

Badische Anilin- & Soda-Fabrik (Erfinder: **Walter Reppe, Adolf Steinhofer** und **Hans Georg Trieschmann**), Ludwigshafen/Rh., *Butin-(2)-diol-(1.4)* erhält man durch Umsetzen von wss. CH_2O mit Acetylen (I) in Ggw. von Cu-I oder Cu-Verbb., die unter den Reaktionsbedingungen in Cu-I übergehen, wobei die umgesetzte Lsg. mindestens

1% CH_2O enthalten soll, der dann unter erhöhtem Druck u. einem entsprechenden Rücklauf abdest. wird, so daß der CH_2O im wss. Destillat enthalten ist. Die gewonnene Butinlsg. läßt sich dann ohne weiteres katalyt. hydrieren. (**D. B. P. 871 005** Kl. 12o vom 6/4. 1941, ausg. 19/3. 1953.) KRAUSS. H 570

Deutsche Gold- & Silberscheideanstalt vormals Roessler (Erfinder: **Walter Pohl**), Frankfurt/M., *Herstellung von Pentaerythrit* durch Kondensation von Acetaldehyd u. CH_2O unter Verwendung von Erdalkalihydroxyden als Kondensationsmittel, dad. gek., daß nach Beendigung der Kondensation $(NH_4)_2CO_3$ (I), gegebenenfalls zusammen mit $(NH_4)HCO_3$, in zur Umsetzung mit den vorhandenen Erdalkaliverbb. ausreichenden Mengen der Reaktionslsg. zugesetzt wird. Vorteilhaft wird der Überschuß an Erdalkalihydroxyd in der Reaktionslsg. zunächst mit HCOOH zu Erdalkaliformiat umgesetzt. Zweckmäßig wird die Lsg. vor der Rk. mit I filtriert, damit unlösl. Polypentaerythrit erhalten wird. (**D. B. P. 845 194** Kl. 12o vom 23/9. 1950, ausg. 28/7. 1952.) G. KÖNIG. H 580

Henkel & Cie. G. m. b. H. (Erfinder: **Helmut Pietsch**), Düsseldorf, *Gewinnung des Pentaerythritdichlorhydrinmonoschwefligsäureesters* (I) aus den bei der Rk. von Pentaerythrit mit $SOCl_2$ in Ggw. von tert. Basen, bes. von Pyridin, anfallenden Reaktionsprodd., dad. gek., daß man den Ester auf Grund seiner von den übrigen Bestandteilen des Reaktionsprod. verschied. physikal. Eigg., bes. des Kp., nach an sich bekannten Methoden isoliert. $Kp._{4-5}$ von I 113—115°, F. 30°. Zwischenprod. für die Herst. von Arzneimitteln, Kunstharzen u. dergleichen. (**D. B. P. 871 751** Kl. 12o vom 22/7. 1951, ausg. 26/3. 1953.) G. KÖNIG. H 590

Krupp Kohlechemie G. m. b. H., Wanne-Eickel (Erfinder: **Hans Weghofer,** Rio de Janeiro, Brasilien), *Sulfochlorierung nichtaromatischer, gesättigter Kohlenwasserstoffe* erfolgt mit $SO_2 + Cl_2$ in Ggw. geringer O_2- oder Luftmengen, zweckmäßig 0,01—8, vorzugsweise 0,05—5 Vol.-%, bezogen auf die Reaktionsgase, notfalls unter Druck u. Bestrahlung. — Aus einem Gemisch aus 1 (Teil) Propan, 1,2 SO_2, 1 Cl_2 u. 0,5 O_2 in CCl_4 erhält man bei 20° ein Gemisch *isomerer Propansulfochloride* (S : Cl = 1 : 1,12).— KW-stoffgemisch nach FISCHER-TROPSCH, Kp. 260—340°, → *Sulfochloride* (S : Cl = 1 : 1,18) → hellfarbige *Sulfonsäuren.* (**D. B. P. 859 455** Kl. 12o vom 20/4. 1943, ausg. 15/12. 1952.) KRAUSS. H 600

Lech-Chemie Gersthofen (Erfinder: **Paul Heisel,** Augsburg), *Sulfochlor- oder Sulfobromessigsäure* erhält man durch Kondensation von dichlor- oder dibromessigsauren Salzen mit neutralem oder saurem Sulfit in wss. Lsg., gegebenenfalls unter Erhitzen. — Zwischenprod. zur Herst. von Weichmachern, Textilhilfs- u. Arzneimitteln. (**D. B. P. 853 442** Kl. 12o vom 10/2. 1944, ausg. 23/10. 1952.) KRAUSS. H 600

Ruhrchemie Akt.-Ges. (Erfinder: **Otto Roelen**), Oberhausen/Rh., *Herstellung von Oxoverbindungen bzw. deren sauerstoffhaltigen Umwandlungsprodukten* aus olefin. Primärprodd. der Kohlenoxydhydrierung durch Anlagerung von CO u. H_2, dad. gek., daß Primärprodd. der Kohlenoxydhydrierung verwendet werden, die vor der Anlagerung von CO u. H_2 einer sauerstoffabspaltenden Vorbehandlung unterzogen wurden. Die Oxoverbb. enthaltende Reaktions-Fl. wurde katalyt. zu *Alkoholen* hydriert. (**D. R. P. 765 444** Kl. 12o vom 10/8. 1940, ausg. 9/2. 1953.) G. KÖNIG. H 650

Canadian Celanese Ltd., übert. von: **J. G. N. Drewitt,** Montreal, Quebec, Can., *Gewinnung von Formaldehyd und Acetaldehyd* aus Äthylenglykol durch Oxydation mit Pb-Mennige in Ggw. von Essigsäure oder einer anderen aliphat. niedermol. Säure. Anwesenheit von W. als Verdünnungsmittel. (**Can. P. 484 084** vom 23/11. 1942, ausg. 17/6. 1952. E. Priorr. 14/1. u. 10/6. 1942.) M. F. MÜLLER. H 670

Farbenfabriken Bayer, Leverkusen-Bayerwerk (Erfinder: **Karl Schoenemann,** Heidelberg), *Gewinnen von Formaldehyd* (I) durch Abdest. von I aus an I armen Lsgg., dad. gek., daß man das dampfförmige Gemisch von I-Dampf u. Wasserdampf schnell abkühlt, so daß ein Teil des W. fraktioniert kondensiert wird, u. das an I angereicherte Dampfgemisch gesondert kondensiert. (**D. B. P. 857 356** Kl. 12o vom 30/9. 1942, ausg. 27/11. 1952.) G. KÖNIG. H 670

British Oxygen Co. Ltd. und **John Arthur Tebboth,** London, England, *Formaldehyd* gewinnt man durch Oxydation von CH_4 mittels Luft u./oder O_2 in Ggw. von Oxyden des N bei hoher Tempp. (520—710°) u. erniedrigten Drucken (0,05—0,9 ata) u. Auswaschen des CH_2O unter höheren Drucken mittels W., wobei 38—40%ig. Lsgg. erhalten werden. Bei Tempp. um 0° erhält man *Paraformaldehyd.* (**E. P. 664 741** vom 11/7. 1950, ausg. 9/1. 1952.) G. KÖNIG. H 670

Celanese Corp. of America, New York, N. Y., V. St. A., *Herstellung von Paraformaldehyd.* Man leitet wss. CH_2O in eine Reaktionskolonne (I), kondensiert das an CH_2O

reichere Kopfprod. in 3 Stufen u. leitet die Kondensate der beiden ersten Stufen in I zurück, während das Kondensat der 3. Stufe mit einem Geh. von 60% CH_2O zu Paraformaldehyd gekühlt wird. (**E. P. 682 737** vom 3/11. 1950, ausg. 12/11. 1952. A. Prior. 4/11. 1949.) LÜTTGEN. H 670

Food Machinery & Chemical Corp., New York, N. Y., übert. von: **John A. Pianfetti** und **David J. Porter,** South Charleston, W. Va., V. St. A., *Chloral* erhält man bei der Einw. von Cl_2 auf Acetaldehyd (I) oder dessen bei Reaktionstemp. reversiblen Polymeren in Ggw. eines inerten Verdünnungsmittels (II), bes. der Chlorierungsprodd. des I oder CCl_4, u. bei Temppp. bis annähernd an den Kp. der Reaktionsmischung. Beschleuniger, wie Metallchloride, bes. $SbCl_3$, sind vorteilhaft. Auch W. ist geeignet, dessen Menge ist jedoch zu beschränken. Man legt II vor u. leitet dann I u. Cl_2 ein. Das Verf. kann auch fortlaufend ausgeführt werden. — Zeichnung. (**A. PP. 2 615 048** vom 20/10. 1948 u. **2 615 049** vom 3/3. 1947, beide ausg. 21/10. 1952.) G. KÖNIG. H 670

Montrose Chemical Co., Newark, N. J., übert. von: **Jacob Rosin,** New York, N. Y., V. St. A., *Chloral* gewinnt man durch Einleiten von Cl_2 in A. (95,5 Vol.-%), bis die D. der Reaktionsmischung $1,33 \pm 0,5$ beträgt, worauf man der Reaktionslsg. W. in Mengen von 2 (Mol) auf 1 A. zusetzt u. weiter Cl_2 einleitet, wobei die Temp. gleichzeitig bis zum Kp. der Reaktionsmischung gesteigert wird. Aus der Reaktionsmischung wird nach Zusatz von konz. H_2SO_4 das Chloral abdestilliert. (**A. P. 2 616 929** vom 4/9. 1947, ausg. 4/11. 1952.) G. KÖNIG. H 670

Food Machinery & Chemical Corp., New York, N. Y., V. St. A., *Chloral* erhält man beim Chlorieren von Acetaldehyd (I) oder seinen Polymeren, die bei der Reaktionstemp. I ergeben, in Ggw. einer mit I u. dem Reaktionsprod. mischbaren organ. Fl. (II) u./oder Wasser. Die Ggw. von Beschleunigern (Metallchloriden, wie $FeCl_3$, $SbCl_5$, P-Chloriden) ist vorteilhaft. Um Explosionen zu vermeiden, ist die Konz. des Cl_2 in der Reaktionsatmosphäre $<30\%$ (10—15) zu halten, was durch Einleiten von inerten Gasen (CO_2, N_2) erfolgen kann. Als II sind bes. brauchbar: Essigsäure, CCl_4 u. die Chlorierungsprodd. des I. (**E. P. 668 275** vom 20/4. 1948, ausg. 12/3. 1952. A. Prior. 3/5. 1947.) G. KÖNIG. H 670

Farbwerke Hoechst, vormals Meister Lucius & Brüning (Erfinder: **Walter Berndt** und **Otto Probst**), Frankfurt/M.-Höchst, *Herstellung von Butyraldehyd* durch katalyt. Hydrierung von fl. Crotonaldehyd mit H_2 unter erhöhtem Druck u. bei erhöhter Temp., dad. gek., daß man die Hydrierung in Ggw. einer wss. Phase kontinuierlich durchführt. Man kann den Katalysator in wss. Suspension anwenden. Die Ggw. eines Emulgators ist vorteilhaft. (**D. B. P. 856 147** Kl. 12o vom 24/10. 1950, ausg. 20/11. 1952.) G. KÖNIG. H 670

Badische Anilin- & Soda-Fabrik, Ludwigshafen/Rh. (Rrfinder: **Heinz Krekeler,** New York, N. Y., V. St. A., und **Helmut Schlecht,** Ludwigshafen/Rh.), *Kontinuierliche Herstellung von Crotonaldehyd* (I) durch katalyt. Crotonisierung von Aldol (II) in fl. Phase, dad. gek., daß man II am unteren Ende eines mit der Katalysatorlsg. beschickten Raumes einleitet u. die Reaktionserzeugnisse am oberen Ende des Raumes abführt, wobei die Temp. der Katalysatorlsg. so gewählt wird, daß man den größeren Teil I im oberen Teil des Reaktionsraumes fl. abziehen kann, während der nicht im I gelöste Teil des entstandenen W., gegebenenfalls mit dem im II enthaltenen Acetaldehyd, dampfförmig entweicht. — Skizze. (**D. B. P. 860 349** Kl. 12o vom 5/7. 1941, ausg. 22/12. 1952.) G. KÖNIG. H 670

Shell Development Co., San Francisco, übert. von: **Kenneth D. Detling,** Berkeley, und **Thurston Skei,** Lafayette, Calif., V. St. A., *Kontinuierliche Herstellung ungesättigter Aldehyde oder Ketone* erfolgt bei der katalyt. Oxydation von Olefinen mit mindestens 3 C-Atomen in Ggw. von Cu_2O bei hoher Temp. u. Drucken bis 20 at, wobei man nach Eintreten der Ermüdungserscheinung des Katalysators die Zufuhr des Oxydationsmittels (O_2, Luft) jeweils kurze Zeit abschaltet. — Aus Propylen erhält man *Acrolein,* aus Isobutylen *Methacrolein* u. aus geradkettigen Butylenen *Methylvinylketon.* — Skizze. (**A. P. 2 608 585** vom 15/6. 1948, ausg. 26/8. 1952.) G. KÖNIG. H 670

A. Ch. J. Opfermann, Bergisch-Gladbach, *Herstellung von Acetalen* durch Oxydation von Alkoholen zu Aldehyden mit den üblichen Oxydationsmitteln, gegebenenfalls in Ggw. von indifferenten Lösungsmitteln, u. durch Umwandlung der erhaltenen Aldehyde mit Orthoestern, z. B. mit Ameisen- oder Kieselsäure, u. gegebenenfalls mit sauren Katalysatoren, wie trockenem HCl, in Acetale, dad. gek., daß diese Umsetzungen einstufig ausgeführt werden. — Als Oxydationsmittel können Chlor, Brom, N_2O_4, SeO_2, CrO_2, CrO_2Cl_2 verwendet werden, welche vorzugsweise in stöchiometr. Mengen angewendet werden. — Amylalkohol wird mit überschüssigem Orthokieselsäuretetramethylester vermischt, u. bei 70—80° wird Br_2 eingetropft. Es entsteht

Isovaleraldimethylacetal, Kp. 128—129°. — Aus 1-Chlorbutanol-4 entsteht dabei *γ-Chlorbutyraldimethylacetal*, $Kp._8$ 88—91°. — Mit Benzylalkohol bildet sich *Benzaldimethylacetal*, $Kp._{11}$ 73—79°. (**Oe. P. 173 687** vom 16/2. 1951, ausg. 10/1. 1953. Holl. Prior. 1/3. 1950.) M. F. Müller. H 670

Deutsche Hydrierwerke Akt.-Ges., Düsseldorf (Erfinder: **Winfrid Hentrich** und **Alfred Kirstahler**, Dessau), *Herstellung höhermolekularer Carbonsäuren* dad. gek., daß man niedermol. Abfallfettsäuren C_4—C_{12} bzw. deren Gemische in bekannter Weise ketonisiert, die erhaltenen Ketone zu sek. Alkoholen red., aus diesen durch Wasserabspaltung Olefine erhält, die durch Rk. mit CO u. H_2 katalyt. bei 100—200° in prim. Alkohole oder Aldehyde übergeführt werden, die man zu Fett- oder Wachssäuren oxydiert. (**D. R. P. 765 535** Kl. 12o vom 25/4. 1941, ausg. 23/3. 1953.) Müller-Meiningen. H 810

Badische Anilin- & Soda-Fabrik (Erfinder: **Otto von Schickh**), Ludwigshafen/Rh., *Umwandlung α.β-ungesättigter aliphatischer Nitrokohlenwasserstoffe* durch Anlagerung von Halogenwasserstoff. Die entstandenen α-Halogenhydroxamsäuren können gleichzeitig oder nachträglich mit W. oder wss. Mineralsäuren behandelt werden. Reaktionsschema: $R{-}CH{=}CHNO_2 + HCl \rightarrow RCHClC(OH){=}NOH + HCl + H_2O \rightarrow RCHCl\cdot COOH + NH_2OH\cdot HCl$. 1-Nitropropylen-(1) gibt nach dem Behandeln mit, 85%ig. mit HCl gesätt. A. bei 75° u. Eingießen in W. *α-Chlorpropionsäureäthylester* Kp. 149, bis 150°. — 1-Nitrooctylen-(1) → *α-Chlorcaprylsäureäthylester*. — 1-Nitrobutylen-(1) → *Chlorbutyrhydroxamsäureäthylester*, aus Cyclohexan, F. 87°. — *α-Brompropionsäureäthylester*, Kp. 158—160°. (**D. B. P. 868 906** Kl. 12o vom 3/3. 1943, ausg. 2/3. 1953.) Krauss. H 810

Distillers Co. Ltd., Edinburgh (Erfinder: **David James Hadley, Reginald Harold Hall** und **David Ian Hutchinson Jacobs**, Epsom, Surrey), England, *α-Neopentylacrylsäure* (I) $(CH_3)_3C{-}CH_2{-}C(COOH){=}CH_2$, F. 44°, $Kp._{10}$ 110°; *Methylester*, $Kp._{70}$ 95°. *p-Phenacylester*, F. 56°. 2.4.4-Trimethylpent-1- oder -2-en enthaltendes Diisobutylen wird in der Dampfphase bei bes. 250—350° mit mol. O_2 in Ggw. eines festen Oxydationskatalysators aus Se u. Cu, Cu-Oxyden, -Chloriden, -Sulfaten, -Chromaten, -Chromiten, -Vanadaten, -Molybdaten, -Wolframaten u./oder -Aluminaten oxydiert. Das entstandene *α-Neopentylacrolein*, $C_8H_{14}O$, Kp. 146°, gibt dann durch milde Oxydation in fl. Phase, z. B. mit AgO oder mol. O_2 bei $<100°$, **I.** Wird das Acrolein nicht abgetrennt, so entsteht als Nebenprod. *2.4.4-Trimethylangelicasäure*, $(CH_3)_3C{-}CH{=}C(CH_3){-}COOH$. Durch Hydrierung von **I**, z. B. in Ggw. von Adams-Pt-Katalysator mit H_2, entsteht *2.4.4-Trimethylvaleriansäure*. (**D. B. P. 871 147** Kl. 12o vom 11/3. 1950, ausg. 19/3. 1953. E. Priorr. 25/3. u. 24/9. 1949.) Krauss. H 810

Badische Anilin- & Soda-Fabrik, Ludwigshafen/Rh., *Dicarbonsäureester* (**II**), die bei der Elektrolyse von Halbestern niedermol. Dicarbonsäuren anfallen, gewinnt man durch Extrahieren der Bad-Fl. (**I**) mit einem mit **I** nicht mischbaren Lösungsm. (**III**), z. B. einem Paraffin-KW-stoff, wobei man vor der Trennung der **II** vom **III** den Extrakt mit einer einen bas. Stoff (**IV**) enthaltenden, mit **III** nicht mischbaren Fl. behandelt, in der das Salz des Halbesters mit **IV** lösl. ist, z. B. W., Alkohole, Äther, Ketone, Dioxan u. dergleichen. (**D. B. P. 873 697** Kl. 12o vom 2/12. 1942, ausg. 16/4. 1953.) Müller-Meiningen. H 820

Luitpold-Werk, Chemisch-pharmazeutische Fabrik (Erfinder: **Fritz Eichhorn** und **Karl Mayer**), München, *Aminocarbonsäuren* entstehen durch Abbau von Eiweißstoffen mittels Enzymen, die aus Schimmelpilzen, bes. *Aspergillus oryzae*, gewonnen sind, bei 33—55° u. schwach sauren p_H-Werten, die durch period. Zugabe von schwachen Basen oder Säuren zwischen p_H 5—5,5 eingestellt werden. — Beispiele zum Abbau von Weißkäse, Fleisch u. Fischmehl. (**D. B. P. 879 389** Kl. 12q vom 1/11. 1949, ausg. 11/6. 1953.) Langer. H 950

Rütgerswerke-Akt.-Ges., Frankfurt/M. (Erfinder: **Georg Alaschewski** und **Friedrich Müller**, Mannheim-Waldhof), *Umsetzung von Hexachlorcyclohexanen in Trichlorbenzole* (**I**) u. HCl, dad. gek., daß Hexachlorcyclohexane mit geringen Mengen Metallcarbonaten, wie Schlämmkreide, Soda, auf $>200°$ erhitzt werden u. der abgespaltene HCl aus dem Reaktionsgefäß abgeleitet u. kondensiert wird, während die gebildeten **I** abdest. werden. Der zurückbleibende Schlamm wird für neue Rkk. benutzt. (**D. B. P. 876 992** Kl. 12o vom 20/5. 1951, ausg. 18/5. 1953.) G. König. H 1010

Distillers Co. Ltd., Edinburgh, England (Erfinder: **G. P. Armstrong, T. Bewley** und **K. H. W. Turck**), *Herstellung von Isopropylbenzolhydroperoxyd*. Man oxydiert Isopropylbenzol in fl. Phase mit freiem O_2 bei 120—135° ohne Katalysatoren. Hierbei wird konz. O_2 in mindestens 50%ig. Überschuß u. zur Herabsetzung der Explosionsgefahr Wasserdampf zugeführt. (**Schwed. P. 134 447** vom 23/8. 1950, ausg. 5/2. 1952.) Jürgen Schmidt. H 1010

Byk-Gulden, Lomberg, Chemische Fabrik G. m. b. H., Konstanz (Erfinder: **Christian Hansen**, Bochum, und **Helmut Weissenburger**, Konstanz), *Reinigung von Phenolen.* Vorfraktionierte oder Rohphenole werden mit kleinen Mengen von Stoffen, die mit den Phenolen unter Bldg. von Di- bzw. Triphenylmethanderivv., wie Ketonen, Aldehyden (z. B. CH_2O), Carbonsäuren, reagieren, in Ggw. von Säuren, sauer reagierenden Stoffen (wie H_2SO_4), Alkalien, alkal. reagierenden oder kondensierend wirkenden Stoffen ($AlCl_3$ usw.) erwärmt u. die Phenole im Vakuum abdestilliert. (**D. B. P. 874 444** Kl. 12 q vom 23/12. 1941, ausg. 23/4. 1953.) MATTHAES. H 1060

Bergwerksverband zur Verwertung von Schutzrechten der Kohlentechnik G. m. b. H., Dortmund (Erfinder: **Anton Benning** und **Otto Großkinsky**, Dortmund, **Bernard Jüttner**, Essen), *Gewinnung von Trinitrophenol* (**I**) bei der Herst. von Carbonsäuren (**II**) durch oxydative Behandlung fossiler oder rezenter Brennstoffe oder deren Umwandlungsprodd. mit HNO_3. Man trennt **I** aus dem rohen Oxydationsgemisch bei dessen Verarbeitung auf **II** ab. Als Brennstoffe kann mit Luft, O_2 oder anderen oxydierenden Gasen voroxydierte Steinkohle verwendet werden. Man oxydiert bes. mit 30—35%ig. HNO_3 bei 100—130°. (**D. B. P. 879 103** Kl. 12 q vom 23/8. 1951, ausg. 11/6. 1953.) FABEL. H 1060

Badische Anilin- & Soda-Fabrik (Erfinder: **Walter Reppe**), Ludwigshafen/Rh., *Katalytische Herstellung von Hydrochinon* aus Verbb. der Acetylenreihe durch Rk. mit CO u. W. oder organ. oxygruppenhaltigen Verbb., bes. Alkoholen, in Ggw. von komplexen Salzen von Metallcarbonylwasserstoffsäuren, vorzugsweise bei 80—100° u. 5—30 at. Die Komplexsalze werden z. B. erhalten durch Rk. der mit der Basen-Rk. (Rk. von Metallcarbonylen mit wss. Alkali- oder Erdalkalihydroxydlsgg. oder Aminen) erhältlichen Salze der Metallcarbonylwasserstoffe mit komplexen Schwermetallsalzen. — Beispiel: Zu einem Gemisch aus 60 g A., 25 Hydrochinon u. 6 $[Fe\cdot(NH_3)_6][Co(CO)_4]_2$ preßt man ein C_2H_2–CO-Gemisch (1:1) von 20 at, heizt den Autoklaven auf 90—100° u. hält durch laufendes Nachpressen von Gemisch so lange (41 Std.) bei 25 at, bis keine Gasaufnahme mehr erfolgt. Ausbeute 35 g. (**D. B. P. 874 910** Kl. 12 q vom 1/6. 1951, ausg. 27/4. 1953.) MATTHAES. H 1060

Directie van de Staatsmijnen in Limburg, Heerlen (Erfinder: **Martinus Lambertus Goedkoop**, Geleen), Holland, *Pyromellitsäure* erhält man aus Koks (**I**) durch Oxydation mit HNO_3 u. Erhitzen des Oxydationsprod. nach Aufbringen auf **I** als Träger, der mittels Wasserdampf durchgewirbelt wird. Der dabei als Rückstand anfallende **I** wird als Ausgangsprod. für die Oxydation verwendet. (**D. B. P. 868 903** Kl. 12 o vom 23/3. 1951, ausg. 2/3. 1953. Holl. Prior. 1/4. 1950.) MÜLLER-MEININGEN. H 1240

August Chwala, Wien, Österreich, *Herstellung von 3.4-Methylendioxy-1-β-aminopropylbenzol* durch Umsetzung von 3.4-Methylendioxybenzylmethylketon mit überschüssigem Formamid bei erhöhten Temppp. u. durch Verseifung der erhaltenen Formylverb., dad. gek., daß dem Formamid bis zu 20% W. u. bis zu 5% Eisessig während der Formylierung zugesetzt werden u. daß die Erhitzung auf höchstens 150° bei einer Maximaldauer von 5 Std. erfolgt. (**Oe. P. 174 057** vom 26/1. 1950, ausg. 25/2. 1953.) M. F. MÜLLER. H 1320

Purdue Research Foundation, übert. von: **Earl T. McBee**, La Fayette, Ind., und **Richard M. Robb**, Wilmington, Del., V. St. A., *Fluorieren aromatische kondensierte Ringe enthaltender Verbindungen* (**I**) erfolgt bei Tempp. zwischen —30° u. niedriger u. 500° mittels CoF_3, vorteilhaft in Gasphase. Verbrauchtes CoF_3 wird mit F_2 oberhalb 50° regeneriert. Als **I** kommen z. B. in Betracht: Anthracen, Naphthalin, Phenanthren, Chinolin, Phenthiazin, Acridin u. Substitutionsverbb., wie Halogen-, Nitroderivate. Die Rk. kann bei n., erhöhtem oder erniedrigtem Druck, in einzelnen Fällen bei Ggw. inerter Gase als Verdünnungsmittel angewendet werden. Man kann perfluorierte Verbb. mit gleicher C-Anzahl erhalten. (**A. P. 2 578 720** vom 22/12. 1945, ausg. 18/12. 1951.) G. KÖNIG. H 2600

Naphtol-Chemie Offenbach (Erfinder: **Wilhelm Seidenfaden** und **Karl Jellinek**), Offenbach/M., *Konzentrierte Diazolösungen und leichtlösliche Diazosalzpräparate* erhält man durch Rk. von Diazoniumarylsulfonaten mit wasserlösl. Salzen anorgan. Säuren des Ca, Sr, Ba oder mit $Pb(NO_3)_2$. — Tabellen der Löslichkeit verschied. Diazoverbindungen. (**D. B. P. 870 696** Kl. 12 q vom 23/6. 1950, ausg. 16/3. 1953.) LANGER. H 2700

Naphtol-Chemie Offenbach (Erfinder: **Georg Hahn, Karl Redlich** und **Hans-Günter Kirschner**), Offenbach/M., *2.3-Oxynaphthoesäurearylamide* entstehen durch Kondensation von 2½ (Mol.) 2.3-Oxynaphthoesäure (**I**) mit 5½ Arylamin u. 1 PCl_3 in Ggw. eines inerten Verdünnungsmittels, bes. unterhalb 80°. — **I** + Anilin → *2.3-Oxynaphthoesäureanilid.* — **I** + Aminohydrochinondimethyläther. — **I** + β-Naphthylamin. (**D. B. P. 869 638** Kl. 12 o vom 12/4. 1951, ausg. 5/3. 1953.) KRAUSS. H 2700

Naphtol-Chemie Offenbach (Erfinder: **Georg Hahn**), Offenbach/M., *Aromatische Oxycarbonsäureamide* entstehen beim Erhitzen aromat. Oxycarbonsäuren mit Harnstoff (**I**) oberhalb dessen F. (133°), zweckmäßig unter Zusatz sirupöser H_3PO_4. — 2-Oxynaphthalin-3-carbonsäure + **I** → *Amid*, gelbliche Drusen, F. 185°. — Salicylsäure + **I** → *Amid*, Prismen, F. 137—139°. (**D. B. P. 869 639** Kl. 12o vom 17/6. 1951, ausg. 5/3. 1953.) KRAUSS. H 2700

E. I. du Pont de Nemours & Co., übert. von: **Richard C. Franklin**, Wilmington, Del., V. St. A., *3'-Brom-4'-methyl-2-benzoylbenzoesäure* (**I**) erhält man durch Rk. v. 1 (Mol) p-Toluylbenzoesäure mit 1,—2,0 Br in 82,5—92,5%ig. H_2SO_4 u. in Ggw. von 1,0—2,0 SO_2Cl_2 je 1 Br bei 35—70° u. bis zu 95%ig. Ausbeute. F. 183—184° (aus 50%ig. A.). — Durch 25%ig. Oleum erfolgt bei 95° Ringschluß zu *2-Brom-3-methylanthrachinon*, F. 219—220°, wobei Isolierung von **I** nicht erforderlich ist. (**A. P. 2 519 037** vom 15/7. 1949, ausg. 15/8. 1950.) MÜLLER-MEININGEN. H 2800

Ruhröl G. m. b. H., Bottrop (Erfinder: **Günther Ibing**, Mühlheim/Ruhr), *Herstellung von mehrkernigen Kohlenwasserstoffen* mit mehr als fünf Ringen im Mol., bes. von Coronen, aus den Druckhydrierungsprodd. von Steinkohle u. ihren Destillations- u. Extraktionsprodd. sowie aus den Spaltrückständen von Erdölen u. den Schwelölen von Braunkohle, dad. gek., daß man die vom Asphalt befreiten hochsd. Öle einer spaltenden Hydrierung unterwirft, wobei die Bedingungen so eingestellt werden, daß eine möglichst weitgehende Aufspaltung der schweren Öle zu Mittelöl u. Bzn. stattfindet u. daß die in dem Reaktionsprod. auskristallisierenden KW-stoffe auf physikal. Wege abgetrennt u. nach bekannten physikal. u. chem. Methoden gereinigt u. isoliert werden. Neben Coronen gewinnt man noch Benzperylen, Dibenzcoronen, Dinaphthocoronen u. unbekannte KW-stoffe. (**D. B. P. 867 387** Kl. 12o vom 17/12. 1943, ausg. 16/2. 1953.) G. KÖNIG H 2950

Badische Anilin- & Soda-Fabrik (Erfinder: **Ernst Plötz** und **Erwin Weinhardt**), Ludwigshafen/Rh., *Herstellung von Acylierungsprodukten des N.N Äthylenäthylendiamins und seiner Homologen*, dad. gek., daß man monomere 1.2-Alkylenimine mit Oxalsäurealkylestern im Molverhältnis von mindestens 4 : 1 umsetzt **gemäß nachst.** Gleichung:

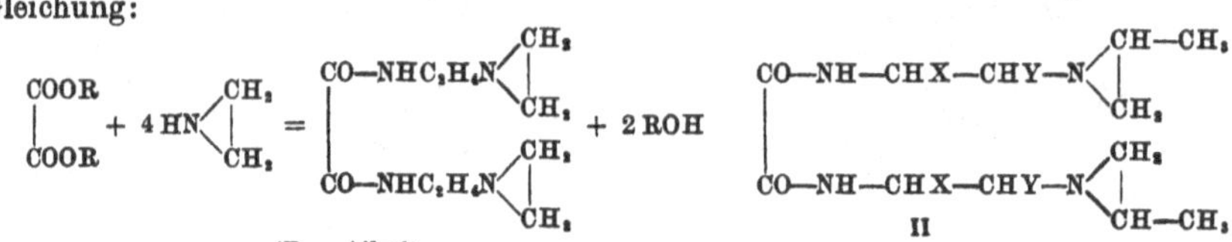

(R = Alkyl)

Beispiele: Äthylenimin + Oxalsäurediäthylester (**I**) → farbloses Produkt. — 1.2-Propylenimin + **I** → Prod. der Formel **II**, worin X für Methyl u. Y für H oder Y für Methyl u. X für H stehen. — Die Prodd. lassen sich durch Erwärmen oder Zusatz geringer Mengen Säuren polymerisieren. Verwendung als Textilhilfsmittel, z. B. zum Animalisieren oder Appretieren; auch als Zwischenprodd. für die Herst. von Textilhilfsmitteln, Farbstoffen oder pharmazeut. Mitteln. (**D. B. P. 858 846** Kl. 12p vom 22/5. 1941, ausg. 8/12. 1952.) DONLE H 3030

Farbwerke Hoechst, vormals Meister Lucius & Brüning (Erfinder: **Herbert Bestian**), Frankfurt/M., *Herstellung von aromatischen, im Kern substituierten Mono-, Di- und Polyäthylenharnstoffen* der Formel **I**, worin R einen aromat. Rest u. n eine ganze Zahl

zwischen 1 u. 4 bedeuten. Man setzt Mono-, Di- u. Polyisocyansäureester mit Äthylen (**II**) in wss. Lsg. um. — Aus **II** u. Phenylisocyanat *N'-Phenyl-N.N-äthylenharnstoff*. — Aus **II** u. Gemisch von 2.4- u. 2.6-Toluylendiisocyanat ein *Gemisch aus 2.4- u. 2.6-Toluylendiäthylenharnstoff*. — Aus **II** u. 1.3-Xylol-2.4.6-triisocyanat der *1.3-Xylol-2.4.6-triäthylenharnstoff*. — Verwendung in der Textil-, Papier-, Leder- u. Kunststoffindustrie. (**D. B. P. 863 343** Kl. 12p vom 11/8. 1943, ausg. 15/1. 1953.) DONLE. H 3030

Henri Morren, Brüssel, Belgien, *N-Monoalkylpiperazine* erhält man durch Hydrierung von Polyalkylenpiperazinen, die aus Piperazin durch Kondensation mit einem aliphat. Aldehyd gebildet wurden, bes. mit H_2 in Ggw. eines Katalysators oder mit H_2 in statu nascendi. — Das aus Piperazinhexahydrat in Butanol bei 50—60° mit 34,5%ig. CH_2O gewonnene Polymethylenpiperazin wird mit RANEY-Ni + H_2 hydriert. Nach der Aufarbeitung über CS_2 gewinnt man reines *Monomethylpiperazindihydrochlorid* in 85%ig. Ausbeute. (**D. B. P. 867 245** Kl. 12p vom 25/11. 1950, ausg. 16/2. 1953. Belg. Prior. 25/11. 1949.) KRAUSS. H 3272

American Cyanamid Co., New York, N. Y., V. St. A., *2-(o-Oxyphenyl)-4.6-dihalogentriazine.* Durch Entmethylierung von 2-(o-Methoxyphenyl)-4.6-dichlortriazin (dargestellt über o-Methoxybenzoyldicyandiamid → o-Methoxybenzoylbiuret → o-Methoxybenzoguanamid) in o-Dichlorbenzol mittels HCl bei 100—200°, bes. 150°, erhält man *2-(o-Oxyphenyl)-4.6-dichlortriazin,* F. 155°. Verwendet man HBr an Stelle von HCl, so erhält man *2-(o-Oxyphenyl)-4.6-dibromtriazin. 2-(2'-Oxy-5'-chlorphenyl)-4.6-dibromtriazin,* F. 250° (Zers.). — Zwischenprodukte. (**E. P. 691 520** vom 9/10. 1951, ausg. 13/5. 1953. A. Prior. 23/5. 1951.) BRÖSAMLE. H 3313

X. Färberei. Organische Farbstoffe.

Plinius Campi, *Die Farbbewertung.* 1. Mitt. *Die photometrischen Grundlagen.* Überblick: Natur des Lichtes; photometr. Einheiten; Oberflächen der Gegenstände; heterochromat. Strahlung; schwarzer Körper; durchsichtige u. absorbierende Medien. (Fibre e Colori **2.** 355—63. Sept. 1952.) R. K. MÜLLER. 7000

Carlo Anacker, *Über die Gleichmäßigkeit der auf Wolle mit sauren, Chromkomplex- und Chromfarbstoffen erhaltenen Färbungen.* Auf Grund von Vergleichsfärbungen mit *Echtrot AV, Anthosin 3B* u. *Palatinechtrot 4BN* wird gezeigt, daß es bei der Wollfärbung mit sauren u. Cr-Farbstoffen 2 Bindungstypen gibt: Bldg. eines echten Salzes zwischen den Sulfongruppen des Farbstoffes u. den bas. Gruppen der Wolle u. Bldg. eines Komplexes zwischen der Cr-Farbstoffkomponente u. den bas. Gruppen. Bei den zur Erzielung gleichmäßiger Färbung verwendeten Egalisiermitteln werden anionakt. (z. B. *Nekanil S*) u. nichtionogene (z. B. *Nekanil O, Palatinsalz O*) unterschieden. (Fibre e Colori **2.** 365—67. Sept. 1952.) R. K. MÜLLER. 7002

Andreas Schmitz, *Die Stückfärberei nach dem Acramin F-Verfahren.* Ausführliche Beschreibung (mit Rezepturen) über die verschied. Anwendungsmöglichkeiten des *Acramin-F.*-Verf. in der Stückfärberei. (Textil-Praxis **8.** 489—91. Juni 1953.) H. G. FRÖHLICH. 7020

—, *Anilinschwarz. Anilinschwarz* ist einer der ältesten Anilinfarbstoffe. Es liefert ein volles u. sehr echtes Schwarz. Man stellt es meist aus Anilinsalz (salzsaures Anilin) u. gelbem Blutlaugensalz dar. Für Wolle ist es nicht geeignet. Es dient meist zum Zeugdruck auf Baumwolle u. Kunstseide. (Canad. Chem. Processing **36.** Nr. 11. 65—66. Okt. 1952.) FRIEDEMANN. 7020

Christian Hofmann, *Anthrasololivgrün IBB und Anthrasolgrau IT, neue bedeutsame Vertreter der Leukoester-Farbstoffreihe.* Vf. gibt eine ausführliche Darst. (mit zahlreichen Rezepturen) über die Verwendung u. färber. Eigg. von Anthrasololivgrün IBB u. Anthrasolgrau IT. Weiterhin ist dem Aufsatz eine Mustertafel beigegeben. (Textil-Praxis **8.** 495—97. Juni 1953.) H. G. FRÖHLICH. 7020

August Lohmann, *Ein Beitrag zur Anwendung der Indanthrenfarbstoffe in der Apparatefärberei.* Ausführliche Darst. über die Verwendung von Indanthrenfarbstoffen in der Apparatefärberei zum Färben von vegetabil. Fasern, wie Baumwolle, ferner von Zellwolle u. Reyon. In diesem Zusammenhang werden auch die Vor- u. Nachteile der folgenden Verff. beschrieben: Pigmentfärbeverf. mit nachfolgender Entw., das Küpensäureverf., das Stammküpenverf., das Temperaturstufenverf. sowie das Färben bei erhöhter Temperatur. (Textil-Praxis **8.** 326—29. April 1953.) H. G. FRÖHLICH. 7020

H. R. Hirsbrunner, *Neue Arbeitsverfahren in der Wollechtfärberei.* Ausführliche Darst. über die färber. Eigg., Echtheiten sowie Verwendungsmöglichkeiten von *Irgalan*-Farbstoffen in der Wollechtfärberei. In diesen Zusammenhang werden die Aufziehkurven der einzelnen Farbstoffe gegeben sowie der Färbemechanismus ausführlich besprochen. (Textil-Praxis **8.** 501—08. Juni 1953.) H. G. FRÖHLICH. 7020

Thomas Carter, James L. Neal und **R. Neal Westmoreland,** *Die Anwendung von Küpenfarben für Nylon bei normalen Temperaturen.* Nylon mit einer Lsg. von 1—2% Tanninsäure (I) (Flotte 1 : 15,5—30 Min., Temperaturbereich 190° F bis zum Sieden) vorbehandelt, kann mit Küpenfarbstoffen bei 120—140° gefärbt werden. Gegenüber den mit Küpenfarbstoffen bei 190° F durchgeführten Färbungen, sowie den andern Farbstofftypen für Nylon weisen diese Färbungen eine bessere Licht- u. Waschechtheit u. geringere Tönungsänderungen durch Belichtung auf. Die Erhöhung der Affinität des Nylon zu Küpenfarbstoffen durch die bei der Vorbehandlung aufgenommene **I** bewirkt einen besseren Flottenauszug u. erleichtert die Herst. gleicher Färbungen auf Wolle bzw. Baumwolle–Nylon-Mischungen. Die Verwendung heißer saurer Lsg. von TEXTONE ist zur Oxydation der Leukoverbb. der Küpenfarbstoffe auf Nylon geeigneter als Peroxyd. (Amer. Dyestuff Reporter **39.** P773—76. 13/11. 1950.) A. V. KÖNIG. 7020

—, *Neue Entwicklungen beim Färben und Drucken.* Es wird der Gang der Entw. in der Bleicherei, Färberei u. Ausrüstung der Textilien betrachtet, Vf. diskutiert die Erfolge der Kontinue-Färbeverff., das Vermeiden der Wartungen, die Entwicklungen in der Mineralstaubfarben- u. Anilinschwarzfärberei, die neuen Richtungen in der Wollfärberei u. die Fortschritte in der Druckereitechnik. — 61 Literaturzitate. (Textile Recorder **70**. Nr. 839. 79—82. Febr. 1953.) A. v. KÖNIG. 7020

Badische Anilin- & Soda-Fabrik, Ludwigshafen/Rh., *Herstellung von beständigen Druckpasten* für *Gewebe,* auf denen Mehrton- oder Mehrfarbeneffekte hervorgerufen werden sollen. Man setzt der Paste faseraffine Stoffe zu, die mit den übrigen Bestandteilen der Paste nicht reagieren, z. B. Hexantriol oder ein Kondensationsprod. aus CH_2O, CH_3CHO u. $(NH_4)_2SO_4$. (**Schwz. P. 286 461** vom 12/6. 1950, ausg. 16/2. 1953. D. Prior. 14/7. 1949.) v. SCHILLER. 7007

Deutsche Rhodiaceta Akt.-Ges. (Erfinder: **Rudolf Gewehr**), Freiburg/Breisgau, *Dunkelfärben und gleichzeitiges Unlöslichmachen von Gebilden aus Mischpolymerisaten des Vinylchlorids* mit Estern organ. Säuren. Man behandelt mit konz. H_2SO_4 u. erhält so ohne Anwendung von Farbstoff graue Farbtöne bis zum tiefsten Schwarz, je nach Dauer, Temp. u. H_2SO_4-Konzentration. (**D. B. P. 883 283** Kl. 8m vom 11/11. 1944, ausg. 16/7. 1953.) v. SCHILLER. 7021

Plüschweberei Grefrath G. m. b. H., Grefrath b. Krefeld (Erfinder: **Ernst Waltmann,** Krefeld), *Herstellung von plastischen Effekten auf glatten oder Polgeweben.* Man bedruckt die Rückseite der Gewebe örtlich mit Kupferoxyd–Ammoniak–Cellulose-Lsg. u. überläßt sie bis zur Ausbldg. der plast. Effekte sich selbst. Es können Gewebe aus Baumwolle, Cellulosekunstseide, Wolle, Naturseide usw. behandelt werden. (**D. B. P. 883 140** Kl. 8n vom 8/8. 1951, ausg. 16/7. 1953.) v. SCHILLER. 7023

Sandoz Akt.-Ges., Basel, *Disazofarbstoff.* 4-Nitro-2-amino-1-oxybenzol-6-sulfonsäure wird nach Diazotierung in sodaalkal. Lsg. mit 1-Amino-8-oxynaphthalin-3.6-disulfonsäure gekuppelt, der so erhaltene Aminoazofarbstoff nochmals diazotiert u. mit 2-Oxynaphthalin-6-sulfonsäure gekuppelt, das Prod. chromiert. Es färbt *Leder* neutralgrau mit guter Lichtechtheit. (**Schwz. P. 278 176** vom 8/1. 1950, ausg. 1/10. 1952. **Zusatz zu Schwz. P. 274 242; C. 1952. 5981.**) KALIX. 7025

Badische Anilin- & Soda-Fabrik (Erfinder: **Julius Eisele** und **Siegfried Hafenrichter**), Ludwigshafen/Rh., *Verbesserung der Echtheitseigenschaften von Färbungen* mit Farbstoffen, die bewegliche H-Atome im Mol. enthalten. Man behandelt die Färbungen mit Estern von Monochloriden mehrbas. Säuren nach; z. B. mit Säurechloriden der Halbester von Malon-, Bernstein- oder Adipinsäure, bes. mit Verbb., die durch Rk. von Alkoholen mit Phosgen entstehen, wie Chlorkohlensäureäthylester. (**D. B. P. 883 138** Kl. 8m vom 28/4. 1951, ausg. 16/7. 1953.) v. SCHILLER. 7029

Farbwerke Hoechst, vormals Meister Lucius & Brüning (Erfinder: **Ferdinand Quint** und **Gustav Schäfer**), Frankfurt/M., *Herstellung von 2-Phenylthionaphthenen.* Man verschm. ω-Phenthioacetophenone mit wasserfreiem $ZnCl_2$ (I) in Ggw. von konz. HCl bei 150—160°. — 810 (Teile) I, 100 HCl u. 135 ω-Phenthioacetophenon geben 113 *Phenylthionaphthen,* F. 174—175°. Analog: *2-Phenyl-4-methyl-5.7-dichlorthionaphthen,* F. 114,5—115°. — Zwischenprodd. zur Herst. von Farbstoffen. (**D. B. P. 864 559** Kl. 12q vom 20/3. 1951, ausg. 26/1. 1953.) LÜTTGEN. 7049

Soc. An. Manufactures de Produits Chimiques du Nord, Établissements Kuhlmann, Soc. An. de Matières Colorantes et Produits Chimiques et Industriels du Sudest (Erfinder: **Robert Lazare Lantz** und **Georges Mingasson**), Paris, Frankreich, *Azofarbstoffe.* o-Diazophenole, die durch eine kernständige Mercapto- oder Disulfidgruppe substituiert sind u. außerdem noch andere, in der Azofarbstoff-Chemie übliche Substituenten enthalten können, werden mit beliebigen Azokomponenten gekuppelt, bes. mit solchen, die in Nachbarstellung zu einer OH-Gruppe kuppeln u. frei von lösl. machenden Gruppen sind. Die Reaktionsprodd. geben auf Baumwolle sehr licht- u. waschechte Färbungen in den verschiedensten Tönen u. lassen sich gut nachkupfern. — Beispiel: 11 (Teile) 2-Amino-1-oxy-5-mercaptobenzol werden diazotiert u. mit 7,2 2-Oxynaphthalin gekuppelt. Blauschwarzes Pulver, das Baumwolle blau, nachgekupfert violett färbt. (**D. B. P. 852 878** Kl. 22a vom 14/9. 1950, ausg. 20/10. 1952. F. Prior. 24/8. 1945.) KALIX. 7053

Sandoz Akt.-Ges. (Erfinder: **Heinrich Lier**), Basel, Schweiz, *Polyazofarbstoffe* der allg. Formel A—Azo—B—Azo—C—Azo—peri-Aminonaphtholsulfonsäure—Azo—D (sauer gekuppelt), die bes. zum Färben von Leder geeignet sind, erhält man, wenn man in beliebiger Reihenfolge kuppelt: 1. 1 Mol einer Diazoverb. der nachst. Formel, 1 Mol einer Diazoverb. A (mit einem Benzol- oder Naphthalinkern) u.

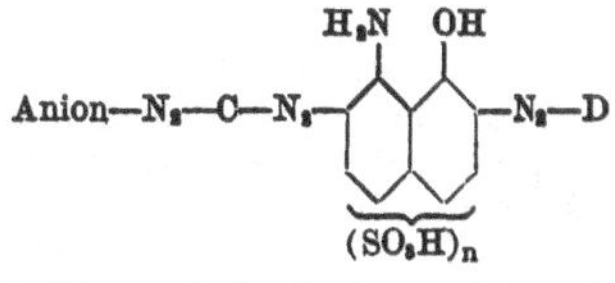

1 Mol einer doppelt kupplungsfähigen Diazoverb. B (mit einem Benzol- oder Naphthalinkern). Hierbei bedeutet C einen zweiwertigen Benzol-, Naphthalin- oder Diphenylrest, D einen N-freien Benzol- oder Naphthalinrest. Beispiel: 1 (Mol) tetrazotiertes 4.4'-Diaminodiphenyl wird mit 1 1-Amino-8-oxynaphthalin-3.6-disulfonsäure, 1 Diazobenzol u. 1 des Monoazofarbstoffs aus 1-Aminobenzol-4-sulfonsäure u. 1-o-Tolylamino-3-oxybenzolsulfonsäure gekuppelt. Das Prod. färbt Leder aus schwachsaurer Flotte tiefschwarz. Für Textilfasern sind diese Farbstoffe nicht geeignet. (**D. B. P. 852 879** Kl. 22a vom 21/10. 1936, ausg. 20/10. 1952.) KALIX. 7055

Sandoz Akt.-Ges., Basel, *Walkfarbstoffe der Anthrachinonreihe.* 4-tert.-Amyl-1-oxybenzol (I) wird in Ggw. eines säurebindenden Mittels mit 1-Amino-4-(2'.6'-dimethylphenylamino)-anthrachinonsulfonsäure oder mit 1-Amino-2-brom-4-(2'.4'.6'-trimethylphenylamino)-anthrachinon (**II**) erhitzt u. die erhaltenen Farbstoffbasen werden mit Oleum sulfoniert. Wasserlösl. Farbstoffe, die Wolle violett färben. — Einen ähnlichen Farbstoff erhält man aus 4-Cyclohexyl-1-oxybenzol u. II-2-Sulfonsäure. (**Schwz. PP. 279 180** u. **279 181**, beide vom 3/6. 1949, ausg. 16/2. 1952 u. **279 183** vom 3/6. 1949, ausg. 1/3. 1952. **Zusätze zu Schwz. P. 274 524; C. 1952. 6442.**) KALIX. 7059

XIa. Farben. Anstriche. Lacke. Naturharze.

D. B. Mutton und **O. J. Schierholtz**, *Studium der Substrate für Farblacke.* Mkr. untersucht wurde der Einfl. von anion. u. kation. Netzmitteln u. der Natur der Al-Verb. auf die Bldg. von Al-Farblacken auf Schwerspatsubstrat. Es sollte die Agglomeratbldg. des Al-Hydroxyds (I) verhindert u. dessen Adhäsion an der Spatoberfläche begünstigt werden. Resultate: Schwerspat zeigte in wss. Suspension eine schwache negative Ladung. Stärkere negative Ladungen hatten die gefällten Farblacke in wss. u. nichtwss. Suspension. Weder kation. noch anion. Netzmittel erhöhten die Haftfähigkeit von I auf Schwerspat, vielmehr begünstigten sie lediglich die Adhäsion feiner Spatteilchen an größeren. Ein durch Rk. von Säurefarbstoff mit einem Alkylamin erzeugter unlösl. Farbstoff haftet fest auf Spat. Aus wss.-alkoh. Lsg. gefälltes I neigt weniger zur Agglomeration als das aus W. gefällte. Mit Soda gefälltes I war kornfeiner als das mit Ammoniak oder NaOH gefällte. Al-Sulfat in wss. Lsg. benetzt die saubere Spatfläche bei Raumtemp. ganz gut, Al-Sulfat in 30% A. sehr gut. — 21 Literaturhinweise. (Canad. Paint Varnish Mag. **26**. Nr. 11. 7—10. 24—26. 65. 70. Nov. 1952.) SCHEIFELE. 7096

A. M. Vermorken, *Bleimennige mit großer Dispersion.* Vf. diskutiert die Vorteile der Bleimennige mit großer Dispersion u. entwickelt seine Ansicht über die chem. Wirkungsweise der Bleimennige beim Rostschutz von Eisenoberflächen. (Chim. Peintures **16**. Nr. 4. 153—54. April 1953.) DALL'ASTA. 7106

R. L. McGill, *Vergleich typischer Latexemulsions- und Öllack-Wandfarben.* Es wurde festgestellt, daß matte Wandfarben auf Basis synthet. Latices leichter verstreichbar sind als solche auf Basis Öllacke. Sie sind außerdem leichter zu reinigen, besitzen eine höhere Abriebfestigkeit u. trocknen rascher an. Die Öllackfarben hingegen sind lagerbeständiger u. leichter aufrührbar. Zudem besitzen sie höhere Deck- u. Haftfähigkeit. (Off. Digest Federat. Paint Varnish Product. Clubs **1952**. 795—803. Nov.) SCHEIFELE. 7106

A. J. Wandersleben, *Der Anstrich von Putzschichten.* 1. Mitt. Einfache u. zuverlässige Prüfmeth. zur Best. der Haltbarkeit von Anstrichen auf feuchtem, alkal. Putz. Verwendet werden 3,5 × 0,25 Zoll-Scheiben aus Kalkputz, die in Gummiformen hergestellt u. auf der Oberseite mit einem zweifachen Anstrich versehen werden. Mit der Anstrichseite nach oben werden die Scheiben in Petrischalen auf Wattebäusche gelegt, die mit 2%ig. NaOH getränkt sind, mit Uhrgläschen bedeckt, während 48 Std. beobachtet, weitere 48 Std. unbedeckt gelassen u. darauf zum Trocknen ausgelegt. Von bisher untersuchten Anstrichmaterialien hielten sich Styrol–Butadien-Farben am besten; Alkydharz- u. Öllackfarben versagten meist durch Blasenbldg. u. Abplatzen. (Off. Digest. Federat. Paint Varnish Product. Clubs **1952**. 718—25. Nov.) SCHEIFELE. 7106

T. P. Hilditsch und **A. Mendelowitz**, *Zum Nachweis der Verfälschung von Holzöl.* 50 g des zu prüfenden Holzöles werden in 600 cm^3 Leichtbenzin (Kp. 40—60°) gelöst u. 4 Std. auf —70° gehalten. Der Kristall-Nd. wird durch Filtrieren durch einen gekühlten BÜCHNER-Trichter entfernt u. das Filtrat durch Erhitzen, zuletzt unter Vakuum, vom Lösungsm. völlig befreit. Die zurückbleibenden lösl. Glyceride werden gewogen, mit alkoh. KOH verseift, zur Entfernung des Unverseifbaren zweimal mit

Ae. extrahiert u. mit H_2SO_4 gespalten. Aus der Ätherlsg. der Fettsäuren wird die Mineralsäure durch Auswaschen entfernt u. der Ae. abdestilliert. Durch Zusatz von 10 cm^3 Aceton u. Erhitzen unter vermindertem Druck wird das Trocknen der Fettsäuren u. die Beseitigung der letzten Lösungsmittelreste erleichtert. Der Eläostearinsäureanteil der Fettsäuren wird spektrophotometr. bestimmt. Die lösl. Glyceride des reinen Holzöles enthalten 45% Eläostearinsäure, bei Verschnitt mit z. B. 10% Sonnenblumenöl, beträgt der Eläostearinsäuregeh. nur noch 24%. Der Test ist auf Aleuritis-, Fordii- u. A. montana-Öle anwendbar. Der Hitzetest ist als Reinheitsprobe zu verwerfen. (J. Oil Colour Chemists' Assoc. **35.** 555—59. Nov. 1952. Liverpool, Univ., Dep. of Ind. Chem.) Scheifele. 7154

B. F. Goodrich Co., New York, N. Y. (Erfinder: **Robert John Wolf,** Cleveland, O.), V. St. A., *Herstellung von Mischpolymerisaten,* dad. gek., daß man 1. ein Gemisch monomerer Stoffe aus 30—80 (Gew.-%) eines Acrylsäurealkylesters, dessen Alkylgruppe ausschließlich oder teilweise 1—4 C-Atome enthält, 10—65 eines Vinylesters einer aromat. Säure, in der eine einzelne Carboxylgruppe direkt an einen Arylkern gebunden ist, u. 5—40 eines eine Vinylgruppe enthaltenden aromat. Monoolefins, in dem die Vinylgruppe direkt an einem Kern-C-Atom haftet, polymerisiert; 2. ein Monomerengemisch aus 30—75 eines Acrylsäurealkylesters, in dem die Alkylgruppe 1—4 C-Atome enthält, 20—60 Vinylbenzoat (I) u. 5—20 Styrol (II) in Lsg. polymerisiert; 3. ein Gemisch aus 35—75 Acrylsäureäthylester, 20—60 **I** u. 5—20 **II** polymerisiert. — Lacke, Überzüge usw. (**D. B. P. 863 413** Kl. 39c vom 22/2. 1951, ausg. 19/1. 1953. A. Prior. 27/2. 1950.) Donle. 7107

Lewis Berger & Sons Ltd., London, England (Erfinder: **Frank Armitage** und **Donald Helmseyl Hewith**), *Mischpolymere* zur Herst. von Filmen, Überzügen, Lacken erhält man durch Erhitzen eines KW-stoffs, der die Gruppe $—C_6H_4—CH{=}CH_2$ enthält, mit einem Prod., das durch Erhitzen eines mindestens schwach trocknenden Öles mit einem in diesem Öl lösl. Phenol–Formaldehyd-Harz erhalten wurde, in Ggw. eines Terpens, das in 1.2-Stellung des alicycl. Ringes eine Doppelbindung enthält. — Beispiel: Leinöl wird mit einem Harz aus p-tert.-Butylphenol u. Formaldehyd ca. 15 Min. auf 250° erhitzt, dann setzt man Oiticicaöl zu u. erhitzt nochmals bei der gleichen Temp. 15 Min.; diese Mischung wird dann mit Styrol u. Dipenten in Benzin-KW-stoffen unter Rückfluß 34 Std. erhitzt, wobei man einen klaren Lack erhält. (**Schwz. P. 278 597** vom 31/12. 1947, ausg. 1/2. 1952. E. Priorr. 12/11. 1946 u. 12/11. 1947.) Krauss. 7107

E. I. du Pont de Nemours & Co., Wilmington, Del., V. St. A., *Mischpolymerisate für Überzüge* enthalten 40—70 (%) Styrol u. 60—30 β-Allyloxyäthylacrylat (I). I entsteht bei Rk. von Äthylenoxyd mit Allylalkohol, wobei β-Allyloxyäthanol, $Kp._{50}$ 80 bis 83°, sich bildet u. dieses mit Äthylacrylat in üblicher Weise umgesetzt wird. I hat $Kp._7$ 72°. — Die Mischpolymerisation erfolgt in Lösungsmitteln u. unter Verwendung von Azoverbb. als Katalysatoren, wie z. B. Azodiisobutyronitril. (**E. P. 666 725** vom 1/4. 1949, ausg. 20/2. 1952. A. Prior. 3/7. 1948.) Möllering. 7107

Lewis Berger & Sons Ltd., London, England, *Mischpolymerisat.* 100 (Teile) gekochtes Leinöl werden mit 100 Styrol in 200 Xylol (Mineralöl oder Gemisch von α-Pinen u. Dipenten) gelöst u. 38 Std. polymerisiert. Nach Zufügen von Metalltrockenstoffen erhält man an der Luft trocknende *Lackfilme* auf Kraftwagen, Flugzeugen, Geweben, elektr. Geräten oder auch Klebmittel u. Druckfarben. (**Schwz. P. 283 773** vom 31/12. 1947, ausg. 16/10. 1952. E. Priorr. 15/2. 1946 u. 5/2. 1947.) Salzmann. 7107

E. I. du Pont de Nemours & Co., übert. von: **Carl M. Langkammerer,** Wilmington, Del., V. St. A., *Polymere Oxime* von polymeren 1.2-Diketonen. Man behandelt ein Äthylen-CO-Copolymeres bei 30—55° mit HNO_2 u. erhält hierbei polymere Prodd. mit der Gruppierung $—CO—C(:NOH)—CH_2—$. Behandelt man diese mit NH_2OH, so erhält man Polymere mit der Gruppierung $—C(:NOH)—C(:NOH)—CH_2—$. Die Prodd. bilden mit vielen Metallen *Chelate* u. werden zur *Modifizierung* von *Überzugsmitteln* verwendet. (**A. P. 2 620 325** vom 25/6. 1951, ausg. 2/12. 1952.) Brösamle. 7107

Eastman Kodak Co., Rochester, N. Y., übert. von: **Alan Bell,** Kingsport, Tenn., V. St. A., *Plastische Masse* für *Überzüge* u. dgl., bestehend aus Celluloseacetobutyrat mit mindestens 30% Butyrylresten u. dem 2-Äthylbuttersäure- bzw. 2-Äthylcapronsäureester des 2.2.4-Trimethylpentandiol-(1.3) als Weichmacher. (**A. P. 2 592 234** vom 16/2. 1949, ausg. 8/4. 1952.) Salzmann. 7107

Dow Corning Ltd., London, England, *Alkoxysiloxane,* die wertvolle *Zwischenprodd.* zur Herst. von *Überzügen* darstellen, erhält man durch Einw. eines gesätt. Alkohols auf ein Chlorsilan u. Hydrolyse der alkoxylierten Chlorsilane mit W., dessen Menge zur Hydrolyse der Cl-Atome ausreichen soll, diese aber höchstens um 10% übersteigen darf. — 600 (g) *Isopropanol* läßt man mit einem Gemisch aus 634 $C_6H_5SiCl_3$ u. 387 $(CH_3)_2SiCl_2$ bei 20—35° reagieren. Nach 3 Std. gibt man 67 W. langsam zu dem Reaktionsgemisch, wobei eine Temp. von 30—80° eingehalten wird. Schließlich erhitzt man auf 150° u. erhält so ein bewegliches, fl. Reaktionsprodukt. — Weitere Beispiele unter Verwendung von $C_6H_5CH_3SiCl_2$, CH_3SiCl_3, $(C_4H_9)_2SiCl_2$, $ClC_6H_4SiCl_3$ u. *Äthanol.* (**E. P. 685 173** vom 22/11. 1950, ausg. 31/12. 1952. A. Prior. 7/1. 1950.) BRÖSAMLE. 7107

International General Electric Co., Inc., New York (Erfinder: **Philip D. Di Giorgio**, Schenectady), N. Y., V. St. A., *Thienylreste enthaltende Polysiloxane* erhält man durch Hydrolyse von Silanen, die Halogen- oder Alkoxyreste u. am Si mindestens einen Thienylrest enthalten. Man hydrolysiert zweckmäßig mit einem Gemisch aus Ae. u. Wasser. — Geeignet sind z. B. 2-Thienyltrichlorsilan oder Di-(2-thienyl)-dichlorsilan. Man erhält fl., gummiartige oder hartharzähnliche Prodd., die z. B. für *Isolierlacke* geeignet sind. (**D. B. P. 851 551** Kl. 39c vom 14/6. 1950, ausg. 6/10. 1952. A. Prior. 25/6. 1949.) MÖLLERING. 7107

Soc. Minière et Métallurgique du Périgord, Seine, Frankreich, *Überzugsmasse aus säurefreiem Rohcumaron* (I), *Metallpigment und Verdünnungsmittel,* wie Solventnaphtha, Xylol, Toluol; z. B. aus 15—25% Al-Pulver, 30—40% I u. Rest Verdünnungsmittel. Verwendung zum Überziehen von Metallgegenständen, bes. Formen u. Behälter für Metallgießerei. (**F. P. 1 011 886** vom 12/4. 1949, ausg. 1/7. 1952.) PANKOW. 7107

British Thomson-Houston Co. Ltd., London, England, *Verhindern des Vereisens.* Das Ansetzen von Eis auf beliebigen Oberflächen wird verhindert durch einen Anstrich 1. mit Alkalisilicat oder einem organ. Silicat, z. B. Na-Orthosilicat oder Tetraäthylsilicat, u. 2. mit einem Polyalkylhalogenpolysiloxan, z. B. Polymethylchlorpolysiloxan. (**E. P. 679 559** vom 19/10. 1949, ausg. 17/9. 1952. A. Prior. 26/10. 1948.) LÜTTGEN. 7107

S. C. Johnson& Son, Inc., Racine, Wis., V. St. A., *Wachspräparat,* bestehend aus einer Lsg. von 1—2 (Teilen) Siliconöl (Viscosität 50—400, bes. 100—225 Centistokes bei 25°) u. 4—1 Paraffin in Testbenzin. Das Prod. ist bes. zur Herst. *polierbarer Überzüge* für lackierte Flächen (Automobile, Beleuchtungskörper) geeignet. (**E. P. 681 877** vom 28/12. 1950, ausg. 29/10. 1952. A. Prior. 13/1. 1950.) LÜTTGEN. 7107

XIb. Plaste (Kunstharze. Plastische Massen).

—, *Kalandrieren ist eine Kunst.* Technolog. Betrachtungen zum Kalandrieren von Vinylharzen. (Mod. Plastics **28**. Nr. 2. 88—91. 168. 172. Okt. 1950.) DALL'ASTA. 7172

Norbert Platzer, *Die Produktion organischer Polyvinylester in Deutschland.* Überblick über die Herstellungsarten von monomeren Vinylestern, bes. Vinylacetat, in den verschied. deutschen Produktionsstätten, Polymerisationsmethoden dieser Ester im Block, in Lsg., in Suspension u. in Emulsion sowie die Möglichkeiten der Copolymerisation der Vinylester. Die Eigg. u. Verwendungszwecke der Prodd. werden beschrieben. (Mod. Plastics **28**. 113—20. 167—70. Sept. 1950. Monsanto Chemical Co., Plastics Div.) DALL'ASTA. 7172

P. M. Elliott, *Hochschlagfeste Polystyrole und Copolymere.* Allg. Überblick über die Entw. der letzten Jahre in den USA zur Erzielung von Polystyrolen oder Polystyrolcopolymeren mit großer Schlagfestigkeit u. hohem Erweichungspunkt. (Plastics Ind. **11**. 22—26. Jan. 1953.) DALL'ASTA. 7172

Ugo Spezzaferri, *Resina U. F. (Montecatini) als Bindemittel für Gießereisand.* Durch Anwendung von Harnstoff–Formaldehyd-Harz [Resina U. F. (MONTECATINI)] zur Herst. von Sandformen für die Gießerei erzielt man wertvolle Verbesserungen gegenüber den früher üblichen Leinölen. Vf. gibt Anwendungs- u. Verarbeitungsvorschriften an u. macht quantitative Angaben über Kohäsionskraft des Harzes im Sandgemisch, die mechan. Stabilität der Formen u. die Arten ihrer Härtung (Hitze- u. Hochfrequenzhärtung) sowie die Menge an entwickeltem Gas beim Gießen u. ihre Bestimmung. (Materie plast. **18**. Nr. 6. 329—45. Nov./Dez. 1952.) DALL'ASTA. 7176

Norman A. Skow, *Die Bedeutung des Melamins in der Industrie.* Allg. Überblick über die von der SYNTHANE CORP. hergestellten Melaminharztypen, ihre chem. u. physikal. Eigg. sowie ihre Anwendungsbedingungen u. -möglichkeiten. (Plastics Ind. **11**. 15—21. Jan. 1953.) DALL'ASTA. 7180

Farbenfabriken Bayer (Erfinder: **Heinz Jonas** und **Werner Thraum**), Leverkusen, *Herstellung von Estern der Phosphorsäure* durch Oxydation von Estern der phosphorigen Säure mit SO_3, dad. gek., daß die Rk. in fl. SO_2 als Lösungsm. durchgeführt wird

Man kann beliebige Triester der H_3PO_4, z. B. substituierte oder nichtsubstituierte *Alkyl-*, *Aryl-* oder *Aralkylester* sowie Mischester herstellen. Verwendung als *Weichmacher*. (**D. B. P. 872 040** Kl. 12o vom 8/3. 1951, ausg. 30/3. 1953.) G. KÖNIG. 7171

E. I. du Pont de Nemours & Co., übert. von: **David M. McQueen,** Wilmington, Del., V. St. A., *Gegen Wärme, Licht und Oxydation stabilisierte Polymerisate für Fäden, Kautschuk, Preßmassen* u. dgl. erhält man durch den Zusatz von 0,001—2% organ. Nitroxyden mit einer magnet. Susceptibilität bei 20° von 500—3400 $\cdot 10^{-6}$ E.M.-Einheiten. — Geeignet sind z. B. *1.1-Dimethyl-3-(N-phenyloximino)-butylphenylnitroxyd, 1.1-Dimethyl-3-(N-p-tolyloximino)-butyl-p-tolylnitroxyd, Di-(p-anisyl)-nitroxyd* (1293 $\cdot 10^{-6}$ E.M.E.), *Di-(p-nitrophenyl)-nitroxyd* (1469 $\cdot 10^{-6}$ E.M.E.) u. *Diphenylnitroxyd* (1275 $\cdot 10^{-6}$ E.M.E.). (**A. P. 2 619 479** vom 28/12. 1950, ausg. 25/11. 1952.) MÖLLERING. 7171

Badische Anilin- & Soda-Fabrik, Ludwigshafen/Rh., *Herstellung von Polyvinyläthern.* Vinylmethylätherpolymerisate erhält man mit Hilfe von BF_3 (**I**) oder dessen Additionsprodd. mit Sauerstoffverbb. als Polymerisationskatalysatoren bei 75—150°. Als Ausgangsmaterial kann auch ein Gemisch von Vinylmethyläther u. einem der nächst höheren Homologen verwendet werden. — 95 (Teile) Vinylmethyläther u. 5 Vinylisobutyläther werden mit einer 0,5%ig. Lsg. von **I** in Dioxan versetzt u. das Ganze unter 20 atü 5 Std. auf 150° erhitzt. Das ölige Polymerisat ist in aliphat. KW-stoffen lösl. u. dient zur Herst. von *Lacken* oder plast. Massen. (**E. P. 675 397** vom 2/3. 1950, ausg. 9/7. 1952. D. Prior. 27/4. 1949.) MÖLLERING. 7173

Dunlop Rubber Co. Ltd. (Erfinder: **Frank Brown** und **Kenneth Cecil Mulfitt**), London, England, *Herstellung von Polymerisaten.* Ein oder mehrere olefin. Verbb. werden in wss. Emulsion in Ggw. eines Emulgiermittels, eines Peroxydaktivators u. einer mit Schwermetallionen wasserlösl. Komplexe bildenden Verb., wie NH_4- oder Alkalisalz der HF, der Hexameta- oder Pyrophosphorsäure (**I**) polymerisiert. — In 9 (Teilen) W. werden 4 Polyvinylalkohol, 1 Traganthgummi, 0,5 H_2O_2, 4 Türkischrotöl u. 1,2 Na-Salz der **I** gelöst. In eine auf 65° geheizte Kolonne werden kontinuierlich von dem Ansatz 900 (Teile), ferner 100 einer 5%ig. wss. $Na_2S_2O_4$-Lsg. u. 1000 einer 50%ig. Vinylacetatlsg. eingeleitet u. das emulgierte Mischpolymerisat kontinuierlich abgezogen. Ein Geh. von z. B. 0,01% $FeSO_4 \cdot 7\,H_2O$ beeinträchtigt die Polymerisation nicht. (**E. P. 684 476** vom 16/2. 1949, ausg. 17/12. 1952.) MÖLLERING. 7173

Farbwerke Hoechst, vormals Meister Lucius & Brüning, Frankfurt/M. (Erfinder: **Hans Overbeck,** Frankfurt/M., und **Heinz Sönke,** Bad Soden), *Oxygruppenhaltige Polymerisationsprodukte. Polyvinylester* oder ihre Mischpolymerisate werden in einem Gemisch eines oxygruppenfreien organ. Lösungsm. (CH_2Cl_2, $C_2H_2Cl_4$, Methylacetat, Tetrahydrofuran, Cyclohexanon) mit alkoh. Alkali oder einem Alkalialkoholat teilweise verseift, wobei im Gemisch die Menge des oxygruppenfreien Lösungsm. überwiegen soll. (**D. B. P. 874 837** Kl. 39b vom 17/3. 1943, ausg. 27/4. 1953.) SALZMANN. 7173

Shawinigan Resins Corp., übert. von: **Wilfred K. Wilson,** Springfield, Mass., V. St. A., *Kontinuierliche Emulsionspolymerisation von Vinylacetat* (**I**). Zwecks Polymerisierung eines Ansatzes von z. B. 15 (Teilen) **I**, 167 W., 77 10%ig. wss. Äthylcelluloselsg., 24 5%ig. wss. Lsg. von dodecylbenzolsulfonsaurem Na u. 1,2 $K_2S_2O_8$ in einem mehrmals gebogenen u. stufenweise erwärmbaren Rohr gibt man laufend nichtemulgiertes **I** u. in W. dispergiertes Polyvinylacetat im Verhältnis 50—99 : 50—**I** zu. Das anfallende Emulsionspolymerisat soll nicht mehr als 25% Monomere enthalten. (**A. P. 2 587 562** vom 22/11. 1948, ausg. 26/2. 1952.) SALZMANN. 7173

Rudolf Decker und Hellmuth Holz, München (Erfinder: **W. O. Herrmann,** Deisenhofen, und **Wolfram Haehnel,** München), *Beeinflussung von Polymerisationsvorgängen und Eigenschaften der dabei entstehenden Polymerisate* durch Polymerisation in Ggw. von Vinylcrotonat. Durch gestaffelte Zugabe entstehen Polymerisate mit gestaffelten Eigenschaften. Die Polymerisation kann bis zur Unlöslichkeit u. Unschmelzbarkeit der Polymerisate getrieben werden. — Mischungsbeispiele. (**D. B. P. 874 214** Kl. 39c vom 6/1. 1940, ausg. 20/4. 1953.) SCHINDLER. 7173

B. F. Goodrich Co., New York, N. Y., übert. von: **Seward Junior Averill,** *Vinylidencyanid* (**I**) *enthaltende Mischpolymerisate.* Aliphat., konjugierte Diolefine werden im Gemisch mit ca. äquimol. Mengen in einem organ. Lösungsm. polymerisiert. — Geeignet sind Gemische aus **I** u. 1.3-Butadien oder 1.3-Pentadien, gelöst in Bzl., unter Zusatz von z. B. Dichlorbenzoylperoxyd als Katalysator. (**E. P. 683 655** vom 19/12. 1950, ausg. 3/12. 1952. A. Prior. 29/4. 1950.) MÖLLERING. 7173

B. F. Goodrich Co., New York, N. Y., V. St. A., *Echte Mischpolymerisate* aus —99, bes. 30—95 (Teilen) Vinylchlorid (**I**) u. 99—1, bes. 70—5, Styrol (**II**) erhält man durch Emulsionspolymerisation in Ggw. von 1—10% eines Redoxkatalysators, bestehend aus in W. lösl. Persulfat u. Sulfit. — Man löst in 1000 (Teilen) W. 5 Na-Laurylsulfat, 1 $K_2S_2O_8$ u. 1 Na_2SO_3, entlüftet bei 2 mm Hg u. erwärmt nach Zusatz von **396 I** u. **4 II** auf 45°, worauf laufend je Std. 3,2 **II** zugesetzt werden, bis 20 **II** erreicht sind. Das erhaltene Harz wird nach Zusatz von Weichmachungsmitteln zu geschmeidigen u. transparenten Filmen verarbeitet. (**E. P. 681 285** vom 13/2. 1950, ausg. 22/10. 1952. A. Prior. 31/3. 1949.) MÖLLERING. 7173

N. V. de Bataafsche Petroleum Mij., La Haye, Holland, *Behandlung von ausgefällten Emulsionspolymerisaten*, um sie mit Weichmachern zu Pasten anzuteigen, dad. gek., daß *Polyvinylchlorid* in einer rotierenden Trommel 80° warmer Luft ausgesetzt wird. Das Pulver-Luft-Gemisch wird von einem Ventilator in einen 160° warmen Turm gesaugt, wo es 2—3 Sek. verweilt u. ihn dann mit ca. 100° verläßt. Die oberflächlich angeweichten Polymerisatteilchen lassen sich mit dem Weichmacher leicht anrühren. (**Schwz. P. 280 485** vom 16/7. 1948, ausg. 16/4. 1952. Holl. Priorr. 16/7. u. 18/9. 1947.) SALZMANN. 7173

American Cyanamid Co., New York, übert. von: **Arthur Cresswell**, Stamford, Conn., V. St. A., *Vinylharzgebilde* mit red. stat. Elektrizität erhält man durch eine Behandlung von Fäden u. Filmen, bes. aus Mischpolymerisaten von z. B. 90 (%) Acrylnitril (**I**) u. 10 Acrylamid (bzw. 5 Methylacrylat), Vinylchlorid u. **I** (bzw. Vinylacetat) mit einer 0,5—5%ig. wss. 50° warmen, gegebenenfalls Netzmittel enthaltenden Lsg. von Guanylharnstoffoctadecylhydrosulfat. Der Octadecylrest kann auch durch andere Alkylreste mit 12—18 C-Atomen ersetzt werden. (**A. P. 2 581 836** vom 30/12. 1948, ausg. 8/1. 1952.) SALZMANN. 7173

Badische Anilin- & Soda-Fabrik (Erfinder: **Heinrich Hopff**, Ludwigshafen/Rh., und **Rudolf Kern**, Neustadt/Weinstraße), *Funktionelle Derivate hochmolekularer Alkohole* erhält man durch Rk. von in Ggw. von O_2 oder O_2 abgebenden Katalysatoren gewonnenen Äthylenpolymerisaten mit Stoffen, die mit Hydroxylgruppen unter Bldg. von funktionellen Derivv. zu reagieren vermögen. Als solche Stoffe sind genannt: anorgan. Säuren oder deren Derivv., organ. Säuren oder deren Anhydride oder Chloride, Isocyanate, Alkohole, Aldehyde, Alkylenoxyde, Vinyläther. — Beispiele. — *Emulgier-, Appretur-, Egalisier-, Netz-, Schmiermittel* oder *Isolierstoffe*. (**D. B. P. 883 653** Kl. 39c vom 20/6. 1943, ausg. 20/7. 1953.) SCHINDLER. 7173

Siemens-Schuckertwerke Akt.-Ges. (Erfinder: **Horst Müller, Paul Schupp** und **Franz Tuczek**), Berlin und Erlangen, *Recken von Formkörpern*. Mit Lösungsmitteln versetztes emulsionspolymerisiertes Styrol, nachchloriertes *Polyvinylchlorid, Polyvinylcarbazol* oder *Polymethacrylsäureester* werden zu *Folien* gegossen, die gegebenenfalls nach einer Vorquellung bei einer Temp. gereckt werden, die wesentlich niedriger als der Erweichungspunkt des Polymerisats liegt. Die Reckung kann nach verschied. Richtungen vorgenommen werden. Durch rasches Austreiben des Lösungsm. vor der Reckung erhält man blasige bzw. schwammartige Folien. (**D. R. P. 764 136** Kl. 39b vom 9/7. 1937, ausg. 4/5. 1953.) SALZMANN. 7173

Badische Anilin- & Soda-Fabrik (Erfinder: **Hans Fikentscher** und **Hans Boppel**), Ludwigshafen/Rh., *Herstellung von Mischpolymerisaten*, die in Form ihrer Salze wasserlösl. sind, aus polymerisierbaren wasserlösl. Carbonsäuren u./oder Aminoverbb. einerseits u. überwiegenden Mengen von wasserunlösl., polymerisierbaren Äthylenderivv. andererseits, dad. gek., daß man die Polymerisation unter Verwendung von wasserlösl. Persäuren oder deren wasserlösl. Salzen als Katalysatoren in Lsg. in mit W. mischbaren, wasserhaltigen organ. Lösungsmitteln durchführt u. gegebenenfalls vor, während oder nach der Polymerisation ganz oder teilweise verseift. — 320 (Teile) Acrylsäureäthylester u. 80 Acrylsäure werden in einem Gemisch von 700 CH_3OH u. 300 W., in dem 2,5 $Na_2S_2O_8$ gelöst sind, erwärmt. Nach bei 60—70° erfolgter Polymerisation fällt eine in der Wärme klare, viscose Lsg. des Mischpolymerisats an, die nach Zugabe von NH_3 auch in der Kälte klar u. mit W. mischbar ist. — Weitere Beispiele. — Behandlungsmittel für Textilien, Leder, Papier; geeignet für Bereitung von Filmen, Zwischenschichten für Verbundglas, Klebstoffen. (**D. B. P. 862 956** Kl. 39c vom 1/11. 1941, ausg. 15/1. 1953.) DONLE. 7173

Canadian Industries Ltd., Montreal, übert. von: **John Alexander Bilton**, Beloeil Station, und **Gordon Hart Segall**, McMasterville, Can., *Vernetzte Mischpolymerisate*. Acrylsäureglycidester (**I**) im Gemisch mit monomeren Vinylverbb. (**II**), die frei von akt. H enthaltenden Gruppen u. frei von Epoxygruppen sind, werden bei einem Molverhältnis **I** : **II** $<$ 1 : 5 durch Erhitzen polymerisiert. — 45 (Teile) Styrol, 40 Methylacrylat u. 9 **I** u. 6 Methacrylsäure werden in 50 Methyläthylketon u. 50 Xylol in Ggw. von 2-Azodiisobutyronitril auf 70° erwärmt. Aus der Lsg. werden Filme gegossen, die nach 45 Min. Härtung bei 150° in Aceton unlösl. sind u. gute Biegsamkeit haben. (**E. P. 681 031** vom 23/3. 1950, ausg. 15/10. 1952. Can. Prior. 28/4. 1949.) MÖLLERING. 7173

Röhm & Haas G. m. b. H. (Erfinder: **Carl T. Kautter, Walter Bauer** und **Klaus Tessmar**), Darmstadt, *Spannungskorrosionsfreies, raumabschließendes organisches Glas* wird aus Mischpolymerisaten des Methacrylsäuremethylesters mit geringen Mengen durch Haupt- oder Nebenvalenzbindung vernetzend wirkenden Stoffen, wie z. B. Nitrilen oder Amiden ungesätt. polymerisierbarer Säuren (Acrylnitril, Methacrylsäurevinylester, Acrylsäureamid, Methacrylsäureharnstoff, Pb-Methacrylat) hergestellt. (**D. B. P. 875 866** Kl. 39b vom 26/2. 1943, ausg. 7/5. 1953.) SALZMANN. 7173

Röhm & Haas G. m. b. H. (Erfinder: **Carl T. Kautter**), Darmstadt, *Optisch hochwertige Gebilde aus durchsichtigen Kunststoffen durch Wärmepolymerisation,* dad. gek., daß man ein Temperaturgefälle von nicht mehr als 5° zwischen der polymerisierenden M. u. dem Wärmeaustauschmedium einhält. Die Polymerisation soll unterhalb 45° durchgeführt werden. Zur Herst. von Platten u. Scheiben. (**D. B. P. 872 121** Kl. 39c vom 7/6. 1942, ausg. 30/3. 1953.) SCHINDLER. 7173

Imperial Chemical Industries Ltd., London (Erfinder: **Jack Ernest Duddington,** Darwen, und **John Howard Davis,** Stockton-on-Tees), England, *Herstellung eines durchscheinenden polymeren Stoffes,* dad. gek., daß eine Lsg. in monomerer Fl. hergestellt wird, die einen oder mehrere der aliphat. oder alicycl. Ester von Acryl-, Methacryl- oder Chloracrylsäure, gegebenenfalls einen dieser Ester in polymerisierter Form, enthält, wobei diese Lsg. auch noch bis zu 2% einer monovinyl- oder monovinylenaromat. Verb. in der Form ihres Polymeren oder ihres Mischpolymeren mit einem aliphat. oder alicycl. Ester von Acryl-, Methacryl- oder Chloracrylsäure enthält. Das Polymere oder Mischpolymere soll eine spezif. Viscosität von nicht weniger als 0,06 u. einen von dem des angewandten aliphat. Esterpolymeren unterschiedlichen Brechungsindex aufweisen u. unfähig sein, mit der Lsg. eine Mischung zu bilden u. bei der Polymerisation einen klaren festen Körper ergeben. Die erhaltene Lsg. wird polymerisiert, wodurch ein Hauptanteil der Polymerisations-Rk. bei einer Reaktivität von nicht mehr als 100 erfolgt. Nach den Beispielen ist die monomere Fl. Methylmethacrylat u. die aromat. Verb. Styrol. Die Polymerisation erfolgt in schmalen Zellen aus parallelen Glasplatten. Weichmacher u. Farbstoffe können mitverwendet werden. (**D. B. P. 883 353** Kl. 39c vom 6/7. 1950, ausg. 16/7. 1953. E. Prior. 5/7. 1949.) SCHINDLER. 7173

Cassella Farbwerke Mainkur (Erfinder: **Werner Zerweck, Wilhelm Kunze** und **Herbert Rein**), Frankfurt/M., *Verformen von Polymeren des Acrylnitrils.* Als Lösungs- u. Weichmachungsmittel verwendet man Dinitrile der Formel $N{\equiv}C{-}R{-}C{\equiv}N$, worin R $-(CH_2)_n-$ ($n = 1-4$) oder $-(CH_2)_x-O-(CH_2)_y-$ oder $-(CH_2)_x-S-(CH_2)_y-$ (x u. $y = 1-3$) bedeutet. — Beispiel: Malonsäure-, Bernsteinsäure- oder Thiodibuttersäuredinitril. (**D. B. P. 878 853** Kl. 39b vom 26/6. 1943, ausg. 8/6. 1953.) SALZMANN. 7173

Paul Halbig, Freiburg, Schweiz, *Polyacrylnitrillösungen* zur Herst. von Fäden, Rohren, Borsten u. Filmen. Als Lösungsm. dient 68%ig. HNO_3 mit 7% Harnstoff (berechnet auf Polyacrylnitril). (**Schwz. P. 285 785** vom 22/7. 1950, ausg. 16/1. 1953.) SALZMANN. 7173

Eastman Kodak Co., Rochester, N. Y., übert. von: **Lester W. A. Meyer** und **William M. Gearhart,** Kingsport, Tenn., V. St. A., *Plastische Massen.* Als Stabilisierungsmittel gegen UV-Strahlen setzt man *Polystyrol* oder *Polyvinylchlorid* 1—2% Resorcinmonobenzoat zu. (**A. PP. 2 592 310** u. **2 592 311** vom 12/2. 1949, ausg. 8/4. 1952.) SALZMANN. 7173

Koppers Co., Inc. (Erfinder: **Gaetano Francis d'Alelio**), Pittsburgh, Pa., V. St. A., *Polymerisieren von polymerisierbaren Vinylacrylverbindungen, besonders Styrolen,* dad. gek., daß diese Verbb. oder deren Mischungen in Ggw. einer Katalysatorenkombination, bestehend aus Benzoylperoxyd u. mindestens einer anderen organ. Peroxydverb. vom Typ des tert. Butylperbenzoats, Di-tert.-butyldiperphthalats oder 2.2-Di-tert.-butylperoxybutens, zunächst auf 25—95°, bes. 90—95°, erwärmt werden, bis mindestens eine ca. 60%ig. Umwandlung zum Polymerisat erfolgt ist, worauf die Polymerisation bei 100—150° zu Ende geführt wird. — Beispiele, Diagramme. (**D. B. P. 883 350** Kl. 39c vom 17/9. 1949, ausg. 16/7. 1953. A. Prior. 28/9. 1948.) SCHINDLER. 7173

Norsk Hydro-Elektrisk-Kvaelstofaktieselskab, Oslo (Erfinder: **Anders Skogseid,** Heröga, Porsgrund), Norwegen, *Synthetische, als Anionenaustauscher verwendbare organische Produkte* erhält man durch Nitrieren von makromol. cycl. Polymerisaten u. anschließende Red. zu Aminoverbindungen. — Z. B. wird Polystyrol oder Polyvinylnaphthalin durch Lsg. in konz. HNO_3 nitriert u. das mit W. ausgefällte Nitroprod.

mit reduzierenden S-Verbb., z. B. Na_2S_2, unter Druck u. erhöhter Temp. reduziert. Die Prodd. sind thermoplast. u. können zu gekörnten Ionenaustauschern verarbeitet werden. (**D. B. P. 876 913** Kl. 39c vom 1/9. 1944, ausg. 18/5. 1953. N. Prior. 2/9. 1943.) SCHINDLER. 7173

Bakelite G. m. b. H., Frankfurt/M. (Erfinder: **Walter Scheib,** Letmathe/Westf.), *Herstellung härtbarer Kunstharze* aus wasserlösl. Harnstoff (**I**)-CH_2O (**II**)-Anfangskondensationsprodd. u. Acrylsäure (**III**), dad. gek., daß man in neutralem oder schwach bas. Medium aus mindestens 2 Mol **II** auf 1 Mol **I** ein wasserlösl. Vorkondensat entweder in Ggw. von **III**, Methacrylsäure bzw. deren Polymeren herstellt oder durch nachträglichen Zusatz dieser Stoffe ansäuert u. gegebenenfalls nach weiterem Kondensieren in saurem Medium entwässert. Anschließend können nochmals **III** usw. oder sonstige Säuerungsmittel oder **I** zugesetzt werden. Geeignet zur Herst. klarer Gläser. (**D. B. P. 883 346** Kl. 39c vom 16/9. 1942, ausg. 16/7. 1953.) SCHINDLER. 7173

B. F. Goodrich Co., New York, N. Y., übert. von: **James A. Bralley,** Bristol, Pa., V. St. A., *Tris-[carballyloxy]-hydroxylamin* (**I**) der Formel $(CH_2{=}CH{-}CH_2{-}O{-}CO)_2 \cdot N{-}O{-}CO{-}O{-}CH_2{-}CH{=}CH_2$ wird in Ggw. von z. B. Chlorbenzoylperoxyd bei 65° zu einem transparenten u. nicht thermoplast. Harz polymerisiert. **I** wird erhalten, indem man z. B. 34,8 (Teile) Hydroxylaminhydrochlorid in 100 W. löst u. erst mit 190 Chlorkohlensäureallylester u. dann mit 84 NaOH bei 20° versetzt. Man verd. mit W. u. extrahiert mit Ae.; **I**, $Kp._{0,005}$ 75°. (**A. P. 2 568 608** vom 19/3. 1947, ausg. 18/9. 1951.) MÖLLERING. 7177

Badische Anilin- & Soda-Fabrik (Erfinder: **Hans Scheuermann**), Ludwigshafen/Rh., *Gewinnung wasser- und lösungsmittelfreier Aminoplaste.* Aus alkoh. oder alkoh.-wss. Lsgg. wird zunächst die Hauptmenge des A. durch Behandeln mit Wasserdampf entfernt u. dann das Harz in dünner Schicht im Gegenstrom mit Dämpfen von solchen organ. Verbb., die prakt. kein Lösungsvermögen für die Harze haben, bes. mit Dämpfen von aliphat. oder aromat. KW-stoffen (Bzl., Bzn.) bei 60—120° behandelt. — Zeichnung. (**D. B. P. 859 948** Kl. 39b vom 3/12. 1944, ausg. 18/12. 1952.) SALZMANN. 7181

A/B. Bofors, Bofors, übert. von: **Erik Birger Bengtsson,** Karlskoga, Schweden, *Harzherstellung.* Toluolsulfonamide oder Benzolsulfonamide werden mit einem mol. Überschuß CH_2O (**I**) ca. 3 Std. bei p_H 3—6, bes. 4—5, unter Rückfluß kondensiert, wobei der Wassergeh. im Ansatz nicht unter 15% sinken soll. — In einem säurefesten Stahlkessel werden 700 (kg) p-Toluolsulfonamid, 430 **I** (36%ig) u. 12 Na-Hexametaphosphat auf 50° erwärmt, auf p_H 4—5 eingestellt u. 3 Std. unter Rückfluß auf 130° erhitzt, worauf man 270 **I** nachsetzt u. erneut 3 Std. auf 130° heizt. — Man erhält helle, lichtbeständige Harze, die durch Einkondensieren von mehr als 10% Phenol oder Harnstoff gehärtet werden können. (**A. P. 2 609 356** vom 14/12. 1949, ausg. 2/9. 1952. Schwed. Prior. 17/2. 1949.) MÖLLERING. 7181

Badische Anilin- & Soda-Fabrik (Erfinder: **Konrad Quarthal**), Ludwigshafen/Rh., *Plastische Massen,* z. B. zur Herst. von Überzügen u. Formkörpern, aus linearen Polyamiden oder Polyurethanen u. Kondensationsprodd. aus Diurethanen u. CH_2O. (**D. B. P. 860 712** Kl. 39b vom 1/8. 1950, ausg. 22/12. 1952.) SALZMANN. 7181

Wilhelm G. Müller, Hamburg-Lokstedt, *Einstreichmittel für Formen zur Verarbeitung von thermoplastischen Massen unter Druck und Hitze* besteht aus einer wss. Wachsemulsion von hohem Dispersionsgrad. 10—30 (Teile) Industriewachs werden mit 2½ oder 3 eines Emulgators geschmolzen u. in diesem Zustand mit 70—90 heißem W., das ½ lösl., alkal. Seife enthält, vermischt u. gerührt. (**D. B. P. 856 526** Kl. 39a vom 5/8. 1941, ausg. 24/11. 1952.) SCHLITT. 7205

Lonza Elektrizitätswerke und Chemische Fabriken Akt.-Ges. (Gampel), Basel, Schweiz, *Herstellen flächenhafter Gebilde.* Man preßt zuerst die thermoplast. Massen im plast. Zustand durch eine Düse u. führt dann die so hergestellten Gebilde zwischen Walzen hindurch, wobei die Walzen durch den Druck der aus der Düse austretenden flächenhaften Gebilde angetrieben werden. Als Thermoplaste sind erwähnt: Kautschuk, Polyvinylchlorid, Celluloseester. Das Verf. wird in einem Arbeitsgang durchgeführt. — Zeichnung. (**Schwz. P. 283 513** vom 11/1. 1950, ausg. 1/10. 1952.) SCHLITT. 7205

Robert Joseph Wareing, Falling Park, und **Imperial Chemical Industries Ltd.,** London, England, *Herstellen von Gegenständen aus mehrschichtigen Werkstoffen.* Zwei mit wärmehärtbarem Kunstharz getränkte Lagen aus Glasfasergewebe erhalten eine Zwischenschicht aus expandiertem Harz, worauf der Verbund unter Hitze u. Druck gehärtet wird. (**E. P. 672 144** vom 6/4. 1949, ausg. 14/5. 1952.) SCHLITT. 7205

Electric & Musical Industries Ltd., Hayes, Middlesex, England, *Grammophonplatte.* Die Schicht der Tonspur besteht aus 50 (Gew.-%) Polyvinylharz u. 40 amorphem C; der Rest kann aus Weichmachern u. Formschmiermitteln bestehen. — Z. B. besteht die M.

aus 52,3 *Polyvinylacetalharz,* 43,62 *Kienruß,* 0,58 Ca-Stearat, 0,87 Carnaubawachs u. 2,63 chloriertem Naphthalin. (**N. P. 80 149** vom 12/12. 1947, ausg. 28/4. 1952. E. Priorr. 5/2. u. 28/8. 1946.) JÜRGEN SCHMIDT. 7205

Micafil Akt.-Ges., Werke für Electro-Isolation und Wicklerei-Einrichtungen, Zürich-Altstetten, Schweiz, *Herstellen eines Formkörpers aus Kunststoff mit einem durchsichtigen, thermoplastischen Teil und einem undurchsichtigen, härtbaren Teil.* Durch eine kombinierte Wärme- u. Druckbehandlung wird der durchsichtige, thermoplast. Teil geformt u. gleichzeitig mit dem vorbereiteten, undurchsichtigen Teil verbunden, wobei Mittel vorgesehen sind, um die Teile miteinander zu verankern. Auf einen Teil aus Phenol–Asbest-Preßmasse wird ein durchsichtiger Teil aus Methylmethacrylat aufgespritzt. Anwendung: Formkörper mit Skalenscheiben. — Zeichnung. (**Schwz. P. 283 515** vom 12/10. 1950, ausg. 1/10. 1952.) SCHLITT. 7205

Svit, Národní Podnik, Gottwaldov, Tschechoslowakei (Erfinder: **V. Rypáček**), *Herstellung von Kunstholz aus zerkleinerten Holzteilen, besonders Holzabfällen.* Man vermischt die Holzteile mit CH_2O–Harnstoff- oder Thioharnstoffharzen als Bindemittel u. preßt in einer ersten Stufe bei geringem Überdruck von ca. 0,5 kg/cm² u. n. Temp. u. in der zweiten Stufe bei erhöhtem Druck (bis 30 kg/cm²) u. erhöhter Temp. zu dichten festen Preßstücken, ohne daß die D. des Holzes unnötig erhöht wird. Ein Teil des Holzes kann durch Hanfflocken ersetzt werden. (**Schwed. P. 135 930** vom 20/10. 1947, ausg. 3/6. 1952. Tschech. Priorr. 21/10. u. 6/11. 1946.) JÜRGEN SCHMIDT. 7205

Worth C. Goss, Seattle, Wash., V. St. A., *Herstellung von Holzfaserplatten.* Man stellt die Platten aus defibrierten Holzfasermassen u. einem Bindemittel in Ggw. von Feuchtigkeit bei erhöhter Temp. unter Druck her. Als Bindemittel verwendet man rotfaules Holz von natürlicher oder künstlicher Rotfäule. Dieses Holz wird mit W. zu einer homogenen M. von halbkoll. Konsistenz bei einem p_H-Wert von 3—8 vermahlen u. dann mit der Holzfasermasse vermischt. (**N. P. 79 998** vom 14/4. 1948, ausg. 31/3. 1952.) JÜRGEN SCHMIDT. 7205

E. I. du Pont de Nemours & Co. (Erfinder: **John Augustus Piccard**), Wilmington, Del., V. St. A., *Formkörper aus linearen Polyestern.* Polyäthylenterephthalat mit einer (intrinsic-) Viscosität von 0,4—1,5 wird bei 120—220° zu Schallplatten (oder zum gleichen Zweck als gewalzter Film um eine dicke Pappscheibe) oder Knöpfen verpreßt. Statt dessen kann auch ein Mischpolymerisat aus Terephthalsäure, Äthylenglykol u. Sebacinsäure bzw. Diäthylenglykol verwendet werden. Durch Auspressen einer Schmelze in kaltes W. oder zwischen kalte Metallplatten erhält man amorphe Rohlinge. (**E. P. 684 651** vom 6/3. 1951, ausg. 24/12. 1952.) SALZMANN. 7205

American Viscose Corp., Philadelphia, Pa., V. St. A., *Preßmasse* aus vorkondensiertem Harnstoff-, Melamin- oder Phenolharz mit 30—40% eines Füllstoffgemisches aus 10—50 (Teilen) α-Cellulose u. 50—90 regenerierter Cellulose (Kunstseidenabfall) bzw. einem alkalilösl. Celluloseäther. Die Formkörper sind transparent. (**E. P. 675 818** vom 8/6. 1950, ausg. 16/7. 1952. A. Prior. 11/6. 1949.) SALZMANN. 7205

Mo och Domsjö Aktiebolag, Örnsköldsvik, Schweden (Erfinder: **E. A. Westlin**), *Guß- oder Preßmasse.* Die M. besteht aus oder enthält nichtdestillierbare Rückstände der Tallöldest. oder der Dest. von verschied., gegebenenfalls bereits dest., Fraktionen von Tallöl, zusammen mit Cellulosederivv., bes. Celluloseäthern, wie Äthylcellulose oder Benzylcellulose. Das Gemisch soll 10—60% Cellulosederivv. enthalten u. wird mechan. bei 80—180° vermischt. Die Massen haben gute elektr. Eigg. u. in der Wärme gute Formbeständigkeit. (**Schwed. P. 135 973** vom 16/9. 1946, ausg. 3/6. 1952.) JÜRGEN SCHMIDT. 7205

Hercules Powder Co., Wilmington, Del., übert. von: **Bayard T. Lamborn,** Matawan, N. J., V. St. A., *Celluloseacetatmassen,* bestehend aus einem Gemisch von z. B. 206 (Teilen) mit 185 Diäthylphthalat (I) angequollenem sek. Celluloseacetat u. 285 Triacetat in Gestalt von 17 (%) Triphenylphosphat enthaltenden, mit 17 I angequollenen Filmabfällen, das verknetet u. zu Platten u. Stäben verformt wird. (**A. P. 2 591 077** vom 12/4. 1951, ausg. 1/4. 1952.) SALZMANN. 7205

XII. Kautschuk. Guttapercha. Balata.

H. C. Baker, *Anpflanzung und Gewinnung von Rohkautschuk, Latex, Guttapercha und anderen verwandten Produkten.* Fortschrittsbericht 1951. — 102 Literaturhinweise. (Annu. Rep. Progr. Rubber Technol. **15.** 6—18. 1951.) WINIKER. 7220

C. M. Blow, *Physik und Chemie von Kautschuk und Kautschukderivaten, Guttapercha, Balata, Chickle und Jolutong.* (Vgl. C. **1952.** 779.) Fortschrittsbericht 1951. — 73 Literaturhinweise. (Annu. Rep. Progr. Rubber Technol. **15.** 28—35. 1951.) WINIKER. 7220

A. S. Cook und **K. C. Sekar,** *Fungicide in Sheet- und Kreppkautschuk.* Als Fungicid ist *p-Nitrophenyl* (I) noch immer am besten geeignet. Andere Substanzen gleicher Wirksamkeit sind entweder giftig (Thalliumnitrat, Phenylquecksilbernitrat, Mercurichlorid) oder unwirtschaftlicher (Na-Salz des Salicylanilids, Na-Pentachlorphenat). Liste mit Substanzen, die weniger wirksam sind als I. — 13 Literaturhinweise. (India Rubber J. **125.** Nr. 4. 4. 25/7. 1953. Malaya, Rubber Res. Inst., Chem. Div.) WINIKER. 7222

Robert Belmas, *Verwendung von Füllstoffen bei thermosensibilisiertem Latex.* 2. Mitt. *Die mechanischen Eigenschaften der gefüllten Mischungen.* (1. vgl. C. **1953.** 936.) Verss. mit Kreide, Quarzsand u. *Latexyl* (I) ergaben, daß die durch Zugabe von Füllstoffen bedingte Beeinträchtigung der physikal. Eigg. der aus thermosensibilisiertem Latex hergestellten Artikel in den 3 Fällen ziemlich (I lieferte die günstigsten Werte) die gleiche ist. Ein Füllstoffzusatz von 75—100% (bezogen auf Kautschuk) erscheint zulässig. (Rev. gén. Caoutchouc **30.** 39—41. Jan. 1953. Paris, Univ., Inst. Français du Caoutchouc.) WINIKER. 7226

R. F. Reynolds, *Maschinenteile aus Gummi.* Fortschrittsbericht 1951. — 108 Literaturhinweise. (Annu. Rep. Progr. Rubber Technol. **15.** 94—102. 1951.) WINIKER. 7230

A. N. Gent und **R. S. Rivlin,** *Untersuchungen über die Mechanik des Kautschuks.* 1. Mitt. *Umstülpen eines Schlauches.* Vff. beschreiben Verss., bei denen zylindr. Schläuche aus Naturkautschukvulkanisat mit der Innenseite nach außen gestülpt u. die Änderungen der Maße (Vol. u. Länge) der Schläuche gemessen wurden. Diese Werte werden mit den Werten verglichen, die man auf Grund der Theorie großer Deformationen inkompressiblen, isotropen Materials (vgl. MOONEY, J. appl. Physics **11.** [1940.] 582) voraussagt; dabei wurde gute Übereinstimmung gefunden. (Proc. physic. Soc., Sect. B **65.** 118—21. 1/2. 1952. Welwyn Garden City, Herts., Brit. Rubber Prod. Res. Assoc.) SCHÄFF. 7230

J. W. Denson, *Rohre und Schläuche.* Fortschrittsbericht 1951. — 5 Literaturhinweise. (Annu. Rep. Progr. Rubber Technol. **15.** 81—82. 1951.) WINIKER. 7230

F. H. Puxty, *Treibriemen.* Fortschrittsbericht 1951. — 33 Literaturhinweise. (Annu. Rep. Progr. Rubber Technol. **15.** 75—80. 1951.) WINIKER. 7230

J. W. Illingworth, *Fasern und Gewebe.* (Vgl. C. **1952.** 1425.) Fortschrittsbericht 1951 betreffend Herst. u. Eigg. von *Reyon, Nylon, Terylen* u. *Orlon* im Hinblick auf ihre Verwendung in der Kautschukindustrie. — 61 Literaturhinweise. (Annu. Rep. Progr. Rubber Technol. **15.** 58—65. 1951.) WINIKER. 7230

W. N. Lister, *Kautschuk und Textilien enthaltende Artikel, Lösungsmittel und Zemente.* Fortschrittsbericht 1951. — 9 Literaturhinweise. (Annu. Rep. Progr. Rubber Technol. **15.** 108—10. 1951.) WINIKER. 7230

—, *„Flockage", das Verfahren zur Verschönerung von Kautschukartikeln.* Das als „Flockage" bezeichnete Verf., das Artikeln aus synthet. oder Naturkautschuk das Aussehen von Geweben verleiht, wird beschrieben. (Rev. gén. Caoutchouc **30.** 234—35. April 1953.) SCHÄFF. 7230

J. L. Kay, *Fußbekleidung.* Fortschrittsbericht 1951. — 5 Literaturhinweise. (Annu. Rep. Progr. Rubber Technol. **15.** 91—93. 1951.) WINIKER. 7230

S. G. Ball, *Spiele, Sportartikel, Spielsachen usw.* Fortschrittsbericht 1951. — 22 Literaturhinweise. (Annu. Rep. Progr. Rubber Technol. **15.** 103—05. 1951.) WINIKER. 7230

W. H. Reece, *Fußbodenbelag.* Fortschrittsbericht 1951. Bes. berücksichtigt werden Fußbodenbeläge aus Kautschuk. — 7 Literaturhinweise. (Annu. Rep. Progr. Rubber Technol. **15.** 120—21. 1951.) WINIKER. 7230

R. C. W. Moakes, *Prüfgeräte und Prüfverfahren außer solchen für Latex.* (Vgl. C. **1952.** 938.) Fortschrittsbericht 1951. — 75 Literaturhinweise. (Annu. Rep. Progr. Rubber Technol. **15.** 45—53. 1951.) WINIKER. 7248

Primus Kainradl und **Franz Händler,** *Eigenschaften von Kautschukvulkanisaten und Cord bei schnellen Verformungen.* (Vgl. C. **1952.** 7270.) Die App. zur Best. des Verh. von Cord bei dynam. Beanspruchungen, die Abhängigkeit der dynam. Eigg. von den Prüfbedingungen, die Änderung der Eigg. im Laufe der Beanspruchung u. während des Fabrikationsprozesses u. der Zusammenhang zwischen dynam. Eigg. u. Lebensdauer von Cordfäden werden besprochen. Abschließend folgern Vff., daß die Best. des Beitrages der einzelnen Elemente des Reifens zur Gesamtenergieaufnahme zur Zeit schwer möglich ist, daß es aber nach Kenntnis der Verformungsvorgänge des Reifens u. nach den erörterten Messungen der Materialeigg. wahrscheinlich erscheint, eine von den einzelnen Elementen ausgehende Energiebilanz des Reifens aufzustellen. (Kautschuk u. Gummi **5.** Nr. 3. Wiss. u. Techn. **WT** 38—42. März 1952. Traiskirchen, Semperit Österr.-Amer. Gummiwerke AG.) SCHÄFF. 7248

R. W. Whorlow, *Vergleich von Rotations-, Strangpreß- und Kompressionsplastometern.* Ein Vgl. der Plastometer nach WILLIAMS, DILLON (ein bestimmtes Vol. der Mischung wird bei 80° durch eine genormte Düse gepreßt u. die hierfür benötigte Zeit gemessen) u. PIPER-SCOTT (Prinzip des MOONEY-Plastometers) ergab, daß letzteres wohl am besten für den allg. Gebrauch geeignet ist, während das DILLON-Plastometer gewisse Vorteile bei der Unters. rußgefüllter Mischungen bietet. (India Rubber J. **125.** Nr. 5. 6—10. 1/8. 1953. London, Now Battersea Polytechnic.) WINIKER. 7248

J. R. Scott und **R. W. Whorlow,** *Vorbereitung von Proben für Plastizitätsmessungen.* Vf. diskutiert Fehlerquellen der Plastizitätsmessungen (WILLIAMS-Plastometer) an unvulkanisiertem Kautschuk. (India Rubber J. **155.** Nr. 4. 7—9. 25/7. 1953.) WINIKER. 7248

R. W. Whorlow, *Bemerkungen zur Verwendung von Plastizitätsmessungen zur Bestimmung der Anvulkanisation von Kautschukmischungen.* Für die Best. der Anvulkanisation mittels eines Kompressionsplastometers ist die Dauer der Kompression von entscheidender Bedeutung. Dieselbe sollte beim WILLIAMS-Plastometer bei 70° mindestens 5 Min. betragen. Rücklaufmessungen scheinen noch aufschlußreicher zu sein als langdauernde Kompressionsmessungen. Diskussion verschied. Methoden zur Erzielung der Anvulkanisation u. Hinweis darauf, daß bei Reinkautschukmischungen Kompressions- u. Rotationsplastometer unter gewissen Bedingungen gleiche Werte liefern. (India Rubber J. **125.** Nr. 6. 6—9. 8/8. 1953. London, Now Battersea Polytechnic.) WINIKER. 7248

American Cyanamid Co., New York, N. Y., V. St. A. (Erfinder: **A. R. Davis** und **F. A. V. Sullivan**), *Stabilisieren von synthetischem Kautschuk.* Man verwendet als Stabilisierungsmittel 2.2'-Methylen-bis-[4.6-dialkylphenole]; bes. *2.2'-Methylen-bis-[4.6-dimethylphenol]*; *-[4-tert.-butyl-6-methylphenol]*; *-[4.6-di-tert.-butylphenol]*; *2.2'-Isopropyliden-bis-[4.6-di-tert.-butylphenol]*; *2.2'-Methylen-bis-[4-methyl-6-tert.-butylphenol]* u. *-[4-methyl-6-tert.-octylphenol]*. (**Schwed. P. 135 931** vom 20/5. 1950, ausg. 3/6. 1952. A. Prior. 25/6. 1949.) JÜRGEN SCHMIDT. 7225

United States Rubber Co., New York, N. Y., V. St. A., *Weichmacher für Acrylnitril–Isobutylen-Mischpolymerisate.* Geeignet ist ein aus einem Keton–Aldehyd-Harz, das 6 (Mol) Aldehyd auf 1 Keton enthält, u. Acrylnitril (I) polymerisiertes Produkt. Auf 1 (Mol) Aldehyd sollen 0,2—2 I kommen. — Von einem in Ggw. von NaOH aus 225 (g) CH_2O-Lsg. (37%ig) u. 40 Aceton in 3 Tagen bei 30—35° erhaltenen Kondensat werden 42,3 (Teile) bei 100° u. 1 mm Hg entwässert, mit 45 I u. 3 einer 40%ig. wss. Lsg. von Trimethylbenzylammoniumhydroxyd versetzt, worauf man unter Kühlung auf 30—35° in 6 Tagen die Polymerisation beendet. (**E. P. 647 382** vom 22/9. 1948, ausg. 13/12. 1950. A. Prior. 4/11. 1947.) MÖLLERING. 7225

Rubber-Stichting, Delft, Holland (Erfinder: **G. J. van Veersen**), *Herstellung von verbessertem Kautschuk für Gummigegenstände mit großer Steifheit.* Man vermischt eine wss. Dispersion von Kautschuk mit einer wss. Dispersion von cyclisiertem Kautschuk, worauf die Dispersion in üblicher Weise verarbeitet wird. Man berechnet hierbei ca. 20—30 Vol.-% cyclisierten Kautschuk, bezogen auf den Gesamttrockengewichtsgeh. der Mischdispersion. (**Schwed. P. 134 767** vom 5/10. 1949, ausg. 4/3. 1952. Holl. Prior. 11/12. 1948.) JÜRGEN SCHMIDT. 7227

N. V. Onderzoekingsinstituut Research, Holland, *Herstellung von Kautschukfäden oder -folien* durch Einspinnen in ein SO_2-haltiges Bad. Man verwendet einen bis zu einer Viscosität unter 10 Poisen plastizierten Kautschuk; bei einer 5%ig. Kautschuklsg. ist die Viscosität zweckmäßig höchstens 10, bei einer 6,5%ig. Lsg. unter 10, bei einer 13%ig. noch 15% Tetralinhydroperoxyd enthaltenden Lsg., die in ein Bad, das 4 (Gewichtsteile) A., 1 W. enthält u. mit SO_2 gesätt. ist, gewonnen wird, 1,3 Poisen. Viscositätsbest. durch 48std. Bewegen (11mal/Min. bei 20°) von 100 g aus einem 1 cm^3-Würfel des plastizierten Kautschuks in 900 trockenem Toluol in einer 2 Liter-Flasche. Man füllt mit trockenem Toluol auf 6,5% Kautschuk auf u. mißt im UBBELOHDE bei 25°. (**F. P. 1 010 890** vom 6/2. 1950, ausg. 16/6. 1952. Holl. Prior. 7/6. 1949.) PANKOW. 7231

Wingfoot Corp., Akron, O., V. St. A. (Erfinder: **H. J. Osterhof**), *Herstellung von Filmen aus Kautschukhydrochlorid unter Rückgewinnung von Lösungsmitteln.* Man löst den Kautschuk in einem Lösungsm. u. behandelt die Lsg. mit HCl. Anschließend werden hieraus in üblicher Weise Filme gegossen u. dann das hierbei abgetrennte Lösungsm. im Kreislauf wiederverwendet, wobei es gegebenenfalls vorher durch nochmalige dazwischengeschaltete Dest. gereinigt wird. (**Schwed. P. 134 761** vom 20/5. 1944, ausg. 4/3. 1952. A. Prior. 20/5. 1943.) JÜRGEN SCHMIDT. 7231

XIII. Ätherische Öle. Parfümerie. Kosmetik.

René Fouché, *Die Maschinen in der Parfümerie- und Kosmetikindustrie.* Beschreibung u. Wirkungsweise von Zerkleinerungs-, Misch- u. Rührvorrichtungen. (Ind. Parfumerie 8. 124—26. April. 158—59. Mai 1953.) MÜHLMEISTER. 7260

Paolo Rovesti, *Ätherisches Öl von Ocimum canum Sims, Var. phys. citrata aus Ostafrika.* Die in Erithrea u. Äthiopien vorkommende physiol. Varietät citrata von Ocimum canum Sims ergab aus verschied. Lagen nach der Regenzeit 0,67—0,84% äther. Öl mit Verbena–Geranium-Geruch. Eigg.: $D.^{15}$ 0,8989, $[\alpha]_D^{20}$ —5° 16′, n_D^{20} 1,4983, lösl. bei 15° in 2 Teilen 70%ig. A., 76,9 Vol.-% Aldehyde, in der Hauptmenge Citral neben 7% Citronellal, kein Methylheptenon. Im Rest wurden gefunden: 25% Terpene (bes. l-Limonen), 35% Geraniol, 16% Linalool u. 25% Ester dieser beiden Alkohole. (Ind. Parfumerie 8. 156—57. Mai 1953. Milano, Italien, Inst. de rech. sur les Prod. veget.) MÜHLMEISTER. 7262

Domenico La Face, *Analytische Konstanten von italienischen ätherischen Ölen von Salvia slarea.* (Boll. uff. R. Staz. sperim. Ind. Essenze Deriv. Agrumi Reggio Calabria **20.** 85—91. Juli/Dez. 1950; ausg. 1951.) SCHEIFELE. 7262

G. Migliardi, *Kennzahlen der Bergamotteöle der Campagne 1949—1950.* (Boll. uff. R. Staz. sperim. Ind. Essenze Deriv. Agrumi Reggio Calabria **20.** 54—56. Jan./Febr. 1950.) SCHEIFELE. 7262

G. Migliardi, *Kennzahlen der Bergamotteöle der Campagne 1950—1951.* (Boll. uff. R. Staz. sperim. Ind. Essenze Deriv. Agrumi Reggio Calabria **20.** 92—94. Juli/Dez. 1950; ausg. 1951.) SCHEIFELE. 7262

J. J. Zeehuisen, *Der Einfluß von Sauerstoff und Metalloxyden auf Citronellöl.* Zur Aufklärung der bei langer Lagerung während des Krieges bei Java-Citronellöl aufgetretenen Verschlechterung angestellte Verss. ergaben, daß Fe_2O_3 u. ZnO in Luft vor allem bei Lichtabschluß einen ausgesprochen ungünstigen Einfl. auf die Güte des Öls ausüben, dessen Rückstand bei der Wasserdampfdest. erheblich anwächst. SnO u. Al_2O_3 wirken weniger zerstörend. Die in 8 Tabellen aufgeführten Ergebnisse zeigen Verluste vor allem bei Citronellal. Vers. einer Erklärung. (J. sci. Res. **1952.** 216—19. Sonderdruck. Sept.) MÜHLMEISTER. 7262

H. C. Friederich, *Die kalte Dauerwelle unter dem Gesichtspunkte medizinischer Forschung.* Eingehender Bericht über die beim Verf. mit Ammoniumthioglykolat mit nachfolgender Oxydation u. Neutralisation aufgetretenen Schädigungen von Haar, Haut u. Fingernägeln. Bei peinlichster Beachtung der Gebrauchsvorschriften u. Gegenindikationen ist die Anwendung ungefährlich. (Ind. Parfumerie 8. 127—32. April 1953.) MÜHLMEISTER. 7284

Colgate-Palmolive-Peet Co., Jersey City (Erfinder: **A. L. Fox,** Shorts Hill, **R. J. Menaffey,** River Edge, und **A. F. Anderson,** Jersey City, N. J.), V. St. A., *Kosmetische Mittel,* bes. Brillantine, Toilettewasser u. Parfüme, gek. durch einen Geh. an 0,005 bis 1% Benzoylresorcin. Die Prodd. sind lichtbeständig. (**D. B. P. 879 282** Kl. 30h vom 26/10. 1951, ausg. 11/6. 1953.) E. PETERSEN. 7285

Dr. Wurmböck G. m. b. H. (Erfinder: **Rolf Niemann**), München, *Stabilisieren hauteinfärbender Lippenstifte.* Der Lippenstiftmasse werden Fettalkoholsulfonate zugesetzt. — Beispiel: In 15 (g) Äthylpolyglykol der Formel (C_2H_5—CH—CH_2—O—CH_2—CH—C_2H_5)$_n$ (n = 1—10) werden 2—3 Farbstoffe aus der Klasse der Fluoresceine gelöst u. mit 3 Cetylalkoholsulfonat versetzt. Diese Lsg. wird mit einer Schmelze aus 10 Bienenwachs, 30 Lanolin, 10 Cetylalkohol, 20 Ozokerit, 10 Paraffin u. 5 Vaselineöl vermischt u. die M. dann homogenisiert. (**D. B. P. 876 444** Kl. 30h vom 3/1. 1951, ausg. 11/5. 1953.) E. PETERSEN. 7285

Hildburg Hannicka und **Günther Loges,** Herne, *Mittel zum Behandeln von Augenwimpern und -brauen,* bestehend aus einer Lsg. nicht wasserlösl. Celluloseäther oder -ester, z. B. aus 1 (Teil) Äthyl- oder Acetylcellulose in 6—20 eines niedrigsd. Lösungsm., wie Aceton, Äthylacetat oder A., gegebenenfalls in Mischung miteinander. (**D. B. P. 877 365** Kl. 30h vom 3/9. 1950, ausg. 21/5. 1953.) E. PETERSEN. 7285

XV. Gärungsindustrie.

H. Specht, *Über die Wirkung der Malzamylasen. Bericht über neuere Arbeiten.* Beschreibung der bei der Rk. von natürlicher Malzamylase, d. h. von α- u. β-Amylasemischungen mit Stärke eintretenden chem. Vorgänge. — 5 Literaturhinweise. (Branntweinwirtschaft **4.** 214—16. 25/7. 1950. Berlin, Inst. für Gärungsgewerbe.) HAEVECKER. 7508

B. Drews, B. Lampe und **H. Specht,** *Zur Ermittlung der amylotischen Kraft von Verzuckerungsstoffen, insbesondere von Pilzdiastasepräparaten.* Im Gegensatz zu Malzamylase wird das Maximum der Zuckerbldg. amylasebildender Schimmelpilze erst nach 20—24 Std. erreicht, so daß mit der Meth. von WINDISCH-KOLBACH geringere DK-Werte (DK = diastat. Kraft) bei Pilzdiastasepräpp. als bei Gerstenmalzen erhalten werden. Als zuverlässigste Beurteilung der amylolyt. Wrkg. eines Schimmelpilzpräp. gilt die Alkoholergiebigkeit im Gärvers., die nach dem Vermaischen eines stärkehaltigen Rohstoffs mit dem Präp. als Verzuckerungsstoff erhalten wird. Vf. beschreibt ein abgeändertes WOHLGEMUTH-Verf., das die dextrinierende Wrkg. der Schimmelpilz-α-Amylase erfaßt u. ihre Aktivität als „Dextrinierungswert" angibt. Der optimale Dextrinierungswert liegt bei 300, entsprechend 80—90 WINDISCH-KOLBACH-Einheiten. Höhere Dextrinierungswerte bringen keine Steigerung der Alkoholausbeute mehr. Für die Best. der Amyloglucosidase wurde eine modifizierte Meth. von CORMAN u. LANGLYKKE ausgearbeitet; der optimale Glucosidasewert liegt bei 50. Die gegenüber Gerstenmalz höheren Alkoholausbeuten sind auf den größeren Geh. der Pilzkleie sowie auch des Hafermehls an α-Amylase zurückzuführen. (Branntweinwirtschaft **4.** **293—97.** 10/10. 1950. Berlin, Inst. für Gärungsgewerbe.) HAEVECKER. 7508

Dietmar Plöttner, *Über die gärungshemmende Wirkung des Saponinkomplexes der Roßkastanie.* Die Auffassung, daß der Saponinkomplex der Roßkastanie die zymat. Wrkg. der Hefe aufhebt, trifft nicht für alle Zuckerarten zu. Roßkastaniensirup, der nach Extraktion des Kastanienmehles sämtliche Giftstoffe enthält, vergärt nach Verdünnung lebhaft unter Bldg. einer Alkoholmenge, die dem vorhandenen fruchteigenen Rohrzucker entspricht. Die Saponinkonz. beträgt dabei über 3%. (Branntweinwirtschaft **4.** 309—10. 25/10. 1950. Steinhagen.) HAEVECKER. 7510

E. Lehmann und **A. Hirsch,** *Die ersten Gersten der Ernte 1953.* Analysendaten von Gersten deutscher Provenienz. (Brauwelt, Ausg. B **1953.** 824. 17/8. Worms/Rh., Versuchsstation für Brauerei u. Mälzerei vorm. E. Ehrich.) WINIKER. 7540

W. Heyer, *Die ersten Gersten der Ernte 1953.* Analysendaten von Gersten deutscher Provenienz. (Brauwelt, Ausg. B **1953.** 891—92. 7/9. München, Wiss. Station für Brauerei.) WINIKER. 7540

A. Ruppert, *Einfluß der Keimdauer bei der Verarbeitung der Gersten der Ernte 1953.* Behandelt wird die Verarbeitung von Gersten deutscher Provenienz. (Brauwelt Ausg. B **1953.** 909—10. 11/9. Nürnberg, Versuchsanstalt für Bierbrauerei der Bayer. Landesgewerbeanstalt.) WINIKER. 7540

Karl Lense, *Münchener Malz.* Allg. Ausführungen über die Erzeugung von Münchener Malz. (Brauwelt Ausg. B **1953.** 906—08. 11/9.) WINIKER. 7540

J. Ernst, *Die Beurteilung und Behandlung des Hopfens.* Allg. Ausführungen. (Brauwelt Ausg. B **1953.** 903—06. 11/9.) WINIKER. 7540

Paul Eiber, *Technologische Untersuchungen über die „Schnellabläuterung" (System Steinecker).* Es wurde festgestellt, daß die „Schnellabläuterung" (Syst. STEINECKER) eine erhebliche Verkürzung der sonst üblichen Läuterzeiten ermöglicht, ohne daß Nachteile bzgl. des Würzeablaufes, des Extraktgeh. des Glattwassers, des auswaschbaren Extraktes in den Trebern oder der Sudhausausbeute entstehen. (Brauwelt Ausg. B **1953.** 940—944. 11/9. Weihenstephan, Staatl. Brautechn. Prüf- u. Versuchsanstalt.) WINIKER. 7544

J. Gloetzl, *Über Theorie und Praxis der Bierfiltration.* (Brauwelt Ausg. B **1953.** 910—23. 11/9. Weihenstephan, Staatl. brautechn. Prüf- u. Versuchsanstalt.) WINIKER. 7550

W. S. Wise, *Die Belüftung von Kulturmedien: Ein Vergleich zwischen der polarographischen und der Sulfitmethode.* Vf. vergleicht die von ihm entwickelte polarograph. Meth. zur Messung der Geschwindigkeit der O_2-Aufnahme von Hefe oder ähnlichem Material bei Belüftung in einem geeigneten Gefäß mit der Sulfitmeth. u. zeigt, daß letztere Meth. deutlich höhere Werte für die O_2-Aufnahmegeschwindigkeit ergibt. Das wird mit der Gasfilm-Absorptions-Theorie erklärt u. an Hand einer entsprechenden Berechnung mit zufriedenstellender Übereinstimmung mit den experimentellen Ergebnissen diskutiert. (J. Soc. chem. Ind. **69.** Suppl. S 40—41. 1950. Epsom, Great Burgh, Res. and Development Dep., Distillers Co Ltd.) NIEMITZ. 7592

F. T. Weiss und **E. D. Peters,** *Verbesserte Permanganat-Zeit-Bestimmung zur Kontrolle der Qualität des Äthylalkohols.* Vff. überprüften die Permanganat–Zeit-Best. zur Feststellung leicht oxydierbarer Substanzen im Äthylalkohol. Die Schwierigkeit liegt in der Erkennung des Endpunktes, dem Auftreten einer blaßroten Farbe. Als Vergleichslsg. schlagen Vff. den *Barbet-Standard,* eine wss. Lsg. aus $UO_2(NO_3)_2$ u. $CoCl_2$ vor. Eine Beschreibung des App., in dem die Best. unter den genau definierten Bedingungen ausgeführt wurde, ist angegeben. Die Genauigkeit der Meth. lag bei ±1 Minute. Außerdem wurden Unterss. über den Einfl. von Temp., Mischungen, Wassergeh. u. Lagerung auf die Permanganatzeit angestellt. (Analytic. Chem. **24**. 1658—60. Okt. 1952. Emeryville, Calif., Shell Development Co.) KNÖPKE. 7596

E. Schild und **H. Kammermayer,** *Ist die Bestimmung der Extraktdifferenz ein geeignetes Mittel zur Beurteilung der Auflösung eines Malzes?* Auf Grund der Ergebnisse ihrer Unterss. vertreten Vff. die Auffassung, daß die Extraktdifferenzmeth. für die Beurteilung der Malzauflösung geeignet ist. (Brauwelt Ausg. B **1953**. 901—02. 11/9. München, TH, Inst. für chem.-techn. Analyse Weihenstephan.) WINIKER. 7598

Baltzar Jacobsson, *Quartäre Ammoniumsalze als Desinfektionsmittel.* 2. Mitt. *Bestimmungsmethodik.* (1. vgl. C. **1953**. **7959**.) Von chem. Verff. hat sich die Titration mit Sulfonat nach BARR, OLIVER u. STUBBINGS (C. **1949**. I. 519) bewährt, für die biol. Unters. der baktericiden Wrkg. wird einerseits ein Sprühverf. angewandt, andererseits ein Verf. mit Verwendung einer Zentrifuge u. Brauhefe als Prüforganismus, von der in einem Zentrifugenrohr eine Suspension mit der Probelsg. hergestellt wird, worauf nach bestimmter Zeit in der durch Zentrifugieren u. Dekantieren abgetrennten u. gewaschenen Hefe die überlebenden Hefezellen durch Ausbreiten auf Würzegelatine u. Unters. nach 6 Tagen ermittelt werden. Das Verf. wird durch Vgl. mit Cetylpyridiniumchlorid geprüft, wobei sich gute Übereinstimmung mit der chem. Best. ergibt. (Svensk Bryggeritidskr. **67**. 225—33. Juli. 271—83. Aug. 1952.) R. K. MÜLLER. 7598

—, *Die Abänderung der Methode zur Bestimmung der Farbe von Würzen und Bieren.* Begründung der vom Analysenkomitee der EUROPEAN BREWERY CONVENTION vorgeschlagenen Abänderung, die darin besteht, daß die Brand- u. Jod-Skala durch die EBC-Skala ersetzt wird. (Brauwelt Ausg. B **1953**. 926—34. 11/9.) WINIKER. 7600

E. Paukner, *Vergleichende p_H-Messungen mit der Wasserstoff-, Chinhydron- und der Glaselektrode unter besonderer Berücksichtigung SO_2-haltiger Flüssigkeiten.* Vergleichende p_H-Messungen an Bier ergaben, daß die mit der Glaselektrode gemessenen Werte den wirklichen Werten am nächsten kommen. Die Wasserstoffelektrode arbeitet nicht exakt u. auch die Chinhydronelektrode scheint nur mit gewissen Vorbehalten anwendbar zu sein. (Brauwelt Ausg. B **1953**. 924—26. 11/9. München, Wiss. Station für Brauerei.) WINIKER. 7600

Theodor Kleinert, Vöcklabruck, Oberösterreich, *Aufarbeitung von vergorenen Sulfitablaugen* durch Fällen organ. u. anorgan. Substanzen der Ablaugen mittels Kalk in Ggw. von A. u. anschließendem Abtreiben des A., dad. gek., daß die vergorene alkoholhaltige Maische, nach oder ohne Entfernung der Hefe, unter Zusatz von Ätzkalk in einem geschlossenen Gefäßsyst. unter Druck auf Tempp. über 100°, bes. auf eine Temp. von ca. 150°, erhitzt wird, wobei der Ätzkalkzusatz so bemessen wird, daß ein p_H-Wert des Reaktionsgemisches von ca. 8 am Ende der Behandlung nicht unterschritten wird u. daß, gegebenenfalls nach vorherigem Abscheiden der Fällungsprodd., der A. aus dem Gemisch durch Entspannungsverdampfung unter Ausnutzung der Flüssigkeitswärme des Gemisches ausgetrieben wird. Das Erhitzen der mit Ätzkalk versetzten alkoholhaltigen Sulfitablaugenmaischen wird kontinuierlich in einem geschlossenen Rohrsyst. durchgeführt. (**Oe. P. 173 673** vom 24/11. 1951, ausg. 10/1. 1953.) M. F. MÜLLER. 7537

A. P. V. Company Ltd., London, England (Erfinder: **R. Seligman** und **S. W. T. Paine**), *Herstellung von Brauwürze.* Man läßt die Würze vom Braukessel (**I**) durch einen Aufheizapp. u. zurück zu **I** zirkulieren, wobei die Temp. so erhöht wird, daß in **I** eine Verdampfung stattfindet. Die vom **I** abgezogene Würze wird hierbei zunächst durch einen Wärmeaustauscher, dann durch den Aufheizer geleitet, passiert nochmals den Wärmeaustauscher, um Überschußwärme an die vom **I** kommende Würze abzugeben u. gelangt erst dann in **I** zurück. Die aufgeheizte Würze kann hierbei unten in **I** eingeführt werden u. dient dann zum Durchrühren des gesamten Inhaltes. In Abänderung hiervon kann man die Würze auch aus einem Maischkessel abziehen, durch den Wärmeaustauscher u. den Erhitzer wieder durch den Wärmeaustauscher u. zu **I** leiten. (**Schwed. P. 133 471** vom 26/10. 1948, ausg. 6/11. 1951. E. Priorr. 28/10. u. 2/12. 1947.) JÜRGEN SCHMIDT. 7545

Morrison Carpenter & Co. Ltd. und **Albert Edward Frank Baldock,** Croydon, England, *Hausenblase zum Klären von Flüssigkeiten, besonders Bier.* Eine Mischung aus fein verteilter Hausenblase, geeigneten Lösungs- u. Schutzmitteln u. W. wird einer starken, fortwährenden Bewegung in einem Mischgefäß mittels einer Zentrifuge unterworfen. Die Zentrifuge ist direkt oder nahezu am Boden des Kessels angeordnet, wodurch das Material gegen die Seitenwände geschleudert u. alle Stoffe mitgerissen werden, die sonst am Boden haften bleiben würden u. wodurch die ganze M. in dauernder Bewegung gehalten wird; sie hat einen offen endenden Einlaß u. saugt, unterstützt von zwei Propellern, aus einem Niveau über der Schleuderzone. (**E. P. 653262** vom 24/10. 1947, ausg. 9/5. 1951.) KETTNER. 7551

Siemens-Schuckertwerke Akt.-Ges., Berlin und Erlangen (Erfinder: **Hermann Keutner**, Erlangen), *Erzeugung und Verbesserung von Bierschaum* unter Verwendung des Verf. des D. R. P. 743 822, bei dem das Bier der Einw. von Schall- oder Ultraschallschwingungen ausgesetzt wird. Man verwendet eine Pfeife, bes. Lippenpfeife, die vom Bier beim Schenken durchlaufen u. dadurch zu Schwingungen erregt wird. — Zeichnung. (**D. B. P. 880733** Kl. 6d vom 15/9. 1942, ausg. 25/6. 1953. **Zusatz zu D. R. P. 743822; C. 1944. I. 1143.**) KETTNER. 7551

Jean-Gaston-Charles-Joseph Verdier, Frankreich, *Verbesserung der Vergärung von Haushaltsabfällen*. Die Abfälle werden in den Gärräumen um schwach kon. Rohre von 20—25 cm Durchmesser, die 1,50 m voneinander entfernt sind, herum aufgeschichtet. Die M. hat sich nach einigen Tagen so weit gesetzt, daß die Rohre entfernt werden können, ohne daß die entstandenen Luftkanäle wieder zusammenfallen. Hierdurch wird eine bessere Versorgung der aeroben Bakterien mit O_2 u. eine schnellere Vergärung der M. erreicht. — Zeichnung. (**F. P. 990210** vom 17/3. 1944, ausg. 19/9. 1951.) HEYNE. 7579

XVI. Nahrungs-, Genuß- und Futtermittel.

I. P. Lewanidow und **A. Ss. Dwinina**, *Über Normen des Salzgehaltes bei gesalzenen Fischen*. Vff. schlagen vor, den gesalzenen Fisch nicht nach dem Geschmack zu beurteilen, sondern nach der Salzkonz. im Muskelsaft des Fisches (10—15% schwach, 15—20% mittel, 20—26,3% stark gesalzen). (Рыбное Хозяйство [Fischerei-Wirtsch.] **29**. Nr. 2. 53—56. Febr. 1953.) SCHMEISS. 7752

Carlotta M. Avanzi, *Erste Versuche zur Eierkonservierung durch Einwickeln in Cellophan*. Bei den Verss. wurden frisch gelegte Eier einzeln in Cellophantüten verpackt u. nach 30, 60, 90, 120 u. 150 Tagen auf ihren Gebrauchswert geprüft. Bis zu 90 Tagen hielten sich die Eier frisch, nach 120 Tagen zeigte sich eine gewisse Verflüssigung des Inhalts, jedoch kein unangenehmer Geruch. Nach 150 Tagen waren die meisten Eier stark zers., das Eiweiß wss., der Geruch unangenehm. (Agric. ital. **53**. ([N. S.] 8) 47—50. Febr. 1953. Pisa.) GRIMME. 7754

Jean Keilling und **Jacques Casalis**, *Die Neigung der Milch, zu gerinnen. Untersuchung der Ursachen und der Gegenmittel*. Übersicht über die Schwierigkeiten, die in der Milchindustrie bestehen, um eine techn. erwünschte Milchgerinnung unter definierten Bedingungen zu erhalten. (Ind. agric. aliment. **69**. 783—85. Nov. 1952. Inst. Nat. Agron., u. École Nat. des Ind. Agricoles.) RUTKOWSKI. 7756

A. Lembke, W. Kaufmann und **Helga Schmidt**, *Spektralanalytische Untersuchungen an Molkenproteinen*. Die UV-Absorption von Molke beruht fast ausschließlich auf ihrem Geh. an *Tyrosin* (**I**) u. *Tryptophan* (**II**). Nach dem Verf. von HOLIDAY (Biochem. J. **30**. [1936] 1793) vorgenommene Bestimmungen ergaben Mittelwerte von 0,0589% **I** u. 0,0276% **II**, die höher liegen als von anderen Autoren auf chem. Wege ermittelte Werte. Vgll. der Absorptionsmaxima von Molke u. Gemischen aus **I** u. **II** ergaben bei Molke eine Rotverschiebung, die auf das Vorhandensein von H-Brücken zurückzuführen sind. Dafür sprechen die Absorptionszunahme nach denaturierender UV-Bestrahlung u. Homogenisierung sowie die Absorption bei 2400 Å bei p_H 12 von Molke u. Tyrosinlösungen. — 19 Literaturangaben. (Kieler milchwirtsch. Forschungsber. **4**. 673—82. 1952. Kiel, Bundes-Vers.- u. Forschungsanst. für Milchwirtsch., Bakteriol. Inst.) KRUSEN. 7756

Je. Wolotschkowa, N. Mironowa, Ss. Jegorow und **A. Beresowskaja**, *Vitaminisierung von Sauermilchprodukten*. Der von PALLADINA isolierte Stamm von Milchsäurebakterien zeichnet sich durch gutes Wachstum, Säurebeständigkeit u. die Fähigkeit aus, Milchsäure zu assimilieren. Im Laufe der Assimilation sammelt sich in den Zellen eine beträchtliche Menge *Vitamin* B_2 an. Nach 48 Std. ist der Vitamingeh. am höchsten. Im Fertigprod. beträgt der Vitamin B-Geh. 2 mg, der B_2-Geh. 6 mg/Liter. Da der tägliche Bedarf des Menschen sich je nach Alter, Geschlecht u. Arbeit auf 1,2—3,5 mg B_1 u. 1,8—3,3 mg B_2 beläuft, kann er durch 500 g Sauermilchprod. gedeckt werden. Im klin. Vers. hat sich, bes. bei epidem. Hepatitis, eine tägliche Gabe von 500 g so vitaminisierter Sauermilchprodd. bewährt. (Молочная Промышленность [Milch-Ind.] **14**. Nr. 6. 40. Juni 1953. Leningrad, Molkerei Nr. 3.) SCHMELZ. 7756

G. Blok und **Ss. Geimberg**, *Die Verwendung von Hefen bei der Herstellung von Sahnebutter*. Die Verwendung gewisser Hefen beim Buttern schützt wegen ihrer antagonist. Wrkg. weitgehend vor Schimmel- u. Fäulnisbakterienbefall. Zugleich werden Oxydationsvorgänge durch Erniedrigung des Redoxpotentials gehemmt. Diese Butter wurde deshalb nach verschieden langer Lagerung bei verschied. Temp. besser bewertet als die Kontrollen. Der Effekt ist um so ausgeprägter, je mehr Hefezellen vorhanden sind, da dann O_2 durch CO_2 verdrängt wird u. letzteres die Schimmelkeime unterdrückt. (Молочная Промышленность [Milch-Ind.] **14**. Nr. 6. 17—21. Juni 1953. Wologda, Milchinst.) SCHMELZ. 7758

N. Masochina, *Besonderheiten bei der Quarkherstellung in Metallapparaturen.* Um einen Bruch n. Konsistenz u. gute Molkenabscheidung aus bei 80° pasteurisierter Milch nach dem Säurelaborverf. zu erreichen, fügt man auf 100 kg Milch 12—15 g 40%ig. $CaCl_2$ (**II**) zu. Aus 5,67 t Ausgangsmaterial gegenüber 5,99 t ohne Verwendung von **I** kann so 1 t Quark mit 65% W. erhalten werden. Es wurde eine spezielle Streptokokkensäuerungskultur ausgewählt, die die Dicklegung bei 30° in 6 Std. vollzieht. Kleine Säcke mit 7—9 kg Fassungsvermögen aus Nessel statt großer Säcke aus Mull erhöhen die Ausbeute, verkürzen die zur Entwässerung in Filterzentrifugen nötige Zeit, was sich auf die Qualität des Quarks vorteilhaft auswirkt, u. schonen die Zentrifugen. Der Bruch wird in Würfel mit 2 cm Kantenlänge zerschnitten, was die Molkenabscheidung beschleunigt. (Молочная Промышленность [Milch-Ind.] **14**. Nr. 6. 21—23. Juni 1953.) SCHMELZ. 7760

I. Pawlow, *Futterwert von Winterroggen bei Grünfütterung.* Die Grünfütterung mit Winterroggen im Frühjahr wird wegen des im Vgl. zu Gras- u. Kleemischungen niedrigeren Hektarertrages, des geringeren Geh. an Trockenmasse u. Mineralstoff sowie der schlechteren Verdaulichkeit abgelehnt. (Советская Агрономия [Sowjet. Landwirtschaftskunde] **11**. Nr. 5. 93—94. Mai 1953. Allunions Wiss. Forschungsinst. für Fütterung landw. Tiere.) SCHMELZ. 7782

Roger Goubeau, Frankreich, *Behandlung pflanzlicher und tierischer Stoffe* zur Erhöhung des Nährwertes oder der Ausbeute beim Extrahieren dieser Stoffe. Die pflanzlichen oder tier. Stoffe werden in einer Kolloidmühle in feuchtem oder trockenem Zustande gemahlen, um die Zellwände vollständig zu zerstören, wodurch die Inhaltsstoffe der Zellen restlos für die Verdauung, bzw. für die Extraktion erfaßbar sind. (**F. P. 977 029** vom 9/6. 1942, ausg. 27/3. 1951.) HEYNE. 7633

John Arnold Lovern und **Sidney William Firth Hanson,** Aberdeen, **Hugh Hanchard Goodwin** und **Thomas Hamilton Wilson,** Edinburgh, *Gewinnung von Öl und Eiweiß aus Fisch* durch Behandlung des ölhaltigen Fischmaterials während der Lagerung mit kaltem wss. Alkali, Erhitzen bis zum Lösen des Eiweißes, Abtrennung der wss. Schicht von der Öl- u. Emulsionsschicht, Ansäuerung der wss. Schicht auf ein p_H von ca. 4,2 u. Entfernung des Niederschlages. (**E. P. 664 827** vom 22/6. 1948, ausg. 16/1. 1952.) MAASS. 7753

Gebr. Rieger Maschinenfabrik, früher Riegerwerk (Erfinder: **Franz Kieferle,** Freising, und **Karl Eberhard Meier,** Aalen), *Entsäuerung von elektrolythaltigen organischen Flüssigkeiten,* z. B. *Milch* durch Vorbeileiten der zu entsäuernden Fl. an einer Membran, welche mit einer elektr. Ladung aufgeladen ist, die gleichsinnig ist mit jener Ladung, welche den in der Fl. vorhandenen Kolloidstoffen anhaftet. — Vorrichtung. (**D. B. P. 853 555** Kl. 53e vom 18/11. 1950, ausg. 27/10. 1952.) MAASS. 7757

Nederlandsche Organisatie voor Toegepast-Natuurwetenschappelijk Onderzoek ten behoeve van de Voeding, Den Haag (Erfinder: **Frederik Dirk Tollenaar,** Utrecht), Holland, *Stabilisierung von trockenmilchhaltigen Erzeugnissen,* indem man für die Anwesenheit eines gallussauren Esters von Alkoholen mit mindestens 6 C-Atomen, z. B. Octyl-, Tetradecylgallat, in einer Menge von 0,001—0,005% sorgt. (**D. B. P. 853 554** Kl. 53e vom 21/7. 1949, ausg. 27/10. 1952. Holl. Prior. 4/8. 1949.) MAASS. 7757

Pomosin-Werke G. m. b. H., Frankfurt/M., *Herstellung von nichtsandig werdenden, halbfesten Dauermilcherzeugnissen* mit Beimischung von Zucker, indem der erforderliche Zucker in gegebenenfalls voreingedickter Milch oder Gemischen aus Milch u. Sahne u./oder anderweitigen Milchprodd. gelöst, die Lsg. auf Trockenmasse u. Fettgeh. eingestellt u. erhitzt u. die Zubereitung dann z. B. nach der bei der Fondantherst. üblichen Art tablettiert wird. (**D. B. P. 859 252** Kl. 53e vom 6/1. 1951, ausg. 11/12. 1952.) MAASS. 7757

Pennsylvania, Research Corp., übert. von: **Stuart Patton** und **Charles M. Stine,** State College, Pa. V. St. A., *Abtrennung des Butterfettes* von den im fl. Medium, z. B. *Serum* enthaltenen, außen aus Eiweiß u. im Kern aus Butterfett bestehenden Kügelchen, indem man dem Serum eine lösl., H, O u. N enthaltende organ. Verb. mit 3—10 C-Atomen, die die Oberflächenspannung zwischen dem Serum u. dem Butterfett der Kügelchen erniedrigt, z. B. Diäthylenglykolmonobutyläther, zusetzt. Durch Erhitzen der Mischung auf nicht $<120^0$ schm. die Butterfettbestandteile u. vereinigen sich miteinander unter Bldg. von Butteröl. Anschließend trennt man dieses ab. (**A. P. 2 617 731** vom 18/4. 1951, ausg. 11/11. 1952.) MAASS. 7759

United States of America, übert. von: **Chester Ray Thompson,** Richmond, Calif., V. St. A., *Stabilisieren von Alfalfamehl* zwecks Erhaltung des Carotingehaltes. Man besprüht z. B. mit einer 0,01—0,5% ig. Lsg. von 2.5-Di-tert.-acrylbutylhydrochinon in Äthylenglykol oder einem pflanzlichen Öl, wie Sojaöl. (**A. P. 2 611 703** vom 28/4. 1950, ausg. 23/9. 1952.) KRANZ. 7787

Adolf Rosenberg, New York, N. Y., V. St. A., *Emulgieren von Ölen.* Eingedampfte Zuckerrohrmelasse wird mit Hilfe von Pflanzengummen, z. B. Gummi arabicum, Traganth, oder anderen Emulgiermitteln mit Lebertran emulgiert. Das Prod. dient bes. als *vitaminreiches Viehfutter.* (**E. P. 681 026** vom 17/3. 1950, ausg. 15/10. 1952.) LÜTTGEN. 7787

International Minerals & Chemical Corp., New York, N. Y., übert. von: **William B. Dancy,** East Point, Ga., V. St. A., *Leckzalzblock.* Zu einer Mischung von 100 (Gewichtsteilen) grobkörnigem Salz u. 1,25—5,0 MgO wird eine 20—25% ig. wss. Lsg. von $MgCl_2$ gegeben u. die M. zum Hartwerden in Formen gegossen. (**A. P. 2 599 436** vom 18/8. 1950, ausg. 3/6. 1952.) KRANZ. 7787

XVII. Fette. Seifen. Wasch- u. Reinigungsmittel. Wachse. Bohnermassen usw.

A. R. Baldwin, *Neuere Entwicklungen auf dem Gebiet der Fette und Öle in USA.* Vf. schildert in seinem Vortrag die neuere Entw. auf dem Gebiet der Fette u. Öle in den USA unter besonderer Berücksichtigung der Grundlagenforschung (analyt. Verff., ernährungsphysiol. Unterss., Verdaulichkeit der Fette, intravenöse Zufuhr von Fetten, Oxydation u. Antioxygene, Umesterung usw.) u. der verschied. Verff. zur Herst. oder Veredelung von Fetten. (Fette Seifen einschl. Anstrichmittel **53.** 509—16. Sept.; Oliën, Vetten Zeep **35.** 275—76. 24/11. 287—89. 8/12. 302—04. 22/12. 1951. **36.** 8. 5/1. 22—24. 19/1. 1952. Argo, Ill., Corn Prod. Refining Labor., George M. Moffet Res. Labor.) FIEDLER. 7870

O. S. Privett, W. O. Lundberg und **Christense Nickell,** *Darstellung von Peroxydkonzentraten aus autoxydierten Fettsäureestern.* Schrifttumsüberblick über die bisher angewandten Verff. zur Darst. von Peroxydkonzentraten aus autoxydierten Fetten bzw. Fettsäuren (Mol.-Dest., Tieftemperaturkristallisation, Chromatographie, Gegen stromverteilung). Beschreibung einer vereinfachten Meth. der Gegenstromverteilung ohne besondere Extraktionsapparatur. Autoxydation der definierten Methylester von Ölsäure (bei 50° unter Durchleiten von Sauerstoff; Peroxydwert bis 1670), von Linol- (Peroxydwert bis 990) u. Linolensäure (Peroxydwert bis 760); die Autoxydation der letzteren beiden Ester erfolgt unter wiederholtem Schütteln beim Stehen an der Luft im Dunkeln bei 0—2°. Als Lösungsmittelpaar dient eine Mischung von gleichen Teilen absol. A. u. Skellysolve F, der auf je 40 ml absol. A. 7 ml dest. W. zugesetzt werden; Trennung in die alkoh. Hypo- u. die Skellysolveepiphase. Die autoxydierten Ester werden z. B. in 200 ml der Epiphase gelöst (Konz. ca. 30% ig.) u. im Scheidetrichter mit je 100 ml der alkoh. Hypophase unter Schütteln wiederholt extrahiert (Stickstoffatmosphäre). Die erhaltenen Extrakte werden erneut mit jeweils 200 ml der Epiphase nacheinander extrahiert, aus der durch 2—3 malige Extraktion mit der Hypophase verbliebene Reste an Peroxyd abgetrennt werden. Die Verss. lehren, daß durch Verteilung des gelösten Untersuchungsmaterials auf prim. ca. 10 Extrakte in der Hypophase u. die systemat. weitere Reinigung u. Konzentrierung dieser Extrakte durch Ausziehen mit der Epiphase 92—100% der vorhandenen Peroxyde in der Hypophase darstellbar sind; hierfür sind 200—300 Extraktionen erforderlich. Die Vollständigkeit der Trennung in oxydierte u. nichtoxydierte Fraktion wird ferner durch Aufnahme der UV-Absorption bewiesen. Im Falle des autoxydierten Methyllinolates dürfte die oxydierte Fraktion im wesentlichen aus Monohydroperoxyden bestehen, während im Falle der Methylester von Öl- u. Linolensäure daneben sek. Reaktionsprodd. vorhanden sind. Hinweis, daß die beschriebene Arbeitsweise vor der semiautomat. Arbeitsweise nach CRAIG insofern Vorteile besitzt, als sie die präparative Aufarbeitung größerer Mengen des Untersuchungsmaterials ermöglicht. (J. Amer. Oil Chemists' Soc. **30.** 17—21. Jan. 1953. Austin, Minn., Univ., Hormel Inst.) TÄUFEL. 7878

Eiji Suito und **Hiroshi Aida,** *Thermochemische Untersuchung der Fetthydrierung.* 1. Mitt. *Hydrierung von Ölsäure und Methyloleat.* Die Hydrierungswärme bei über 100° von *Ölsäure* (I) u. *Methyloleat* (II) wurde zu 35,6 kcal/Mol bestimmt. Die Hydrierung folgt der Reaktionsgleichung 1. Ordnung. Reaktionsgeschwindigkeit dx/dt = const. [Gewicht des Katalysators] · [Geschwindigkeit des H-Stroms] · [Ölsäurekonz.]. Die Aktivierungsenergie ist bei I 7,6 kcal, bei II 5,8 kcal. Ausführliche thermodynam. Erörterung. — 8 Diagramme. (J. chem. Soc. Japan, ind. Chem. Sect. [Kōgyō Kagaku Zassi] **54**. 765—68. Dez. 1951. Kyoto Univ. [Orig.: japan.]) SCHULER. 7880

B. N. Tjutjunnikow und **K. M. Goldberg,** *Die bei der Oxydation von Ölen durch Luftsauerstoff verlaufenden chemische Prozesse.* Vff. oxydierten *Leinöl, Sonnenblumenöl* u. *Rapsöl* durch Blasen mit Luft u. untersuchten die Abhängigkeit der Kennzahlen u. physikal. Konstanten von der Temp. (100—300°) u. Reaktionsdauer (bis 75 Std.). Aus der Unters. der Reaktionsprodd., bes. des Leinöls, wird geschlossen, daß die Polymerisation bei höherer Temp. gegenüber der Oxydation vorherrschend ist. Das Mol.-Gew. der Leinölpolymerisate betrug 1200—1364. (Маслобойно Жировая Промышленность [Öl- u. Fett-Ind.] **17**. Nr. 10. 16—21. Okt. 1952.) SCHMEISS. 7894

Frank C. Magne, Rene L. Durr und **Evald L. Skau,** *Dichte–Zusammensetzung-Temperaturwerte für Miscella aus Reiskleieöl und Handelshexan.* Mit der Zielsetzung, den Geh. von Reiskleieöl in den bei der Extraktion von Reiskleie erhaltenen Hexanlsgg. rasch zu ermitteln, werden für die Temp. 10, 25 u. 40° C bzw. 50, 60, 70, 80, 90 u. 100° F sowie für Konzentrationsunterschiede von je 5% die Dichten bzw. die spezif. Gewichte °F/60° F ermittelt u. tabellar. zusammengestellt. Daraus kann bei bekannter Zus. u. Temp. rasch das spezif. Gewicht der Miscella, bei bekannter Temp. u. spezif. Gewicht rasch die Konz. der Miscella bestimmt werden. Angabe einer Gleichung zur Berechnung des spezif. Gew. sowie einer Korrektur für reines u. rohes Reiskleieöl bzw. für unterschiedliche Handelshexane (vgl. Original). (J. Amer. Oil Chemists' Soc. **30**. 8—9. Jan. 1953. New Orleans, La., Southern Regional Res. Labor.) TÄUFEL. 7894

J. H. Mahon und **R. A. Chapman,** *Die jeweiligen Anteile der Zerstörung von Propylgallat und von butyliertem Oxyanisol während der Oxydation von Schweineschmalz.* Unter Hinweis auf das einschlägige Schrifttum werden Verss. zur Ermittlung des Mechanismus der Zerstörung von phenol. Antioxygenen bei der Autoxydation von Fetten durchgeführt. Im Hinblick auf das prakt. bedeutsame Präp. „*AMIF–72*" [20% tert.-Butyloxyanisol, im Gemisch des 2- u. 3-Isomeren (I), 6% Propylgallat (II), 4% wasserfreie Citronensäure, gelöst in 70%ig. Propylenglykol] werden Kombinationen von II; 2- sowie 3-I u. Citronensäure herangezogen; als Untersuchungssubstrat dient frisches Dampfschweineschmalz, das in entsprechenden Proben bei 41 bzw. 61° gelagert wird. In gewissen Zeitintervallen erfolgt Probenahme; ermittelt werden der Peroxydwert sowie der Geh. an den zugesetzten Antioxygenen nach den von den Autoren früher veröffentlichten analyt. Methoden. Die Ergebnisse der Versuchsreihe bei 61°, die mit der Literatur im Einklang stehen, lehren, daß die Zerstörung des Pyrogallates unabhängig von der Konz. proportional der Zeit verläuft (Rk. nullter Ordnung). Der Rückgang an I erfolgt in 2 Stufen, deren erste teilweise auf Verdampfungsverluste, deren zweite auf Zerstörung zurückzuführen sind; die letztere setzt ein, wenn II im Fett verschwunden ist. Der Peroxydwert im Schmalz steigt erst dann stark an, wenn II zerstört ist. Von den beiden Isomeren von I reagiert das 3-I stärker mit dem autoxydierenden Fett als das 2-I; dies erklärt die stärkere fettantioxygene Wrkg. von 3-I. Die Kombination von I u. II ist bei der Lagerung des Fettes bei 61° antioxygen wirksamer als I allein. (J. Amer. Oil Chemists' Soc. **30**. 34—39. Jan. 1953. Ottawa, Can., Food and Drud Labor., Dep. of Nat. Health and Welfare.) TÄUFEL. 7896

Olaf R. Broekkan, *Neovitamin-A-Gehalt in einigen norwegischen Tranen.* In norweg. Lebertranen wurden für den Geh. an *Neovitamin A* (trans–cis-Isomere) 12,3 bis 55,8%, in einer Probe von Molva molva nur 2,1% gefunden. Untersuchungsmeth. nach ROBESON u. BAXTER (C. **1948**. I. 820). (Tidsskr. Kjemi, Bergves. Metallurgi **12**. 59 bis 60. April 1952. Bergen, Norwegen, Government. Vitamin Labor., Norwegian Fisheries Res. Inst.) LOCH. 7898

E. L. Adriaens, *Die synthetischen Fette.* Übersichtsbericht. Behandelt werden: Aufbau der tier. u. pflanzlichen Depotfette u. der Milchfette im Hinblick auf die konstituierenden Fettsäuren; Bldg. der tier. Depotfette durch Heranziehung des Nahrungsfettes, durch körpereigne Synth.; die industrielle Verarbeitung der Fette u. Fetthärtung; Paraffinoxydation u. Veresterung der Fettsäuren mit Glycerin; Verh. der synthet. Fette im Organismus; Verwendung der Oxydationsfettsäuren für Seifenherst. u. sonstige Zwecke. (Bull. agric. Congo belge **43**. 757—66. Sept. 1952.) TÄUFEL. 7902

S. N. Sethumadhava Rao, *Transparente Seifen.* Übersicht über die geeigneten Rohstoffe, Parfüme oder Riechstoffe, die zur Herst. von transparenten Seifen, deren Herst. ausführlich beschrieben wird, geeignet sind. (Soap, Perfum. Cosmet. **24**. 1099—1103. Nov. 1951.) FIEDLER. 7910

T. Ruemele, *Das Parfümieren von Seifen. Tatsachen und Hinweise.* Vf. weist auf die verschied. Faktoren hin, die das Parfüm in der Seife beeinflussen können, u. darauf, daß die neuzeitlichen Parfüme eine gründliche Prüfung des Gemisches Parfüm–Seife erfordern, um hochwertige Prodd. zu erhalten. (Perfum. essent. Oil Rec. **42.** 382—83. Nov. 1951.) FIEDLER. 7910

Frederick Charles Bersworth, Verona, N. J., V. St. A., *Entfernen metallischer Verunreinigungen aus fetten Ölen.* Man behandelt die Öle mit wss. Lsgg. von Di- oder Trialkalisalzen der Äthylendiamintetraessigsäure. (**E. P. 687 843** vom 8/1. 1949, ausg. 25/2. 1953. A. Prior. 17/3. 1948.) LÜTTGEN. 7875

Lewis Berger & Sons Ltd., London, England, *Dehydrieren von Ricinusöl.* Die Zugabe des Dehydrierkatalysators (I) erfolgt, im Gegensatz zu den bisherigen Verff., erst, wenn das Öl bereits auf > 450° F erhitzt ist. Man erreicht mit weniger I bessere Helligkeitswerte. (**E. P. 687 986** vom 12/1. 1951, ausg. 25/2. 1953. A. Prior. 14/1. 1950.) LÜTTGEN. 7895

Aug. Luhn & Co. G. m. b. H., Seifen- und Glycerin-Fabriken (Erfinder: **Günter R. Luhn**), Wuppertal-Barmen, *Waschmittel* mit Zusatz von mineral. Reibmitteln, die eine einheitliche, zwischen ca. 100 u. 300 μ liegende Korngröße mit einer Toleranz von $\pm$30% aufweisen. (**D. B. P. 879 750** Kl. 23e vom 3/5. 1941, ausg. 15/6. 1953.) LÜTTGEN. 7911

Soc. d'Exploitation des Produits „Vasec", S. à. R. l., Mühlhausen, Frankreich, *Handreinigungspaste,* bestehend aus 6 (%) Talg, 4 NaOH, 4,5 vegetabil. Öl, 0,5 Terpentin u. 85 Wasser. (**E. P. 690 295** vom 20/10. 1950, ausg. 15/4. 1953. F. Prior. 16/12. 1949.) LÜTTGEN. 7911

Roger S. A. Collouges, Frankreich, *Schaum-, Netz- und Einweichmittel.* Diese sind eine mechan. Mischung aus Na_2SO_4, Äthylolamid einer Fettsäure, z. B. Erdnußölfett- oder Palmitinsäure, u. Äthylolamid der Abietinsäure, gegebenenfalls mit Alkalisalzen. In der Wrkg. intensiver als die einzelnen Komponenten. (**F. P. 979 447** vom 16/4. 1942, ausg. 26/4. 1951.) WITTHOLZ. 7913

G. L. Busch, Köpenhamn, Dänemark, *Neutralisierung von capillaraktiven Sulfonierungsprodukten.* Man führt die Neutralisierung in einer Suspension des Neutralisierungsmittels (z. B. Carbonat oder Bicarbonat) in einem organ. Lösungsm., welches das Neutralisationsmittel nicht löst, bes. A., durch. Bes. eignet sich das Verf. zum Neutralisieren von sulfoniertem Mono- oder Diglyceriden mit $NaHCO_3$ in Alkohol. (**Schwed. P. 132 572** vom 2/5. 1947, ausg. 7/8. 1951. Dän. Priorr. 1/5. 1946 u. 17/2. 1947.) JÜRGEN SCHMIDT. 7913

Shell Development Co., San Francisco, Calif., V. St. A., übert. von: **Hendrik Frederik Dammers,** Amsterdam, Holland, *Konzentrierte Lösungen oberflächenaktiver Salze organischer Sulfonsäuren oder Sulfonsäureester* mit 8—25 C-Atomen erhält man aus den verd. Lsgg. durch Aussalzen mit NaCl, Na_2CO_3, Na_2SO_4, $CaCl_2$, Nitraten, Phosphaten, Polyphosphaten, Boraten in Ggw. von 3 bis höchstens 10% eines polaren, organ. Lösungsm. mit Kp. über 100° u. das in der Salzlsg. unlösl. ist (aliphat. u. cycl. Alkohole mit 6 u. mehr C-Atomen, Cyclohexanol, Methylisobutylcarbinol, Heptanol-2; Amylalkohol, Methylisobutylketon, Mesityloxyd, Isophoron, Valeraldehyd, Oenanthaldehyd, Di-n-propylcarbylamin, n-Heptylamin, Butylamin oder deren Mischungen), wodurch sich zwei Schichten bilden. — Aus einer 22% ig. Dodecyltoluol-Na-sulfonatlsg. (hergestellt durch Sulfonierung des aus Toluol durch Alkylierung mit Propylentetrameren erhaltenen Prod.) erhält man durch Behandeln mit Na_2SO_4 u. Octanol eine 40—50% ig. Paste. — Wasch-, Netz-, Emulgiermittel. (**A. P. 2 522 212** vom 13/12. 1947, ausg. 12/9. 1950. Holl. Prior. 19/12. 1946.) KRAUSS. 7913

Badische Anilin- & Soda-Fabrik, Ludwigshafen/Rh., *Reinigungsverfahren,* gek. durch die Verwendung von Polyglykolestern der Harzsäuren, bes. in alkal. Medium, wobei die Ester auf 1 (Mol) Harzsäure 12—50 Äthylenoxyd enthalten. (**Schwz. P. 284 055** vom 8/10. 1949, ausg. 1/11. 1952. F. Prior. 5/5. 1948.) OVERBECK. 7917

Fillol, Damond, de Frayssinet & Cie. (Constructions-Métalliques et Chauffage), Seine, Frankreich, *Chemisch neutrales Entfleckungsmittel,* bestehend aus 60% Al_2O_3, 30% $MgSiO_3$ u. 10% $SiO_2Al_2O_3H_2O$. Das Mittel ist von salbenartiger Konsistenz u. bes. geeignet zum *Detachieren von Leder.* (**F. P. 987 692** vom 31/5. 1949, ausg. 17/8. 1951.) VIER. 7917

XVIII a. Holz. Cellulose. Zellstoff. Papier. Papierdruck. Celluloid. Linoleum.

W. D. Archangelski, *Über die Reaktion von Holz mit synthetischen Harzen.* Die Hauptursache einer Erschwerung der Verarbeitung von Holzmehl von Laubbäumen mit Phenolformaldehydharzen dürfte nach Vf. in der Rk. niedermol. Ligninanteile mit niedermol. Fraktionen der synthet. Harze bei höheren Tempp. u. Drucken liegen. Es empfiehlt sich, das Holz vorbereitend zu phenolisieren, wodurch niedermol. Anteile des Lignins blockiert werden. (Деревоперерабатывающая и Лесохимическая Промышленность [Holzverarb. holzchem. Ind.] **2.** Nr. 2. 16—17. Febr. 1953. Zentr. Wiss. Forschungsinst. für mechan. Holzbearbeitung.) ULMANN. 7952

N. W. Rjuchin, *Elektronenmikroskopische Untersuchung der Cellulosefaser.* Es werden Aufnahmen von verschieden stark vermahlenen *Sulfit-* u. *Sulfatcellulosen* gebracht, die eine Aufspaltung in Subfibrillen u. die Bldg. von Schleimen erkennen lassen. (Бумажная Промышленность [Papier-Ind.] **28.** Nr. 1. 20—22. Jan. 1953. Zentr. Wiss. Papier-Forschungsinst.) ULMANN. 7954

E. R. Barker jr., *Die Chlorbleiche.* Die Chlorbleiche wird heute meist in mehreren Stufen durchgeführt. Dabei wird bei der Chlorierung Cl_2 an die Ligninreste angelagert, die dann bei der alkal. Extraktion gelöst werden; durch Hypochlorit werden Farbstoffe zerstört, wobei die Faser bei p_H 8 nur wenig angegriffen wird. Durch Ansäuern mit SO_2 auf p_H 5,5 steigt nochmals die Helligkeit u. wird auch länger haltbar. Ein längeres Einweichen des Zellstoffs vor dem Waschen bewirkt eine bessere Entfernung der Chemikalien. Halbgebleichter Zellstoff kann in einer Stufe hergestellt werden; ein Mehrstufenverf. ist aber, bes. bei Kraftzellstoff, besser, weil hier die verlangte Helligkeit leichter geregelt werden kann. Verwendung von NaClO statt des Ca-Salzes gibt chem. reineren Zellstoff. Auch ClO_2 wird zum Teil zum Bleichen verwendet; ist aber sehr giftig u. explosiv u. muß vorsichtig gehandhabt werden. (Paper Trade J. **135.** Nr. 20. 253—57. 14/11. 1952.) H. BECKER. 7956

F. W. Brainerd, *Herstellung von Kraftzellstoff.* Das Kraftstoffverf. hat den Vorteil, daß es weniger von besonderen Hölzern abhängig ist als das Sulfitverf., die Abflut zu keiner Verunreinigung der Flüsse führt, da die Schwarzlauge zur Chemikalienrückgewinnung verbrannt wird u. der Aufschluß schnell erfolgt (2,5—5 Std. bei 170—175°). Der Anteil Alkali als Na_2O auf Holz beträgt 11—15,6%, je nach Endprodukt. Zum Ausgleich der Na_2S-Verluste werden der konz. Schwarzlauge $NaHSO_4$ oder Na_2SO_4 zugesetzt, die dann beim Verbrennen red. werden. Als Nebenprodd. werden Terpentin u. Tallöl gewonnen. Wenn für Sonderzwecke ein geringer Geh. an Hemicellulose verlangt wird, kann das Holz im Kocher vor dem Aufschluß mit Weißlauge durch Wasserdampf vorhydrolysiert werden, wobei sich ein p_H-Wert von 3,5 einstellt. (Paper Trade J. **135.** Nr. 20. 203—08. 14/11. 1952. Oconto Falls, Wis., Falls Paper & Power Co.) H. BECKER. 7958

Ju. N. Nepenin und **T. N. Orlowa,** *Die Alkaliverluste in der Sulfatcellulosefabrik.* Eine Unters. des Sulfatverbrauches ergab einen Verlust von 40,7 kg *Na_2O* oder 97,9 kg *Na_2SO_4* auf 1 t Zellstoff. Hiervon entfallen auf die Kochabteilung 0,6%, Auswaschabteilung 16,4%, Eindampfabteilung 12,0%, Ofenabteilung 46,3% u. auf die Kaustifizierungsabteilung 24,7%. (Бумажная Промышленность [Papier-Ind.] **28.** Nr. 2. 5—7. Febr. 1953. Holztechn. Kirow-Akad.) ULMANN. 7960

Hermann R. Amberg, *Programm zur Verminderung der Verschmutzung durch Sulfitlaugenabwässer in Pacific Northwest.* Bericht über neuartige Verss. zur Beseitigung der Sulfitablaugen (I) u. Erfahrungen damit. Im einzelnen werden folgende 5 Methoden besprochen: Verwendung konz. I zur Verbesserung von Straßen 2. Ordnung, da sich gezeigt hat, daß Kies u. andere Straßenbaumaterialien durch Übergießen mit bestimmten Mengen I in eine harte Schellack-ähnliche Oberfläche verwandelt werden, Erdbecken zum Zurückhalten der I während der krit. Jahreszeit, unterird. Verrieselung, Bodenverbesserung u. Verregnung. Trotz großer Fortschritte ist jedoch eine wirklich befriedigende Lsg. des Problems der Beseitigung der I nach Vf. auch heute noch nicht gefunden worden. (Paper Trade J. **136.** Nr. 9. 20—31. 27/2. 1953. Inc., Nat. Counc. for Stream Improvement.) NIEMITZ. 7962

Lenart Broman, *Kiesröstung mit dem Nichols-Freeman-Ofen.* Die Erfahrungen mit dem Flotationskiesofen von NICHOLS-FREEMAN nach 10jährigem Betrieb in der Zellstoffabrik Nokia werden mitgeteilt. Hierbei sind nur Flotationskiese von < 0,12 mm Korngröße brauchbar, die vor Eintritt in die Staubverbrennungskammer auf eine Restfeuchtigkeit < 0,5% vorgetrocknet werden müssen. Die Verbrennungstemp. soll ca. 1000°, keinesfalls aber < 800° betragen. (Paperi ja Puu **35.** 40—41. 15/2. 1953.) Nokia, Finnland, Nokia A/B.) BORCHERS. 7962

J. E. Sapp, *Schema halbchemischer Verfahren.* Vf. bringt Fabrikationsschemata zur Herst. von halbchem. Zellstoff nach dem Kraft-, dem neutralen Sulfit- u. einem neueren modifizierten Kraftverf., das sich durch hohe Zellstoffausbeuten auszeichnet. Bei letzterem Verf. wird 1—2 Std. bei 8,8 at mit einem Gemisch aus Na_2SO_3 u. Kraftgrünlauge gekocht. (Paper Mill News **76**. Nr. 12. 84—90. 21/3. 1953. Bogalusa, La., Gaylord Container Corp.) H. BECKER. 7964

F. I. Korolew, *Einfluß der Feuchtigkeit des Papierholzes auf die Eigenschaft des Zellstoffes.* An Beispielen aus der Praxis weist Vf. auf die Bedeutung einer guten Trocknung des Papierholzes hin. Hierdurch werden nicht nur große Unterschiede u. Ungleichmäßigkeiten im Feuchtigkeitsgeh. ausgeglichen, sondern flüchtige Harze entfernt. Gute Trocknung führt nicht nur zu einer Verminderung von Verlusten durch Fäulnis u. pilzliche Schädlinge, sondern bedingt eine wesentlich bessere Ausnutzung der Kocheinrichtungen u. ergibt Zellstoffe höherer Qualität. (Бумажная Промышленность [Papier-Ind.] **28**. Nr. 2. 21—23. Febr. 1953. Solikamsk, Cellulose-Papier-Kombinat.) ULMANN. 7974

W. W. Barkas und **R. Hallan,** *Bestimmung des Rückhaltevermögens von Flüssigkeiten durch feuchte Papierfasern.* Nach dem Verf. mit der porösen Platte messen Vff. die Abhängigkeit des Dampfdrucks vom Feuchtigkeitsgeh. verschied. Zellstoffsorten. Hierbei fallen die Ab- u. Desorptionskurven nicht zusammen, sondern geben eine offene Hysteresisschleife, so daß angenommen wird, daß durch die Kompression während der Desorption teilweise irreversible Vorgänge eintreten — ähnlich wie bei der plast. Verformung. Nach Vorbehandlung des Zellstoffs in der LAMPÉN-Mühle fällt bei geringer Dampftension die Wasserretention mit der Dauer der Vorbehandlung, während sie bei höherem Dampfdruck ansteigt, was mit einer Erhöhung der Capillarität erklärt wird. Als Standard zur Messung der Feuchtigkeitsretention wird als M.R.14 die Best. bei 140 Torr vorgeschlagen. (Wld. Paper Trade Rev. **1953**. 52. 57—58. 60. 62. 64. 67—68. März. Norwegian Forestry and Forest Ind. Res. Organist.) H. BECKER. 7984

K. Schuch, *Zur Methodik der Fluorbestimmung in der Holzschutzforschung.* Einleitend äußert sich Vf. über die Bedeutung des F als Holzschutzmittel u. weist dann auf das einschlägige Schrifttum hin, das für den quantitativen Nachw. des F im Holz in Betracht kommt. Das Bestimmungsverf. geht von den Unterss. von WILLARD u. WINTER aus. Die zerkleinerte, ca. 5 g schwere Holzprobe wird zur Festlegung des F mit einer Calciumacetatlsg. getränkt. Anschließend wird das Holz bei ca. 130° getrocknet u. im Muffelofen bei 500—550° verascht. Die Asche wird in einen Destillationskolben übergeführt u. mit einer bestimmten Menge $HClO_4$ zusammengebracht. Dann wird bei 125—130° das F als Kieselflußsäure im Wasserdampfstrom abdest. u. in einer alkal. Vorlage aufgefangen. In dem auf etwa p_H 3 eingestellten Destillat wird das F mit einer $Th(NO_3)_4$-Lsg. titrimetr. bestimmt. Es konnten mit ausreichender Genauigkeit 3,3 bis 90 mg NaF in 5 g Holz erfaßt werden. Die Empfindlichkeitsgrenze der Meth. liegt noch $<$ 3,3 mg NaF. — 15 Schrifttumsnachweise. (Holzforschung **7**. 18—25. 1953. Hann.-Münden, Inst. für angewandte Mykol. u. Holzschutz der Biol. Bundesanst. für Land- u. Forstwirtsch.) P. ECKERT. 8004

Olle Andersson, *Eine Impulsmethode zur Bestimmung der Stoßfestigkeit von Papier.* Die Deformierung eines Papierkörpers bei hoher Geschwindigkeit wirkt sich in Spannungen aus, die sich nicht gleich über die gesamte Papierlänge verteilen. Die Best. der Bruchparameter (Bruchenergie, Bruchspannung usw.) kann unter Umständen fehlerhaft werden. Weitere Nachteile werden angeführt. Ein Teil der Schwierigkeiten kann durch die Best. des Impulses behoben werden. Ein einfaches hierfür geeignetes Gerät wird beschrieben. (Svensk Papperstidn. **56**. 403—11. 15/6. 1953. Swedish Forest Products Res. Labor., Paper Technol. Dep. u. Royal Inst. of Technol.) P. ECKERT. 8010

F. T. Carson und **Vernon Worthington,** *Die Steifheit des Papiers.* Es wird ein App. zur Messung der Steifheit von Papier (I) beschrieben. Die Probe wird dabei durch einen gegebenen Winkel gebogen u. das Krümmungsmoment mittels zweier Längen Klavierdraht, zwischen denen die das I haltende Klammer aufgehängt ist, gemessen. Die Steifheit des I wird definiert als das Krümmungsmoment pro Breiteneinheit der Probe, das eine Krümmungseinheit bewirkt. Dieser Wert ist für acht I-Sorten, für verschied. Probeabmessungen u. für Vorgabewinkel von 5—30° ermittelt worden. Der Steifheitswert für eine gegebene Probe bleibt im wesentlichen konstant, wenn die Breite u. der Vorgabewinkel variiert werden, steigt jedoch etwas an, wenn die Länge vergrößert wird. (J. Res. nat. Bur. Standards **49**. 385—91. Dez. 1952. Washington, D. C.) WITTWER. 8010

Lech-Chemie Gersthofen, Gersthofen, **Paul Heisel** und **Erhard Müller,** Göggingen, *Imprägnieren von Holz.* Zum Schutz gegen die Einw. von Fungi wird Holz mit bei n. Temp. ölartigen, chlorierten, gesätt., aliphat. KW-stoffen, die 10—20 C-Atome u. einen Cl-Geh. von 30—60% aufweisen, oder mit Gemischen dieser imprägniert. Die Verbb. können auch im Gemisch mit Kohle-, Lignit-, Holz- oder Schieferteeröl verwendet werden. Die chlorierten Prodd. werden z. B. aus Petroleum, Spindel-, Paraffin- oder

Kohlehydrierungsölen hergestellt. Na-Dinitrophenolat, NaF, $ZnCl_2$, $CuSO_4$ u. dgl. werden noch zugefügt. Die Imprägnierung des Holzes erfolgt z. B. nach dem Kesseldruck- oder Osmoseverfahren. (**E. P. 680 935** vom 19/5. 1950, ausg. 15/10. 1952. D. Prior. 5/7. 1949.) KARST. 7953

Maschinenfabrik Imperial G. m. b. H., Meißen (Erfinder: **Rudolf Fischer**, München), *Schaumbekämpfung* bei chem.-technolog. Arbeitsverff., bes. bei der Herst. von *Sulfatzellstoff* durch Niederschlagen mit innerhalb des Prozesses anfallenden Fll., z. B. mit Weißlauge. — Arbeitsschema. (**D. B. P. 885 839** Kl. 12a vom 14/12. 1941, ausg. 10/8. 1953.) SCHINDLER. 7961

A/B Rosenblads Patenter (Erfinder: **Carl Johan Lockman**), Stockholm, Schweden, *Eindampfen von Verkrustungen bildenden, besonders gipshaltigen Flüssigkeiten* in Mehrstufenverdampfern, z. B. *Sulfitablauge* (**I**), dad. gek., daß mindestens zwei Stufen von außen mit der einzudickenden Fl. in Parallelschaltung gespeist werden. Beim Verdampfen von **I** auf ca. 50% Trockengeh. sind so viele Stufen zu speisen, daß die Fl. in ihnen einen Trockengeh. von ca. 20—50% erreicht. (**D. B. P. 861 539** Kl. 12a vom 22/10. 1949, ausg. 25/6. 1953. Schwed. Prior. 3/12. 1947.) SCHINDLER. 7967

Imperial Chemical Industries Ltd., London (Erfinder: **Charles Herbert Rigby**, Saltcoats), England, *Gewinnung eines wasserlöslichen Natriumsalzes der Celluloseglykolsäure* aus einem Schlamm dieses Salzes in einem wss. Alkohol (**I**). Der Schlamm wird auf ein endloses, sich bewegendes Gazeband aufgebracht, wobei ein Teil des **I** abläuft. Ein weiterer Teil von **I** wird aus der entstehenden losen Faserschicht ausgepreßt. Das dadurch entstehende weiche Band kann dann mit weiterem **I** behandelt werden, wobei eine Gelatinierung des Na-Salzes verhindert werden muß. Anschließend wird dieser **I** durch Druck wieder entfernt. — Zeichnung. (**D. B. P. 885 539** Kl. 12o vom 3/6. 1951, ausg. 6/8. 1953. **Belg. P. 503 568** vom 28/5. 1951, ausg. 26/9. 1952. Beide E. Prior. 2/6. 1950.) FABEL. 7971

Infilco, Inc., Chicago, Ill., V. St. A. (Erfinder: **G. A. McBride**), *Konzentrieren von Faserstoffaufschlämmungen, besonders Ablaufwässern der Papierherstellung.* Man konz. die Aufschlämmungen durch Absitzenlassen in einem Behälter, indem im unteren Teil eine Wirbelbewegung durch einen Rührer aufrechterhalten wird u. die Zufuhr der frischen Aufschlämmungen direkt in die Rührzone erfolgt, während oben klares W. abgezogen wird. Die Abführung des Konzentrats erfolgt vom Boden. — Zeichnung. (**Schwed. P. 135 806** vom 1/11. 1943, ausg. 20/5. 1952. A. Prior. 31/10. 1942.) JÜRGEN SCHMIDT. 7979

Mead Corp., übert. von: **James J. O'Connor, Russell H. Savage** und **Hellmuth C. Schwalbe**, Chillicothe, O., V. St. A., *Druckpapier.* Eine Mineralstoffsuspension mit ca. 40—56% Feststoffen, bestehend z. B. aus oxydierter Stärke, amerikan. Ton, engl. Ton, NH_4-Oleat u. $NaPO_3$; oder Casein, oxydierter Stärke, amerikan. Ton, Ton nach A. P. 2 158 987 (C. **1939**. II. 3905) u. NH_4-Oleat wird vor dem Auftrag auf die Papierbahn in der Papiermaschine durch „Scherbeanspruchung" so bearbeitet, daß sie vorübergehend in einen leicht fließfähigen Zustand von ca. 50 Poisen oder weniger (gemessen mit MAC MICHAEL-Viscosimeter) übergeführt wird. — Zeichnungen. (**A. P. 2 565 260** vom 26/9. 1939, ausg. 21/8. 1951.) ZIERHOLD. 7979

Röhm & Haas G. m. b. H. (Erfinder: **Hans Lachmann**, Darmstadt, und **Erich Gröner**, Ulm), *Erzeugung naßfester Papiere* u. daraus hergestellter Garne, Geflechte, Gewebe usw. Die Prodd. werden mit Lsgg. eines Harzes aus Harnstoff, Acrolein u. CH_2O in Ggw. saurer oder säureabspaltender Katalysatoren behandelt u. bei höheren Tempp., z. B. 5—15 Min. bei 110°, getrocknet. Zweckmäßig werden Weichmacher, z. B. Fettkörper u./oder Acryl- u. Vinylharze, verwendet. (**D. B. P. 868 845** Kl. 55f vom 6/6. 1943, ausg. 26/2. 1953.) G. VOGEL. 7987

American Cyanamid Co., New York, N. Y., übert. von: **John H. Daniel jr.**, Stamford, und **Chester G. Landes**, New Canaan, Conn., V. St. A., *Naßfestes Papier.* Das Prod. ist gleichmäßig mit einem wärmehärtbaren Kondensationsprod. (0,5—5 Gew.-%) aus einem Alkylenpolyamin (**I**) u. einem Halogenhydrin (**II**) mit mindestens 2 reaktionsfähigen Gruppen imprägniert. Auf 1 (Mol) **I** treffen mindestens 1,5, optimal 2—3, **II**. Als **I** sind Tetraäthylenpentamin, Äthylenpolyamin u. Polyäthylenpolyamin, als **II** bes. α-Dichlor- u. Epichlorhydrin genannt. Der Zusatz erfolgt im Stoff u. die Aushärtung in der feuchten Papierbahn bei n. Trockentemperaturen. (**A. P. 2 595 935** vom 3/8. 1946, ausg. 6/5. 1952.) G. VOGEL. 7987

Badische Bau- und Kunststoff G. m. b. H., Mannheim, *Herstellung lithographischer Steindruckwalzen.* Aus Anhydrit lassen sich unter Zusatz von Abbindebeschleunigern nicht nur Druckplatten, sondern auch Druckwalzen herstellen. Die Anhydritmasse wird in eine entsprechende Form gegossen u. durch Schleudern, Pressen, Rütteln oder Ultraschallbehandlung vor dem Erhärten von Luftblasen befreit. (**D. B. P. 871 605** Kl. 151 vom 19/7. 1951, ausg. 23/3. 1953. **Zusatz zu D. B. P. 856 000; C. 1953. 2049.**) LAASS. 7989

Perma-Flex Industries Ltd., übert. von: **James Spencer**, Toronto, Ontario, Can., *Überzug für Druckwalzen.* Auf den Walzenkern wird mit Hilfe einer Form eine erwärmte Mischung aus Polyvinylchlorid (I), Weichmacher, z. B. Trioctylphosphat, Dioctylphthalat (II), Diäthylenglykoldibutyläther u. 1—5% Estergummi (III) aufgebracht. Geeignete Mischung ist z. B.: 100 (Gewichtsteile) I, 130 II, 1 III u. 5 gebrannte Sienna. (**A. P. 2 536 323** vom 18/3. 1947, ausg. 2/1. 1951.) LAASS. 7989

J. M. Huber Corp., Locust, N. Y., V. St. A., *Herstellung von Emulsionsdruckfarben* vom W.-in-Öl-Typ, die zwischen —17 u. +49° beständig sind. Der W.–Öl-Emulsion wird als Emulgator ein nicht aromat. Amin zugegeben, das eine gerade KW-stoffkette mit 15—18 C-Atomen enthält, die am N durch ein C-Atom gebunden ist, wie z. B. Octadecylamin (I), -dimethylamin, 1-Oxyäthyl-2-heptadecenylimidazolin, 4-Octadecylpiperidin. — Eine Farbe für den *Zeitungsdruck* wird z. B. durch Verreiben von 80 (Teilen) eines Petroleum-KW-stoffs (II), 8 Lack (bestehend aus 3 Harz gelöst in 5 II), 12 Ruß u. Zumischen von 0,3 I u. 30 W. hergestellt. (**E. P. 654 535** vom 26/7. 1948, ausg. 20/7. 1951.) LAASS. 7989

Cellophane Soc. An., Paris, Frankreich, *Filme aus regenerierter Cellulose.* Der Viscose oder dem Fällbad wird ein kationakt. Stoff, z. B. Lauryl- (bzw. Cetyl-) pyridiniumchlorid zugegeben. Der Film besitzt keine Streifen. (**E. P. 673 234** vom 7/3. 1950, ausg. 4/6. 1952. F. Prior. 29/4. 1949.) SALZMANN. 7995

Cellophane Soc. An., Paris, Frankreich, *Verpackungsfolie.* Ein Cellulosehydratfilm wird mit einer bis zu 5% Dicetyläther enthaltenden Lsg. von Polyvinylchlorid–Vinylidenchlorid-Mischpolymerisat in Methyläthylketon überzogen. Als Verankerungszwischenschicht kann ein Melaminharz verwendet werden. (**E. P. 679 693** vom 23/6. 1950, ausg. 24/9. 1952. F. Prior. 1/7. 1949.) SALZMANN. 7995

Badische Anilin- & Soda-Fabrik, Ludwigshafen/Rh. (Erfinder: **Kurt Heintz**, Heidelberg, und **Fritz Stastny**, Weinheim a. d. Bergstraße), *Herstellung von Fußboden-, Tisch- und Wandbelägen.* Man walzt oder preßt aus Bernsteinsäure u. 3- oder höherwertigen Alkoholen (I) unter Zusatz von 1- oder 2-wertigen I oder deren Derivv. hergestellte Kondensationsprodd. mit Füllstoffen auf Unterlagen oder zieht die Massen, ohne sie auf Unterlagen zu bringen, aus. (**D. B. P. 878 793** Kl. 81 vom 18/5. 1951, ausg. 5/6. 1953.) v. SCHILLER. 7999

Badische Anilin- & Soda-Fabrik, Ludwigshafen/Rh. (Erfinder: **Hans Krzikalla** Heidelberg, und **Karl Eichstädt**, Bietigheim/Württ.), *Herstellung von linoleumartigen Belagstoffen.* Man ersetzt das neben Linoxyn oder Kondensationsprodd. aus aliphat. Dicarbonsäuren u. mehrwertigen Alkoholen bisher mitverwendete Kolophonium ganz oder teilweise durch Ligninphenole, d. h. durch hochmol. Phenole, wie sie z. B. aus Lignin oder Sulfitablauge (I) durch Einw. von Säuren, Alkalien u./oder Alkoholen oder als Nebenprodd. bei der Vanillinherst. aus I erhältlich sind. (**D. B. P. 880 742** Kl. 81 vom 20/2. 1942, ausg. 25/6. 1953.) v. SCHILLER. 7999

XVIIIb. Textilfasern.

—, *Literaturübersicht über das Bleichen von Textilien.* 2. Mitt. 1. Teil. *Allgemeine Betrachtungen und vermischte Verfahren.* (1. Mitt. vgl. HAGEN, C. **1951.** I. 2235.) Überblick an Hand von 75 Literaturzitaten. (Amer. Dyestuff Reporter **39.** P 782—86. 13/11. 1950.) A. v. KÖNIG. 8026

M. Nopitsch, *Mikrobenschäden an pflanzlichen Spinnstoffen.* Allg. Darst. u. Beschreibung der verschied. Pflanzenfaser schädigenden Pilze (vor allem aus den Klassen der *Phykomyceten* u. *Mykomyceten*). In diesem Zusammenhang wird darauf hingewiesen, daß bei sehr hohen Faserfeuchtigkeiten (mit 100% relativer Luftfeuchtigkeit im Gleichgewicht) auch Bakterien in Frage kommen. Eine Temp. von 25—35° u. ein p_H-Wert von 7—8,5 für Bakterien u. 4,5—7 für Pilze begünstigen den Befall sehr stark. Weiterhin wird betont, daß der Befall der Fasern mit steigender Reinheit derselben stark abnimmt, da die Mikroorganismen zuerst den Schmutz, die Appretur u. sonstige Begleitstoff angreifen. Beim Befall von Bastfasern wird zunächst das Pektin angegriffen (Röste), während bei inkrustierenden Fasern in der Reihenfolge Hanf, Jute Manila, Sisal die Verholzung u. damit die Resistenz zunimmt. (Ciba-Rdsch. **1953.** 3953—59. April.) H. G. FRÖHLICH. 8040

W. T. Astbury, *Die Mather Vorlesung 1952 über die Faserstruktur.* Behandelt werden in zusammenfassender Darst. neue Forschungsergebnisse (Röntgenographie u. Elektronenmikroskopie) an biol. Fasern. (J. Textile Inst. **44.** P 81—97. März 1953. Leeds, Univ.) ZAHN. 8040

—, *Mercerisieren von Baumwollgarn.* Ausführliche Besprechung mit Angabe von Rezepturen über das Mercerisieren von Baumwollgarn unter Verwendung von *Leophen B* (BaSF) als Netzmittel. (Textil-Praxis **8**. 336. April 1953.) H. G. FRÖHLICH. 8044

—, *Die Verwendung von Natriumchlorit für die Stückbleiche von Leinen.* Betrachtung über die Chloritbleiche u. ihre Anwendung zur Bleiche von Leinen. Gebleicht wird z. B. mit 1,5—2% $NaClO_2$, bezogen auf das Gewicht der Ware, bei 200° F u. p_H nicht über 4, eingestellt mit HCOOH, innerhalb 5 Stunden. (Textile Quart. **3**. 107—08. 1953.) A. v. KÖNIG. 8050

Louis I. Weiner und **Frank J. Rizzo**, *Versuchsvorschrift für ein schrumpfecht ausgerüstetes Wollflanellhemd im Gewicht von 10,5 Unzen.* Von amerikan. Firmen schrumpffest ausgerüstete gefärbte Hemdenflanellware wurde im Labor. eingehend geprüft. Verglichen wurden 5 Naßchlorverff. u. 4 Kunstharzbehandlungen. Zur Bewertung dienten außer den üblichen physikal. Messungen Schrumpfproben, Steifigkeit, Alterungsbeständigkeit, Alkalilöslichkeit, Farbtonänderung nach dem Waschen, Farbechtheit. Die Meßergebnisse sind in statist. Auswertung in Tabellen u. Kurven wiedergegeben. (Amer. Dyestuff Reporter **42**. Nr. 5. 125—34. 2/3. 1953.) ZAHN. 8060

M. Nopitsch, *Methoden zur Bekämpfung der Textil- und Lederschädlinge.* Besprechung der verschied. Bekämpfungsarten von Textil- u. Lederschädlingen. In diesem Zusammenhang werden Chromierung, Mottenechtausrüstung, antisept. Mittel (Salicylsäure, verschied. Kresole), Desinfektionsmittel (Cu- u. Hg-Salze) u. fungicide Ausrüstung durch Anwendung von Zn–Cu- u. Hg-Salzen organ. Säuren u. Phenole besprochen. (Ciba-Rdsch. **1953**. 3974—77. April.) H. G. FRÖHLICH. 8062

George M. Gantz, *Textilfasern aus Kunstharzen.* Übersicht mit folgenden Kapiteln: Konst. der Naturfasern; echte synthet. Fasern; physikal. Eigg.; färber. Verhalten. (Amer. Dyestuff Reporter **41**. P100—04. 18/2. 1952. Lonsdale, R. I., Lincoln Bleachery u. Dye Works.) ZAHN. 8080

—, *Prüfung von Textilien. Neue Apparate für Fäden und Gewebe.* Beschrieben werden Apparate zur Best. der Tragfähigkeit von Geweben, zur Feststellung von Fehlern im Garn sowie zur Feststellung von Ungleichmäßigkeiten in Fasermischungen. (Textile Mercury Argus **128**. 565—67. 27/3. 1953.) A. v. KÖNIG. 8096

Walter Winkler, *Die Oberflächenspannung.* Als Verff. zur Best. der Oberflächenspannung, bes. auf dem Textilgebiet, werden besprochen: die Bügelabreißmeth. u. die Capillarwaage sowie die Tropfengewichts- u. Blasendruckmethode. (Textil-Rdsch. [St. Gallen] **8**. 109—13. März 1953. Bern.) HENTSCHEL. 8096

Dayton Rubber Co., übert. von: **Robert C. Treue**, Dayton, O., V. St. A., *Überzüge für (Abquetsch-) Walzen von Textilmaschinen*, bei denen ein Aufwickeln von bes. Kunstseidenfäden vermieden wird, werden aus Kunstkautschuk, bes. Mischpolymerisaten aus Butadien (I) u. Styrol oder I u. Acrylnitril hergestellt u. oberflächlich durch Behandlung mit einer H_2SO_4 u. $K_2Cr_2O_7$ enthaltenden Lsg. modifiziert. — Z. B. taucht man die Walzen 30 Min. in eine Lsg. aus 50 $K_2Cr_2O_7$, 200 konz. H_2SO_4 u. 800 W., worauf man 30 Min. bei 82° trocknet. (**A. P. 2 576 980** vom 22/10. 1949, ausg. 4/12. 1951.) MÖLLERING. 8025

A. Holtmann & Co. Komm.-Ges. (Erfinder: **Herbert Gerstner**), Berlin, *Stabilisatoren für alkalische wasserhaltige Peroxydbleichbäder* sind die Ca-Salze von höhermol. Eiweißabbauprodd. vom Typ der Protalbin- u. Lysalbinsäure sowie die Ca-Salze von Polypeptiden u. Peptiden höheren Abbaugrades als die vorgenannten Säuren. (**D. R. P. 753 848** Kl. 8i vom 3/8. 1938, ausg. 20/12. 1951.) G. KÖNIG. 8027

Textil Oils Ltd., Altrincham, **Cecil Walter André**, London, und **Ronald Herbert Henry Morley**, Altrincham, England, *Emulgierbare Mineralöle für Textilfettung* erhält man durch Zusatz von ca. 20% mit mehrbas. aliphat. Alkoholen umgeesterten fetten Ölen, wobei das Prod. 1, 2 oder 3 freie OH-Gruppen aufweisen soll. Geeignet ist z. B. das Umesterungsprod. aus 1 (Mol) Erdnußöl u. 2 Äthylenglykol. (**E. P. 650 759** vom 28/6. 1946, ausg. 7/3. 1951.) MÖLLERING. 8029

Soc. des Laboratoires de Recherches pour Applications Industrielles (Solar), Seine-et-Oise, Frankreich, *Sulfonierung von Harzen.* Man behandelt Kolophonium oder ein Gemisch aus Kolophonium u. Fettsäuren 3 Std. bei 45° mit Monoäthylnaphthalinsulfonsäure u. neutralisiert das wasserlösl. Sulfonierungsprod. mit $NaHCO_3$. — *Textilhilfsmittel* u. Insekticid. (**F. P. 981 941** vom 15/5. 1943, ausg. 1/6. 1951.) NOUVEL. 8029

E. F. Houghton & Co., Philadelphia, Pa., übert. von: **Glen W. Hedrick**, Glen Ellyn, Ill., V. St. A., *Oberflächenaktive Sulfonsäuren* der allg. Formeln **I** u. **II** (R_1 = H,

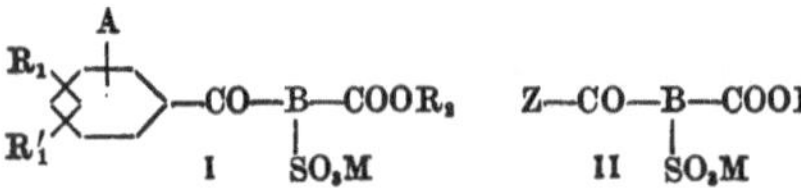

I II

Phenyl, Cyclohexyl, Alkyl mit 1—9 C-Atomen, R_1' = H oder Alkyl mit 1—9 C-Atomen, wenn R_1 = H oder Alkyl, A = H oder Cl, R_2 = Alkyl mit 1—9 bzw. 10—16 C-Atomen, Phenäthyl, Methylcyclohexyl; B = Äthylengruppe; M = Kation, wobei die Gesamtzahl der C-Atome von $R_2 + R_1 + R_1'$ wenigstens 8, höchstens jedoch 16 beträgt; Z = polycycl. Ringe, wie Naphthyl, Monochlornaphthyl, Monoalkylnaphthyl mit 1—11 C-Atomen in der Alkylgruppe) erhält man durch Kondensation der entsprechenden Alkarylverbb. mit einer Dicarbonsäure mit 4 C-Atomen, deren Anhydrid oder Halbesterchlorid nach FRIEDEL-CRAFTS. Die entstandene Carbonsäure wird dann in üblicher Weise verestert u. der Ester mit Na-Bisulfit bei ca. 80—110° umgesetzt. — Eine Mischung aus Maleinsäureanhydrid (**III**), $AlCl_3$, Äthylenchlorid u. 2-Nonylbenzol wird auf 50° erwärmt. Nach der Zers. auf Eis setzt man Isopropanol u. 66%ig. H_2SO_4 zu u. erhitzt; der nach dem Aufarbeiten erhaltene Ester liefert mit $NaHSO_3$ bei 95° *2-Nonylbenzoylpropionsäurepropylester-Na-sulfonat.* — Bzl. + **III** → *Benzoylacrylsäure* + 2-Äthylhexylalkohol usw. → *Benzoylsulfopropionsäure-2-äthylhexylester.* — *Chlorbenzoylsulfopropionsäure-2-äthylhexylester.* — *Toluylsulfopropionsäure-2-äthylhexylester.* — *Chlortoluylsulfopropionsäure-2-äthylhexylester.* — *Xyloylsulfopropionsäure-n-hexylester; -2-äthylhexylester.* — *Cumolisopropylbenzoylsulfopropionsäure-2-äthylbutylester; -n-hexylester; -n-heptylester; 2-äthylhexylester.* — *Chlorisopropylbenzoylsulfopropionsäure-2-äthylhexylester.* — *n-Butylbenzoylsulfopropionsäureisoamylester.* — *Sek.-Butylbenzoylsulfopropionsäure-n-octylester.* — *1-Butylbenzoylsulfopropionsäure-2-äthylhexylester.* — *1-Methyl-4-isopropylbenzoylsulfopropionsäure-2-äthylhexylester.* — *Sek.-Butylchlorbenzoylsulfopropionsäure-2-äthylhexylester.* — *Sek.-Amylbenzoylsulfopropionsäure-n-butylester; -2-äthylhexylester.* — *n-Heptylbenzoylsulfopropionsäure-n-nonylester.* — *Nonylbenzoyl (= 1.3.5-Trimethylhexylbenzoyl)-sulfopropionsäure-n-heptylester.* — *n-Heptylbenzoylsulfopropionsäuremethylester.* — *2-Nonylchlorbenzoylsulfopropionsäure-n-hexylester.* — *2-Nonyltoluylsulfopropionsäuremethylester.* — *Sek.-Butyltoluylsulfopropionsäure-2-äthylhexylester.* — *Diamylbenzoylsulfopropionsäureäthylester; -hexylester.* — *1.3.5-Trimethylhexylsek.-butylbenzoylsulfopropionsäure-n-propylester.* — *Diäthylbenzoylsulfopropionsäure-n-nonylester.* — *Phenylbenzoylsulfopropionsäureäthylester; -2-äthylhexylester; -n-nonylester.* — *Cyclohexylbenzoylsulfopropionsäureäthylester; -2-äthylhexylester; -n-nonylester.* — *Äthylbenzoylsulfopropionsäurecyclohexylester.* — *Sek.-Butylchlorbenzoylsulfopropionsäurecyclohexylester.* — *1.3.5-Trimethylhexylbenzoylsulfopropionsäurecyclohexylester.* — *Toluylsulfopropionsäuremethylcyclohexylester.* — *Sek.-Butylbenzoylsulfopropionsäuremethylcyclohexylester.* — *Phenylbenzoylsulfopropionsäuremethylcyclohexylester.* — *Cyclohexylbenzoylsulfopropionsäuremethylcyclohexylester.* — *Chlorbenzoylsulfopropionsäure-β-phenäthylester.* — *Sek.-Butylbenzoylsulfopropionsäure-β-phenäthylester.* — *1-Methyl-1-äthylamylbenzoylsulfopropionsäure-β-phenäthylester.* — *Phenyl-* bzw. *Cyclohexylbenzoylsulfopropionsäure-β-phenäthylester.* — *Sek.-Amylbenzoylsulfopropionsäurepropylester.* — *Toluylsulfopropionsäure-β-butylhexylester; -laurylester.* — *1.3-Dimethylbutylbenzoylsulfopropionsäure-n-decylester.* — *Äthylbenzoylsulfopropionsäuremyristylester.* — *Amyltoluylsulfopropionsäure-n-decylester.* — *Xyloylsulfopropionsäuremyristylester; -2-äthyloctylester.* — *Laurylbenzoylsulfopropionsäuremethylester.* — *Decylbenzoylsulfopropionsäuremethylester; -hexylester.* — *Keryl (= Dodecylbenzoyl)-sulfopropionsäureäthylester.* — *Dodecylchlorbenzoylsulfopropionsäure-n-butylester.* — *Decyltoluylsulfopropionsäuremethylester; -n-amylester.* — *2-Tetradecyltoluylsulfopropionsäuremethylester.* — *Dodecyltoluylsulfopropionsäure-n-propylester.* — *Benzoylsulfopropionsäuremethylbenzylester; -methylbutylbenzylester.* — *Sek.-Butylchlorbenzoylsulfopropionsäurebenzylester.* — *Isopropylbenzoylsulfopropionsäureisopropylbenzylester.* — *Octyltoluylsulfopropionsäuremethylbenzylester.* — *Naphthoylsulfopropionsäureisopropylbenzylester; -n-butylester; -laurylester.* — *α-Monochlornaphthoylsulfopropionsäure-2-äthylhexylester; -benzylester.* — *α-Methylnaphthoylsulfopropionsäure-n-propylester; -2-äthylhexylester.* — *Hexyl (= 1.3-Dimethylbutyl)-naphthoylsulfopropionsäurehexylester.* — *Nonylnaphthoylsulfopropionsäuremethylester.* — *Methylchlornaphthoylsulfopropionsäure-2-äthylhexylester.* — *Dimethylnaphthoylsulfopropionsäureäthylester.* — *Decylmethylnaphthoylsulfopropionsäuremethylester.* — *Tetrahydronaphthoylsulfopropionsäure-n-butylester; -n-octylester; -laurylester.* — *Acenaphthoylsulfopropionsäurebutylester; -laurylester.* — *Fluorenoylsulfopropionsäure-n-butylester; -laurylester.* Verwendung als Netz-, Dispergier-, Emulgier-, Reinigungs-, Flotationsmittel u. Emulsionsbrecher für Textilien, Fasermaterialien, Leder. (**A. PP. 2 548 017, 2 548 018, 2 548 019, 2 548 020** vom 12/10. 1948 u. **2 548 021** vom 24/2. 1949, sämtlich ausg. 10/4. 1951.)

KRAUSS. 8029

Badische Anilin- & Soda-Fabrik (Erfinder: **Hans Krzikalla,** Heidelberg, und **Curt Schuster**), Ludwigshafen/Rh., *Oberflächenwirksame Verbindungen* erhält man durch Aufbau von Verbb. der Formel **I** (R = Alkyl mit mindestens 6 C-Atomen, X = zweiwertige Brücke, wie —C—;—S—; —SO_2—; —NH—; —N(Alkyl)—; —N(Acyl)—; —CO—; —COO—; —CONH;— —SO_2O—; —SO_2NH—; —SO_2N(Alkyl)—; —CON(Alkyl)—; R_1 = zweiwertiger, aliphat., gegebenenfalls substituierter KW-stoffrest mit mindestens 2 C-Atomen, Y = Alkylen mit 3—5 C-Atomen) in bekannter Weise. Man kann z. B. N-Aminoalkylpyrrolidone mit Alkylsulfo- oder Carbonsäurechloriden oder Sulfonsäure- oder Carbonsäureestern umsetzen; Alkylcarbonsäuren mit mindestens 6 C-Atomen im Alkyl mit N-Oxalkylpyrrolidonen verestern; N-Halogenalkylpyrrolidone mit Alkylaminen kondensieren u. gegebenenfalls acylieren oder die Verb. **II** aus Epichlorhydrin u. Pyrrolidon mit Alkoholen umsetzen. — N-Aminoäthylpyrroldion gibt mit höhermol. Alkylsulfochlorid (VZ. 390) in NaOH ein als *Weichmacher* für *Fasergut* geeignetes, wasserlösl. Kondensationsprod., das nach der Reinigung, z. B. durch Extraktion mit A., als *Emulgator* oder in der *Photographie* verwendbar ist. — In weiteren Beispielen wird Iminodiäthylpyrrolidon bzw. Aminopropylpyrrolidon mit Alkylsulfochlorid, Oxyäthylpyrrolidon mit einem aus der Paraffinoxydation stammenden Fettsäuregemisch mit ca. 11 C-Atomen u. Chloräthylpyrrolidon mit Palmkernfettamin (NO_2-Zahl 315) umgesetzt. Die Wasserlöslichkeit wird durch Einbau mehrerer Lactamringe noch erhöht. Die Verbb. sind *Netz-*, *Schaum-*, *Reinigungs-*, *Dispergier-* u. *Lösungsmittel* (für Fette, Öle, Harze, Wachse, Farbstoffe, Ruß, KW-stoffe), *Weichmacher* (für Cellulose, Lacke, Zellwolle, Kunststoffe) u. werden in der *Textil-*, *Leder-*, *Lack-*, *Papier-*, *Film-*, *Kautschuk-*, *pharmazeut.* u. *kosmet. Industrie* verwendet. (**D. B. P. 871 154** Kl. 12o vom 26/8. 1942, ausg. 19/3. 1953.)

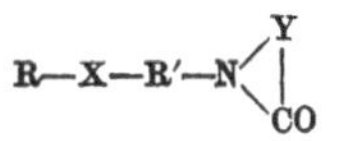

I

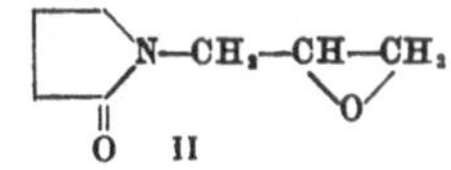

II

KRAUSS. 8029

California Research Corp., San Francisco, Calif., V. St. A., *Alkylieren aromatischer Kohlenwasserstoffe* (**I**) mittels Polypropylen (**II**)-KW-stoffen, die 9—18 C-Atome besitzen, erfolgt in Ggw. von HF bei 50—150° F, wobei das Verhältnis von **I**:**II** zwischen 3:1 bis 10:1 betragen kann. Auf 1 (Vol.) HF (100%) werden vorteilhaft 0,1—1 **II** angewandt. Monoalkylbenzole mit C_{12}—C_{15}-Substituenten ergeben sulfoniert bes. gute *Netzmittel.* — Zeichnung. (**E. P. 663 068** vom 11/5. 1948, ausg. 19/12. 1951. A. Prior. 2/6. 1947.) G. KÖNIG. 8029

Allied Chemical & Dye Corp., New York, N. Y., übert. von: **Julian A. Otto,** Long Island, City, und **Everett E. Gilbert,** New York, N. Y., V. St. A., *Äthanoldisulfonsäure* u. deren Salze der Formel $(MeSO_3)_2CHCH_2OH$ (Me = Metall) erhält man durch Kondensation von K-Acetaldehyddisulfonat mit HCHO in Ggw. eines säurebindenden Mittels, wie KOH, Alkalicarbonat, BaO, CaO nach folgendem Reaktionsschema: $(KSO_3)_2CHCHO \cdot H_2O + HCHO + KOH \rightarrow (KSO_3)_2CHCH_2OH + HCOOK + H_2O$. Aus den Salzen erhält man die freie Säure durch Behandeln mit Säuren oder mit Kationenaustauscherharzen, z. B. auf Phenol–HCHO-Basis. K-Acetaldehyddisulfonatmonohydrat wird mit 37%ig. HCHO u. W. auf 50—55° erwärmt, dann setzt man K_2CO_3 zu, wobei die Temp. auf 90° steigt. Nach dem Eingießen in A. erhält man *K-Äthanoldisulfonat* mit 22,2% S. Weitere Ausführungsbeispiele. Verwendung zur Herst. von oberflächenakt. Mitteln. **I** bildet mit Säureanhydriden u. Säurechloriden Ester. (**A. P. 2 571 286** vom 12/2. 1948, ausg. 16/10. 1951.) KRAUSS. 8029

Deutsche Hydrierwerke Akt.-Ges., Düsseldorf (Erfinder: **Ernst Lübbe,** Dessau), *Unschädlichmachen des Eisens in Wasch- und Textilbehandlungsflotten.* Zur Verhütung der Ausfällung der Härtebildner des W. werden organ. Polyoxyverbb. oder Oxycarbonsäuren für sich oder gemeinsam mit bekannten Mitteln verwendet. — Beispiel: 5 (g/Liter) K–Na-Tartrat, 2 Mannit, 1 Na-Citrat. (**D. R. P. 767 707** Kl. 8i vom 12/4. 1940, ausg. 9/4. 1953.) REICHELT. 8029

Heinz Ginzel, Dornberg, Österreich, *Nichtkräuselndes Textilmaterial,* bes. mit H_2SO_4 versteifte oder mercerisierte Kunstseiden erhält man durch eine pergamentierende Behandlung mit H_2SO_4 entweder durch Imprägnierung oder durch Druck, wobei die Kettgarne in derselben Drehrichtung gesponnen u. die Gewichte von Kette u. Schuß ± 10% gleich sein sollen. (**E. P. 651 480** vom 31/12. 1947, ausg. 4/4. 1951. D. Prior. 19/11. 1942.) MÖLLERING. 8033

Carl Gulbrandsen, Oslo, Norwegen, *Herstellung von Appreturmitteln, besonders für Hüte aus Stroh oder Kunstseide.* Man verwendet Lsgg. von Polyvinylacetaten in einem Gemisch von gleichen Teilen Bzl. u. Trichloräthylen, dem man eine geringe Menge Rosmarinöl zusetzt. (**N. P. 79 544** vom 26/5. 1950, ausg. 31/12. 1951.) JÜRGEN SCHMIDT. 8033

Badische Anilin- & Soda-Fabrik (Erfinder: **Fritz Siefert**), Ludwigshafen/Rh., *Krumpf- und Quellfestmachen von Cellulosetextilien.* Man verwendet wss. Lsgg., die bis 2,5 (%) freien CH_2O oder eine entsprechende Methylolverb. u. höchstens 5 $ZnCl_2$ enthalten. Nach der Imprägnierung trocknet man u. erhitzt — z. B. 5 Min. — auf 120°. (**D. B. P. 866 335** Kl. 8k vom 14/11. 1942, ausg. 9/2. 1953.) MÖLLERING. 8033

Phrix-Werke Akt.-Ges., Hamburg (Erfinder: **Hans Cäsar Stuhlmann**, Hirschberg, und **Josef König**, Krefeld), *Wollähnliche Fasern* oder Fäden mit stark gerauhter Oberfläche erhält man durch Überziehen von Fasern aller Art mit verd. Viscoselsg., Abpressen u. Behandeln mit einem Bade, das 1 (%) CH_2O, 5 CH_3COOH u. 0,2 sulfonierten Laurylalkohol enthält; CH_2O kann auch bereits der Viscose zugesetzt werden. (**D. B. P. 875 706** Kl. 29b vom 20/6. 1943, ausg. 4/5. 1953.) SALZMANN. 8033

International General Electric Co., Inc., New York, N. Y., V. St. A. (Erfinder: **J. A. Loritsch** und **P. M. Di Cerbo**), *Flüssige Überzugsmasse*, enthaltend 5—30% als disperse Phase feinverteiltes *Polyvinylchlorid*, *Polyvinylacetal* oder *Mischpolymerisate aus Vinylhalogeniden* u. *Vinylestern niederer gesätt. Fettsäuren.* Als 2. Komponente ist ein fl. Dispersionsmedium vorhanden, das zu 25—45% aus einer fl. polymerisierbaren M. besteht, die mindestens 2 polymerisierbare Gruppen (C-C-Doppelbindungen) aufweist. Die 2. Komponente der fl. kontinuierlichen Phase besteht aus 15—45% polymerisierbarem ungesätt. Alkydharz. Die Prozentzahlen bedeuten die Anteilmengen, bezogen auf die Gesamtmenge. — Z. B. enthält die M. 494 Teile Diallylphthalat, 296 Teile Glycerylcyclohexylmaleat, 454 Di-[2-äthylhexyl]-tetrachlorphthalat als Weichmacher, 488 Teile feinverteiltes Mischpolymerisat aus Vinylchlorid u. Vinylacetat, 76 Teile chloriertes festes Paraffin u. 4,2 tert.-Butylperbenzoat. Die M. dient bes. zum Überziehen von *Textilgeweben.* (**Schwed. P. 133 344** vom 18/3. 1949, ausg. 23/10. 1951. A. Prior. 18/3. 1948.) JÜRGEN SCHMIDT. 8037

Shell Development Co., San Francisco, übert. von: **Rupert C. Morris**, Berkeley, **Vernon W. Buls**, Walnut Creek, und **Seaver A. Ballard**, Drinda, Calif., V. St. A., *Ungesättigte organische Phosphorverbindungen.* Durch Rk. von $C_6H_5PCl_2$ mit Allylalkohol in Pyridin erhält man *Diallylbenzolphosphonit*, $C_6H_5P(OCH_2CH{=}CH_2)_2$, Kp.$_{0,3}$ 100°. — Analog werden dargestellt: *Diallyl-(p-chlorbenzol)-*, *Dimethallyl-(p-isopropylbenzol)-*, *Diallylisopentanphosphonit*, *Diallylbenzoldithiophosphonit*.— Die Verbb. sind *polymerisierbar*, allein u. im Gemisch, z. B. mit Acrylnitril, Vinylchlorid oder Isobutylen. Die Polymerisate eignen sich bes. für *Überzüge* von *Textilien.* (**A. P. 2 577 796** vom 28/11. 1950, ausg. 11/12. 1951.) BRÖSAMLE. 8037

Dow Corning Corp., Midland, Mich., V. St. A., *Alkoxyhydrosilane.* Durch Rk. von 3 (Mol) $(CH_3)_3SiOC_2H_5$ (**I**) mit 1 $HSiCl_3$ erhält man in 84%ig. Ausbeute $HSi(OC_2H_5)_3$; durch Rk. von 1 **I** mit 1 $(C_6H_5)_2HSiCl$ ein Gemisch von $(C_6H_5)_2HSiOC_2H_5$ u. $(CH_3)_3SiCl$; durch Rk. von 4,26 **I** mit 2,03 CH_3HSiCl_2 u. 0,76 $Si(OC_2H_5)_4$ ein Gemisch von 3,4 $(CH_3)_3\cdot SiCl$, 1,35 $(CH_3)_3SiOC_2H_5$ u. 1,43 $CH_3HSi(OC_2H_5)_2$. — Verwendung zum Imprägnieren von *Textilien*, die *wasserabstoßend* gemacht werden sollen. (**E. P. 653 237** vom 7/12. 1948, ausg. 9/5. 1951.) BRÖSAMLE. 8037

Wingfoot Corp., Akron, O., übert. von: **David N. Beauchamp**, Venice, Calif., V. St. A., *Herstellung eines wasserdichten und wasserdampfdurchlässigen Textilmaterials.* Man besprüht mit einer Dispersion eines synthet. Kautschuks, z. B. aus 2-Chlorbutadien-(1.3), gemischt mit 3 Teilen einer hydrophilen Diatomeenerde, z. B. Kieselgur, trocknet durch Verdampfen des organ. Lösungsm. u. vulkanisiert. (**A. P. 2 575 577** vom 31/10. 1946, ausg. 20/11. 1951.) v. SCHILLER. 8037

Glenn L. Martin Co., Middle River, übert. von: **George E. Walter**, Baltimore, und **Irwin Hornstein**, East River, Md., V. St. A., *Herstellung bromhaltiger ungesättigter aliphatischer Phosphorverbindungen.* Man gibt z. B. zur Lsg. von 218 (Teilen) Triallylphosphat in 654 Bzl. bei 25° langsam 480 Br_2 in 480 Bzl., neutralisiert, entfernt Br-Überschuß durch Durchleiten von NH_3-Gas u. filtriert. Die Lsg. wird z. B. zur *Imprägnierung* von baumwollenen oder acetatseidenen *Kleidungsstücken* auf eine Konz. von 10—30% verdünnt. — Ferner wird beschrieben die Herst. von: *Tetrabromdiallyl-*, *Tetrabrom-N-methyloldiallyl-*, *Oktabrom-N.N'-methylen-bis-diallyl-*, *Hexabrom-N-allyldiallyl-*, *Oktabrom-N-diallyldiallylphosphonamid.* — Flammfestmachende Weichmacher für Polyvinylharze u. Celluloseacetat. Verwendung der Lsgg. zum *Flammfestmachen* von Textilien. (**A. P. 2 574 515** vom 26/11. 1948, ausg. 13/11. 1951.) MÜLLER-MEININGEN. 8037

American Viscose Corp. (Erfinder: **Carleton S. Francis jr.**), V. St. A., *Nichtgewebtes Fasermaterial.* Bänder oder Schnüre aus thermoplast. Material werden mit Hilfe darübergelegter Fasern unter Druck verbunden. (**F. P. 987 652** vom 30/5. 1949, ausg. 17/8. 1951. A. Prior. 17/5. 1949.) WITTHOLZ. 8039

Badische Anilin- & Soda-Fabrik, Ludwigshafen/Rh., *Mercerisieren von Baumwollgeweben* erfolgt mit Laugen, die Alkylolamine mit mindestens einem mehr als 2 C-Atome enthaltenden Rest u. zur Erzielung klarer Lsgg. Glykole mit 3 u. mehr C-Atomen enthalten. Geeignet ist z. B. ein Gemisch aus 35 (Teilen) n-Butyldiäthanolamin u. 65 Propylenglykol oder 25 Isobutyldiäthanolamin u. 75 1,3-Butylenglykol. In 1000 Mercerisierlauge von 32° Bé löst man 10 der Gemische. (**D. B. P. 864 855** Kl. 8k vom 14/6. 1936, ausg. 29/1. 1953.) MÖLLERING. 8045

Henry Woushuysen und **Gustave-Adolphe Bahol,** Haute-Garonne, Frankreich, *Schmälzmittel für Wolle und andere Textilfasern.* Man verwendet wasserlösl. Öle oder Cremes aus Lösungen von — gegebenenfalls durch Sulfonieren erhältlichen — alkal. Pasten von Prodd. der Fettstoffreinigung für sich oder im Gemisch miteinander oder mit Zusatzstoffen, die z. B. aus Natronseife, freien Fettsäuren, neutralen Fettstoffen u. freiem Alkali bestehen, in Wasser. (**F. P. 979 472** vom 27/5. 1942, ausg. 26/4. 1951.) RAETZ. 8061

Variapat Akt.-Ges., Basel, Schweiz, *Darstellung von N'-[2'-(4''-Chlor-2''-sulfophenoxy-(1'')-5'-chlorphenyl]-N-[3.4-dichlorphenyl]-harnstoff* durch Kondensation eines Salzes der 2-Amino-4.4'-dichlor-1.1'-diphenyläther-2'-sulfonsäure (**I**) mit 3.4-Dichlorphenylisocyanat in Ggw. von trocknem Acetonitril. — Man verwendet z. B. ein Isomerengemisch der Alkalisalze von **I**. — *Mottenschutzmittel.* (**Oe. P. 175 262** vom 11/12. 1951, ausg. 25/6. 1953. Schwz. Prior. 26/12. 1950.) M. F. MÜLLER. 8063

Paul Lecompte, Frankreich, *Fäden, Borsten, Filme und dergleichen aus plastischen Massen.* Die in bekannten Lösungsmitteln, wie aliphat. u. cycl. Ketone, chlorierte KW-stoffe u. dgl., gelösten plast. Massen werden zu Fäden versponnen oder zu Folien geformt, wobei als Fällbad eine Fl. dient, die durch Decarboxylierung von Kolophonium erhalten ist u. Phenanthren oder/u. Terpen KW-stoffe enthält. (**F. P. 994 354** vom 19/1. 1945, ausg. 15/11. 1951.) WITTHOLZ. 8071

Spinnstoffwerk „Otto Buchwitz“ VEB (Erfinder: **Erich Sulzmann**), Glauchau/Sa., *Rückgewinnung von Schwefelkohlenstoff aus endlosen Kunstfadensträngen,* wobei das Fadenband durch horizontal liegende Rohre geführt wird, deren Enden in je eine Kammer münden, wobei jede Kammer eine oder mehrere vertikal montierte Walzen zur Umlenkung des Fadenstranges enthält. — Zeichnung. (**D. P. [DDR] 716** Kl. 29a vom 1/9. 1943, ausg. 20/8. 1952 [Wirtschaftspatent].) M. F. MÜLLER. 8075

Feldmühle Akt.-Ges., Ronschach, Schweiz, *Nachbehandlung von Kunstseide.* Zellwolle oder Fäden werden mit einer wss. Lsg. von H_2O_2 behandelt, worauf man Verbb. einwirken läßt, die O_2 in der gequollenen Faser frei machen u. eine poröse, schwammartige Kunstseide bilden. — Z. B. wird Viscoseseide in einer wss., 0,2 (%) $KMnO_4$ u. 15 NaCl enthaltenden Lsg. imprägniert. Anschließend geht man in eine 30%ig. H_2O_2-Lsg., die auf 1000 (Teile) 300 Na_2SO_4 u. 300 $MgSO_4$ enthält. — Abbildungen. (**E. P. 678 155** vom 8/4. 1948, ausg. 27/8. 1952.) MÖLLERING. 8075

Röhm & Haas G. m. b. H., Darmstadt (Erfinder: **Otto Grimm, Karl Theodor Kautter,** Darmstadt, **Karl Walter,** München, **Erich Gröner,** Alling/Regensburg, und **Hans Lachmann,** Darmstadt), *Schlichten von Kunstseide und Zellwollgarnen.* Man verwendet solche wss. Leimlsgg., denen (bezogen auf die Leimmenge) bis 50, bes. 2—10%, in W. lösl. Salze von (Misch-) Polymerisaten von (Meth-) Acrylsäureamid zugesetzt sind. — 18 (g) tier. Leim., 10 einer 10%ig. Lsg. von Polyacrylnitril (zu 70% mit NaOH verseift) u. 0,6 sulfoniertes Öl werden mit W. zu 1000 aufgefüllt u. zum Breitschlichten von Viscoseseide verwendet. (**D. B. P. 870 688** Kl. 8k vom 27/8. 1941, ausg. 16/3. 1953.) MÖLLERING. 8075

Hendrik W. Meier, Veendam, Holland, *Knitterfeste Textilwaren aus Cellulose, besonders Kunstseiden,* erhält man durch eine Imprägnierung bei $p_H < 2$ mit Kondensationsprodd. aus Aldosen oder Ketosen, wie Glucose (**I**), Galaktose, Mannose oder Fructose, u. Verbb. mit reaktionsfähiger NH_2-Gruppe, wie Harnstoff (**II**), Thioharnstoff, Guanidin oder (substituierten) Melaminen. — 100 (g) einer reinen **I**–**II**-Verb. werden in 400 einer 40%ig. CH_2O-Lsg. gelöst u. mit 5 geschmolzenem „Carbowachs“ (Polyäthylenglykol) emulgiert. Nach Verdünnen mit 400 W. setzt man 10 NH_4Cl in 80 W. zu. Mit der Lsg. imprägniert man (bis 100% Aufnahme) ein Kunstseidengewebe, das 10 Min. bei 90° behandelt u. dann zur Entfernung von freiem CH_2O mit einer 0,1%ig. Seifenlsg. gewaschen wird. Man trocknet bei 100°. (**A. P. 2 596 268** vom 12/1. 1949, ausg. 13/5. 1952. Holl. Prior. 6/2. 1948.) MÖLLERING. 8075

Fothergill & Harvey Ltd., Manchester, England (Erfinder: **L. Steger, B. J. Brown** und **C. G. C. Harvey**), *Stabilisieren von Cellulosegeweben.* Man behandelt die Cellulosegewebe mit einem Verätherungsmittel, das im Mol. 2 verätherbare Reste enthält u. gleichzeitig oder anschließend bei einer Temp. zwischen 70—90° mit Alkalihydroxydlösungen. — Z. B. wendet man als Verätherungsmittel Epichlorhydrin oder Glycerindichlorhydrin an. Anschließend behandelt man mit einer Lsg., die ca. 10—20% NaOH u. 15—25% NaCl enthält. Hierdurch wird eine Erhöhung der Wärmebeständigkeit erzielt, während die Zugfestigkeit u. Dehnbarkeit nur wenig leiden. (**Schwed. P. 133 769** vom 7/10. 1949, ausg. 4/12. 1951. E. Prior. 7/10. 1948.) Jürgen Schmidt. 8077

Dunlop Rubber Co. Ltd., London, und **James William Illingworth,** Erdington, England, *Fäden aus regenerierter Cellulose.* Eine 0,1—05% Resorcin–CH_2O-Harz oder Protein enthaltende Acetylcelluloselsg. in Aceton wird bei 70° trocken versponnen; dann werden die Fäden gezwirnt, in 100° heißem feuchtem Dampf u. das 10fache gestreckt u. mit verd. 60° warmer NaOH-Lsg. verseift. — Herst. von *Cord.* (**E. P. 653 019** vom 14/5. 1948, ausg. 9/5. 1951.) Salzmann. 8077

British Celanese Ltd., London, England, *Wasserlösliche Fäden und Filme aus Celluloseäthern.* Eine 20%ig. Methylcelluloselsg. in 60—80%ig. CH_3COOH wird in gegebenenfalls 5—7% W., A. u./oder Glycerin enthaltendes Aceton versponnen. Die Fäden können im Fällbad oder außerhalb bei 290—310° gestreckt werden. Festigkeit 1 g/den. (**E. P. 673 654** vom 23/2. 1949, ausg. 11/6. 1952.) Salzmann. 8077

Celanese Corp. of America, New York, N. Y., V. St. A., *Aviviermittel für Celluloseacetatfäden,* bestehend aus z. B. 52,2 (Teilen) Mineralöl (I), 9,4 Ölsäure (**II**), 4,7 Triäthanolamin, 8,4 Trikresylphosphat, 0,5 Oleylalkohol u. 24,8 eines sulfurierten, salz- u. wasserfreien Gemisches aus 117 **I**, 89 **II** u. 43 Erdnußöl. (**E. P. 681 033** vom 14/4. 1950, ausg. 15/10. 1952. A. Prior. 16/4. 1949.) Salzmann. 8077

XIX. Brennstoffe. Erdöl. Mineralöle.

W. I. Kassatotschkin, E. Ju. Solotarewskaja und **L. L. Rasumowa,** *Veränderungen der Feinstruktur von Kohlen in verschiedenen Metamorphosestadien.* Es wurde die strukturelle Änderung der organ. Substanz u. der mineral. Bestandteile Fusen u. Vitren mit Hilfe von röntgenograph. u. elektronenmkr. Methoden untersucht. Danach enthalten *Anthrazite* keine dreidimensionale Anordnung der Atome nach Art des graphit. Kristallgitters. Auf Grund des zweidimensionalen Charakters des Diffraktionsbildes besteht eine Ähnlichkeit zwischen Anthrazit u. Ruß. Das letzte Stadium der natürlichen Metamorphose der organ. Substanz bilden somit die Anthrazite. Die röntgenograph. Meth. zeigt, daß lediglich die organ. Substanz des Vitrens mol. strukturellen Umwandlungen im Verlauf des Verkohlungsvorgangs unterworfen ist. Diese Umwandlungen können als fortlaufender Übergang des räumlich aufgebauten Polymerisates der organ. Substanz in die Flächenform des C angesehen werden. Messungen im Elektronenmikroskop zeigen eine glasartige, amorphe Struktur des Vitrens, während das Fusen teilweise eine sphäroide Form, ähnlich derjenigen des Rußes, aufweist. Die Ausbildung einer sphäroiden Form ist jedoch nur bei Teilchen mit freier Oberfläche möglich, was nur im Frühstadium der Bldg. des Flözes möglich ist. Das Beugungsbild eines „Sporenmaterials" zeigt dichtgepackte aliphat. Kettenkonfiguration, sowie auch die formbildenden Anteile, die sich der Beobachtung in einem n. Mikroskop entziehen. Daraus wird geschlossen, daß dieses in geringerem Maße der Aromatisierung u. Bldg. von Atomgittern von kondensiertem C unterworfen war. (Доклады Академии Наук СССР [Ber. Akad. Wiss. UdSSR] [N. S.] **79.** 315—18. 11/7. 1951.) Huene. 8126

T. A. Kucharenko, *Huminsäuren fossiler Kohlen.* Nach Hinweis auf die Bedeutung der *Huminsäuren* (**I**) für die Entw. der Bodenstruktur u. das Wachstum der Pflanzen gibt Vf. einen Überblick über die Eigg. von **I** verschied. Herkunft, über Verss. zur Konstitutionsaufklärung u. über die Bildungsverhältnisse derselben. (Природа [Natur] **42.** Nr. 5. 92—97. Mai 1953. Inst. für fossile Brennstoffe der Akad. der Wiss. der UdSSR.) Ulmann. 8126

Rose L. Schalla und **Glen E. McDonald,** *Abweichung in der Qualmneigung innerhalb von Kohlenwasserstoffen von geringem Molekulargewicht.* An einem Spezialbrenner mit vorgeschaltetem Strömungsmesser wurden niedrig mol. KW-stoffe auf ihre Neigung zum Qualmen oder Rußen untersucht. Es wurde gefunden, daß die Werte für die maximale Geschwindigkeit, bei der die KW-stoffe qualmfrei verbrannt werden konnten, in der Reihenfolge: n-Paraffine — Isoparaffine — Monoolefine — Alkine — Aromaten abnehmen. Cycloparaffine, Cycloolefine u. Diolefine wurden ebenfalls geprüft, doch konnte deren Stellung in obengenanntem Schema nicht klar angegeben werden, weil ihr Verhalten nicht in der gleichen Richtung liegt. Vff. glauben, daß je stärker die C-Bindungen oder das Skelett des KW-stoffmol. ist, um so größer ist die Neigung, während der Verbrennung Qualm zu bilden. Dehydrierung u. anschließende Polymerisation des C-Skelettes wird als erster Schritt zur Qualmbldg. vermutet. Das Studium des Mechanismus der Qualmbldg. kann nach Ansicht der Vff. letzten Endes zu Maßnahmen führen, die ein Qualmen bei industriellen Verss. beseitigt. (Ind. Engng. Chem. **45.** 1497—1500. Juli 1953. Cleveland, O., Nat. Advis. Comm. for Aeronaut., Lewis Flight Prop. Lab.) K. O. Müller. 8128

W. P. Ssumarokow und **S. M. Wolodutzkaja,** *Konzentrierung von Essigsäure durch mit Wasser azeotrope Gemische bildende Stoffe aus Abgängen der Birkenholzverarbeitung.* Die bei der trockenen Dest. von Birkenholz anfallenden · alkoh. Öle bilden mit W. azeotrope Gemische. Am geeignetsten für die Konzentrierung von wss. Essigsäure ist die Fraktion von 100—140°. Sie gibt mit W. ein bei 87° sd. azeotropes Gemisch, bestehend aus 75% Öl u. 25% Wasser. Aus 1 m³ Birkenholz lassen sich 0,4 kg an brauchbaren Fraktionen gewinnen. (Деревоперерабатывающая и Лесохимическая Промышленность [Holzverarb. holzchem. Ind.] **2.** Nr. 2. 12—15. Febr. 1953.) Ulmann. 8140

R. Loison, *Die Verkokung der lothringischen Kohle.* In Marienau konnte ein guter Koks für Hochöfen dadurch gewonnen werden, daß die Kohle trocken in den Ofen eingebracht wurde, nachdem sie mit Halbkoks gemischt wurde. Auf diese Weise braucht keine Fremdkohle zugesetzt zu werden. Doch hält es Vf. für unmöglich, ganz auf den Zusatz von Fremdkohle zu verzichten. Auf Grund verschied. Verss. kommt Vf. zu der Ansicht, daß der Zusatz von Fremdkohle auf 30—35% ermäßigt werden kann, wobei sich auch ein guter Gießkoks gewinnen läßt. (Rev. Ind. minérale **34.** 32—43. 15/1. 1953.) Rosendahl. 8144

A. Baar, *Grubengase im Südharz-Kalibergbau.* Bei den Grubengasen am Südharz werden zwei Gruppen unterschieden: 1. Gase im Muttergestein oder in offener Verbindung mit diesem; 2. Gase, die in geolog. Zeiten aus dem Muttergestein emigrierten. Als Quelle für die Grubengase im Salzbergbau kommt das in früheren geolog. Zeiten eingeschlossene Bitumen in Frage, wobei nur der Hauptdolomit als bitumenführend in Betracht kommt. Beim Anfahren oder Anbohren solcher Schichten können dann größere Mengen Gas in den Bergbau eindringen u. Explosionen verursachen. Die weitaus überwiegende Zahl der Gasvork. wird auf Gase zurückgeführt, die im Kalilager oder benachbarten Schichten ohne offene Verb. zum Muttergestein eingeschlossen sind. (Bergbautechnik **2.** 469—73. Okt. 1952. Weimar.) Rosendahl. 8186

Henry P. Wheeler jr. und **William E. Eckard,** *Untertagelagerung von Naturgas in Kohlenbergbaugebieten.* Geolog. Voraussetzungen u. die Technik des Anlegens von Lagerstätten. (Gas Age **111.** Nr. 5. 28—31, 68—71. 26/2. 1953.) Rosendahl. 8186

Hermann Pardun, *Gewinnung fettsäurehaltiger Produkte durch Oxydation von Erdölgatschen.* Es wurde ein bes. für Spindel- u. Neutralölgatsch geeignetes Oxydationsverf. ausgearbeitet. Es wurde dabei gefunden, daß die stark ölhaltigen Ausgangsstoffe nur dann mit Luftsauerstoff oxydiert werden konnten, wenn die in ihnen vorhandenen Inhibitoren durch eine Vorbehandlung ausgeschaltet wurden. Hierfür bewährte sich die Vermischung der Ausgangsprodd. mit 30% eines Oxydats aus dem gleichen KW-stoffgemisch. Führt man die Behandlung bei 80° durch, fallen die Inhibitoren zusammen mit Oxysäuren als zähe, harzartige M. aus. Das überstehende hellfarbige KW-stoffgemisch läßt sich dann ohne Schwierigkeiten oxydieren. Die Oxydation erfolgt chargenweise bei 140° in Ggw. von 0,1% frisch gefälltem Manganhydroxyd als Katalysator mit einem Luftdurchsatz von $^1/_{10}$ Liter/kg/Stunde. Die gewaschenen Oxydationsprodd. sind hellgelb, haben eine SZ. von 70 u. VZ. von 140—160. Geh. an Fettsäure ca. 35% neben 7—10% petrolätherunlösl. Oxysäuren. Durch Verseifen, Abtrennen des sich an der Oberfläche der Seifenlsg. abscheidenden Unverseifbaren u. Ansäuern der Seifenlsg. lassen sich aus den Oxydaten Prodd. mit einem Gesamtfettsäuregeh. einschließlich der petrolätherunlösl. Oxysäuren von ca. 60% gewinnen. (Erdöl u. Kohle **6.** 10—16. Jan. 1953. Hamburg-Harburg, Laborat. der Ölfabriken Noblee u. Thörl G. m. b. H.) K. O. Müller. 8194

R. H. Parekh, *Verfahrensdurchführung und Arbeitsweise über Vielkomponentenabstreifer.* Theoret. Betrachtungen u. prakt. Durchführung über KW-stoff-Gas-Abstreifung aus gasreichen Rohölen in einer Rektifizieranlage mit angeschlossenen Adsorbern. Gewinnung von Methan, Äthan, Propan, Isobutan, n-Butan, Isopentan, n-Pentan, Hexan, Heptan usw. wird an Hand großtechn. Verss. besprochen. (Petroleum Refiner **31.** Nr. 11. 99—103. Nov. 1952. Dallas, Magnolia Petroleum Co.) K.O. Müller. 8194

Peter W. Sherwood, *Herstellung von monoalkylierten Benzolen.* Stand der Technik in USA u. anderen Ländern u. Literaturbericht über die Alkylierung von Bzl. in der fl. u. Dampfphase unter Verwendung von Katalysatoren. Die verschied. Verff. werden beschrieben u. die Weiterverarbeitung der alkylierten Prodd. auf Styrol, Phenol, Nylon, Anilin, synthet. Waschmittel, Maleinsäureanhydrid, DDT usw. (Petroleum Refiner **32.** Nr. 1. 97—102. Jan. 1953. New York, N. Y., Chem. Eng.) K. O. Müller. 8200

J. D. Bartleson und **E. C. Hughes,** *Ablagerung im Verbrennungsraum im Hinblick auf die Eigenschaft der Kohlenstoffbildung von Motorenölen.* Aus der Erkenntnis heraus, daß das Motorenöl am meisten zu dem wichtigen Problem der Ablagerung in Verbrennungsräumen von Motoren u. damit zur Steigerung der OZ.-Anforderungen beiträgt, wurde ein neuer Verdampfungstest entwickelt u. die damit erhaltenen Werte in Beziehung zu Prüfstandverss. mit einem Chevrolet-Motor gesetzt. Die Verdampfbarkeit eines Öles wurde in Ggw. von Luft ermittelt u. die erhaltenen Rückstandswerte in Beziehung zu den im Motortest ermittelten abgeschiedenen Mengen gesetzt. Apparaturbeschreibung u. Versuchsdurchführung im Original. Es wurde gefunden, daß Öle mit niedriger therm. Zers. bzw. mit ausgeprägter höherer Verdampfbarkeit als handelsübliche Motorenöle weniger Abscheidungsgewichte u. Steigerung der OZ.-Anforderung ergeben. Weiterhin wurden Viscositätsverbesserer in Mischung mit Coastalölen in Vgl. zu typ. handelsüblichen Ölmischungen aus relativ nicht verdampfbaren Brightstockölen mit hohem VI. gesetzt. Bei letzteren war die gemessene Menge an Abscheidungen ein Mehrfaches. Es werden Vorschläge für Motorenöle gemacht, die aus einer leichter verdampfbaren Fraktion unter Zumischung von Viscositätsverbesserern bestehen. (Ind. Engng. Chem. **45.** 1501—08. Juli 1953. Cleveland, O., Chem. and Physic. Res. Div. Standard Oil Co. (O.). K. O. MÜLLER. 8204

Wolfram Ohme, *Die Entschwefelung von Dieselkraftstoff.* Der S-Geh. von Dieselkraftstoffen aus der therm. Spaltung kann durch Behandlung mit handelsüblichen katalyt. wirkenden Bleicherden auf weniger als 1% verringert werden. Vergleichsverss., die sich auf Änderung der Betriebstemp., Luft- oder Dampfzusatz zu den Dieselkraftstoffdämpfen u. chem. Aktivierung der Bleicherden erstreckten, ergaben, daß diese Maßnahmen keine Steigerung der katalyt. Wrkg. der Bleicherde brachten. Die Entschwefelungswrkg. des neuen vorgeschlagenen Verf. ist besser als bei Anwendung von Waschverff. mit bekannten Waschflüssigkeiten. (Erdöl u. Kohle **6.** 8—10. Jan. 1953. Dortmund, Hauptlaborat. Hoesch Bergwerke AG.) K. O. MÜLLER. 8212

V. Thiagarajan und **B. S. Srikantan,** *Schmiereigenschaften von vegetabilen Ölen.* 1. Mitt. *Vergleichende Untersuchung von Domba-, Hongay- und Mohuaöl.* Die aus *Calophyllum inophyllum L, Pongamia glabra, Vent.,* u. *Bassia longifolia L.* in Südindien wachsenden Pflanzen gewonnenen nicht eßbaren Öle werden hinsichtlich Viscosität, Oxydationsbeständigkeit usw. untersucht. Die gefundenen Werte für Dombaöl (I), Hongayöl (II) u. Mohuaöl (III) sind $D^{15,5}$ I 0,9336, II 0,9323, III 0,9170; n_D^{40} I 1,4750, II 1,4744, III 1,4626; Stockpunkt I 4,5°, II 4,0°, III 18,0°; VZ. I 198, II 188,9, III 195,3 JZ. I 92,8, II 89,1, III 64,5; SZ. I 30,31, II 12,9, III 12,0; Unverseifbares I 0,25%, II 2,6%, III 1,4%; linolsaure Glyceride I 36,58%, II 16,96%, III 25,39%; ölsaure Glyceride I 34,16%, II 69,37%, III 23,66%; gesätt. Glyceride I 29,26%, II 19,67%, III 50,95%; Flammpunkt °F I 326°, II 392°, III 428°; CONRADSON-Zahl I 2,61%, II 1,65%, III 0,45%. Die Viscositätstemperaturkurven der 3 Öle sind sehr ähnlich, bei 140° F. haben die 3 Öle die gleiche Viscosität. Die Oxydationsbeständigkeit wurde nach *A.S.T.M.* geprüft unter Verwendung verschied. Stabilisatoren. Der Anstieg der Viscosität u. der CONRADSON-Zahl ist jeweils gering; unter den Stabilisatoren zeichnete sich α-Naphthylamin aus. (J. Indian chem. Soc., ind. News Edit. **13.** 163—66. 1950. Fuel u. Techn. Chem. Lab., Coll. of Eng. Madras.) K. O. MÜLLER. 8220

V. Thiagarajan und **B. S. Srikantan,** *Schmiereigenschaften von vegetabilen Ölen.* 2. Mitt. *Bestimmung der Schmierfähigkeit an verschiedenen Oberflächen von Domba-, Hongay- und Mohuaöl.* (1. vgl. vorst. Ref.) Die Öle wurden geprüft nach der Gleit-Meth., wobei Stahl auf Messing lief; sowie in der DEELEY-Prüfmaschine, wobei als Metallpaare gewählt wurden: Gußeisen u. Stahl; Gußeisen u. Geschützmetall, Gußeisen u. Phosphorbronze sowie Gußeisen u. Messing. Die mit den Ölen bei verschied. Belastung erhaltenen Werte sind graph. wiedergegeben. Dabei zeigt es sich, daß die Schmierfähigkeit des *Mohuaöls* größer ist, als die des *Dombaöls.* Am niedrigsten liegt die Schmierfähigkeit beim *Hongayöl.* Werte für die Grenzschmierung (halbtrockene Reibung) werden ermittelt. — 13 Literaturhinweise. (J. Indian chem. Soc., ind. News Edit. **13.** 201—09. 1950.) K. O. MÜLLER. 8220

V. Thiagarajan und **B. S. Srikantan,** *Schmiereigenschaften von vegetabilen Ölen.* 3. Mitt. *Verbesserung von Glanz, Conradson-Test, Reibungskoeffizient und Schmierfähigkeit von Domba-, Hongay- und Mohuaölen nach der Neutralisation ihres Säuregehaltes.* (2. vgl. vorst. Ref.) Die Öle wurden mit $Ba(OH)_2$ bis zur Neutralisation der Säurereste behandelt, u. die Seifen abgeschieden. Die neutralen Öle besitzen hohen Glanz, eine geringere CONRADSON-Zahl, eine höhere Viscosität u. einen geringeren Reibungskoeff., als die unbehandelten Öle. Die Schmierfähigkeit der neutralen Öle ist bei geringer Viscositätsänderung um 30% gestiegen. Bei der Best. der Grenzschmierung ist die Belastbarkeit die gleiche geblieben, ebenso die prozentuale Schmierwirkung. Die Entemulgierungsprobe beim neutralisierten Öl entspricht der der Rohöle. — 7 Literaturhinweise. (J. Indian chem. Soc., ind. News Edit. **13.** 210—18. 1950.) K. O. Müller. 8220

V. Thiagarajan und **B. S. Srikantan,** *Schmiereigenschaften von vegetabilen Ölen. 4. Mitt. Messung der Schmierfähigkeit von rohen und neutralisierten Ölen mit Hilfe der Adsorption.* (3. vgl. vorst. Ref.) Es wird die Adsorption von polaren Gruppen der Öle an Metalloberflächen durch die Tropfenzahl gemessen, wenn die Öle über mit Cu oder Ni gepackte Kolonnen fließen. Während Paraffinöle keine Änderung in der Tropfenzahl zeigen, ändert sich die Zahl bei Mineralölen u. den vegetabilen Ölen u. der Mischungen beider Öle auf Grund von Adsorption. Ni hat eine größere adsorptive Wrkg. als Cu. Die Adsorption von rohen oder neutralisierten Ölen liegt in der gleichen Größenordnung. Die JZ. von neutralisierten Ölen wird stärker erniedrigt, wenn das Öl an den Metallflächen vorbei wandert, als bei dem rohen Öl, was besagt, daß die ungesätt. Bestandteile des Öles stärker adsorbiert werden. Die gleichen Verss. wurden mit Mischungen der vegetabilen Öle mit Mineralölen durchgeführt. Tabellen u. Kurven im Original. — 19 Literaturhinweise. (J. Indian chem. Soc., ind. News Edit. **13.** 219—26. 1950.) K. O. Müller. 8220

V. Thiagarajan und **B. S. Srikantan,** *Schmiereigenschaften von vegetabilen Ölen. 5. Mitt. Verbesserung der Schmiereigenschaften von Domba-, Hongay- und Mohuaöl durch Voltolisierung.* (4. vgl. vorst. Ref.) Die rohen u. neutralisierten Öle wurden einer „*Voltol*"-Behandlung in einer App. mit 10 kV u. einer Frequenz von 50—100 Perioden/Sek. während 2,4 u. 6 Std. unterworfen. Während der Behandlung änderte sich die Farbe des Öles. Bei steigender Behandlungszeit steigt die Tropfenzahl an u. die JZ. fällt. Die Viscosität steigt auch an. Das *Mohuaöl* spricht auf die Behandlung stärker an, als die anderen Öle. Reibungsunterss. mit diesen Ölen, die bei 120 Perioden/Sek. behandelt wurden, in der Deeley-Prüfmaschine unter Verwendung des Metallpaares Stahl u. Gußeisen u. Geschützmetall u. Gußeisen zeigten, daß die erforderliche Mindestbelastung für Grenzschmierung (halbtrockene Reibung) die gleiche ist wie bei den neutralisierten bzw. rohen Ölen. Diese vegetabilen Öle können als Schmieröle Verwendung finden, nachdem man sie neutralisiert bzw. voltolisiert hat. Durch diese Behandlung wird die Conradson-Zahl vermindert, die Viscosität erhöht u. die Schmierfähigkeit verbessert. Die Bewertung der Öle liegt in der Reihenfolge Mohua-, Hongay- u. Dombaöl. — 5 Literaturhinweise. Voltolisierungsanlage, Diagramme, Zahlentabellen. (J. Indian chem. Soc., ind. News Edit. **13.** 227—31. 1950.) K. O. Müller. 8220

Alfred Schmitt, *Über die Alterung von Straßenteeren.* Wegen der Bedeutung der Abbinde- u. Alterungsvorgänge des Straßenteers im Teerstraßenbau wurden Untersuchungsverff. ausgearbeitet, die Aufschluß geben über die vermutliche Haltbarkeit des Teers auf der Straße. Durch Best. des Verdunstungsverlustes erhält man einen Hinweis auf die Abbindefähigkeit. Eine Meth. zur Best. der Alterung nach Rhodes u. Gillander sowie die Haltbarkeitsprüfung mittels des „Pressure Oxidation Tests" in England wird ausführlich beschrieben. Es wird sodann über die verschied. Methoden zur Best. der Alterungsneigung von bituminösen Bindemitteln in Frankreich u. Amerika berichtet. (Bitumen, Teere, Asphalte, Peche verwandte Stoffe **1.** 318—21. 1950.) F. C. Müller. 8236

Harold K. Hughes und **Frank P. Hochgesang,** *Röntgenabsorptionsspektrometrie für die Bestimmung von Bleitetraäthyl in Benzin. Prüfung mono- und polychromatischer Methoden und Beschreibung der monochromatischen Methode für Serienuntersuchung.* Verschied. Röntgen-Absorptionsverff. wurden experimentell hinsichtlich ihrer Empfindlichkeit für die Best. von $Pb(C_2H_5)_4$ (I) in Bzn. u. auf den störenden Einfl. von S-Verbb. hin untersucht. Eine monochromat. Meth., bei der 2 Th- oder 1 Mo-Linie in der Nähe einer Absorptionsdiskontinuität von Pb für die Messung benutzt werden, wird als beste u. sicherste empfohlen, nach der auch ungeübte Kräfte arbeiten können. Pro Unters. werden weniger als 7 Min. benötigt, wobei eine durchschnittliche Genauigkeit von 0,1 cm^3 I/gall. erreicht wird. Bei bekanntem Ausgangsbenzin beträgt der maximale (reproduzierbare) Fehler 0,03 cm^3. Es wird ein Vgl. von Kosten, Zeitaufwand u. Genauigkeit mit dem polarograph. u. chem. Verf. gegeben. (Analytic. Chem. **22.** 1248—58. Okt. 1950. Brooklyn, N. Y., u. Paulsboro, N. J., Socony-Vacuum Labor. Serv. Dep.) Free. 8254

George Calingaert, F. W. Lamb, H. L. Miller und **G. E. Noakes,** *Bestimmung von Bleitetraäthyl in Benzin durch Röntgenabsorptiometrie.* Es wird über die Ergebnisse von Verss. berichtet, die die Anwendung der Röntgen-Absorptiometrie für die Best. von $Pb(C_2H_5)_4$ (I) in Treibstoffen betreffen. Da die Absorptionsmessungen von Spannungsschwankungen stark beeinflußt werden, muß die Spannung des Primärstromes auf $\pm 0,1$ V konstant gehalten werden. Die hierfür einzuhaltenden Arbeitsbedingungen werden angegeben, neben einer Reihe von Verfeinerungen der Arbeitsweise. So wird durch Einschaltung eines Polystyrolblocks in den Strahlengang die Empfindlichkeit der Messung gegen Spannungsschwankungen auf $^1/_{10}$ herabgesetzt. Aus Vergleichsmessungen ergibt sich eine Genauigkeit von $\pm 0,01$ cm^3 I/gall. für den Fall, daß das unverbleite Bzn. zur Verfügung steht. Bei unbekanntem Bzn. wird eine Genauigkeit von $\pm 0,05$ cm^3 I/gall. erreicht, was auf wechselnden S-Geh. der Benzine u. verschied. Halogengeh. der I-Mischungen des Handels zurückzuführen ist. Die Möglichkeiten, diese Fehlerquellen auszuschalten, werden diskutiert. (Analytic. Chem. **22.** 1238—48. Okt. 1950. Detroit, Mich., Ethyl Corp., Res. Laborr.) FREE. 8254

V. A. Smith, W. E. Delaney, W. J. Tancig und **J. C. Baille,** *Schnellbestimmung von Bleitetraäthyl in Flugbenzin.* Alkoh. $AgNO_3$-Lsg. reagiert mit $Pb(C_2H_5)_4$ (I) unter Bldg. von metall. Ag, das durch photoelektr. Trübungsmessung bestimmt wird. Das Bzn. darf keinen freien S oder Polysulfide enthalten. — Die Probe wird mit 95%ig. A. auf eine I-Konz. von 0,10—0,50 cm^3 I/gall. gestellt. 20 cm^3 der Mischung werden in einen 250er Erlenmeyer (Glasstopfen) pipettiert u. mit 100 cm^3 gesätt. alkoh. (ca. 5%ig.) $AgNO_3$-Lsg. durchgeschüttelt. In die Zelle eines mit $AgNO_3$-Lsg. auf 0 eingestellten Colorimeters (520 mμ Filter) überführen u. die opt. D. am Ende der 1., 2., 3. u. 5. Min. nach Zusatz der $AgNO_3$-Lsg. ablesen (Stoppuhr!). Zur Herst. einer Eichkurve wird reines Isooctan, das 3 cm^3 I/gall. enthält, in Mengen von 3, 5, 7, 10, 13 u. 17 cm^3 mit A. auf 100 cm^3 gebracht. Von diesen Mischungen werden je 20 cm^3 wie beschrieben behandelt. Dauer der Best. 10 Min., wobei die Genauigkeit bei Flugbenzin der A.S.T.M.-Meth. D 526 entspricht. (Analytic. Chem. **22.** 1230—31. Okt. 1950. Whiting, Ind., Standard Oil Comp.) FREE. 8254

Bergwerksverband zur Verwertung von Schutzrechten der Kohlentechnik G. m. b. H. (Erfinder: **Otto Grosskinsky** und **Joachim Karweil**), Dortmund, *Herstellung von Fließkohle,* bei der kein Absetzen der in Öl dispergierten Kohleteilchen **eintritt, gek. durch die Verwendung einer Kohle, die so fein gemahlen ist, daß sie keinen wesentlichen Anteil an Kohleteilchen** über einer Korngröße von 5—15 μ, je nach der verwendeten Ölsorte, enthält. Die Kohle kann naß in einer Schwingmühle gemahlen werden oder es kann aufbereitete oder entaschte Kohle verwendet werden. (**D. B. P. 887 560** Kl. 23b vom 1/5. 1943, ausg. 24/8. 1953.) UNGER. 8135

United States of America, übert. von: **Murray Berdick,** New York, und **Harold R. Hochstadt,** Brooklyn, N. Y., V. St. A., *Verfestigtes Diisopropylidenglyoxal als Heizbrennstoff.* Das Diisopropylidenglyoxal wird mit 1—15(%), bes. 3, Trägermaterial (feinzerkleinertes festes Cellulosematerial, Ruß, Entfärbungskohle mit Korngröße 400 $\mu\mu$ oder SiO_2 von großer Reinheit u. Korngröße unter 40 $\mu\mu$) vermischt, zu Tabletten verpreßt u. mit Nitrocellulose überzogen. (**A. P. 2 604 389** vom 4/11. 1949, ausg. 22/7. 1952.) W. HAUSWALD. 8137

Standard Oil Development Co., V. St. A., *Schwelverfahren.* Lignit, Torf u. dgl. werden fein zerkleinert u. mit Kohle, Ca-Acetat, Na_2CO_3 u. etwas Fe-Pulver aufgewirbelt in eine Schwelzone übergeführt, dort mit 760—1093° heißen Rückständen aus einer folgenden Vergasungszone gemischt u. bei 426—593° verkohlt. Die phenolhaltigen Destillationsprodd. werden in aromat. *KW-stoffe* übergeführt. Das von leichten Ölen befreite Gas dient zum Aufwirbeln des Ausgangsgemischs u. zum Aufheizen der Vergasungszone, in der das verkohlte Gemisch zum Teil mit Luft u. Wasserdampf vergast wird. (**F. P. 999 072** vom 10/11. 1949, ausg. 28/1. 1952. A. Prior. **1/12.** 1948.) HOLM. 8141

Heinrich Hock, Clausthal, *Stückiger Hochofenkoks aus nichtbackenden Kohlen* durch Vermischen des aus diesen Kohlen gewonnenen Kokses mit backender Steinkohle u. Pech u. nachfolgende Formgebung u. Härtung der Preßlinge durch Verkoken. Man vermischt Stoffe miteinander, die einen Koks gleicher Verbrennungsgeschwindigkeit ergeben, oder setzt die Stoffe vor dem Mischen oder während oder nach der Härtung mechan. therm. oder chem. Einww. aus, die die Verbrennungsgeschwindigkeiten auszugleichen vermögen. Der Koks soll in einer Korngröße von ca. 0—1 mm zugemischt werden. Die Zugabe von Steinkohle u. Pech kann im Gemisch in Feinstkörnung erfolgen. Gegebenenfalls setzt man dem Gemisch die Verbrennungsgeschwindigkeit fördernde, Rotschlamm oder vanadinhaltige Schlacke oder hemmende Stoffe zu. Der Härtungsvorgang erfolgt bei rasch ansteigenden Temperaturen. (**D. B. P. 854 493** Kl. 10a vom 25/4. 1943, ausg. 4/11. 1952.) W. HAUSWALD. 8145

Metallgesellschaft Akt.-Ges., Frankfurt/M. (Erfinder: **Otto Hubmann,** Bad Homburg), *Schwelen und Vergasen von aschereichen Brennstoffen* durch langsames, zweckmäßig von oben nach unten durch eine Brennstoffschicht oder -säule geführtes Abbrennen. Man leitet abwechselnd in den Brennstoff das O_2-haltige Vergasungsmittel u. das mit dem Vergasungsmittel erzeugte Gas ein. (**D. B. P. 865 300** Kl. 10a vom 21/5. 1944, ausg. 2/2. 1953.) W. HAUSWALD. 8149

Vereinigte Werkstätten Wittenau G. m. b. H. (Erfinder: **Friedrich Domann**), Berlin, *Stetige Wassergaserzeugung* mittels eines erhitzten Wälzgasstromes, dem das Vergasungsmittel beigemischt ist, dad. gek., daß das Wälzgas gleichzeitig an 2 übereinanderliegenden Stellen in den Gaserzeuger eingeführt wird, wobei zur Erreichung eines über dem Heizwert des Wassergases liegenden Heizwertes des Endgases unmittelbar hinter der oberen Einführung des Wälzgas-Vergasungsmittelgemisches zusätzlich Öl oder Teer eingespritzt werden kann. (**D. B. P. 871 488** Kl. 24e vom 22/4. 1951, ausg. 23/3. 1953.) DEMMLER. 8153

Badische Anilin- & Soda-Fabrik, Ludwigshafen/Rh., *Entfernung von C_2H_2 aus Gasgemischen,* die brennbare Bestandteile, wie KW-stoffe, CO u. H_2, neben kleinen Mengen S-Verbb. enthalten, indem man das Gasgemisch einer partiellen katalyt. Oxydation unterwirft unter Verwendung von teilweise sulfidierten Metallen als Katalysatoren. (**D. B. P. 871 347** Kl. 26d vom 23/12. 1942, ausg. 23/3. 1953.) DEMMLER. 8165

F. I. Collin Akt.-Ges. (Erfinder: **Paul Stoller** und **Otto Grieper,** Ergste über Schwerte), Dortmund, *Entsäuern von H_2S und CO_2 enthaltendem Ammoniakwasser.* Der der Rückwaschung der im beheizten Unterteil des Entsäurers abgetriebenen Schwaden dienende Teil des zu entsäuernden NH_3-W. wird auf einer langen Wegstrecke im unteren u. gegebenenfalls auch mittleren Bereich des Rückwaschteils des Entsäurers auf einer annähernd konstanten Temp. von 70—80° gehalten. — Zeichnung. (**D. B. P. 855 451** Kl. 26d vom 20/9. 1950, ausg. 13/11. 1952.) DEMMLER. 8169

Koppers Co., Inc. (Erfinder: **Herbert Gollmar**), Pittsburgh, Pa., V. St. A., *Regenerierung von zur Entfernung von H_2S aus Gasen verwendeten alkalischen Waschlösungen* unter Zufuhr von Luft. Die Regenerierung wird bei einem gegenüber Atmosphärendruck stark red. Druck, z. B. von 0,6 at absol. Druck, u. bei im wesentlichen n. Temp., z. B. 20—30°, vorgenommen. — Zeichnung. (**D. B. P. 855 752** Kl. 26d vom 27/9. 1950, ausg. 17/11. 1952. A. Prior. 7/2. 1946.) DEMMLER. 8173

Soc. pour l'Exploitation des Procédés Ab-der-Halden, Frankreich, *Entwässern von Steinkohlenteer* durch azeotrope Dest. unter Zusatz von Leichtöl zwecks Entfernung von W. bei 100—110°. — Zeichnung. (**F. P. 1 005 354** vom 7/7. 1947, ausg. 9/4. 1952.) M. F. MÜLLER. 8177

Standard Oil Development Co., übert. von: **Edward W. S. Nicholson** und **Lindsay I. Griffin jr.,** Baton Rouge, La., V. St. A., *Kontinuierliche Destillation von Ölschiefer.* Ölschiefer usw. zerfällt unter Destillationsbedingungen zu einer dichten M. feiner Teilchen, die durch einen aufwärtsfließenden Gasstrom fluidisiert werden u. in der Destillationszone bei Destillationstemp. eine definierte Fläche bilden. Um den freien Aufwärtsstrom der fluidisierten Teilchen teilweise zu hemmen, bringt man oberhalb dieser Fläche ein Hindernis, als Fläche ausgebildet, an, während das Gas nach diesem Hindernis durch die ganze Höhe der Destillationszone aufströmt u. oberhalb des Hindernisses eine zweite fluidisierte M. von festen Teilchen bildet, die hauptsächlich aus Mineralteilchen aus der Retorte bestehen u. von denen der größere Teil von abgelagertem Koks abgebrannt ist (Maschenweite $> 20\ \mu$). Man leitet den Gasstrom mit den Festteilchen aus dieser 2. M. aufwärts durch einen Mehrstufenabscheider u. trennt die Teilchen nach Größe in eine 1. Fraktion von größeren Teilchen, eine 2. Fraktion von weniger großen Teilchen u. eine 3. Fraktion von Teilchen mit einer Größe von nicht mehr als 20 μ im Durchmesser. Man leitet die 1. Fraktion zur ersten fluidisierten M., die 2. Fraktion zur zweiten fluidisierten M. u. mindestens einen Teil der 3. Fraktion zur erstgenannten M. zurück. Die Mineralteilchen werden zwischen der Destillationszone der erstgenannten M. u. einer Verbrennungszone fortlaufend im Kreise geführt u. in die 2. M. zurückgeführt. — Zeichnung. (**A. P. 2 618 589** vom 21/6. 1949, ausg. 18/11. 1952.) UNGER. 8181

Standard Oil Development Co., Elizabeth, N. J., übert. von: **Prentiss S. Viles,** Goose Creek, Tex., V. St. A., *Entsalzen von Erdöl.* Um anorgan. Salze aus wasserfreiem **Erdöl** zu entfernen, erhitzt man dieses auf 100—400° F u. bringt es mit einem Bett eines Metallsalzes aus der linken Säule der 2. Gruppe des Period. Syst. (Be, Ca, Mg, Sr, Ba) in Berührung. Man arbeitet unter genügendem Druck (bis 500 lbs./sq. in.), um die fl. Phase aufrechtzuerhalten. Die Salze müssen die Fähigkeit haben, W. anzulagern u. abzuspalten. Enthält das **Erdöl** noch Feuchtigkeit oder Salzlauge, so wird diese von dem Salzbett oder einer Mehrzahl dieser Betten aufgenommen. Zur Regenerierung werden die Betten entwässert. — Zeichnung. (**A. P. 2 503 977** vom 5/4. 1948, ausg. 11/4. 1950.) UNGER. 8195

Houdry Process Corp., übert. von: **Robert M. Shirk,** Wilmington, Del., V. St. A., *Erhöhung der Aktivität von Tonerdekatalysatoren* (I). Bei der Umwandlung von KW-stoffen sinkt die Wirksamkeit der I infolge des S-Geh. ziemlich rasch ab. Dies kann dad. verhindert werden, daß man die I vor oder während der Umwandlung mit Wasserdampf so lange behandelt, bis die I bei der Umwandlungstemp. mit Wasserdampf gesätt. sind. Bei einer Temp. von 700—1100° F sind 1,5—3,5% Wasserdampf, bezogen auf I-Gewicht, erforderlich. Die Sättigung erfolgt im Fließbettverf. in einer App. mit bes. geformten Verteilervorrichtungen. Man kann z. B. bei der *Crackung* die KW-stoffdämpfe mit Wasserdampf beladen u. erzielt dann die gleiche Wirkung. — Vorr., Zeichnung. (**A. P. 2 526 701** vom 7/5. 1948, ausg. 24/10. 1950.) KRAUSS. 8197

Phillips Petroleum Co., Del., übert. von: **John A. McBride**, Phillips, Tex., und **Samuel C. Carney**, Bartlesville, Okla., V. St. A., *Entfernung von Mercaptanen aus Leichtbenzin.* Man setzt mindestens einen Teil der Mercaptane mit CuCl um, wobei sich Cu-Mercaptide bilden, u. löst diese in einer Lsg. von Glykoläther (I) in W. (80 bis 95% I) bei 50—160° F. Als Glykoläther verwendet man Äthylenglykol- oder Diäthylenglykolmonomethyläther. Das Leichtbenzin trennt man von der wss. Schicht ab. Das Behandlungsmittel unterwirft man zwecks Regenerierung oxydierenden Bedingungen (Blasen mit Luft in Ggw. von HCl), wobei die Mercaptide in Disulfide u. CuCl in $CuCl_2$ übergeführt werden. Nach dem Abtrennen der Disulfide red. man $CuCl_2$ mit Mercaptanen, die in Disulfide übergehen u. entfernt werden, während die CuCl-Lsg. wieder in den Prozeß zurückgeht. — Zeichnung. (**A. P. 2 503 627** vom 27/4. 1949, ausg. 11/4. 1950.) UNGER. 8201

Pure Oil Co., übert. von: **George W. Agers**, Chicago, Ill., und **Erskine E. Harton**, Laramie, Wys., V. St. A., *Benzinwäsche.* Die Entstehung von unerwünschten Verfärbungen bei der Wäsche von mercaptanhaltigen Benzinen mittels NaOH wird durch Zusatz von 0,5—5% eines die Oxydation der S-Bestandteile beschleunigenden Katalysators verhindert. Als solcher dient ein sulfurierter Holzteer. (**A. P. 2 529 670** vom 31/7. 1948, ausg. 14/11. 1950.) v. HUHN. 8201

Pan American Refining Corp., übert. von: **John A. Ridgway jr.**, Texas City, Tex., und **Philip Hill**, Hammond, Ind., V. St. A., *Benzinkohlenwasserstoffe* (I) erhält man aus hochmol. KW-stoffölen (II) in Ggw. von fl. HF bei Tempp. $>$ 100° (100—300°) u. Drucken, welche die fl. Phase aufrechterhalten. Die Menge an HF soll mindestens die Hälfte der Gewichtsmenge II, bes. 1:1 bis 3:1, betragen. Die Reaktionsprodd. werden gekühlt, von den gasförmigen befreit, die fl. Prodd. trennen sich in I u. in eine fl. HF-Schicht, die teerige Prodd. (III) enthält. Diese Schicht kann in den Reaktionsraum zurückgeleitet oder HF von III abgeschieden u. in den Kreislauf geführt werden. Wird die HF-III-Schicht in den Reaktionsraum geleitet, soll der Geh. an III im fl. HF ca. 15 Gew.-% betragen. Man kann dem fl. HF noch Beschleuniger, wie BF_3, in Mengen von 1—10% zusetzen. Die Ggw. von H_2 ist vorteilhaft, z. B. in Mengen von 1000 bis 3000 cb.ft. auf 1 barrel Öl. (**A. P. 2 533 284** vom 27/12. 1946, ausg. 12/12. 1950.) G. KÖNIG. 8201

Stanolind Oil & Gas Co., übert. von: **Robert V. Safford**, Tulsa, Okla., V. St. A., *Behandlung eines mit Alkali aktivierten Eisenkatalysators*, der bei der *Herst. von fl. KW-stoffen aus CO u. H_2* verwendet wird, u. der bei hohen Tempp. dazu neigt, sich zu agglomerieren u. dabei den erforderlichen Zustand der Feinstverteilung zu verlieren. Man leitet durch den Katalysator (von unten nach oben) ein reduzierendes Gas mit solcher Geschwindigkeit, daß dieser eine dichte, turbulente fl. Phase (I) bildet. erhöht die Temp., bis die Neigung zur Agglomeration des Katalysators erkennbar wird, red. die Temp. um ca. 50° F, so daß I wieder hergestellt wird, steigert die Temp. erneut u. senkt sie wieder, so daß der Katalysator stets auf der höchstmöglichen Temp. gehalten wird (ca. 700° F), ohne zu agglomerisieren. (**A. P. 2 533 694** vom 1/2. 1947, ausg. 12/12. 1950.) BRÖSAMLE. 8201

Anton Lissner und **Adolf Thau**, Die Chemie der Braunkohle. Bd. 2. Chemischtechnische Veredlung. 3. Aufl. Halle/Saale: Knapp. 1953. (VII + 559 S. m. 294 Abb. u. 139 Zahlentaf.) 4°. Mit Literaturverzeichnis. (S. 535—538). DM 32,80.

XXI. Leder. Gerbstoffe.

Max Paquet, *Die Zirkongerbung bürgert sich ein.* Kurze Beschreibung der Fixierungsweise des Zr-Gerbstoffes durch die Haut. Hierbei wird darauf hingewiesen, daß man die besten Gerbungen bei Anwesenheit von Sulfaten, z. B. Glaubersalz, erhält. Die Schrumpfungstempp. liegen n. zwischen 93—94° bei p_H-Werten von 5—5,5. Die Haupteigg. von Zr-Leder sind: sehr weiße u. lichtechte Leder, gute mechan. Eigg. mit denen von Cr-Leder vergleichbar, nach entsprechender Fettung Herst. von waschbaren Ledern möglich, wesentlich bessere Füllgerbung als die Cr-Gerbung bei gleichzeitig fester u. dichter Textur. Gerade die geschlossene Textur der Zr-Leder ist eine bes. wertvolle

Eig., die auch wesentlich zur besseren Fülle beiträgt. (Leather Trades' Rev. **108.** 571—73. 3/6. 1953.) H. G. FRÖHLICH. 8336

T. Redfern, *Moderne Verwendung von vegetabilischen Gerbstoffen.* Hinweise auf die vorteilhafte Verwendung von gepulverten Gerbextrakten, hergestellt durch das Versprühen von Gerbstofflösungen. Mit diesen Prodd. kann man z. B. ohne Änderung des Flottenverhältnisses die Konz. von Gerbbrühen auf einfache Weise beliebig erhöhen, was beim Gerben in Fässern sehr vorteilhaft ist. (Leather Trades' Rev. **108.** 576—77. 3/6. 1953.) H. G. FRÖHLICH. 8336

H. S. Stebbing, *Gerbereimaschinen — Fortschritte der letzten Jahre.* Beschreibung (mit Photo) einer Reihe von Neuentwicklungen auf dem Gebiet der Gerbereimaschinen. (Leather Trades' Rev. **108.** 583—87. 3/6. 1953.) H. G. FRÖHLICH. 8336

Pierre Gourlay, *Einige Typen von Transmissionsriemen aus Leder.* Überblick über Gerbung u. Herst. von Riemenleder sowie über die verschied. Typen von Transmissionsriemen aus Leder u. deren unterschiedliche Adhäsion u. Haltbarkeit. (Rev. techn. Ind. Cuir **45.** 85—91. Mai 1953.) H. G. FRÖHLICH. 8340

Deutsche Hydrierwerke Akt.-Ges., Düsseldorf (Erfinder: **Rudolf Endres,** Dessau, und **Friedrich Schmitt,** Chemnitz), *Fettungsmittel für tierische Häute und Leder.* Man verwendet in der Amidgruppe substituierte oder unsubstituierte Amide aus NH_3 oder Monoaminen u. Fettsäuregemischen mit wenigstens 4 u. höchstens 11 C-Atomen; z. B. werden 500 (Gewichtsteile) chromgares Rindsleder mit 400 einer wss. Emulsion, die aus 7,5 des Cyclohexylamids eines Fettsäuregemisches mit 4—9 C-Atomen, das dem Destillationsverlauf von Paraffinoxydationscarbonsäuren entstammt, unter Zusatz von 2,5 eines Emulgators, z. B. des Cyclohexylaminsalzes der Cetylsulfonsäure, hergestellt ist, behandelt. (**D. R. P. 760 313** Kl. 28a vom 16/3. 1941, ausg. 27/10. 1952.) v. SCHILLER. 8341

XXII. Leim. Klebstoffe usw.

Martin Schwarzkopf, Berlin, *Verfahren zur Aufarbeitung von Knochen* auf *Gelatine* u. *Leim.* Man erhitzt die Knochen nach mechan. Öffnung der mark- u. fetthaltigen Teile ca. 1 Std. bei 91—93° im Heißwasserbad, schm. das Fett bei Unterdruck aus u. braust die Knochen zwecks Nachentfettung mit W. von 68°. (**D. R. P. 751 071** Kl. 22i vom 10/11. 1940, ausg. 26/5. 1953.) LÜTTGEN. 8385

Wilfred Arthur Stephen White, Runcorn, und **Imperial Chemical Industries Ltd.,** London, England, *Bleichen von Mais.* Zur Herst. von *Klebstoffen* u. Schlichten bestimmter Mais wird mit einer sauren Lsg. ($p_H = 2—4$) von Alkali- oder Erdalkalimetallchlorid behandelt. (**E. P. 686 241** vom 15/7. 1949, ausg. 21/1. 1953.) LÜTTGEN. 8385

United Shoe Machinery Corp., Flemington, N. J., und Boston, übert. von: **Edward Bellamy McMillan,** Marblehead, und **Arthur Russell Olson,** Wakefield, Mass., V. St. A., *Thermoplastischer Klebstoff,* bestehend aus einer Mischung von hoch- u. niederschm. Polystyrolen. Der F. des Klebstoffs soll über der bei der Verklebung angewandten Temp. liegen. (**D. B. P. 864 589** Kl. 22i vom 23/3. 1950, ausg. 26/1. 1953. **E. P. 679 941** vom 5/4. 1950, ausg. 24/9. 1952. Beide A. Prior. 6/4. 1949.) LÜTTGEN. 8389

Farbenfabriken Bayer (Erfinder: **Otto Bayer, Wilhelm Bunge, Hans Havekoss, Siegfried Petersen, Hans-Frank Piepenbrink** und **Erwin Windemuth**), Leverkusen, *Klebstoff,* der sich unter dem Einfluß von W. oder Diaminen härten läßt. Er besteht aus Lsgg. von unter Wasserabschluß hergestellten Kondensationsprodd. aus linearen Polyestern (**I**), z. B. 60 (Teilen) **I** von Adipinsäure u. Glykol (OH-Zahl 52, SZ. 0,6), u. Diisocyanaten, z. B. 10 Naphthalin-1.5-diisocyanat. (**D. B. P. 878 827** Kl. 22i vom 31/1. 1945, ausg. 8/6. 1953.) LÜTTGEN. 8389

National Casein Co., Chicago, Ill., übert. von: **Elmer E. Berger,** Lansdale, Pa., V. St. A., *Herstellen von Sperrholzplatten* unter Verwendung von hochfrequentem elektr. Strom. Man setzt dem Klebmittel, das aus einer wss. Lsg. eines CH_2O–Harnstoffharzes besteht, ½—8 Teile eines Härtemittels, z. B. NH_4Cl, $(NH_4)_2SO_4$, NH_4NO_3, NH_4Br, NH_4F, gemeinsam mit einem Erdalkaliphosphat, z. B. $Ca_3(PO_4)_2$ oder $Zn_3(PO_4)_2$, zu. (**A. P. 2 591 771** vom 9/6. 1950, ausg. 8/4. 1952.) E. PETERSEN. 8389

Henkel & Cie. G. m. b. H. (Erfinder: **Rudolf Köhler** und **Max Lobenstein**), Düsseldorf, *Harzartige, härtbare Kondensationsprodukte* erhält man durch Rk. von Aldehyden, bes. CH_2O, mit thioammelinhaltigen Gemischen, die durch Zusammenschmelzen von Dicyandiamid oder Cyanamid mit NH_4SCN hergestellt werden. *Klebstoffe für Holz.* (**D. B. P. 887 121** Kl. 39c vom 17/8. 1941, ausg. 20/8. 1953.) SCHINDLER. 8389

Henkel & Cie. G. m. b. H. (Erfinder: **Rudolf Köhler**), Düsseldorf, *Härtbare, harzartige Kondensationsprodukte* erhält man durch Erhitzen von Dicyandiamid in Ggw. von Ätzalkalien auf über 130°, worauf das melaminhaltige Gemisch mit Aldehyden, bes. CH_2O, in Ggw. von W. oder organ. Lösungsmitteln kondensiert wird. Zu Beginn oder während der Kondensation soll ein $p_H > 7$ eingehalten werden. Bes. geeignet zum *Verleimen von Sperrholz*. (**D. B. P. 887 122** Kl. 39c vom 1/3. 1941, ausg. 20/8. 1953.)
SCHINDLER. 8389

British Industrial Plastics Ltd., London, England, übert. von: **Richard Lindenfelser** und **Martha Kilthan**, Stamford, Conn., V. St. A., *Klebstoff*. Ein heiß härtbares Harnstoff (I)-CH_2O-Harz, hergestellt aus 1—1,7 (Mol) I u. 1—2,1 CH_2O durch 2 stufige Kondensation, wird mit <10% Polymerisaten aus Vinylestern (II) oder Copolymeren aus II u. Äthylen kondensiert, deren Estergruppen zu >21% hydrolysiert sind. (**E. P. 689 198** vom 20/7. 1950, ausg. 1/4. 1953. A. Prior. 22/7. 1949.) LÜTTGEN. 8389

Badische Anilin- & Soda-Fabrik (Erfinder: **Georg Rössler** und **Eugen Bock**), Ludwigshafen/Rh., *Verdicken von Harnstoffharzleimen*. Man mischt die Leimlösung mit Stärke u. verkleistert durch Erwärmen. (**D. B. P. 863 114** Kl. 22i vom 7/4. 1944, ausg. 15/1. 1953.) LÜTTGEN. 8389

Henkel & Cie. G. m. b. H. (Erfinder: **Rudolf Köhler**), Düsseldorf, *Herstellung von harzartigen, wasserlöslichen, härtbaren Kondensationsprodukten* aus Melamin (I), Phenolen u. Aldehyden in Pulverform, dad. gek., daß man alkal. reagierende Gemische von wss. Lsgg. von Kondensationsprodd. aus I mit Aldehyden u. Phenolen, wobei der I-Anteil den Phenolanteil übersteigt, durch Zerstäubung trocknet. Geeignet für *Klebstofflösungen*. (**D. B. P. 875 568** Kl. 39c vom 14/9. 1944, ausg. 4/5. 1953.)
SCHINDLER. 8389

Armour & Co., übert. von: **Stephen Dobija**, Chicago, und **Earl D. Cornwall**, Downers Grove, Ill., V. St. A., *Klebstoff und Bindemittel*. Lsgg. von Blut- oder Eialbumin werden unter Zusatz von aliphat. Polyaminen, z. B. Äthylendiamin, auf 185° F erhitzt u. evtl. mit Weichmachern (Glykole, Glycerin usw.) versetzt. Das Prod. trocknet zu wasserfesten Filmen auf. (**A. P. 2 597 228** vom 6/1. 1949, ausg. 20/5. 1952.) LÜTTGEN. 8389

Armour & Co., Chicago, übert. von: **Louise K. Fencil**, Brookfield, **Edward F. Cavanaugh**, Wilmette, und **Raymond H. Borkenhagen**, Chicago, Ill., V. St. A., *Klebstoff*, bestehend aus Blutpulver (I), mindestens der gleichen Menge W. u. 10—90% wasserlöslichen, aliphat. halogensubstituierten Alkoholen; z. B. 100 (g) I, 100 W., 200 Propylenchlorhydrin u. 0,5 Na_2SiF_6. (**A. P. 2 620 280** vom 18/10. 1947, ausg. 2/12. 1952.)
LÜTTGEN. 8389

Meynadier & Cie. Akt.-Ges., Zürich, Schweiz, *Klebemasse*, bestehend aus 25 bis 55 (%) Bitumen (I), 8—17 Lösungsm. in Form von niederen Ketonen, Estern u. KW-stoffen, u. 35—60 Füllstoff, z. B. 40 I, 6 Kolophonium, 5 Sorbitanoleat, 37 Schiefermehl, 4 Methyläthylketon, 5 Essigester u. 3 Benzol. (**Schwz. P. 284 081** vom 3/3. 1950, ausg. 1/11. 1952.) LÜTTGEN. 8389

Gaylord Container Corp., übert. von: **Joseph J. Koenig** und **Albert R. McManus**, St. Louis, und **Frank G. Erskine**, Kirkwood, Mo., V. St. A., *Wasserfester Klebstoff*, bestehend aus einem Gemisch von W., Ton u. Eiweiß, das mit KOH auf einen p_H-Wert von 10,5—10,7 eingestellt ist. Die Teilchengröße der verwendeten Komponenten soll >45 μ sein. Das Prod. ist bes. zur Herst. von Schichtpapier u. -pappe bestimmt. — Vorr., Zeichnung. (**A. P. 2 597 006** vom 13/8. 1948, ausg. 20/5. 1952.) LÜTTGEN. 8389

B. B. Chemical Co. Ltd., **Arthur David Woods** und **Alan Hardy**, Leicester, England, *Klebstoff*. Zum Verkleben von kautschukähnlichem Material mit Polymethylmethacrylat wird eine Lsg. von cyclisiertem Kautschuk benutzt. (**E. P. 686 768** vom 2/11. 1949, ausg. 28/1. 1953.) LÜTTGEN. 8389

Imperial Chemical Industries Ltd., London, und **Bernard James Balfe**, Stowmarket, England, *Thermoplastischer Klebstoff*, bestehend aus einer Lsg. etwa gleicher Teile eines Butadien-Acrylnitril (I)-Copolymeren, z. B. Hycar O.R. 15, u. eines Vinylidenchlorid-I-Copolymeren in z. B. Methyläthylketon. (**E. P. 684 674** vom 23/5. 1949, ausg. 24/12. 1952.) LÜTTGEN. 8389

Knoll Akt.-Ges., Chemische Fabriken, Ludwigshafen/Rh., *Klebstoffe*. Zusätze von harzartigen, polymerisierten Kondensationsprodd. aus Ketonen u. Aldehyden erhöhen die Haftfestigkeit von Klebstoffen, bes. solchen auf Kautschuk- u. Nitro- oder Acetylcellulosebasis. (**D. B. P. 864 588** Kl. 22i vom 26/8. 1951, ausg. 26/1. 1953.)
LÜTTGEN. 8389

Heinrich Görg, Bremen, *Klebemasse*. Natur- oder Kunstharze werden mit natürlichem oder künstlichem Latex bei 100—150° bis zum Entstehen einer homogenen

Schmelze gerührt, worauf diese in Harzlösern, z. B. Äthylenchlorid oder Bzn., gelöst oder mit W. emulgiert wird. (**D. B. P. 858 747** Kl. 22i vom 9/7. 1949, ausg. 8/12. 1952.) LÜTTGEN. 8389

Lonza Elektrizitätswerke und Chemische Fabriken Akt.-Ges. (Gampel), Basel, Schweiz, *Klebstoff*. Man benutzt zum Verkleben von thermoplast., weichgemachten Kunststoffen geringe Mengen koll. S enthaltende Kleblsgg., denen kurz vor Gebrauch Vulkanisationsbeschleuniger u. gegebenenfalls Aktivatoren zugesetzt werden. (**Schwz. P. 284 082** vom 7/2. 1950, ausg. 1/11. 1952.) LÜTTGEN. 8389

Emil Pauls, Basel, Schweiz, *Verkleben von Werkstoffen*. Bei Verwendung von vernetzbaren (härtbaren bzw. vulkanisierbaren) Klebstoffen werden die Werkstoffe mit einem Voranstrich versehen, der das Vernetzungsmittel sowie einen festhaftenden Überzug gebende Stoffe, z. B. Harze, enthält. (**D. B. P. 883 182** Kl. 22i vom 8/12. 1951, ausg. 16/7. 1953.) LÜTTGEN. 8389

Badische Anilin- & Soda-Fabrik (Erfinder: **Hans Fikentscher**), **Ludwigshafen/Rh.**, *Herstellung wasserfester Klebebänder und Klebefolien* durch Auftragen hochpolymerer Acrylsäureesterpolymerisate oder -mischpolymerisate als wss. Dispersionen auf Folien aus Polymerisaten auf der Grundlage des Vinylchlorids. (**D. B. P. 851 098** Kl. 22i vom 17/11. 1944, ausg. 2/10. 1952.) MAASS. 8389

B. B. Chemical Co. (Erfinder: **John Lincoln Perkins**, Hingham, und **Malcolm Seymour**, Boston), Mass., V. St. A., *Klebstreifen zum Aufkleben oder Verstärken von Kunststoffolien*, bestehend aus einem mit einer Klebstoffschicht versehenen Gewebe. Die Klebstoffschicht besteht aus 100 (Teilen) eines 25—45% Acrylnitril enthaltenden Butadienacrylnitrilmischpolymerisates u. 25—60 Chlorkautschuk oder einem 85—93% Vinylchlorid enthaltenden Vinylchlorid–Vinylacetatmischpolymerisates oder einer Mischung der beiden letzteren. Bei Benutzung des Klebstreifens wird die Schicht mit Lösungsm. angefeuchtet. (**D. B. P. 849 093** Kl. 81 vom 26/5. 1950, ausg. 11/9. 1952. A. Prior. 28/6. 1949.) LÜTTGEN. 8389

Industrial Tape Corp., übert. von: **Edward W. Engel, Etzio J. Giolito, James A. McGarry**, New Brunswick, **Vion N. Morris**, Highland Park, und **Charles L. Weidner**, Cranbury, N. J., V. St. A., *Klebband*. Als Träger wird ein poröser Faserstoff, z. B. Papier, benutzt, das zu 40—60 (%) mit folgender M. imprägniert ist: 15—50 Copolymer (I) aus $>$20 Styrol (II) u. $>$40 Butadien (III), 10—40 I aus $>$5 III u. $>$85 II u. 50—80 I aus $>$40 III u. $>$30 Acrylnitril. Durchmesser der I-Partikel sei bes. $<$4 Mikron. Als Klebstoffbelag kommt ein übliches Prod. auf III-Basis in Frage. (**A. P. 2 592 550** vom 6/10. 1949, ausg. 15/4. 1952.) LÜTTGEN. 8389

XXIII. Tinte. Hektographenmassen und andere Spezialpräparate.

Erich Heftmann, *Eine dauerhafte Wäschetinte*. Das zu zeichnende Gewebe wird mit einer Lsg. von $AgNO_3$, NH_3 u. NaOH beschriftet u. nach Trocknen mit $Na_2S_2O_3$ entwickelt. (Chemist-Analyst **41**. 67. Sept. 1952. Bethesda, Md., Nat. Inst. of Health, Inst. of Arthritis and Metabolic Diseases.) MOISAR. 8420

National Marking Machine Co., Cincinnati, O., V. St. A. (Erfinder: **F. M. Sell**), *Wäschetinte*, bestehend aus einem inerten, lösenden Träger u. einem darin gelösten organ. Farbstoff, dessen F. hinreichend hoch ist, um den Farbstoff zu fixieren, wenn die Textilien nur einer Wäsche unterworfen werden, aber auch hinreichend tief ist, um ihn bei der nachfolgenden Wäsche wieder herauszulösen. Der F. des Farbstoffes soll daher zwischen 100 u. 130° liegen. Als Trägerfl. wird eine Mischung aus Glycerin, Isopropylalkohol u. Alkylenglykolmonobutyläther bevorzugt. Als Farbstoffe sind bes. genannt *2-[3'-Methyl-4'-diäthylaminophenyl]-4.6-dimethylbenzthiazol*, *2-[3'.5'-Tetraäthyldiaminophenyl]-benzimidazol*, *2-Phenyl-5-diäthylaminobenzotriazol* u. *3-Diäthylamino-9-äthylcarbazol*. (**Schwed. P. 136 038** vom 15/11. 1949, ausg. 10/6. 1952. A. Prior. 15/11. 1948.) JÜRGEN SCHMIDT. 8421

Ditto, Inc., übert. von: **Irwin Kramsky** und **Norbert F. Toussaint**, Chicago, Ill., V. St. A., *Herstellung* von *Hektographenblättern*. Auf der Rückseite mit einem Nitrocelluloselack versehenes Papier wird mit Leinöl überzogen u. darauf die Hektographenmasse aufgebracht. Diese besteht aus Gelatine (I), Glycerin (II), W., Sorbit (III) u. einem Glykol, z. B. Di- oder Tripropylenglykol, Hexylenglykol (IV) oder Diäthylenglykol oder höhere Polyäthylen- u. Polypropylenglykole. — Z. B. enthält die M. 150 (Gew.-%) **I**, 935 **II**, 225 W., 45 Triäthanolamin, 8 TiO_2, 780 **III** u. 190 **IV**. (**A. P. 2 616 812** vom 22/3. 1948, ausg. 4/11. 1952.) LAASS. 8423

George Walton, Cincinnati, O., V. St. A., *Herstellung einer Farbmischung für Durchschreibepapier*, die kalt u. ohne Lösungsmittel auf Papier aufgetragen werden kann. Die M. besteht aus 48—80 (Gew.-%) Öl, 2—35 festem Wachs u. einem Pigment, z. B. Ruß. Das Verhältnis von Öl zu Wachs ist so gewählt, daß ein thixotropes Gel entsteht. Wird z. B. durch Rühren das Gel verflüssigt, so kann es in beliebiger Weise auf das Papier aufgebracht werden, wo es sofort erstarrt. Bei mechan. Druck, z. B. durch Schreibmaschinentypen, wird es fl. u. an die Unterlage abgegeben. (**A. P. 2 598 332** vom 29/11. 1948, ausg. 27/5. 1952.) LAASS. 8423

Columbia Ribbon & Carbon Mfg. Co., Inc., Glen Cove, übert. von: **Douglas A. Newman,** Port Washington, N. J., V. St. A., *Als Original dienendes Durchschreibepapier.* Das Papier wird auf der Vorderseite in üblicher Weise, z. B. mit Schriftzeichen u. Linien, auf der Rückseite dagegen teilweise oder ganz mit einer Farbstoff abgebenden Schicht bedruckt. Vor dem Auftragen der Farbschicht wird eine nur oberflächlich in die Poren des Papiers eindringende Grundierungsschicht, z. B. aus Leinöl, das ein Trockenmittel enthält, aufgedruckt. Nach dem Trocknen der Grundierungsschicht wird die z. B. Wachs, Pigmente, Öl, Weichmacher sowie Härtungs-, Antioxydations- u. flüchtiges Lösungsm. enthaltende Farbschicht aufgetragen. (**A. P. 2 606 775** vom 23/3. 1946, ausg. 12/8. 1952.) ZIERHOLD. 8423

Badische Anilin- & Soda-Fabrik, Ludwigshafen/Rh. (Erfinder: **Hans Krzikalla,** Heidelberg), *Ester der γ, γ-Sulfondibuttersäure* (**I**), $HOOC \cdot (CH_2)_3SO_2 \cdot (CH_2)_3 \cdot COOH$, erhält man durch Veresterung von **I** mit 1-wertigen Alkoholen oder deren Gemischen. Beispiele: 238 (Teile) **I** werden mit 500 CH_3OH (**II**) u. 5 Konz. H_2SO_4 8 Std. unter Rückfluß gekocht. Beim Abkühlen auf 0° scheidet sich die Hauptmenge von I-*Dimethylester* ab. Nach Waschen mit wenig kaltem **II** F. 65°. — I-*Dibutylester,* F. 44°. — I-*Diäthylester,* F. 39°. — I-*Dicyclohexylester,* F. 76°. — Ferner Ester aus **I** u. Wachsalkoholen, Alkoholen aus Vorlauffettsäuren der Paraffinoxydation u. deren Gemischen mit z. B. Isooctanol. — Dienen an Stelle der üblichen Wachse z. B. zur *Herst.* von *Kopierpapieren* oder als Papierimprägniermitttel. (**D. B. P. 840 995** Kl. 12o vom 20/12. 1940, ausg 9/6 1952.) MÜLLER-MEININGEN. 8423

Greif-Werke vormals Deutsche Bürobedarfsgesellschaft Bruer & Co., K.-G. (Erfinder: **Kurt Holler**), Goslar/Harz, *Herstellung von Dauerschablonen für Vervielfältigungszwecke.* Das Japanfaserpapier oder seine Ersatzstoffe werden mit Siliconharzen oder Polykieselsäureestern, denen als Weichmacher ca. 5—20% Siliconöl oder Triphenylphosphat zugefügt werden, überzogen. (**D. B. P. 855 409** Kl. 151 vom 4/9. 1949, ausg. 13/11. 1952.) LAASS. 8423

Kolok Mfg. Co. Ltd., London, England (Erfinder: **E. S. Dumont** und **G. F. Burdett**), *Auftragen von Schutzschichten auf Kohlepapier.* Man trägt zunächst auf das Kohlepapier eine Schicht mit einem Farbüberzug auf u. dann, während die Bahn über eine Unterlage gleitet, eine Wachsschicht als Schutzschicht. Die Wachsschicht soll bei ca. 65° schm. u. wird mit 90° aufgetragen, wobei der Farbüberzug, der eine Schmelztemp. von ca. 80° aufweisen soll, kurz erweicht, so daß bei dem nachfolgenden Walzen bei ca. 80° beide Schichten fest miteinander u. mit der Unterlage verbunden werden. (**Schwed. P. 135 634** vom 16/9. 1948, ausg. 6/5. 1952. E. Prior. 19/9. 1947.) JÜRGEN SCHMIDT. 8423

National Cash Register Co., Dayton, O., V. St. A., *Herstellung sichtbarer Aufzeichnungen* unter Verwendung eines Farbbandes u. damit zusammenwirkenden Aufzeichnungsmaterials. Das Farbband wird mit der Lsg. eines Farbstoffbildners in einem nichtflüchtigen Lösungsm. getränkt. Der Aufzeichnungsträger, z. B. Papier, wird mit einem mit dem Farbstoffbildner unter Farbstoffbldg. reagierenden ton- oder zeolithartigen Stoff unter Verwendung eines zerbrechbar auftrocknenden Bindemittels beschichtet. — Beispiele. (**D. B. P. 830 660** Kl. 15k vom 18/8. 1949, ausg. 7/2. 1952. A. Prior. 2/9. 1948.) BAUR. 423

XXIV. Photographie.

Hans-Georg Pauli, *Empfindlichkeitssteigerung von gebrauchsfertigem Aufnahmematerial.* Vf. gibt eine Zusammenstellung der Möglichkeiten zur Empfindlichkeitssteigerung von photograph. Material: Ausnutzung der optimalen Empfindlichkeit durch Spezialentwickler, Anpassung von Entwicklungstemp. u. -zeit, Zugabe von AgBr-lösenden Substanzen, wie Rhodanid oder Thiosulfat, zum Entwickler. Die Hypersensibilisierungsverff. behandeln das Material vor der Belichtung; durch Wässern, Baden in NH_3-Lsg., durch Behandeln mit $KAuCl_4$ unter Zusatz von KCNS in wss. Lsg. u. durch Behandeln mit Hg-Dampf lassen sich Empfindlichkeitssteigerungen erzielen. Verff. der Latensifikation sind solche, die bei der Belichtung die entstandenen Bildkeime vergrößern (durch Hg-Dampf oder Nachbelichtung). Auch die Verff. der Verstärkung durch Abscheidung von Metallen oder durch Anlagerung von Farbstoffen sind Mittel zur Empfindlichkeitssteigerung. (Bild u. Ton **6.** 231—36. Aug. 1953.) W. GÜNTHER. 8590

K. Zuber, *Die Verstärkung des durch β-Strahlen erzeugten latenten photographischen Bildes.* Bekanntlich läßt sich ein latentes Subbild durch Nachbelichtung mit Licht geringer Intensität in ein entwickelbares latentes Bild umwandeln. Da sich geladene Teilchen in ihrer Wrkg. auf eine photograph. Emulsion ebenso wie Licht verhalten, ist zu erwarten, daß sich auch ein durch β-Strahlen erzeugtes Subbild durch Nachbelichtung verstärken läßt. Kodak NT 2 A-Platten werden 1—2 Tage mit 0,01 μC Radium D durch ein Al-Filter bestrahlt. Dann erfolgt eine Nachbelichtung mit einer Lampe (6,5 V u. 0,2 Amp.) im Abstand von 2 m mit einer Belichtungszeit von 20—28 Sek. Entwickelt wird in D 19. Durch die Nachbelichtung wird eine Schwärzungssteigerung von 50—100% erreicht. Vorbelichten dagegen bringt keinen Verstärkungseffekt. (Nature [London] **170.** 669. 18/10. 1952. Istanbul, Univ., Denel Fizik Enstitüsü.)
W. GÜNTHER. 8594

Ss. G. Grenischin, *Einwirkung von Elektronen auf photographische Schichten.* Die Einw. von Elektronen auf photograph. Schichten unterscheidet sich nicht wesentlich von der Lichteinw.: auch Elektronen erzeugen „Subzentren“, die durch geringe Lichtwrkg. entwicklungsfähig werden. Vf. wendet das Verf. der Doppelbelichtung an. Eine Hälfte einer photograph. Platte wurde durch ein Sensitometer mit Sensitogramm versehen u. mit Elektronen eines Elektronenmikroskops bestrahlt. Nach der Elektronenbestrahlung wurde die andere Hälfte mit Sensitogramm, wie vor der Bestrahlung, versehen u. danach mit Metol-Hydrochinonentwickler entwickelt u. die Schwärzungen gemessen. Die Verss. wurden mit verschied. Versuchsplatten durchgeführt. Bei geringer Elektronenempfindlickeit der Schicht wird die Lichtempfindlichkeit durch kurze Elektronenvorbestrahlung gesteigert u. umgekehrt. Somit erzeugen die Elektronen bei unempfindlichen Schichten eine größere Anzahl von Subzentren, die erst durch Lichteinw. entwicklungsfähig werden. Auch die spektrale Lichtempfindlichkeit hängt von der Elektronenvorbelichtung ab, die eine analoge Wrkg. hat, wie eine kurze Vorbelichtung durch eine Impulslampe. Vf. untersucht die Abhängigkeit der Entwicklungsgeschwindigkeit von der Elektronenempfindlichkeit: bei geringer Elektronenempfindlichkeit verhalten sich die Schichten wie nach kurzer intensiver Belichtung, bei hoher Elektronenempfindlichkeit ist die Entwicklungskinetik die gleiche wie nach einer Vorbelichtung von geringer Intensität. (Журнал Технической Физики [J. techn. Physik] **22.** 33—39. Jan. 1952.) OEHRN. 8598

A. D. Dainton, A. R. Gattiker und **W. O. Lock,** *Die Verarbeitung von dicken photographischen Emulsionen.* Photograph. Emulsionen mit Schichtdicken bis zu 1000 μ, wie sie für Aufnahmen von Kernvorgängen Verwendung finden, werden wie folgt behandelt. Die Platte wird zuerst bei Raumtemp. in dest. W. eingeweicht. Dann wird das W. auf 5° abgekühlt u. nach einer bestimmten Zeit, die von der Plattendicke abhängt (Tabellen), durch 5° warme Entwicklerlsgg. ersetzt. Hierauf wird der Entwickler auf 18° angewärmt u. die Platte bei dieser Temp. darin bis zur optimalen Zeit belassen. Empfehlenswerter ist die Heißentwicklung: man läßt die Platte bei niederer Temp. sich mit Entwickler vollsaugen (15—300 Min. nach Plattendicke), entfernt sie aus der Entwicklerschale, befreit sie von oberflächlich anhaftenden Entwicklerresten u. läßt den in der Schicht vorhandenen Entwickler 25—35 Min. lang bei Tempp. von 25—30°, optimal bei 27°, einwirken. Bewährt hat sich eine Entwicklerzus. mit 3,0 g Amidol, 6,7 g Na_2SO_3 wasserfrei, 1,4 cm^3 Bisulfitlsg. u. 930 cm^3 W. (p_H 6,7). Als Unterbrecherbad wird eine 0,5%ig. Eisessiglsg. verwendet. ebenfalls bei einer Temp. von 5° (10—180 Min.). Es ist unbedingt notwendig, die Platten bei allen Verarbeitungsprozessen horizontal zu halten. Für das Fixierbad wird ein Zusatz von $NaHSO_3$ empfohlen: 400 g $Na_2S_2O_3$, 30 g $NaHSO_3$. W. auf 1000 cm^3 (p_H 5,0). Die Fixierzeit für 400 μ dicke Platten beträgt 24 Std., für Schichtdicken von 1000 μ sind 100 Std. notwendig. Das Waschwasser soll anfangs 5—10° haben, die Waschzeit muß auf 4—120 Std. ausgedehnt werden, bis sich Anwesenheit von Thiosulfat im Waschwasser durch Permangat nicht mehr nachweisen läßt. Um das Abplatzen der Schicht von der Glasunterlage zu vermeiden, wird vor dem Trocknen in 5%ig. Glycerinlsg. gebadet, dann werden die Platten 7 Tage bei 90% u. 7 weitere Tage bei 55% relativer Luftfeuchtigkeit getrocknet. (Philos. Mag. [7] **42.** 396—413. April 1951. Bristol, Univ., H. H. Wills Physical Labor.) W. GÜNTHER. 8600

P. Martinelli, *Eine einfache Methode zur Herstellung von Farbkopien.* Vf. gibt Anleitungen zur amateurmäßigen Herst. von Farbkopien aus Dreifarbenauszügen unter Verwendung von BENACO-Farbkupplern: Kuppler BG 9 für Blaugrün, Kuppler PZ 4 für Purpur u. Kuppler 3 bzw. NA 8 für Gelb. (Progr. fotografico **58.** 196—97. Mai 1951.)
W. GÜNTHER. 8630

Haruo Irie und **Shinichi Kikuchi,** *Bichromatleim.* 1. Mitt. *Bindung des Cr an Leim.* Die Bindung von *Cr* aus $Cr(NO_3)_3$ an *Gelatine,* die in verschied. Grade einer Autoklavenbehandlung unterworfen war, wurde untersucht, um den Einfl. von $K_2C_{12}O_7$ u. Leimsubstanz auf die Lichtempfindlichkeit beim Kopierprozeß zu beobachten. Der Betrag an in Bindung gegangenem Cr ist bei *Leim* von größerer Lichtempfindlichkeit oder geringerem Zersetzungsgrad größer. Es wird angenommen, daß die Bindung an den CO- u. NH-Gruppen der Polypeptidkette der Gelatine erfolgt. (J. chem. Soc. Japan, ind. Chem. Sect. [Kōgyō Kagaku Zassi] **54.** 14—16. Jan. 1951. [Tokyo, Univ. Orig.: japan.]) SCHULER. 8646

Yoshitada Tomoda, *Photochemische Reaktionen bei Blaupausenreagentien.* Für das *Blaupausenmaterial* (I) Fe(III)-NH_4-Oxalat + $K_3Fe(CN)_6$(II) wurde der Einfl. der Menge an II auf die Empfindlichkeit des I untersucht. Für die Beziehungen zwischen der Menge II u. der Lichtempfindlichkeit u. zwischen der Menge an Berliner Blau (dem angenommenen Hauptbestandteil der Färbung) pro Flächeneinheit u. dem Grade der Blaufärbung werden empir. Formeln angegeben. Die Geschwindigkeit der Bldg. der blauen Verbb. ist der Zeit proportional, solange die Lichtstärke klein ist. Bei größeren Lichtstärken erreicht sie rasch einen konstanten Wert. (J. chem. Soc. Japan, ind. Chem. Sect. [Kōgyō Kagaku Zassi] **54.** 34—36. Jan. 1951. [Orig.: japan.] Tokyo, Staatl. Labor. f. industr. Forschung.) SCHULER. 8646

Eastman Kodak Co., Rochester, N. Y., V. St. A. (Erfinder: **Edward Philip Davey** und **Edward Bowes Knott,** Wealdstone bei Harrow, Middlesex, England), *Halogensilberemulsionen für die Erzeugung von latenten Innenkornbildern.* In der Lsg. einer inerten Gelatine wird in Abwesenheit von NH_3 zunächst ein Gemisch von Ag-Verbb. ausgefällt, von denen 30—100 (Mol-%) leichter in W. lösl sind als AgBr, vorzugsweise AgCl, u. das außerdem 70—0 AgBr enthält. Dann wird das Gemisch durch Behandlung mit KBr u. gegebenenfalls KJ-Lsg. restlos in AgBr oder AgBr/J umgesetzt. Hierauf werden die lösl. K-Salze so weit ausgewaschen, daß der Geh. der fertigen Emulsion 0,03—0,3 g KBr (oder die äquivalente Menge anderer K-Salze) beträgt. Je höher der Geh. an AgCl bei der 1. Ausfällung ist, desto höher ist die sogenannte „Innenkorn-Empfindlichkeit" der Emulsion. (**D. B. P. 851 716** Kl. 57b vom 3/10. 1950, ausg. 6/10. 1952. **Schwz. P. 284 107** vom 13/5. 1948, ausg. 1/11. 1952. Beide E. Prior. 13/5. 1947.) KALIX. 8601

Polaroid Corp., übert. von: **Edwin H. Land,** Cambridge, Mass., V. St. A., *Material für die Schnellphotographie nach dem Silbersalz-Diffusionsverfahren.* Auf einem durchsichtigen Film befindet sich eine Halogensilber-Negativschicht (I), die in einer Kamera durch den Film hindurch belichtet wird. Das hierbei entstandene latente Bild wird entwickelt, indem man I mit einer (nicht lichtempfindlichen) Bildempfangsschicht (II) zusammenpreßt, die aus einem porösen Material, bes. Papier, besteht, das mit einer Lsg. getränkt ist, die eine Entwicklungssubstanz für I u. ein Halogensilber-Lösungsm. enthält. Hierbei entsteht in I ein Negativ u. in II (durch Ag-Salz-Diffusion) ein Positiv. Vor dem Gebrauch sind I u. II leicht trennbar miteinander vereinigt, wobei II sich in einer flüssigkeitsdichten Umhüllung aus paraffiniertem Papier oder Metallfolie befindet, die vor dem Zusammenpressen mit I abgezogen wird. (**A. P. 2 572 357** vom 13/7. 1945, ausg. 23/10. 1951.) KALIX. 8601

E. I. du Pont de Nemours & Co., Wilmington, Del., übert. von: **Andrew Bradshaw Jennings,** New Brunswick, N. J., V. St. A., *Halogensilber-Pigment-Material mit Hilfsschicht.* Auf einem Papierträger befindet sich eine der üblichen Halogensilber-Pigmentschichten (I), in denen das Ag härtend entwickelt, nach dem Fixieren rehalogeniert u. entfernt wird. Auf I ist eine Schicht eines alkaliunlösl. Polyvinylacetals eines Aldehyds aufgetragen, das die Gruppen SO_3H oder COOH enthält, in denen das H-Atom auch durch wasserlösl Kationen wie Na, K, NH_4, Morpholinium, Tetramethylammonium usw. vertreten sein kann. Bes. geeignet sind Acetale von o-, m- u. p-Benzaldehydsulfonsäure, von Naphthaldehydsulfonsäuren u. ähnliche, nach dem Verf. des D.R.P. 643 650, C. **1937.** II. 480, hergestellte Verbindungen. Die Schichten dienen als Schutzschichten für I bei der üblichen Verarbeitung u. als Haftschichten bei der Übertragung von I auf andere Unterlagen. (**A. P. 2 563 469** vom 18/2. 1947, ausg. 7/8. 1951.) KALIX. 8603

Felix Schoeller jr. (Erfinder: **Klaus Schoeller,** Gretesch, Kr. Osnabrück, und **Erika Roederer,** Osnabrück), *Aufarbeiten von Abfällen photographischer Papiere.* Die Abfälle werden unter schonender Umwälzung u. Temperaturbehandlung entsilbert u. mit W. bei erhöhter Temp. gereinigt. — Beispiel: 1000 kg Abfälle werden mit 8 m^3 einer 0,5—2%ig. $Na_2S_2O_3$-Lsg. im Kugelkocher bei ca. 40—60° entsilbert. Nach Abdrücken der Lsg. wird mit der gleichen Menge W. von gleicher Temp. nachgewaschen. Das Entschichten erfolgt mit 8 m^3 W. bei 110—130° im rotierenden Kocher. Anschließend wird der Stoff im Holländer gewaschen. (**D. B. P. 870 938** Kl. 55b vom 8/8. 1943, ausg. 19/3. 1953.) G. VOGEL. 8603

General Aniline & Film Corp., New York, N. Y., übert. von: **Alfred W. Anish**, Vestal, N. Y., V. St. A., *Diffusionsfeste Sensibilisatoren* stellen p-Dialkylamino-styrylfarbstoffe (I) dar. Hierin hat die Alkylgruppe höchstens 4 C-Atome, R ist ein H- oder Halogenatom, eine aliphat. oder Anilinogruppe (II), R_1 = R, jedoch mit Ausnahme von II, R u. R_1 bilden zusammen eine Methylendioxygruppe, R_2 ist ein H-Atom oder eine aliphat. Gruppe, X ist ein O-, S- oder Se-Atom, Y bedeutet die zur Bldg. eines heterocycl. N-Ringes nötigen Atome u. n = 1 oder 2. Die Farbstoffe werden durch Kondensation von aromat. p-Dialkylaminoaldehyden mit Zwischenprodd. hergestellt, die durch Alkylierung oder Quaternierung der üblichen Farbstoffzwischenprodd. mit Verbb. erhalten worden sind, die zwischen einem heterocycl. N-Ring u. einer p-Toluolsulfonatgruppe eine oder 2-Methylengruppen enthalten. Beispiel: $1^1/_2$ g p-Dimethylaminobenzaldehyd werden mit 4,8 g 2-Methyl-3-(2-benzothiazolylmethyl)-benzothiazol-p-toluolsulfonat in Ggw. von 30 cm^3 Pyridin 40 Min. im Ölbad 110 Min. erhitzt, wobei der Farbstoff III entsteht. (**A. P. 2 504 617** vom 4/6. 1949, ausg. 18/4. 1950.) KALIX. 8605

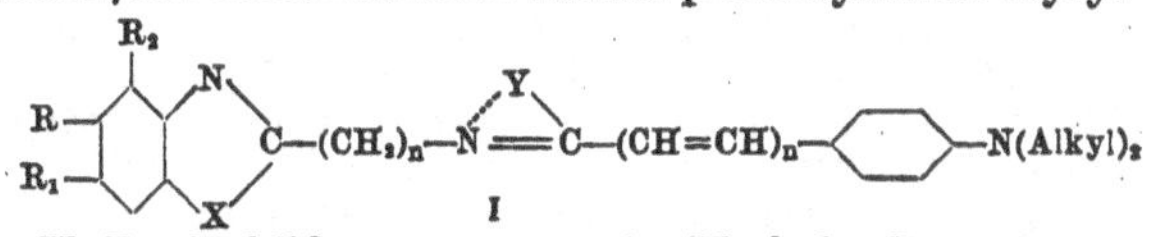

I

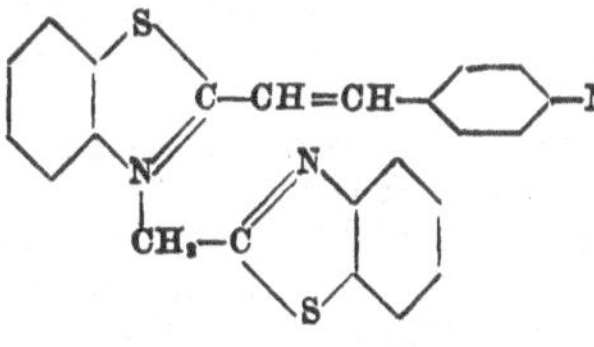

III

N. V. Philips' Gloeilampenfabrieken, Eindhoven, Holland, *Blitzlichtlampe*. Der die reagierenden Substanzen enthaltende Lampenkolben trägt innen u. außen schwach gefärbte Firnisüberzüge (I), deren Farben zueinander komplementär sind, so daß der Kolben farblos erscheint, aber das völlige oder teilweise Fehlen einer der I leicht bemerkt wird. (**Belg. P. 494 289** vom 3/3. 1950, ausg. 4/9. 1950. Holl. Prior. 5/3. 1949.) KESSEL. 8615

British Tricolour Processes Ltd., übert. von: **Jack Howard Coote**, London, England, *Photographisches Mehrfarbenverfahren*. Auf eine Halogensilberemulsion (I), die einen Farbkuppler (II) enthält, wird ein Teilfarbenbild (III) kopiert, dann (ohne das latente Bild zu entwickeln!) eine zweite I mit einem zweiten II daraufgegossen u. ein zweites III auf diese kopiert. In gleicher Weise kann noch eine dritte I mit einem dritten II aufgetragen u. ein drittes III aufkopiert werden. Die Kopien werden dann mit einem farbgebenden bekannten Entwickler behandelt, der in jeder I ein andersfarbiges Bild hervorruft. Dieses wird in der üblichen Weise fixiert u. vom Ag befreit. Die Kopien können auch zuerst mit einem Schwarz-Weiß-Entwickler behandelt, fixiert, rehalogeniert u. dann erst farbig entwickelt werden. (**A. P. 2 509 232** vom 26/11. 1946, ausg. 30/5. 1950. E. Prior. 28/11. 1945.) KALIX. 8631

General Aniline & Film Corp., New York, N. Y., übert. von: **Winfred C. Craig**, Westfield, N. J., V. St. A., *Farbkuppler für Blau*, die Chinoniminfarbstoffe u. sehr feinkörnige Bilder ergeben u. für Tonspuren u. Schmalfilme bes. geeignet sind, stellen Verbb. der allg. Formel I dar. Hierin bedeutet R_1 den Rest einer aromat. Oxyverb. mit einer an den Kern gebundenen OH-Gruppe, außerdem können am Kern von I noch Halogenatome, SO_3H-, COOH- oder Alkylgruppen mit 5 C-Atomen vorhanden sein, R_2 eine Alkylgruppe mit mindestens 10 C-Atomen u. R_3 eine wasserlösl. machende Gruppe. Bes. geeignet sind: *1-Octadecyl-2-[1'-oxynaphthyl-(2')]-benzimidazol-5-sulfonsäure* sowie das *1'-Oxy-4'-chlornaphthyl-* u. *1'-Oxy-4'-sulfonaphthyl-Deriv.*, ferner *1-Oleyl-2-[1'-oxynaphthyl-(2')]-benzimidazol-5-sulfonsäure*, sowie das *1' Oxy-4'-chlornaphthyl-Deriv.*, ferner *1-Octadecyl-2-[1'-oxy-8'-methylphenyl-(2')]-benzimidazol-5-sulfonsäure*, *1-Lauryl-2-[1'-oxynaphthyl-(2')]-benzimidazol-5-sulfonsäure*, *1-Octadecyl-2-[1'-oxy-6'-methoxyphenyl-(2')]-benzimidazol-5-sulfonsäure* u. *1-Oleyl-2-[1'-oxynaphthyl-(2')]-benzimidazol-5-carbonsäure*. Darst. erfolgt nach bekannten Verff.; die Verbb. werden der Emulsion zugesetzt u. nach der Belichtung mit p-Phenylendiamin entwickelt. (**A. P. 2 530 349** vom 30/4. 1947, ausg. 14/11. 1950.) KALIX. 8631

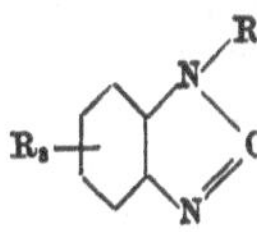

I

E. I. du Pont de Nemours & Co., Wilmington, Del., übert. von: **Otis Willard Murray**, Fords, N. J., V. St. A., *Diffusionsfestmachen von Farbkupplern*. Kolloidschichten, die neben Halogensilber Farbkuppler enthalten, werden in feuchtem Zustande mit wss. Lsgg. behandelt, die Salze von polyvalenten Metallen u. hydrotrope Netzmittel enthalten; beim Trocknen der Schicht wird dadurch die Diffusionsfestigkeit der Farbkuppler erhöht. Eine Schicht, die 1-(m-Aminophenyl)-3-methyl-5-pyrazolon enthält, wird z. B. mit einer Lsg. behandelt, die in 6 l W. 130 g Chromalaun u. 250 cm^3 5%ig. Saponin enthält. (**A. P. 2 534 050** vom 11/6. 1946, ausg. 12/12. 1950.) KALIX. 8631

General Aniline & Film Corp., New York, N. Y., übert. von: **Willy A. Schmidt** und **Robert C. Gunther**, Easton, Pa., V. St. A., *Entwickler für die Erzeugung von Azinfarbstoffbildern*. Die Reaktionsgeschwindigkeit von solchen N-substituierten 4.6-Diaminoanilinen (I), die zwar farbkräftige u. schleierfreie Azinfarbstoffbilder geben, aber zu langsam arbeiten, wird durch Zusatz von 0,5—4 g eines energ. reagierenden Schwarz-Weiß-Entwicklers (II) auf 1 Liter I-Entwickler erheblich gesteigert. II kann mit der gleichen Wrkg. als Vorbehandlung vor der Einw. von I verwendet werden. Als II werden z. B. benutzt: p-Aminophenol, p-(Methylamino)-phenol oder eine Mischung davon mit Hydrochinon, Brenzcatechin u. 2.4-Diaminophenol (III); als I kommen Verbb. der nebenst. Formel in Frage. Hierin bedeutet R ein H-Atom oder eine Alkylgruppe, R_1 = R oder eine Oxyalkyl-, Sulfoalkyl-, Carboxyalkyl-, Aryl-, Sulfoaryl-, Alkoxyalkyl-, Alkylaryl-, Carboxyalkyl-, Carboxyalkoxyaryl-, Oxyalkylaryl- oder Oxyalkoxyarylgruppe, R_2 = R oder R_1; X u. Y sind H-Atome, Alkyl-, Sulfo- oder Carboxygruppe, oder H u. Y bilden zusammen einen 6-gliedrigen isocycl. Ring. Bes. geeignet sind 4.6-Diaminoanilinen, in denen X eine Sulfogruppe u. Y ein H-Atom ist, z. B. 4.6-Bis-(phenylamino)-metanilsäure, 4-(2'-Methoxyphenylamino)-6-(4'-methoxyphenylamino)-metanilsäure u. 4-Äthylamino-6-(β-oxyäthylamino)-metanilsäure. Als Farbkuppler werden hierzu Verbb. mit prim. aromat. NH_2-Gruppen, Phenolgruppen oder akt. Methylengruppen verwendet, z. B. 5-Sulfoacetoacetanilid, 8-Oxychinolin, Naphthsultamsäure u. 2-Methyl-4.5'-dioxy-7.8-benzochinolin. Beispiel: 6 g 4-Methylamino-6-phenylaminometanilsäure, 1 g III, 60 g Na_2SO_3 u. 30 g Äthylendiamin in 1 Liter Wasser. (**A. P. 2 527 379** vom 15/7. 1948, ausg. 24/10. 1950.) Kalix. 8631

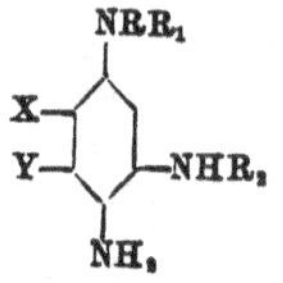

General Aniline & Film Corp., New York, übert. von: **Sam Charles Slifkin**, Binghamton, und **Henry C. Unkauf**, Endicott, N. Y., V. St. A., *Diazotypieschicht*. Als Diazokomponenten (I) verwendet man Amine der allg. Formel H_2N— 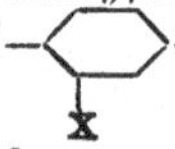 —NR_1R_2. In dieser ist R_1 ein H-Atom oder eine Alkylgruppe, R_2 eine Alkylolgruppe u. X eine Alkyl-, Alkylol-, Alkoxy- oder Carboxygruppe. Als Azokomponenten (II) verwendet man Verbb. der allg. Formel HO— 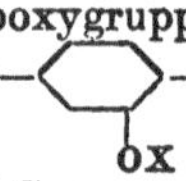 —Y. In dieser ist X ein H-Atom, eine Alkyl-, Alkylol- oder —$(CH_2)_n \cdot$COOH-Gruppe, Y ein H-Atom oder eine gegebenenfalls neutralisierte SO_3H-Gruppe, Z ein H-Atom oder eine wasserlösl. machende Gruppe, z. B. $CH_2 \cdot N(CH_3)_2$ u. n = 1, 2, 3 oder 4, von den Substituenten X, Y, Z darf ferner nur einer ein H-Atom sein. Die verwendeten I u. II bieten den Vorteil, daß sie in sehr hohen Konzz. angewandt werden können, wodurch sehr kräftige Bilder entstehen, außerdem benötigen sie wenig saure Stabilisatoren, was größere Haltbarkeit des Papiers u. geringen Alkaliverbrauch bei der Entw. zur Folge hat. — Beispiel für eine Sensibilisierungslsg.: 4 g Resorcin-4-sulfonsäure, 4 g p-Diazo-N-oxyäthyl-m-methylanilin, 5 g $ZnCl_2$, 5 g Thioharnstoff, 5 g Glycerin, 5 g Citronensäure, 100 cm^3 Wasser. (**A. P. 2 532 126** vom 6/12. 1946, ausg. 28/11. 1950.) Kalix. 8647

Farbenfabriken Bayer, Leverkusen, *Bestimmung der Farbdichtekurve der einzelnen Teilfarbenschichten eines subtraktiven Mehrfarbenfilms*. Auf dem Negativfilm wird eine farbige Sensitometerskala aufgenommen u. mit Hilfe einer Photozelle mit Licht derjenigen Wellenbereiche ausgemessen, für die die Teilschichten des Positivmaterials empfindlich sind, auf das das Negativ kopiert werden soll. Hierzu wird eine Lichtquelle verwendet, deren Strahlung man spektral zerlegt, worauf durch Abdeckmasken jeweils nur derjenige Bereich freigegeben wird, für den die einzelnen Teilschichten empfindlich sind. Ferner wird die spektrale Empfindlichkeit der Photozelle derjenigen der Schichten durch Farbfilter angepaßt. (**D. B. P. 871 998** Kl. 57b vom 8/10. 1943, ausg. 26/3. 1953.) Kalix. 8661

Herausgeber u. verantwortlich für den Inhalt: Prof. Dr. Maximilian Pflücke, Berlin W 8, Jägerstraße 22/23, Fernsprecher: 200481, 201464. Redaktion: Chefredakteure Dr. Eugen Klever und Prof. Dr. Maximilian Pflücke. Verlag: Akademie-Verlag GmbH, Berlin W 8, Mohrenstraße 39 (Fernsprecher 203096, Postscheckkonto Berlin 35021) u. Verlag Chemie, GmbH, Weinheim/Bergstraße (Postscheckkonto Frankfurt/M. 145314 u. Berlin [West] 7430, Fernsprecher: Weinheim 2017). Bestell- u. Verlags-Nr. dieses Heftes: 1007/124/48. Das Chemische Zentralblatt erscheint wöchentlich.
Satz u. Druck: VEB Leipziger Druckhaus, Leipzig, III/18/203. XI. 53.
Veröffentlicht unter der Lizenznummer 1212 des Amtes für Literatur und Verlagswesen der Deutschen Demokratischen Republik.
Printed in Germany.

MIX
Papier | Fördert gute Waldnutzung
FSC® C083411

Zeitfracht Medien GmbH
Ferdinand-Jühlke-Straße 7
99095 Erfurt, Deutschland
produktsicherheit@kolibri360.de